中 国 国 家 标 准 汇 编

467

GB 25358～25390

（2010 年制定）

中国标准出版社　编

中国质检出版社
中国标准出版社
北　京

图书在版编目（CIP）数据

中国国家标准汇编：2010 年制定. 467：GB 25358～25390/中国标准出版社编. —北京：中国标准出版社，2012
ISBN 978-7-5066-6503-2

Ⅰ. ①中…　Ⅱ. ①中…　Ⅲ. ①国家标准-汇编-中国-2010　Ⅳ. ①T-652.1

中国版本图书馆 CIP 数据核字(2011)第 187912 号

中国质检出版社
中国标准出版社 出版发行
北京市朝阳区和平里西街甲 2 号(100013)
北京市西城区三里河北街 16 号(100045)

网址:www.spc.net.cn
总编室:(010)64275323　发行中心:(010)51780235
读者服务部:(010)68523946
中国标准出版社秦皇岛印刷厂印刷
各地新华书店经销

*

开本 880×1230 1/16　印张 37.25　字数 965 千字
2012 年 1 月第一版　2012 年 1 月第一次印刷

*

定价 220.00 元

出 版 说 明

1.《中国国家标准汇编》是一部大型综合性国家标准全集。自 1983 年起，按国家标准顺序号以精装本、平装本两种装帧形式陆续分册汇编出版。它在一定程度上反映了我国建国以来标准化事业发展的基本情况和主要成就，是各级标准化管理机构，工矿企事业单位，农林牧副渔系统，科研、设计、教学等部门必不可少的工具书。

2.《中国国家标准汇编》收入我国每年正式发布的全部国家标准，分为“制定”卷和“修订”卷两种编辑版本。

“制定”卷收入上一年度我国发布的、新制定的国家标准，顺延前年度标准编号分成若干分册，封面和书脊上注明“20××年制定”字样及分册号，分册号一直连续。各分册中的标准是按照标准编号顺序连续排列的，如有标准顺序号缺号的，除特殊情况注明外，暂为空号。

“修订”卷收入上一年度我国发布的、修订的国家标准，视篇幅分设若干分册，但与“制定”卷分册号无关联，仅在封面和书脊上注明“20××年修订-1,-2,-3,……”字样。“修订”卷各分册中的标准，仍按标准编号顺序排列(但不连续)；如有遗漏的，均在当年最后一分册中补齐。需提请读者注意的是，个别非顺延前年度标准编号的新制定的国家标准没有收入在“制定”卷中，而是收入在“修订”卷中。

读者配套购买《中国国家标准汇编》“制定”卷和“修订”卷则可收齐上一年度我国制定和修订的全部国家标准。

3. 由于读者需求的变化，自 1996 年起，《中国国家标准汇编》仅出版精装本。

4. 2010 年我国制修订国家标准共 2846 项。本分册为“2010 年制定”卷第 467 分册，收入国家标准 GB 25358～25390 的最新版本。

中国标准出版社
2011 年 8 月

出版说明

目　　录

ICS 23.140
J 72

中华人民共和国国家标准

GB/T 25358—2010

石油及天然气工业用集装型回转无油空气压缩机

Packaged rotary oil-free air compressors for petroleum and natural gas industries

(ISO 10440-2:2001, Petroleum and natural gas industries—Rotary-type positive-displacement compressors—Part 2: Packaged air compressors (oil-firee), MOD)

2010-11-10 发布　　2011-03-01 实施

中华人民共和国国家质量监督检验检疫总局
中国国家标准化管理委员会　发布

前　言

本标准修改采用 ISO 10440-2:2001《石油天然气工业　回转式容积压缩机　第 2 部分:集装式空气压缩机(无油)》(英文版)。

本标准根据 ISO 10440-2:2001 重新起草,而 ISO 10440-2:2001 是根据 API 619,第二版,1992 起草的。

本标准在采用国际标准时对技术内容进行了修改。这些技术性差异用垂直单线标识在它们所涉及的条款的页边空白处,技术性差异及其原因见附录 E,其他差异(主要内容修改)如下:

——对 ISO 10440-2:2001 引用的其他国际标准,用已被采用为我国的标准代替相对应国际标准;

——计量单位改用我国法定计量单位,并删除了括号内英制计量单位;

——引入了 ISO 最新标准的相关内容并在附录中给出;

——考虑到我国国情所做的修改,其技术性差异及其原因在附录中给出。

为便于使用,本标准还做了下列编辑性修改:

——"本国际标准"一词改为"本标准";

——用小数点"."代替作为小数点的逗号",";

——删除了国际标准的前言。

本标准的附录 B、附录 C 为规范性附录,附录 A、附录 D、附录 E 为资料性附录。

本标准由中国机械工业联合会提出。

本标准由全国压缩机标准化技术委员会归口。

本标准负责起草单位:无锡压缩机股份有限公司。

本标准参加起草单位:合肥通用机械研究院、上海电气压缩机泵业有限公司、沈阳鼓风机(集团)股份有限公司。

本标准主要起草人:蒋尚鸿、朱为宇、谭孟谐、吴霞俊、陈放、程广庆、吴晖、吴丰、宋云。

引 言

本标准基于回转压缩机制造商和用户积累的知识和经验。本标准的目标是提供一个购买技术规范，便于一般的石油和天然气工业设施用集装型回转无油空气压缩机的制造和采购，但它的使用不限于这些设施。

本标准的目的是规定设计和结构的最低要求，以使设备适合于所要求的目的。本标准范围中的限制是准许之一，不是利益上的关注。节能和环境保护是日益关心的问题，并且在设计、应用和运行的所有方面是重要的。设备的制造商和用户宜在不放弃安全性和可靠性的前提下，积极地追求其他可能的改进能量利用和把环境影响减到最小的途径。这些途径宜充分地调查研究，并且采购的选择宜日益地基于整个使用期费用的预算和环境影响而不仅基于采购的费用。

本标准要求采购方给定确实的详细说明和性能细节。

为了本标准的有效使用和便于参考文本，推荐使用附录 A。

本标准的用户应当意识到为了特殊用途可能需要有进一步或不同的要求。本标准没有意图限制卖方提供何种设备，或采购方为了特殊用途而接收、选择何种设备或工程方案。有革新或发展技术之处，这可能是特别合适的。提供替代设备，卖方宜确定对本标准的偏离并提供详细说明。

石油及天然气工业用
集装型回转无油空气压缩机

1 范围

本标准规定了石油精炼厂用压力不大于0.2 MPa的螺旋齿、扭转叶及直叶回转无油空气压缩机（以下简称压缩机）的最低要求，它适用于工艺流程中连续运行的空气（和其他惰性气体）压缩机。

本标准不适用于喷油回转压缩机。

2 规范性引用文件

下列文件中的条款通过本标准的引用而成为本标准的条款。凡是注日期的引用文件，其随后所有的修改单（不包括勘误的内容）或修订版均不适用于本标准，然而，鼓励根据本标准达成协议的各方研究是否可使用这些文件的最新版本。凡是不注日期的引用文件，其最新版本适用于本标准。

GB 150 钢制压力容器

GB 151 管壳式换热器

GB/T 193 普通螺纹 直径与螺距系列（GB/T 193—2003，ISO 261:1998，MOD）

GB/T 196 普通螺纹 基本尺寸（GB/T 196—2003，ISO 724:1993，MOD）

GB/T 197 普通螺纹 公差（GB/T 197—2003，ISO 965-1:1998，MOD）

GB/T 2624.1 用安装在圆形截面管道中的差压装置测量满管流体流量 第1部分：一般原理和要求（GB/T 2624.1—2006，ISO 5167-1:2003，IDT）

GB/T 3098.1 紧固件机械性能 螺栓、螺钉和螺柱（GB/T 3098.1—2000，ISO 898-1:1999，IDT）

GB/T 3098.2 紧固件机械性能 螺母 粗牙螺纹（GB/T 3098.2—2000，ISO 898-2:1992，IDT）

GB/T 3098.4 紧固件机械性能 螺母 细牙螺纹（GB/T 3098.4—2000，ISO 898-6:1994，IDT）

GB/T 3098.6 紧固件机械性能 不锈钢螺栓、螺钉和螺柱（GB/T 3098.6—2000，ISO 3506-1:1997，IDT）

GB/T 3098.15 紧固件机械性能 不锈钢螺母（GB/T 3098.15—2000，ISO 3506-2:1997，IDT）

GB 3836.1—2000 爆炸性气体环境用电气设备 第1部分：通用要求（eqv IEC 60079-0:1998）

GB/T 3853 容积式压缩机验收试验（GB/T 3853—1998，eqv ISO 1217:1996）

GB/T 4980 容积式压缩机噪声的测定

GB 5310 高压锅炉用无缝钢管

GB/T 6391 滚动轴承 额定动载荷和额定寿命（GB/T 6391—2003，ISO 281:1990，IDT）

GB/T 7306.1 55°密封管螺纹 第1部分：圆柱内螺纹与圆锥外螺纹（GB/T 7306.1—2000，eqv ISO 7-1:1994）

GB/T 7306.2 55°密封管螺纹 第2部分：圆锥内螺纹与圆锥外螺纹（GB/T 7306.2—2000，eqv ISO 7-1:1994）

GB/T 8163 流体输送用无缝钢管（GB/T 8163—2008，neq EN 10216:2004）

GB/T 9112～9124 钢制管法兰

GB/T 9144 普通螺纹 优选系列（GB/T 9144—2003，ISO 262:1998，MOD）

GB 9948 石油裂化用无缝钢管（GB 9948—2006，ISO 9329-2:1997，MOD）

GB/T 10095.2—2008 圆柱齿轮 精度制 第2部分：径向综合偏差与径向跳动的定义和允许值

(ISO 1328-2:1997,IDT)

GB/T 12716　60°密封管螺纹(GB/T 12716—2002,eqv ASME B1.20.1—1992)

GB/T 14976　流体输送用不锈钢无缝钢管(GB/T 14976—2002,neq ASTM A269:2000)

GB/T 15386　空冷式换热器

GB/T 17241　铸铁管法兰

GB 50235　工业金属管道工程施工及验收规范

JB/T 4365　专用的润滑、轴密封控制油系统(JB/T 4365—1997,eqv API Std 614:1992)

JB/T 9559　工业汽轮机用　挠性联轴器(JB/T 9559—1999,neq API 671:1979)

压力容器安全技术监察规程

3　术语和定义

下列术语和定义适用于本标准。

3.1

额定工况　rated conditions

预期常规运行和得到最佳效率的规定工况。

3.2

最大许用压差　maximum allowable differential pressure

在最低吸气压力和排气压力等于安全阀设定压力的最恶劣运行条件下,压缩机内所允许的最大压差。

3.3

最高许用工作压力　maximum allowable working pressure

在规定最高运行温度下输送规定流体时,制造商设计的设备(或与此术语有关的任何部件)允许的最高连续压力。

3.4

额定排气压力　rated discharge pressure

要求符合采购方规定的预期运行工况下的最高压力。

3.5

最高许用温度　maximum allowable temperature

在规定最高运行压力下输送规定流体时,制造商设计的设备(或与此术语有关的任何部件)允许的最高连续温度。

3.6

额定排气温度　rated discharge temperature

额定工况下产生的预计运行温度。

3.7

额定转速　rated speed

要求符合任何规定运行条件的功率输入转子轴的最高旋转速度。

注:额定转速单位为转/分。

3.8

最大许用转速　maximum allowable speed

制造商设计所允许的功率输入转子的连续运行最高旋转速度。

注:最高许用转速单位为转/分。

3.9

最低许用转速　minimum allowable speed

制造商设计允许连续运行的功率输入转子轴的最低旋转速度。

注:最低许用转速单位为转/分。

3.10

跳闸转速　trip speed

独立的紧急超速保护系统启动，使原动机停机的功率输入转子轴的旋转速度。

注：跳闸转速单位为转/分。

3.11

额定流量　rated capacity

额定工况下要求的容积流量。

注：额定流量单位为立方米/时。

3.12

转子体　rotor body

整体转子或组合转子上的螺旋齿型部分。

3.13

转子　rotor

阳转子或阴转子组合件，包括转子体、轴和热套的轴套（如果提供）。

3.14

转子部件　rotor assembly

转子上的转动件，不包括联轴器。

3.15

压缩级　compressor stage

由机壳的腔体内壁、一个或多个转动着的转子体型面形成的压缩容积的总体。

3.16

撬装型压缩机　packaged compressor

制造商提供的包含动力传动装置、驱动机、过滤器和流量调节装置，已完成全部配管和接线的固定式或移动式压缩机组。

注：压缩机可装有隔声和防雨的箱罩。集装型压缩机也可包括启动装置、中间冷却器、后冷却器、消声器、水分离器、干燥器、出口过滤器、最小压力阀、出口阀、止回阀等。

3.17

轴向剖分机壳　axially split casing

剖分接合面与轴中心线平行的机壳。

3.18

径向剖分机壳　adially split casing

剖分接合面与轴中心线垂直的机壳。

3.19

最高密封压力　maximum sealing pressure

在任何规定的静止或运行工况下及启动或停机时密封系统要求的最高密封压力。

3.20

承压机壳　pressure casing

机组所有静止受压零件的组合，包括所有接管和其他连接零件。

3.21

临界转速　critical speed

转子-轴承支承系统在共振状态时的轴的旋转速度。

4 基本设计

4.1 通则

4.1.1 采购方和卖方应认同用于压力设备的规范(GB 150,GB 151,压力容器安全技术监察规程或其他规范),并应在附录A的数据表中作出规定。

4.1.2 设备应能在110%安全阀设定值下转速低于跳闸转速和规定的最高压差下安全地运转。

注:除了压差外,安全运转的因素还包括最高排气温度或驱动机功率限度。

4.1.3 系统应提供完整的放气和排水设施。除非另有规定,冷却水系统按下列条件设计:

——换热管中流速　1.5 m/s~2.5 m/s;

——最高许用工作压力　>0.5 MPa;

——试验压力　>0.77 MPa;

——最高压力降　0.1 MPa;

——最高进水温度　32 ℃;

——最高出水温度　49 ℃;

——最高温升　17 ℃;

——最低温升　8 ℃;

——水侧污垢系数　0.35 m^2K/kW。

4.1.4 设备的布置,包括配管及辅助设备,应由采购方和卖方共同商定。这种布置应提供足够的空间和安全通道,以便操作和维修。

4.1.5 所有设备应设计成能迅速又经济地维修。主要零件,例如机壳和轴承座,应设计(有台肩或定位销)和制造成在重新安装时能确保正确对中的结构。

4.1.6 除非采购方另有规定,压缩机和辅助设备的备件应满足所提供的原型设备的要求。

4.1.7 装有运动润滑件(如轴承、轴套、精磨件、调节控制件)的油池和箱体应合理设计,使其在运行或停机期间受水汽、灰尘和其他外物形成的污染为最小。

4.1.8 机组拆装和维护要用专用工具和夹具时,则应包括在报价中和随压缩机一起提供。多台机组时,专用工具和夹具的数量由采购方和卖方共同商定。

4.1.9 提供的专用工具应单独包装在牢固的箱子内,并标明专用工具适用的项目号。工具应带标签说明其用途。

4.1.10 集装型压缩机在测试台作试验达到规定的验收标准。其他保证条款由采购方和卖方共同商定。

●4.1.11 下列因素可能对使用现场的性能有不良影响,诸如配管负荷、接口负荷、运行时的对中性、现场安装的其他设备的管道和基础振动、支撑结构、现场搬运方法和安装方法。

为减少这些因素的影响,卖方要为整个压缩机机组提出意见,中间联接法兰上的允许负荷由卖方规定[1)]。

●4.1.12 所有电气元件及其安装应适应于采购方在数据表中规定的区域类别和组别,并符合地方法规。

●4.1.13 卖方应对集装型压缩机的噪音级控制作出说明,提供的设备应符合采购方数据表中规定的要求和地方法规。

●4.1.14 水和油的分离装置应包括在机组里。卖方对污染程度要加以控制,采购方必要时应规定污染程度。

---

1) 在条款或次条款开头的点(●)表示要求采购方作出决定或提供进一步信息资料。该信息资料应在数据表上说明;另外应在报价申请书或在订货单上说明。

●4.1.15 采购方应说明设备安装在室内(是否采暖)还是室外(是否有棚),以及设备运行的气候或环境条件(包括最高和最低温度,异常湿度或灰尘问题)。机组及辅助设备应适应在这些特定条件下运行。卖方应在方案中罗列要由采购方提供的特别预防措施作为采购方工作指南。

4.2 承压机壳

4.2.1 按4.1.1的规定,在所用材料的最高和最低工作温度下,机壳设计时的周向应力不应超过最大许用拉伸应力。

4.2.2 机壳的最高许用工作压力至少等于规定的安全阀设定值。

4.2.3 机壳应避免分几个压力等级。如机壳被分成两个或两个以上压力等级时,卖方应定出机壳每压力段的物理限定值和最高许用工作压力,见投标书要求7.1h)。

4.2.4 轴向剖分机壳应具有足够的刚度,允许拆除上盖而不影响转子和机壳间的运行间隙。

4.2.5 机壳和支承应有足够的强度及刚度,在最苛刻的压力、扭矩、许用管道受力及力矩的联合作用下,联轴器法兰处轴对中的变化限在50 μm内。支承和对中调节螺栓应有足够的刚度,以保证起顶螺丝能在横向、轴向及垂直向对机器进行调节。

4.2.6 轴向剖分机壳应用金属对金属的结合面(可有适当的结合胶),用螺栓紧固。轴向结合面不应用垫片(含密封条)。在径向剖分机壳和端盖间使用垫片时,垫片应定位以可靠保持。

4.2.7 冷却套应设计成能有效防止工艺气体泄漏进冷却剂,冷却剂通道不应开口于机壳结合面。

4.2.8 要配置起顶螺丝,导向杆和机壳对中定位销用于装拆。用起顶螺丝来分离结合面时,结合面的一面应在相应位置留有空隙(锪浅平底孔或留凹穴)以防止因擦伤引起结合面泄漏或配合不良。导杆长度要足以防止装拆时机壳损伤内件或机壳螺柱。要提供吊钩或吊环螺栓但仅在起吊机壳上盖用。整机起吊方法由卖方确认。

4.2.9 机壳壁面可有复层或涂层用以防腐、耐磨和试运转,壁面的端部可有类似的衬里或提供相适应的端板。卖方应在机壳结构投标书中包括此工艺规程的详情。

注:工艺规程可能要求机壳制造时在精加工之前先镗大内孔。

4.2.10 螺纹要求应符合标准GB/T193、GB/T 196、GB/T 197和GB/T 9144的规定。

4.2.11 螺柱优于螺栓。

4.2.12 螺栓部位应有可使用梅花扳手或套筒扳手的空间,需要专用工具和夹具时卖方要提供。

4.2.13 内六角螺栓,带槽螺母或带扳手位的螺栓亦避免使用。

4.2.14 承压件应尽量减少螺纹孔。为防止泄漏,机壳受压部位的钻孔和攻丝孔周围及底部下面除了腐蚀裕度外应留有足够的金属厚度。

4.2.15 螺柱联接处应把螺柱植于机壳上。盲螺孔深度仅需保证能攻出1.5倍螺柱外径的完整螺纹;每个螺柱两端1.5圈螺纹应倒去。

4.3 机壳接口

●4.3.1 进出接口应为法兰式或机加工带螺柱联接的,接口方位按数据表规定,并应适应3.2中定义的机壳工作压力。

4.3.2 所有采购方要做的联接应易接近操作,不必移动机器。

4.3.3 铸铁机壳上无焊接接口。

4.3.4 当需要以下各项或有规定时,法兰或螺柱联接的主要接口管径不应小于20 mm。经采购方认可方可用更小接口。

a) 放空口;

b) 压力和温度计接口;

c) 注液口;

d) 冷却水口;

e) 润滑和密封油口;

f) 清洗口；

g) 缓冲气口；

h) 机壳排凝口；

i) 均压接管。

4.3.5 所有联接管道的机壳开口的公称管径不应小于 20 mm，应为法兰式或机加工带螺柱联接的。当法兰式或机加工带螺柱联接实际不可用时，允许用公称管径 20 mm 和 25 mm 的螺纹接口，这些螺纹接口应按 4.3.5.1～4.3.5.5 的规定配备。

4.3.5.1 管接头最好不长于 150 mm，应拧入螺孔。

4.3.5.2 管接头应能承受数据表规定的压力及任何方向 1 000 N 的机械负荷。

4.3.5.3 管接头应配以带颈焊接法兰或承插焊接法兰。

4.3.5.4 管接头和法兰的材质，包括冲击值，应按机壳的材料要求，而不是按联接管道的要求。

4.3.5.5 螺纹联接不应使用焊接密封。

4.3.6 工业上的非标接口不应使用。

4.3.7 法兰应符合标准 GB/T 9112～9124、GB/T 17241 或双方商定的其他标准的规定。

4.3.7.1 铸铁法兰应为平面法兰。

4.3.7.2 除铸铁法兰外，带全凸缘面的平法兰是可用的。

4.3.7.3 较标准 GB/T 9112～9124 或 GB/T 17241 更厚或更大外径的法兰是可用的。

4.3.7.4 使用超出标准 GB/T 9112～9124 或 GB/T 17241 范围的法兰联接时，要提供成对法兰，其结构和规格应经采购方认可。

4.3.8 机加工带螺柱联接的平面及钻孔应符合相应法兰标准的要求，应提供螺柱和螺母并拧上。

4.3.9 攻丝螺纹口和管螺纹凸台应符合标准 GB/T 7306.1、GB/T 7306.2 或 GB/T 12716 的规定，管螺纹应为符合该标准的锥管螺纹。

4.3.10 不与管相接的螺纹接口应用实心金属螺塞堵住，以后可能需要拆卸的螺塞应采用防腐蚀措施。应使用螺纹润滑剂，不应使用螺纹密封胶带。不允许使用塑料螺塞。

4.4 外力及外力矩

压缩机管路设计应至少能承受附录 B 规定允许的外力和外力矩。这些允许的外力和外力矩在计及以下因素后可能会增加：如压缩机支撑的位置及程度，接管长度及加强程度和机壳结构形状与厚度。允许的力和力矩应标明在外形图上。

应关注膨胀节的选型和位置以防止因脉动或膨胀应力或两者均有引起的早期疲劳。采购方有规定时，可燃和有毒装置中不应用膨胀节。

4.5 回转部件

4.5.1 转子

4.5.1.1 转子应有足够的刚度，以防止在最苛刻规定工况下(包括在 110%安全阀设定值压力下)转子体与机壳间、带同步齿轮的转子间发生接触。转子体与轴不为整体件时要永固在轴上，任何情况下不应松动。

4.5.1.2 除非采购方另有规定，轴应为锻钢制成。

4.5.1.3 振动测量在轴承座上，不直接对转子轴径进行测量。

4.5.1.4 轴端部可作硬化、覆以涂层或镀层等处理以适应所用的密封材料。

4.5.2 同步齿轮

4.5.2.1 同步齿轮应由锻钢或轧钢制造，其精度至少要达到标准 GB/T 10095.2—2006 规定的 6 级要求。

4.5.2.2 带同步齿轮转子的相互啮合关系应是可调的，调整应配备有效的锁紧功能。调整和锁紧装置应在转子处于轴承中时可执行操作。装齿轮的腔室不应与流程气体接触。

4.5.2.3 如为了换密封必须拆下同步齿轮，恢复转子同步状态应能在不进一步拆离机壳的情况下进行。

4.5.2.4 螺杆压缩机的同步齿轮应有与转子相同的旋向(右旋或左旋),使轴向位置的改变对同步状态的影响最小。

4.6 密封

4.6.1 用途

4.6.1.1 应设置轴密封,以防止在规定工况范围内和停机期间从压缩机漏出或漏入压缩机。密封应适合于在启动,停机和采购方规定的其他特殊操作条件下工作。

4.6.1.2 轴封可为4.6.2~4.6.4中叙述的一种型式或几种型式的组合,与采购方规定相一致,零件的材料应适合于使用场合。

4.6.2 迷宫密封

压缩空气和大气间的密封可采用迷宫密封,迷宫间可设放空口供先期放空。

4.6.3 节流环密封

用于气封的节流环密封应由安装在保持器或间隔圈内的数道碳环或其他适用材料制的环构成,用弹簧对密封环进行轴向预紧。

4.6.4 机械密封(接触式)

迷宫或节流环密封与隔离气相结合可用于油封,由卖方提供管道,调节器,控制阀等全部附件。如压缩空气用作缓冲用隔离气,则启动和停机时要采取密封措施。

4.7 动力学特性

4.7.1 临界转速

4.7.1.1 如周期性扰力的谐波分量的频率等于或接近转子任一振型频率时,便产生共振的条件。在某旋转速度下产生共振,则此转速称为临界转速。本标准关注的是实际临界转速而不是各种计算值。实际临界转速不是无阻尼状态时的计算值,而是在试验台上确认的临界转速值。此试验得到的临界转速是计及阻尼时的值,或可用转子外界激振法确定。

4.7.1.2 扰力或激发频率可小于、等于或大于转子旋转频率。扰力频率可包括、但不限于下列种类:

a) 转子系不平衡力;
b) 油膜振荡频率;
c) 内摩擦频率;
d) 齿槽切割气口频率;
e) 齿轮啮合和副频带的频率;
f) 联轴器不对中频率;
g) 声学及气体动力的频率;
h) 启动工况频率,如惯性阻抗下的转速制动或扭转振动引起的扭曲变形。

4.7.1.3 驱动机和被驱动设备的支承及轴承座在规定的操作转速范围内或规定偏离裕度内不应发生共振。

4.7.1.4 转子实际临界转速不应处在规定的额定转速或规定的裕度内。

4.7.1.5 系统的自然扭振频率不应处于旋转系任何轴转速的10%以内,也不应在任何转速两倍的5%以内或孔口通行频率的5%内。

4.7.1.6 由4.7.1.4~4.7.1.5规定偏离裕度的意思是要防止临界响应区不与运行转速范围重叠。

4.7.1.7 平缓变速、启动和停机过程通过临界转速时不应引起损坏。

●4.7.1.8 如有规定,压缩机卖方应作横向临界转速计算,要确定驱动机的临界转速与压缩机的临界转速是相协调的,并确定它们的组合适应规定的运行转速范围。

●4.7.1.9 当为电机驱动的压缩机组和带齿轮副的机组,以及汽轮机驱动的机组,卖方应作压缩机驱动机联合机组的扭振计算。

●4.7.1.10 对同步电机驱动的机组，卖方在按4.7.1.9要求作扭振计算时，应进行瞬间扭振分析。

4.7.2 振动和平衡

4.7.2.1 转动单元的主要部件应校动平衡，平衡精度等级不低于附录C规定的G2.5级。

4.7.2.2 转动单元应是多个平面内的动平衡。单键联轴器用的转子校动平衡时应在键槽全长范围内装上补偿半键。在最高连续转速下任何轴径处的最大允许不平衡力不应超出该轴径静负荷的10%。

●4.7.2.3 组装的机器作车间试验时，要测量额定转速下或规定的运行转速范围内任一转速下的振动值，接受的限值由采购方和卖方商定。当按6.3.3.5执行时，这些试验可这样进行：在邻近和相对于每一径向轴承的轴上测量任一平面内轴的双振幅振动值，其值不应超过63 μm。

4.8 轴承

4.8.1 径向轴承

一般而言，径向轴承为滚动轴承，除非采购方和卖方有特别商定。

4.8.2 推力轴承

一般而言，推力轴承为滚动轴承，除非采购方和卖方有特别商定。

4.8.3 滚动轴承

滚动轴承选型时，在额定的压缩机操作条件下具有至少连续运行30 000 h的寿命。这种轴承寿命按标准GB/T 6391进行计算。除了角接触轴承外，这种轴承应有松的内游隙并为单列或双列轴承。与轴和轴承座的配合及固定方式可参照实例。

4.9 轴承座

4.9.1 轴承座应设带耐腐防潮的透气帽，或在油箱上设适当气孔以通气。轴端密封应用无火花材料制成，并能有效保持轴承座内的油和防止外物进入轴承座。

4.9.2 压缩机在驱动侧应设轴承座轴封以防止油泄漏。

4.9.3 压力润滑的液体动压式轴承的轴承座设计应设法减少泡沫，要采用排放系统使含泡沫油位低于轴端密封。当进油温度为45 ℃时，在最不利的额定工况下通过轴承和轴承座的油温升不超过30 ℃。进油温度超过50 ℃处，要对轴承结构，油流量和允许温升作特别考虑。推力轴承的出油方向应沿甩油环的切线向，无甩油环时沿推力轴承盒的切线方向。

4.10 润滑油及密封油系统

4.10.1 压力润滑系统应由容积式主油泵，供回油系统，油冷却器，全流量油过滤器和必需的仪表构成。随每台压缩机组配备一套压力油系统，或几个系统，以适当的压力将油供至下列使用点：

a) 压缩机和驱动机轴承(包括齿轮)，除非另有规定；
b) 联轴器(如需连续润滑)；
c) 汽轮机控制器，跳闸装置和节流汽阀；
d) 采购方控制系统(如为液压式)；
e) 密封油系统；
f) 压缩机内冷却。

4.10.2 除非另有规定，轴承和轴承座应设计成用烃类油润滑。

4.10.3 除非另有规定，制造商标准的压力油系统可以采用。

4.10.4 卖方应在使用说明书中指明所需润滑油的数量和规格。

4.11 材料

4.11.1 通则

4.11.1.1 结构材料应符合制造商标准，但所有压缩机中与工艺流程气相接触的材料必须与所压缩的气体相适应。主要部件的材质应在卖方投标书中明确叙述。

4.11.1.2 材料标识应符合公认的相应标准。无相应标准可用时，可用制造商牌号或商用名称，此时应标明制造商名称并另外在投标书中列出材料的化学成分和主要力学性能。所选材料的性能在整个运行和环境温度范围内符合设计要求。

●4.11.1.3 采购方应说明在流动工艺流体中和周围环境中是否存在腐蚀介质，包括可引起应力腐蚀的组分的情况。

4.11.1.4 确定螺栓联结的尺寸时应确保在极端运行工况下联结处功能正常和完全可靠。碳钢和合金钢螺栓材料应符合标准GB/T 3098.1、GB/T 3098.2和GB/T 3098.4的规定，耐腐不锈钢紧固件材料应符合标准GB/T 3098.6和GB/T 3098.15的规定。

4.11.1.5 由奥氏体不锈钢或易发生咬合的类似材料制造的螺柱和螺母配合使用时，应用适当的防粘咬剂作润滑。

4.11.1.6 承压件材料，铸件要求和所有焊接件的材料和质量应符合约定的压力容器设计规范的要求。本规范对制造商的数据报告形式不作要求。

●4.11.1.7 集装型压缩机的卖方应规定确保运行时材料满足所必需的试验及检验程序；对非集装型压缩机，采购方可考虑规定一些附加试验及检验，特别是对关键部位的材料。

4.11.1.8 作旋转或滑动运动的外露件(如控制联接接头或调整机构)，应用适合于现场环境的防腐材料。

4.11.1.9 无材料标识的小件(如螺母，弹簧，垫圈，垫片和键)，应有同样环境中与其他件相同的防腐性能。

4.11.2 **铸件**

4.11.2.1 除非另有规定，压缩机机壳为铸铁件。

4.11.2.2 有要求时，卖方应在数据表中说明铸件的材料类别。

4.11.2.3 铸件应完好，没有缩孔、气泡、裂缝、氧化皮、砂眼和其他类似的有害缺陷。铸件表面应经喷砂、喷丸、酸洗或其他常规方法清理。所有分型面的飞边和浇口与冒口的残留应铲除、锉光或磨平。

4.11.2.4 铸铁件不可修补。

4.11.2.5 不应有全封闭的型芯空腔，要有采购方书面认可方可破例。

4.11.3 **锻件**

锻件材料由采购方规定或经其同意。

4.11.4 **焊接件**

4.11.4.1 管道和承压件的所有焊接，以及任何修补焊接应由合格焊工按评定的工艺规程执行。

4.11.4.2 卖方有责任对所有修正和补焊作检查，确认热处理适当和经无损检测完好，并符合所用的工艺规程(见4.11.1.6)。

4.11.4.3 对铁素体钢作的大的修补焊接应作去应力热处理，否则要经采购方同意。所有修补焊接处应按4.11.5.1作磁粉检查。

4.11.5 **材料检查**

4.11.5.1 根据所采用的规范或采购方规定，要对焊缝或材料作射线，超声，磁粉或着色检查时其检查的程度由采购方和卖方商定。

4.12 **铭牌**

4.12.1 按环境影响和其他因素，铭牌可用以下材料：

——氧化铝板；

——不锈钢板；

——镀铬青铜板。

4.12.2 除非地方法规另有规定，铭牌上至少清楚标出以下内容：

a) 卖方名称；

b) 系列号；

c) 规格型号；

d） 额定流量；

e） 最高转速；

f） 最高工作压力。

5 辅助设备

5.1 驱动机

5.1.1 驱动机通常是机组部件，驱动机类型优先由采购方确定。驱动机规格应符合最大额定运行条件，包括传动装置和联轴器的损失，并应与询价单和定货单指定的技术要求一致。所有驱动机机组应能在规定的共用设施和现场条件下良好运行。

●5.1.2 可能影响驱动机规格大小的预期工艺流程变化（如流体的压力、温度或物性以及特定工厂启动条件的改变）都应由采购方指定。

●5.1.3 压缩机的启动条件由采购方规定，启动方式由采购方和卖方商定。驱动机的启动转矩能力应超过压缩机的速率扭矩要求，应考虑常规现场条件下压缩机能启动。

●5.1.4 汽轮机应由采购方指定。汽轮机的规格应保证驱动机能在110%最大功率要求的条件下持续驱动。

●5.1.5 对于电动驱动机组，电机额定值（去除服务系数）应不小于在任何规定条件下最大功率要求（包括齿轮和联轴器的损失）的110%。

●5.1.6 采购方应指定驱动电机的型式、电气特性、启动条件（包括启动时预期的电压降）、机壳防护型式、声压级、按照GB 3836.1—2000规定的区域分类、绝缘等级、服务系数要求、环境温度和海拔高度、传动损失等要求。如果有要求，采购方同时应对温度测试仪、振动传感器、空间加热器以及辅助设备（如电机发电机机组、通风鼓风机和仪表）等作出说明。

●5.1.7 燃气轮机应由采购方指定，其规格应由采购方和卖方商定。

●5.1.8 增速器和减速器由采购方指定。

5.2 联轴器和防护罩

5.2.1 驱动机和压缩机之间的挠性联轴器，除非另有规定，应由压缩机制造商提供。

5.2.2 联轴器和防护罩应符合JB/T 9559或其他采购方接受的标准规范。联轴器的结构、型式和安装布置应由采购方和驱动机与压缩机卖方商定。除非另有规定，应采用带中间隔离套的联轴器。

5.2.3 应将轴、键槽尺寸（如有）及由于端部浮动和热效应引起的轴端移动的资料提供给联轴器的卖方。

5.2.4 联轴器和轴接合处应设计和制造成能使其传递功率和扭距的能力至少等于联轴器的功率和扭距的额定值。

5.2.5 合同规定的联轴器将用于集装型压缩机机组的出厂试验（见6.3.3.2）。

5.3 安装板

5.3.1 通则

5.3.1.1 卖方应提供适合到现场即可安装而无需专用基础的集装型压缩机，只要求基础平面度偏差不大于6 mm。对未被支撑好的设备，5.3.1.2的要求是适用的。

5.3.1.2 下文中的安装板包括基架和底板。

设备地脚和安装板应有机加工表面，并且应配备水平和垂直调节螺钉。

应提供用于压缩机支撑的总厚度在3 mm～12.7 mm之间的不锈钢垫片组，还应提供调节螺钉便于加减垫片。

对在轴线方向的支撑，应设计和制造成允许使用水平调节螺钉移动机器。

● 规定加环氧水泥灌浆时，卖方在金属面脱脂时应使用催化环氧底层涂料预涂在安装板的所有灌浆表面，现场环氧底层涂料的制备方法由卖方提供给采购方。（见7.2.5）

地脚螺栓不应用来紧固设备到安装板上。

安装板不应为安装另外的设备而钻孔。安装板如安装到混凝土上，应提供校平螺钉。

除非另有规定，地脚螺栓应由采购方提供。

连接部件到安装板上的紧固件和校平底板的调节螺钉应由卖方提供。

地脚或设备应钻便于最后定位用的先导孔。

5.3.2 基架

注：集装型机组应包括基架。

●5.3.2.1 规定有基架时，数据表应表明其尺寸。有可能时基架应采用整体钢制结构。基架为分体结构时，其配合面须为机加工带定位销表面，以确保正确的现场再次安装。

有规定时，基架上应提供带可拆卸保护的校平平台或基准面。该平台或基准面在设备安装及基架就位后便于作现场校平。

●5.3.2.2 有规定时，基架上除压缩机、齿轮装置和控制柜外，应有足够的伸长来支撑驱动机。

●5.3.2.3 采购方有规定时，基架应适合于柱架式安装(即，在安装位置有足够支撑刚度)，此时结构件下无需连续灌浆。

●5.3.2.4 除非采购方同意，基架至少应有四个起吊的吊耳。安装上所有设备的基架在起吊时应不会永久变形或使基架及安装其上的设备受到损坏。

●5.3.2.5 各结构件基架底部应敞开。当基架安装在混凝土基础上时，应能在所有承担负荷结构件下容易灌浆。基架底部的安装支脚应在一个平面内以允许使用同一水平面的基础。有规定时，由卖方提供金属垫板(块)。

5.3.2.6 除非采购方另外认可，油池应与基架分开制作。

●5.3.2.7 有规定时，在基架的上面应提供防滑面板，并覆盖所有行走和工作区域。

5.4 控制和仪表

5.4.1 通则

5.4.1.1 卖方应完成仪表、控制器件和电磁阀的安装，并符合认可的规范。如仪表、控制器件和电磁阀及其安装方式与询价单或订单有任何差异，卖方应通知采购方。

●5.4.1.2 如采购方提供一部分控制系统时，应在询价单中说明。当采购方有此要求时，卖方应检查采购方的全部压缩机控制系统与卖方提供的控制设备的兼容性。

5.4.1.3 除非另有规定，所有控制器件和仪表应适合于户外安装。

5.4.2 控制系统

●5.4.2.1 采购方应说明要控制的参数(进气压力、排气压力、流量)。卖方应设计适合使用的控制系统，并按压缩机性能参数选定控制元件的规格，即使这些控制元件不是卖方提供的也要规定。

5.4.2.2 变速驱动时，控制信号应产生对驱动机调速系统重新设定的功能。除非另有说明，控制范围应在最大许用转速与任何规定操作条件下所要求最低转速的95%或最大许用转速的70%的之间，下限取二者间较低的值。

5.4.2.3 恒速驱动时，控制信号应作用于滑阀控制装置，或在压缩机管路中和压缩机机组中的控制阀。

5.4.2.4 采购方规定的信号全程范围应符合于压缩机规定的运行范围。除非另有规定，最大控制信号应与额定转速或额定容积流量对应。

5.4.3 仪表和控制仪表盘

●5.4.3.1 仪表盘有规定时，采购方应指明仪表的类型和方位。

5.4.3.2 机组中安装的仪表至少应包括末端压力表和温度计。卖方应提供仪表清单给采购方。

●5.4.3.3 采购方应规定由卖方提供的其他仪表。

5.4.3.4 卖方应提供拟安装在设备上或卖方供应的管路中的安全阀。其他安全阀将由采购方提供。所有运行设备的安全阀应符合相关规范规定的安全阀限制要求。卖方应确定有关设备所有安全阀的规格和设定压力。卖方报价单应列出所有安全阀并应明确标示出其中由卖方提供的安全阀。安全阀的设定值(包括累加压力),应考虑到所有可能的设备故障的型式和保护管路系统。

5.4.3.5 电磁阀应能连续工作且其绝缘等级不低于F级。

5.4.4 报警和停机

5.4.4.1 所有压缩机应配备排气温度超温报警和停机装置。

5.4.4.2 报警装置和停机开关应安装在隔离的箱壳内。应采用"单刀双掷"开关,不应采用水银开关。

5.4.4.3 除非采购方另有规定,压缩机应配备失电断路或得电闭合的电气开关用于报警和跳闸。

5.4.4.4 有报警器时,卖方应提供一次报警显示。

5.4.4.5 任何就地显示的压缩机的报警或停机,应提供远程报警接点。

5.4.4.6 报警和跳闸装置的设定调节不可在箱壳外进行。压力元件应选用奥氏体不锈钢材料。报警和停机装置的布置应允许在不影响设备正常运行时进行控制电路的测试,如果可能还包括动作元件。卖方应与投标书一起为所供的警报和停机测试装置提交完整说明。尤其是对低压设备应配备带泄荷阀的接口便于控制压力下降,这样操作人员可通过连接的压力表记录报警压力设定值。同样,高压设备应配备带阀门的试验接口以便使用便携式试验泵来升高压力。

5.4.4.7 所有仪表和控制器件,除了停机传感装置,应安装足够的阀门或热电偶套管以便系统运行时可以更换。

5.4.5 电子装置

5.4.5.1 电子控制设备从供电设备获得电能。当供电电压在正常电压的+40%～-30%范围内波动时,该设备应能持续运行且不被干扰。

5.4.5.2 如有下列电子装置的抗干扰性及辐射性试验要求,应符合相关标准的要求。

a) 抗电涌性试验;

b) 快速瞬变电压脉冲试验;

c) 静电释放试验;

d) 抗电磁性试验;

e) 辐射性磁场放射试验。

5.4.5.3 电子装置应从温度传感器和压力变送器接收模拟信号。报警和停机应在电子控制设备内设定,报警和跳闸条件应由压缩机的整体要求来决定。

——报警和预警应在电子装置上显示而不停机,当信号低于报警条件时,显示应自动消失。

——停机和跳闸应在电子装置上显示并且停机。

仍有停机信号存在时,电子装置不能复位,压缩机不能重新启动。借助软件,有可能对电子控制器的动作是否正常作测试,此时设备正常运转不受干扰。卖方应与投标书一起为所供的警报和停机测试装置提交完整的说明。

5.4.6 振动和位移探测器

5.4.6.1 当采购方规定时,卖方应提出适应其轴承结构的最适当的振动测量设备。

●5.4.6.2 有规定时,应按双方商定的标准或经采购方认可,提供、安装和校准非接触型振动和轴向位移传感器。

●5.4.6.3 有规定时,应按双方商定的标准或经采购方认可,提供、安装和校准基础振动传感器。

●5.4.6.4 有规定时,应按双方商定的标准或经采购方认可,提供、安装和校准振动和轴向位移监示器。

5.5 管路和附属设备

5.5.1 通则

5.5.1.1 除非另有规定,管路设计和接口制造、试验及检验应符合GB 50235的规定或经采购方认可。

5.5.1.2 管路系统是指供应润滑油、控制油、密封液、冷却水、缓冲气体或注入液体等的附属系统。

注:机壳联接的要求见4.3。

5.5.1.3 管路系统应包括管路、止回阀、截止阀、切换阀、调节阀、安全阀、减压阀、孔板、温度计及套管、压力表、流体视镜及所有相关的放气和排液接口。

5.5.1.4 卖方应提供位于主机基础区域、油(水)站基础区域或任何辅助基础区域内的所有管路系统及安装的附件。管路系统应以基础区域边缘处法兰接口为终端。采购方仅提供设备组和基础外设备之间的联接管路。

5.5.1.5 管路系统的设计应达到以下目的:

a) 适当支撑和防护以防止振动或运输、运行和维修时引起的损坏;

b) 便于运行、维修和彻底清洗;

c) 安装布置整洁有序,要与机器外形相协调,不妨碍检查口;

d) 可排除气穴;

e) 不拆除管道通过低位完全排液。

5.5.1.6 管路最好采用弯管和焊接,使法兰和管件的使用减到最少。除润滑油管路中的过滤器下游不允许使用承插焊接外,焊接配件和法兰应采用对接焊接或承插焊接(见 5.5.2.2)。不应使用衬管和搭接法兰。

5.5.1.7 管螺纹应为锥管螺纹,并符合 GB/T 7306 或 GB/T 12716 标准的规定。法兰应符合 GB/T 9112～9124 或其他双方认可法兰标准的规定。

5.5.1.8 不应使用非标规格的管路联接件、管道、阀门和其他管配件。

●5.5.1.9 采购方规定时,气体压力超过 0.5 MPa 的管道应采用无缝钢管,并应符合标准 GB/T 8163 和 GB/T 9948 或 GB/T 5310 的规定,也可按采购方规定。不锈钢管应符合标准 GB/T 14976,也可按采购方规定。

5.5.1.10 空间限制不宜采用规格为 DN12、DN20 或 DN25 的管道时,可供符合 GB/T 8163 和 GB/T 9948 或GB/T 5310 或其他采购方同意的标准的无缝钢管,并同时提供钢制管配件。不锈钢管应符合 GB/T 14976 或采购方同意的其他标准,并提供钢制管配件。名义直径为 12 mm 的管道的最小壁厚为 1.5 mm、名义直径为 20 mm 的管道的最小壁厚为 2.5 mm、名义直径为 25 mm 的管道的最小壁厚为 2.7 mm,管配件的制造和型式应经采购方认可。

5.5.1.11 除非采购方认可,联接管道的最小名义直径应为 20 mm。

5.5.1.12 由卖方提供的管路系统应在出厂前预制安装并适当支撑。

5.5.2 油管路

5.5.2.1 对外置润滑油系统,应能保证良好的回油效果(要考虑可能含有泡沫),应以回油管液面高度不超过回油管中心线的原则来确定回油口规格。水平流动方向上至少以每米 40 mm 斜度进入油池。如果可能,分支管(任何横平面内不多于一根)宜在流动方向上以 45°角进入油集管。

5.5.2.2 不应采用留在管内的内衬环和衬管式联接型式。油过滤器下游的压力管路中应无可积蓄污物的内部障碍,也不应采用承插焊配件。

5.5.2.3 除非另有规定,油过滤器下游的所有油管道包括管配件应为不锈钢制造,其他油管道可为碳钢。

5.5.3 仪表管路

仪表的压力管线应在测点处配以隔离和泄放阀。

5.5.4 中间冷却器和后冷却器

5.5.4.1 有规定时,卖方应在压缩机每级之间提供中间冷却器。这种冷却器应为水冷管壳式冷却器或任何其他型式的冷却器。

●5.5.4.2 采购方应规定卖方提供何种后冷却器。

●5.5.4.3 水冷管壳式中间冷却器和后冷却器应按数据表中指定的法规来设计和制造。应注意热交换器和其支撑结构对脉冲引起振动的敏感性。

5.5.4.4 除非采购方认可，管壳式中间冷却器和后冷却器应制造和布置成允许拆除管束的型式。

5.5.4.5 固定管板式换热器应设通向气侧的检查孔。所设的壳侧爆破片只有采购方专门认可时采用。

5.5.4.6 空气冷却器应符合 GB/T 15386 标准或采购方同意的其他标准的规定。

5.5.4.7 当冷却器不是机组整体的一个部分时，除非另有规定，用作中间冷却器的风冷换热器应设自动温度控制。该控制可由百叶窗、变速风扇、可变角度风扇或旁通阀实现。控制方案应由采购方认可。

5.5.4.8 除非采购方另有规定，可以提供套管式中间冷却器和后冷却器。只有采购方专门认可时，可以提供翅片套管设计。

●5.5.4.9 经采购方认可，中间冷却器可安装在机器上或单独安装。

●5.5.4.10 材料应在数据表中规定。

5.5.4.11 由卖方提供液体分离和收集设备时，该设备应包括带手动旁通的自动疏水阀。用户规定时，可包括以下选项：

a) 储液罐上的玻璃液位计；

b) 储液罐上的高液位报警停机装置用的单独接口及液位开关；

c) 储液罐的容量应可容纳认同的贮液量，从高液位报警至停机液位之间有 5 min 的时间间隔。

5.5.5 空气吸入过滤器

5.5.5.1 除非另有规定，对从大气吸气的空气压缩机，卖方应提供多级、高效的干式空气吸入过滤器。该空气吸入过滤器在整个进气能力范围内颗粒不小于 100 μm 的过滤效率应达 97%，最大初始压降不应超过 300 Pa。

5.5.5.2 空气吸入过滤器是机组整体的一个部分。应可适合户外安装也可配备挡雨罩或百叶窗。对于经常遭遇异常条件的工厂，如沙尘暴，在压缩机前可使用一个预过滤器，预过滤器的入口可高于压缩机。

5.5.5.3 所有过滤器应提供压差开关。

5.5.5.4 过滤器应设计成滤芯可以在机组卸载的条件下可更换的结构。

● 存在着多种结构和布置型式。当过滤器有特殊性能要求时，其结构和布置型式应由采购方在询价单或数据表中规定。

5.5.5.5 过滤器、滤箱和进气管应有适当的保护来保证使用。

5.5.6 消声器

5.5.6.1 消声器设计应满足卖方规定的机组最大的声级。

● 有规定时，应为每台压缩机都提供进气和排气消声器，消声器的主要功能应是最大可能地有效降低可听声音频率范围内的脉冲值，且不超过 5.5.6.2 规定的压降限值。

5.5.6.2 除非另外同意，通过每一消声器的压降不应超过消声器绝对进气压力的 1%。

5.5.6.3 压缩机管路的脉冲峰-峰值不应超过平均绝对管压 2% 或公式(1)的计算值，取二者中较小的值。

$$p_{1\%} = 15 \times \sqrt[3]{p} \qquad \cdots\cdots(1)$$

式中：

$p_{1\%}$——允许脉冲峰-峰最大值，用平均管端绝对压力的百分数表示；

p——平均管端压力，单位为千帕(kPa)。

5.5.6.4 将消声器直接安装在压缩机法兰可以获得最大消声效果。

5.5.6.5 排气消声器的设计和制造的要求由采购方和卖方共同商定，并且应适应不低于安全阀设定的压力的要求。

5.5.6.6 所有的焊缝应连续完全焊透。

5.5.6.7 应对每一消声器的进出口设置压力测点。应为压缩机运行中可能产生积液的腔室配备排放口。当不可能为个别腔室配备排放口且隔板延伸至容器外壁时，经采购方认可，可在隔板上开一环形排放槽。内件布置应保证在任何运行条件下让液体流至排口。排放口对消声器性能的影响应予考虑。

5.5.6.8 联接部位的设计要可靠，以避免脉动引起的振动发生裂纹。

5.5.6.9 除非采购方另有规定，消声器所有主要接口应采用法兰联接。

●5.5.6.10 主要侧面管口的联接应有加强鞍。所有其他法兰联接用填补金属来加强，其填补面积等于切除面积(不计接口处的金属壁厚)。

5.5.6.11 消声器的外保护层的结构应适合无遮护的户外使用。有规定时，应提供隔热层。所有的联接和标牌应不被隔热层盖住。

6 检验、试验和装运准备

6.1 通则

6.1.1 卖方应提前通知采购方要进行由订单或其他协议中规定的工厂检验和试验。采购方的代表在事先告知卖方后，可进入卖方和卖方的分供方正进行设备制造或试验的场所。

6.1.2 卖方有责任将采购方的检查要求通知其分供方。

6.2 检验

6.2.1 卖方应保存以下资料至少5年，以备采购方或采购方代表有要求时作检查。

a) 所有必要的材料证明，如材质试验报告；

b) 材料清单上所有项目的采购技术条件；

c) 可查证设备已符合技术规范要求的运行数据；

d) 质量保证试验结果；

e) 有规定时，最终组装记录和运行间隙。

6.2.2 承压零件表面在规定的检查完成前不应涂漆。

6.2.3 系统组装时和试验前，每个部件(包括其镶铸通道)和所有管路及附件应用酸洗或其他适当的方法去除外来杂质、腐蚀物和铁屑。

6.2.4 油系统应符合JB/T 4365或其他采购方认可标准的清洁度要求。

●6.2.5 有规定时，在封头焊至容器、容器或换热器的开口封闭以及管路最后组装前，采购方可以检查由卖方或通过卖方提供的设备和所有管路及附件的清洁度。

●6.2.6 有规定时，零件、焊缝和热影响区的硬度应通过零件的试验证实在允许值内。试验的方法、范围、文件和现场见证应由采购方和卖方相互商定。

●6.2.7 有规定时，采购方代表审核卖方的质控计划。

6.3 试验

6.3.1 通则

6.3.1.1 设备应按照6.3.2和6.3.3进行试验。采购方指定的其他试验可以按6.3.4所述进行。

6.3.1.2 设备准备试验的日期前不少于五个工作日，卖方应通知采购方。

6.3.1.3 采购方对测试结果的认可并不解除卖方提供符合规定运行条件的设备的责任。

6.3.1.4 有规定时，采购方保留对设备试验、分解、检验和重新组装进行现场见证或观察的权力。

6.3.2 压力试验

6.3.2.1 承压零件(包括附件)应按规范要求以不小于1.5倍的额定排气压力且至少0.14 MPa的压力进行液体静压试验。试验液体的温度应高于试验材料的无塑性转变温度。

6.3.2.2 试验按规范要求进行，应维持足够的时间以允许在压力下充分检查零件。机壳或机壳连接处观察至少30 min无泄漏时，液压试验合格。大型、重型铸件可以要求较长时间，由采购方和卖方商定。通向内部密封腔的泄漏可用试压泵保压作分段试验。

6.3.2.3 如果零件试验温度下的材料强度低于该材料室温下的强度时，试验压力应乘以一个系数，该系数由材料室温时允许工作应力除以试验温度时允许工作应力来获得。所取的应力值对管道应符合标准 GB 5310、GB/T 8163 和 GB/T 9948 或其他标准规范的规定或经采购方认可，对压力容器应符合标准 GB 150 和 GB 151 或其他标准规范的规定或经采购方认可。如此获得的压力应是进行液压试验的最低压力。数据表应列出实际液压试验压力。

6.3.2.4 试验应按照适用的公认标准。如公认标准试验压力和规定规范的试验压力不一致时，应取较高压力。

6.3.3 机械运转试验

6.3.3.1 压缩机机械运转试验应包括以下程序（订单中不必全部包括）：

电机驱动的压缩机应在合同规定的额定转速下运转，涡轮驱动压缩机在大于额定转速 5% 的转速下运转，或以采购方认可的转速运转。在机壳和润滑油温度稳定后，检查压缩机的机械性能如油温、冷却水温度、振幅和密封。在温度稳定后应连续运行 2 h。

超温试验应在机械运转试验转速下，排气温度稳定在额定排气温度以上 12 ℃，最少运行 30 min。

超温试验后，压缩机以空气在额定转速下的实际最高试验压力运转，记录压缩机的容积流量、功率和轴承（若设温度计）的温度。

对于压缩机采用充油密封的机组，当空气试车排气温度大于 120 ℃时，应修改试验程序以排除油气高温的危险。修改试验程序应由采购方和卖方共同商定。

变速压缩机应在大约 5 档等分转速下增速运行，直至合同规定的额定转速，以检查各种温度、弯曲和扭转振幅。注意，当运行接近临界转速时应小心操作。

6.3.3.2 运转试验应符合以下要求：

机械运转试验中，合同规定的轴封和轴承应被使用。

试验中，设备的油压、油的黏度和温度的运转数据应在制造商使用说明书规定值内。应检查油流量（可用流量计或其他方法）。试验台的油过滤精度不低于 10 μm。

机壳和油系统的联接处和接头应作密封性检查，应制止任何泄漏。

在整个试验过程中，防止油进入压缩机的设施应投入运行。

工厂运转试验中，应使用合同规定的联轴器。

6.3.3.3 若订了备用转子，可同时进行制造。装机转子作机械运转试验前，备用转子应在机壳中试装配。

6.3.3.4 运转试验中，试验仪器应满足要求。振动测量应根据 4.7.2.3 进行，并应在全部试验转速范围内作记录。

●6.3.3.5 当采购方特别要求时，除了 4.7.2.3 规定的测试外，可在以下规定条件下测量轴的振动，并可在机械运转试验时完成此测试。

● 所有购买的振动传感器和信号处理器应在机械运行试验期间使用。当振动传感器要求配备但不是由压缩机卖方提供，或者所采购的传感器与工厂显示装置不兼容时，可考虑应用工厂的传感器及显示装置，它们应满足采购方认可的精度要求。

工厂试验设备的仪表应能对转速、峰-峰位移量和相位角（x-y-y'）进行连续监控并绘制曲线。也可用示波器显示振动位移量及定出相位。

用以上所述仪器所确定的振动特性应用来作为机器按重新定义的判别准则作出接收或拒收的依据。

6.3.3.6 如果操作上允许，同步齿轮反向端的轴承和密封应在运转试验后检查。

6.3.3.7 如果需要更换、修改轴承或密封、调整同步齿轮或为更换或修改其他零件而需拆卸来校正机械或性能的不足，则初始试验将是不接受的，并且最终工厂试验应在更换或校准后进行。

6.3.3.8 应记录 6.3.3.4 的机械运转试验振动数据，如果要进行 6.3.3.5 规定的附加试验，振动极限、振动数据和振动记录应由双方一致认可。使用规定仪器得到的振动特性，将作为判断设备合格与否的基础。

6.3.4 选定试验

6.3.4.1 通则

● 采购方在询价单或订单中规定是否进行6.3.4.2～6.3.4.10叙述的工厂试验。使用专用设备进行振动特性分析应由采购方和卖方商定。

6.3.4.2 性能试验

● 压缩机应根据GB/T 3853和GB/T 2624.1以空气为介质进行性能试验。

6.3.4.3 成套机组试验

● 成套机组试验中构成机组的压缩机、齿轮箱、驱动机和所有辅助设备全部成套进行试验。独立辅助设备的试验可在采购方认可时进行。

● 所有报警、保护和控制装置应按要求进行检查和调整。

6.3.4.4 齿轮试验

齿轮应与机组一同在机械运转试验时进行试验。

6.3.4.5 氦气试验

● 采购方如有特别规定，压缩机的受压部件可用氦气进行泄漏试验。试验时部件浸没并应维持额定排气压力最少30 min。合格的泄漏率应由采购方和卖方商定。

6.3.4.6 声级试验

● 声级试验应根据采购方和卖方认可的标准进行，并遵守GB/T 4980的规定。

6.3.4.7 辅助设备试验

● 辅助设备的试验如油系统和控制系统的试验应在卖方工厂进行。试验的细节由采购方和卖方联合商定。

6.3.4.8 试验后拆检

系列生产的机组通常不拆卸。只有当采购方要求时，在机械运转试验成功后对压缩机、齿轮和驱动机作拆卸、检查，并重新组装。组装后，要作功能性检验。

6.3.4.9 全压力、全负荷、全转速试验

试验的细节由采购方和卖方共同商定。此类试验可在机械运转试验时做。

6.3.4.10 备件试验

如有规定，当订了备件转子并同时生产时，每件都应根据6.3.3进行机械运转试验。

6.4 装运准备

●6.4.1 设备应按规定的装运型式适当地作准备，包括必要时转子的固定。设备的保护应适应于从装运之时起6个月的户外贮存。除了在运行前检查轴承和密封外不必拆卸。如需贮存更长时间，采购方应向卖方咨询要遵循的推荐措施。

6.4.2 卖方应提供采购方必需的说明以在设备到达施工现场后贮存保持完好。

6.4.3 设备在所有试验和检查已完成并已由采购方放行后，应作装运准备。准备应至少包括6.4.3.1～6.4.3.9中的规定。

6.4.3.1 除机加工表面，外部表面应涂一层制造商标准涂料。

6.4.3.2 所有机加工外表面应涂以适合的防锈剂。

6.4.3.3 设备的内部应清洁，没有氧化皮、焊渣和外来杂质，并喷或刷上能溶解的适合的防锈剂。防锈处理可在机器慢速转动时通过所有的开口部位进行。

6.4.3.4 轴承座内部钢制表面和碳钢制油系统附属设备如油池、油罐和油管路应涂上适合的油溶性防锈剂。

6.4.3.5 法兰应用最小厚度5 mm金属板和弹性垫片进行封闭，并用不少于四根与法兰螺纹孔直径相匹配的螺栓相联。对螺柱联接开口，应使用预定需用的所有螺母以确保封闭。

6.4.3.6 所有的螺纹开口应配上钢帽或整体钢制螺塞，其材质应与承压机壳等同或更好，不要使用非

金属螺塞(如塑料)。

6.4.3.7 起吊点和起吊环应清楚地标记。

6.4.3.8 设备应以项目和系列号来识别。单独装运的物料以防腐金属标签来识别,标签应牢固系上并显示设备项目和系列号。此外,箱装设备应随带双份装箱清单,一份在内,一份在外。

6.4.3.9 如果采购备件转子,应使转子适应于在无采暖的室内贮存至少3年。应进行防锈处理并装在防湿箱内,内置缓慢释放的气相防锈剂。备件按国内或出口装运要求包装。备件和支承块间以3 mm厚的适当垫子隔开。转子在轴颈处不应作支承。

6.4.4 预装了管路和接好线的独立部件和整个机组的运输应遵守当地安全健康管理部门的规定,并应牢固地附上大而应醒目(红色)且不受气候影响的外部标签,其上以黑体字书写下列语句:

该设备已预装并进行了运行和安全测试,未授权人员不得擅自变动。

6.4.5 随设备一起提供的辅助管路联结件应打上印或系永久标签,与卖方接口表或总布置图一致。

6.4.6 外露的轴和联轴器应包扎防水涂腊布或气相防锈纸。接缝应以胶带密封。

6.4.7 制造商安装手册的副本应随设备包装和运输。

6.4.8 轴承组件和轴的外露端应完全防止潮气和灰尘进入。如果袋装气相防锈剂安放在大空腔内,袋应系在便于拆下的地方。在一些适合的地方,袋应安装在金属丝笼内,系在法兰盖上,并应用不锈钢丝系着的防腐标签显示袋的位置。

7 卖方资料

7.1 投标书

卖方投标书应包括下面叙述的资料:

a) 卖方图样和要求资料的副本,应表明卖方同意提交采购方所需资料的时间表(见7.2)。

b) 输入卖方信息的采购方数据表副本。

c) 全面覆盖运行范围的压缩机性能曲线。

d) 公用工程要求,例如蒸汽、水、电、空气、气体和润滑油;包括在供油压力下要求润滑油的量,油传递的热负荷和辅助驱动机的额定值和运行功率要求(属近似数据应清楚地标明),该类信息应输入数据表。

e) 各项目的净重和最大的操作重量,如说明最大装运及安装重量和最大正常维修重量。这些数据应在涉及单独装运、包装或组装的地方分别标出。近似数据应标明。这些数据应输入数据表。

f) 初始外形图、布置图和示意图。

g) 典型剖面图及全面描述投标设备详情的文字说明。

h) 系统及其所有部件严格符合采购方要求的专门陈述。如果设备不能严格符合要求时,卖方还应包含对每个偏离作详述和解释的专门清单。偏离中可包括确保其规定功能及相适应的替代物和系统。

i) 说明订单生效后至设备装运的时间(周数);对单独机组、组件或多台机组多箱装运时,要分别说明装运时间。

j) 为正常维修而推荐的备件清单(采购方如长期贮存应说明特别要求)。

k) 包括在投标货物中的分项专用工具清单。

l) 按4.11.1.7的要求的原材料试验和检验程序。

m) 说明要配备一个胜任的安装监理,及预测正常情况下现场监控工作所需的时间。

n) 特殊要求的叙述参见4.2.9、4.11.1.2和5.4.4.6。

o) 总体说明压缩机、辅助装置和驱动机(如由卖方提供)在启动、运行和闲置时所需特殊气候环境和防冻保护。卖方应单独列出建议要配备的保护项目。

p) 为保护设备完好的关于启动、停机和运行的限制要求。

q) 符合本标准要求的所采用的公认标准清单。

7.2 合同资料

7.2.1 通则

7.2.1.1 以下章节规定了卖方应提供的资料。卖方应完成图样和资料表式并提交到订单上注明的地址。该资料应详细列举订货期间商定的提交图样、曲线、数据的日程表，以及采购方要求的复印件数量和类型。

7.2.1.2 资料应在传递函件(封面)和标题栏或标题页上标明采购方和用户的公司名称、工作及工程号、设备名称及项目号、采购方订单号、采购方订单中规定的其他识别及卖方识别用车间订单号、系列号或为与回复函件一致所要求的其他参考号。

7.2.2 图样

●7.2.2.1 采购方应在询价单和订单中规定印刷和可供复制图的数量以及卖方提交的时间，见7.1a)。

7.2.2.2 采购方与卖方一致同意时，收到卖方图纸时采购方应立即复核。除非以书面形式明确地商定，采购方的复核工作不作为偏离订单要求的许可。采购方对图样批准后，卖方应按规定数量提供最终图样，所有的图纸应清楚并符合相关标准。

7.2.2.3 图纸应包括以下信息(对集装型压缩机接受符合规格的图样，不接受通用图样)：

a) 采购方订单号(每张图样上)；

b) 采购方设备项目号(每张图样上)；

c) 每个部件的质量；

d) 所有的主要尺寸，包括采购方所需的基础、管道设计、维修空间和拆除空间，及法兰的最大加载量(力和力矩)；

e) 所有不平衡力和力偶的方向和大小及重心位置；

f) 旋转方向；

g) 所有由采购方联接的接口尺寸、类型、位置及标识，包括放气口、排放口、润滑油、管道及仪表(卖方堵上的接口要标明)；

h) 提供联轴器时，联轴器的结构、尺寸、类型和位置以及联轴器防护罩的型式；

i) 卖方供货范围的完整材料清单；

j) 全部图纸的清单，包括电机图纸，润滑系统图，密封系统图及控制图和控制柜图纸；

k) 特殊气候环境保护项目清单；

l) 卖方应提供设备的冷态设定数据，预测的包括瞬间影响在内的热膨胀数据。

7.2.2.4 卖方应提供卖方供货范围的每个系统的流程图、部件外观图和部件剖面图以及技术说明。

7.2.2.5 卖方应提供所供设备的剖面图和装配图。图上应标出所有零件，运转配合间隙及平衡数据供安装和维护用(通用图纸不接受)。

7.2.3 性能资料

检验和试验完成后，卖方应提供完整的机器运转时的性能数据资料，并表明极限值。

所有资料表都应标有压缩机系列号。

7.2.4 过程资料

7.2.4.1 卖方应提供全部信息以确保完成开始的“采购用”和以后的“竣工”数据表。数据表作修正及填充时也应如此并提交副本。

7.2.4.2 卖方应向采购方提供如下信息资料：

a) 工厂检验记录，该记录卖方须至少保存至装运后18个月。有规定时，在装运前应提交检验记录给采购方；

b) 有规定时，应提交弯曲及扭转分析报告的摘要；

c) 有规定时,应提交计算的转子响应曲线;

d) 加选的试验资料及报告。

7.2.4.3 适宜时,卖方应提供推力轴承和径向轴承的竣工间隙数据。

7.2.4.4 所有提供的设备都要有零件清单,清单须完整地标清每一件,以便采购方可以确定该零件与同一生产商的其他产品的互换性。标准的采购件应标明原制造商名称和件号。材料标识按 4.11.1.2 规定。

7.2.4.5 对于系列生产的集装型压缩机,卖方应提交备件供应和装配的所有必要的资料。换言之,除了包括在最初投标书中的备件资料外,供应商应提交备件的补充清单。补充清单应包含所推荐的备件,剖面图或装配图,件号及材料。每件应标定件号便于互换。标准的采购件应按规范标以原制造商代号。补充清单应及时提交采购方,便于在现场开车前及时订购和交付零部件。

7.2.5 使用说明书

装运后的 28 天内,卖方应提供所供设备及附件和仪表的要求数量的使用说明书,说明书应包括指定设备的清晰图样(不接受通用图样)、零件清单及完整的数据表。同时也应包括安装、最终检验、启动、停机、运转限制、操作和维护程序的说明。

必须清楚说明所推荐间隙和最大及最小设计间隙。

7.2.6 其他资料

有规定时,卖方应以规定频度向采购方提供进度报告,该报告应包含以下主要零部件的工程和生产信息:

a) 钢制承压件及锻件的材质(或证明)中的理化分析资料;

b) 完整的竣工数据表;

c) 按 6.3.3 进行机械运转试验的工厂检验合格记录。

附 录 A
（资料性附录）
数 据 表

表 A.1

	工程号____ 项目号____ 采购订单号____ 日期____
容积式回转压缩机 数据表 GB/T 25358 附录 A	申购单号____ 询价单号____ 第 1 页 共 9 页 编制____

1	用于:○投标 ○采购 ○竣工 日期____ 版本____						
2	用户____ 装置____						
3	地点/位置____ 系列号____						
4	用途____ 需要量____						
5	制造商____ 型号____ 驱动机____						
6	注:○由采购方填写 □由制造商填写						
7	运行条件						
8	(按每台设备的全部数据)	标准	额定	其他工况			
9				A	B	C	D
10							
11							
12	○ 压缩气体(也可见第____页)						
13	○ m^3/h(760 mmHg 和 0 ℃)干						
14	○ 质量流量(kg/h)(湿)(干)						
15	进口工况						
16	○ 压力(MPa)(绝压)						
17	○ 温度(℃)						
18	○ 相对湿度(%)						
19	○ 摩尔质量(M)						
20	□ $c_p/c_V(K_1)$或$(K_{平均})$						
21	□ 压缩性系数(Z_1)或$(Z_{平均})$						
22	□ 进口容积流量(m^3/h-湿)						
23	出口工况						
24	○ 压力(MPa)(绝)						
25	□ 温度(℃)						
26	□ $c_p/c_V(K_2)$或$(K_{平均})$						
27	□ 压缩性系数(Z_2)或$(Z_{平均})$						
28							
29	□ kW 要求(包括所有损失)						
30	□ 转速(r/min)						
31	□ 压力比(R)						
32	□ 容积效率(%)						
33	□ 消声器压力降 Δp						
34	○ ____						
35	□ 性能曲线编号						
36							
37	过程控制:						
38	方式:○ 旁通从____至____						
39	○ 旁通: ○ 手动 ○ 自动						
40	○ 转速变化从____至____						
41	○ 其他____						
42	信号:○ 来源____						
43	○ 类型____						
44	○ 范围:气动控制____ r/min ____(MPa 表压)____ r/min ____(MPa 表压)						
45	(kPa) (kPa)						
46	○ 其他____						
47	工作方式:○ 连续 ○ 间歇 ○ 备用						
48	备注:____						
49	____						
50	____						

表 A.1（续）

容积式回转压缩机 数据表 GB/T 25358 附录 A	工程号________ 项目号________ 版本号________ 日期________ 第 2 页 共 9 页 编制________

	气体组分			标准	额定	其他工况				备 注
2	○ 摩尔 %	○________				A	B	C	D	
3			摩尔质量							
4	空气		28.966							
5	氧气	O_2	32.000							
6	氮气	N_2	28.016							
7	水蒸气	H_2O	18.016							
8	一氧化碳	CO	28.010							
9	二氧化碳	CO_2	44.010							
10	硫化氢	H_2S	34.076							
11	氢气	H_2	2.016							
12	甲烷	CH_4	16.042							
13	乙烯	C_2H_4	28.052							
14	乙烷	C_2H_6	30.068							
15	丙烯	C_3H_6	42.078							
16	丙烷	C_3H_8	44.094							
17	异丁烷	C_4H_{10}	58.120							
18	正丁烷	C_4H_{10}	58.120							
19	异戊烷	C_5H_{12}	72.146							
20	正戊烷	C_5H_{12}	72.146							
21	正已烷以上									
22										
23										
24										
25										
26	总计									
27	平均摩尔质量									

28	位置：	噪声：
29	○ 户内 ○ 采暖 ○ 有遮棚	○ 机器适用：
30	○ 户外 ○ 无采暖 ○ 部分侧墙	标准________规定
31	○ 标高 ○ 平台 ○________	○ 周边环境适用
32	○ 现场电气等级____ 类别____ 区域____	标准________规定
33	○ 要求防冻 ○ 要求热带气候	隔音室(罩)：○ 是 ○ 否
34	现场条件：	噪声等级______ dB(A) 声压(声功率)级
35	○ 海拔________ m 大气压________ MPa	基准值：20MPa
36	环境温度：	应用标准：
37	干式温度 湿式温度	GB/T 25358
38	○ 现场 ℃________	石油及天然气工业用集装型回转无油空气压缩机
39	○ 正常 ℃________	________
40	○ 最高 ℃________	________
41	○ 最底 ℃________	________
42	异常条件：○ 粉尘 ○ 烟雾	涂装：
43	○ 其他________	○ 制造商标准
44	________	○ 其他________
45	________	________
46	________	装运：
47	________	○ 国内 ○ 出口 ○ 出口包装要求
48	________	○ 贮存期______月
49	备注：________	
50	________	

表 A.1（续）

	容积式回转压缩机 数据表 GB/T 25358　附录 A	工程号________ 项目号________ 版本号________ 日期________ 第 3 页 共 9 页 编制________
1	□ 转速：	□ 轴：
2	最大连续转速____ r/min　跳闸转速____ r/min	材料________
3	最大线速度____ m/s（额定转速时）	轴径(mm)　转子处____　联轴节处____
4	____ m/s（最大连续转速时）	轴端：□ 锥形　□ 圆形
5	□ 弯曲临界转速：	
6	第一临界转速________ r/min	轴套：
7	阻尼________　无阻尼________	○ 轴封处________　□ 材料________
8	模态型式________	________
9	弯曲临界转速-求法：	________
10	□ 阻尼不平衡响应分析	□ 同步齿轮：
11	□ 工厂试验	尺寸____　型式________
12	□ 其他类型分析：________（说明）	材料________
13	□ 扭转临界转速：	轴封：
14	第一临界转速________ r/min	□ 型式
15	第二临界转速________ r/min	○ 密封系统型式________
16	第三临界转速________ r/min	□ 内部油泄漏保证值(l/每天每组油封)________
17	□ 振动：	□ 缓冲气种类________
18	许用水平________ 试验	□ 缓冲气流量(每组轴封)________
19	(峰-峰)________ 现场	正常：____ kg/min 在____(表压)kPa 下
20	□ 转向，从驱动端方向看	最大：____ kg/min 在____(表压)kPa 下
21	□ 机壳：	□ 轴承座结构：
22	型式________	型式(分体，整体)____　剖分型式____
23	机壳剖分型式________	材料________
24	材料________	□ 径向轴承：
25	运行：□ 干　□ 湿 含____ 液体	型式________　跨距(mm)________
26	厚度(mm)____　腐蚀裕度(mm)____	面积(mm^2)____　载荷 N/mm^2：实际____　允许____
27	最大工作压力________ MPa(表压)	中心点________　偏心点________
28	安全阀设定压力________ MPa(表压)	相对前缘的偏心量%________
29	累加压力余量________ MPa(表压)	瓦块数____　转子在瓦块上____ 或 瓦块间____
30	试验压力 MPa(表压)氦气____　液压____	瓦块材料________
31	最大许用温度____ ℃　最小运转温度____ ℃	巴氏合金类型____　厚度____
32	机壳最大进气量(m^3/h)________	________
33	射线照片质检　○ 是____　○ 否____	□ 推力轴承：
34	□ 转子：	位置________　类型________
35	直径(mm)：________	制造商________　面积(mm^2)________
36	齿数：阳____　阴____	载荷(N/mm^2)：实际____　允许____
37	型式________	气体载荷(N)____　联轴节滑动载荷(N)____
38	制造方式________	联轴节摩擦系数：____联轴节齿节圆直径(mm)：____
39	材料________	平衡活塞补偿载荷________(N)
40	最大屈服强度(N/mm^2)________	中心点________　偏心点________
41	布氏硬度：最大____　最小____	相对前缘的偏心量%________
42	转子长径比(L/D)________	瓦块数________
43	转子间隙(mm)________	瓦块材料________
44	最大挠度(mm)________	巴氏合金类型____　厚度____(mm)
45	齿间最大马赫数________	________
46	内部冷却____　非冷却____	________
47	备注：________	
48	________	
49	________	
50	________	

表 A.1（续）

容积式回转压缩机 数据表 GB/T 25358 附录 A	工程号______ 项目号______ 版本号______ 日期______ 第 4 页 共 9 页 编制______

1	□ 主联接						
2		尺寸	额定值	端面	位置		
3	进气口						
4	排气口						
5	______						
6	______						
7	______						
8	□ 许用管路力和力矩						
9		进气口		排气口			
10		力	力矩	力	力矩	力	力矩
11		N	N·m	N	N·m	N	N·m
12	轴向						
13	垂直						
14	水平 90°						
15		力	力矩	力	力矩	力	力矩
16		N	N·m	N	N·m	N	N·m
17	轴向						
18	垂直						
19	水平 90°						
20	□ 其他联接：						
21	项目：	序号	尺寸	型式			
22	润滑油进口						
23	润滑油出口						
24	密封油进口						
25	密封油出口						
26	机壳排放口						
27	通风						
28	冷却水						
29	压力						
30	温度						
31	充气处：						
32	轴承座						
33	轴承和密封间						
34	密封和气体间						
35							
36							
37	振动检测：						
38	○ 依据标准：______						
39	其他______						
40	○ 型式______ □ 型号______						
41	○ 制造商______						
42	○ 各轴承处数量______ 总数______						
43	○ 振动传感器供应方______						
44	○ 制造商______ □ 型号______						
45	○ 监视器供应______						
46	○ 位置______ 防护______						
47	○ 制造商______ □ 型号______						
48	□ 刻度范围______ ○ 报警 □ 设定值___ μm						
49	○ 停机 □ 设定值___ μm ○ 时间延迟___ sec						
50	○ 相位转换器						

轴向位置检测：
○ 依据标准：______
其他______
○ 型式______ □ 型号______
○ 制造商______ □ 设备号______
○ 传感器供应方______
○ 制造商______ □ 型号______
○ 监视器供应______
○ 位置______ 防护______
○ 制造商______ □ 型号______
□ 刻度范围______ ○ 报警 □设定值___ μm
○ 停机 □ 设定值___ μm ○ 时间延迟___ sec

联轴器：
○ 依据标准：JB/T 9559
其他______

	驱动机-压缩机间	齿轮-压缩机间
○ 型式		
□ 型号		
○ 润滑		
○ 安装半联轴节		
○ 间隔套要求		
○ 限制端浮动要求		
○ 转矩模拟器要求		
□联轴节特性值 kW/100/r/min		
□ 键 1 □ 键 2 □ 液压连接		

基架和底板：
底板用于：○ 压缩机 ○ 齿轮 ○ 驱动机
基架：
○ 公用（位于压缩机，齿轮和驱动机下）
○ 仅位于压缩机下 ○ 其他______
○ 装防滑面板 ○ 开式结构
○ 带防滴漏槽 ○ 开式排水
○ 设备水平调节螺钉
○ 适合点支承
○ 适合周边支承

备注：______

表 A.1(续)

	容积式回转压缩机 **数据表** **GB/T 25358 附录 A**	工程号___ 项目号___ 版本号___ 日期___ 第 5 页 共 9 页 编制___
1	公用条件:	□ 重量(kg)
2	蒸气: 驱动机 加热器	压缩机___ 齿轮___ 驱动机___ 基架___
3	进口:最小___MPa(表压)___℃ ___MPa(表压)___℃	转子:压缩机___ 齿轮箱___ 驱动机___
4	正常___MPa(表压)___℃ ___MPa(表压)___℃	压缩机上机壳___
5	最大___MPa(表压)___℃ ___MPa(表压)___℃	润滑油站控制台___ 密封油站控制台___
6	排口:最小___MPa(表压)___℃ ___MPa(表压)___℃	最大维修单件重量___
7	正常___MPa(表压)___℃ ___MPa(表压)___℃	运输总重量___
8	最大___MPa(表压)___℃ ___MPa(表压)___℃	
9	电:	□ 空间要求
10	驱动机 加热器 控制器 停机	压缩机装置: 长(L)___ 宽(W)___ 高(H)___
11	电压___ ___ ___ ___	润滑油站控制台:长(L)___ 宽(W)___ 高(H)___
12	频率___ ___ ___ ___	密封油站控制台:长(L)___ 宽(W)___ 高(H)___
13	相位___ ___ ___ ___	
14	冷却水:	其他:
15	温度:进水___℃ 最大回水___℃	□ 吸气口前直管段长为管径倍数的推荐值
16	压力:正常___MPa(表压) 设计___MPa(表压)	___
17	最小回水___MPa(表压) 最大允许 Δp___kPa	○ 卖方对采购方管路和基础的审查
18	水源___MPa(绝压)	
19	仪表气:	○ 压缩机、齿轮和驱动机上的找正平面
20	压力:最小___(表压)MPa 最大___(表压)MPa	
21	□ 总公用消耗量:	○ 机壳打开前洗涤设备供应方
22	冷却水耗量___ m^3/h	
23	正常蒸气耗量___ kg/h	○ 要求提供扭转分析报告
24	最大蒸气耗量___ kg/h	○ 扭振发生时的措施
25	仪表气耗量___ m^3/h	要求提供冷凝液排放装置
26	功率(驱动机)___ kW	○ 是___ ○ 否___
27	功率(辅机)___ kW	消音器供应方___
28	___	
29	___	备注:
30	工厂检验与试验: 要求项 见证项	___
31	工厂检验 ○ ○	___
32	液压试验 ○ ○	___
33	氦泄漏 ○ ○	___
34	机械运转 ○ ○	___
35	备用转子机械运转 ○ ○	___
36	备用转子试装 ○ ○	___
37	性能试验(气体)(空气) ○ ○	___
38	压缩机(带驱动机) ○ ○	___
39	压缩机(不带驱动机) ○ ○	___
40	使用工厂润滑密封系统 ○ ○	___
41	使用本机润滑密封系统 ○ ○	___
42	使用工厂振动传感器	___
43	使用本机振动和轴向位置传感器	___
44	振动传感器和监视器 ○ ○	___
45	全压力运行 ○ ○	___
46	试验后拆卸-重装压缩机 ○ ○	___
47	试验后检查轴承密封 ○ ○	___
48	噪声检测 ○ ○	___
49	___	___
50	___	___

表 A.1（续）

	工程号________ 项目号________
容积式回转压缩机 **数据表** **GB/T 25358 附录A**	版本号________ 日期________ 第 6 页 共 9 页 编制________

1	参考标准：	地区分类：
2	JB/T 4365 ○ 是 ○ 否	级____ 组____ 区域____
3	________	电机控制和仪表电压：
4	________	电压____V 相数____ 频率____Hz
5	________	报警和停机电压：
6	________	电压____V 相数____ 频率____Hz 或直流____V
7	________	________

8	就地仪表盘：
9	提供：□ 由制造商 □ 由采购方 □ 由其他________
10	□ 独立安装 □ 防风雨 □ 全封闭 □ 附加开口
11	□ 隔振器 □ 电热式加热器 □ 充气接口
12	□ 报警器提供：□ 由制造商 □ 由采购方 □ 由其他________
13	报警器安装位置：□ 就地仪表盘 □ 主控制仪表盘
14	□ 由用户引出至卖方终端盒
15	仪表供应：

16	压力表：	制造商________	尺寸及形式________
17	温度计：	制造商________	尺寸及形式________
18	液位计：	制造商________	尺寸及形式________
19	压差表：	制造商________	尺寸及形式________
20	压力开关：	制造商________	尺寸及形式________
21	压差开关：	制造商________	尺寸及形式________
22	温度开关：	制造商________	尺寸及形式________
23	液位开关：	制造商________	尺寸及形式________
24	控制阀：	制造商________	尺寸及形式________
25	压力安全阀：	制造商________	尺寸及形式________
26	温控阀：	制造商________	尺寸及形式________
27	流量观测指示器：	制造商________	尺寸及形式________
28	气体流量计：	制造商________	尺寸及形式________
29	振动设备：	制造商________	尺寸及形式________
30	转速计：	制造商________	尺寸及形式________
31	电磁阀：	制造商________	尺寸及形式________
32	报警器：	制造商________	型号及点数________
33	________	制造商________	型号及点数________
34	________	制造商________	型号及点数________
35	注：□ 由卖方供应		○ 由采购方供应

36	压力表要求					
37		就地安装	就地仪表盘		就地安装	就地仪表盘
38	功能			功能		
39	润滑油泵出口	□ ○	□ ○	控制油	□ ○	□ ○
40	润滑油过滤器 Δp	□ ○	□ ○	控制油 Δp	□ ○	□ ○
41	润滑油供应口	□ ○	□ ○	联轴器油 Δp	□ ○	□ ○
42	密封油泵出口	□ ○	□ ○	主蒸汽进口	□ ○	□ ○
43	密封油过滤器 Δp	□ ○	□ ○	一级蒸汽	□ ○	□ ○
44	密封油过滤器	□ ○	□ ○	蒸汽腔	□ ○	□ ○
45	密封油压差	□ ○	□ ○	出口蒸汽	□ ○	□ ○
46	参照气体	□ ○	□ ○	抽气蒸汽	□ ○	□ ○
47	平衡管	□ ○	□ ○	蒸汽喷射器	□ ○	□ ○
48	油封导出口	□ ○	□ ○	压缩机吸气	□ ○	□ ○
49	缓冲密封气	□ ○	□ ○	压缩机排气	□ ○	□ ○
50	________	□ ○	□ ○	________	□ ○	□ ○

表 A.1(续)

容积式回转压缩机 **数据表** **GB/T 25358　附录 A**	工程号________ 项目号________ 版本号________ 日期________ 第 7 页 共 9 页 编制________

1	温度计要求					
2		就地安装	就地仪表盘		就地安装	就地仪表盘
3	功能			功能		
4	各润滑油出口	□ ○	□ ○	油冷却器进出口	□ ○	□ ○
5	压缩机径向轴承	□ ○	□ ○	密封油出口	□ ○	□ ○
6	驱动机径向轴承	□ ○	□ ○	压缩机吸气口	□ ○	□ ○
7	齿轮径向轴承	□ ○	□ ○	压缩机排气口	□ ○	□ ○
8	压缩机推力轴承	□ ○	□ ○	润滑油箱	□ ○	□ ○
9	驱动机推力轴承	□ ○	□ ○	________	□ ○	□ ○
10	齿轮推力轴承	□ ○	□ ○	________	□ ○	□ ○

11	其他各种仪表:
12	□ ○ 流量观测指示器:各径向、推力轴承,各联轴器回油孔
13	□ ○ 流量观测指示器:各密封油回油孔
14	□ ○ 液位计:润滑油和密封油油箱,密封油排放收集罐和容器密封油箱
15	□ ○ 振动和轴位置传感器
16	□ ○ 振动和轴位置显示装置
17	□ ○ 振动和轴位置显示器安装在:□ 就地仪表盘　□ 独立仪表盘　□ 主仪表板
18	□ ○ 涡轮机转速探测装置
19	□ ○ 涡轮机转速显示器
20	□ ○ 涡轮机转速显示器安装在:□ 就地仪表盘　□ 主仪表板
21	□ ○ 遥控变速器-安装在就地仪表盘
22	□ ○ 警报器及确认开关

23	报警及停机开关					
24	功能	报警	停机	功能	报警	停机
25	□ ○ 润滑油压低	____	____	□ ○ 压缩机振动	____	____
26	□ ○ 润滑油过滤器 Δp 高	____	____	□ ○ 轴向位置	____	____
27	□ ○ 密封油过滤器 Δp 高	____	____	□ ○ 涡轮机振动	____	____
28	□ ○ 润滑油箱油位低	____	____	□ ○ 涡轮机轴向位置	____	____
29	□ ○ 密封油箱油位低	____	____	□ ○ 齿轮振动	____	____
30	□ ○ 密封油位高	____	____	□ ○ 齿轮轴向位置	____	____
31	□ ○ 密封油位低	____	____	□ ○ 压缩机电机停机	____	____
32	□ ○ 密封油压高	____	____	□ ○ 停机及节流阀关闭	____	____
33	□ ○ 密封油压低	____	____	□ ○ 涡轮蒸汽密封泄漏	____	____
34	□ ○ 辅助密封油泵启动	____	____	□ ○ 压缩机推力轴承温度高	____	____
35	□ ○ 辅助润滑油泵启动	____	____	□ ○ 驱动机推力轴承温度高	____	____
36	□ ○ 密封油出口超温(冷却器)	____	____	□ ○ 压缩机平衡活塞 Δp	____	____
37	□ ○ 进气分离器液位高	____	____	□ ○ ________	____	____
38	□ ○ 压缩机排气温度高	____	____	□ ○ ________	____	____
39	□ ○ 润滑油出口超温(冷却器)	____	____	□ ○ ________	____	____

40	开关闭合:
41	警报触点应:□ 开　□ 闭合至报警及正常　□ 激发　□ 断开激发
42	停机触点应:□ 开　□ 闭合至跳闸及正常　□ 激发　□ 断开激发
43	注:正常状态指压缩机处于运行中。
44	其他:
45	○ 仪表标记要求
46	报警和停机开关应分开。
47	基架和控制台范围内采购方的电器和仪表接口应:
48	应:□ 引出至终端盒　□ 由采购方直接制造
49	关于仪表的说明:________________
50	________________

表 A.1(续)

容积式回转压缩机 数据表 GB/T 25358 附录 A	工程号____ 项目号____ 版本号____ 日期____ 第 8 页 共 9 页 编制____

1	用于:○投标 ○采购 ○竣工	
2	用户	装置
3	地点/位置	驱动机
4	用途	需要量
5	制造商 型号	系列号
6	注:○由采购方填写 □由制造商填写	
7	电机设计数据	电机设计参数(续)
8	应用规范:	起动:
9	○____	○ 全压 ○ 降压____%
10	○____	○ 负载 ○ 空载
11	○____	○ 电压降____%
12	现场数据:	振动:
13	区域:○ 等级____类别____区域____ ○ 安全	○ GB 标准 ○____
14	○ 海拔____m 环境温度:最高____℃ 最低____℃	噪声:
15	非常条件:○ 灰尘 ○ 烟雾	○ GB 标准 ○____
16	○ 其他____	附属设备
17	驱动系统: ○ 直联	○ 基架 ○ 底板 ○ 定子位移
18	○ 齿轮	○ 制造商标准风扇 ○ 无火花风扇
19	○ 其他____	○ 直流励磁:
20	电机型式:	□ 要求功率____kW 电压____V
21	○ 鼠笼感应式 ○ GB 标准设计	由:○ 采购方 ○ 制造商
22	○ 同步机____	描述____
23	○ 功率因数要求____	○ 附加的集流环:
24	励磁:○ 无电刷 ○ 集流环	○ 充气:介质____压力____MPaG
25	○ 电机制造商提供的电场放电电阻	○ 防爆,非清洗
26	○ 线绕转子感应式	○ 强制通风
27	○____	□____m³/h____压力降____mm 水柱
28	防护:	○ 轴承温度检测设备
29	○ 级别____ ○ 类别____ 防爆	□ 位置____
30	○全封闭风冷型	□ 描述____
31	○全封闭水空冷型 ○ TEICF,使用____气体	□ 设定在____℃报警____℃停机
32	○ 双层碳钢管	○ 空间加热器
33	○ 供水:压力____MPaG 温度____℃	□____kW ○____V____相数____Hz
34	○ 允许水的 Δp____MPaG 和温升____℃	○ 套管最高温度____℃
35	○ 水侧最小腐蚀裕度____mm	○ 线圈温度检测设备
36	和污垢系数____	○ 热敏电阻:相数____
37	○ 供气压力____MPaG	型式:○ 正温度修正系数 ○ 负温度修正系数
38	○____	温度开关:○ 有 ○ 无
39	○ 气候防护型式____	○ 电阻温度:检测器:型号/相位____
40	○ 强制通风	○ 电阻材料____ □____Ω
41	○ 开启防漏式	选择器开关和指示器由:○ 采购方 ○ 制造商
42	○ 开启式	□ 最高定子线圈温度:____℃报警____℃停机
43	○____	线圈温度检测设备和空间加热器导线引出:
44	基本数据:	○ 在同一接线盒中
45	○____V____相数____Hz	○ 在不同接线盒中
46	□ 铭牌功率____kW 服务系数____	○ 对于不同防护电机的布置:
47	○ 同步转速 r/min	○ 自平衡初始电流方法
48	○ 绝缘:等级____型式____	○ 互感器说明
49	○ 温升____℃ 高于____℃ 由____	○ 延长导线 □ 长度____m
50	____	○ 浪涌电容器____

表 A.1(续)

	容积式回转压缩机 **数据表** **GB/T 25358 附录 A**	工程号____ 项目号____ 版本号____ 日期____ 第 9 页 共 9 页 编制____
1	附属设备(续)	制造商数据(续)
2	○ 避雷器	轴承:型式____ 润滑____
3	○ 电流表用互感器	润滑油要求:____ m/h^3 ____ MPaG
4	○ 描述____	轴端总位移值____
5	主接线盒规格:	轴端位移限定值____
6	○ 主电机导线 ○ 型式____	电机转子: □ 整体 □ 剖分
7	○ 绝缘 ○ 非绝缘	电机轮毂: □ 整体 □ 剖分
8	不同防护用互感器(安装由____)	全封闭水空冷型及 TEIGF 型电机:
9	○ 浪涌电容器(安装由____)	冷却水要求:____ m/h^3
10	○ 避雷器(安装由____)	冷却水温升____ ℃ 压降____ MPa
11	○ 电流表用互感器(安装由____)	空气(气体)要求____ m/h^3 保持压力____ mm 水柱
12	○ 应力锥间隙	电机饱和及额定电压下的曲线要求:
13	○ 空气过滤器	○ 转速对扭矩(也对额定电压____ %)
14	□ 制造商____ □ 型式____	○ 转速对功率因数
15	制造商数据	○ 转速对电流
16	制造商____	重量(kg):
17	机身号:____ 满负荷转速(确认)____ r/min	净重____ 发运重量____
18	效率: 满载____ 3/4 负载____ 1/2 负载____	转子重量____ 最大起吊重量____
19	功率因数(感应机):满载__ 3/4 负载__ 1/2 负载____	最大维修重量(单件)____
20	电流(额定电压时):满载____ 堵转____	外形尺寸(mm):
21	堵转功率因数____	*L*____ *W*____ *H*____
22	堵转允许时间(冷启动)____	车间检查和试验
23	扭矩:满负荷____ N·m	要求项 见证项
24	堵转____ 截____ 启动(同步)____	车间检查 ○ ○
25	最小(感应机)____ 牵入(同步)____	试验按 GB ○ ○
26	最大(感应机)____ 失步(同步)____	制造商车间试验标准 ○ ○
27	____	浸没试验 ○ ○
28	开路时间常数____ s	特殊试验(列于下面) ○ ○
29	对 30 项端子故障的对称影响:	____ ○ ○
30	在 1/2 周期____ 在 5 周期____	____ ○ ○
31	电抗:超瞬态(X″d)____	____ ○ ○
32	瞬态(X′d)____ 同步(Xd)____	____ ○ ○
33	交流定子阻抗____ Ω 在____ ℃	联轴器:
34	额定 kVA____	○ 供应由____
35	全电压及堵转(同步)时的 kVA____ %	○ 制造商____ □ 型号____
36	全电压及 95%转速时的 kVA____ %	安装在电机上的半联轴器由:
37	牵出(同步)时第一滑环上定子的最大电流____ A	○ 电机制造商 ○ 压缩机制造商 ○ 采购方
38	加速时间(仅对额定电压下电机)____ s	____
39	加速时间(仅对 85%额定电压下电机和负荷)____ s	油漆:
40	包括电机轴的转动惯量____ kg·m^2	○ 制造商的标准
41	面向联轴节的转向____	○____
42	每小时启动次数____	发运:
43	磁场放电电阻____ Ω	○ 国内 ○ 出口 ○ 出口包装要求
44	额定励磁场电压____ DC	○ 户外贮存 3 个月以上
45	25 ℃时励磁场电阻____ Ω	○____
46	满负荷和额定功率因数时的励磁场电流____ A	备注:____
47	励磁场电流:最大____ A 最小____ A	____
48	励磁场 □ 可变电阻器 □ 要求固定电阻	____
49	供应由____	____
50	____	____

附　录　B
（规范性附录）
压缩机允许的外力和外力矩

B.1　概述

压缩机应设计成在每个接管上应至少能承受按表 B.1 和表 B.2 所列的外力和外力矩。卖方应以表格形式对每个接管提供允许的力和力矩。

这些允许的力和力矩的值仅与压缩机结构有关。它们与为使联接管道、法兰和法兰联接螺栓不超过适用规范和管理机构规定的许用应力相对应的力和力矩无关。

负荷可以由采购方和卖方之间商定增加，然而，推荐预期运行负荷尽量减小。

表 B.1 和表 B.2 中没有给出的接管尺寸，允许的力和力矩应由采购方和卖方之间商定。

表 B.1　允许力

力 N	接管公称尺寸 DN								
	100	150	200	250	300	350	400	450	500
F_x	1 368	2 094	2 815	3 328	3 960	4 908	5 772	6 492	6 182
F_y	3 434	5 253	7 052	8 349	9 938	12 294	14 455	16 269	15 490
F_z	2 336	3 383	4 527	5 178	5 992	6 662	7 492	8 499	8 270
F_r	4 373	6 590	8 841	10 373	12 261	14 819	17 274	19 469	18 615
注：接管公称尺寸 DN 以 mm 表示。									

表 B.2　允许力矩

力矩 N·m	接管公称尺寸 DN								
	100	150	200	250	300	350	400	450	500
M_x	2 069	2 754	3 672	4 212	5 097	6 232	7 316	9 605	9 191
M_y	1 253	2 126	2 836	3 648	4 190	5 656	6 781	7 153	6 762
M_z	1 253	1 698	2 264	2 814	3 334	4 491	5 450	7 153	6 762
M_r	2 724	3 871	5 163	6 242	7 393	9 539	1 136	13 949	13 264
注：接管公称尺寸 DN 以 mm 表示。									

B.2　公式

x、y 和 z 轴在图 B.1 中定义。

合力 F_r 由公式(B.1)给出：

$$F_r=\sqrt{F_x^2+F_y^2+F_z^2} \qquad \cdots\cdots\cdots\cdots(B.1)$$

F_x、F_y 和 F_z 分别是沿着 x、y 和 z 轴的分力。

合力矩 M_r 由公式(B.2)给出：

$$M_r=\sqrt{M_x^2+M_y^2+M_z^2} \qquad \cdots\cdots\cdots\cdots(B.2)$$

M_x、M_y 和 M_z 分别是围绕着 x、y 和 z 轴的力矩。

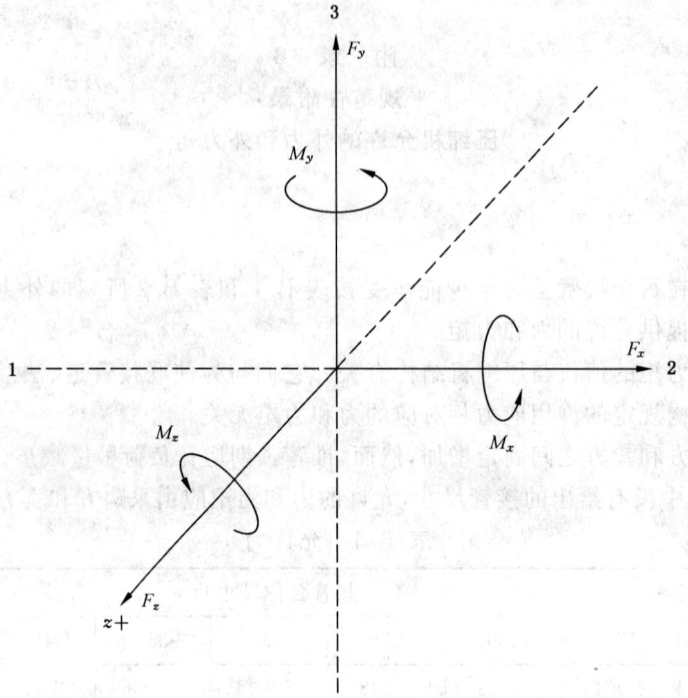

1——驱动端；

2——与压缩机轴平行的轴；

3——垂直轴。

图 B.1 轴的定义

附 录 C
（规范性附录）
许用剩余不平衡度

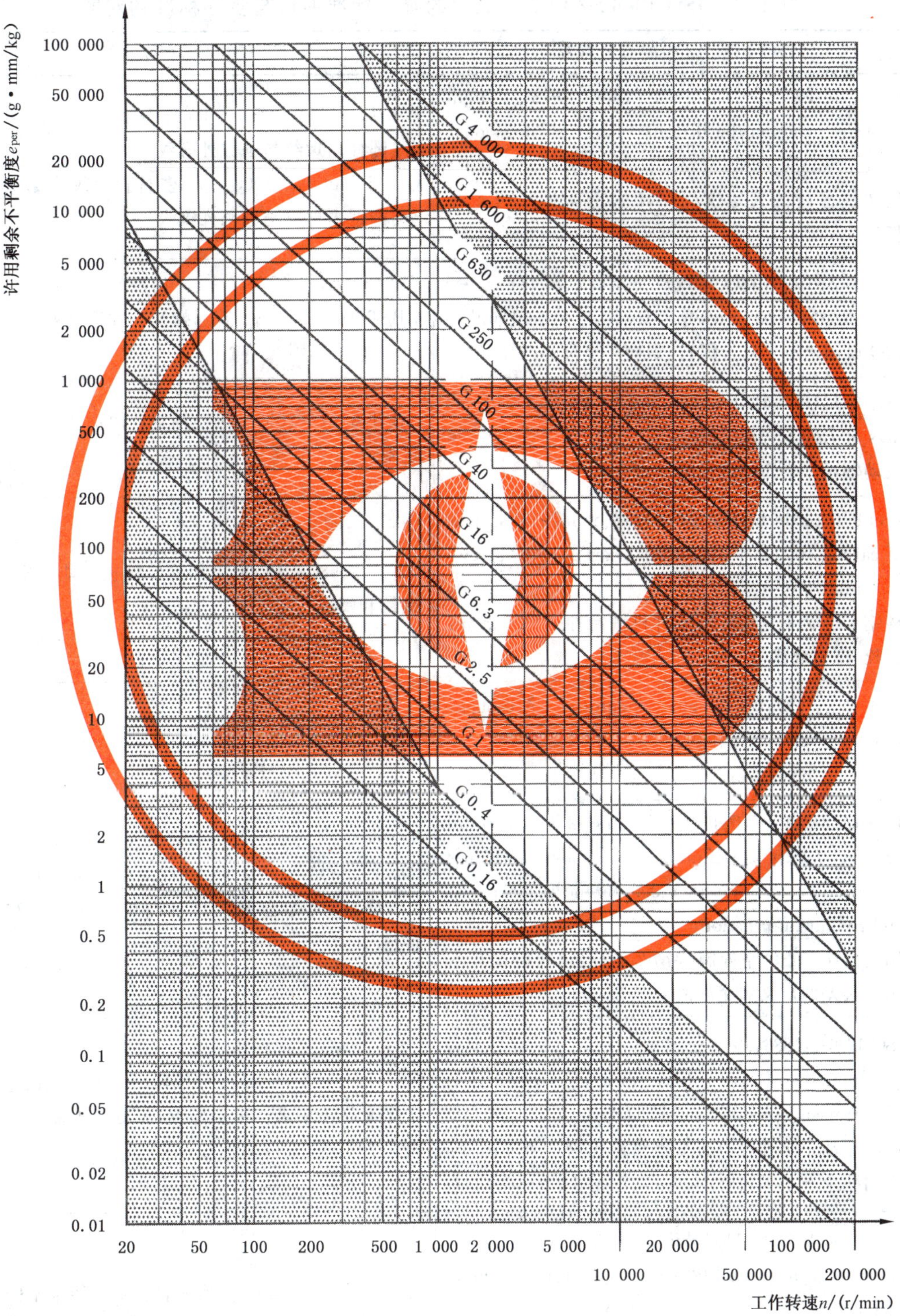

注：基于一般经验，白色区域是通常使用的区域。

图 C.1 基于平衡品质级别 G 和工作转速 n 的许用剩余不平衡度

附 录 D
（资料性附录）
ISO 10440-2 标准中的参考标准与我国标准的对照表

表 D.1 ISO 10440-2 标准正文中的参考标准书目与我国标准的对照

序号	ISO 10440-2 中的参考标准	对应我国标准	备注
1	ISO 7-1:1994, Pipe threads where pressure-tight joint are made on the threads—Part 1: Dimensions, tolerances and designation 用螺纹密封的管螺纹 第1部分:尺寸、公差与标记	GB/T 7306.1—2000 55°密封管螺纹 第1部分:圆柱内螺纹与圆锥外螺纹 GB/T 7306.2—2000 55°密封管螺纹 第2部分:圆锥内螺纹与圆锥外螺纹	eqv
2	ISO 262:1998, ISO general-purpose metric screw threads—Selected sizes for screws, bolts and nuts ISO 通用米制螺纹 螺钉,螺栓和螺母的选择尺寸	GB/T 9144—2003 普通螺纹 优选系列	MOD
3	ISO 281:1990, Rolling bearings—Dynamic load ratings and rating life 滚动轴承 额定动载荷与额定寿命	GB/T 6391—2003 滚动轴承 额定动载荷与额定寿命	IDT
4	ISO 898-1, Mechanical properties of fasteners made of carbon steel and alloy steel—Part 1: bolts, screws and studs 碳钢和合金钢制造的紧固件机械特性 第1部分:螺栓、螺钉和螺柱	GB/T 3098.1—2000 紧固件机械性能 螺栓、螺钉和螺柱	IDT
5	ISO 1217:1996, Displacement compressor—Acceptance tests 容积式压缩机验收试验	GB/T 3853—1998 容积式压缩机验收试验	eqv
6	ISO 1328-2:1997, Cylindrical gears—ISO system of accuracy—Part 2: Definitions and allowable values of deviations televant to radial composit deviations and runout information 圆柱齿轮 ISO 精度制 第2部分:径向偏差和不圆度误差的定义和允许值	GB/T 10095.2—2008 圆柱齿轮 精度制 第2部分:径向综合偏差与径向跳动的定义和允许值	IDT
7	ISO 1940-1:1986, Mechanical vibration—Balance quality requirements of rigid rotors—Part 1: Determination of permissible residual unbalance 机械振动 刚性转子的平衡质量要求 第1部分:许用残余不平衡的测定	GB/T 9239.1—2006 机械振动 恒态(刚性)转子平衡品质要求 第1部分:规范与平衡允差的检验	IDT
8	ISO 3506-1:1997, Mechanical properties of corrosion-resistant stainless-steel fasteners—Part 1: Bolts, screws and studs 耐腐蚀不锈钢紧固件的机械性能 第1部分:螺栓、螺钉和螺柱	GB/T 3098.6—2000 紧固件机械性能 不锈钢螺栓、螺钉和螺柱	IDT

表 D.1（续）

序号	ISO 10440-2 中的参考标准	对应我国标准	备注
9	ISO 5167-1:1991, Measurement of fluid flow in circular cross-section conduits running full using pressure differential devices—Part 1:General 用安装在圆形截面管道中的差压装置测量满管流体流量　第1部分:总则	GB/T 2624.1—2006　用安装在圆形截面管道中的压差装置测量满管流体流量　第1部分:一般原理和要求	IDT
10	ISO 7005-1:1992, Metallic flanges—Part 1:Steel flanges 金属法兰　第1部分:钢法兰	GB/T 9112～9124—2000　钢制管法兰	neq
11	ISO 9329-2:1997, Seamless steel tubes for pressure purposes—Technical delivery conditions—Part 2: Unalloyed and alloyed steels with specified elevated temperature properties 压力用无缝钢管　交货技术条件　第2部分:规定高温性能非合金钢和合金钢(钢管)	GB/T 6479—2000　高压化肥设备用无缝钢管 GB/T 9948—2006　石油裂化用无缝钢管	IDT
12	ISO 9329-4:1997, Seamless steel tubes for pressure purposes—Technical delivery conditions—Part 4: Austenitic stainless steels 压力用无缝钢管　交货技术条件　第4部分:奥氏体不锈钢		
13	ISO 10441:1999, Petroleum and natural gas industries—Flexible couplings for mechanical power transmission—Special purpose applications 石油和天然气工业　机械动力传输用挠性联轴器　专用设施		
14	IEC 60060-1, High-voltage test techniques—Part 1: General definitions and test requirements 高压试验技术　第1部分:一般定义和试验要求	GB/T 3048.13—2007　电线电缆电性能试验方法　第13部分:冲击电压试验 GB/T 3048.14—2007　电线电缆电性能试验方法　第14部分:直流电压试验	MOD neq
15	IEC 60060-2, High voltage test techniques—Part 2: Measuring systems 高压试验技术　第2部分:测试系统		
16	IEC 61000-4-2, Electromagnetic compatibility (EMC)—Part 4-2: Testing and measurement techniques—Electrostatic discharge immunity test 电磁兼容性(EMC)　第4部分:试验和测量技术　第2节:静电放电抗扰试验		
17	IEG 61000-4-3, Electromagnetic compatibility (EMC)—Part 4-3: Testing and measurement techniques—Radiated, radio-frequency, electromagnetic field immunity test 电磁兼容性(EMC)　第4部分:试验和测量技术　第3节:辐射、射频和电磁场抗扰性试验		

表 D.1（续）

序号	ISO 10440-2 中的参考标准	对应我国标准	备注
18	lEG 61000-4-4，Electromagnetic compatibility（EMC）—Part 4：Testing and measurement techniques—Section 4：Electrical fast transient/burst immunity test 电磁兼容性（EMC） 第 4 部分：试验和测量技术 第 4 节：电气快速瞬时/冲击抗扰试验		
19	EN 55011，Industrial，scientific and medical（ISM）radio-frequency equipment—Radio disturbance characteristics—Limits and methods of measurement 工业、科学和医疗（ISM）射频设备的无线电配电特性的测量方法和极限值		
20	EN 55022，Information technology equipment—Radio disturbance characteristics—Limits and methods of measurement 信息技术设备 无线电干扰特性 测量方法与极限		
21	ASME B31.1：1998，Power Piping 动力管道		
22	ASME B31.3：1999，Process Piping 工艺管道		
23	ASME BPVC Section Ⅷ：1998，Rules For Construction of Pressure Vessels Division 1 锅炉及压力容器规范第Ⅰ卷 动力锅炉建造规范		
24	API 614：1995，Lubrication，Shaft-Sealing，and Control-Oil Systems for Special-Purpose Application 特殊用途润滑、轴密封和控制油系统 （API 614：1999 石油、化工和燃气工业用润滑、轴密封和控制油系统及辅助设备）	JB/T4365—1997 专用的润滑、轴密封和控制油系统	eqv
25	API 661：1992，Air-Cooled Heat Exchangers for General Refinery Servic 一般炼油厂用风冷热交换器		
26	API 670：1993，Vibration，Axial-Position，and Bearing Temperature Monitoring Systems 振动、轴向位移及轴承温度监测系统		
27	API 671：1990，Special-Purpose Couplings for Petroleum，Chemical，and Gas Industry Services 石油、化工和燃气工业用联轴器	JB/T 9559—1999 工业汽轮机用 挠性联轴节	neq
28	NEMA SM23：1991，Steam turbines for mechanical drive service 机械驱动用汽轮机		

表 D.2 ISO 10440-2 标准中的参考书目与我国标准的对照

序号	ISO 10440-2 中的参考标准	对应我国标准	备注
1	ASTM A 106：1999，Standard Specification for Seamless Carbon Steel Pipe for High-Temperature Service 高温用无缝钢管规范		
2	ASTM A 192：1996，Standard Specification for Seamless Carbon Steel Boiler Tubes for High-Pressure Service 高压锅炉无缝钢管规范		
3	ASTM A 269：2000，Standard Specification for Seamless and Welded Austenitic Stainless Steel Tubing for General Service 一般用无缝及焊接不锈钢管规范	GB/T 14976—2002 流体输送用不锈钢无缝钢管	neq
4	API 619：1992，Rotary-Type Positive Displacement Compressors for Petroleum，Chemical and Gas Industry Service 石油化工和燃气工业用回转容积式压缩机		

附 录 E
（资料性附录）
ISO 10440-2:2001 的技术性差异及其原因

表 E.1 ISO 10440-2:2001 的技术性差异及其原因

序号	章条号	差 异	原 因
1	2 及规范性引用文件处	引用文件改成国内标准或文件，对无相应国内标准的改成定性要求	国外标准文件在国内使用不便，改用国内标准，便于本标准的贯彻
2	3.2	“机壳”改成“压缩机”	与本标准一致
3	3.3	“运行温度”改成“最高运行温度”	定义更准确，且与本标准一致
4	3.5	增加“在规定最高运行压力下输送规定流体时”	定义更准确，且与本标准一致
5	3.7	“对应压缩机额定流量时的驱动转子旋转速度。”改成“要求符合任何规定运行条件的功率输入转子轴的最高旋转速度。”	与本标准一致
6	3.9	删去“在最低额定工况下”	与本标准一致
7	3.10	“独立的紧急超速保护装置动作使原动机停机的旋转速度。”改成“独立的紧急超速保护系统启动，使原动机停机的功率输入转子轴的旋转速度。”	与本标准一致
8	3.12	增加“螺旋”	与本标准一致
9	3.13	“转子体、轴和热套的轴套（如果提供）的组合件。”改成“阳转子或阴转子组合件，包括转子体、轴和热套的轴套（如果提供）。”	与本标准一致
10	3.15	“机壳中转动的一个或一个以上转子由叶片、相互啮合件或转子自身形成的工作容积”改成“由机壳的腔体内壁、一个或多个转动着的转子体型面形成的压缩容积的总体”	定义更准确
11	3.19	增加“密封系统”	与本标准一致
12	3.21	“发生共振时的限定旋转速度。”改成“转子-轴承支承系统在共振状态时的轴的旋转速度。”	与本标准一致
13	4.1.1	引用标准改成国内标准或文件	便于本标准的贯彻
14	4.1.3	压力单位删去“bar”直接采用“MPa” “11 ℃”改成“8 ℃”	符合我国国情 符合我国国情（现有技术水平），切合实际
15	4.1.11	“许多因素可能对使用现场的性能有不良影响（如……）”改成“下列因素可能对使用现场的性能有不良影响，诸如配管负荷、接口负荷、运行时的对中性、现场安装的其他设备的管道和基础振动、支撑结构、现场搬运方法和安装方法。”	符合中文习惯

表 E.1(续)

序号	章条号	差　　异	原　　因
16	4.2.8	增加"相应位置"	更合理
17	4.2.10	国际标准改成国家标准和行业标准	便于本标准的贯彻
18	4.2.11	"带头螺栓"改成"螺栓"	带头螺栓即螺栓
19	4.2.13	"除非采购方允许,不能使用……"改成"……亦避免使用"	符合我国国情,切合实际
20	4.3.3	"机壳"改成"铸铁机壳"	切合实际
21	4.3.5.2	删除"用无缝钢管制造"	切合实际
22	4.3.7	国际标准改成国家标准	便于本标准的贯彻
23	4.3.7.3	国际标准改成国家标准	便于本标准的贯彻
24	4.3.7.4	国际标准改成国家标准	便于本标准的贯彻
25	4.3.8	删除国际标准改成"应符合相应法兰标准的要求"	便于本标准的贯彻
26	4.3.9	国际标准改成国家标准	便于本标准的贯彻
27	4.4	改变了原标准要求,并将具体要求引入本标准。 增加"采购方有规定时"	引入 ISO 最新标准要求,便于本标准的贯彻。 切合实际
28	4.5.2.1	国际标准改成国家标准	便于本标准的贯彻
29	4.5.2.4	增加"的改变"	更确切
30	4.7.1.4	"额定速度范围"改成"额定速度"	更合理
31	4.7.2.1	国际标准改成国家标准,并规定具体要求	切合实际,引入 GB 最新标准要求,便于本标准的贯彻
32	4.8.3	国际标准改成国家标准	便于本标准的贯彻
33	4.11.1.4	国际标准改成国家标准	便于本标准的贯彻
34	4.11.1.5	"18/8 不锈钢"改成"奥氏体不锈钢"	更具普遍性,且与 ISO 最新标准一致,因 18/8 不锈钢即 0Cr18Ni9(304)不锈钢,为奥氏体不锈钢
35	5.1.6	增加了国家标准	便于本标准的贯彻
36	5.2.2	国际标准改成国家标准	便于本标准的贯彻
37	5.2.4	"联轴器和轴接合处的额定功率和扭距"改成"联轴器和轴接合处应设计和制造成能使其传递功率和扭距的能力"	更确切
38	5.4.4.6	"18/8 不锈钢"改成"奥氏体不锈钢"	更具普遍性,且与 ISO 最新标准一致,因 18/8 不锈钢即 0Cr18Ni9(304)不锈钢,为奥氏体不锈钢
39	5.4.5.2	增加了"如有……要求",删除具体国际标准改成"应符合相关标准的要求"	符合我国国情,便于本标准的贯彻
40	5.4.6.2	删除国际标准改成"应按双方规定的标准"	符合我国国情,便于本标准的贯彻

表 E.1（续）

序号	章条号	差　异	原　因
41	5.4.6.3	删除国际标准改成“应按双方规定的标准”	符合我国国情，便于本标准的贯彻
42	5.4.6.4	删除国际标准改成“应按双方规定的标准”	符合我国国情，便于本标准的贯彻
43	5.5.1.1	增加“除非另有规定”，删除国际标准改成“应按双方规定的标准”	符合我国国情，便于本标准的贯彻
44	5.5.1.7	国际标准改成国家标准	便于本标准的贯彻
45	5.5.1.9	国际标准改成国家标准	便于本标准的贯彻
46	5.5.1.10	国际标准改成国家标准	便于本标准的贯彻
47	5.5.4.6	国际标准改成国家标准	便于本标准的贯彻
48	5.5.5.1	“1 μm”改成“100 μm”	原国际标准有误，更正
49	6.2.4	国际标准改成行业标准	便于本标准的贯彻
50	6.3.2.3	国际标准改成国家标准	便于本标准的贯彻
51	6.3.3.5	删除国际标准要求改成“应满足采购方认可的精度要求”	便于本标准的贯彻
52	6.3.4.2	国际标准改成国家标准	便于本标准的贯彻
53	6.3.4.5	增加“采购方如有特别规定”	切合实际
54	6.3.4.6	“地方法规”改成“GB/T 4980”	便于本标准的贯彻
55	6.3.4.10	增加“如有规定”	切合实际
56	7.1 第 q)项	ISO 10440 标准改成本标准	便于本标准的贯彻
57	7.2.4	“资料”改成“过程资料”	更确切
58	7.2.6	“卖方资料”改成“其他资料”	更确切
59	附录 A	国际或国外标准改成国内标准，英制单位改成公制单位	便于本标准的贯彻
60	附录 B	增加了压缩机允许的外力和外力矩	引入 ISO 最新标准要求，便于本标准的贯彻
61	附录 C	增加了图 B.1 根据平衡品质级别 G 和工作转速 n 确定的许用剩余不平衡度	引入 GB 最新标准要求，便于本标准的贯彻

参 考 文 献

[1] GB 755—2008 旋转电机 定额和性能
[2] GB/T 4208—2008 外壳防护等级(IP 代码)
[3] GB/T 5677—2007 铸钢件射线照相检测
[4] GB/T 8923—1988 涂装前钢材表面锈蚀等级和除锈等级
[5] GB/T 9443—2007 铸钢件渗透检测
[6] GB/T 11352—2009 一般工程用铸造碳钢件
[7] GB/Z 19414—2003 工业用闭式齿轮传动装置
[8] JB 4730.1-6—2005 承压设备无损检测
[9] JB/T 5439—1991 压缩机球墨铸铁零件的超声波探伤
[10] JB/T 5440—1991 压缩机锻钢零件的超声波探伤
[11] JB/T 5441—1991 压缩机铸钢零件的超声波探伤
[12] JB/T 5442—1991 压缩机重要零件的磁粉探伤
[13] JB/T 6441—2008 压缩机用安全阀
[14] JB/T 6764—1993 一般用途工业汽轮机 技术条件
[15] JB/T 6765—1993 特殊用途工业汽轮机 技术条件
[16] JB/T 6908—2006 容积式压缩机用锻件

ICS 23.140
J 72

中华人民共和国国家标准

GB/T 25359—2010

石油及天然气工业用集成撬装往复压缩机

Petroleum and natural gas industries—Packaged reciprocating gas compressors

(ISO 13631:2002,MOD)

2010-11-10 发布 2011-03-01 实施

中华人民共和国国家质量监督检验检疫总局
中国国家标准化管理委员会 发布

前　言

本标准修改采用ISO 13631:2002《石油及天然气工业用　集成撬装往复压缩机》(英文版)。

本标准按照ISO 13631:2002重新起草,而ISO 13631:2002是根据API Spec 11P,1989起草的。

本标准在采用国际标准时对技术内容进行了修改。这些技术性差异用垂直单线标识在它们所涉及的条款的页边空白处,技术性差异见附录G。

为便于使用,本标准还做了下列编辑性修改:

a) “本国际标准”一词改为“本标准”;

b) 用小数点“.”代替作为小数点的逗号“,”;

c) 删除了国际标准的前言;

d) 附录中的插图增加了图题;

e) 对ISO 13631:2002引用的其他国际标准,用已被采用为我国的标准代替相应国际标准;

f) 计量单位改用我国法定计量单位,并删除了括号内英制计量单位。

本标准的附录A、附录C、附录D、附录E、附录F、附录G均为资料性附录,附录B为规范性附录。

本标准由中国机械工业联合会提出。

本标准由全国压缩机标准化技术委员会(SAC/TC 145)归口。

本标准负责起草单位:沈阳鼓风机集团有限公司。

本标准参加起草单位:合肥通用机械研究院、无锡压缩机股份有限公司、上海电气压缩机泵业有限公司。

本标准主要起草人:宋云、吴丰、孟文惠、张秀娟、陈放、蒋尚鸿、浦继平、程广庆、吴晖。

引　言

本标准的用户应当意识到为了特殊用途可能需要有进一步或不同的要求。本标准没有意图限制卖方提供何种设备，或采购方为了特殊用途而接收、选择何种设备或工程方案，对有技术创新或发展之处，这可能是尤其合适的。在卖方对采购方的要求有替代选择方案时，卖方宜确定对本标准的任何偏离并提供详细说明。

在条款前面的点(·)表示要求采购方作出决定或提供进一步信息资料。该信息资料应在数据表上表明，参见附录A。

石油及天然气工业用集成撬装往复压缩机

1 范围

本标准规定了石油及天然气工业用压缩烃类化合物的集成撬装、气缸有油润滑、带有驱动机的分体或整体往复式压缩机(以下简称压缩机)的术语和定义、设计、材料、制造、检验及装运准备的要求。

本标准亦适用于所有必要的辅助设备,如:水和气的冷却器、消音器、废气排放控制设备、过滤器、分离器、控制盘和管线等。规定了可遵照执行的采购规范、现场施工和设备采购的最低要求。这些设备按采购规范和现场施工、安装设备最小化的要求,装配成一个可操作的单元。

本标准不适用于下列设备:

——GB/T 20322—2006 包括的石油及天然气工业用往复压缩机;

——安装在基础上的压缩机;

——无油润滑压缩机;

——带用作十字头的单作用筒型(汽车型)活塞的压缩机;

——排气压力在不高于 0.9 MPa 的工程设施或仪表空气压缩机;

——柴油机、燃气轮机和汽轮机驱动的压缩机。

2 规范性引用文件

下列文件中的条款通过本标准的引用而成为本标准的条款。凡是注日期的引用文件,其随后所有的修改单(不包括勘误的内容)或修订版均不适用于本标准,然而,鼓励根据本标准达成协议的各方研究是否可使用这些文件的最新版本。凡是不注日期的引用文件,其最新版本适用于本标准。

GB 150 钢制压力容器

GB/T 193—2003 普通螺纹 直径与螺距系列(ISO 261:1998,MOD)

GB 755—2008 旋转电机 定额和性能(IEC 60034-1:2004,IDT)

GB/T 3098.1—2000 紧固件机械性能 螺栓、螺钉和螺柱(ISO 898-1:1999,IDT)

GB/T 3098.2—2000 紧固件机械性能 螺母 粗牙螺纹(ISO 898-2:1992,IDT)

GB/T 3098.4—2000 紧固件机械性能 螺母 细牙螺纹(ISO 898-6:1994,IDT)

GB/T 3098.6—2000 紧固件机械性能 不锈钢螺栓、螺钉和螺柱(ISO 3506-1:1997,IDT)

GB/T 3098.15—2000 紧固件机械性能 不锈钢螺母(ISO 3506-2:1997,IDT)

GB/T 3141—1994 工业液体润滑剂 ISO 粘度分类(eqv ISO 3448:1992)

GB 3836.1～3836.15 爆炸性气体环境用电气设备(eqv IEC 60079:1998)

GB 4208—2008 外壳防护等级(IP 代码)(IEC 60529:2001,IDT)

GB 5310—2008 高压锅炉用无缝钢管

GB/T 5677—2007 铸钢件射线照相检测(ISO 4993:1987,IDT)

GB/T 6391—2003 滚动轴承 额定动载荷和额定寿命(ISO 281:1990,IDT)

GB/T 7306.1～7306.2—2000 55°密封管螺纹 (eqv ISO 7-1:1994)

GB/T 8163—2008 流体输送用无缝钢管

GB/T 9112～9124—2000 钢制管法兰

GB/T 9144—2003 普通螺纹 优选系列(ISO 262:1998,MOD)

GB/T 9443—2007 铸钢件渗透检测(ISO 4987:1992,IDT)

GB/T 9444—2007 铸钢件磁粉检测(ISO 4986:1992,IDT)

GB 9948—2006 石油裂化用无缝钢管(neq ISO 9329-2:1997)

GB/T 10715—2002 带传动 多楔带、联组V带及包括宽V带、六角带在内的单根V带 抗静电带的导电性:要求和试验方法(ISO 1813:1998,MOD)

GB/T 11352—2009 一般工程用铸造碳钢件(neq ISO 3755:1991,ISO 4990:2003,MOD)

GB/T 12241—2005 安全阀一般要求(ISO 4126-1:1991,MOD)

GB/T 12716—2002 60°密封管螺纹(eqv ASME B 1.20.1:1992)

GB/T 14976—2002 流体输送用不锈钢无缝钢管(neq ASTM A269:2000)

GB/T 15822.2—2005 无损检测 磁粉检测 第2部分:检测介质(ISO 9934-2:2002,IDT)

GB/T 15386—1994 空冷式换热器

GB/T 16895 建筑物电气装置 第5部分:电气设备的选择和安装(IEC 60345-5:1996,IDT)

GB/T 17241.1~17241.7—1998 铸铁管法兰(neq ISO 7005-2:1988)

GB/T 18839.2—2002 涂覆涂料前钢材表面处理 表面处理方法 磨料喷射清理(eqv ISO 8504-2:2000)

GB/T 18839.3—2002 涂覆涂料前钢材表面处理 表面处理方法 手工和动力工具清理(eqv ISO 8504-3:1993)

GB/T 20322 石油及天然气工业用往复压缩机(GB/T 20322—2006,ISO 13707:2000,MOD)

GB/T 20669 统一螺纹 牙型(GB/T 20669—2006,ISO 68-2:1998,MOD)

GB/T 20670 统一螺纹 直径与牙数系列(GB/T 20670—2006,ISO 263:1973,MOD)

GB/T 20801.1~20801.6—2006 压力管道规范 工业管道(neq ISO 15649:2001)

GB/T 20972.1—2007 石油天然气工业 油气开采中用于含硫化氢环境的材料 第1部分:选择抗裂材料的一般原则(ISO 15156-1:2001,IDT)

GB/T 21654—2008 顺序功能表图用GRAFCET规范语言(IEC 60848:2002,IDT)

HG 20592 钢制管法兰型式、参数(欧洲体系)

HG 20615 钢制管法兰型式、参数(美洲体系)

JB/T 450—2008 锻造角式高压阀门 技术条件

JB/T 4730.1~4730.6 承压设备无损检测

JB/T 5439 压缩机球墨铸铁零件的超声波探伤

JB/T 5440 压缩机锻钢零件的超声波探伤

JB/T 5441 压缩机铸钢零件的超声波探伤

JB/T 5442 压缩机重要零件的磁粉探伤

JB/T 6431 容积式压缩机用灰铸铁件 技术条件

JB/T 6908 容积式压缩机用钢锻件

JB/T 8466 锻钢件 液体渗透检验方法

JB/T 9104 容积式压缩机用球墨铸铁件技术条件

JB/T 9559—1999 工业汽轮机用 挠性联轴器(neq API 671:1979)

3 术语和定义

下列术语和定义适用于本标准。

3.1

流量 capacity

在规定进气条件下进入压缩机的气体量,被压缩到规定排气压力下输出。

注1:以质量流量或标准状态容积流量的单位来表示。

注2:压缩机流量既不包括压缩过程期间漏出的气体,也不包括用作真空泵时渗入压缩机的气体。

3.2

综合杆负荷　combined rod load

十字头销上气体力和惯性力的代数和。

3.2.1

气体负荷　gas load

由作用在活塞两端面积上气体压力差产生的力。

3.2.2

惯性力　inertia force

由往复质量的加速度产生的力。

注：十字头销惯性力是全部往复质量(活塞和活塞杆组件，及包括十字头销的十字头组件)和它们相应加速度乘积的总和。

3.3

制造厂的额定流量　manufacturer's rated capacity

制造厂确定压缩机规格的流量。

3.4

最大许用连续综合杆负荷　maximum allowable continuous combined rod load

最高综合杆负荷，运动部件和压缩机机架中所有部件的作用力均不应超过压缩机制造厂设计允许连续运行值。

注：运动部件包括：活塞、活塞杆、十字头组件、连杆、曲轴和轴承等。

3.5

最高许用速度　maximum allowble speed

制造厂设计允许连续运行的最高速度。

3.6

最高许用温度　maximum allowable temperture

在规定压力下输送规定流体时，制造厂设计的设备(或与此术语有关的任何部件)所允许连续运行的最高温度。

3.7

最高许用工作压力　maximum allowable working pressure

在规定温度下输送规定流体时，制造厂设计的设备(或与此术语有关的任何部件)所允许的连续运行的最高压力。

3.8

最低许用速度　minimum allowable speed

制造厂设计允许的连续运行的最低速度。

3.9

正常运行点　normal operating point

预期常规运行并得到的最佳效率点。

注：该点通常是制造厂能保证性能在本标准规定的偏差范围内的点。

3.10

额定排气压力　rated discharge pressure

满足采购方规定预期运行条件所要求的最高压力。

3.11

额定功率　rated power

在任何规定的运行条件下，压缩机及其主轴驱动的所有附属设备需要的最大功率。

注：额定功率包括设备如脉动缓冲装置、工艺流程管路、中间冷却器和分离器的影响。驱动机和传递损失不包括在压缩机额定功率中。外侧轴承(例如：用于支承大飞轮)中的损失包括在内。

3.12

额定速度 rated speed

满足所有规定运行条件要求的最高速度。

3.13

要求流量 required capacity

由采购方规定，符合流程工况的气量，不允许负偏差(NNT)。

3.14

活塞杆反向负荷 rod reversal

每转中活塞杆负荷方向的改变(由拉伸到压缩或相反)导致在十字头销上产生的反向负荷。

3.15

标准流量 standard flow

在绝对压力0.101 3 MPa和温度0 ℃的标准状态下的容积流量。

4 法定要求

采购方可以规定任何适用的条例。采购方和卖方可以共同确定的适用于该设备条例所采取的方式。

采购方规范中应避免使用“设计”一词。

5 成套设备要求通则

5.1 压缩机组性能曲线

• 若有规定，压缩机组的性能曲线应涵盖采购方指定的工况范围。任何的限定，如：杆负荷、驱动机的功率、满足运行工况范围所需要的附加余隙等应标注在性能曲线上。[1)]

5.2 机组布置

机组部件的布置应由卖方提供，以便为运行和维护保养提供合理的空间。

5.3 图样

• 卖方应提供平面和纵剖面的图样。预制件的确认和附加的图样可以由采购方规定。

5.4 声压级

• 所有设备的声压级应由采购方和卖方共同努力控制。若有规定，卖方提供的设备不应超过采购方所限定的最大声压级。

5.5 电气区域分级

• 电机、电气零部件和电气安装应符合采购方规定的区域分级，并应符合GB 3836.1～3836.15和采购方规定的其他标准，还应遵守当地所有适用的规范和条例。

5.6 机组的安装

• 采购方应提供现场条件(海拔高度、环境温度等)，并说明是否安装在室内(供暖或不供暖)或室外(有或无遮棚)和设备运行的气候或环境条件(包括最高和最低温度、异常的湿度或粉尘问题)。机组及其辅机应适合在这些给定的条件下运行。如果需要，采购方可以规定尺寸极限。

5.7 扭振分析

• 卖方可准备一个扭振模拟系统，以进行示范分析。如果规定，应提供扭振分析报告。并且卖方有责任协同压缩机与发动机制造厂作出此报告。

---

1) 在条款前面的点(●)表示要求采购方作出决定或提出进一步信息资料。该信息资料应在数据表上表明，参见附录A。

6 压缩机

6.1 通则

6.1.1 制造厂的额定流量

压缩机组规格的确定应以采购方所规定的气体组分、进气压力、进气温度、排气压力和现场条件来确定，其排量不少于采购方规定。压缩的级数应能适应采购方提出的压力极限和气体吸入排出的条件。机组设计也应允许经过分离器、缓冲罐(如果有)、冷却器和机组管道进口法兰至出口法兰之间的所有压力降的存在。

6.1.2 性能计算

卖方应该根据由采购方规定的质量流量、气体组分、气体状态计算平均分子量、热容比(c_p/c_V)、压缩性系数(Z)和吸入容积流量。压缩机卖方应在报价单的数据表上填入此数值，并用它们来进行性能数据的计算。

6.1.3 压缩机规格

• 如有规定，压缩机规格应根据规定工况下气缸实际工作参数确定，并使燃气发动机功率在8.2.1的规定范围内，或电动机的功率在8.3.2的规定范围内。用感应电动机驱动时，应以电动机的运行转速来确定其规格。

6.1.4 力和力矩

卖方应提供压缩机组在水平和垂直平面内的一阶和二阶不平衡力及力矩的数值。

6.2 许用速度

• 活塞最大许用平均速度(m/s)和最大许用转速(r/min)可由制造厂建议，经采购方确认，对于其规定极限不宜超过给定的使用条件。

6.3 允许排气温度

• 除非采购方另有规定或双方同意，预计排气温度最高不应超过176 ℃。对富氢介质(分子量小于或等于12)的运行，预计排气温度不应超过135 ℃。此限制适用于所有规定的运行工况。如有规定，卖方应向采购方提供预期和绝热排气温度。

注：实际排气温度会偏离绝热温度，实际排气温度取决于气缸指示功率、压缩比、气缸尺寸、冷却通道表面积和冷却剂流速等因素。

6.4 杆负荷

6.4.1 许用杆负荷

6.4.1.1 在规定的任何工况和任何负荷等级下，综合杆负荷均不应超过制造厂确定的压缩机传动机构最大许用连续综合杆负荷。综合杆负荷应在每级排气安全阀设定压力和相应每一负荷等级规定的最低进气压力的基础上计算。

6.4.1.2 在规定的任何负荷等级下，气体负荷不应超过压缩机静止零部件(气缸、气缸头、接筒、中体、曲轴箱和连接螺栓)最大连续气体负荷。气体负荷应在每级排气安全阀设定压力和相应每一负荷等级规定最低进气压力的基础上计算。

6.4.2 活塞杆负荷的反向角

对于规定的所有运行工况，活塞杆综合负荷的轴向分力应有足够的反向角，以保证在曲轴每一个完整的转动中十字头销与衬套之间得到足够的润滑。

6.5 气缸

6.5.1 通则

6.5.1.1 气缸的最高许用工作压力应至少超过额定排出压力的10%或0.17 MPa，取其中的较大者。最大许用工作压力至少应等于安全阀设定排气压力，包括累加。

6.5.1.2 除非采购方接受侧面或顶部的排液接口，水平布置气缸底部应有排液接口。

6.5.1.3　气缸布置时应留有空间，以便在正常维修时接近和拆卸所有的零部件(包括缸盖、填料、气阀或装在气缸上的卸荷器)而无需拆卸气缸主要管线或脉动缓冲装置。

6.5.2　气缸/曲轴箱的附属件

6.5.2.1　设计气缸支承时应避免不同心及在实际运行温度下活塞杆的径向跳动过大，气缸支承不应固定在气缸盖的外侧。若不可行时，维修期间曲轴箱可连接到气缸组件上，以承受气缸的重量。如果使用脉动缓冲装置，除非采购方同意，否则不能用来支承压缩机气缸。

大部分气缸支承件固定在接筒的末端。一些脉动分析既要求有接筒支承，也要有气缸端部支承。除非脉动分析要求不应使用气缸端部支承，因为不合适的支承型式或其调整会导致运行困难。另外，气缸端部支承不能用来替代接筒支承。

6.5.2.2　气缸可以是用非液体冷却(无冷却剂夹套)或用液体冷却(气缸体和缸盖周围有冷却剂夹套)。

6.5.2.3　螺栓连接应按6.5.2.3.1至6.5.2.3.4的规定。

6.5.2.3.1　螺纹应符合GB/T 193、GB/T 9144、GB/T 20669和GB/T 20670。细牙螺纹不应用于铸铁件和需日常维护的外部紧固件，包括承压零件。

6.5.2.3.2　双头螺柱与螺栓之间，优先选用双头螺柱。

6.5.2.3.3　钢制和球墨铸铁气缸的螺柱机械性能应不低于GB/T 3098.1的8.8级或GB/T 3098.6的70级。铸铁气缸的螺柱机械性能应不低于GB/T 3098.1的6.8级或GB/T 3098.6的50级。许用温度−20 ℃和以下的气缸用螺柱应采用低温合金钢。螺柱标记应位于螺柱的外露端。低温螺柱配用GB/T 3098.2的8级螺母。GB/T 3098.1的8.8级或6.8级螺柱所配螺母机械性能分别为GB/T 3098.2或GB/T 3098.4的8级或6级。GB/T 3098.6的70级或50级的螺柱所配螺母机械性能分别为GB/T 3098.15的70级或50级。对高压气缸，螺柱、螺母应采用JB/T 450。

6.5.2.3.4　优先选用六角螺母连接。为方便使用套筒和梅花扳手，在螺栓连接位置应留有足够空隙。如果配置液压紧固螺柱，外露螺纹应用盖形螺母保护。

6.5.3　气缸连接

6.5.3.1　主要进排气连接和所有其他流程气体的连接应为法兰连接或加工后用螺柱连接，并应符合6.5.1.1规定的气缸工作压力等级。主要进出口法兰和辅助连接的密封面和螺栓应符合GB/T 9112～9124或GB/T 17241.1～17241.7尺寸要求。经双方相互商定允许替代法兰标准。任何特殊连接的具体要求，如透镜垫连接，应提交采购方审查。

• 6.5.3.2　若有规定，每个气缸各端应备有一个DN15(或1/2英寸)示功器接口。

6.6　气阀

6.6.1　气阀平均气体速度

卖方应注明每个规定工况下气阀的气体平均速度。气阀气体平均速度应按式(1)计算：

$$v=\frac{A}{F}c_{\mathrm{m}} \qquad \cdots\cdots(1)$$

式中：

v——平均气体速度，单位为米每秒(m/s)；

A——气缸端或相关端的活塞有效面积，单位为平方厘米(cm^2)；

F——阀片实际升程、气阀开启周长和吸气或排气阀数量的乘积，单位为平方厘米(cm^2)；

c_{m}——活塞平均速度，单位为米每秒(m/s)。

公式中的气阀升程应在数据表中表明。如果升程面积在气阀流动通道中不是最小面积，则应在数据表中注明。且速度应根据最小面积来计算。

注：按此公式计算的速度仅作为气阀性能的一般表示来对待，不应与根据曲柄角、气阀升起程度、不稳定流动和其他因素确定的有效速度相混淆。按上式计算的速度不能作为气阀动力损失或气阀圆/平阀片冲击损失的代表性指数。

6.6.2 气阀的设计

6.6.2.1 气阀包括双层阀的设计，应使气阀装配不可能由于疏忽而换位或反向。例如，不可能将吸气阀装入排气腔、排气阀装入吸气腔或气阀装配颠倒。

6.6.2.2 气阀和气缸应设计为，即使气阀连接螺栓断裂或松动，气阀升程限制器及部件连接螺栓也不会掉入气缸。

6.6.2.3 阀片的两面均应为密封面，并适于双面安装。

6.6.2.4 气阀的运行应适于规定气体的任何规定工况。

6.7 活塞、活塞杆和活塞环

6.7.1 活塞紧固

采用活塞可从活塞杆上卸下的结构时，活塞杆应设有凸台和锁紧螺母结构或多螺栓结构。活塞与活塞杆、活塞与十字头的锁紧螺母应按照制造厂的规定拧紧。应优先采用液压或加热方法紧固活塞—活塞杆螺母。

6.7.2 空心活塞

当使用空心活塞(单体或多体)时，应能自行泄压。

6.7.3 活塞支承环

• 如果制造厂要求或采购方规定使用非金属支承环时，非金属支承环超出全开单孔气阀腔或缸套台阶不应大于支承环宽度的一半。

6.7.4 活塞杆硬度

在通过填料的活塞杆区，要求其表面硬度至少为 50 HRC。在腐蚀性气体中工作的活塞杆的要求，见第 20 章。

6.7.5 活塞杆螺纹

活塞杆螺纹应滚制。

6.7.6 活塞杆涂层

活塞杆的材料和表面处理应由卖方提出经采购方认可。还应考虑使用硬化涂层增加耐磨性。当使用涂层时，活塞杆应从活塞杆填料到刮油环的运行区域连续喷涂。涂层材料必须完全覆盖以防止涂层面的基体材料腐蚀。不可使用足以永久影响基体材料机械性能的高温融合工艺技术。

用于腐蚀环境的活塞杆基体材料及涂层应适合于规定的用途和运行条件。

活塞杆的喷涂适合用高速和高脉冲热喷涂工艺。不推荐采用需要基体材料表面粗糙化的金属喷涂工艺技术，是因为粗糙化会使表面潜在的有害应力增大。也不推荐主涂层下使用底涂层。

6.8 曲轴箱、曲轴、连杆、轴承和十字头

6.8.1 曲轴

曲轴应按压缩机制造厂的标准材料制造和设计，并应热处理和对所有工作表面及配合面机加工。它们应无尖角，钻孔或变截面处应加工成圆角并精磨。曲轴上强制润滑通道应钻制。

6.8.2 轴承

主轴承应采用可更换式衬套、锥形或球面滚子式。滚子轴承的选择应根据压缩机额定转速和最大连续许用综合杆负荷。轴承寿命 L10 应等于或大于 44 000 h(见 GB/T 6391)。不允许使用圆柱滚子或滚珠轴承。曲柄销轴承应为可更换式衬套型。

6.8.3 连杆

连杆应按压缩机制造厂的标准材料制造，并带有可拆卸的大头盖。它们应无尖角，强制润滑通道应钻制。

6.8.4 十字头

十字头应按压缩机制造厂的标准材料制造和设计。并应提供适当的窗口以便十字头拆卸。

6.8.5 曲轴箱

• 若有规定，曲轴箱应提供防止压力快速升高的安全装置。这些装置应具有直接向下的开口（避开操作者脸部）、隔焰机构和迅速关闭装置，把反向流动减到最小。

安全装置的通流面积按曲轴箱有效容积的每 dm^3 不宜少于 70 mm^2。

6.9 接筒

6.9.1 设计

• 6.9.1.1 接筒应符合采购方规定的1、2或3型。1型（短的、无间隔的）用于压缩机宽度最小的场合；2型（单室）用于要求压力填料和刮油填料分开的场合；3型备有双室以便需要不同清洁程度时选用。

• 6.9.1.2 若有规定2或3型接筒时，应该配有挡油盘，以防止曲轴箱和气缸之间机油的窜动和混合。相应的接筒室为长型。

6.9.2 开口

为适于填料部件的维护，在所有接筒中应提供适当尺寸的通道开口，开口盖板、底部排液接口和顶部放空接口，均应采用螺栓联接。排污和通风规范参见11.17.1。

6.9.3 压力安全装置

卖方应确保放空接口或安全装置是可靠的，以防止万一填料失效接筒超压。

6.10 填料盒和压力填料

6.10.1 型式

所有刮油器、中间填料和气缸压力填料应为带有耐腐蚀箍簧的扇形分瓣环。

6.10.2 结构

填料法兰应用不少于4根的螺柱连接到气缸座（盖）或气缸上。填料组件额定压力至少应达到气缸最高许用工作压力。填料组件应有可靠的对中性，如盒对盒导向配合或有效的拉杆螺柱定位配合。

6.10.3 应用

介质为可燃、危险、有害或湿气体时，压力填料组件应在活塞杆下配置共用的放气和排液口，用管子连接到接筒外面。排污和通风规范参见11.17.1以及第20章腐蚀气体。

6.10.4 刮油器

十字头箱应采用刮油器以有效减少曲轴箱的机油泄漏。

6.11 压缩机曲轴箱润滑系统

6.11.1 曲轴箱润滑

曲轴箱润滑系统应为强制润滑系统。应有足够的容量以满足在规定工况所有需要转速下提供适当的润滑。当压缩机主机公称额定功率为150 kW或以下时，飞溅润滑系统可以用于带滚子轴承的卧式压缩机。

注：润滑剂按GB/T 3141—1994选用。

6.11.2 油位显示

油箱应配置油窥镜。标示出最高和最低运行油位。

6.11.3 润滑油泵

6.11.3.1 主油泵既可由曲轴直接驱动，也可由齿轮或链条驱动。

6.11.3.2 对主机公称额定功率大于225 kW的每个机组，卖方应提供一个单独的、独立驱动的辅助油泵。

6.11.4 油过滤器

应提供带可更换元件的全流量过滤器，其过滤精度为10 μm或更细。对于巴氏合金轴承，过滤精度可为25 μm或更细。过滤器应位于冷却器下游。过滤器上不应配置安全阀或自动旁通。滤芯材料应耐腐蚀，不应使用金属网或金属陶瓷做过滤芯。过滤器部件的设计应保证不发生由于过滤器与滤芯、滤芯与滤芯不对中、不合适的端盖密封设计或其他密封缺陷而引起的内部旁通。另外在设计温度和流量下，滤芯的压陷的极限压差至少为 0.35 MPa，清洗压差不应超过 0.03 MPa。

6.11.5 材料

曲轴箱和润滑油系统的所有零件的材料应适用于现场环境。对于腐蚀气体，参见第 20 章的材料要求。

6.11.6 油位控制

• 如果气缸润滑油源于曲轴箱，则应提供压缩机曲轴箱油位控制装置(见 6.12.2)。如果采购方有要求，卖方应提供一个有液位计和压缩机曲轴箱油位控制装置的储油罐。

6.11.7 润滑油加热器

• 如果采购方有要求，卖方应提供一个润滑油加热器。使用浸入式电加热器时，即使在最低油位，电加热器也应完全浸入油中，且其表面热流率不应超过 2 W/cm^2。

6.12 压缩机气缸润滑

6.12.1 气缸润滑

用于压缩机活塞环行程内的气缸内径和活塞杆填料的润滑可以是区域分配式机械润滑系统，或是逐点单柱塞式润滑系统。强制供油注油器应适用于可变流量和防风雨结构，并应装有油池油位指示器。除非另有规定，注油器应安装在曲轴箱上，由曲轴驱动。区域分配式机械润滑系统应该是由无流量停机、安全隔膜、止回阀和碳钢或奥氏体不锈钢管组成的整套装置。用于区域分配式机械润滑系统的管路过滤器、流量计和故障指示器可由采购方规定。对于逐点单柱塞式润滑系统应提供每个点的观测指示器、止回阀和碳钢或奥氏体不锈钢管。

6.12.2 供油

• 强制润滑系统应配备自动更换机油装置。供油源应是单独的油池，优于压缩机曲轴箱过滤的油。如果采购方有规定，则应提供带液位计的储油罐。

6.13 材料

6.13.1 通则

6.13.1.1 除非数据表中另有规定，用于规定工况的压缩机和辅助装置的结构材料应符合压缩机制造厂的材料标准。

6.13.1.2 钢制压缩机气缸应配以钢制缸盖。

6.13.1.3 除非另有规定，承压气缸零件材料的最大许用工作压力不应超过表 1 规定。

表 1 气缸材料的最高许用工作压力

材料	最高许用工作压力/MPa	
	气缸内径	
	≤200 mm	>200 mm
灰铸铁	11.0	7.0
球墨铸铁	17.0	10.0
铸钢	18.0	18.0
焊接结构钢	10.0	8.5
锻钢	无限制	

6.13.1.4 GB 150 可用于压力容器以外零件的材料和焊接质量的检验依据。采用标准应买卖双方协商同意。压力容器参见第 10 章。

6.13.2 铸件和锻件

6.13.2.1 铸件应完好，并没有缩孔、气泡、裂缝、氧化皮、砂眼和其他类似的有害缺陷。铸件表面应经喷砂、喷丸、酸洗或其他标准方法清理。所有造型—分箱飞边和浇口与冒口的残留应铲除、锉光或磨平。

6.13.2.2 压力铸件中应尽可能少使用芯撑。芯撑应清洁和无腐蚀(允许镀层),其成分与铸件应相同。

6.13.2.3 除非采购方另有规定,承压灰铸铁件应符合 JB/T 6431 的规定,等级由压缩机制造厂规定。

6.13.2.4 除非采购方另有规定,球墨铸铁件应符合 JB/T 9104 的规定,等级由压缩机制造厂规定。

6.13.2.5 铸钢件的最低质量应符合 GB/T 11352 的规定,等级由压缩机制造厂规定。

6.13.2.6 锻制承压零件应符合 JB/T 6908 的规定,等级由压缩机制造厂规定。

6.13.2.7 除非另有规定或第 20 章中规定的腐蚀环境,不要求对每个浇包取一个铸态试样进行化学成分分析。

6.13.3 铸件的修复

6.13.3.1 承压零件的重要修复和所有承受交变负荷运动零件及曲轴的修复,应通报采购方,否则不予接收。承压铸件不应用敲击、熔焊或浸渗来修复。除了 6.13.3.2 和 6.13.3.3 的规定外,承压铸件和锻件不应修复。

6.13.3.2 可焊接的铸钢件和锻件可以根据适用和公认标准的要求,采用经验证的工序以焊接方法来修复。在主要补焊工序后和水压试验工序前,整个铸件或锻件应进行焊后热处理,以确保应力释放及焊缝和母材二者机械性能的连续性。

6.13.3.3 灰铸铁或球墨铸铁件可以按 JB/T 6431 或 JB/T 9104 中规定的范围内用堵塞法修复。

注 1:灰铸铁或球墨铸铁件不宜用焊接来修复。除非制造厂与采购方商定,堵塞法不用于承受气压的壳壁截面,包括缸套内的缸壁。堵塞用钻孔应采用液体渗漏法仔细检查,以确保所有缺陷材料已被去掉。

注 2:附录 E 中列出了一些可接受的修复技术。

6.14 动力传动

6.14.1 齿轮

除非采购方另有规定,否则不应使用齿轮传动来增减速度。

6.14.2 联轴器

除了根据扭矩分析或低速运转而要求使用扭振挠性联轴器外,挠性联轴器应是无润滑的、钢质圆盘型式。联轴器应根据发动机最大连续功率和联轴器制造厂用于往复压缩机的标准工作系数来选择,其材料应适用于 5.6 规定的环境条件。挠性联轴器组应符合 JB/T 9559 或其他公认的标准。

6.14.3 V 型皮带传动

压缩机的 V 型皮带传动应符合 GB/T 10715 或其他有关规定。

6.14.4 离合器

除非采购方另有规定,不允许用离合器传输动力。

6.14.5 防护罩

所有可能对人身有危险的运动零件都应提供防护罩,防护罩应符合有关安全法规的规定。飞轮防护罩上应提供一个窗口用于盘动机器,并提供定时标记、飞轮中心(如配备)和其他要求注意的零件的空间。

除非另有规定,防护罩应由卖方提供。它们应是易拆卸、耐腐蚀、无火花和连续焊接的,并有足够刚性以承受弯曲和防止由于物体接触的而引起的磨损。这也适用于辅助设备联轴器的防护罩。

皮带传动防护罩应为耐腐蚀的并适当通风,以防止造成过热。

如不接受铝为无火花材料,采购方应指定另外材料。

7 流量控制

7.1 通则

• 压缩机的流量可以在进气压力、排气压力、流速或这些参数的某些组合的基础上进行控制。采购方规定所需要的流量变化,控制系统可以是机械的、气动的、液压的、电气的或是这些方式的任意组合。采购方应规定控制参数。如果控制信号来自采购方的信号源,采购方应规定卖方使用的信号源、灵敏度和控制信号的范围。

7.2　**流量控制方法**

•　流量控制可以通过转速变化、余隙变化、旁通、压缩机气缸的单双作用、气阀卸荷或将这些方式任意组合来实现。按照采购方在数据表上的规定，控制操作可以是带有人工操纵装置的自动控制也可以是手动控制，其中的某些方法要求机组停车和减压来进行变化。采购方需规定可以接受的机组停车方式。如果这些方法中任何一个不是由压缩机制造厂完成的，那么也应经压缩机制造厂同意。

7.3　**转速变化**

•　如果采购方有规定，可以通过发动机的转速变化实现流量控制。

7.4　**余隙变化**

7.4.1　**方法**

余隙变化可以由7.4.2～7.4.6中的某一种方法实现，这些方法可以单独使用或组合使用。在将余隙容积加在压缩机气缸端的各种情况下，容积效率不可低于15%。

注：容积效率低于15%时，可能会引发过高的温升、阀片颤动、阀片断裂，甚至可能使压缩机气缸损坏。

7.4.2　**余隙腔**

•　可由采购方规定余隙腔，并且它可以是固定式（余隙固定，余隙腔全开或全闭），也可以是可变式（余隙腔可以在全开至全闭范围内变化）。可变容积余隙腔应有一个不节流的通气管线，将可变容积余隙腔活塞的背面接到压缩机气缸的进气口、进气管线或通风系统。

7.4.3　**气阀垫**

•　若有规定，压缩机制造厂可提供用以将气阀升高到气缸气阀口之上一定距离的气阀垫（高余隙组件或剖分式气阀套管）以满足工况要求。

7.4.4　余隙瓶

•　如果规定，用于气量控制的余隙瓶可以接到压缩机气缸上，其设计压力应与压缩机气缸的最大许用工作压力相同，并且遵守规定的适用的压力容器规范。

7.4.5　**气缸盖垫片**

垫片可装在压缩机气缸体和缸盖之间，以增加余隙容积。

7.4.6　**余隙塞**

压缩机气缸盖可配有余隙塞。

注：余隙塞通常有两极余隙。当余隙塞插入气缸盖或气缸筒时，余隙最小。当余隙塞放在气缸盖或气缸筒外时，余隙最大。最大和最小之间的余隙级别可通过不同长度的余隙塞获得。

7.5　**旁通系统**

7.5.1　**通则**

旁通系统可以是热气体或冷气体，也可以手动或自动。安装旁通系统是为了启动前的吹扫。当设备压力低于旁通气压时，应安装压力安全阀以保护设备。

7.5.2　**启动旁通**

•　若采购方有规定，应提供用于启动的手动热气旁通系统（从最后一级排出的气体，未经冷却即到压缩机的进气侧）。热气旁通系统不应该用于流量控制。

7.5.3　**流量控制旁通**

•　若采购方规定，应提供用于流量控制的手动或自动的冷气旁通系统（从后冷器下游或排气分离器（若配备）返回到进气分离器）。

冷气旁通可用于压缩机启动和流量控制。

7.6　**气阀拆除或卸荷**

7.6.1　**气阀拆除**

允许拆除双作用压缩机气缸缸盖端的所有进气阀，以使气缸盖端完全卸荷。未征得压缩机制造厂的同意，不应从压缩机气缸的曲轴端拆除吸气或排气阀。

7.6.2 气阀卸荷阀

压缩机气缸的气量控制可用卸荷阀或塞式卸荷器来完成。当使用卸荷阀时，应将其安装在气缸端所有吸气阀上。

如果使用塞式卸荷阀，卸荷器的数量由每个气阀的开启面积来确定，开启总面积必须等于或大于该端所有吸气阀的总自由升起面积(或最小流通面积)的一半。

如果卸荷阀仅用于机组启动，而不用于气量控制，压缩机制造厂可同意减少卸荷阀的数量。用连通阀卸荷器启动时，每个气缸端只需一个。

7.6.3 气阀自动卸荷

• 若有规定，卖方应提供合适的卸荷器操作顺序系统。另外，卖方应提供可接受的操作配置及顺序定义。在用管线连接无人工控制装置的气动卸荷器时，不应发生偶然的无序操作。

7.6.4 卸荷器操作

气动卸荷器应适用于规定的任何气体操作。如果使用空气操作，那么应该设计成：即使在膜片或其他零件损坏时，用于操作卸荷器的空气也不会与被压缩的气体混合。

7.7 限制进气压力

• 若采购方有规定，应使用进气减压阀限制进气压力，从而限制机组负荷。

8 驱动机

8.1 通则

• 驱动机的类型(燃气发动机或电动机)应由采购方规定。

8.2 点燃式燃气发动机

8.2.1 发动机额定功率

除非采购方另有规定，燃气发动机的规格应依据压缩机规定工况的额定功率加上传输损失，再加上发动机附属设备的消耗功率而定。不要超过发动机制造厂颁布的在连续负荷下工作的标准额定值。发动机制造厂连续负荷工作的定义是在考虑了数据表上列出的现场海拔高度、温度、燃气组分等条件后，发动机连续输出的负荷和转速。

注：实践证明，发动机额定功率有10%的裕度，其运行是安全的。

8.2.2 工作转速

卖方不应使发动机在大于或小于制造厂推荐的连续负荷和转速范围外运行。

8.2.3 启动系统

8.2.3.1 通则

发动机启动用电启动或空气、气体启动系统由采购方规定。

注：发动机停车参见第14章。

8.2.3.2 空气或气体启动系统

除非另有规定，空气或气体启动系统应包括下列内容：

a) 用来隔离其后系统的手动截止阀。

• b) 若需要，用调压阀提供正常的启动压力，采购方应规定用于启动系统的空气或气体气源的最小或最大压力。

c) 安全阀(见11.18 规格、设定值和放空)。

d) 弹簧负荷(弹簧用于关闭)式快速开启阀。

e) 带润滑装置和过滤装置的空气或气体启动器。

f) 除非采购方另有规定，启动器通气管线(尺寸至少应与启动器排气接管直径一致)的接口应在底橇边。在安装中，采购方必须负责考虑启动器放气的安全配置。

8.2.3.3 **电启动系统**

若提供电启动系统，其应适用于电气区域分类(5.5)，并应包括下列内容：

a) 带启动控制的启动电机；

• b) 如有规定，有足够电量的蓄电池组应能在规定的最低环境温度下启动发动机；

• c) 如有规定，应有足够容量的充电机为提供的蓄电池组充电。

8.2.4 **进气系统**

8.2.4.1 空气不应取自封闭建筑物。

8.2.4.2 除非另有规定，应提供适合于室外工作的，符合发动机制造厂标准的干式空气进气滤清器。当采购方规定使用其他类型的空气滤清器时，应符合下列最低要求：

a) 微粒参数应为发动机制造厂的推荐值；

b) 应考虑现场环境条件(风沙、冰、雪等)；

注：对于低温场合，进口空气可能需要加热(例如：带进气加热)，以避免过滤器上积霜。

c) 过滤器应便于在日常保养。

8.2.4.3 除了以上各项，对于安装间距较远的空气过滤器，应考虑下列特点：

a) 除非另有规定，采购方应提供管线和支承；

b) 连接至发动机的进气管线内表面应进行防腐保护；

c) 空气过滤器应置于避免灰尘或雪花堵塞的地方。

8.2.4.4 所有沟槽，包括空气过滤器至进气接口的连接，应有良好的气密性以避免未过滤的空气进入。

8.2.4.5 应避免使用狭窄的进气口、急弯或大量的弯头和管径过小的管线，最大压力降不应超过发动机制造厂的推荐值。

• 8.2.4.6 如果采购方规定，应提供压力降指示器。

8.2.5 **排气系统**

8.2.5.1 排气系统应适当地固定和支承，包括所有相互连接的管线以及远离发动机而涉及的连接管线。如果需要膨胀节，其材料应为不锈钢。

注：与法兰连接相比，优先使用波纹式膨胀节。

8.2.5.2 消音器应采用耐高温铝涂料或相似涂层的保护。

8.2.5.3 排气管路的设计不应超过发动机制造厂限定的背压。

8.2.5.4 应提供防护设施以防止雨水进入系统及排尽排气或冷凝系统中的水。

8.2.5.5 除非另有规定，应提供工业用排气消音器。若采购方规定其他排气消音器时，其设计应符合数据表上规定的最低要求，如：

a) 降低噪声；

b) 人员保护；

c) 阻止火花的能力。

8.2.5.6 除非采购方规定，对热金属表面不应提供隔热或护罩。但应给隔热或护罩提供合适的间隙。

8.2.6 **发动机点火系统**

发动机点火系统应适用于采购方规定的电气区域分类。除非采购方另有规定，发动机上应配置一套完整的、符合制造厂设计标准的点火系统。

• 对于室外安装或采购方规定，所有零部件应为全天候防护设计或装有防雨罩，以防止雨水直接接触或聚集到系统零部件中。

8.2.7 **发动机排放**

8.2.7.1 **通则**

• 采购方有责任遵守废气排放法规。若采购方有规定，为了帮助采购方进行设备选择，并提供有准确排放数据的、符合规章规定的设备，卖方应提供发动机制造厂的性能数据，或提供实际排放气体试验数据。当要求提供排放气体数据时，采购方应在数据表上提供燃料组分和已知的排放限制要求以便安装。

8.2.7.2 排放数据

若采购方有规定，卖方应提供在规定发动机工况点的下列化合物的排放数据：

——氮氧化物；

——一氧化碳；

——非甲烷碳氢化合物；

——二氧化硫。

获得这些化合物数量的基础如下：

a) 如采购方规定，发动机应能按数据表上指示的额定功率或按制造厂铭牌的额定值加载；

b) 应注明试验中使用的燃气组分，应留意试验气体与规定燃气差别的，即使这种差别很小；

c) 空气/燃料比应在发动机制造厂推荐的范围内。

8.2.7.3 排放控制装置

如果用卖方提供的催化转换器或其他外部装置来满足采购方规定的排放要求，其影响会反映到发动机的额定功率，这是因为这些装置将附加的背压或热负荷加到发动机上的缘故。任何特殊运行的考虑、燃料组分、空气/燃料比或润滑规范应在卖方标书上清楚说明。

8.2.8 发动机润滑系统

除非另有规定，发动机应装有发动机制造厂标准润滑系统。

8.2.9 油位控制

卖方应提供曲轴箱油位控制装置，如果采购方有规定，卖方应提供带油位计的储油罐。

8.2.10 燃料气系统

除非另有规定，燃料气系统应包括：

a) 带有下游压力表和隔离阀的减压调节阀。

b) 减压调节阀在最大输出排量下的安全阀尺寸是基于最大供气压力和装在调节阀上的孔径大小。规格、设定和排放要求见 11.18。

c) 燃料气系统手动截止阀。

d) 当发动机停机时，切断发动机燃料供给和放空发动机一侧燃气的自动阀。

e) 如有规定，燃气过滤器/分离器应装在高压调节器的下游。

8.2.11 燃料气组分

如果燃料气的组分和压力与要压缩的气体不同，应在数据表中注明。采购方应列出燃料气所含的任何杂质。应向发动机制造厂了解燃气的处理要求和特别的预防措施。

如果使用几个燃气源(例如：启动时、紧急情况等)，应在数据表中注明，并注明转换时间。

警告：选择低甲烷指数的气体做代替燃料气时会产生爆炸，可能使发动机损坏。

8.2.12 曲轴箱安全装置

除非采购方另有规定，应在发动机曲轴箱上装有曲轴箱安全装置。这些装置应装有直接向下的开口(远离操作员脸部)、隔焰机构和迅速关闭装置，把反向流动减至最小。

安全装置通流面积按曲轴箱有效容积的每 dm^3 不宜少于 70 mm^2。

8.3 电动机

8.3.1 电动机型式

采购方应在数据表中规定电动机型式，包括电气数据、启动条件、机壳防护等级、区域分类、绝缘型式、服务系数、环境温度、海拔高度以及如温度测试仪、振动传感器、加热器和仪表等辅助设备。

8.3.2 额定功率

包括服务系数在内的电动机额定功率最小值应为压缩机规定工况要求的最大功率的 110%。除非另有规定，电动机的设计应符合 GB/T 4208、GB 3836.1、GB/T 21654 和 GB 755 的规定。

8.3.3 电动机电流变化限制

电动机-压缩机机组旋转零件的综合惯量应足以限制电动机电流变化值，对所有负荷条件不超过满载电流(见 GB 755)的 66%，包括无负荷运行条件下气缸加压到正常吸入压力。

• 采购方应向卖方提供正确设计及必需的电气系统资料。

注：为了保护电气系统中其他设备，对某些装置电力供应可能要求较严地控制电流变化。标准电动机性能数据基于静态负荷条件，并在驱动压缩机时遇到扭矩变化情况下不可能反映实际性能。对异步电动机驱动，扭矩变化和综合电流脉冲的影响是明显的，并要求较精密的估算。

9 冷却系统

9.1 通则

本标准不适用于管壳式和板式冷却器。

9.2 燃气发动机

发动机的冷却系统应包括下列功能：

a) 发动机制造厂要求的使用发动机冷却剂的地方：发动机润滑油、发动机涡轮增压器、空气冷却器(若要求)和发动机护套的冷却。

b) 带玻璃液位计、放空管线、冷却剂液位开关、溢流管、加注接头和排液口的高位放空的冷却剂储罐。发动机散热器上不要求装玻璃液位计。

c) 按发动机制造厂的推荐，配备冷却剂温度可调式控制器。

d) 使设备和系统完全放液的手动旋塞式放液接头。

e) 使设备和系统完全放空的手动旋塞式放气口。

9.3 压缩机

9.3.1 循环冷却剂

9.3.1.1 如果提供了带冷却剂冷却的气缸，对于规定的压缩负荷，应提供与发动机冷却系统分开或在一起的压缩机气缸夹套冷却系统，并在压缩机制造厂推荐的温度极限内给压缩机气缸提供冷却剂。气缸冷却系统管线上应配有放气和低点排液口。应提供允许压缩机机组和辅助设备上使用的，而无须动力的冷却器排液手动截止阀。

注：对于低温运行，为保持合适的气缸温度，可采取必要的温控措施控制冷却剂的温度。

9.3.1.2 如果提供气缸冷却系统，必须绝对禁止气体漏入冷却剂中。

采购方应对下列情况引起注意：

a) 冷却剂的进口温度要比气体的进口温度至少高 5 ℃，否则可能引起气体某些组分的凝结；

b) 冷却剂流量不足或冷却剂的速度低可能会引起气缸套冷却系统结垢；

c) 冷却剂的出口温度高于气体进口温度 17 ℃以上时，会引起气量的减少。

• 9.3.1.3 如果采购方有规定，应提供流动视镜和温度指示器。

9.3.2 热虹吸和静态冷却

压缩机气缸冷却系统既可为静态型也可为虹吸型。此时，压缩机排气温度应该在压缩机制造厂为压缩机负荷所推荐的温度限制范围内。

9.3.3 活塞杆填料冷却

除非在数据表上另有规定，压力填料盒的冷却应符合下列的要求：

a) 压缩机制造厂的标准设计可用于填料表压达 17.0 MPa，直径等于或小于 65 mm 的活塞杆。

b) 填料表压高于 17.0 MPa，要求使用带有全封闭冷却腔冷却的填料盒。压缩机制造厂应提供奥氏体不锈钢的内部管路和锻造配件。

c) 如果要求填料冷却，压缩机制造厂有责任对流量、压力、压力降、温度、过滤、防腐保护及冷却剂类型的最低要求，向压缩机配套厂建议。

9.3.4 曲轴箱润滑油

如果压缩机制造厂要求，应提供与发动机冷却系统分开或一体的压缩机油冷却系统，为压缩机润滑油管壳式冷却器提供冷却液。

9.3.5 气体冷却

应按要求提供气体中间冷却。若采购方有规定，应提供气体后冷却。

9.4 冷却器型式

9.4.1 风冷式换热器

要求多流程空冷的机组，应在紧凑的冷却器部件上装有翅片管式换热器。

注：风冷式换热器相关信息见 GB/T 15386。

9.4.2 散热器

仅对发动机护套冷却液要求空冷的撬装机组，可以装有尺寸与现场条件相符的散热器型(自动型)冷却器。

9.5 风冷式换热器

9.5.1 性质

应从公认的来源获取被冷却液体的物理和热学性质。

9.5.2 乙二醇/水

用于冷却发动机和压缩机气缸外套的盘管部件，应按 50%乙烯基乙二醇水溶液或由发动机或压缩机制造厂在最大设计环境温度要求其他特殊溶液的冷却剂来设计。

9.5.3 冷却器最大许用工作压力

气体部分的最大许用工作压力，至少应为额定排气压力加 10%或加上 0.17 MPa。在温度设为 180 ℃时取二者中的较大值。油或冷却剂部分的最大许用工作压力应不低于 0.7 MPa。

9.5.4 压力设计规范

冷却器的设计和制造应符合有关压力设计规范，或经采购方同意。

9.5.5 热负荷和流量

撬装压缩机机组的换热设备应有下列设计流量和热负荷：

——气体冷却器、级间冷却器和后冷却器(若提供)的设计流量应为压缩机额定气量加上最低污垢系数为 0.35 m^2K/kW 的任何凝结物的潜热。

——设备制造厂设计时为发动机护套冷却剂、油和辅助冷却器考虑了容量的余量，其不小于设备制造厂所计算热损失的 110%，最小污垢系数冷却剂为 0.09 m^2K/kW，油为 0.18 m^2K/kW。

9.5.6 压力损失

除非另有规定，气体冷却器允许压力损失应符合表 2。

表 2 气体冷却器允许压力损失

工作压力(绝压)/MPa	允许压力损失/MPa
≤0.25	5%到最大为 0.007 5
>0.25 和≤1.7	3%到最大为 0.035
>1.7 和≤7.0	2%到最大为 0.07
>7.0	1%
注：1 bar=0.1 MPa=10^5 Pa。	

9.6 布置与施工

9.6.1 冷却器空气流

除非另作商定，风冷式换热器应布置成不从驱动机吸入空气，也不直接向驱动机排放空气。

9.6.2 风扇叶顶端线速度

除非采购方另有规定，风扇叶顶端的线速度不应超过 70 m/s。

9.6.3 通风装置

除散热器外，冷却器组件既可以使用进气通风也可以使用强制通风循环。

9.6.4 散热片

除非采购方另有规定，散热片两端应通过钉或铜焊固定。

9.6.5 管材—钢

除非采购方另有规定，应采用钢管并符合有关标准，所有规格的钢管壁厚不应小于 1.5 mm。

9.6.6 管材—海军铜

如果规定使用海军铜管，海军铜管应符合有关标准，其最小厚度应符合表 3。

表 3 海军铜管最小壁厚

管子公称通径/mm	最小壁厚/mm
<20	1
≥20	1.2

9.6.7 设备清洗

除散热器以外的所有风冷换热器应备有端盖，以便于清洗或更换管子。

9.6.8 空气流量控制

• 若采购方规定，风冷换热器应配备温度自动控制。此控制应通过使用百叶窗、变速风扇叶、自动变节距风扇叶、旁通阀或这些组合实现。手动百叶窗应在地面容易操作的高度进行调节。地面上看不到的百叶窗都应有位置显示器，以便于地面上观看。

9.6.9 滤网和护罩

• 若采购方规定，应提供滤网和防雹罩。它们应设计足够大，使通过冷却器的压力降最小，并且容易拆卸以便清洗。除非另有规定，滤网应为 3.25 mm 镀锌金属网。防雹罩应为(12～20)mm 的多孔金属滤网。

其他防护罩参见 6.14.5。

9.6.10 风扇支承

除了标准发动机散热器以外，用于风冷换热器的风扇应由三角架或类似的结构加以支承。

V 型皮带参见 6.14.3。

9.6.11 润滑

为确保润滑，风扇驱动系统的润滑供油管线应连接到适当的位置，而无需关闭机组或摘掉护罩。

9.6.12 管线支承

管线支承应与冷却器构件相连接，但不应焊接在冷却器的金属板上。

10 压力容器

10.1 通则

10.1.1 规范

压力容器的设计制造应符合容器设计标准的规定，或经采购方同意。

例如：GB 150

10.1.2 材料

与流程气体接触的所有材料应与处理气体相容。材料与焊接质量应符合容器设计标准的规定。

10.1.3 腐蚀余量

除非另有规定，碳钢容器的腐蚀余量最小为 3 mm。

10.1.4　**法兰**

除非另有规定，法兰应按照 HG 20592/HG 20615 或其他公认法兰标准的规定，不应使用平焊和松套法兰。公称压力大于或等于 15.0 MPa 时，使用环连接面法兰或带有中心环的螺旋型金属垫圈的螺纹法兰。

注：由于疲劳寿命较短，在管线或压缩机附属设备上不使用平焊法兰。

10.1.5　**螺纹连接**

• 除了温度计套管及直接插入使用，尽量减少螺纹连接的使用，并且不用于气体管线。如果使用，螺纹连接不应超过 DN50。螺纹应机加工制造。按 GB/T 7306.1～7306.2 或 GB/T 12716 制造的管螺纹，压力等级为 50.0 MPa。有毒气体不能用螺纹连接。

10.1.6　**法兰连接**

DN50 及以上直径连接应为法兰连接，不允许机加工或螺栓连接。DN40 及以下的连接应按 11.4 设计。

10.1.7　**挡板和隔板**

不论任何材料，所有挡板和隔板最小厚度为 9 mm。

10.2　**分离器**

10.2.1　**分离器进气管**

内置分离器的设计应保证进入的气流不偏向容器的上部。

10.2.2　**布置**

进气接管、液气分离器、液位控制和高液位停机的配置，应使分离器具有防止液体进到压缩机气缸的功能。

10.2.3　**液位控制装置**

液位控制装置应安装于紊流区以外。

10.2.4　**液气分离**

除非采购方另有规定，应提供由奥氏体不锈钢或其他防腐材料制造的叶片型或网型液气分离器。当提供网型液气分离器时，网的上下两面都应有支承。

10.2.5　**设置**

分离器上至少应配备以下装置：

——手动排污；

——带液位控制的自动排污阀；

——高液位停机装置。

• 如果规定使用一个外部液位表，应配置隔离阀、放空阀和排污阀。如果规定使用压力表，应配置隔离阀和放空阀。

10.2.6　**直径**

• 采购方应规定所需分离器的工作等级。除非采购方另有规定，立式分离器的直径应以规定的分离器的工作等级和下列程序为基础确定。

a)　对于立式压缩机分离器，用以确定最大许用表面速度的 k 系数在每种分离器工作级别时的数值如下：

1)　分离器工作级 A，$k=0.35$；

仅用于设计条件下的分离作用。吸入管线没有液滴或吸气阀节流时不产生凝结湿气。对启动时的吹洗、压力变化或压缩机的余隙调整，气流排量不增加。气体和液体的密度和温度变化不会使排量发生变化。

2)　分离器工作级 B，$k=0.25$；

用于设计条件加上适当的附加的分离容量的分离作用，一般仅用于不带侧流的级间分离器。

3）分离器工作级 C，$k=0.18$；

用于设计条件加上实际附加的分离容量的分离作用。一般仅用于进气分离器。

b）最大允许表面速度、气体实际体积流量以及需要的最小分离器直径应按公式(2)、公式(3)计算：

$$v=0.3048k\sqrt{\frac{\rho_l-\rho_g}{\rho_g}} \quad \cdots\cdots(2)$$

$$D=\sqrt{\frac{4q_V}{\pi v}} \quad \cdots\cdots(3)$$

式中：

k——取决于分离器工作级别的常数；

v——通过分离器的最大允许表面速度，单位为米每秒(m/s)；

ρ_l——运行条件下的液体密度，单位为千克每立方厘米(kg/cm^3)；

ρ_g——运行条件下的气体密度，单位为千克每立方厘米(kg/cm^3)；

q_V——运行条件下气体容积流量，单位为立方厘米每秒(cm^3/s)；

D——分离器的最小内径，单位为米(m)。

10.3 脉动抑制装置

10.3.1 脉动控制

• 脉动控制与脉动研究应由采购方规定，并由卖方分别报价。机械自然频率和声学频率不应与压缩机产生的脉动频率一致。

采用风冷式换热器时应多加注意，因为它们对系统和结构易产生感应振动。

10.3.2 规格

若采购方规定了缓冲器而没有规定专门的脉动缓冲设计，那么应在每一级的进、排气端配置缓冲器。它们的体积应以连接到它上的各气缸的行程容积乘以附录 B 规定的系数确定。

注：如果气缸为双作用，那么行程容积为气缸两端容积的总和。

10.3.3 排液口

应提供最小直径为 DN20 的容易接近的塞式排液口，如果使用折流板，每个隔室都应有一排液口。当多个排液口不可行时，经采购方同意，可以使用位于容器壁低点隔板中圆形凹槽的开口。

10.3.4 内部导向接管

如果进、排气缓冲器的内部使用导向接管时，应开槽或孔（尺寸足够大，防止堵塞）以防止缓冲器中集液。

10.3.5 进排气接口

不管是否使用脉动抑制装置，压缩机气缸进排气管直径至少应等于压缩机气缸接管直径。如果使用脉动抑制装置，到进气缓冲器的进气管直径至少应等于压缩机气缸进气接管直径。

10.3.6 接口加固

所有法兰式分接口的加固应按照压力容器设计标准的规定。附加的加固和该处应力分析可能需要考虑脉动和振动引起的应力集中及疲劳负荷。

11 管路和附属设备

11.1 通则

11.1.1 规范

除非另有规定，管路设计和接口制造、试验及检验应符合 GB/T 20801.1～20801.6 的规定。

11.1.2 系统

管路系统应包括：碳钢或不锈钢管线，截止阀、调节阀、安全阀、减压阀、孔板、温度计、压力表、流动视镜及所有相关的放空口和排液接口。

11.1.3 范围

卖方应提供包括附属装置在内的所有安装在橇座上的设备的所有管线系统。连接到采购方系统的管线应在橇座边或在其他容易接近的地方留有法兰接口。

11.1.4 气体管路和附属设备

• 卖方供给的管路系统的范围应由采购方规定。如果采购方有规定或卖方要求，管路和附属设备的设计和布置应允许巡视和隔热。

11.1.5 图样

• 如有规定，采购方应在压缩机上下游的装置制造之前，审查所有管线和附属装置（脉动抑制装置、中冷器、后冷器、分离器、分液器、空气进气过滤器、膨胀节以及容器等）的布置图。

11.2 设计

管路系统的设计应实现如下功能：

——适当的支承和保护，以防止由于振动或由于装运、运行和维护所产生的损坏；

——将气缸接口和脉动抑制装置上的负荷减至最小；

——适当的弹性，避免管道弯曲力，并将应力减至最小；

——良好的养护性，便于运行维护和彻底清洗；

——在整洁和有序的布置中安装，适应于机器的轮廓外形且不影响接近机器的检验口；

——排除气囊；

——无需拆卸管线就可通过最低点完全排液；

——在工艺进气包括循环/旁路管路中，消除可能聚集液体的低点；

——在所有气体管路和所有直径为 DN50 及以上的管路上使用管卡；

——支承物不能直接焊接在气体管线上。

11.3 组装

所有管路应在卖方/次卖方厂内正确组装。

11.4 连接

DN40 或以下口径的连接设计应使悬重减到最小，并应加固，以避免振动引起的断裂。此加固宜使用锻制管口或至少应在两个平面上支承到主管线上。支承布置应使其占有空间最小。

11.5 制造

焊接管件、法兰以及螺纹连接的使用应减至最少。在管路变径时，不能使用套管。当需要将机组拆开运输时，应包括卸开的法兰或活接头。

法兰连接见 10.1.4。

11.6 密封焊接

除非采购方有要求，螺纹管子连接件不应进行密封焊接；如果使用密封焊接应符合 GB/T 20801.1～20801.6。不允许在铸铁设备、仪表上或要求需拆卸的维护处进行密封焊接。

11.7 规格

不应使用 DN32、DN65、DN90、DN125、DN175 或 DN225 的接口、管子、阀门和管件。如果某些特定设备使用了这些规格，卖方应确保采购方的所有连接与标准规格相配。

11.8 管材与规格

• 所有不锈钢管路和输送流程气体的管件应为无缝管件。管子应执行适合的公认标准，如 GB 5310、GB/T 8163、GB 9948 或 GB/T 14976，也可按采购方规定。管子壁厚见表 4。

表 4　管壁最小厚度

材料	公称管径		最小管壁号 sch
	DN	NPS	
碳钢	≤25	≤1	160
碳钢	>25	>1	80
碳钢	≥80	≥3	40
碳钢	≥250	≥10	STD
不锈钢	≤40	≤1.5	40
不锈钢	≥50	≥2	10

11.9　管路系统材料与规格

所有管子应为无缝。管子应执行适合的公认标准，如 GB/T 14976。除了气缸润滑，管路系统管壁厚见表 5。气缸润滑管路系统外径至少应为 6 mm，最小壁厚为 1.5 mm。

表 5　管壁最小厚度

公称管径/mm	管壁最小厚度/mm
6[a]	1
8[a]	1
10[a]	1
15	1.5
20	2
25	3
[a] 这些规格仅允许用于仪表、控制空气及惰性气体充入。	

11.10　阀门

• 易燃或有毒工况下工作的阀门应为钢质，并且当有规定时，阀门应为螺栓连接或焊接阀盖、螺栓连接填料，且安全防火（金属与金属阀座）。

11.11　法兰方向

法兰接口的螺栓孔应与设备主轴水平或垂直中心线平行。

11.12　塞堵

锥形开孔应该使用实心钢、长柄或六角的塞堵。管螺纹应涂一层非锁定管螺纹密封剂，不允许使用聚四氟乙稀（PTFE）胶带。

11.13　开工滤网

如果卖方提供压缩机的进气管线和脉动抑制装置时，应在紧靠进气脉动抑制装置上游插入临时开工用滤网。管路系统的进气缓冲装置和临时开工滤网的设计，应在不需要将管路抬高的情况下使滤网容易拆除和再插入。采购方和卖方应在制造或购买之前商定滤网的设计、位置和方向。

• 若有规定，卖方应供给能容纳临时开工滤网的可拆卸的短管路。应提供合理的测压接点，以便可以监测通过滤网的压力降。

11.14　润滑油管路要求

11.14.1　润滑油管路系统

卖方应提供整套压缩机润滑油管路系统及安装在它们上面的附属设备。

11.14.2　材料

若有规定，过滤器下游的压力润滑油管线（除了机身上铸造的油管路或油道外）应由无缝奥氏体不锈钢管制作。各种管线应尽可能少用弯头。提供的带不锈钢管的钢制管件、油过滤器下游的压力管路，应无内部障碍和凹坑(如承插焊接所产生的那样)，否则会在管子连接处聚集污物。不应使用带衬垫焊接和承插焊连接件。其他管子接头应为承插焊或对接焊型式。当必须使用对接焊时，接头处采取氩弧焊封底等预防措施，以防止管线内部产生焊渣。装配后，油管路应彻底清洗和保护。此外，碳钢油管路应进行酸洗或钝化。

11.15 冷却剂管路要求

11.15.1 冷却剂管路

• 冷却剂管路应由卖方提供，卖方应提供安装在橇座上的所有设备的管线系统，包括散热器与冷却器。管路的布置，在底部有一单独的进口接头，在顶部有一单独的出口接头，以便每个冷却剂管路在不同的进口温度下进行工作。管路系统中还应包括一个冷却剂控制阀。

11.15.2 冷却剂放气口和排液口

冷却剂管路的布置应不会封住空气。在不能避免封住空气的地方，应提供放气设施。所有液体冷却压缩机气缸管路的低点，应装有带阀门的冷却剂排液口。

11.16 仪表管路要求

卖方应供应所有仪表和仪表盘所必需的管线、阀门和管件。方便时，对远距离安装的仪表可用一个公共接头测量同一压力。

11.17 排液和放空管路

11.17.1 排液口和放空口

除非另有规定，外部的排液和放空管应为壁厚系列号为sch80的碳钢，其公称直径不小于DN20，但填料盒的放空口与接筒内外的相互连接管线应符合11.9。

11.17.2 接筒共用放空总管

• 若采购方有规定，卖方应提供以橇座边为终端的接筒共用放空总管。

11.17.3 接筒共用排液总管

• 若采购方有规定，卖方应提供以橇座边为终端的接筒共用排液总管。

11.17.4 填料共用放空总管

• 若采购方有规定，卖方应提供以橇座边为终端的填料共用放空总管。

11.18 安全阀

11.18.1 安全阀定位

安全阀必须位于每个连续系统，包括但不限于压缩机的进气系统、每个级间系统和最终排出系统。任何系统中有气体冷却器时，安全阀必须装在冷却器的上游。

11.18.2 安全阀设计

安全阀应为常规设计，经采购方同意，可以使用先导式安全阀。

11.18.3 安全阀规格

• 若有规定，卖方应提供安装在卖方供应的设备上或管路上的安全阀。采购方应规定是否需要附加安全阀的进气量，以保护失常情况下的机组。其他安全阀应由采购方提供。所有工况下的安全阀应符合GB/T 12241。卖方报价书中应列出所有建议的安全阀(含规格和设定压力)，并应清楚的说明哪些由卖方提供。安全阀的定位和设定压力，包括累加应考虑设备故障的所有可能形式、误操作及管路系统的保护。

11.18.4 安全阀材料

除非另有规定，安全阀体应为钢制。

11.18.5 安全阀设定压力

安全阀应设定在不高于最大许用工作压力下运行，但不低于表6所列数值。

11.18.6 安全阀放空

• 每个安全阀都应连接到放空管上。由采购方规定放空管应将释放的气体向上排入大气，或者是进入终端在橇座边的公共放空总管。

• 如果有规定，放空口应在靠近安全阀最低点处有排液口。

选择和确定安全阀尺寸时，应考虑背压的作用，因为背压会阻止安全阀在设定压力点释放。

表6 安全阀设定压力

额定排气表压(每级)/MPa	超出额定排气压力的安全阀最小设定压力裕度
≤17.0	10%[a]
>17.0至≤24.0	8%
>24.0至≤34.5	6%
>34.5	[b]

a 不少于0.1 MPa。

b 应经采购方与卖方协商同意。

11.19 泄放阀

• 若采购方有规定，机组的泄放阀应由卖方提供。由采购方规定泄放管应在安全位置将释放的气体向上通入大气，或者进入终端在橇座边的共用放空总管。

11.20 温度计套管

温度计套管应符合13.3.2和13.3.3的规定。

11.21 隔热和护罩

隔热和护罩应符合8.2.5.6的规定。

12 电气系统

12.1 规范

电机、电气零部件和电气安装应符合所有相关标准和规定。

12.2 电源

• 如果由卖方提供电气设备，电机、加热器和仪表的电源数据应由采购方规定。

12.3 配线

主机组机座区、任何仪表盘基础区或任何辅助撬座区范围内所有电源和控制线路应耐油、耐热、耐潮和耐磨。在撬座和其他承受振动的区域应使用多股导线。使用橡胶绝缘的场合，为绝缘防护应提供耐高温护套。所有配线应适合于工作温度。

12.4 维护

为便于维护，不论电压等级，对所有设备上带电零件(如接线端子和继电器)应提供足够的空间。

12.5 绝缘

所有电气材料，包括绝缘材料，应尽可能为抗腐蚀和防潮的。

• 如果指定在热带使用时，所有材料应给予下列处理：

a) 所有零件(如线圈和绕组)应防止霉菌吸附；

b) 材料应以适合的保护以防腐蚀。

12.6 导线管和电缆敷设走向

所有电线，包括动力线和仪表导线，在撬座区任何界定的范围内应予保护，以防止机械的损伤。适当加托架以把振动减到最小，并绝缘或隔离以防止电压级间干扰。使用导线管时，端点连接应采用足够长的挠性金属导管(温度传感元件应连结在端点上),以便接近机组维修时可以不拆导线管。如使用挠性金属导管,应防止液体渗漏,并适用于规定的区域。

12.7 电源安装

除非采购方另有规定,电压低于1 000 V的电源安装应符合GB/T 16895。

12.8 接地

在橇座和不在橇座的表盘及设备上应接地连接。撬座和安装撬座控制表盘及所有不与撬座或压缩机用金属直接接地的设备部件,应提供等电位接地导体。

12.9 终端

除非另有规定,接线端子、开关及仪表上所有线头应永久地加上标签,以便识别。接线盒和控制盘中所有接线端子板应至少有20%的备用接点。

13 仪表和控制

13.1 通则

13.1.1 压缩机控制系统

• 压缩机控制系统可以为气动、液动、电动或电子控制的,并可以手动或自动操作。采购方应指定控制信号(目的或功能)、控制系统型式(手动、自动或程序控制)和控制范围。采购方应指定操作易燃、有毒、腐蚀或高温流体的哪些信号要求传递到仪表系统的工艺流程传感线路。采购方还应指定控制信号源和其灵敏度及范围。卖方应在其供应范围内,按照GB/T 21654用逻辑图方法描述整个控制系统(包括报警和停机)。

控制系统由其他方提供时,卖方应提供与压缩机运行(启动、停止、气量控制、停机等)有关的关键功能的逻辑图。

典型逻辑图的例子在附录C中给出。

腐蚀气体见第20章。

13.1.2 位置

除非另有规定,控制器件和仪表应适合于户外安装。

13.1.3 规范和标准

仪表和控制器件应满足于GB 3836.1～3836.15和采购方规定的其他标准的要求,并符合所有相关规范与法规。

13.1.4 可视性与易接近性

所有控制和仪表的定位和布置应在操作者看得见和容易接近的地方,以便于测试和维护。

13.1.5 仪表安装

所有仪表盘应可靠地支承,以消除振动及仪表管路过分受力,并防止运输、储存、运行和维护时受损。

13.1.6 气源

除非采购方另有规定,应用经过过滤、调节的干天然气或干的无油空气来操作气动仪表和控制。如果采购方未规定压力,卖方应说明空气耗量和压力级。如果使用天然气,应该用在撬座边的放空管接头将所有放空口与共用总管连接或配备一个放空管,将气体排放到安全地方。气体操作的气动仪表的放空口应与放空总管连接。

13.2 仪表和控制盘

13.2.1 通则

压缩机组应配置控制盘。除非另有规定,控制盘应包括卖方提供设备所有的盘装仪表。控制盘的设计和制造应符合采购方的说明。操作者从驱动机控制点观看仪表盘上的仪表应清晰可见。控制盘应完整地组装,采购方只需要连接外部管路和管线。

13.2.2 控制盘结构

除非另有规定，控制盘应由至少3 mm厚钢板制造，且是加强的，自支承的和顶部侧面封闭的。

• 当有规定时，控制盘背面应封闭以减少触电危险和保护设备不损坏，并且能为安全和防腐蚀允许清扫和通风。所有平装仪表应安装在控制盘前面，所有紧固件应为耐腐蚀材料。每个盘装仪表都应有刻字的铭牌以便识别。

13.2.3 控制盘安装

• 控制仪表盘应自由竖立，由采购方规定撬装或撬外安装。任何撬装仪表盘应牢固支承以减少振动，防止管路过分受力，并防止运输、储存、运行和维护时受损。安装位置不应挡住检查或维护时必须拆卸的门或盖。重量超过50 kg时应提供仪表盘吊耳。

13.2.4 控制盘接线

机组上的控制器件或仪表需要一个以上线路接点时，应提供带接线柱的单独接线盒和接到每个开关或仪表的线路。接线盒应安装在机组上。

• 仪表盘内导线应装入导线管或固定在电缆架上。按采购方规定，封闭仪表盘外的所有导线和接线盒，应穿入金属导线管或以铠装电缆的形式固定在电缆槽内。

所有仪表、接线条上接头/接线柱和开关上应提供带永久性防腐识别标签。

13.2.5 远程控制盘接线

如果使用撬外安装的控制盘，所有接线应集中在撬上易于接近点。接线条上所有接头和接线柱、开关和仪表应贴上识别标签，不允许在导线管内有电线接头。

• 按采购方规定，导线应穿入金属导线管或以铠装电缆的形式固定在电缆槽内。

13.2.6 控制盘的仪表管

除非采购方另有规定，控制盘的仪表管应为奥氏体不锈钢。

13.2.7 最大运行极限

所有仪表和控制盘应设计为能经受最大预期工作温度和压力125%的工作条件。

13.3 仪表

13.3.1 转速表

• 若有规定时，仪表盘上应提供转速表。其型式和量程应由采购方在数据表中确定。可以使用连续读数的数字显示转速表。转速表的最小量程应从最低转速到最大连续转速的115%。采用变速驱动机时，驱动机卖方应提供转速传感器和读数显示器。

13.3.2 温度测量

• 应提供温度显示器，并按数据表的规定就地安装或安装在仪表盘上。就地安装的数字式温度表应为重型、耐腐蚀、安装在不锈钢温度计套管中。在温度计套管和传感元件之间应使用传热介质。

• 如果采购方有规定，卖方应提供充液温度表。标准温度表是白底黑字。机组上有振动的地方应提供金属外壳、前置玻璃、柱型汞式或双金属温度计。

如可行，热电偶和电阻温度显示器的设计和配置应能在机组运行时允许更换。热电偶和电阻温度显示器的引出线应作为温度计套管或检测器和终端盒之间连续接线。

13.3.3 温度计套管

与易燃或有毒气体接触的或位于增压或溢流管线中的温度传感元件，宜配备至少直径20 mm奥氏体不锈钢可拆法兰整体式的温度计套管。温度传感元件应处于流动的流体中。这对可能部分负荷运行的管线尤其重要。

13.3.4 压力测量

• 应提供压力指示器，并按数据表的规定就地安装或安装在仪表盘上。

当压力表直接显示设备运行而不是仪表风压力时，这些压力表应配以奥氏体不锈钢弹性金属曲管、布尔登管和不锈钢机件。标准压力表是白底黑字。

• 当有规定时，在承受振动的位置应提供充液压力表。压力表量程选择应宜使正常运行压力显示在压力表量程中间。刻度盘上最大读数不应小于适用的安全阀设定值加10%。每个压力表应配有放气装置，以释放过壳体的过高压力。

13.3.5 燃气测量

若有规定时，卖方应提供燃气表。

13.3.6 阀门

除非另有规定，除了停机传感装置之外所有仪表和控制器件，应配备适当的阀门以便系统运行时，可以更换。

• 如果规定停机传感装置配有关闭阀时，卖方应提供一种处于开启位置的锁定阀。所有压力表应提供截止阀和放气阀。

13.3.7 温度指示器和压力指示器的最低要求

13.3.7.1 下列位置需要温度指示器：

——发动机冷却剂出口；

——压缩机各级气缸排气；

——其他各处温度。

13.3.7.2 下列位置需要压力指示器：

——发动机润滑油进口；

——压缩机润滑油进口；

——压缩机一级进气；

——压缩机各级排气；

——其他各处压力。

14 停机、报警和信号装置

14.1 通则

应提供报警/停机系统，如果采购方规定的任何一个报警条件达到认同的报警程度将激发报警。该系统指定或建议的任何一个停机条件达到认同的停机程度也应激发停机。停机和报警系统的设计应能使机组在失效—安全模式下运行。

• 按采购方规定，系统可以是液动、气动、电动或它们的任意组合。

• 除非另有商定，对每个停机功能应提供一个报警功能，并设定在偏离正常条件而小于停机设定的值。与停机无关的另外的报警，应按规定提供。

14.2 停机最低要求

停机最低要求在表7中规定。

14.3 附加报警和停机

• 由卖方提供的报警和停机系统的范围应由采购方在数据表中规定。

建议发动机和压缩机曲轴箱设置油位低报警。

注：振动和温度监测按有关规定。

14.4 信号装置

激发报警或停机的各元件也应激发指示首发报警或停机原因的信号装置。在启动和手动测试期间，只有对某一停机装置上预设时间闭锁时，才使信号装置走旁路。卖方将规定信号器的型式和规格、报警和停机信号、信号盘上备用点数量以及报警/停机的警告型式（发声或灯光闪烁或两者兼有）。

14.5 开关

14.5.1 安装

报警、停机和自动启动开关（振动开关除外）的安装，应使设备正常的振动不致产生开关误动作。

14.5.2 压缩机温度

应在尽可能靠近每个压缩机气缸的排气口安装气体温度高停机传感器。

14.5.3 压缩机润滑油压力

与润滑油接触的润滑油低压开关的压力传感元件，应能承受进入压缩机曲轴箱内部，并在机油中溶解的压缩气体的腐蚀。并且传感器应位于轴承联油端以传感润滑油压力。

14.5.4 振动

驱动机和压缩机的振动停机传感器及其开关，应位于曲轴的平面上。冷却器振动传感器应该装在风扇的轴心线上。

表7 停机最低要求

设备名称	报警条件	停机
发动机	燃气压力低	×
	燃气压力高	×
	冷却水温度高	×
	润滑油压力低	×
	超速	×
	振动过大	×
电机	定子绕组温度高	×
	振动过大	×
压缩机	进气压力低	×
	排气压力(各级)高	×
	气缸注油器故障	×
	润滑油压力低	×
	排气温度(各气缸)高	×
	振动过大	×
其他	冷却器振动过大	×
	进口和级间分离器液位高	×
	冷却水压低	×
注：×表示停机。		

14.6 紧急停机系统

14.6.1 发动机

发动机紧急停机应关闭燃料阀以及打开燃料阀和混合器之间的通气阀，并使点火系统高电压端接地。

14.6.2 电机

紧急停机系统应为采购方提供一个无电压接点，便于关闭电源。

14.6.3 压缩机

如果采购方有规定，停机时排污阀应自动打开。

14.6.4 附加要求

14.6.4.1 启动旁路装置

应提供某些停机走旁路装置的定时锁定装置，以便允许驱动机启动。

14.6.4.2 手动测试功能

对于那些只有当压缩机组运行时才能测试的停机装置，应提供不致引起停机，而能测试各停机功能的手动测试功能。

每次停机测试的旁路装置应由一个(0～5)min定时器自动解除，并且在信号盘上指示“测试”模式。

为安全起见，该测试只能由被授权人执行。

14.7 停机和报警设定

停机和报警的设定应由采购方和卖方同意。

15 撬座

15.1 通则

结构钢、预应力或后张法混凝土或混凝土充填的结构钢撬座应有足够的强度，以便于运输和安装，并将设备产生的力和力矩传递到采购方的基础上。

15.2 设计

15.2.1 吊装

撬座应有提升或起吊的装置。

15.2.2 构件

在结构钢撬座上，承载构件应有足够高度和强度以防止撬座移动或安装时的过大变形对已安装设备的损坏。

15.2.3 机械设备支承

压缩机和发动机应安装在足够高度的承载构件上，并用螺栓安装固定。

15.2.4 机械设备对中

15.2.4.1 应提供两个螺旋千斤顶，用于发动机水平对中。所有螺栓、螺母应易于接近，以便使用标准工具进行维修。

15.2.4.2 安装表面应加工成平面，并在0.15 mm/m内平行于其他安装平面。应制作垫片或其他可调支承用于垂直对中。这些垫片和支承在现场能够调整±3 mm，其材质为不锈钢。

15.2.5 尺寸

撬座应有足够的长度和宽度来安装设备，并便于维护。

15.2.6 螺钉和螺栓

在非混凝土填充的结构钢撬座上，应每侧准备至少三个找平螺钉和三个地脚螺栓孔，并且提供数量足够的找平螺钉来支承撬座和所安装设备的总重量。

15.2.7 底板

结构钢撬座的空地应铺设至少是5 mm厚的坚固的花纹底板，用焊接或螺栓定位，做好灌浆准备。对于混凝土或混凝土充填的结构钢撬座，则不需要底板。

15.2.8 滴油盘

会漏油或溅油的地方应提供滴油盘，并应固定在撬座的基础上。

15.2.9 支架

支承和支架不应连接在无支承的底板上。

15.2.10 容器

在结构钢撬座上，分离器和其他容器应由足够高度的承载构件而不能由底板来支承，应将其用螺栓连接到承载构件上。

15.3 结构

结构钢撬座应为焊接结构。对接梁应双面焊接。承受负荷构件的法兰不能拼接。正交钢板构件之间的焊接接头至少应为最小构件深度的1/3。焊接要求应依据6.13.1.4。

15.4 通道、楼梯和平台

• 当采购方有规定时，通道、楼梯和平台除了一面与设备相邻时不存在安全危险以外，应在所有侧备有扶栏。通道、楼梯和平台表面应为防滑设计，并且为开放式结构。

16 油漆和涂装

16.1 通则

除非采购方另有规定，表面处理、漆料及其应用应符合制造厂规范。制造厂喷漆规范应在报价时提交采购方审查。

16.2 表面处理

• 如果采购方在数据表中规定，表面应按表8进行喷漆准备。

表8 表面处理

表面处理方法		
零部件	正常环境	恶劣腐蚀环境
发动机、压缩机、散热器和出口消声器	制造厂标准	制造厂标准
气体和水套冷却装置	制造厂标准	制造厂标准
橇座、分离器、容器、管线和阀门	GB/T 18839.3	GB/T 18839.2

16.3 应用

涂漆一般应通过喷涂得到每层40 μm的最小干膜厚度。油漆应符合油漆制造厂的标准。除了铝漆要求较薄的漆膜厚度外，底漆和面漆的总干膜厚度应为80 μm。这应由制造厂检查。

16.4 不涂漆的项目

软管、点火电线、铭牌、有面漆的仪表、非金属制品、机器的旋转部件、翅片管表面、V型皮带、加工表面、螺纹、轮槽以及临时挡板不必涂漆。所有其他零部件外表面除了底漆至少还应涂一层漆。

16.5 油漆

油漆不应含铅和铬酸盐，并适用于环境条件和设备预期最高表面温度。任何暴露于润滑剂的油漆应耐油。使用合成润滑剂时，应采取特殊预防措施保证与油漆的兼容性。

16.6 风冷式换热器

在严重腐蚀的环境中，风冷换热器的挡板和构件可使用热浸电镀来代替涂漆。集管可根据采购方的规定电镀或涂漆。

17 检查和试验

17.1 通则

17.1.1 进厂权

采购方提前通知卖方后，采购方代表有权进入正在进行设备制造、试验或检查的所有卖方和分卖方的工厂。

17.1.2 通知卖方

卖方应将采购方的检查和试验要求通知所有分卖方。在进行采购方已指定要求见证或观察的任何检查和试验前，卖方应提前足够时间通知采购方。

17.1.3 采购方参与

• 采购方应在卖方质量计划或任何其他的适用的文件中规定检查和试验程序

——见证，意指应用于生产进度表的控制点及检验和试验要有采购方或其代表参加。对机械运转或性能试验，要求在提前通知期间或之后，确认卖方成功地进行了初步试验；

——观察，意指检查或试验的时间安排应通知采购方，然而检查或试验应按进度表执行。如果采购方或其代表不到场，卖方可以进行下一步。

17.1.4 **所需设备**

卖方应提供规定的检查或试验所需的设备。

17.1.5 **数据保存**

卖方应保存下列数据，从装运时算起至少 10 年，以便采购方或其代表检查：

a) 如有要求时，所有必要的材料合格证明，如轧制试验报告；

b) 采购方订货单中，在材料清单上系列编号的项目；

c) 质量控制试验、液压试验、机械运转试验和采购方规定的其他试验的结果；

d) 焊接程序和焊工资格。

17.1.6 **提前通知时间**

任何见证或观察、检查之前，采购方应规定所需提前通知的时间。

17.1.7 **质量控制**

采购方代表在监制开始前，有权对卖方或分卖方的质量控制大纲进行审核。

17.1.8 **清洗**

在监制和系统组装期间，应对每个零件和所有管线及附属装置进行清洗，以除去外来物质、腐蚀物和轧制氧化皮。清洗后，所有管线和容器的开口处应适当的覆盖，以防止污染。

17.2 **材料检验**

17.2.1 检验标准

要求进行射线、超声波、磁粉或液体渗透检验时，检测方法和验收标准应按表 9 的规定。

表 9 无损检测方法与验收标准

检测类别		球墨铸铁件	铸钢件	锻件	焊接件
射线	方法	—	GB/T 5677	—	JB/T 4730
	验收标准	—	购卖双方商定	—	GB 150
超声波	方法	JB/T 5439	JB/T 5441	JB/T 5440	JB/T 4730
	验收标准	JB/T 9104	购卖双方商定	JB/T 6908	GB 150
磁粉	方法	JB/T 5442	JB/T 5442	JB/T 5442	JB/T 4730
	验收标准	JB/T 9104	购卖双方商定	JB/T 6908	GB 150
液体渗透	方法	—	GB/T 9443	JB/T 8466	JB/T 4730
	验收标准	—	购卖双方商定	购卖双方商定	GB 150

17.2.2 磁粉检查

如果要求按 GB/T 15822.2 磁粉检查，应参照 GB/T 9444 判定缺陷是否合格。每种缺陷的型式、等级应不超过表 10 规定的极限。超出此极限的缺陷应清除，以便符合引用的质量标准，这由补焊前附加的磁粉检查确定。

表 10 铸件缺陷等级

型式	缺陷	质量等级
Ⅰ	线性不连续	1
Ⅱ	缩孔(松)	2
Ⅲ	夹杂物	2
Ⅳ	残留内冷铁和芯撑	1
Ⅴ	疏松	1
Ⅵ	焊缝	1

17.2.3　除非另有规定，不需要对每炉铸造样品进行化学分析。

17.3　试验

17.3.1　通则

设备应按照17.3.3、17.3.4和17.4进行试验。按计划的首次试验的前六周，卖方应将其所有运行试验的详细程序提交采购方，包括所有监视参数的验收准则，以便于采购方评审。

设备准备试验的日期前不少于五个工作日，卖方应通知采购方。如果试验重新安排，新试验日期前不少于五个工作日，卖方应通知采购方。

17.3.2　液压和气体泄漏试验

试验应按照相关规范进行。一旦规范试验压力和本标准的压力有差异，应取较高压力级。试验用垫圈应与使用工况下的要求相同。

17.3.3　液压试验

17.3.3.1　承压零件（包括附件）液压试验的液体温度应高于试验材料的无塑性改变温度，液压试验压力按如下规定：

a)　气缸气道和气腔：最大许用工作压力的1.5倍，但不小于0.15 MPa；
b)　气缸冷却夹套和填料盒：最大许用工作压力的1.5倍；
c)　管路、压力容器、过滤器和其他承压部件：最大许用工作压力的1.5倍或按照适用规范，但不小于0.15 MPa；

试验a)和b)在气缸缸套安装前进行，并采用与工作状态相同的紧固件。

注：对承压零件，液压试验不能代替可行的或有效的气体泄漏试验。

17.3.3.2　如果试验时零件在试验温度下的材料强度低于其室温下的材料强度，试验压力应乘以一个系数，该系数由材料室温时允许工作应力除以运行温度时允许工作应力来获得。如此获得的压力应是进行液压试验的最低压力。数据表应列出实际液压试验压力。

17.3.3.3　用于试验奥氏体不锈钢材料的液体，其氯化物含量不应超过50 mL/L。为防止由于蒸发干燥引起氯化物沉积，在试验结束时应除去所有氯化物液体。

17.3.4　气体泄漏试验

17.3.4.1　基本要求

进行泄漏试验的零件应彻底干燥并不涂漆。进行泄漏试验的气缸应不带缸套，但带缸盖、阀盖、紧固件和余隙腔，并使用适用的垫圈。

a)　承压零件如气缸和余隙腔，压缩摩尔质量12及以下气体或含有大于0.001 mol硫化氢气体，除了17.3.3中规定的液压试验，应用氦气在最大许用工作压力或15.0 MPa（取其中较小压力）下进行的压力试验。

　　泄漏试验应用氦气探头或采用浸没在水中。水温应高于被测材料的无塑性改变温度。浸没时，内压应保持在最大许用工作压力。要求零泄漏（见17.3.5）。在使用氦气探头试验时，试验程序、仪表的灵敏度和验收准则应予商定。

b)　气缸压缩气体不同于a)中叙述的，应经受按a)中叙述的气体泄漏试验，此外，试验气体还可以用空气或氮气。

17.3.4.2　组装

如果采购方有规定，应对组装的机组管路进行气体泄漏试验。该试验的细节由采购方和卖方共同商议。

17.3.5　试验时间

试验应保持足够的时间以允许在试验压力下充分检查零件。保压时间至少30 min，零部件或部件连接处既无泄漏又无渗透时，液压和气体泄漏试验合格。大型、重型铸件可以要求较长时间，由采购方和卖方商定。

17.4 机械运转试验

17.4.1 主要部件

所有压缩机、发动机和传动装置应按照卖方标准进行厂内试验。

17.4.2 整套机组

除非另有规定，机组及所有辅助系统整体成套时，装运前应接受卖方/分卖方日常机械运转试验。试验应验证压缩机、发动机、机械辅助设备、仪表控制系统和撬装冷却器作为整套机组的机械运转试验。试验时压缩机不需要压力负荷。

17.4.3 机组修正试验

如果为校准机械或性能的不足，要求更换或调整轴承或拆除以更换或调整其他零件，初始试验将是无效的，并且最终厂内试验应在更换或校准后进行。

17.4.4 检查

采购方应规定是否需要拆机检查(除了试验时运转故障原因而要求的拆机)。

18 标记

18.1 旋转方向箭头

旋转方向箭头应铸在或永久附在旋转设备的每个主要部件上。

18.2 材料

铭牌和旋转方向箭头的材质应为不锈钢或蒙乃尔合金，并用耐腐蚀紧固件固定。

18.3 铭牌

18.3.1 机组铭牌

机组铭牌应包括成套商名称、制造日期及系列号，并牢固地附在整套压缩机组的显著位置。

18.3.2 制造厂铭牌

制造厂铭牌应牢固地附在压缩机机身、每个压缩机气缸、发动机、风冷式换热器、压力容器上易接近处或附在其他主要附属设备上。

18.3.3 压缩机机身铭牌

机身铭牌应给出压缩机制造厂名称、系列号、机身规格/型号、型式、行程、最小/最大转速和活塞杆最大许用负荷。

18.3.4 压缩机气缸铭牌

每个压缩机气缸铭牌应给出缸径、行程、最大许用工作压力、系列号、级数/型式和以该端排量百分数表示的最小余隙。

18.3.5 发动机铭牌

发动机驱动器上的铭牌应给出发动机制造厂名称、系列号、型号、额定功率、额定转速、排量、动力缸径和行程。

18.3.6 电机铭牌

电机驱动器上的铭牌应给出电机制造厂名称、系列号、型号、额定功率、额定转速、服务系数(如有)、线圈温升、电压和满负荷电流。

18.3.7 冷却器铭牌

冷却器上的铭牌应给出冷却器制造厂名称、系列号和型号。此外，每个气冷、油冷或水冷部分应给出最大许用工作压力、液压试验压力、系列号和通道数量的铭牌。

19 装运准备

19.1 通则

19.1.1 通知卖方

卖方应负责将采购方装运准备要求通知所有分卖方。

19.1.2 放行

在所有试验和检查已完成，并且设备已由采购方放行后，应作设备装运准备。

19.2 防护

19.2.1 排液

除非采购方另有规定，任何装运准备前所有设备(包括压缩机、发动机、冷却器等)应完全排空冷却剂和润滑油。

19.2.2 外部加工表面

外部加工表面应涂以适当的防锈剂。

19.2.3 内表面

设备的内部应清洁，没有氧化皮、焊渣和外来杂质，并喷涂或刷上能溶于油或可用溶剂清除的适合的防锈剂。事先经采购方认同，可以采用永久作用的防锈剂代替可溶的防锈剂。

19.2.4 法兰口

法兰口应密封以阻止潮气和灰尘的进入，接合面应适当防护，防止腐蚀和机械损伤。可行的方法是采用附有弹性垫片的最小厚度 5 mm 金属板封闭，并用不少于四根螺栓相连。用相配的螺母将螺栓孔封闭。

19.2.5 螺纹口

螺纹口应密封以阻止潮气和灰尘的进入，螺纹应适当防护，防止腐蚀和机械损伤。应采取的适当布置确保临时螺塞或其他封闭件不会意外脱落。

19.2.6 焊接坡口开口

已加工的焊接坡口应提供封闭设计，以防止潮气和外来物质的进入并损伤坡口。

19.2.7 拆卸和备件

气缸、缸盖、填料盒、填料、活塞、活塞杆、十字头及滑履、十字头销、轴瓦和连杆，由于单独装运或作为备件装运而需拆卸，应涂以防锈剂、包扎防潮薄膜或包装，以防止装运或施工现场贮存中受损。

19.2.8 裸轴

裸露的轴和联轴器宜包扎防水成型油布或挥发性防锈纸。接缝应以耐油胶带密封。

19.2.9 压力容器和管路

脉动抑制装置、管路和容器外表面应清洁，无管垢、焊渣和其他外来杂质。

19.2.10 轴承组件

轴承组件应完全防止潮气和灰尘进入。如果袋装挥发性防锈剂安放在较大空间内，袋应系在便于拆下的适当地方。袋应安装在金属丝笼内，系在法兰盖上，并应由不锈钢丝系着的防腐标签显示袋。

19.3 装运和贮存

• 设备应按规定的装运型式做好准备。包括曲轴的固定。应使设备适于从装运之日起 6 个月的户外贮存。如规定贮存更长时间，采购方应与卖方协商所要遵循的推荐程序。

卖方应提供采购方必需的说明书，以在设备到达施工现场后和开车前做好完善的贮存保管准备。

应意识到，不能遵循这些说明可能危及设备的成功运行。

19.4 装箱

19.4.1 装箱和搬运

• 按规定设备应为国内包装或出口包装，起吊、卸荷和搬运说明应牢固地标识在不受气候影响的醒目的最大包装箱外部。要求供货的专用起吊装置如延伸杆，需经商定。垂直位置起吊点、重心和尺寸应清晰地标注在每个包装箱上。

起吊点和重心应清楚地标记在设备包装上。卖方应推荐起吊方案。

19.4.2 识别

设备应以项目和系列号来识别。单独装运的材料应以牢固系上显示规定设备项目和系列号的防腐金属标签来识别。此外，成套设备应附带两份包装清单，一份在内，一份在集装箱外。

采购设备配带的辅助管路连接件应盖钢印或永久标签，以便与卖方接口表或总布置图一致。标签应显示出所用位置和连接名称。

19.4.3 散装部件

与设备的专用主项目相关的组合零件、散装零件和备用零件应分别包装装运，并不应与设备另一个主项目相关的相似零件混淆。例如，压缩机用零件不应与发动机用相似零件包装在同一个包装箱内。

19.5 手册

应与成套设备一起发运：一份包括安装、操作和维护的手册。

20 腐蚀气体

20.1 通则

如果数据表规定为硫化氢或二氧化碳气体时，本章所包括的条款为最低要求。

20.2 硫化氢

在 GB/T 20972.1 中规定的所接触硫化氢气体的材料应符合本标准的规定。

如有要求，焊制零部件应消除应力，使焊缝和热影响区满足屈服强度和硬度的要求。

考虑到正常运行、开机、停机、备用、故障或异常操作情况，如催化剂重生，采购方有责任确认硫化氢气体存在的数量。

注：在许多应用场合，GB/T 20972.1 规定的材料完全能够满足少量的硫化氢的要求。

如果含微量硫化氢，或硫化氢含量不明，采购方应在数据表中注明要求符合 GB/T 20972.1 的材料。

与腐蚀气体接触的压缩机零部件或辅机应慎用铜和铜合金。

符合 GB/T 20972.1 规定的零部件至少应包括所有承压气缸零部件（如：气缸、缸盖、余隙腔和阀盖等）和直接与那些部件接触的紧固件；所有在气缸中的零部件（如：活塞、活塞杆、气阀、卸荷器和紧固件等）；接筒中的零部件（如：填料盒、填料和紧固件）。更详细信息参见附录 D。

GB/T 20972.1 的相关规定适用于多级压缩机中含硫化氢气体的气缸，而不论其硫化氢分压大小。

在下列情况下，可以接受不符合 GB/T 20972.1 规定的硬度要求。

a) 与金属阀片一起使用的阀座；

b) 按 GB/T 20972.1 要求，导致活塞杆表面硬度不足，为满足耐磨要求，可向采购方推荐使用经过验证的表面涂层。

若需要，压缩机制造厂和采购方应对替代合金或特殊热处理达成共识。

20.3 二氧化碳

含 CO_2 的流程气体中含水气可引起腐蚀。

为避免或将腐蚀降到最小，可使用下列方法：

a) 所有金属垫圈应为软铁；

b) 活塞杆应为沉淀硬化不锈钢或在填料区有合适的硬化涂层、退火硬度为 22 HRC 的高合金钢。只有采购方同意才可以使用其他特性的耐腐蚀钢件；

c) 压缩机气阀座和升程限制器应为不锈钢或球墨铸铁。金属阀片应为不锈钢。

除非采购方另有规定，所有其他部件，应使用压缩机制造厂的标准材料。

注：流程气体中含有氧气或氯气时，腐蚀会更加严重。

21 近海或海上环境

21.1 通则

21.1.1 外露零件

外露的回转及往复运动零件应为适合现场环境的耐腐蚀材料制造。

例如：控制接头和调节装置。

21.1.2 小零件

没有指明的小零件的耐腐蚀要求应与相同环境下规定的零件耐腐蚀性相同。

例如：螺母、弹簧、垫片、垫圈。

21.1.3 腐蚀介质

• 采购方应在数据表中指明环境中存在的腐蚀介质。

21.1.4 晶间腐蚀

暴露于促使晶间腐蚀的条件下的零部件，应用低碳钢或稳定化处理的奥氏体不锈钢制造。

21.1.5 电气安装

所有的电气元件及其安装应符合 GB 755、GB 3836.1、GB 4208 和 GB/T 21654。

21.2 风冷式换热器

• 换热器应热浸电镀。换热器联管应由采购方规定电镀或涂漆。

21.3 撬座

21.3.1 滴水唇缘

除非采购方另有规定，撬座应提供侧壁高度最小为 75 mm 的滴水唇缘，并在每个角上配置一个 DN40 的排液口。

21.3.2 密封焊接

所有钢撬座应全部密封焊接。除了混凝土填充区外，填充混凝土的钢撬座应为密封焊接。

21.3.3 吊耳

在撬座角上，应提供若干吊耳。每个吊耳的孔眼直径最小为 50 mm，且能承受全部机组重量。

21.4 控制和停机系统

所有用于控制机组停机的气压传感装置应有单独的截止阀和放气阀。所有传感装置应安装在撬座上。

21.5 控制

所有元器件应适合于近海或海上环境。

21.6 控制盘

21.6.1 控制盘结构

除非另有规定，依据 GB 3836.1 和 GB 4208，控制盘应为不锈钢且适合露天使用。

21.6.2 控制盘零部件

控制盘应包括停机/运行开关、B 级继电器、防爆接地启动开关和 C 级闭锁。控制盘应装有由远处提供运转/停机指示信号的紧急停机(ESD)指示器工作台。

21.7 气体管路、管子和附属装置

21.7.1 气体管路

除了发动机和启动器制造厂提供的螺纹连接外，DN50 以上的气体管路应使用对焊法兰连接。

21.7.2 管子和管件

仪表盘和管路系统的管子和管件应为奥氏体不锈钢。管件压力等级为 50.0 MPa。

21.7.3 垫圈

不论法兰额定压力为多少，凸面法兰垫片应采用带有中心环的金属缠绕垫片。

21.7.4 分离器液位停机装置

除非采购方另有规定，分离器液位停机(高和低)装置应为外置式，跨接一个带有 DN25 法兰连接隔离阀和 DN15 的塞式放空阀和排液阀。

21.8 涂漆

21.8.1 表面处理

除非另有规定，除表8给出的恶劣腐蚀环境表面处理方式以外，非不锈钢的排气系统和控制盘应按GB/T 18839.2处理。

21.8.2 重要的零部件

除非另有规定，机械清洗过，有制造厂标准底漆的零部件应涂有干膜厚度至少为50 μm的聚氯乙烯醇酸树脂的中间层和干膜厚度至少为40 μm厚的无环聚氨丙烯酸树脂面漆。

21.8.3 机械清洗裸金属零件

除非另有规定，这些部件应涂有干膜厚度至少为125 μm的涂铝环氧乳胶树脂底漆和干膜厚度至少为40 μm厚的无环聚氨丙烯酸树脂面漆。

21.8.4 喷砂零件

除非另有规定，除了排气消音器和排气管路外，所有零件应涂有干膜厚度至少为50 μm的无机硅酸锌底漆和100 μm厚的环氧聚氨脂中间涂层和40 μm厚的无环丙烯聚氨脂面漆。

21.8.5 发动机排气系统

除非另有规定，发动机排气系统应涂有干膜厚度至少为30 μm，额定温度为550 ℃的铝硅面漆。

21.8.6 油漆修补

除了排气系统，对任何涂过的面漆进行修补时，应使用铝环氧乳胶树脂底漆和面漆。

21.8.7 混凝土填充撬座

外露的混凝土只上底漆。

21.9 处于工况气体中的阀门

21.9.1 防火

在工况气体管路和润滑系统中的隔离阀、排放阀、控制阀和安全阀应防火。

21.9.2 阀门材料

在工况气体管路中DN40及其以下通径的阀门应具有不锈钢阀杆和阀芯。

21.9.3 切断阀

• 如果采购方有规定，卖方应提供进气和排气切断阀。采购方还应规定阀的型号和手动或先导式。

附 录 A
（资料性附录）
数据表和核对清单

A.1 数据表

A.1.1 工作条件数据表按表 A.1。

表 A.1　GB/T 25359 石油及天然气工业用集成撬装型往复压缩机—工作条件数据表

	参考章节	GB/T 25359 石油及天然气工业用集成撬装型往复压缩机—数据表 工作条件(由采购方填写)					修改
1		概况					
2		公司　　地址					
3		联系人					
4		电话　　传真　　电子邮箱					
5		项目　　编号　　用途　　需要量					
6		用于:询价单(　)编号　　日期　　采购订单(　)编号　　日期					
7		建议要求					
8		份数:建议书:　报告:　图纸:　数据表:　曲线:　其他:					
9	5.1/5.7	性能曲线:是(　)否(　)　指示范围:　扭矩报告:是(　)否(　)					
10	5.3	图纸:同意是(　)否(　)进行中:同意是(　)否(　)其他:是(　)否(　)型式:					
11							
12							
13							
14		运行工况					
15	6.1.1	工况号:	正常	工况 1	工况 2	工况 3	
16		用途					
17		摩尔百分比					
18		甲烷—CH_4					
19		乙烯—C_2H_4					
20		乙烷—C_2H_6					
21		丙烷—C_3H_6					
22		丙烯—C_3H_8					
23		异丁烷—C_4H_{10}					
24		正丁烷—C_4H_{10}					
25		异戊烷—C_5H_{12}					
26		正戊烷—C_5H_{12}					
27		正已烷—C_6H_{14}					
28		正已烷以上					
29							
30							
31		氨—NH_3					
32		空气					
33		水蒸气—H_2O					
34		氧气—O_2					
35		氮气—N_2					
36		氢气—H_2					
37		硫化氢—H_2S					
38		一氧化碳—CO					
39		二氧化碳—CO_2					
40							
41							
42							
43		混合物平均分子量或比重					
44		$c_p/c_V(k)$在 65 ℃					
45		相对湿度%					
46		级数					
47		进气温度℃					
48		进气压力(绝压)MPa					
49		排气压力(绝压)MPa					
50		要求流量.标准.m^3/h					
51		旁路					
52		用途					
53		级数					
54		进气温度℃					
55		进气压力(绝压)MPa					
56		排气压力(绝压)MPa					
57		要求流量.标准.m^3/h					
58		气缸最大许用排气温度:　℃　　后冷却器最大许用排气温度:　℃					
59							
60							

表 A.1(续)

	参考章节	GB/T 25359 石油及天然气工业用集成撬装型往复压缩机—数据表 工作条件(由采购方填写)	修改
61		**现场资料**	
62		位置(地址):	
63	5.4	最大许用声压级: dB(A)	
64	5.5	供电:是( )否( )电压: 相数: 频率: Hz 危险区域:是( )否( )电气区域分类:	
65	5.6	环境温度: 最高 ℃ 最低 ℃ 设计: ℃	
66		海拔: m 大气压力: mbar 相对湿度: %	
67		热带( )寒带( )沙漠( )内陆( )海岸( )近海( )内陆( )水( )沙( )尘( )	
68		尺寸限制(若有):长: m 宽: m 高: m	
69			
70			
71		**材料要求—压缩机**	
72	6.1.3	发动机负荷:	
73	6.2	活塞最大许用平均速度: m/s 发动机最大许用转速: r/min	
74	6.3	提供预期( )和/或计算绝热( )压缩机气缸排气温度	
75	6.5.3.2	提供示功器接口:是( ) 否( )	
76	6.7.3	提供非金属活塞支承环:是( ) 否( )	
77	6.8.5	曲轴箱需要安全装置:是( ) 否( )	
78	6.9.1.1	提供 1 型( ) 2 型( ) 3 型( ) 接筒	
79	6.9.1.2	提供 挡油盘:是( ) 否( )	
80	6.11.6	提供 储油罐:是( ) 否( ) 容量 升	
81	6.11.7	提供 润滑油加热器:是( ) 否( )	
82	6.12.1	对于气缸润滑油系统,提供管路过滤器:是( ) 否( )润滑油流量计:是( ) 否( ) 故障器指示:是( ) 否( )	
83	6.12.2	提供注油器储油罐:是( ) 否( ) 容量 升	
84	6.14.2	联轴器材料:钢( )不锈钢( )	
85	6.14.5	禁止铝制防护罩:是( ) 否( )	
86		**气量调节**	
87	7.1	提供气量控制:是( ) 否( )	
88		控制参数:进气压力( ) 排气压力( ) 流速( )	
89		控制范围:从( )MPa 至( )MPa 或气量变化:从( )% 至( )%	
90		控制系统为:机械( ) 气动( ) 液压( ) 电气( )	
91		由卖方( )或采购方( )提供控制信号 控制源: 范围: 灵敏度:	
92	7.2	控制操作:自动带手动倍调( ) 手动( ) 可接受机组停机是( ) 否( )	
93	7.3	通过发动机变速控制:是( ) 否( )	
94	7.4.2	余隙腔:是( ) 否( ) 固定( )可调( )	
95	7.4.3/7.4.4	气阀垫(如果为满足运行工况要求)是( ) 否( ) 余隙瓶 是( ) 否( )	
96	7.5.2/7.5.3	启动旁通:是( ) 否( ) 流量控制旁通:是( ) 否( ) 手动( ) 自动( )	
97	7.6.3	气阀自动卸荷:是( ) 否( )	
98	7.7	进气减压阀:是( ) 否( ) 采购方提供( )或卖方提供( ) 最大压力( )MPa	
99		**发动机**	
100	8.1	发动机型式:燃气发动机( ) 电动机( )	
101	8.2.3.1~8.2.3.2	燃气发动机启动:电( ) 空气( ) 气体( )空气/气体: 最大/最小表压: MPa	
102	8.2.3.3	电气启动用蓄电池:是( )否( ) 容量: 安培-小时 充电交流发电机:是( )否( )	
103	8.2.4.2/8.2.4.6	发动机空气过滤器:卖方标准( )其他( )详情: 压力降指示器:是( )否( )	
104	8.2.5.5	排气消音器:卖方标准( )其他( )详情: 无火花:是( )否( )	
105		要求降低噪声: 要求人身保护:	
106	8.2.6	点火要求全天候保护:是( ) 否( )	
107	8.2.7	要求废气排放限制:是( ) 否( ) 基于:制造厂性能数据( )实际试验积累( ) 基于:所询额定功率( )制造厂铭牌功率( )	
108		现场排放限制:NOx CO SO_2 非-甲烷碳氢化合物	
109	8.2.9	要求曲轴箱储油罐:是( ) 否( ) 容量: 升	
110	8.2.10	要求燃气过滤器/分离器:是( ) 否( )	
111	8.2.11	燃气:低硫( )酸( )干燥( )富气( )LHV kJ/kg 供气压力: MPa	
112	8.3.1	电动机 型式: 电压: 相数: 频率: Hz 服务系数:	
113		区域分类: 防护等级: 绝缘型式: 启动条件:	
114		电机启动器由:卖方( )或采购方( )提供 在满压( )或降压( )下启动	
115		加热器:是( )否( )由卖方( )或采购方( )提供	
116		要求仪表: 温度传感器( )振动开关( ) 其他仪表:	
117		**冷却系统**	
118	9.3.1.3	气缸夹套冷却:要求视水器:是( )否( )温度指示器:是( )否( )	
119	9.3.5	要求气体冷却到 ℃ 气体冷却器设计规范:	

表 A.1（续）

	参考章节	GB/T 25359 石油及天然气工业用集成撬装型往复压缩机—数据表 工作条件(由采购方填写)					修改
120	9.6.8	冷却器自动控制由百叶窗( )变距风扇( )变速风扇( )循环( )其他( )完成详情：					
121	9.6.9	要求滤网：是( )否( )要求安全罩：是( )否( )					
122		**压力容器**					
123	10.1.1	压力容器设计规范： 管螺纹符合 GB/T 7306( )GB/T 12716( )					
124	10.2.5	分离器：提供带旋塞和止回阀的外置液位计( )，带截止阀的压力指示器( )					
125	10.2.6	要求进气分离器：是( )否( )，直径根据工作级别 A( )B( )C( ) 要求级间分离器：是( )否( )，直径根据工作级别 A( )B( )C( ) 要求排气分离器：是( )否( )，直径根据工作级别 A( )B( )C( )					
126	10.3.1	要求脉动控制与研究：是( )否( ) 型式( )范围( )					
127	10.3.2	要求进气和排气缓冲器：是( )否( )					
128		**管路和附属装置**					
129	11.1.4	卖方应提供从机组进气法兰到机组排气法兰间所有管路：是( )否( )					
130		卖方提供进气管路：从：进气分离器( )；进气脉动抑制装置( )；压缩机接口( )；其他( )；详情：					
131	11.1.4	卖方提供旁通管路：从：级间分离器( )；脉动抑制装置( )；压缩机接口( )；其他( )；详情：					
132		卖方提供排气管路：从：后冷却器( )；脉动抑制装置( )；压缩机接口( )；其他( )；详情：					
133		卖方提供整套级间管路系统：是( )否( )					
134		管路、容器和温度计套管布置利于巡视和隔热：是( )否( )					
135	11.1.5	制造前采购方审核/批准布置图：是( )否( )					
136	11.8	管材标准：GB 5310( )，GB/T 8163( )，GB 9948( )，GB/T 14976( )，其他：					
137	11.10	提供阀门：进气截止阀( )排气截止阀( )止回阀( )排液阀( )					
138		阀门连接应有：螺栓连接或焊接阀盖( )螺栓连接阀盖( ) 并且“防火”(金属对金属阀座)( )					
139	11.13	要求临时开工滤网：是( )否( )要求可拆卸短管部件：是( )否( )					
140	11.14.2	过滤器下游油管路为不锈钢：是( )否( )					
141	11.15.1	提供整套撬上冷却管路系统：是( )否( )					
142	11.17.2	要求以撬座边为终端的接筒共用放空总管：是( )否( )					
143	11.17.3	要求以撬座边为终端的接筒共用排液总管：是( )否( )					
144	11.17.4	要求以撬座边为终端的填料共用放空总管：是( )否( )					
145	11.18.3	卖方提供安全阀：是( )否( )要求增加进气安全阀气量：是( )否( )					
146	11.18.6	安全阀放空大气( )或放空至以撬座边为终端的共用放空总管( )或其他( )					
147		接近安全阀放空口，在最低点有排液口：是( )否( )					
148	11.19	机组泄放阀放空( )或进入到终端在撬座边的共用总管( )或其他( )详情：					
149							
150							
151							
152		**电气系统**					
153	8.3.3/12.2	电力	交流电压	相	交流频率	直流电压	
154		主驱动机					
155		辅助电机					
156		加热器					
157		仪表					
158		报警/停机					
159							
160							
161							
162		**仪表和控制**					
163	13.1.1	仪表和控制盘(9.2)和气量控制(3)外，还需要下列控制系统					
164		目的或功能	控制信号源	控制信号范围	控制信号灵敏度	手动、自动或程控	
165							
166							
167							
168							
169							
170	5.5	仪表和控制盘符合采购方规范：是( )否( )					
171	13.2.2/13.2.3	仪表盘有封闭的背板：是( )否( )；在撬座上自由站立( )或撬外安装( )					
172	13.2.5	接线：外置仪表盘在导管( )中或电缆槽( )接线到远程仪表盘在导管( )中或电缆槽( )					
173	13.3.1	仪表盘中要求转速表：是( )否( ) 范围： 至 r/min					
174	13.3.2/13.3.4	充液刻盘式温度表：是( )否( )；充液压力表：是( )否( )					

表 A.1（续）

	参考章节	GB/T 25359 石油及天然气工业用集成撬装型往复压缩机—数据表 工作条件(由采购方填写)										修改
175	13.3.5/13.3.6	燃气表:是( )否( )燃气关闭阀:是( )否( )										
176												
177												
178												
179												
180		**停机、报警和信号装置**										
181	14.1	停机、报警和信号装置应为液压( )气动( )或电动( ),并按以下提供:										
182	13.3.2/13.3.4/	注:×所需要的指示功能型式、	功能			信号型式和位置				传感器位		
183	14.1/14.3	信号位置和传感器位置。 多项选择要求,在每个栏中作记号	停机	报警	指示器	可视	可听	盘上	远程	盘上	就地	
184		压缩机										
185		一级进气压力										
186		低	×									
187		高										
188		级间进气压力										
189		低										
190		高										
191		级间排气压力										
192		低										
193		高	×									
194		末级排气压力										
195		低										
196		高	×									
197		润滑油压力										
198		过滤器进口										
199		过滤器出口										
200		低	×									
201		润滑油温度										
202		进口										
203		出口										
204		高										
205		气体温度—每级										
206		进气										
207		排气—每个气缸										
208		高—每个气缸	×									
209		润滑油位										
210		机身低										
211		注油器低										
212		注油器—无流量	×									
213		振动—大	×									
214		气缸冷却剂温度										
215		进口										
216		出口—每个气缸										
217		高										
218												
219		燃气发动机—若配置										
220		支管压力/真空—高/低										
221		冷却剂温度										
222		进口										
223		出口										
224		高										
225		润滑油温度										
226		进口										
227		出口										
228		高										
229		润滑油压力										
230		过滤器进口										
231		过滤器出口										
232		低	×									
233		冷却剂压力										
234		进口										
235		出口										
236		低										

表 A.1(续)

	参考章节	GB/T 25359 石油及天然气工业用集成撬装型往复压缩机—数据表 工作条件(由采购方填写)										修改
237		**停机、报警和信号装置(续)**										
238			功能			信号型式和位置				传感器位置		
239			停机	报警		可视	可听	盘上	远程	指示器	就地	
240		燃气压力										
241		高	×									
242		低	×									
243		启动空气/气体压力										
244		振动—大	×									
245		润滑油位										
246		低										
247		超速	×									
248												
249												
250												
251		电机—若配置										
252		定子绕组温度	×									
253		高	×									
254		振动—大										
255												
256												
257		其他										
258		冷却器振动—大	×									
259		冷却剂液位										
260		低	×									
261		进口分离器液位—每级										
262		高	×									
263		低										
264												
265												
266	14.6.3	停机时排污阀自动打开:是( ) 否( )										
267		**撬座**										
268	15.4	提供带通道、楼梯和平台的撬座:是( ) 否( )										
269		**油漆和涂装**										
270	16.2	环境:正常( )或严重腐蚀( )										
271		压缩机:卖方/制造厂标准( )或特殊( )详情:										
272		发动机:卖方/制造厂标准( )或特殊( )详情:										
273		机组:卖方/成套商标准( )或特殊( )详情:										
274		风冷式换热器:管道/结构:卖方/制造厂标准( )热浸电镀( )或特殊( )详情:										
275		风冷式换热器:集管:卖方/制造厂标准( )热浸电镀( )或特殊( )详情:										
276		**检查和试验**										
277	17.1.3	采购方将参加:是( ) 否( );控制和见证点按照卖方标准质量大纲:是( ) 否( )										
278	17.1.6	提前通知日期: 工作日										
279	17.2.1/	锻件超声波探伤:是( ) 否( );组装后机组泄漏试验:是( ) 否( )										
280	17.4.4	拆开检查:是( ) 否( )										
281		**装运准备**										
282	19.3	装运型式和预期储存期:										
283	19.4.1	设备采用国内( )或出口( )包装										
284		**近海或海上环境**										
285	21.1.3	腐蚀环境:是( ) 否( )详情:										
286	21.2	冷却器集管:卖方/制造厂标准油漆( )热浸电镀( )或特殊油漆( )详情:										
287	21.9.3	提供手动( )或先导( )进气和/或排气( )截止阀是( )否( )										
288		**其他要求**										
289												
290												
291												
292												

A.1.2 卖方设计数据表按表 A.2。

表 A.2 GB/T 25359 石油及天然气工业用集成撬装型往复压缩机—卖方设计数据表

	参考章节	GB/T 25359 石油及天然气工业用集成撬装型往复压缩机—数据表 卖方设计					修改
1			卖方	采购方			
2		公司					
3		地址					
4							
5							
6							
7							
8		电话					
9		电子邮箱					
10		传真					
11		联系人 1					
12		联系人 2					
13		仅用于成本评估( ) 用于采购( )					
14		项目名称： 编号： 用途：					
15		询价书号： 报价书号： 日期： 数量： 交货期：					
16							
17		**其 他**					
18		提供份数：报价书： 报告： 图纸： 数据表： 曲线： 其他：					
19	5.1	性能曲线：是( )否( ) 范围：					
20	5.3	图纸：批准( ) 制造中：( ) 其他：( ) 详情：					
21	5.4	噪声：实际声压级：					
22	5.7	扭矩报告：是( )否( )					
23		**压缩机**					
24		制造厂： 型号： 额定转速： r/min 额定功率： kW					
25		行程： mm 活塞平均速度： m/s 活塞杆直径： mm					
26		最大许用连续综合杆负荷：压缩/拉伸： / kN					
27	6.1.4	不平衡力和力矩	一阶	二阶			
28		水平力 kN					
29		垂直力 kN					
30		水平力矩 kN m					
31		垂直力矩 kN m					
32	6.9.1.1/6.9.3	接筒：型式：1/2/3/ 压力安全装置：是( )否( )					
33	6.11.6/6.11.7	曲轴箱润滑系统：储油罐：带液位计：是( )否( ) 油加热器：是( )否( )					
34	6.12.1	气缸润滑系统：区域/逐点单柱塞型：带管路过滤器 ( )；流量表( )；故障指示器( )					
35	6.12.2	气缸注油器：储油罐：带液位表：是( )否( )					
36	6.13.1.4	建议焊接规范：					
37	6.14.2	联轴器：型式： 制造厂： 型号： 连接盘组件：钢/不锈钢					
38		**压缩机结构特征**					
39	6	设备					
40		级数					
41		气缸缸径 mm					
42	6.5.2.2	冷却/非冷却气缸					
43		材料					
44		气缸					
45		缸套(若配备)					
46		活塞					
47		活塞环					
48		支承环					
49		活塞杆					
50		活塞杆金属本体硬度 HRC					
51		活塞杆涂层					
52		涂层硬度 HRC					
53		阀座					
54		阀盖					
55		阀片					
56		阀弹簧					
57		活塞杆填料盒					
58		活塞杆填料环					
59		活塞杆刮油环					
60		曲轴					
61		曲轴主轴瓦					
62		连杆					
63		连杆轴承					
64		十字头					

表 A.2（续）

	参考章节	GB/T 25359 石油及天然气工业用集成撬装型往复压缩机—数据表 卖方设计					修改
65		**压缩机结构特征(续)**					
66		十字头销					
67		十字头销衬套					
68		十字头滑履(若配备)					
69		气缸示功器接头					
70		**压缩机性能**					
71		工况					
72		设备					
73		级数					
74		气缸数量					
75		气缸内径 mm					
76		额定排气表压 MPa					
77		最大许用工作温度℃					
78		气缸作用(DA/SACE/SAHE)					
79		法兰规格/等级/密封面型式					
80		活塞/气缸 排量 m^3/s					
81		分子量 kg/kmol					
82		$c_p/c_V(k)$值					
83		临界压力 MPa					
84		临界温度 K					
85		进口压缩性系数					
86		出口压缩性系数					
87		进气压力 MPa					
88		排气压力 MPa					
89		进气温度℃					
90		排气温度℃					
91		预计实际排气温度℃					
92		要求流量 m^3/h					
93		报价流量 m^3/h					
94		压缩功率/级 kW					
95		总压缩功率 kW					
96		辅机功率 kW					
97		压缩机额定功率 kW					
98		$\left(\frac{压缩机额定功率}{发动机实际功率}\right)\times 100\%$					
99		额定转速 r/min					
100		活塞平均速度 m/s					
101		气缸余隙 盖端 HE %					
102		气缸余隙 轴端 CE %					
103		气缸总余隙 %					
104		容积效率 盖端 HE %					
105		容积效率 轴端 HE %					
106		总容积效率 %					
107		杆负荷(气体)—压缩 kN					
108		杆负荷(气体)—拉伸 kN					
109		综合杆负荷—压缩 kN					
110		综合杆负荷—拉伸 kN					
111		余隙腔位置 % 开启					
112		气阀垫安装数量/圆柱					
113		气阀平均速度 m/s					
114		气阀数/气缸端—进气/排气					
115		气阀型式和尺寸 mm					
116		气阀升程 mm					
117		气阀通流面积 mm^2					
118							
119		**压缩机气量控制**					
120		部分负荷运行					
121		工况					
122		设备					
123		级数					
124		气缸作用(DA/SACE/SAHE)					
125		$c_p/c_V(k)$值					
126		临界压力 MPa					
127		临界温度 K					
128		进口压缩性系数					
129		出口压缩性系数					

表 A.2（续）

	参考章节	GB/T 25359 石油及天然气工业用集成撬装型往复压缩机—数据表 卖方设计					修改
130		**部分负荷运行**					
131		进气压力　MPa					
132		排气压力　MPa					
133		进气温度　℃					
134		绝热排气温度　℃					
135		预计排气温度　℃					
136		要求流量　m^3/h					
137		报价流量　m^3/h					
138		压缩功率/级　kW					
139		总压缩功率　kW					
140		辅机功率　kW					
141		压缩机额定功率　kW					
142		$\left(\frac{\text{压缩机额定功率}}{\text{发动机实际功率}}\right)\times 100\%$					
143		实际转速　r/min					
144		气缸余隙　盖端 HE %					
145		气缸余隙　轴端 CE %					
146		余隙腔位置　%　开启					
147		气阀垫安装数量/圆柱					
148		余隙塞:是/否					
149		余隙瓶:是/否					
150		气阀卸荷器:是/否					
151		管路气量控制:是/否					
152							
153	7.3	变速:是(　)否(　)　范围:　至　r/min　手动(　)　自动(　)					
154	7.4.2	余隙腔:固定(开/关)(　)可调(　)无(　)手动(　)自动(　)					
155	7.4.3	气阀垫:盖端:　编号　气缸:1/2/3/4　轴端:　编号　气缸:1/2/3/4					
156	7.4.4	余隙瓶:是(　)否(　)　气缸:1/2/3/4					
157	7.4.6	余隙塞:是(　)否(　)　气缸:1/2/3/4					
158	7.6.2/7.6.3	旁通系统:启动(　)气量控制(　)手动(　)自动(　)冷(　)热(　)气缸:1/2/3/4					
159	7.6.2	气阀卸荷器:是(　)否(　)压板卸荷(　)塞式(　)手动(　)自动(　)气缸:1/2/3/4					
160	7.7	进气减压阀:是(　)否(　)					
161							
162		**发动机—燃气发动机**					
163		制造厂:　型号:					
164		实际额定功率:　kW;最大许用转速:　r/min;最小许用转速:　r/min					
165		动力缸数:　内径:　mm;　行程:　mm;　排量:　m^3					
166		涡轮充电(　),自然吸入(　);压缩比:　燃气消耗:　kJ/kW h					
167	8.2.3	启动系统:电/空气/气体;　电池(　)安培-小时,充电发动机:是(　)否(　)					
168	8.2.4.2	空气过滤器制造厂标准干燥型式(　);其他(　)详情:					
169	8.2.4.6	空气过滤器压力降指示器:是(　)否(　)					
170	8.2.5	排气消音器:制造厂标准(　)其他(　)阻止火花:是(　)否(　)					
171	8.2.7.1	降低声压级:　人身保护(　)详情:					
172	8.2.7	气体排放 :基于制造厂性能数据(　)或实际试验数据(　)					
173	8.2.7.3	NOx:　非-甲烷碳氢化合物:　CO_2:　SO_2:　在额定功率(　)铭牌功率(　)下					
174	8.2.9	曲轴箱储油罐:是(　)否(　)　容量　升					
175	8.2.10/8.2.12	燃气过滤器/分离器:是(　)否(　)曲轴箱安全装置:是(　)否(　)					
176							
177		**发动机—电机**					
178	8.3.1	制造厂:　型号:　额定功率　kW					
179		同步/感应额定功率:　kW;额度转速:　r/min;　服务系数:					
180		结构型式:　防护型式:　电压:　相:　频率:　Hz					
181		电气区域分类:　绝缘:　温升:　℃以上　℃					
182		加热器:　是(　)否(　)　电压:　相:　频率:　Hz					
183		启动器:　是(　)否(　)额定功率　kW　制造厂:　满电压(　)降压(　)					
184		变速:是(　)否(　)					
185		附件:温度测试仪(　)振动传感器(　)其他:					
186							
187		**冷却系统**					
188		制造厂:　型号:　在压缩机撬座上(　)单独撬座(　)					
189		立式(　)卧式(　)电机驱动(　)V带传动(　)风扇:数量:直径:mm 扇尖速度:m/s					
190	9.3.1.3	流动视镜(　)温度指示器(　)气体后冷却至℃:是(　)否(　)					
191		最大许用工作压力 MPa:水侧:　气侧:1 级:　2 级:　3 级:　4 级:　后冷却器:					
192	9.6.8	控制:自动(　)手动(　)在级间气体中(　)或最后排气中(　)					
193		控制通过:变距风扇(　)变速风扇(　)循环(　)其他(　)					
194	9.6.9	冷却器滤网:是(　)否(　)防霉罩:是(　)否(　)					

表 A.2（续）

	参考章节	GB/T 25359 石油及天然气工业用集成撬装型往复压缩机—数据表 卖方设计					修改
195	10	**压力容器**					
196	10.3.1	脉动研究：是（ ）否（ ）详情：					
197	10.2	**分离器**	1级	2级	3级	排气	
198		压力容器设计规范					
199		内径 mm					
200		对接缝长度 mm					
201		设计表压 MPa					
202		设计温度 ℃					
203		网/叶片液气分离器					
204		液气分离器材料					
205		手动排液 是/否					
206		自动排液控制型式					
207		自动排液阀型式					
208		可视液位计 是/否					
209		压力指示器 是/否					
210		进口法兰尺寸/公称值/密封面/型式					
211		出口法兰尺寸/公称值/密封面/型式					
212		腐蚀裕度 mm					
213		鞍式支座 是/否					
214							
215		**进气脉动/缓冲罐**	1级	2级	3级	排气	
216		压力容器设计规范					
217		容积 m^3					
218		行程容积系数（附录B）					
219		内径 mm					
220		对接缝长度 mm					
221		设计表压 MPa					
222		设计温度 ℃					
223		进口法兰尺寸/公称值/密封面/型式					
224		出口法兰尺寸/公称值/密封面/型式					
225		腐蚀裕度 mm					
226		排液开关型式					
227		鞍式支座 是/否					
228							
229		**排气脉动/缓冲罐**	1级	2级	3级	排气	
230		压力容器设计规范					
231		容积 m^3					
232		行程容积系数（附录B）					
233		内径 mm					
234		对接缝长度 mm					
235		设计表压 MPa					
236		设计温度 ℃					
237		进口法兰尺寸/公称值/密封面/型式					
238		出口法兰尺寸/公称值/密封面/型式					
239		腐蚀裕度 mm					
240		排液开关型式					
241		鞍式支座 是/否					
242							
243		**管路和附属装置**					
244	11.1.4	卖方提供从机组进气法兰到机组排气法兰间所有管路：是（ ）否（ ）					
245		提供如下管路：					
246		进气管路：从分离器（ ）；脉动抑制装置（ ）；压缩机接口（ ）；其他（ ）					
247		详情：					
248		级间管路：从分离器（ ）；脉动抑制装置（ ）；压缩机接口（ ）；其他（ ） 侧面连接：（ ）；完整的级间管路系统：（ ）；其他（ ）					
249		详情：					
250		排气管路：去冷却器排气（ ）；脉动抑制装置（ ）；压缩机喷嘴（ ）； 从排气冷却器到排气分离器的短管件（ ）；其他（ ）					
251		详情：					
252		管路、容器和温度计套管布置利于巡视和隔热：是（ ）否（ ）					
253	11.10	易燃或有毒气体中的阀门连接应有：螺栓连接或焊接阀盖（ ）螺栓连接阀盖（ ）防火（ ）					
254	11.13	临时开工滤网：是（ ）否（ ）；可拆卸短管部件：是（ ）否（ ）					
255	11.14.2	过滤器下游油管路为：钢（ ）奥氏体不锈钢（ ）					
256	11.15.1	撬上整套冷却管路系统：是（ ）否（ ）					
257	11.17.2	接筒共用放空总管：是（ ）否（ ）					

表 A.2（续）

	参考章节	GB/T 25359 石油及天然气工业用集成撬装型往复压缩机—数据表 卖方设计						修改
258		**管路和附属装置（续）**						
259	11.17.3	接筒共用排液总管：是（ ）否（ ）						
260	11.17.4	填料共用放空总管：是（ ）否（ ）						
261	11.18.6	安全阀和排污阀放空（ ）；共用集中（ ）；或其他（ ）						
262		详情：						
263		流程管路	进气	1 级级间	2 级级间	3 级级间	排气	
264		管路内径 mm						
265		设计表压 MPa						
266		设计温度 ℃						
267								
268		安全阀规格 mm						
269		安全阀额定压力 MPa						
270		安全阀设定压力 MPa						
271		**管路和附属装置**						
272		安全阀孔板 mm						
273		截止阀规格 mm						
274		截止阀额定压力 MPa						
275		止回阀规格 mm						
276		止回阀额定压力 MPa						
277								
278		**电气系统**						
279	12.2	电机						
280		设备						
281		制造厂						
282		型号						
283		转速						
284		额定功率						
285		电压						
286		交流/直流 相/频率						
287		防护型式						
288		服务系数						
289		电机控制制造厂						
290		额定功率						
291								
292	12.5	电机材料适于热带区域：是（ ）否（ ）						
293								
294		**仪表和控制**						
295	13.1.1	除了气量控制，还包括下列控制系统：						
296		功能						
297		手动/自动						
298	13.1.6	气动仪表供给：气体（ ）或仪表风（ ）						
299	13.2.2/13.2.3	仪表盘：自由站立（ ），撬装（ ）离撬（ ）；有封闭的背板：是（ ）否（ ）						
300	13.2.5	接线至远程仪表盘：在导管中（ ）铠装电缆（ ）或在电缆槽上（ ）						
301	13.3.1	仪表盘装数字（ ）模拟（ ）转速表						
302	13.3.2～13.3.5	充液温度指示器（ ）；充液压力指示器（ ）；燃气表（ ）；燃气关闭阀（ ）						
303								
304								
305								
306		**注释**						
307								
308								
309								
310								
311								
312								
313								
314								
315								
316								
317								
318								
319								
320								

表 A.2(续)

	参考章节	GB/T 25359 石油及天然气工业用集成撬装型往复压缩机—数据表 卖方设计										修改
321		**停机、报警和信号装置**										
322	14.1	停机、报警和信号装置应为液压( )气动( )或电动( ),并按以下提供:										
323	14.3	注:×指示所需的功能型式、信号位置和传感器位置。 多项选择要求,在每个栏中作记号	功能			信号型式和位置				传感器位置		
			停机	报警	指示器	可视	可听	盘上	远程	盘上	就地	
324		压缩机										
325		进气压力—一级										
326		低	×									
327		高										
328		进气压力—级间										
329		低										
330		高										
331		排气压力—级间										
332		低										
333		高	×									
334		排气压力—末级										
335		低										
336		高	×									
337		润滑油压力										
338		过滤器进口										
339		过滤器出口										
340		低	×									
341		润滑油温度										
342		进口										
343		出口										
344		高										
345		每级气体温度										
346		进气										
347		排气—每个气缸	×									
348		高—每个气缸										
349		润滑油位										
350		机身低										
351		注油器低										
352		注油器—无流量	×									
353		振动—大	×									
354		气缸冷却剂温度										
355		进口										
356		出口—每个气缸										
357		高										
358												
359												
360		燃气发动机(若配置)										
361		支管压力/真空—高/低										
362		冷却剂温度										
363		进口										
364		出口										
365		高	×									
366		润滑油温度										
367		进口										
368		出口										
369		高										
370		润滑油压力										
371		进口—过滤器										
372		出口—过滤器										
373		低	×									
374		冷却剂压力										
375		进口										
376		出口										
377		低										

表 A.2（续）

	参考章节	GB/T 25359 石油及天然气工业用集成撬装型往复压缩机—数据表 卖方设计										修改
378		**停机、报警和信号装置（续）**										
379		注：×指示所需的功能型式、信号位置和传感器位置。 多项选择要求，在每个栏中作记号	功能			信号型式和位置				传感器位置		
			停机	报警	指示器	可视	可听	盘上	远程	盘上	就地	
380		燃气发动机（续）										
381		燃气压力										
382		高	×									
383		低	×									
384		启动空气/气体压力										
385		振动—大	×									
386		润滑油位										
387		低										
388		超速	×									
389												
390												
391		电动机（若配置）										
392		定子绕组温度	×									
393		高	×									
394		振动—大										
395												
396												
397		其他										
398		冷却器振动—大	×									
399		冷却剂液位										
400		低	×									
401		分离器液位										
402		高	×									
403		低										
404												
405												
406												
407	14.6.3	提供排污阀：是（ ）否（ ）；停机时自动打开：是（ ）否（ ）										
408												
409		**撬座**										
410	15.1	结构钢（ ），预应力/后张法混凝土（ ），充填混凝土的结构钢（ ）										
411		其他（ ），详情：										
412	15.2.6	每侧地脚螺栓数量：										
413	15.4	梁：法兰 mm 重量 kg；波纹底板：是（ ）否（ ）通道：是（ ）否（ ）楼梯：是（ ）否（ ）										
414			主撬座									
415		高：mm										
416		宽：mm										
417		长：mm										
418		重量：kg										
419												
420		**油漆和涂装**										
421	16.1	机组：卖方/成套商标准（ ）或特殊（ ）详情：										
422	16.1	压缩机：卖方/制造厂标准（ ）或特殊（ ）详情：										
423	16.1	驱动机：卖方/制造厂标准（ ）或特殊（ ）详情：										
424	16.6	风冷式换热器：管道/结构：卖方/制造厂标准（ ）或特殊（ ）详情：										
425		热交换器：热浸电镀（ ）或特殊（ ）详情：										
426		集管：卖方/制造厂标准（ ）热浸电镀（ ）或特殊（ ）详情：										
427												
428		**检查和试验**										
429	17.1.3/17.3	进行试验：质量控制审核（ ），液压（ ），机械运转（ ），机组泄漏试验（ ）										
430		其他（ ），详情：										
431												
432		**装运准备**										
433	19.4.1	出口包装：是（ ）否（ ）；卖方储存：是（ ）否（ ）；特殊装运准备：是（ ）否（ ）										
434		详情：										
435												

表 A.2（续）

	参考章节	GB/T 25359 石油及天然气工业用集成撬装型往复压缩机—数据表 卖方设计				修改
438		**腐蚀气体**				
439	20.1	压缩腐蚀气体：是（　）否（　）				
440		活塞杆：沉淀硬化不锈钢（　）或退火硬度 22 HRC（　），在填料区电镀镍铬合金（　）或碳化钨（　）或其他规范规定的材料（　）				
441		填料充气：是（　）否（　）；用低硫天然气（　）或惰性气体（　）型式：				
442		接筒：型式 1/2/3　放空（　）或充气（　）用低硫天然气（　）或惰性气体（　）型式：				
443						
444		**材料**				
445		流程管路：		阀门：		
446		冷侧		进气截止阀		
447		热侧		排气截止阀		
448		旁通		旁通阀		
449		放空管线		排污阀		
450		排液管线		止回阀		
451		脉动抑制装置：		共用流程阀		
452		进气		安全阀		
453		排气		仪表：		
454		分离器：		分离器控制		
455		进气		压力开关控制		
456		级间		温度开关控制		
457		排气		管子		
458		气体冷却器：		管件		
459		集管				
460		管子				
461						
462		**近海或海上环境**				
463	21.1.3	腐蚀环境：是（　）否（　）				
464	21.2	冷却器集管：卖方/制造厂标准油漆（　）或热浸电镀（　）或特殊油漆（　）				
465		详情：				
467	21.9.3	提供截止阀是（　）否（　）；进气（　）和/或排气（　）；手动（　）或先导（　）				
468						
469						
470						
471						
472						
473						
474						
475						
476						
477						
478						
479						
481						
482						

A.2 采购方的核对表

本标准中以点(·)表示的地方是需要采购方的决定或信息，表A.3核对表可用于表示采购方的特殊要求。

表A.3核对表应和数据表(A.1和A.2)一起使用。

表A.3 采购方的核对表

条款	问题	回答 是或否
5.1	是否需要压缩机组性能曲线？	
5.3	是否已规定预制前确认和附加图样？	
5.4	是否已规定最大声压级？	
5.5	是否已规定电气区域分类？	
5.6	是否已规定现场条件？	
	规格限制？	
5.7	是否需要扭矩分析报告？	
6.1.1	是否已规定气体成分、进气、排气条件？	
6.1.3	依据燃气发动机限制的压缩机负荷？	
6.2	活塞速度、转速限制？	
6.3	最大预计许用排气温度超过176 ℃？或135 ℃？	
6.5.3.2	是否需要气缸示功器接头？	
6.7.3	是否需要非金属支承环？	
6.8.5	是否需要曲轴箱安全装置？	
6.9.1.1	是否已规定接筒型式？	
6.9.1.2	是否需要接筒挡油盘？	
6.11.6	曲轴箱是否需要润滑油储油罐？	
6.11.7	曲轴箱是否需要润滑油加热器？	
6.12.1	注油器是否需要特殊驱动、安装？	
6.12.2	是否需要气缸润滑油储油罐？	
6.14.5	采购方提供防护罩？	
	不接受铝防护罩？	
7.1	是否已规定气流量控制变化？	
	是否已规定气流量控制参数/灵敏度/范围？	
7.2	是否已规定气流量控制自动/手动操作？	
	是否允许为气流量控制停机、减压？	
7.3	是否要求通过变速达到气流量控制？	
7.4.2	是否需要余隙腔？	
7.4.3	是否需要气阀垫？	
7.4.4	是否需要余隙瓶？	

表 A.3（续）

条款	问题	回答 是或否
7.5.2	是否需要启动旁通？	
7.5.3	是否需要气流量控制旁路？	
7.6.3	是否需要气阀自动卸荷？	
7.7	是否需要进气减压控制阀？	
8.1	是否已规定发动机型式？	
8.2.3	是否需要标准点火系统的替代选择？	
	是否需要全天候-保护设计的替代选择？	
8.2.3	是否已规定用于启动系统的气源和最小/最大空气或气体压力？	
8.2.3	是否需要设定启动电池？是否已规定最低环境温度？	
	是否需要充电交流发电机？	
8.2.4.6	是否需要空气吸气压力降指示器？	
8.2.11	是否已规定燃气成分？	
	是否已规定排放限制？	
	是否需要发动机排放数据？	
8.2.11	是否已规定发动机排放负荷点？	
	是否已规定发动机排放负荷？	
8.2.9	是否已规定带液位计的曲轴箱储油罐？	
8.2.10	是否需要燃气过滤器/分离器？	
8.2.11	是否已规定燃气污物？	
8.3.1	是否已规定电动机型式？	
8.3.3	是否已规定电气系统数据？	
	是否已规定防护型式？	
	是否已规定区域分类？	
	是否已规定绝缘型式？	
	是否已规定服务系数？	
	是否已规定环境温度？	
	是否已规定海拔高度？	
	是否已规定辅机？	
9.3	是否需要流动视镜和温度指示器？	
9.3.5	是否需要气体后冷却？	
9.5.4	是否已规定气体冷却器设计规范？	
9.6.8	是否已规定空气流量控制型式？	
9.6.9	是否需要滤网和防护罩？	
10.1.1	是否已规定压力容器设计规范？	

表 A.3（续）

条款	问题	回答 是或否
10.1.5	是否需要 GB/T 7306 或 GB/T 12716 螺纹？已规定接口？	
10.2.5	分离器是否需要液位计？	
	分离器是否需要压力表？	
10.2.6	是否已规定分离器等级？	
	是否已规定特殊分离器规格的准则？	
10.3.1	是否需要脉动控制研究？	
10.3.2	是否需要缓冲罐？	
11.1.4	是否需要气体管路和附属装置？	
	气体管路设计是否允许巡视/隔热？	
11.1.5	需要在制作前审查图纸？	
11.9	是否已规定管路材料和规格适用标准？	
11.10	是否需要螺栓连接或焊接阀盖？	
	是否需要螺栓连接填料？	
	是否需要防火？	
11.13	开工滤网是否需要可拆卸短管部件？	
11.4.2	是否需要不锈钢润滑油管路？	
11.15.1	是否需要冷却剂管路？	
11.17.2	是否需要接筒共用放气总管？	
11.17.3	是否需要接筒共用排液总管？	
11.17.4	是否需要填料共用放气总管？	
11.18.3	是否需要安全阀？	
	是否已规定增加进气气量？	
11.18.6	是否已规定安全阀接至撬座终端放空总管？	
	是否需要在接近安全阀处，放空管的最低点设排液口？	
11.19	是否需要泄放阀？	
12.2	是否已规定供电特性？	
12.5	是否已规定热带安装？	
13.1.1	是否已规定压缩机控制系统信号？	
13.2.2	仪表盘背面需要封闭吗？	
13.2.3	是否已规定仪表盘安装位置？	
13.2.4	是否已规定仪表盘接线在导管中或电缆槽中？	
13.2.5	是否已规定远程仪表盘接线在导管中或电缆槽中？	
13.3.1	需要转速表？	
13.3.2	需要温度指示器？	

表 A.3(续)

条款	问题	回答 是或否
	已规定温度指示器安装?	
	需要充液表?	
13.3.4	需要压力指示器?	
	已规定压力指示器安装?	
	需要充液表?	
13.3.5	需要燃气表?	
13.3.6	需要截止阀?	
14.1	已规定停机和报警系统功能?	
14.3	需要附加报警?	
14.6.3	需要排污阀自动操作?	
15.4	需要通道、楼梯和平台?	
16.2	已规定表面处理的环境?	
	已规定标准或特殊涂漆?	
16.6	已规定风冷式换热器集合管保护?	
17.1.3	需要采购方参加试验和检验?	
17.1.6	已规定提前通知日期?	
17.2.1	已规定无损探伤型式?	
17.3.4.2	组装后需要机组泄漏试验?	
17.4.4	试验后需要拆卸检查?	
19.3	已规定装运和储存要求?	
19.4.1	已规定包装型式?	
21.1.3	已规定环境存在的腐蚀介质?	
21.2.1	已规定冷却器集管保护?	
21.9.3	需要切断阀?	

附 录 B
（规范性附录）
缓冲器规格

B.1 缓冲器的行程容积系数按图 B.1 确定。

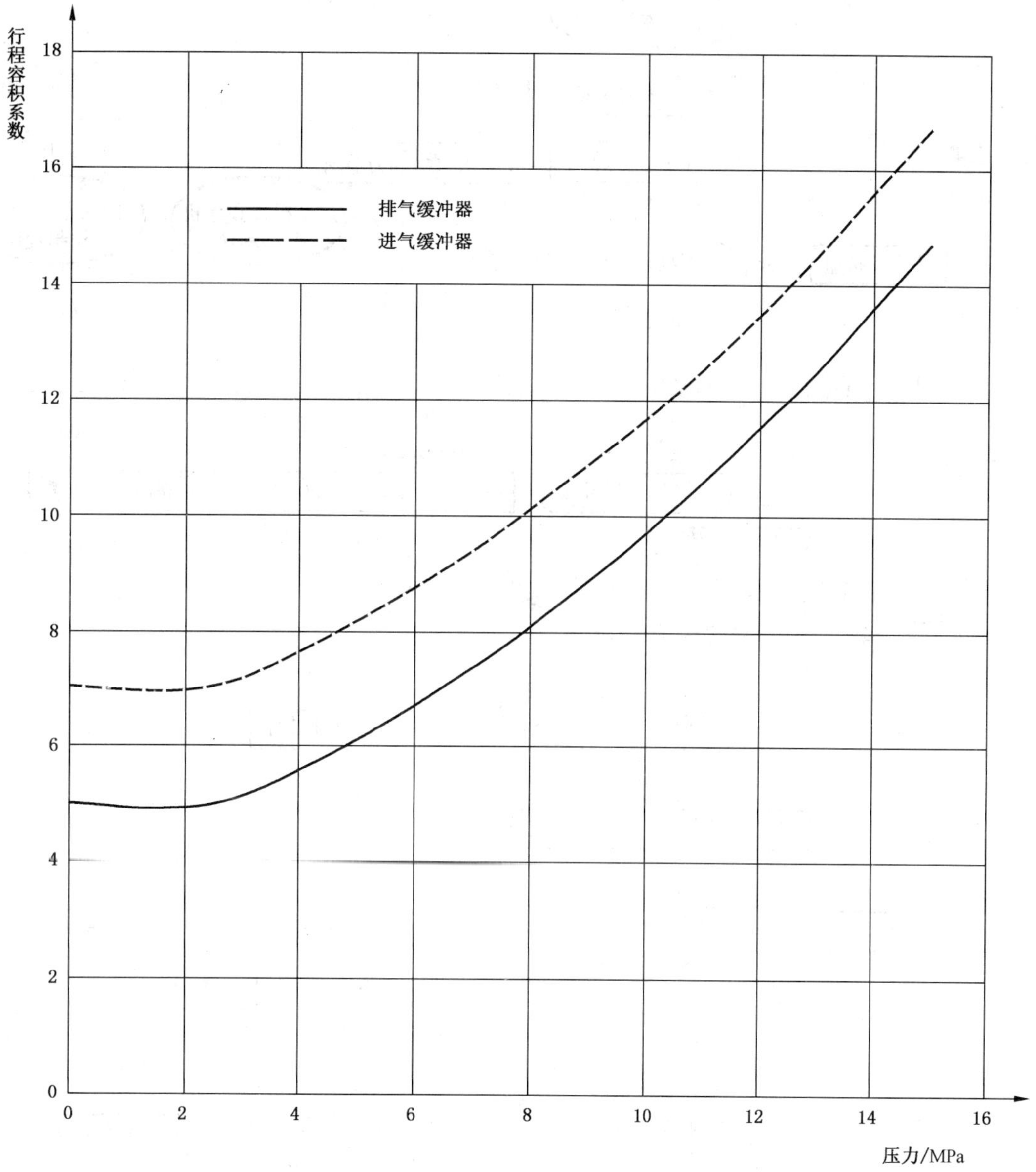

图 B.1 缓冲器的行程容积系数

附　录　C
（资料性附录）
典型逻辑程序图

C.1　典型启动流程逻辑按图 C.1。

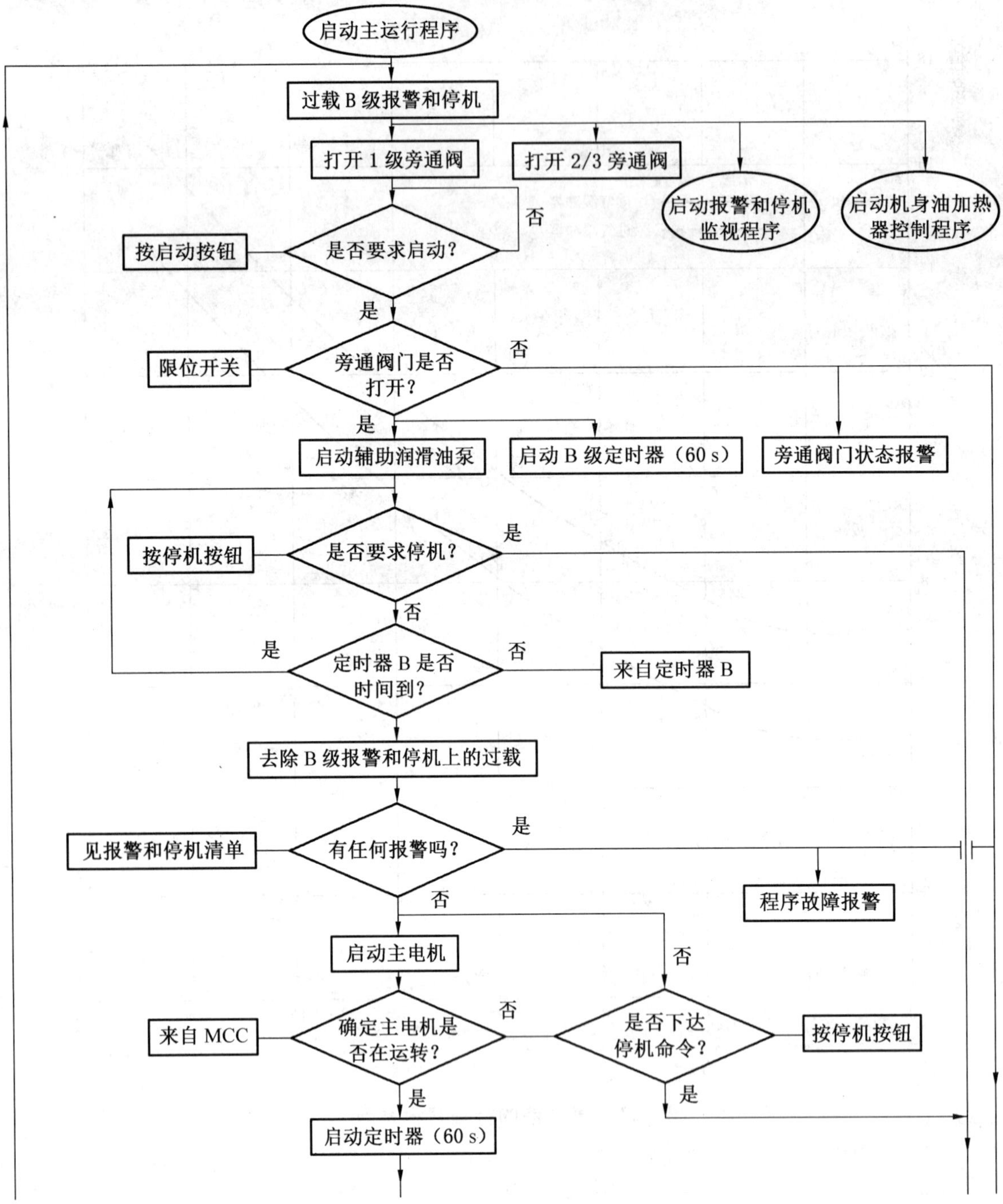

图 C.1　典型启动流程逻辑框图

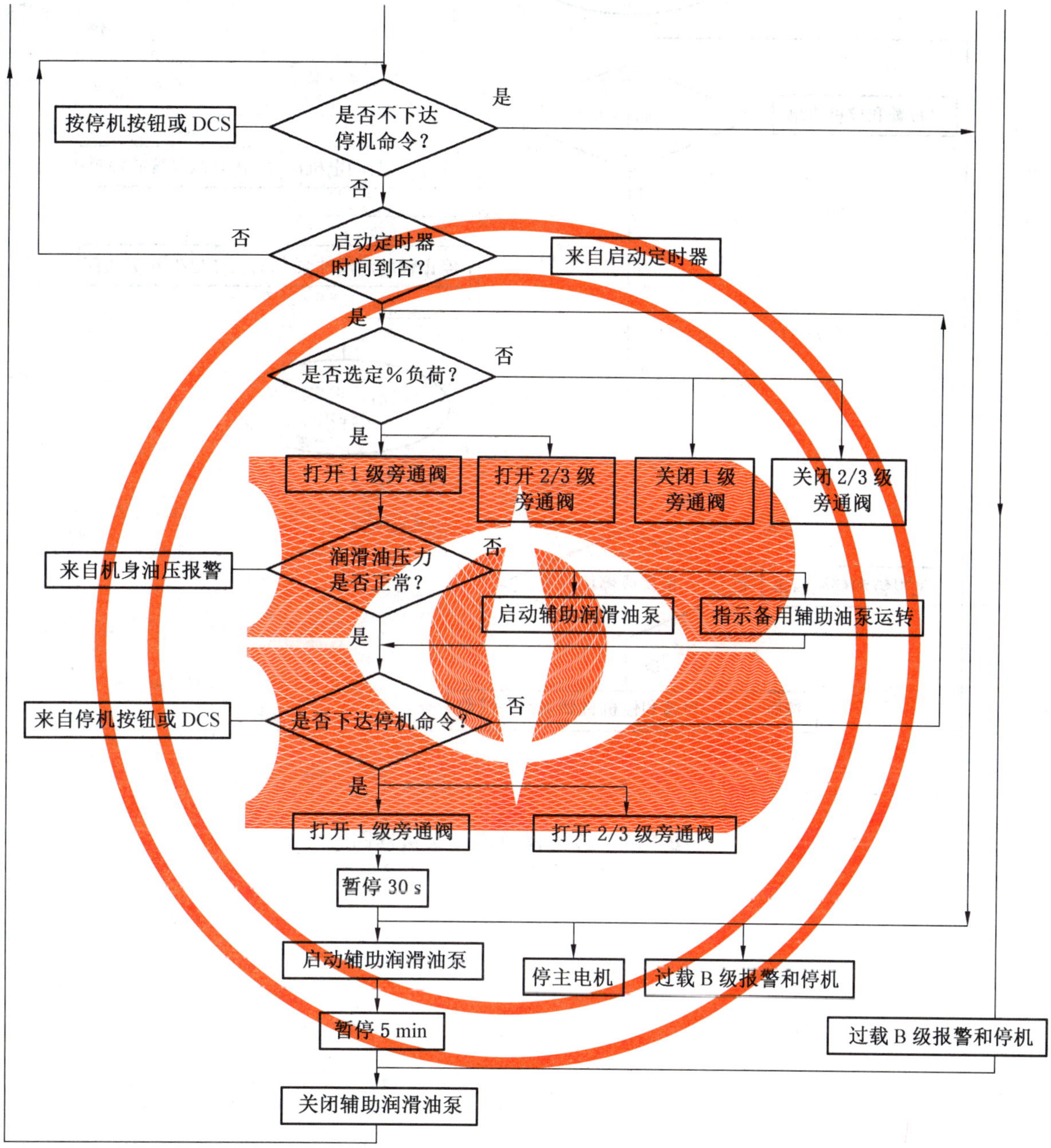
按停机按钮或DCS
是否不下达停机命令?
是
否
启动定时器时间到否?
否
来自启动定时器
是
是否选定%负荷?
否
是
打开1级旁通阀
打开2/3级旁通阀
关闭1级旁通阀
关闭2/3级旁通阀
来自机身油压报警
润滑油压力是否正常?
否
启动辅助润滑油泵
指示备用辅助油泵运转
是
来自停机按钮或DCS
是否下达停机命令?
否
是
打开1级旁通阀
打开2/3级旁通阀
暂停30 s
启动辅助润滑油泵
停主电机
过载B级报警和停机
暂停5 min
过载B级报警和停机
关闭辅助润滑油泵

图 C.1（续）

C.2 典型停机流程逻辑按图 C.2。

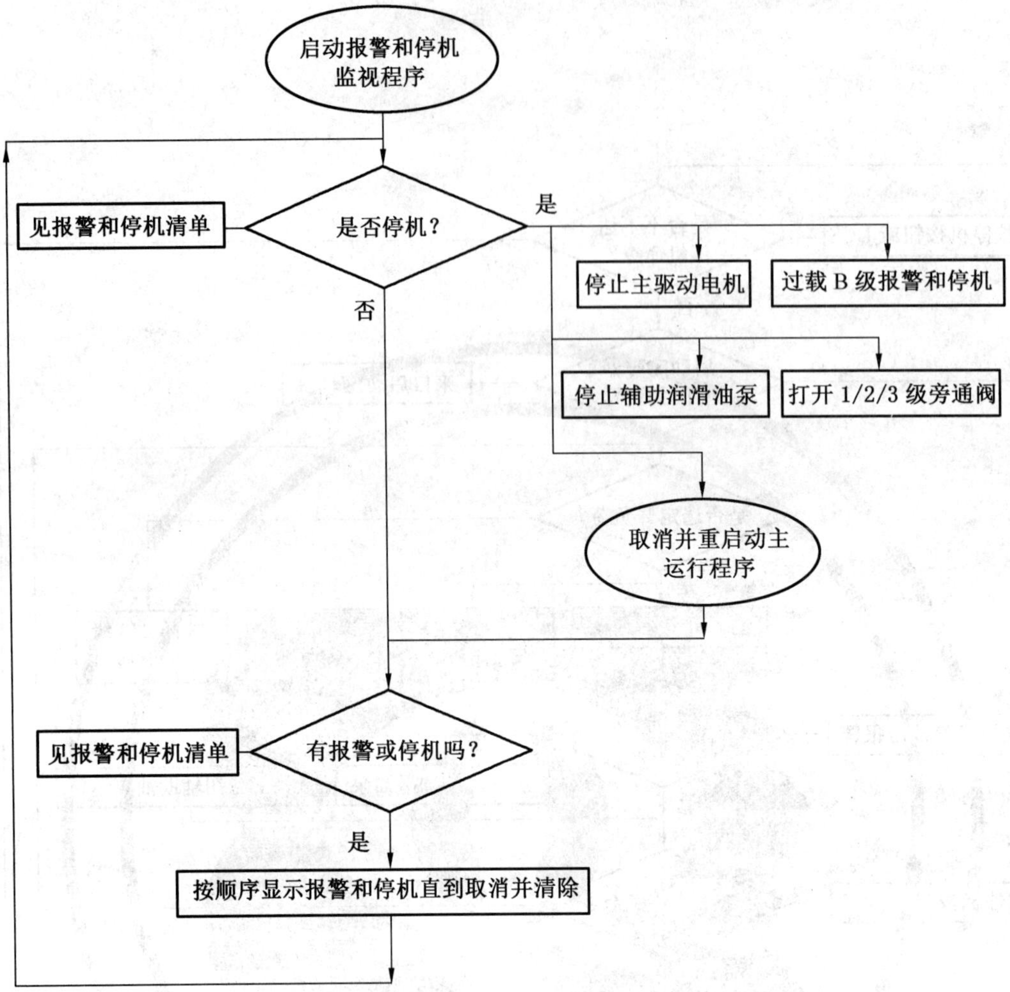

图 C.2 典型停机流程逻辑框图

附　录　D
（资料性附录）
符合 GB/T 20972.1 的压缩机零部件

D.1　要求识别符合 GB/T 20972.1 的压缩机零部件如图 D.1 所示。

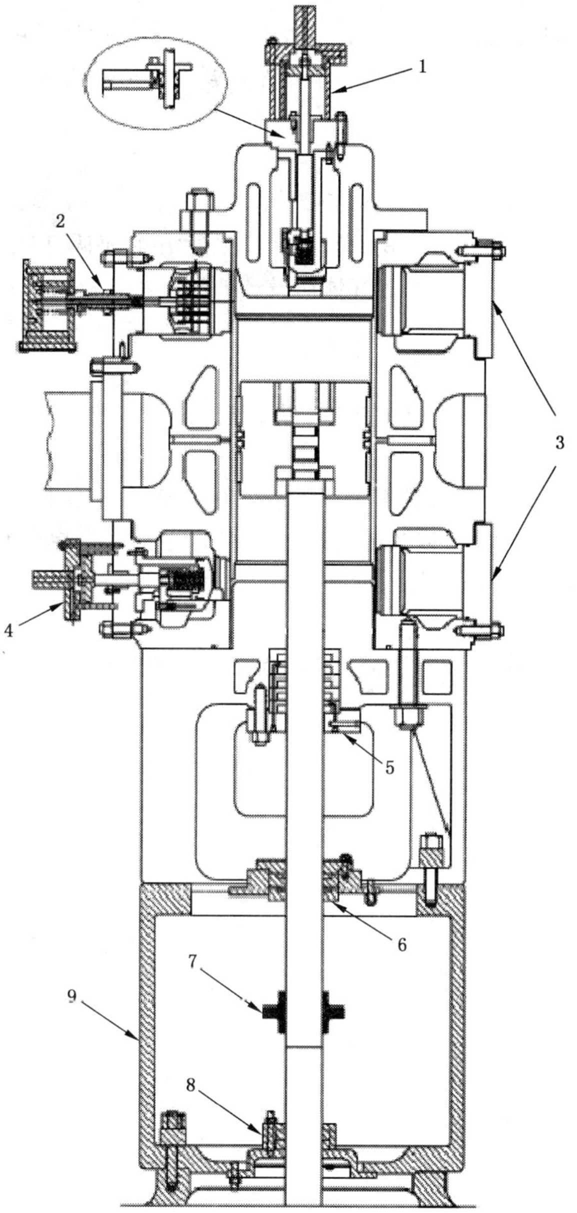

1——余隙容积阀；
2——指式气阀卸荷器；
3——带 O 形圈的吸、排气阀盖；
4——塞式/气口式卸荷器；
5——压力填料；
6——中间隔板填料；
7——挡油盘；
8——刮油器填料；
9——接筒。

注：剖面有阴影显示的部件不要求耐腐蚀材料。

图 D.1　要求识别符合 GB/T 20972.1 的压缩机零部件

附　录　E
（资料性附录）
灰铸铁件或球墨铸铁件的修补

E.1　通则

本附录给出了各种用途压缩机气缸及相关灰铸铁件或球墨铸铁件的修补程序。这些程序应在买卖双方对情况作仔细评估后使用。当铸件的使用条件涉及到有毒或有害气体时，还应作进一步排放估算。

E.2　修补方法和限制

E.2.1　对压缩平均摩尔质量小于12的气体而设计的气缸，如存在缺陷，并导致在液压试验期间气缸腔和水夹套之间的泄漏，则不应做任何形式的修补。经采购方书面认可，E.2.2～E.2.4中规定的修补方法可用于为压缩摩尔质量大于等于12的气体而设计的压缩机气缸。

E.2.2　液压试验显示水夹套和大气之间，或气道和大气之间，或水夹套和气道之间，经液压试验检测出的泄漏（缺陷）区可在JB/T 6431或JB/T 9104限定范围内，用堵塞法或认可的真空加压浸渗程序进行修补，浸渗法仅限于砂眼型泄漏，并只能在水夹套和气道液压试验已证明铸件的机械整体强度足够后进行（见17.3.3.1）。

E.2.3　在机加工表面或包含在无泄漏的其他区的缺陷可以通过喷涂来修复。此类缺陷可能包括气缸阀孔或缸座、缸盖和气缸端面的砂眼，或装缸套的气缸腔的超差。不能在O形圈密封区或压缩机活塞扫过的表面这样的关键区进行喷涂修补。如果采用喷涂修补，不应形成或留下可能损坏O形圈的尖角等，见6.13.2。

E.2.4　铸件中损坏的螺孔可用台肩螺纹插件或衬套进行机械修补。修补后应进行液压试验。

附　录　F
（资料性附录）
ISO 13631:2002 的引用文件和参考文献目录

F.1　ISO 13631 的规范性引用文件

ISO 7-1　用螺纹密封的管螺纹　第 1 部分：尺寸、公差和标记

ISO 68-2:1998　ISO 通用螺纹　基本牙廓　第 2 部分：英寸螺纹

ISO 185　灰铸铁　分类

ISO 261　ISO 普通米制螺纹　一般方案

ISO 262　ISO 普通米制螺纹　螺钉、螺栓和螺母的选用尺寸

ISO 263:1973　ISO 通用螺纹　基本设计的螺钉、螺栓、螺母的选择　直径范围 0.06～6 英寸

ISO 281　滚动轴承　负荷额定值和额定寿命

ISO 1813　皮带驱动　V 型加强筋皮带和包括宽型皮带和六角皮带的 V 型皮带　抗静电皮带的电传导率：特性和试验方法

ISO 4126-1:1991　安全阀　第 1 部分：通用要求

ISO 4986:1992　钢铸件　磁粉探伤

ISO 5864:1993　ISO 英寸螺纹　公差

ISO 7005-1　金属法兰　第 1 部分：钢法兰

ISO 7005-2　金属法兰　第 2 部分：铸铁法兰

ISO 8504-2　涂漆前钢基体和相关产品的准备　表面准备方法　第 2 部分：磨料喷抛清理

ISO 9934-2　无损检测　磁粉探伤　第 2 部分：探伤介质

ISO 10441　石油和天然气工业　机械功率传递用挠性联轴器　特殊用途应用

ISO 13707　石油和天然气工业　往复压缩机

ISO 14691　石油和天然气工业　机械功率传递用挠性联轴器　一般用途应用

ISO 15649　石油和天然气工业　管道

IEC 60034　旋转电气装置

IEC 60079　爆炸性气体环境用电气设备

IEC 60364-5　建筑物电气装置　第 5 部分：电气设备的选择和安装

IEC 60529　由外壳提供防护的等级（IP 代码）

IEC 60848　控制系统功能图的绘制

API Std 1B[1)]　油田用 V 型皮带规范

API RP 520/1　精炼厂用压力卸荷装置的尺寸、选择和安装　第 1 部分：规格和选择

API RP 520/2　精炼厂用压力卸荷装置的尺寸、选择和安装　第 2 部分：安装

ASME[2)] B1.1　统一标准英寸螺纹（UN 和 UNR 牙型）

ASME　B1.20.1　管螺纹　通用（英寸）

ASME　Ⅷ　锅炉压力容器规范：1998　第Ⅷ篇　压力容器结构规定

ASTM[3)] A 307（or EN 10269）　碳钢螺栓和螺柱标准规范 6 000 PSI 抗拉强度

ASTM[3)] A 320/A 320M　低温用合金/钢螺栓连接材料的标准规定

1）美国石油学会，1220 L Street，N.W.，Washington，DC 20005-4070，USA.

2）美国机械工程师协会，345 East 47th Street，New York，NY 10017，U.S.A.

3）美国材料和试验协会，Barr Harbor Drive，West Conshohocken，PA 19428-2959，U.S.A.

ASTM A 503　大型锻造曲轴的超声波检查标准规范

ASTM A 536　球墨铸铁件标准规范

ASTM A 668/A 668M　一般工业用碳钢和合金钢锻件标准规范

ASTM A 781/A 781M　一般工业用钢铸件和合金铸件—一般要求的标准规范

EN 1561:1997　铸造　灰铸铁

EN 1563:1997　铸造　球墨铸铁

EN 10213-1:1995　承压钢铸件技术条件　第1部分:通则

EN 10213-2:1995　承压钢铸件技术条件　第2部分:在室温下和升温后使用的钢件等级

EN 10213-3:1995　承压钢铸件技术条件　第3部分:低温用钢件等级

EN 10213-4:1995　承压钢铸件技术条件　第4部分:奥氏体和奥氏体-铁素体钢等级

EN 10269　钢制和镍合金紧固件　具有规定的升温和/或低温性能

NACE[4)] MR 0175　标准材料要求　油田设备用抗硫化应力破坏的金属材料

NEMA 250—1997　电气设备外壳防护(最大10 000伏)

F.2　参考文献目录

[1]　ISO 3448　工业液体润滑剂　ISO粘度分类.

[2]　ISO 13706　石油和天然气工业　风冷换热器.

[3]　ISO 8504-3　涂漆前钢基体和相关产品的准备　表面准备方法　第3部分:手动和动力工具清理.

[4]　ISO/TS 16528　锅炉和压力容器　促进国际承认的规范和标准登记.

[5]　API Std 526　法兰式钢制安全阀.

[6]　API 661　风冷换热器.

[7]　API Std 670　机械保护系统.

[8]　ASME B31.3　工艺管路.

[9]　ASTM A106M　高温用无缝钢管标准规范.

[10]　ASTM A 193/A 193M　高温用合金钢和不锈钢螺栓连接材料的标准规范.

[11]　ASTM A 194/A 194M　高压或高温用碳钢和合金钢螺栓螺母的标准规范.

[12]　ASTM A 216/A 216M　高温用适于熔焊的碳钢铸件的标准规范.

[13]　ASTM A 269　一般无缝和焊接奥氏体不锈钢管的标准规范.

[14]　ASTM A 278/A 278M　用于温度达到350 ℃的承压件的灰铸铁件标准规范.

[15]　ASTM A 307　抗拉强度为60 000 ps碳钢螺栓和螺柱的标准规范.

[16]　ASTM A 312/A 312M　无缝和焊接奥氏体不锈钢管的标准规范.

[17]　ASTM A 395/A 395M　用于升温的铁素体球墨铸铁承压件的标准规范.

[18]　ASTM A 487/A 487M　适于压力下工作的钢铸件的标准规范.

[19]　ASTM A 703/A 703M　铸钢承压件通用要求的标准规范.

[20]　ASTM E 125　铁铸件磁粉显示的标准参考图片.

[21]　ASTM E 709　磁粉探伤的标准指导.

4)　美国腐蚀工程师协会,PO Box 218340,Houston,Texas 77218-8340,U.S.A.

附 录 G
（资料性附录）
与 ISO 13631:2002 的技术差异及其原因

G.1 ISO 13631:2002 的引用标准与我国标准的对照

ISO 13631:2002 的引用标准与我国标准的对照见表 G.1。

表 G.1 ISO 13631:2002 的引用文件与我国标准的对照

ISO 13631:2002 的引用标准	国家、国内标准	备 注
ISO 7-1 用螺纹密封的管螺纹 第 1 部分：尺寸、公差和标记	GB/T 7306.1～7306.2—2000 55°密封管螺纹	等效 EQV
ISO 68-2:1998 ISO 通用螺纹 基本牙廓 第 2 部分：英寸螺纹	GB/T 20669—2006 统一螺纹 牙型	修改 MOD
ISO 185 灰铸铁 分类	无对应标准	
ISO 261 ISO 普通米制螺纹 一般方案	GB/T 193—2003 普通螺纹 直径与螺距系列	修改 MOD
ISO 262 ISO 普通米制螺纹 螺钉、螺栓和螺母的选用尺寸	GB/T 9144—2003 普通螺纹 优选系列	修改 MOD
ISO 263:1973 ISO 通用螺纹 基本设计的螺钉、螺栓、螺母的选择 直径范围 0.06～6 英寸	GB/T 20670—2006 统一螺纹 直径与牙数系列	修改 MOD
ISO 281 滚动轴承 负荷额定值和额定寿命	GB/T 6391—2003 滚动轴承 额定动载荷和额定寿命	等同 IDT
ISO 1813 皮带驱动 V 型加强筋皮带和包括宽型皮带和六角皮带的 V 型皮带 抗静电皮带的电传导率：特性和试验方法	GB/T 10715—2002 带传动 多楔带、联组 V 带及包括宽 V 带、六角带在内的单根 V 带 抗静电带的导电性：要求和试验方法	修改 MOD
ISO 3448 工业液体润滑剂 ISO 粘度分类	GB/T 3141—1994 工业液体润滑剂 ISO 粘度分类	等效 EQV
ISO 4126-1:1991 安全阀 第 1 部分：通用要求	GB/T 12241—2005 安全阀一般要求	修改 MOD
ISO 4986:1992 钢铸件 磁粉探伤	GB/T 9444—2007 铸钢件磁粉检测	等同 IDT
ISO 5864:1993 ISO 英寸螺纹 公差	GB/T 20666—2006 统一螺纹 公差	相当
ISO 7005-1 金属法兰 第 1 部分：钢法兰	GB/T 9112～9124—2000 钢制管法兰	非等效 NEQ
ISO 7005-2 金属法兰 第 2 部分：铸铁法兰	GB/T 17241.1～17241.7—1998 铸铁管法兰	非等效 NEQ
ISO 8504-2 涂漆前钢基体和相关产品的准备 表面准备方法 第 2 部分：磨料喷抛清理	GB/T 18839.2—2002 涂覆涂料前钢材表面处理 表面处理方法 磨料喷射清理	等效 EQV
ISO 9934-2 无损检测 磁粉探伤 第 2 部分：探伤介质(ASME E709 等同于 ISO 9934-2)	GB/T 15822.2—2005 无损检测 磁粉检测 第 2 部分：检测介质	等同 IDT
ISO 10441 石油和天然气工业 机械功率传递用挠性联轴器 特殊用途应用	JB/T 9559 工业汽轮机用 挠性联轴器	相当

表 G.1(续)

ISO 13631:2002 的引用标准	国家、国内标准	备 注
ISO 13706 石油和天然气工业 风冷换热器	GB/T 15386 空冷式换热器	相当
ISO 13707 石油和天然气工业 往复压缩机	GB/T 20322—2006 石油和天然气工业 往复压缩机	修改 MOD
ISO 14691 石油和天然气工业 机械功率传递用挠性联轴器 一般用途应用	JB/T 9559 工业汽轮机用 挠性联轴器	非等效 NEQ
ISO 15649 石油和天然气工业 管道	GB/T 20801.1～20801.6—2006 压力管道规范 工业管道	非等效 NEQ
IEC 60034 旋转电气装置	GB/T 755—2008 旋转电机 定额和性能	等同 IDT
IEC 60079 爆炸性气体环境用电气设备	GB 3836.1～3836.15 爆炸性气体环境用电气设备	修改 MOD
IEC 60364-5 建筑物电气装置 第5部分:电气设备的选择和安装	GB/T 16895 建筑物电气装置 第5部分:电气设备的选择和安装	等同 IDT
IEC 60529 由外壳提供防护的等级(IP代码)	GB 4208—2008 外壳防护等级(IP代码)	等效 EQV
IEC 60848 控制系统功能图的绘制	GB/T 21654—2008 顺序功能表图用 GRAFCET 规范语言	等同 IDT
API Std 1B 油田用V型皮带规范	无对应标准	
API RP 520/1 精炼厂用压力卸荷装置的尺寸、选择和安装 第1部分:规格和选择	JB/T 6441 压缩机用安全阀	相当
API RP 520/2 精炼厂用压力卸荷装置的尺寸、选择和安装[1] 第2部分:安装	JB/T 6441 压缩机用安全阀	相当
ASME[2] B1.1 统一标准英寸螺纹(UN 和 UNR 牙型)	GB/T 196 普通螺纹 基本尺寸 GB/T 197 普通螺纹 公差	相当
ASME B1.20.1 管螺纹,通用(英寸)	GB/T 12716—2002 60°密封管螺纹	等效 EQV
ASME Ⅷ 锅炉压力容器规范:1998 第Ⅷ篇 压力容器结构规定	GB 150—1998 钢制压力容器 JB/T 4709—2000 钢制压力容器焊接规程	非等效 NEQ
ASTM[3] A 320/A 320M 低温用合金/钢螺栓连接材料的标准规定	无对应标准	
ASTM A 503 大型锻造曲轴的超声波检查标准规范	JB/T 9020—1999 大型锻造曲轴的超声波检验	等效 EQV
ASTM A 536 球墨铸铁件标准规范	JB/T 9104 容积式压缩机用球墨铸铁件技术条件	相当
ASTM A 668/A 668M 一般工业用碳钢和合金钢锻件标准规范	JB/T 6908 容积式压缩机用钢锻件	相当
ASTM A 781/A 781M 一般工业用钢铸件和合金铸件一般要求的标准规范	GB/T 11352—2009 一般工程用铸造碳钢件	非等效 NEQ
	JB/T 6431 容积式压缩机用灰铸铁件	相当

表 G.1(续)

ISO 13631:2002 的引用标准	国家、国内标准	备 注
EN 1561:1997 铸造 灰铸铁	JB/T 6431 容积式压缩机用灰铸铁件	相当
EN 1563:1997 铸造 球墨铸铁	JB/T 9104 容积式压缩机用球墨铸铁件技术条件	相当
EN 10213-1:1995 承压钢铸件技术条件 第1部分:通则	GB/T 11352—2009 一般工程用铸造碳钢件	非等效 NEQ
EN 10213-2:1995 承压钢铸件技术条件 第2部分:在室温下和升温后使用的钢件等级		
EN 10213-3:1995 承压钢铸件技术条件 第3部分:低温用钢件等级	无对应标准	
EN 10213-4:1995 承压钢铸件技术条件 第4部分:奥氏体和奥氏体-铁素体钢等级	无对应标准	
EN 10269 钢制和镍合金紧固件 具有规定的升温和/或低温性能	无对应标准	
ISO 15156-1:2001 石油天然气工业 油气开采中用于含硫化氢环境的材料 第1部分:选择抗裂纹材料的一般原则(NACE MR 0175 标准材料要求 油田设备用抗硫化应力破坏的金属材料)	GB/T 20972.1—2007 石油天然气工业 油气开采中用于含硫化氢环境的材料 第1部分:选择抗裂纹材料的一般原则	等同 IDT
NEMA 电气设备外壳防护(最大 10 000 伏)	无对应标准	

G.2 本标准与 ISO 13631:2002 的技术差异及其原因

本标准与 ISO 13631:2002 的技术差异及其原因见表 G.2。

表 G.2 本标准与 ISO 13631:2002 的技术差异及其原因

章条号	差 异	原 因
2 及引用文件	引用文件改成国内标准或文件,对无相应国内标准的改成定性要求	国外标准文件在国内使用不便,改用国内标准,以利于本标准的贯彻
5.5	IEC 60079 转为我国标准 GB 3836.1,见表 G.1	适应国情
6.3	改为"除非采购方另有规定或双方同意,预期排气温度最高不应超过 176 ℃(原标准为 135 ℃)"。增加"对富氢介质(分子量小于或等于 12)的运行,预期排气温度不应超过 135 ℃。"	根据 API 11P、GB/T 20322
6.5.2.3.1	转为我国标准,见表 G.1	适应国情
6.5.2.3.3	转为我国标准,见表 G.1	适应国情
6.5.3.1	转为我国标准,见表 G.1	适应国情
6.5.3.2	"DN12"改为"DN15"	符合国内管径系列
6.8.2	转为我国标准,见表 G.1	适应国情
6.11.1	转为我国标准,见表 G.1	适应国情

表 G.2（续）

章条号	差　异	原　因
6.13.2.3	转为我国标准,见表 G.1	适应国情
6.13.2.4	转为我国标准,见表 G.1	适应国情
6.13.2.5	转为我国标准,见表 G.1	适应国情
6.13.2.6	转为我国标准,见表 G.1	适应国情
6.14.3	转为我国标准,见表 G.1	适应国情
8.3.2	转为我国标准,见表 G.1	适应国情
8.3.3	转为我国标准,见表 G.1	适应国情
9.4.1	转为我国标准,见表 G.1	适应国情
10.1.4	转为我国标准,见表 G.1	适应国情
10.1.5	转为我国标准,见表 G.1	适应国情
11.1.1	转为我国标准,见表 G.1	适应国情
11.6	转为我国标准,见表 G.1	适应国情
11.8	转为我国标准,见表 G.1	适应国情
11.9	转为我国标准,见表 G.1	适应国情
11.18.3	转为我国标准,见表 G.1	适应国情
12.7	转为我国标准,见表 G.1	适应国情
13.1.1	转为我国标准,见表 G.1	适应国情
13.1.3	转为我国标准,见表 G.1	适应国情
14.3	“按 API617”改为“有关规定”	国内无对应标准
16.2	转为我国标准,见表 G.1	适应国情
16.3	“由油漆制造厂检查”改为“由制造厂检查”	更加可行
17.2.1	转为我国标准,见表 G.1	适应国情
20.2	转为我国标准,见表 G.1	适应国情
20.3	转为我国标准,见表 G.1	适应国情
21.1.5	转为我国标准,见表 G.1	适应国情
21.6.1	转为我国标准,见表 G.1	适应国情
21.8.1	转为我国标准,见表 G.1	适应国情
附录 D	转为我国标准,见表 G.1	适应国情
附录 E	转为我国标准,见表 G.1	适应国情

ICS 23.140
J 72

中华人民共和国国家标准

GB/T 25360—2010

汽车加气站用往复活塞天然气压缩机

The reciprocating piston natural gas compressor for the vehicle gas station

2010-11-10 发布　　2011-03-01 实施

中华人民共和国国家质量监督检验检疫总局
中国国家标准化管理委员会　发布

前 言

本标准由中国机械工业联合会提出。

本标准由全国压缩机标准化技术委员会(SAC/TC 145)归口。

本标准负责起草单位:重庆气体压缩机厂有限责任公司。

本标准参加起草单位:安瑞科(蚌埠)压缩机有限公司、四川金星压缩机制造有限公司。

本标准主要起草人:刘艳秋、曹林国、王军可、杨富林、王钧、吴军。

汽车加气站用往复活塞天然气压缩机

1 范围

本标准规定了汽车加气站用往复活塞天然气压缩机(以下简称压缩机)的型号、基本参数、要求、试验方法、检验规则和标志、包装及贮存。

本标准适用于额定排气压力不大于 25 MPa、驱动机功率不大于 400 kW 的压缩机。

2 规范性引用文件

下列文件中的条款通过本标准的引用而成为本标准的条款。凡是注日期的引用文件,其随后所有的修改单(不包括勘误的内容)或修订版均不适用于本标准,然而,鼓励根据本标准达成协议的各方研究是否可使用这些文件的最新版本。凡是不注日期的引用文件,其最新版本适用于本标准。

GB 150 钢制压力容器

GB 151 管壳式换热器

GB/T 2100 一般用途耐蚀钢铸件

GB 3836.1 爆炸性气体环境用电气设备 第1部分:通用要求

GB/T 3853—1998 容积式压缩机验收试验

GB/T 4980 容积式压缩机噪声的测定

GB/T 5330—2003 工业用金属丝编织方孔筛网

GB/T 7777 容积式压缩机机械振动测量与评价

GB 10892 固定的空气压缩机 安全规则和操作规程

GB/T 12241 安全阀 一般要求

GB/T 13306 标牌

GB/T 15487 容积式压缩机流量测量方法

JB/T 2589 容积式压缩机型号编制方法

JB/T 4758 空冷式热交换器

JB/T 6431 容积式压缩机用灰铸铁件 技术条件

JB/T 6908 容积式压缩机用钢锻件

JB/T 7240 一般用往复活塞空气压缩机 主要零部件 技术条件

JB/T 7663.1 容积式压缩机 包装技术条件

JB/T 8935 工艺流程用压缩机 安全要求

JB/T 9104 容积式压缩机用球墨铸铁件 技术条件

压力容器安全技术监察规程

3 型号和基本参数

3.1 型号

压缩机型号编制应符合 JB/T 2589 的规定。

3.2 基本参数

3.2.1 压缩机额定排气压力为 25 MPa 时,在不同的吸气压力下的公称容积流量及配用的驱动机功率应符合表1的规定。压缩机额定排气压力小于 25 MPa 时,按供需双方技术协议执行。

3.2.2 当实际容积流量大于表1规定时,允许用大于表1的值作为公称容积流量。

3.2.3 当需要将公称容积流量转化为基准状态流量时，按下列公式(1)进行：

$$Q_s = \frac{Q_0 \times P_0 \times T_s}{T_0 \times P_s} \qquad \cdots\cdots(1)$$

式中：

Q_0——基准状态流量。基准状态流量是公称容积流量值换算到基准状态(压力 101.325 kPa，温度 20 ℃)下的数值。单位为立方米每分钟(m^3/min)。

Q_s——公称容积流量，单位为立方米每分钟(m^3/min)。

P_s——吸气压力(绝压)，单位为兆帕(MPa)。

T_0——基准状态下温度，293 K。

P_0——基准状态大气压，0.101 3 MPa(绝压)。

T_s——吸气温度，单位为开(K)。

4 要求

4.1 性能

4.1.1 压缩机应符合本标准的规定，并按照经规定程序批准的图样及技术文件制造。

4.1.2 进入压缩机的气体应符合下列要求：

a) 不含游离水；

b) 硫化氢含量不大于 15 mg/m^3；

c) 高位发热量应大于 31.4 MJ/m^3；

d) 含尘量不大于 5 mg/m^3，颗粒直径小于 10 μm；

e) 总硫(以硫计)含量不大于 200 mg/m^3；

f) 二氧化碳含量不大于 3.0%(体积分数)；

g) 氧气含量不大于 0.5%(体积分数)。

表 1

驱动机功率 kW	吸气压力/MPa							
	0	0.056	0.1	0.2	0.3	0.4	0.5	0.6
	公称容积流量/(m^3/min)							
30	1.53	0.98	0.88	0.65	0.53	0.47	0.41	0.35
45	2.30	1.47	1.33	0.98	0.79	0.71	0.61	0.53
55	2.97	1.90	1.71	1.27	1.02	0.91	0.79	0.68
75	4.26	2.73	2.45	1.82	1.47	1.31	1.14	0.98
90	5.11	3.27	2.95	2.18	1.77	1.57	1.36	1.17
110	6.25	4.00	3.60	2.67	2.16	1.92	1.67	1.43
132	7.50	4.80	4.32	3.20	2.60	2.30	2.00	1.72
160	9.09	5.82	5.24	3.88	3.15	2.79	2.42	2.08
185	10.51	6.73	6.05	4.48	3.64	3.22	2.80	2.41
200	11.36	7.27	6.55	4.85	6.93	3.48	3.03	2.60
220	12.50	8.00	7.20	5.33	4.33	3.83	3.33	2.86
250	14.20	9.09	8.10	6.06	4.92	3.36	3.79	3.25

表 1(续)

驱动机功率 kW	吸气压力/MPa							
	0	0.056	0.1	0.2	0.3	0.4	0.5	0.6
	公称容积流量/(m^3/min)							
280	15.91	10.18	9.16	6.79	5.51	3.88	4.24	3.64
315	17.90	11.45	10.31	7.64	6.20	5.49	4.77	4.10
355	20.17	12.91	11.62	8.61	6.99	6.19	5.38	4.62
400	22.73	14.55	13.09	9.70	7.87	6.97	6.06	5.20

驱动机功率 kW	吸气压力/MPa							
	0.8	1	1.2	1.6	2	2.5	3.5	4
	公称容积流量/(m^3/min)							
30	0.30	0.25	0.23	0.19	0.16	—	—	—
45	0.45	0.37	0.35	0.29	0.24	—	—	—
55	0.59	0.48	0.45	0.37	0.33	—	—	—
75	0.84	0.69	0.64	0.53	0.50	—	—	—
90	1.01	0.83	0.77	0.64	0.60	0.50	0.34	0.33
110	1.23	1.02	0.94	0.78	0.73	0.61	0.42	0.40
132	1.48	1.22	1.13	0.94	0.88	0.73	0.50	0.48
160	1.79	1.48	1.37	1.13	1.07	0.89	0.61	0.58
185	2.07	1.71	1.58	1.31	1.23	1.03	0.75	0.68
200	2.24	1.85	1.71	1.42	1.33	1.11	0.88	0.84
220	2.47	2.03	1.88	1.56	1.47	1.22	0.97	0.92
250	2.80	2.31	2.14	1.77	1.67	1.39	1.10	1.05
280	3.14	2.59	2.39	1.99	1.87	1.55	1.23	1.18
315	3.53	2.91	2.69	2.23	2.10	1.75	1.39	1.32
355	3.98	3.28	3.03	2.52	2.37	1.97	1.56	1.49
400	4.48	3.70	3.42	2.84	2.67	2.22	1.76	1.68

4.1.3 压缩机的规定工况:

a) 吸气压力按表 1 规定,单位为 MPa;

b) 吸气温度为 20 ℃;

c) 吸气相对湿度为 0;

d) 水冷压缩机冷却水进水温度为 15 ℃;

e) 水冷压缩机冷却水量为 90 (L/h)/kW;

f) 风冷压缩机冷却空气温度为 20 ℃;

g) 排气压力为额定排气压力,单位为 MPa。

4.1.4 除合同另有规定外,压缩机在规定工况下的实际容积流量应不低于公称容积流量的 95%。

4.1.5 压缩机的清洁度、噪声及润滑油总消耗量指标应不超过表2的规定。

表2

驱动机功率/kW	清洁度/mg	噪声声功率级/dB(A)			润滑油总消耗量/g/h
		驱动形式			
		电动机		发动机	
		水冷	风冷		
<55	1 000	103	105	115	75
55～90	1 400	104	108		120
110～185	1 800	105	111	120	160
200～250	2 200	107	115		250
280～400	2 700	109	119	125	350

4.1.6 压缩机的气缸体、气缸盖、气缸座、活塞等受压零件的气腔侧，应以不低于1.5倍的最高工作压力进行水压试验；气缸、气缸盖和气缸座等零件的水腔侧应以0.6 MPa的压力进行水压试验。保压时间均不少于30 min，不应渗漏。

4.1.7 压缩机主要零部件的制造质量、装配要求应符合JB/T 7240的规定。

4.1.8 压缩机的机械振动烈度应符合GB/T 7777的规定。

4.1.9 压缩机主要易损件的更换时间应不低于表3的规定。

表3

单位为小时

易损件名称	密封压差 Δp/MPa					
	≤1.6		>1.6～10		>10	
	转速/(r/min)					
	≤750	>750	≤750	>750	≤750	>750
活塞环(有油润滑)	4 800	4 500	4 500	4 300	4 300	4 000
活塞环(无油润滑)	3 000	2 800	2 800	2 500	2 500	2 200
阀片	4 000	3 500	3 500	3 000	3 000	2 800
气阀弹簧						
填料						

4.2 安全

4.2.1 气缸填函处应设有泄漏气体回收装置或将泄漏的气体引放到安全处的接口。

4.2.2 压缩机各级应设置启闭灵敏的闭式安全阀，安全阀应符合GB/T 12241及《压力容器安全技术监察规程》的规定。泄放的天然气应回收或引放到安全处。

4.2.3 压缩机的气路、水路、油路的连接应保证密封，不应互相渗漏和外泄。管路应可靠支撑。

4.2.4 压缩机各级压缩后的排气温度，水冷压缩机不应超过160 ℃，风冷压缩机不应超过180 ℃。

4.2.5 压缩机正常运行时，曲轴箱内润滑油温度不应超过70 ℃。

4.2.6 润滑油压力循环系统中应设全流量过滤器和油压指示仪表。油过滤器精度至少为0.08 mm。润滑油压力应不低于0.15 MPa并可调，润滑系统能承受的压力应不低于0.4 MPa。

4.2.7 压缩机其他安全要求应符合GB 10892和JB/T 8935的有关规定。

4.2.8 压缩机应具备自动控制和联锁装置及手动停车装置，在发生下列情况之一时，能报警或报警停车：

a) 水冷压缩机冷却水压力或流量低于规定值；

b) 润滑油压力低于规定值;

c) 末级排气压力超过规定值;

d) 各级排气温度超过规定值;

e) 吸气压力高于或低于规定值。

4.2.9 电动机应设保护和启停装置。电动机控制装置应有过载保护、欠压保护及缺相保护,并带有自动或手动复位机构。

4.2.10 压缩机的现场电气设备应符合 GB 3836.1 的规定。

4.2.11 传动方式有直联和皮带传动,传动皮带必须采用防静电的专用皮带,传动装置应加防护罩。

4.2.12 非防爆电器必须隔离安装。

4.2.13 压缩机应设置自动或手动卸荷装置。

4.3 材料

4.3.1 凡与天然气接触的管道和零部件,设计时应选用耐腐蚀材料,否则应加大腐蚀裕量或采取防腐措施。

4.3.2 压缩机用原材料、元器件的质量必须符合相关标准的规定,其中耐蚀铸钢件和灰铸铁件应分别符合 GB/T 2100 和 JB/T 6431 的规定,球墨铸铁件应符合 JB/T 9104 的规定。锻件应符合 JB/T 6908 的规定。

4.3.3 所有与润滑油、油雾接触的橡胶件应采用耐油橡胶制成。

4.4 辅助设备

4.4.1 压缩机的分离器、缓冲器等压力容器应符合 GB 150 及《压力容器安全技术监察规程》的有关规定。

4.4.2 压缩机的钢制管壳式冷却器应符合 GB 151 的有关规定。

4.4.3 空冷器应符合 JB/T 4758 的有关规定。

4.5 成套要求

压缩机成套供应范围应包括:

a) 压缩机主机及附属设备;

b) 驱动机和控制装置;

c) 传动装置;

d) 专用工具;

e) 备用易损件和保用期内需更换的其他备件;

f) 随机文件(产品合格证、产品说明书、装箱单、安装图、装配示意图等);

g) 特殊情况按双方协议执行。

5 试验方法

5.1 压缩机的性能试验按 GB/T 3853—1998 和 GB/T 15487 规定的方法,允许以空气为介质做性能试验。

5.2 组装出厂检验合格的压缩机清洁度的测定方法:将运转试验后的压缩机解体,用清洗剂逐一清洗曲轴箱内表面、曲轴、连杆、十字头、活塞、气阀、中体内部、填料、气缸镜面及润滑油接触的其他零部件表面。污物经 GB/T 5330—2003 规定的精度为 3 级,网孔基本尺寸为 0.08 mm 的筛网过滤后,加热到 80 ℃,烘干 1 h,将残留物用不低于 7 级精度的普通天平称重,称得重量即为清洁度值。

5.3 压缩机的噪声声功率级测定方法按 GB/T 4980 的规定。

5.4 压缩机的机械振动测量方法按 GB/T 7777 的规定。

6 检验规则

6.1 检验类型

压缩机检验类型分为：

a) 型式检验；

b) 出厂检验；

c) 抽样检验。

6.2 型式检验

6.2.1 试制的压缩机(包括新产品和转厂生产的老产品)应进行型式检验。检验时,满负荷延续运转时间应不少于200 h。

6.2.2 正常生产的压缩机,如结构、材料、工艺有较大改变可能影响产品性能或长期停产的压缩机恢复生产,均应进行型式检验。检验时,满负荷延续运转时间应不少于100 h。

6.2.3 正常生产的压缩机,应周期性进行一次型式检验。检验时,满负荷连续运转时间不少于24 h。

6.2.4 型式检验的项目及要求：

a) 检查各零部件的装配质量和相互动作的正确性；

b) 在压缩机运转开始和终了时,各进行一次性能测试。测定压缩机在规定工况下的容积流量、轴功率、噪声声功率级、振动烈度、润滑油总消耗量等,测得的结果均应符合本标准及技术文件的规定；

c) 型式检验后应拆卸检查,测定并记录易损件及各摩擦面的磨损量,磨损应正常；

d) 测定清洁度值,结果应符合表2的规定；

e) 在型式检验时,应对控制装置进行不少于三次的自动停机试验并对安全阀进行灵敏度试验。

6.3 出厂检验

6.3.1 每台压缩机应进行出厂检验。检验所做的试验应在压缩机运转稳定后进行,满负荷连续运转2 h以上。试验过程中除应检查装配质量和零部件相互作用的正确性外,还应参照GB/T 3853—1998附录B的规定进行简化性能试验,测得的实际容积流量、轴功率与型式检验值相比较,偏差应不超过GB/T 3853—1998中表B.2的规定。

6.3.2 对控制装置的检查按6.2.4e)的规定。

6.4 抽样检验

6.4.1 成批生产的压缩机应进行抽样检验。抽样方案按表4规定的一次抽样方案。抽样的时间应均衡分布。

表 4

批量 N	一次抽样方案		
	样本量 n	接收数 Ac	拒收数 Re
2～50	2	0	1
51～100	3	0	1
>100	5	1	2

6.4.2 抽样检验连续运转时间应不少于24 h,在运转过程中除检验所有机构的工作情况外,还要测定压缩机在规定工况下的容积流量、轴功率、噪声、振动、各级进排气压力、温度等指标,测得的结果应符合本标准的规定。运转结束后应拆卸检查清洁度、易损件及各磨擦面,磨损应正常。

6.4.3 抽查的批不合格时,制造厂应对该批产品逐台检查,并将发现的不合格品修正至符合本标准及有关技术文件的规定。

7 标志、包装及贮存

7.1 压缩机应在明显而平坦的部位固定铭牌。铭牌应符合 GB/T 13306 的规定。铭牌上至少应标出下列内容：

a) 产品型号；

b) 产品名称；

c) 公称容积流量，单位为 m^3/min；

d) 吸气压力，单位为 MPa；

e) 额定排气压力，单位为 MPa；

f) 轴功率或驱动机功率，单位为 kW；

g) 转速，单位为 r/min；

h) 外形尺寸(长×宽×高)，单位为 mm×mm×mm；

i) 净重，单位为 kg；

j) 出厂编号；

k) 出厂年月；

l) 制造厂名称及制造厂所在地(出口产品标注"中华人民共和国"字样)。

7.2 压缩机包装应符合 JB/T 7663.1 的规定。

7.3 压缩机应贮存于干燥通风的库房或不致受潮的有遮盖场所。

7.4 制造厂自发货之日起，在正常储运条件下，应保证产品一年内不致因包装不良而引起锈蚀、霉损等。特殊要求按供需双方协议执行。

ICS 27.020
J 92

中华人民共和国国家标准

GB/T 25361.1—2010/ISO 18669-1:2004

内燃机　活塞销
第1部分:技术要求

Internal combustion engines—Piston pins—
Part 1:General specifications

(ISO 18669-1:2004,IDT)

2010-11-10 发布　　2011-03-01 实施

中华人民共和国国家质量监督检验检疫总局
中国国家标准化管理委员会　发布

前　言

GB/T 25361《内燃机　活塞销》分为两个部分：

——第1部分：技术要求；

——第2部分：检验规则。

本部分是GB/T 25361的第1部分。

本部分等同采用ISO 18669-1:2004《内燃机　活塞销　第1部分：技术要求》(英文版)。

本部分等同翻译ISO 18669-1:2004。为便于使用，本部分做了如下编辑性修改：

——“本国际标准”一词改为“本部分”；

——删除了国际标准前言；

——用小数点“.”代替作为小数点的“,”；

——在参考文献中，补充了我国常用结构钢的国家标准。

本部分由中国机械工业联合会提出。

本部分由全国内燃机标准化技术委员会(SAC/TC 177)归口。

本部分起草单位：上海内燃机研究所、潍坊潍柴零部件机械有限公司、安徽金庆龙机械制造有限公司、上海汽车股份有限公司商用车技术中心。

本部分主要起草人：计维斌、顾庆、郭明忠、左克祥、毕晔、瞿俊鸣、宋国婵、谢亚平、陈云清。

本部分为首次制定。

内燃机　活塞销
第1部分:技术要求

1　范围

GB/T 25361的本部分规定了往复式内燃机外径为8 mm～100 mm的活塞销的基本尺寸特征。此外,本部分还规定了活塞销术语和定义、分类、基于机械性能的材料规格、一般特征及质量要求。本部分也可适用于在类似条件下工作的压缩机的活塞销。

对道路车辆外的其他用途活塞销,只要制造厂和客户共同商定,也可对GB/T 25361的本部分1)作适当修改后使用。

2　术语和定义

下列术语和定义适用于本部分。

2.1　总则

2.1.1

活塞销　piston pin

用于连接活塞和连杆,具有光滑、坚硬外表面的精密圆筒形零件。

2.2　活塞销几何和制造特征

2.2.1　销孔类型

2.2.1.1

圆筒型　cylindrical

具有直筒形内孔的销子。

2.2.1.2

中央连皮型　centre web

销子两端有对称冷挤成形的内孔,在销子中央留有一连皮。

注:连皮随后被切去,留下一台阶,如图2所示。

2.2.1.3

锥孔型　tapered

销子两端为圆锥形内孔,以减轻活塞销的重量。

2.2.1.4

机加工型　machined

销子内孔经机加工单独制造而成。

2.2.1.5

无缝冷拔钢管型　seamless drawn tube

不包含任何工艺性接缝的中空钢制品。

2.2.1.6

端部连皮型　end web

销子一端冷挤成形,而在另一端留下一连皮。

注:连皮被冲去。然后再将销子拉制成一个空心圆轴,留下一冷挤成形线,如图3所示。

---

1)　诸如表4中外棱过渡区c_{max}和表17中内孔及其他表面粗糙度Ra等。

2.2.2 外棱和内倒角结构

2.2.2.1

倒角 chamfer

将外棱倒成斜角的部位,往往用以和圆形卡环相配用。

注:当将圆形钢丝卡环放置在倒角处,用以将活塞销固定在活塞内时就称为“定位倒角”。

2.2.2.2

导向角 form angle

δ

为方便装配而设置的、向外圆表面平滑过渡的外棱导向区。

2.2.2.3

过渡区 drop-off

外棱向外圆表面过渡的非功能性机加工部位。

见图 6、图 7 和图 9。

2.2.2.4

内倒角 inside-edge chamber

活塞销内孔表面和端面之间的倒角。

2.2.2.5

计量基准点 gauge point

位于活塞销外棱倒角上、用于测量计量直径(d_5)和计量长度(l_5)的定位点。

2.2.3 其他特征

2.2.3.1

体积变化 volume change

将活塞销加热到试验温度,保温一定时间,然后在基准温度下检测由外径尺寸发生永久变化所导致的体积变化。

2.2.3.2

渣纹 slag lines

非金属夹杂物的条形裂纹。

3 符号

GB/T 25361 的本部分所用符号见表 1。

表 1 符号

缩写符号	说 明
a	壁厚
b	外棱过渡区长度
c	外棱过渡区高度
d_1	外径
d_2	内径
d_3	锥孔直径
d_4	中央连皮直径
d_5	计量直径
f	外棱长度
g	外棱倒角长度

表 1（续）

缩写符号	说　明
l_1	长度
l_3	锥孔长度
l_4	中央连皮长度
l_5	计量长度
r	外棱圆角半径
R_m	芯部强度
s	端面跳动
t	内倒角长度
α	锥孔角度
β	外棱倒角角度
δ	外棱导向角
H_s	极限硬度

4　专用名词

4.1　外部、内部及端部特征

通常用以描述圆筒型活塞销的术语，见图 1 所示。

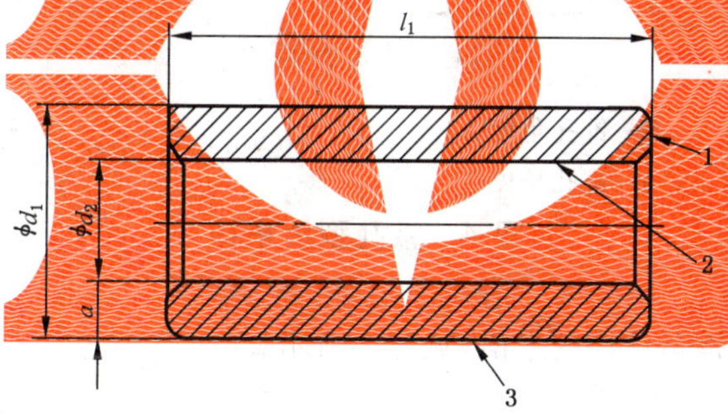

1——端面；
2——内孔表面；
3——外圆表面；
a——壁厚；
d_1——外径；
d_2——内径；
l_1——长度。

图 1　圆筒型活塞销

通常用以描述中央连皮型活塞销的术语，见图 2 所示。

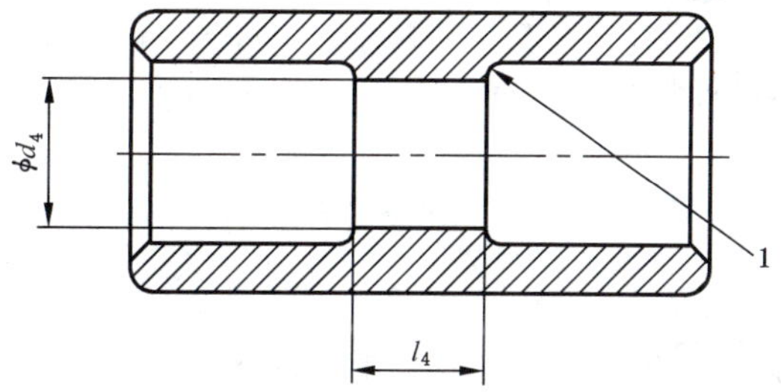

1——中央连皮圆角半径；
l_4——中央连皮长度；
d_4——中央连皮直径。

图 2　冷挤成形中央连皮型活塞销

通常用以描述冷挤成形端部连皮型活塞销的术语,见图 3 所示。

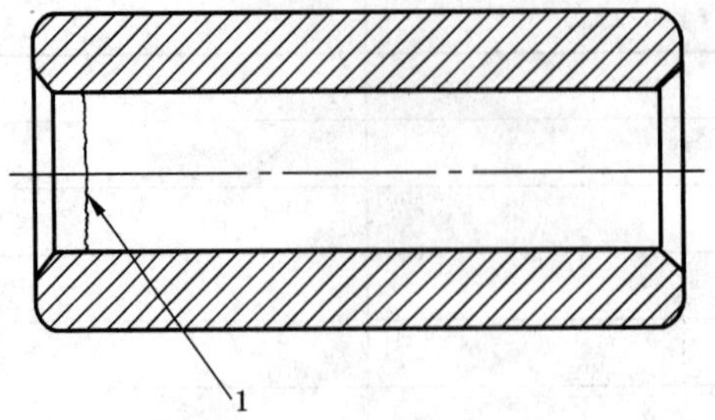

1——端部连皮成形线。

图 3 冷挤成形端部连皮型活塞销

通常用以描述锥孔型活塞销的术语,如图 4 所示。

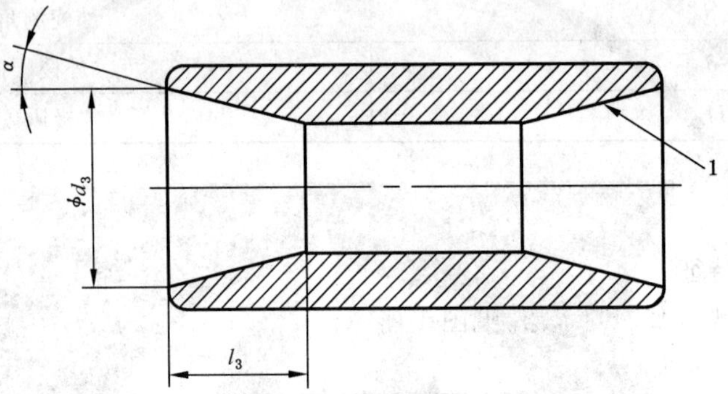

1——锥孔表面；　　α——锥孔角度；

d_3——锥孔直径；　　l_3——锥孔长度。

图 4 锥孔型活塞销

4.2 外棱和内倒角结构

通常用以描述外棱和内倒角结构的术语,见图 5 所示。

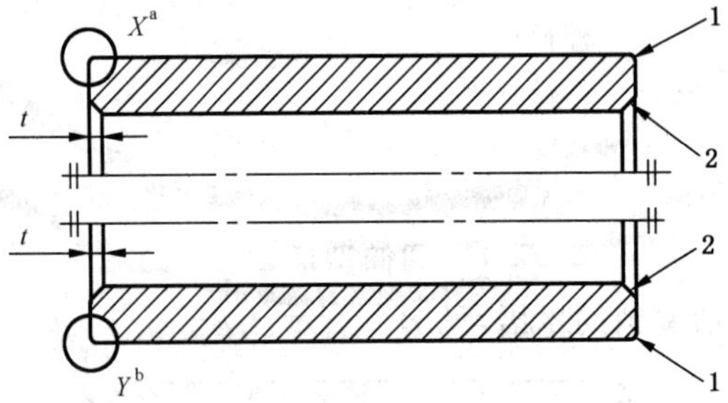

1——外棱圆角半径或倒角(见图 6 和图 7)；

2——内倒角；

t——内倒角长度。

[a] 见图 6。

[b] 见图 7。

注：这可用于圆形或矩形卡环。

图 5 外棱结构

通常用以描述倒角形的外棱结构外棱过渡区的术语,见图 6a)所示。

通常用以描述双倒角形外棱结构的术语,见图 6b)所示。

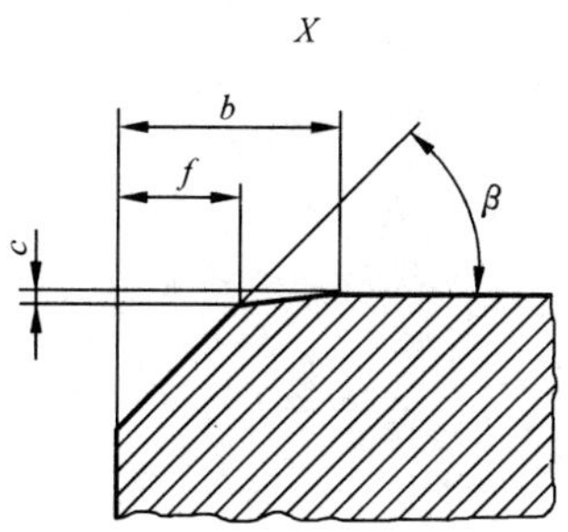

b——外棱过渡区长度；

f——外棱长度；

c——外棱过渡区高度；

β——外棱倒角角度。

a) 倒角和过渡区

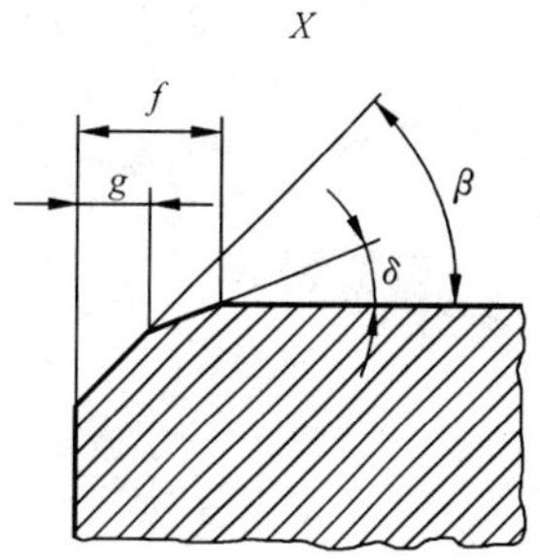

f——外棱长度；

g——外棱倒角长度；

δ——外棱导向角角度；

β——外棱倒角角度。

b) 双倒角形外棱

注：外棱过渡区可和倒角形、双倒角形或圆角形外棱结构合用。

图 6　图 5 局部视图 X

通常用以描述圆角形外棱结构的术语，见图 7 所示。

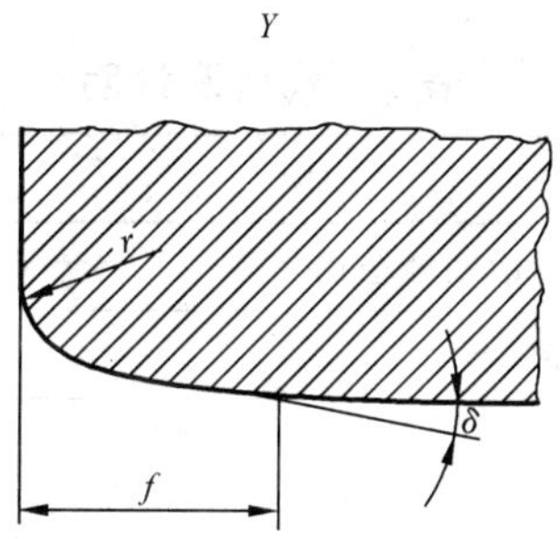

r——外棱圆角半径；

f——外棱长度；

δ——外棱导向角。

图 7　图 5 局部视图 Y

通常用以描述倒角定位式外棱结构的术语，见图 8 和图 9 所示。

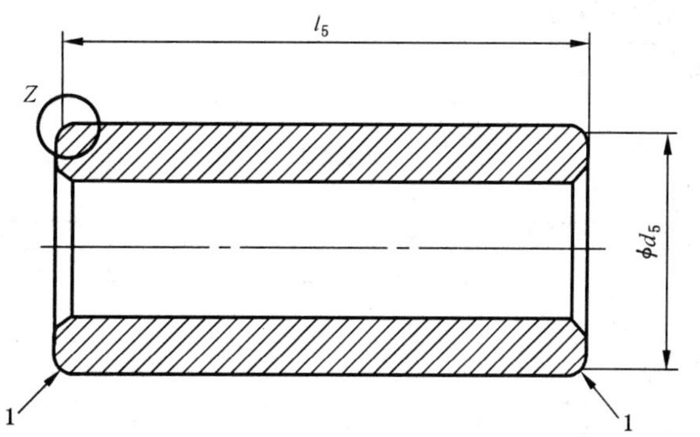

1——计量基准点；

l_5——计量长度；

d_5——计量直径。

图 8　用于圆形卡环的倒角定位式外棱

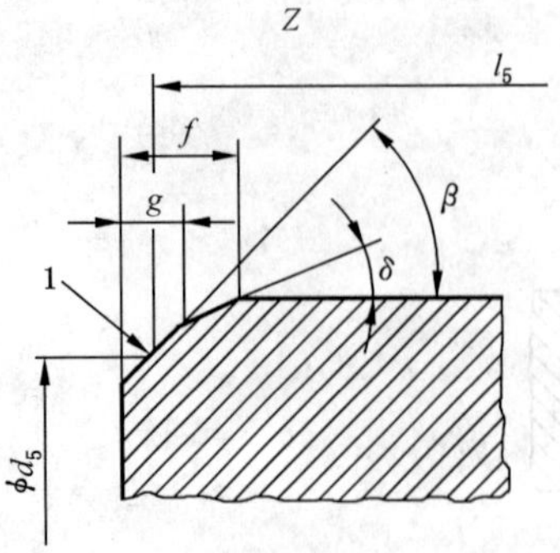

1——计量基准点；
d_5——计量直径；
f——外棱长度；
g——外棱倒角长度；
l_5——计量长度。

图9　图8局部视图Z

5　代码

活塞销代码及其说明见表2。

表2　代码及说明

代　码	说　　明	GB/T 25361.1 相关条款
P1～P6	按照销孔制造方法分类的活塞销型式分类	7.1
X	与滚针轴承配用的活塞销	8.3
F1,F2	外棱结构公差等级	7.2.4
K	K级渗碳钢	8.1/8.2
S	S级渗碳钢	8.1/8.2
L	L级渗碳钢	8.1/8.2
M	M级渗碳钢	8.1/8.2
N	N级渗氮钢	8.1/8.2
V	限制体积变化的活塞销	8.3/8.4/8.5
R1,R2	外圆表面粗糙度等级	9.1.1
G	倒角定位式外棱结构(计量基准点)	6.2/7.2.4
R	圆角形外棱	7.2.4/6.1.2
C1	倒角形外棱	7.2.4
C2	双倒角形外棱	7.2.4
LA,LB	长度公差等级	7.2.3
MM	制造厂标记	9.2
TC	内孔表面冷挤成形活塞销	7.2.6

6　活塞销代码标注

6.1　标注要素和顺序

标注活塞销代码应按下面所示顺序提供下列资料，并应使用表2所列代码。

6.1.1 必注要素

标注活塞销代码应由下列必注要素构成：

——名称，即活塞销；

——执行标准编号：GB/T 25361；

——活塞销型式，如 P1；

——连字符；

——活塞销尺寸，$d_1 \times d_2 \times l_1$ 或 $d_1/d_3\text{-}\alpha \times d_2 \times l_1$，用于锥孔型活塞销；

——连字符；

——材料代码，如 L。

6.1.2 附加要素

标注活塞销代码可附加下列任选要素，此时应用斜线(/)与必注要素分开：

——外棱结构代码，如 R，C1，C2，G；

——倒角定位式计量尺寸大小，$d_5 \times l_5 \times \beta$，用于代码 G；

——限制体积变化代码，V；

——表面粗糙度代码，R1，R2。

6.2 标注示例

按照 GB/T 25361 的本部分标注的活塞销代码示例如下。

示例 1：按照 GB/T 25361.1 要求标注活塞销，制造型式为 P5(P5)，外径 $d_1=20$ mm(20)，内径 $d_2=11$ mm(11)，长度 $l_1=50$ mm(50)，由 L 级(L)渗碳钢制造，双倒角形外棱结构(C2)，选择倒角定位式外棱结构(G)，计量直径 $d_5=18.9$ mm(18.9)，计量长度 $l_5=49$ mm(49)，外棱倒角角度 $\beta=45°$(45)，限制体积变化(V)以及外圆表面粗糙度为 1 级(R1)：

活塞销 GB/T 25361　P5-20×11×50L/C2 G-18.9×49×45VR1

示例 2：按照 GB/T 25361.1 要求标注活塞销，制造型式为 P2(P2)，外径 $d_1=22$ mm(22)，锥孔直径 $d_3=18$ mm(18)，锥孔角度 $\alpha=20°$(20)，内径 $d_2=12$ mm(12)，长度 $l_1=60$ mm(60)，由 N 级(N)渗氮钢制造：

活塞销 GB/T 25361　P2-22/18-20×12×60N

7 活塞销类型、尺寸和公差

7.1 制造型式

表 3 活塞销制造型式

制造代码	允许制造方法			
	机械加工	冷挤成形	冷挤成形中央连皮型	无缝冷拔钢管型
P1	√	√	√	√
P2	√	√	√	×
P3	×	√	√	×
P4	√	√	×	×
P5	×	√	×	×
P6	√	×	×	×
注：√——是；×——非。				

7.2 尺寸和公差

7.2.1 外径和形位公差

图 10 所示外圆表面棱部过渡区适用于所有外棱结构。

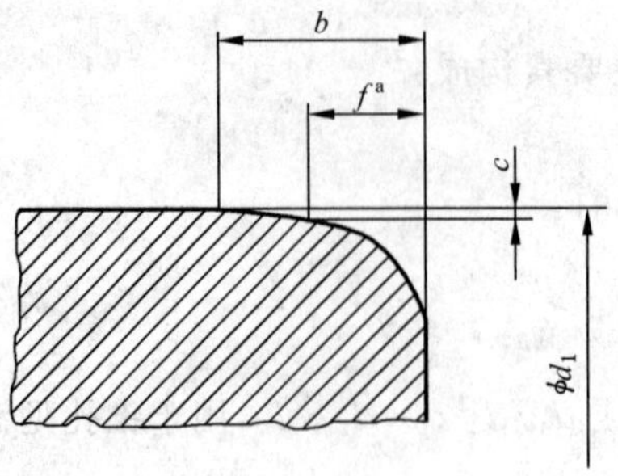

[a] 见图11。

图 10　棱部过渡区

外径公差、许用圆柱度、圆度和棱部过渡区见表4。

表 4　外径(d_1)和形位公差

单位为毫米

外径		圆柱度 max.	圆度 max.	棱部过渡区	
d_1	公差			b max.	c max.
8～16	0～−0.004	0.001 5	0.001	0.12×d_1	0.001
>16～30	0～−0.005	0.002	0.001 5		
>30～60	0～−0.006	0.002 5	0.002		
>60～100	0～−0.008	0.003	0.002 5	0.08×d_1	0.001 5

7.2.2　内径公差

内径(d_2)公差和同轴度(许用壁厚差)见表5。

表 5　内径公差和壁厚为 a 时的同轴度

单位为毫米

内　径		同　轴　度		
d_2	公差	a≤3 max.	3<a≤5 max.	a>5 max.
≤30	+0.1/−0.2	0.3	0.4	0.5/0.6[a]
>30	+0.2/−0.4	—		

[a] 只适用于采用无缝钢管制造的活塞销。

7.2.3　长度(l_1)和计量长度(l_5)公差

长度公差和端面许用跳动量见表6。

表 6　长度公差及端面跳动度

单位为毫米

外径 d_1	长度 l_1 公差		计量长度 l_5 公差	端面跳动 s max.
	1级 代码:LA	2级 代码:LB		
8～16	0～−0.25	0～−0.6	±0.125	0.12
>16～35	0～−0.3		±0.15	0.15
>35～60	0～−0.4		±0.2	0.15
>60～100	0～−0.5		±0.25	0.25

7.2.4　外棱轮廓

外棱结构示于图11。

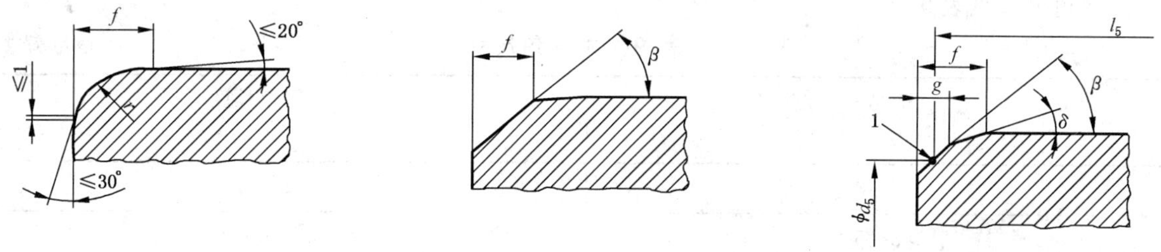

1——计量基准点。

a) 圆角形
代码:R

b) 倒角形
代码:C1

c) 双倒角形
代码:C2

注:倒角定位式外棱结构(计量基准点,代码:G)可以有倒角形或双倒角形外棱。计量基准点数值 l_5、d_5 和角度 β 和 δ 应在活塞销代码中标出。

图 11 外棱结构

圆角形外棱尺寸见表 7。

表 7 圆角形外棱尺寸

单位为毫米

外径 d_1	1 级 f 和 r 代码:F1	2 级 f 和 r 代码:F2
8～16	0.15～0.3	0.3～0.6
>16～25	0.2～0.5	0.4～0.8
>25～32	0.3～0.6	
>32～60	0.4～0.8	0.5～1.0
>60～100	0.5～1.0	0.8～1.5

倒角形外棱尺寸见表 8。

表 8 倒角形外棱尺寸

单位为毫米

外径 d_1	倒角形 C1		双倒角形 C2	
	1 级 f 代码:F1	2 级 f 代码:F2	g[a]	f[a]
8～16	0.15～0.3	0.35～1.05	0.35～1.05	1.25～2.15
>16～25	0.2～0.5	0.5～1.2	0.5～1.2	1.25～2.4
>25～32	0.3～0.6			
>32～60	0.4～0.8			
>60～100	0.5～1.0	0.8～1.5	0.8～1.5	—

[a] $g \leqslant f-0.25$

7.2.5 内棱轮廓

内倒角结构见图 12。

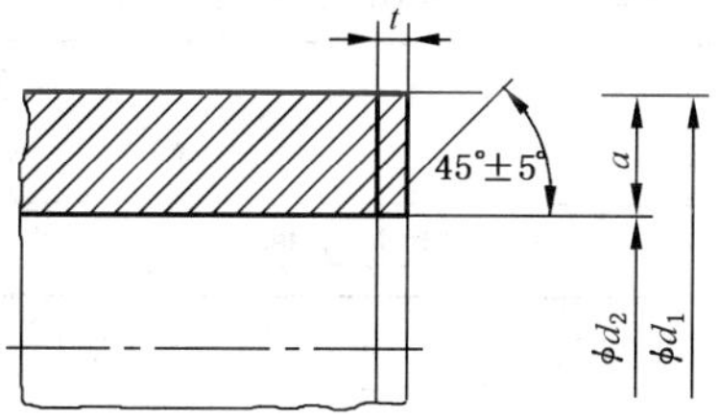

图 12 内倒角结构

内倒角尺寸见表9。

表9 内倒角尺寸

单位为毫米

壁厚 a	内倒角长度 t
1.5～3	0.1～0.5
>3～5	0.3～0.8
>5～8	0.3～1.3
>8～12	0.5～2
>12	1～3

7.2.6 锥孔尺寸

锥孔结构见图13。

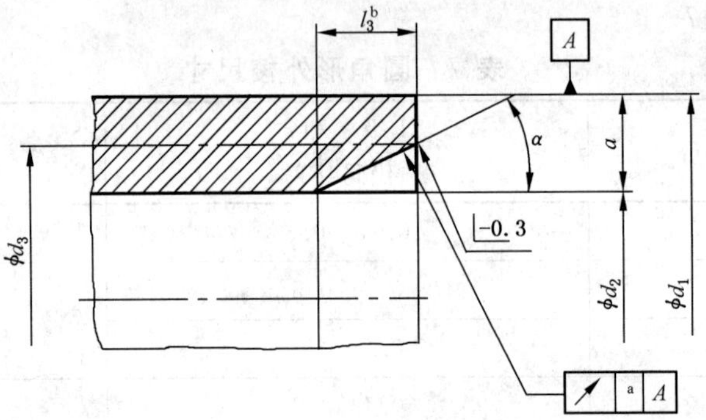

a 跳动量，见表11。

b 与结构和计算有关。

图13 锥孔结构

表10给出锥孔角度和直径公差。

表10 锥孔角度(α)和直径(d_3)公差

单位为毫米

锥孔角度 α			公差 d_3	
α/(°)	公差			
	机加工型	冷挤成形型 代码:TC	机加工型	冷挤成形型 代码:TC
<8	±15′	±1°	±0.10	±0.20
≥8～<25	±30′		±0.15	±0.25
≥25～<45	±1°	±2°	±0.25	±0.30
≥45～60			±0.30	±0.35

表11给出锥孔直径跳动公差。

表11 锥孔直径跳动公差

单位为毫米

外径 d_1	跳动 max.	
	机加工型	冷挤成形型
8～≤16	0.2	0.3
>16～≤25	0.3	0.4

表 11（续）

单位为毫米

外径 d_1	跳动 max.	
	机加工型	冷挤成形型
>25～≤32	0.4	0.5
>32～100	0.5	0.6

7.2.7 中央连皮尺寸(见图 14)

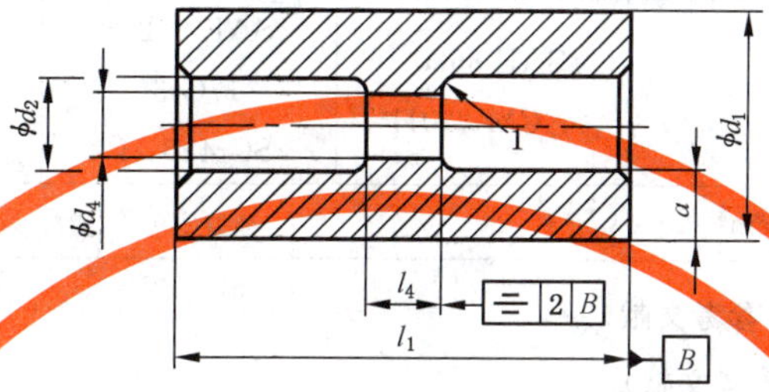

1——圆角形。

图 14 中央连皮尺寸

7.2.7.1 中央连皮长度(l_4)

中央连皮长度(l_4)可由以下公式确定：

$l_4 = 1.3 \times a + 2.5$ mm

一般，中央连皮长度(l_4)公差为±1 mm。

7.2.7.2 中央连皮直径(d_4)

中央连皮直径(d_4)可由以下公式确定：

$d_4 = 0.94 \times d_2 - 0.7$ mm

一般，中央连皮直径(d_4)公差为±0.5 mm。

8 材料和热处理

8.1 材料类型

见表 12。

表 12 化学成分、机械及物理性质

特征	材料[2)]				
化学成分（质量百分比）	K 级 渗碳钢 代码:K	S 级 渗碳钢 代码:S	L 级 渗碳钢 代码:L	M 级 渗碳钢 代码:M	N 级 渗氮钢 代码:N
C	0.13～0.20	0.13～0.25	0.12～0.22	0.14～0.19	0.26～0.34
Si	—	0.13～0.35	≤0.4	0.15～0.40	0.15～0.35
Mn	0.60～1.00	0.60～0.95	0.55～0.90	1.00～1.30	0.40～0.70
P	≤0.040	≤0.035	≤0.035	≤0.035	≤0.025
S	≤0.050	≤0.040	≤0.040	≤0.035	≤0.025
Cr	—	0.35～0.65	0.70～1.25	0.80～1.10	2.3～2.7
Mo	—	0.15～0.30	—	—	0.15～0.25
V	—	—	—	—	0.10～0.20

表 12（续）

特征	材料[2)]				
化学成分（质量百分比）	K 级 渗碳钢 代码:K	S 级 渗碳钢 代码:S	L 级 渗碳钢 代码:L	M 级 渗碳钢 代码:M	N 级 渗氮钢 代码:N
Ni	—	0.35～0.75	—	—	—
弹性模量/（MPa 或 N/mm^2）	195 000	206 000	210 000	210 000	210 000
示例	SAE 1016[d]	SAE 8620[e] SNCM 220H[a]	SAE 5120[e] 17Cr3[b] SCr415 H[a]	16MnCr5[b]	31CrMoV9[c]
注：仅供计算用：比重 7.8 g/cm^3。					
a 牌号按 JIS G 4052 规定(见参考文献)。 b 牌号按 EN 10084 规定(见参考文献)。 c 牌号按 EN 10085 规定(见参考文献)。 d 牌号按 SAE J403 规定(见参考文献)。 e 牌号按 SAE J404 规定(见参考文献)。					

8.2 芯部硬度/芯部强度

见表 13。

表 13 芯部硬度

<table>
<tr><th rowspan="2">壁厚
a/mm</th><th colspan="5">芯部维氏硬度 HV30
（强度,N/mm^2）[a]</th></tr>
<tr><th>K 级</th><th>S 级</th><th>L 级</th><th>M 级</th><th>N 级</th></tr>
<tr><td>1.5～2</td><td rowspan="4">240～450
(780～1 450)</td><td>—</td><td>310～515
(1 000～1 650)</td><td rowspan="2">310～470
(1 000～1 500)</td><td rowspan="5">310～470
(1 000～1 500)</td></tr>
<tr><td>>2～5</td><td rowspan="2">270～485
(870～1 560)</td><td>280～470
(900～1 500)</td></tr>
<tr><td>>5～10</td><td>270～470
(850～1 500)</td><td rowspan="3">280～470
(900～1 500)</td></tr>
<tr><td>>10～15</td><td rowspan="2">240～450
(780～1 450)</td><td>250～470
(800～1 500)</td></tr>
<tr><td>>15</td><td>—</td><td>235～470
(750～1 500)</td></tr>
<tr><td colspan="6">a 芯部强度值 R_m 仅供参考，可由芯部维氏硬度用系数 3.2 换算求得。</td></tr>
</table>

8.3 渗碳和渗氮硬化层深度

见表 14。

2） 如制造厂和客户商定，亦可选用 15Cr、20Cr、15CrH、20CrH、20Cr1H、20CrNiMo、16CrMnH、20CrMnTi 等材料，详见 GB/T 3077—1999 和 GB/T 5216—2004。

表 14　硬化层深度

单位为毫米

壁厚 a	渗碳硬化层深度					渗氮硬化层深度	
	外部		内部	外部与内部之和		外部	内部
	min.	代码:X min.	min.	max.	代码:X max.	min.	min.
1.5～2	—	0.4	0.1	0.65×a	0.80×a	0.3	0.2
2～3	0.3	0.5					
>3～5	0.4	0.6	0.2	0.50×a	0.65×a		
>5～15	0.6	—	0.4	0.35×a	—		
>15	0.8	—	0.6	0.35×a	—		

注 1：为确定硬化层深度，极限硬度 Hs 为 550HV。

注 2：对限制体积变化代码 V 的活塞销，极限硬度 Hs 为 500HV。

8.4　表面硬度

见表 15。

表 15　表面硬度

硬度测量方法	表面硬度		
	渗碳钢		渗氮钢
	非限制体积变化	限制体积变化代码:V	
维氏硬度/HV10	675 min.	635 min.	690 min.
洛氏硬度/HRC[a]	59 min.	57 min.	—

[a] 仅适用于最小硬化层深度 0.7 mm。

8.5　体积变化

见表 16。

表 16　热稳定试验后外径变化 Δd_1

单位为毫米

测试条件	外径 d_1	最大增量 Δd_1		
		渗碳钢		渗氮钢
		非限制体积变化	限制体积变化代码:V	
在 180 ℃稳定 4 h	≤50	+0.006	0	0
	>50～≤60	+0.008	0	
	>60～100	+0.012	0	
在 220 ℃稳定 4 h	≤50	—	+0.006	
	>50～≤60	—	+0.008	
	>60～100	—	+0.012	

9　一般特征

9.1　表面粗糙度

9.1.1　机加工表面粗糙度

见表 17。

表 17 粗糙度

表面	d_1/mm	1级代码:R1		2级代码:R2		Rt/max. μm
		Ra μm	Rz μm	Ra μm	Rz μm	
外圆表面	8～≤16	0.06	0.8	0.1	—	—
	>16～≤35	0.07	0.9		—	—
	>35～≤54	0.08	1.0	0.15	—	—
	>54～100	0.09	1.1		—	—
内孔及其他表面	全部	5	—	5	—	30

9.1.2 无缝挤压和冷拔内孔表面粗糙度

允许纵向沟纹深度:16 μm max.。

其他允许值需经制造厂和客户共同商定。

9.2 活塞销标记

活塞销的标记应由制造厂和客户商定。

标记经商定后,代码:MM,应采用诸如冲压或蚀刻方法将标记标注在活塞销端面,每根活塞销端面至少应标注下列信息:

壁厚 $a<3$ mm:制造厂标记;

壁厚 $a\geqslant 3$ mm:制造厂标记和用数字表示的生产日期(年代和季度)。

其他标记应由制造厂和客户商定。

标记不得影响零件的功能。

9.3 其他

9.3.1 清洁度

活塞销应保持清洁。销孔中不得有制造残渣、污物、碎屑等。如需对外来颗粒物大小和/或数量制定限值和测试方法,应由制造厂和客户共同商定。

9.3.2 防锈

活塞销应经防锈处理,以确保在正常干燥条件下至少储存一年不致生锈。制造厂和客户应根据储存期限、储存条件、装配要求以及各种相关法规商定防腐剂的类型和规格。

9.3.3 剩磁

活塞销的最大剩磁量为 150 A/m。

9.3.4 包装

包装箱内只应装有一种活塞销。有关其他包装的进一步要求由制造厂和客户共同商定。

10 其他质量要求

10.1 材料特征

10.1.1 脱碳

表面脱碳允许最大硬度降低 50 HV1,其最终硬度不能低于表 15 要求的最小表面硬度值。

10.1.2 网状渗碳体

不允许有闭合网状渗碳体,允许有非网状晶界碳化物。

10.1.3 氮化表皮

氮化活塞销的外圆表面不允许存在白色层状氮化物或碳化物。

10.1.4 磨削烧伤

不允许有磨削烧伤。

10.2 材料缺陷

材料缺陷仅限于表 18 所述范围。可用磁粉或超声波探伤来检测缺陷。

表 18 材料缺陷

单位为毫米

缺陷类型	缺陷尺寸 max.		
	$d_1 \leqslant 16$	$16 < d_1 \leqslant 50$	$50 < d_1 \leqslant 100$
表面渣纹	不允许	径向:0.05 轴向:3	径向:0.10 轴向:5
表面下夹杂物/渣纹	径向:0.10 轴向:4	径向:0.10 轴向:6	径向:0.20 轴向:10

10.2.1 裂纹

不允许有淬火、磨削等产生的裂纹。

10.2.2 冷挤成形条纹

10.2.2.1 半径方向

冷挤成形、中央连皮型活塞销,允许有下列范围的冷挤成形条纹:

最多 2 圈,高 0.15 mm,圆形;

$d_1 \leqslant 30$ mm:距一端 10 mm 以内;

$d_1 > 30$ mm:距一端 17% l_1 以内。

10.2.2.2 轴向

允许有 9.1.2 规定的纵向冷挤成形条纹。

10.3 表观缺陷

表观特征是指所有可视缺陷或差异,可以用人工目测或通过光电装置进行检测。人工目测意指无需放大,即可由检测者用正常视力或必要时用校正视力进行检测。为帮助判定,最好将带有缺陷/差异的样品按照表 19 所列范围进行整理后检测。

表 19 表观缺陷

单位为毫米

缺陷	$d_1 \leqslant 30$			$30 < d_1 \leqslant 60$			$60 < d_1 \leqslant 100$		
	缺陷尺寸最大范围	缺陷深度	缺陷数量	缺陷尺寸最大范围	缺陷深度	缺陷数量	缺陷尺寸最大范围	缺陷深度	缺陷数量
外圆表面无材料凸起的小孔和刻痕	0.5	0.01	4	1	0.02	4	2	0.03	4
外棱和端面无材料凸起的小孔和刻痕	1	0.25	2	2	0.25	6	2	0.25	8
磨削缺陷(磨扁)	2	0.01	1	3	0.02	1	4	0.03	1
内棱倒角有毛刺或凸起	允许,只要材料凸起不致干扰内径(d_2),且无锐边尖角								
硬度测试凹痕	不允许								
表面有可见变化、刀具划伤及擦痕	允许,只要工件符合规定表面特征								

参 考 文 献

[1] GB/T 3077—1999 金属结构钢.
[2] GB/T 5216—2004 保证淬透性结构钢.
[3] JIS G 4052:1979 具有规定淬透性带的结构钢.
[4] EN 10084:1998 表面硬化钢 交货技术条件.
[5] EN 10085:2001 渗氮钢 交货技术条件.
[6] SAE J403:2001 SAE 碳钢化学成分.
[7] SAE J404:2000 SAE 合金钢化学成分.

ICS 27.020
J 92

中华人民共和国国家标准

GB/T 25361.2—2010/ISO 18669-2:2004

内燃机　活塞销
第2部分:检验规则

Internal combustion engines—Piston pins—
Part 2:Inspection measuring principles

(ISO 18669-2:2004,IDT)

2010-11-10 发布　　　　2011-03-01 实施

中华人民共和国国家质量监督检验检疫总局
中国国家标准化管理委员会　发布

前言

GB/T 25361《内燃机　活塞销》分为两个部分：

——第1部分：技术要求；

——第2部分：检验规则。

本部分是GB/T 25361的第2部分。

本部分等同采用ISO 18669-2:2004《内燃机　活塞销　第2部分：检验规则》(英文版)。

本部分等同翻译ISO 18669-2:2004。为便于使用，本部分做了如下编辑性修改：

——"本国际标准"一词改为"本部分"；

——删除了国际标准前言；

——用小数点符号"."代替作为小数点的"，"。

本部分对ISO 18669-2:2004中采用的其他国际标准，凡已被采用为我国标准的，用我国标准代替对应的国际标准。

本部分由中国机械工业联合会提出。

本部分由全国内燃机标准化技术委员会(SAC/TC 177)归口。

本部分起草单位：上海内燃机研究所、上海汽车股份有限公司商用车技术中心。

本部分主要起草人：计维斌、瞿俊鸣、顾庆、宋国婵、毕晔、赵明好、谢亚平、陈云清。

本部分为首次制定。

内燃机　活塞销
第2部分:检验规则

1　范围

GB/T 25361的本部分规定了用于测量活塞销的检验规则,可适用于外径为8 mm～100 mm的往复式内燃机和压缩机的活塞销。

对道路车辆以外的其他用途活塞销,只要制造厂和客户商定,也可对GB/T 25361的本部分作适当修改后使用。

2　规范性引用文件

下列文件中的条款通过GB/T 25361的本部分的引用而成为本部分的条款。凡是注日期的引用文件,其随后所有的修改单(不包括勘误的内容)或修订版均不适用于本部分,然而,鼓励根据本部分达成协议的各方研究是否可使用这些文件的最新版本。凡是不注日期的引用文件,其最新版本适用于本部分。

GB/T 230.1　金属材料　洛氏硬度试验　第1部分:试验方法(A、B、C、D、E、F、G、H、K、N、T标尺)(GB/T 230.1—2009,ISO 6508-1:2005,MOD)

GB/T 231.1　金属材料　布氏硬度试验　第1部分:试验方法(GB/T 231.1—2009,ISO 6506-1:2005,MOD)

GB/T 1182　产品几何技术规范(GPS)　几何公差　形状、方向、位置和跳动公差标注(GB/T 1182—2008,ISO 1101:2004,IDT)

GB/T 3505　产品几何技术规范(GPS)　表面结构　轮廓法　术语、定义及表面结构参数(GB/T 3505—2009,ISO 4287:1997,IDT)

GB/T 4340(所有部分)　金属材料　维氏硬度试验

GB/T 9450　钢件渗碳淬火硬化层深度的测定和校核(GB/T 9450—2005,ISO 2639:2002,MOD)

GB/T 10610　产品几何技术规范(GPS)　表面结构　轮廓法　评定表面结构的规则和方法(GB/T 10610—2009,ISO 4288:1996,IDT)

GB/T 11343　无损检测　接触式超声斜射探伤方法

GB/T 15822.1　无损检测　磁粉检测　第1部分:总则(GB/T 15822.1—2005,ISO 9934-1:2001,IDT)

GB/T 15822.2　无损检测　磁粉检测　第2部分:检测介质(GB/T 15822.2—2005,ISO 9934-2:2002,IDT)

GB/T 15882.3　无损检测　磁粉检测　第3部分:设备(GB/T 15822.3—2005,ISO 9934-3:2002,IDT)

GB/T 17879—1999　齿轮磨削后表面回火的浸蚀检验(idt ISO 14104:1995)

GB/T 18779.1　产品几何技术规范(GPS)　工件与测量设备的测量检验　第1部分:按规范检验合格或不合格的判定规则(GB/T 18779.1—2002,eqv ISO 14253-1:1998)

GB/T 18779.2　产品几何量技术规范(GPS)　工件与测量设备的测量检验　第2部分:测量设备校准和产品检验中GPS测量的不确定度评定指南(GB/T 18779.2—2004,ISO/TS 14253-2:1999,IDT)

GB/T 18779.3　产品几何技术规范(GPS)　工件与测量设备的测量检验　第3部分:关于对测量不确定度的表述达成共识的指南(GB/T 18779.3—2009,ISO/TS 14253-3:2002,IDT)

GB/T 19001　质量管理体系　要求(GB/T 19001—2008,ISO 9001:2008,IDT)

GB/T 25361.1—2010　内燃机　活塞销　第1部分:技术要求(ISO 18669-1:2004,IDT)

3 检验规则

3.1 一般测量条件

下列一般要求适用于所有测量规则，除非另有规定：

a) 测量用仪器的分辨率不得超过待测尺寸公差的10%。

b) 关于"测量不确定度"，见GB/T 18779.1～18779.3。

c) 关于"计量重复性及再现性(% R & R)的验收"，见GB/T 19001。

d) 外径测量用基准温度为21 ℃±1 ℃。

3.2 特征及测量规则(见表1)

表 1

特 征	测 量 规 则
3.2.1 外径 d_1	
在除外棱过渡区 b 以外的任何位置处所测得的外表面直径 (见GB/T 25361.1—2010图10)	方法A：参考方法 使用精密测径规测量，每个球形测头的最小半径为1.5 mm。施加的测量力约为1 N(见图1)。 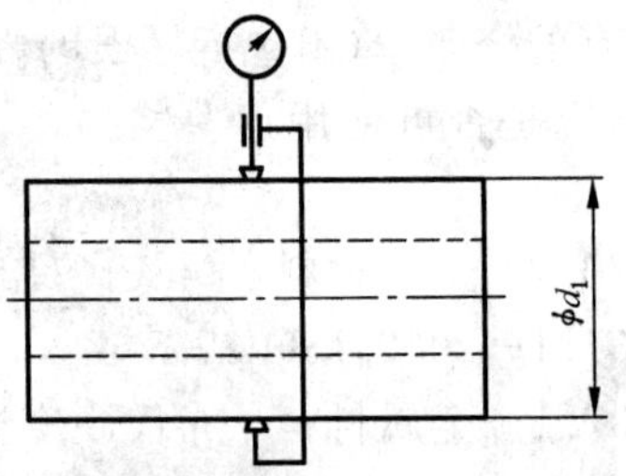 **图1 外径测量规则** 其他方法：能保证所需测量不确定度的所有测量方法，测量方法须经制造厂和客户共同商定。 测量不确定度：按GB/T 18779.1～18779.3规定为±0.000 5 mm
3.2.2 外径 d_1 的圆柱度	
外圆表面除棱部过渡区 b 以外的几何形状。 轴向所测特征包括锥度、凸度、凹度和波度 (参见GB/T 1182)	方法A： 记录和评定相对两侧沿轴向的宏观图(轮廓线)，或记录和评定多极图(最少测量3个平面，即靠近活塞销两端和中央位置处) 方法B： 在V形块上用测径规在活塞销中央和距离两端 l_x 处测量外径，并计算偏差度(见图2)。 测量元件：按3.2.1规定。 $l_x=0.15\times d_1$　　$d_1\geqslant 50$ mm $l_x=0.10\times d_1$　　$d_1<50$ mm 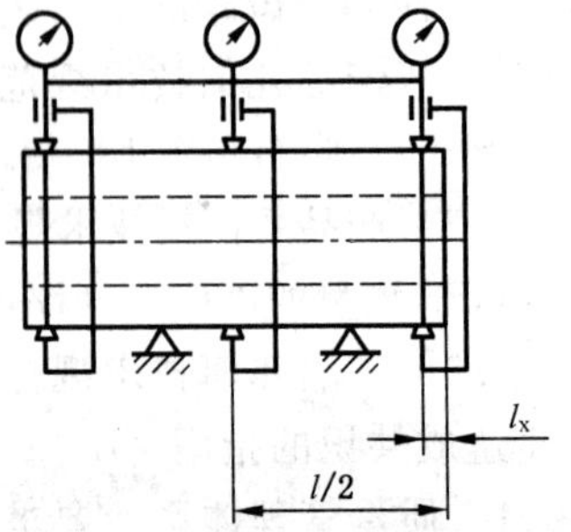 **图2 圆柱度测量规则**

表 1（续）

特　征	测 量 规 则
3.2.3　外径 d_1 的圆度	
外圆表面所有圆度的偏差，诸如波度、椭圆度和球面三角形 （参见 GB/T 1182）	记录和评定在几个平面内沿圆周方向的宏观图（极坐标图）
3.2.4　棱部过渡区 b、c	
外圆表面在外棱处的几何形状	记录和评定两端沿轴向的宏观图（轮廓线） （见 GB/T 25361.1—2010 图 10）
3.2.5　内径 d_2、d_4	
在任意位置测得的内孔直径	用内径测量仪测量
3.2.6　内径 ID 对外径 OD 的同轴度	
在垂直于外圆表面的平面内所测得的最大及最小壁厚(a)之差 （参见 GB/T 1182）	方法 A： 用厚薄规（例如带表盘的测径规或类似量具测量）（见图 3）。 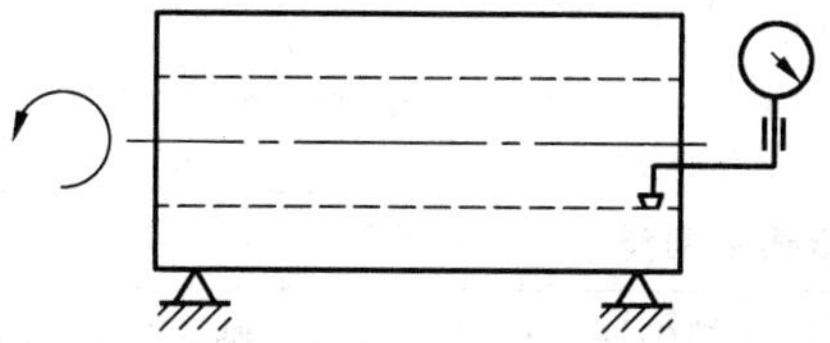 **图 3　内径同轴度（径向跳动）** 方法 B： 在 V 形块上将活塞销旋转 360°用测径规或探针式指示器测量（见图 4） 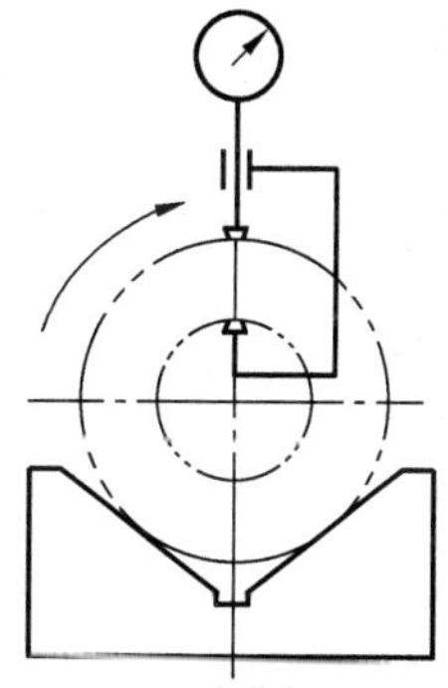 **图 4　壁厚测量规则**
3.2.7　长度 l_1	
在垂直于外圆表面的两个平面间所测得的最大尺寸	方法 A： 测量垂直于外表面的两个相互平行平面间的距离（见图 5）。 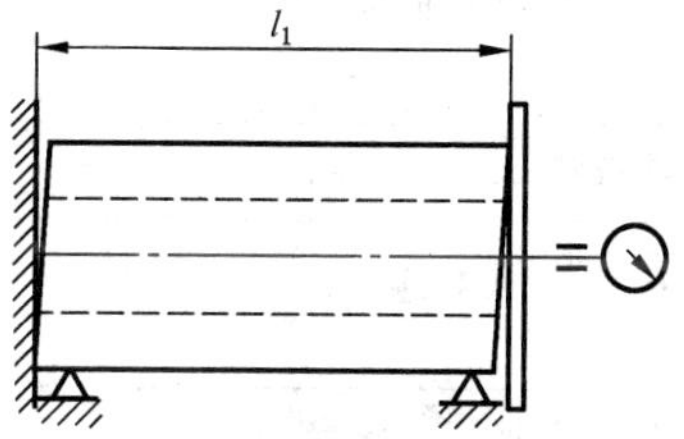 **图 5　长度测量规则** 其他方法： 能保证所需测量不确定度，并考虑到跳动量的所有方法

表 1（续）

特　征	测　量　规　则
3.2.8　计量长度 l_5	
在垂直于外圆表面所测得的两计量基准点之间的尺寸	将活塞销放置在垂直于外表面的两个内径为 d_5 的环规间，用环击倒的刃口测量两接触处的距离。将活塞销和两个环规组成的“总成”放置在高度规中进行测量。用一已知基准将高度规调在“0”位(见图 6)。 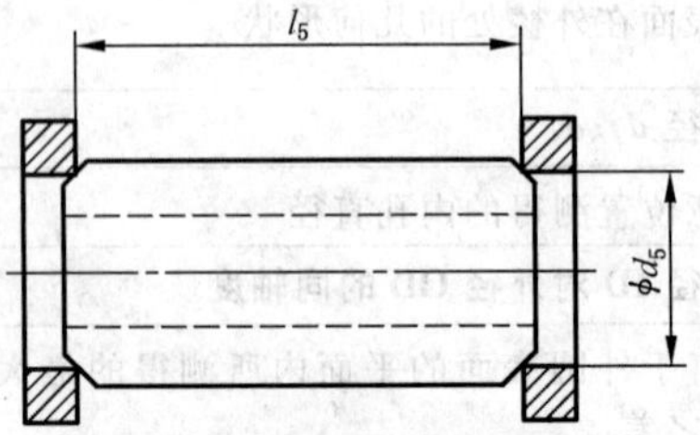 **图 6　长度测量原则** 注：其他长度：能按技术要求测量活塞销特征的所有方法
3.2.9　端面跳动量 s	
在与活塞销轴同心布置的两同心圆之间，当活塞销绕轴旋转时使其端面上的所有点均位于该两圆之间的轴向距离	支承面：在 V 形块的纵向设有一至少与外径 d_1 同样大的挡板，将活塞销放置在 V 形块中旋转 360°进行测量，所测值即为轴向偏心率或跳动量(见图 7)。 f/r 见 GB/T 25361.1—2010 图 11 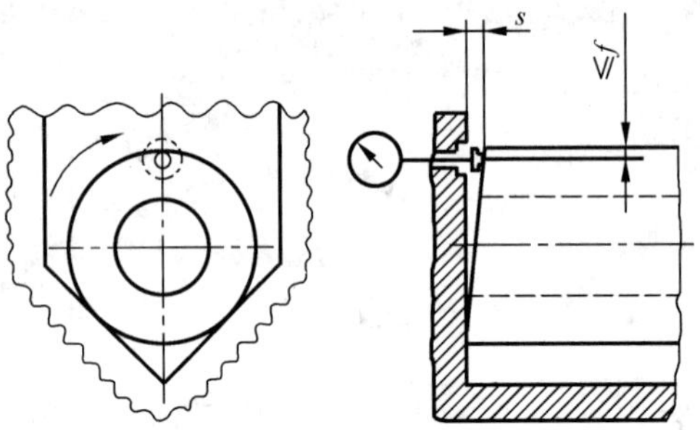 **图 7　跳动量测量规则**
3.2.10　外棱轮廓	
从活塞销从外圆表面到端面的过渡区	用轮廓测量法或其他适宜方法测量过渡区(见 GB/T 25361.1—2010 图 11)
3.2.11　内倒角 t	
从圆筒内表面到端面的过渡区	用测径规、测量透镜或轮廓测量仪测量(见GB/T 25361.1—2010 图 12)
3.2.12　锥孔直径 d_3	
端面锥孔直径	使用诸如测径规或轮廓测量仪测量(见 GB/T 25361.1—2010 图 13)
3.2.13　锥孔角度 α	
从外圆表面测得的倾斜角	用轮廓测量仪器进行测量(见 GB/T 25361.1—2010 图 13)

表 1（续）

特　征	测　量　规　则
3.2.14　锥孔跳动量	
锥孔对外径的同轴度	将活塞销放置在 V 形块中旋转 360°，用内径规进行测量。测点位置应在距端面最大 1 mm 处（见图 8）。 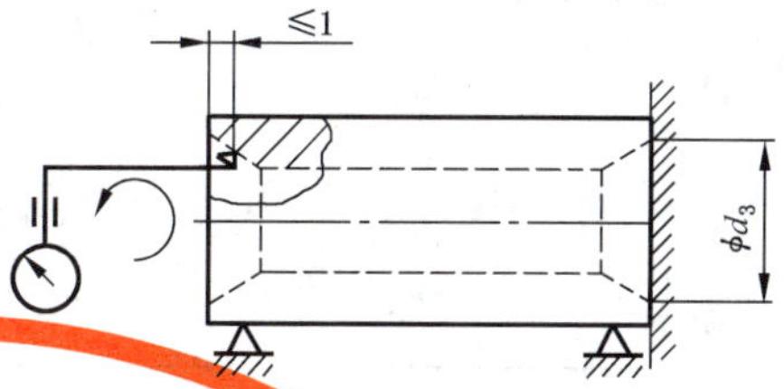 **图 8　锥孔跳动量测量**
3.2.15　粗糙度	
Ra：按 GB/T 3505 规定值。 *Rz*：按 GB/T 3505 规定。 *Rt*：按 GB/T 3505 规定的最大峰-谷高度	按 GB/T 3505 要求，用触针式表面粗糙度仪进行测量。 极限波长：0.8 mm 测量距离：4 mm 触针针尖半径：2 μm ~7 μm 根据缺陷类型，用高倍触针式表面粗糙度仪沿纵向或周向检测内外圆柱表面的刀具划伤及擦痕。应对目测最差区域进行测量。 按 GB/T 10610 进行评定和比较
3.2.16　渗碳和渗氮硬化层深度	
在垂直于精加工活塞销内外圆表面所测得的、硬度值大于极限硬度 H_s 的表面层厚度	测定极限硬度 H_s 深度，按 GB/T 9450 规定用 HV1 或 HV0.3 进行测量。 渗碳淬硬活塞销极限硬度 H_s： 1．非限制性体积变化 H_s=550 HV0.3　渗碳硬化层深度≤0.2 mm H_s=550 HV1　渗碳硬化层深度>0.2 mm 2．限制性体积变化 H_s=500 HV0.3　渗碳硬化层深度≤0.2 mm H_s=500 HV1　渗碳硬化层深度>0.2 mm 渗氮活塞销极限硬度 H_s： H_s=550 HV0.3　渗氮硬化层深度≤0.2 mm H_s=550 HV1　渗氮硬化层深度>0.2 mm
3.2.17　芯部硬度	
不受渗碳淬硬或渗氮层影响的芯部硬度	方法 A：参考方法 按 GB/T 4340 用维氏硬度计 HV30 测试。 方法 B： 按 GB/T 231.1 用布氏硬度计 HB2.5/187.5 测试。 方法 C： 按 GB/T 230.1 用洛氏硬度计 C 测试。 在不受渗碳淬硬或渗氮层影响的芯部中心测量。取样时芯部不得有冷作硬化或加热，必须位于距端面至少 $1/3\times l_1$ 处。 取 3 次测量的平均结果作为测定值。而每次数值不能超过平均值的 10%

表 1（续）

特　征	测 量 规 则
3.2.18　外圆表面硬度	
在外圆表面测得的渗碳或渗氮层硬度	方法 A:参考方法 渗碳淬硬和渗氮处理活塞销： 按 GB/T 4340 用维氏硬度计 HV10 测试。 方法 B: 渗碳淬硬活塞销： 按 GB/T 230.1 用洛氏硬度计 C,A 或 N 测试。 注：为获得精确测试结果，应尽可能用最大载荷进行测量，但应考虑到有压穿渗碳硬化层的危险
3.2.19　体积变化	
将活塞销加热至试验温度，保温一定时间，在基准温度下检测由外径尺寸发生永久偏差所导致的体积变化	在基准温度下至少选取两处测量外径 d_1。并在该处作好永久标记，供后面测量。 所用量具应符合 3.2.1 的要求。测试条件如下： ——在试验温度下均匀加热； ——在试验温度下保温 4 h； ——极限温度偏差为±5 ℃； ——冷却至基准温度，不得有急冷； ——在相同测量处重新进行测量。 将各测量处测得的所有外径差平均即为测定值
3.2.20　材料缺陷	
在外圆表面、内孔表面和芯部区所出现的、诸如磨削裂纹、淬火断裂、应力裂纹、夹杂物、渣纹和接缝等缺陷	方法 A:磁粉探伤 按 GB/T 15822 进行磁粉探伤。在待测表面用 2 500 A/m 的最小切向场强沿轴向和周向进行磁化。然后用荧光法进行评定。 用途：适用于检测表面及表面以下深度为 0.2 mm 范围内的缺陷。 方法 B:按 GB/T 11343 进行超声波探伤 使用横波法。应采用带接触式斜射探头的超声波脉冲回波法（见图 9），或渗透法对活塞销进行探测。 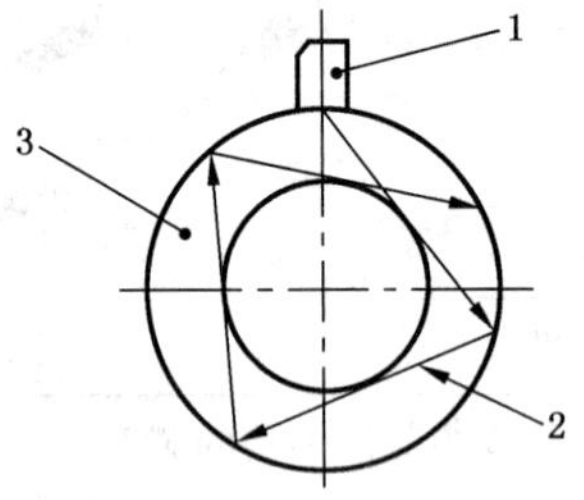 1——超声波探头； 2——声音传播路线； 3——活塞销。 **图 9　超声波探伤规则** 采用适宜的耦合剂进行耦合或浸渍，用旋转零件和/或超声波振子的方法确保整根活塞销得到检测。 入射角应确保全波型转化为横波（必须等于或大于第一临界角）。

表 1(续)

特　征	测 量 规 则
	频率:4 MHz ～12MHz 适合活塞销直径的超声波振子直径: ——≤50 mm:8 mm～10 mm; ——>50 mm:8 mm～15 mm。 基准:应使用经过判定的具有人工或自然缺陷的活塞销作为校准基准。建议内外表面的人工刻痕尺寸如下: ——宽度:0.15 mm; ——深度:0.20 mm; ——长度:20.00 mm。 校准:按图 9 所示,将探头与基准活塞销耦合,并使内外基准反射器的回波达到最大。然后将最大振幅调整到全(100%)荧屏高度。 可以采用降噪措施,但只能使噪声降低到基本消失的程度。应将拒检值(选通值)调到 40%荧屏高度。 用途:适用于检测整根活塞销内部和内、外表面的缺陷。最好是平行于活塞销轴线的缺陷(纵向裂纹)。 检测范围:只能对超过 40% 荧屏高度的信号进行检测。 方法 C:电涡流检测 使用示差探头对活塞销外圆表面的横向长度进行扫描。 频率范围:200 Hz～3 MHz。 在用电涡流检测前必须对活塞销进行消磁处理。 基准:应使用经过判定的具有人工或自然缺陷的活塞销作为校准基准。建议外表面的人工刻痕尺寸如下: ——宽度:0.1 mm; ——深度:0.1 mm; ——长度:5 mm。 校准:将探头放置在距基准活塞销大约 0.2 mm 处。将该基准的反射波调整至最大振幅。然后将最大振幅调整到100%监测器高度。并将拒检值调整到 40%监测器高度。 用途:用于检测扫描表面以及表面深度为 0.05 mm 范围内的材料缺陷。 检测范围:只能对超过 40%监测器高度的信号进行检测
3.2.21　剩磁	
消磁后的剩余磁性	测量仪器: 残余磁场强度仪 测点位置如下: ——端面; ——外倒角; ——外圆表面 3 处(最少)

表 1（续）

特　征	测 量 规 则
3.2.22　**表观缺陷**	
无需放大即可由检测者用正常视力(必要时用校正视力)进行检测,或使用光电装置自动检测的所有可视缺陷	方法 A:目测检查 在明亮但不耀眼的光线下进行检测。 缺陷范围: 按 GB/T 25361.1—2010 中 10.3 表 19 规定。 方法 B:自动光电装置 能按 GB/T 25361.1—2010 中 10.3 表 19 检测缺陷,或有利于目测检查的装置。 调整/缺陷范围: 使用按 GB/T 25361.1—2010 中 10.3 表 19 界定的具有自然或人工缺陷的工件进行调整
3.2.23　**磨削烧伤**	
磨削表面的局部过热,导致表面回火和/或再热,使表面硬度发生可测变化	方法 A: 按 GB/T 17879—1999 规定作表面回火浸蚀检测。 缺陷范围: 按 GB/T 17879—1999 中表 4 规定。 方法 B: 巴克豪森效应噪声残余应力检测法。 调整/缺陷范围: 使用按 GB/T 17879—1999 中表 4 分类的工件进行调整,缺陷范围亦如此
3.2.24　**内孔表面条纹**	
冷挤成形端部连皮型活塞销内孔表面的冷挤成形条纹	方法 A: 使用低倍或高倍触针式表面粗糙度仪沿纵向扫描测量。 方法 B: 按冷挤条纹横截面制备金相标本,用显微镜评定条纹深度

ICS 27.020
J 90

中华人民共和国国家标准

GB/T 25362—2010

汽油机电磁阀式喷油器总成 技术条件

Electromechanical solenoid fuel injector assemblies of gasoline engines—Technical requirements

2010-11-10 发布 2011-03-01 实施

中华人民共和国国家质量监督检验检疫总局
中国国家标准化管理委员会 发布

前　言

本标准由中国机械工业联合会提出。

本标准由全国内燃机标准化技术委员会(SAC/TC 177)归口。

本标准起草单位:天津内燃机研究所、柳州源创电喷技术有限公司、上海内燃机研究所。

本标准主要起草人:胡春明、黎艺文、计维斌、唐风君。

汽油机电磁阀式喷油器总成　技术条件

1　范围

本标准规定了汽油机电磁阀式喷油器(以下简称喷油器)的术语和定义、技术要求、检验规则、标志、包装、运输和贮存。

本标准适用于燃油喷射压力在150 kPa～450 kPa范围内的喷油器。

2　规范性引用文件

下列文件中的条款通过本标准的引用而成为本标准的条款。凡是注日期的引用文件,其随后所有的修改单(不包括勘误的内容)或修订版均不适用于本标准,然而,鼓励根据本标准达成协议的各方研究是否可使用这些文件的最新版本。凡是不注日期的引用文件,其最新版本适用于本标准。

GB/T 2828.1　计数抽样检验程序　第1部分:按接收质量限(AQL)检索的逐批检验抽样计划(GB/T 2828.1—2003,ISO 2859-1:1999,IDT)

GB/T 2829　周期检验计数抽样程序及表(适用于对过程稳定性的检验)

GB/T 10125　人造气氛腐蚀试验　盐雾试验(GB/T 10125—1997,eqv ISO 9227:1990)

GB/T 13384　机电产品包装通用技术条件

GB/T 14986　高饱和、磁温度补偿、耐蚀、铁铝、恒磁导率软磁合金

GB 17930　车用汽油

GB 18351　车用乙醇汽油

GB 18655—2002　用于保护车载接收机的无线电骚扰特性的限值和测量方法(idt IEC/CISPR 25:1995)

QC/T 413—2002　汽车电气设备基本技术条件

QC/T 417.1～417.5　车用电线束插接器

3　术语和定义

下列术语和定义适用于本标准。

3.1

喷射周期　period(简称P)

喷射频率的倒数;即一次喷射开始到下一次喷射开始所需要的时间,单位为毫秒(ms)。

3.2

脉冲宽度　pulse width(简称PW)

喷油器一次喷射所需要的时间,单位为毫秒(ms)。

3.3

动态流量　dynamic flow(简称Q_d)

在规定的脉冲宽度条件下,喷油器在不同频率时喷射的燃料,单位为克(g)。

3.4

静态流量　static flow rate(简称Q_s)

在固定的脉冲宽度条件下,喷油器在完全打开时喷射的燃料,单位为克(g)。

3.5

线圈电阻　coil resistance(简称R)

喷油器电磁线圈的直流电阻,单位为欧姆(Ω)。

3.6

索特平均直径　sauter mean diameter(简称 SMD)

又称当量比表面直径、表面积体积平均直径。是颗粒群表面积分布的平均直径,单位为微米(μm)。

3.7

工作电压　operation voltage(简称 V)

加在喷油器电磁线圈两端的直流电压或直流脉冲电压,单位为伏特(V)。

4　技术要求

4.1　喷油器应按规定程序批准的产品图样和技术文件制造,并应符合本标准要求。

4.2　使用 GB 17930 和 GB 18351 规定的燃油时,喷油器应能保证正常工作。

4.3　喷油器的技术条件要求

4.3.1　喷油器温度范围

工作温度:−40 ℃～+125 ℃。

储存温度:−45 ℃～+150 ℃。

4.3.2　喷油器工作电压

喷油器的正常工作电压范围为 8 V～16 V。

4.3.3　材料

喷油器磁性材料应满足 GB/T 14986 的技术要求。供给客户的喷油器产品、供应商制造产品及制造过程应严格遵照保护员工及客户的人身、财产安全,并且符合环保要求。

4.4　喷油器稳定性

喷油器在标准试验条件下,以任意一脉冲宽度喷射 1 000 次,喷油器的开启与关闭时间的误差应在 ±2%范围内。

4.5　喷油器流量

4.5.1　喷油器的流量包括静态流量和动态流量。流量值按用户与制造厂的协议规定。

4.5.2　喷油器动态流量线性误差应小于±3%,喷油器动态流量线性误差是将样本试验数据通过最小二乘拟合方式求得,可按式(1)计算:

$$\Delta Q_{d(动态)} = \frac{Q_{d(测量)} - Q_{d(计算)}}{Q_{d(计算)}} \times 100\% \quad \cdots\cdots\cdots\cdots(1)$$

式中:

$\Delta Q_{d(动态)}$——喷油器动态流量线性误差;

$Q_{d(测量)}$——一定脉冲宽度和喷射周期的喷油器动态流量的实测流量值,单位为克(g);

$Q_{d(计算)}$——一定脉冲宽度和喷射周期的喷油器动态流量的计算流量值(即将试验数据通过最小二乘拟合计算的流量值),单位为克(g)。

4.6　喷油器流量一致性

喷油器静态流量及动态流量的流量一致性误差分别小于±4%,流量一致性误差可按式(2)计算:

$$\Delta Q = \frac{Q_{max}(或\ Q_{min}) - Q_b}{Q_b} \times 100\% \quad \cdots\cdots\cdots\cdots(2)$$

式中:

ΔQ——喷油器流量一致性误差;

Q_{max}——样本中的最大喷油量,单位为克(g);

Q_{min}——样本中的最小喷油量,单位为克(g);

Q_b——样本中的平均喷油量,单位为克(g)。

4.7　工作电压

4.7.1 静态流量及动态流量时的最小工作电压应不大于 7 V。

4.7.2 喷油器应能耐 24 V±0.05 V 直流电压 60 s 后，绝缘性应满足 4.9 中的要求；喷油器动态流量的流量一致性误差应小于±4%。

4.8 密封性

在喷油器进油口端的气体压力为 400 kPa±1 kPa 时，喷油器各密封处的泄漏量不大于 0.3 mL/min。

4.9 绝缘性

在喷油器非绝缘材料上任意一点和任意一电极之间施加 750 V±0.05 V 直流电压时，在不击穿的条件下，绝缘电阻大于 3 MΩ。

4.10 喷雾特性

4.10.1 喷雾颗粒

喷油器喷出的试验介质在规定的贯穿长度范围内应成雾状，不应有连续的柱状，50%的喷雾颗粒的索特平均直径(SMD)应小于 90 μm。

4.10.2 喷射角度

喷油器在距喷油口 100 mm±1 mm 处的喷射角度误差应不大于±2.5°。

4.11 喷油器耐温性能

4.11.1 耐低温性能

清洗喷油器，并将喷油器稳定在−45 ℃±2 ℃的环境下放置 12 h，试验前后测量的喷油器动态流量的流量一致性误差应小于±4%。试验结束后喷油器的密封性应满足 4.8 的要求；绝缘性满足 4.9 的要求。

4.11.2 耐高温性能

喷油器稳定在+150 ℃±2 ℃的环境下放置 12 h，试验前后测量的喷油器动态流量的流量一致性误差应小于±4%。试验结束后喷油器的密封性应满足 4.8 的要求；绝缘性满足 4.9 的要求。

4.11.3 冷热冲击性能

喷油器在环境温度为−40 ℃±2 ℃的环境中放置 30 min 后，然后在 2 min 内移至环境温度为+125 ℃±2 ℃ 的环境中放置 30 min。重复上述操作 12 次。试验期间喷油器不工作。试验前后测量的喷油器动态流量的流量一致性误差应小于±4%。试验结束后喷油器的密封性应满足 4.8 要求；绝缘性满足 4.9 的要求。

4.12 耐久性能

喷油器按 2.5 ms 喷射脉冲宽度和 5.0 ms 喷射周期，进行 600×10^6 次的耐久试验；试验前后测量的喷油器动态流量的流量一致性误差应小于±4%。试验结束后喷油器的密封性应满足 4.8 的要求；绝缘性满足 4.9 的要求。

4.13 物理性能

4.13.1 喷油器在纵轴方向上施加 600 N 的轴向压力 60 s 后不变形。

4.13.2 喷油器在两端施加 6.0 N·m 的扭转扭矩 5 s 后不变形。

4.13.3 喷油器在纵轴方向的两端同时施加 4.0 N·m 的弯曲扭矩 30 s 后不变形。

4.13.4 喷油器在 5 Hz～2 000 Hz 随机变频、30*g* 加速度条件下，纵、横向振动 48 h 后，零件不松动、脱落。

上述试验前后测量的喷油器动态流量的流量一致性误差应小于±4%。试验结束后喷油器的密封性应满足 4.8 的要求；绝缘性满足 4.9 的要求。

4.14 耐盐雾性能

按照 GB/T 10125 的要求进行盐雾试验。将喷油器放置在盐雾箱内进行连续 96 h(5%浓度的氯化钠)试验，试验期间喷油器不工作。试验结束后喷油器体上不能有腐蚀的痕迹出现；喷油器的密封性应满足 4.8 的要求；绝缘性满足 4.9 的要求。

4.15 噪声性能

喷油器声功率级噪声应小于 70 dB(A)。

允许增加客观噪声评估测试。

4.16 电磁兼容性能

喷油器的电磁兼容性能要求，按照 QC/T 413—2002 中 3.9.1.3 的规定对于不带电子器件不含线束的产品其电磁抗扰性可以不做规定；QC/T 413—2002 中 3.9.2 电磁骚扰性应符合 GB 18655—2002 中第 12 章和第 14 章中 2 级要求的有关规定。允许喷油器的电磁兼容性试验随整车或发动机一起进行。

4.17 喷油器插接器性能

喷油器插接器性能应符合 QC/T 417.1～417.5 有关规定的要求。

5 检验规则

5.1 合格文件和标记

每支喷油器产品经检验合格后方能出厂，并应附有产品质量合格证或标记。

5.2 产品检验的类别

产品的检验分为出厂检验、验收检验和型式检验。

5.3 出厂检验

5.3.1 喷油器出厂检验项目为 4.4、4.5、4.6、4.7、4.8、4.9 和 4.10 项，检验合格后方能出厂。

5.3.2 喷油器出厂检验抽样方案和合格质量水平 AQL 值应经过制造厂质量检验部门按 GB/T 2828.1 的有关规定进行。

5.4 验收检验

5.4.1 喷油器验收检验项目为 4.4、4.5、4.6、4.7、4.8、4.9 和 4.10 项，检验合格后验收。

5.4.2 喷油器验收检验抽样方案和合格质量水平 AQL 值应按 GB/T 2828.1 的有关规定或由供需双方商定进行。

5.5 型式检验

5.5.1 有下列情况之一者，制造厂应进行型式检验：

——新产品或老产品易地生产的试制定型鉴定；

——正式生产后，如结构、材料、工艺有较大改变而可能影响产品性能时；

——正式生产时，成批或大量生产的产品，应周期性进行检验；

——产品停产 1 年以上，恢复生产时；

——出厂检验结果与上次型式检验结果有较大差异时；

——国家质量监督机构提出进行型式检验的要求时。

5.5.2 型式检验项目按第 4 章中规定的所有项目。

5.5.3 型式检验抽样规则及合格与否的判断，按 GB/T 2829 的规定进行。

6 标志、包装、运输和贮存

喷油器的标志、包装、运输和贮存应符合 GB/T 13384 相关规定。

6.1 标志

6.1.1 每支喷油器应在显著部位有明显标志，其基本内容包括：

——制造厂名或商标；

——产品型号或代号。

6.1.2 在使用期限内标志应保持清晰可认。

6.2 包装

6.2.1 喷油器上应装有各种防护零件(护罩、护帽等),以防内腔被污染。

6.2.2 用纸盒包装的喷油器发货时,应装入衬有防水、防尘、防潮材料的固定包装箱内。每个包装箱内都应附有经检验员签章的合格证、产品说明书及有关出厂文件。

在包装箱外表面应标明:

——产品名称;

——产品型号;

——标准号;

——数量;

——总质量;

——装箱日期(年、月);

——制造厂名和商标;

——运输保护标志。

6.2.3 与汽油机进行固定配套的喷油器的包装,可按供货协议进行。

6.3 运输

包装应充分保证喷油器在运输途中不受到损伤和受潮。

6.4 贮存

喷油器应放在干燥的仓库内,不得与酸、碱及其他能引起腐蚀的化学品存放在一起;不得与带磁性的物品堆放在一起;在正常保管情况下,自出厂之日起,制造厂应保证产品不锈蚀。

ICS 27.020
J 90

中华人民共和国国家标准

GB/T 25363—2010

汽油机电磁阀式喷油器总成　试验方法

Electromechanical solenoid fuel injector assemblies of gasoline engines—Testing methods

2010-11-10 发布　　　　2011-03-01 实施

中华人民共和国国家质量监督检验检疫总局
中国国家标准化管理委员会　发布

前　言

本标准由中国机械工业联合会提出。

本标准由全国内燃机标准化技术委员会(SAC/TC 177)归口。

本标准起草单位:天津内燃机研究所、柳州源创电喷技术有限公司、上海内燃机研究所。

本标准主要起草人:胡春明、黎艺文、计维斌、唐凤君。

汽油机电磁阀式喷油器总成　试验方法

1　范围

本标准规定了汽油机用低压电磁阀式喷油器(以下简称喷油器)的术语和定义、试验方法。

本标准适用于燃油喷射压力在150 kPa～450 kPa范围内的喷油器。

2　规范性引用文件

下列文件中的条款通过本标准的引用而成为本标准的条款。凡是注日期的引用文件,其随后所有的修改单(不包括勘误的内容)或修订版均不适用于本标准,然而,鼓励根据本标准达成协议的各方研究是否可以使用这些文件的最新版本。凡是不注日期的引用文件,其最新版本适用于本标准。

GB/T 16538　声学　声压法测定噪声源声功率级　现场比较法(GB/T 16538—2008,ISO 3747:2000,IDT)

QC/T 413—2002　汽车电气设备基本技术条件

3　术语和定义

下列术语和定义适用于本标准。

3.1

喷射周期　period(简称 P)

喷射频率的倒数;即一次喷射开始到下一次喷射开始需要的时间,单位为毫秒(ms)。

3.2

脉冲宽度　pulse width(简称 PW)

喷油器一次喷射所需要的时间,单位为毫秒(ms)。

3.3

动态流量　dynamic flow(简称 Q_d)

在规定的脉冲宽度条件下,喷油器在不同频率时喷射的燃料,单位为克(g)。

3.4

静态流量　static flow rate(简称 Q_s)

在固定的脉冲宽度条件下,喷油器在完全打开时喷射的燃料,单位为克(g)。

3.5

线圈电阻　coil resistance(简称 R)

喷油器电磁线圈的直流电阻,单位为欧姆(Ω)。

3.6

索特平均直径　sauter mean diameter(简称 SMD)

又称当量比表面直径、表面积体积平均直径。是颗粒群表面积分布的平均直径,单位为微米(μm)。

3.7

工作电压　operation voltage(简称 V)

加在喷油器电磁线圈两端的直流电压或直流脉冲电压,单位为伏特(V)。

4 试验方法

4.1 试验标准条件

4.1.1 环境温度：21 ℃±2 ℃。

4.1.2 空气湿度：25%～65%。

4.1.3 大气压力：101.3 kPa±0.2 kPa。

4.1.4 试验介质：正庚烷。

4.1.5 试验介质压力：300 kPa±1 kPa。

4.1.6 工作电压：14 V±0.05 V。

4.1.7 工作频率：100 Hz。

4.1.8 脉冲宽度精度：≤0.1%。

4.1.9 喷油器安装方式：在试验过程中未特别指定的，喷油器均为垂直安装。

4.1.10 试验中无特殊要求均按标准试验条件进行。

4.2 喷油器稳定性试验

将喷油器安装在专用的稳定性测量仪上，设定 5.0 ms 的喷射脉冲宽度和 10.0 ms 的喷射周期，预喷 1 000 次；然后启动设备，喷油器喷射 1 000 次，记录喷油器开启及关闭时间。

4.3 喷油器流量试验

4.3.1 动态流量试验

4.3.1.1 将喷油器出油口向下安装在专用流量测试仪上。

4.3.1.2 调整流量测试仪试验介质压力为 300 kPa±1 kPa，喷油器工作电压为 14 V±0.05 V，在 5.0 ms 的喷射脉冲宽度和 10.0 ms 的喷射周期条件下，喷油器预喷 1 000 次。

4.3.1.3 分别测量喷油器在 3.0 ms、4.0 ms、5.0 ms、6.0 ms、7.0 ms 喷射脉冲宽度，5.0 ms、10.0 ms、20.0 ms 喷射周期条件下，连续喷射 3 000 次的喷油量，并记录数据。

4.3.2 静态流量试验

4.3.2.1 将喷油器出油口向下安装在专用流量测试仪上。

4.3.2.2 调整流量测试仪试验介质压力为 300 kPa±1 kPa，喷油器工作电压为 14 V±0.05 V，在 5.0 ms 的喷射脉冲宽度和 10.0 ms 的喷射周期条件下，喷油器预喷 1 000 次。

4.3.2.3 设定 10 s 的固定喷射脉冲宽度，测量喷油器 10 s 喷油量的总和。

4.3.3 喷油器动态流量线性误差试验

4.3.3.1 将喷油器出油口向下安装在专用流量测试仪上。

4.3.3.2 调整流量测试仪试验介质压力为 300 kPa±1 kPa，喷油器工作电压为 14 V±0.05 V，在 5.0 ms 的喷射脉冲宽度和 10.0 ms 的喷射周期条件下，喷油器预喷 1 000 次。

4.3.3.3 分别测量喷射脉冲宽度为 3.0 ms、4.0 ms、5.0 ms、6.0 ms、7.0 ms，喷射周期 10.0 ms 的动态流量。

4.3.3.4 试验数据通过最小二乘拟合计算流量值，将其与实测流量值对比而得到喷油器动态流量线性误差。

4.4 喷油器流量一致性试验

4.4.1 在标准试验条件下，选取固定喷射脉冲宽度为 10 s，喷射周期为 10.0 ms 的静态流量测试点，喷油器连续喷射 10 次，测量并计算喷油器静态流量的流量一致性误差。

4.4.2 在标准试验条件下，选取喷射脉冲宽度为 2.5 ms，喷射周期为 10.0 ms 的动态流量测试点，喷油器连续喷射 2 000 次，测量并计算喷油器动态流量的流量一致性误差。

4.5 工作电压试验

4.5.1 静态流量时最小工作电压

4.5.1.1 将喷油器出油口向下安装在专用的流量测试仪上，用压力为 300 kPa 到 500 kPa 的干燥氮气或空气，在 5.0 ms 的喷射脉冲宽度和 10.0 ms 的喷射周期条件下，连续喷射 1 000 次，干燥喷油器。

4.5.1.2 设定起始工作电压 7 V±0.05 V，进行固定喷射脉冲宽度为 10 s 的静态流量试验。

4.5.1.3 按每测试一次减少 1 V 电压，当喷油器打开时，记录电压值。

4.5.2 动态流量时最小工作电压

4.5.2.1 将喷油器出油口向下安装在专用的流量测试仪上，用压力为 300 kPa 到 500 kPa 的干燥氮气或空气，在 5.0 ms 的喷射脉冲宽度和 10.0 ms 的喷射周期条件下，连续喷射 1 000 次，干燥喷油器。

4.5.2.2 设定起始工作电压为 7 V±0.05 V，喷射脉冲宽度为 10.0 ms，喷射周期为 20.0 ms，连续喷射 1 000 次进行动态流量试验。

4.5.2.3 按每测试一次减少 1 V 电压，当喷油器动态流量大于 14 V±0.05 V 工作电压下动态喷油量的 50%时，记录电压值。

4.5.3 喷油器耐压试验

将喷油器出油口向下安装在专用的流量测试仪上，设定喷油器工作电压为 24 V±0.05 V，启动设备，喷油器以全开状态喷射 60 s 后，测量喷油器的线圈电阻及喷油器动态流量，并记录数据。

4.6 喷油器密封性试验

4.6.1 将喷油器出油口向下(如图 1 所示)安装在整体测漏仪上，进行如下所述试验。

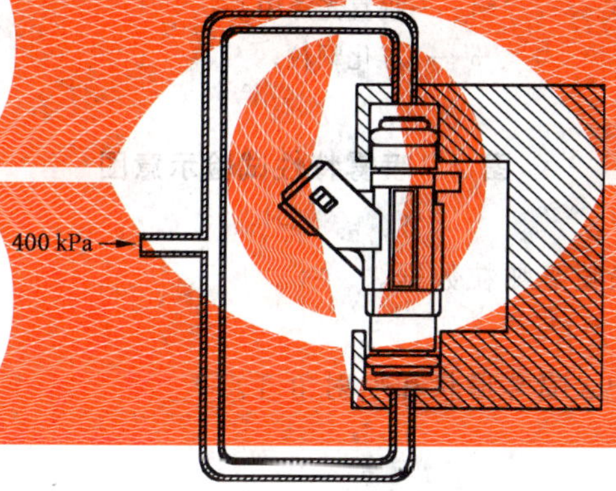

图 1 喷油器密封性试验示意图

4.6.2 外部泄漏试验

4.6.2.1 用压力为 300 kPa 到 500 kPa 的干燥氮气或空气，在 2.5 ms 的喷射脉冲宽度和 5.0 ms 的喷射周期条件下，连续喷射 5 000 次，干燥喷油器。

4.6.2.2 在喷油器的进油口端、出油口端，同时通入 400 kPa±1 kPa 的干燥氮气或空气。

4.6.2.3 观察气压表气压衰减量，要求满足泄漏量≤0.3 mL/min。

4.6.3 阀座泄漏试验

4.6.3.1 用压力为 300 kPa 到 500 kPa 的干燥氮气或空气，在 2.5 ms 的喷射脉冲宽度和 5.0 ms 的喷射周期条件下，连续喷射 5 000 次，干燥喷油器。

4.6.3.2 在喷油器的进油口端通入 400 kPa±1 kPa 的干燥氮气或空气。

4.6.3.3 观察气压表气压衰减量，要求满足泄漏量≤0.3 mL/min。

4.7 绝缘性试验

在标准试验条件下，将耐压测试仪的高压端连接到喷油器的任一端电极上，并将测试仪的低压回路端连接到喷油器体非绝缘材料的任意一点上，设定耐压测试仪的输出电压为 750 V±0.05 V 直流电压并运行 3 s，在不击穿的条件下记录喷油器的绝缘电阻数据。

4.8　喷雾特性试验

4.8.1　在标准试验条件下，将喷油器出油口垂直向下安装在激光粒度测试仪的喷油器固定支架上，调整喷油器出油口至测试源的中心线距离为100 mm±1 mm(图2)。

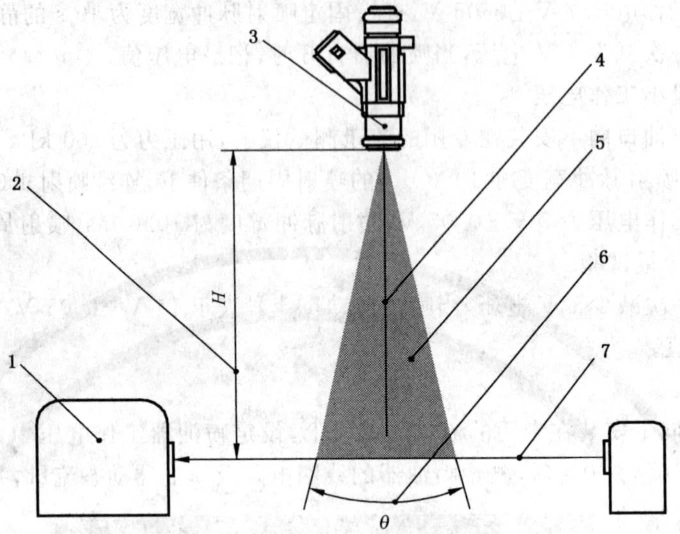

1——测量仪；
2——中心线距离 H；
3——喷油器；
4——垂直光源中心；
5——雾化颗粒；
6——喷射角；
7——光源。

图2　喷雾特性试验示意图

4.8.2　喷雾颗粒试验

驱动喷油器全开喷射，记录喷雾颗粒数据。

4.8.3　喷射角度试验

驱动喷油器全开喷射，并记录喷雾形状和喷射角度。

4.9　耐温性能试验

4.9.1　耐低温性能试验

将喷油器安装在低温测试仪上，环境温度设定为−45 ℃±2 ℃，放置12 h；然后安装在流量测试仪上，设定5.0 ms的喷射脉冲宽度和10.0 ms的喷射周期，喷油器预喷1 000次；驱动喷油器进行4.3试验，并记录数据；然后再分别进行4.6、4.7试验，并记录数据。

4.9.2　耐高温性能试验

将喷油器安装在高温测试仪上，环境温度设定为+150 ℃±2 ℃，放置12 h；然后安装在流量测试仪上，设定5.0 ms的喷射脉冲宽度和10.0 ms的喷射周期，喷油器预喷1 000次；驱动喷油器进行4.3试验，并记录数据；然后再分别进行4.6、4.7试验，并记录数据。

4.9.3　冷热冲击试验

将喷油器安装在低温测试仪上，环境温度设定为−40 ℃±2 ℃，放置30 min；然后在2 min内把喷油器安装在高温测试仪上，环境温度设定为+125 ℃±2 ℃，放置30 min；循环重复12次，在试验期间喷油器不工作。然后将喷油器安装在流量测试仪上，分别进行4.3、4.6、4.7试验，并记录数据。

4.10　耐久性能试验

在标准试验条件下，将喷油器安装固定在耐久测试仪上，设定2.5 ms的喷射脉冲宽度和5.0 ms的喷射周期，进行 600×10^{6} 次的喷射；然后将喷油器安装在流量测试仪上，分别进行4.3、4.6、4.7试验，并记录数据。

4.11 物理性能试验

4.11.1 压力性能试验

在标准试验条件下，将喷油器安装固定在压力试验仪上，对喷油器施加600 N压力60 s(图3)，观察喷油器是否变形，并记录数据；然后将喷油器安装在流量测试仪上，分别进行4.3、4.6、4.7试验，并记录数据。

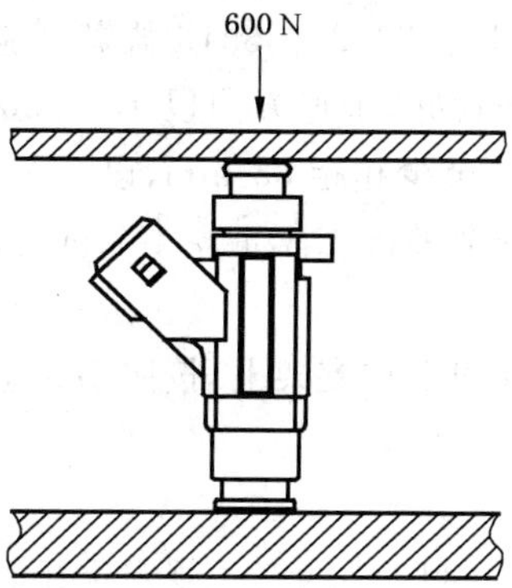

图3 压力性能试验示意图

4.11.2 扭转性能试验

在标准试验条件下，将喷油器安装固定在扭转试验仪上，对喷油器纵轴方向的两端同时加6.0 N·m的扭转扭矩5 s(图4)，观察喷油器是否变形，并记录数据；然后将喷油器安装在流量测试仪上，分别进行4.3、4.6、4.7试验，并记录数据。

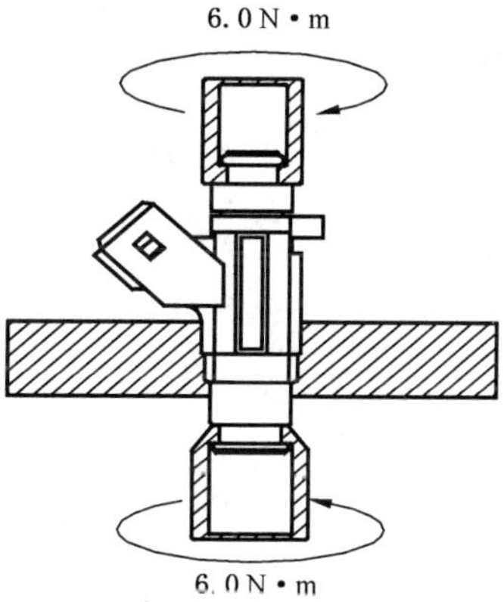

图4 扭转性能试验示意图

4.11.3 弯曲性能试验

在标准试验条件下，将喷油器安装固定在扭转试验仪上，对喷油器施加4.0 N·m的弯曲扭矩30 s(图5)，观察喷油器是否变形，并记录数据；然后将喷油器安装在流量测试仪上，分别进行4.3、4.6、4.7试验，并记录数据。

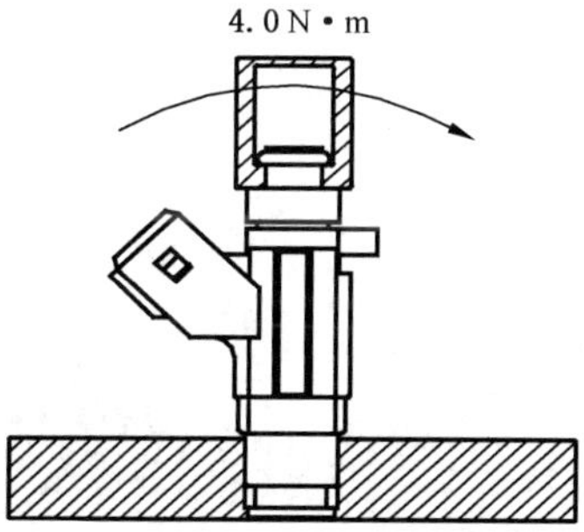

图5 弯曲性能试验示意图

4.11.4 振动性能试验

在标准试验条件下，将喷油器安装固定在振动试验仪上，对喷油器施加 5 Hz～2 000 Hz 随机变频、30g 加速度条件下，横向、纵向振动 48 h，观察喷油器是否变形，并记录数据；然后将喷油器安装在流量测试仪上，分别进行 4.3、4.6、4.7 试验，并记录数据。

4.12 盐雾性能试验

在标准试验条件下，按照 QC/T 413—2002 中 3.13 盐雾试验方法的规定进行试验，试验期间喷油器不工作；将喷油器进油口与出油口密封好，垂直方向以 15°～30°角悬挂在盐雾测试仪的盐雾箱中央，样本之间至少相距 30 mm，和盐雾箱壁至少相距 35 mm；以 5%浓度的氯化钠对喷油器连续喷射 96 h；然后将喷油器安装在流量测试仪上，分别进行 4.3、4.6、4.7 试验，并记录数据。

4.13 噪声性能试验

在标准试验条件下，将喷油器安装固定在支架上，按照 GB/T 16538 中的有关规定测量喷油器在额定工况下的声功率级噪声。

4.14 电磁兼容性试验

产品的电磁兼容性试验按照 QC/T 413 中的有关规定进行。最终的产品测试应和发动机装在整车样车上进行。客户将运用车辆系统测试，以确保产品质量。

ICS 27.020
J 91

中华人民共和国国家标准

GB/T 25364.1—2010

涡轮增压器密封环 第1部分：技术条件

Turbocharger seal rings—Part 1: General specifications

2010-11-10 发布　　2011-03-01 实施

中华人民共和国国家质量监督检验检疫总局
中国国家标准化管理委员会　发布

前　言

GB/T 25364《涡轮增压器密封环》分为两个部分：

——第1部分：技术条件；

——第2部分：检验方法。

本部分为GB/T 25364的第1部分。

本部分由中国机械工业联合会提出。

本部分由全国内燃机标准化技术委员会(SAC/TC 177)归口。

本部分起草单位：北京理工大学、萍乡市德博科技发展有限公司、宁波天力增压器有限公司、上海内燃机研究所。

本部分主要起草人：黄若、林燕华、王剑、黄劼、毕金光、陈云清。

涡轮增压器密封环
第1部分:技术条件

1 范围

GB/T 25364的本部分规定了涡轮增压器密封环的术语、符号、标记、技术要求、包装、标志、储存和运输。

本部分适用于涡轮增压器用密封环,燃气叶轮机械密封环也可参照执行。

2 规范性引用文件

下列文件中的条款通过GB/T 25364的本部分的引用而成为本部分的条款。凡是注日期的引用文件,其随后所有的修改单(不包括勘误的内容)或修订版均不适用于本部分,然而,鼓励根据本部分达成协议的各方研究是否可使用这些文件的最新版本。凡是不注日期的引用文件,其最新版本适用于本部分。

GB/T 1149.1 内燃机 活塞环 第1部分:通用规则(GB/T 1149.1—2008,ISO 6621-4:2003,IDT)

GB/T 1149.2 内燃机 活塞环 第2部分:术语(GB/T 1149.2—2010,ISO 6621-1:2007,IDT)

GB/T 25364.2—2010 涡轮增压器密封环 第2部分:检验方法

3 术语、符号

密封环的基本结构术语应符合GB/T 1149.2内燃机活塞环术语中的部分规定。

符号及其说明见表1。

表1 密封环的符号、说明、相关标准

符号	说明	相关标准
R	柱面矩形密封环	GB/T 1149.1
Z	密封环形状为正圆	
d_1	基本直径(密封环外圆),mm	GB/T 1149.2
h_1	密封环高基本尺寸,mm	
$d_1 \times h_1$	密封环基本尺寸,mm	GB/T 1149.1
a_1	径向厚度,mm	GB/T 1149.2
s_1	闭口间隙(最小值),mm	
K	最佳自由开口尺寸,mm	
K_1	实际自由开口尺寸,mm	
—	光密封度(用环外圆面周长百分率表示),%	GB/T 1149.1
F_t	切向弹力,N	GB/T 1149.1
F_d	径向弹力,N	
U	椭圆度,mm	
T_{er},T_{eu}	平度,mm	
—	翘度(开口两端的轴向偏移),mm	
Ra,Rz	表面粗糙度,μm	

表 1（续）

符　号	说　明	相关标准
MM	制造厂标志	GB/T 1149.1
MX[a]	材料标志	
MU[b]	其他附加标志	
MZ	要求形状为“正圆”的标志	GB/T 1149.1
MZR	要求形状为正圆柱面矩形的标志	

[a] 材料标志 MX，制造商自行选择材料时使用。

[b] 其他附加标志 MU，在用户有要求时由供需双方协商决定。

4 标记

4.1 通则

径向厚度 a_1 在 1.6 mm 以下的密封环，其标记方式结合包装方式进行。径向厚度 a_1 大于等于 1.6 mm的密封环标记按 4.2、4.3 规定。

4.2 密封环的标记

标记使用表 1 中规定的符号，按下面所示顺序、由下列要素构成：

——密封环型式与基本尺寸；

——材料标识，即材料牌号，可以包括材料标准号；

——附加内容，包括表 2 中除材料标志外的其他单项与全部内容。

示例 1：符合 GB/T 1149.1 的柱面矩形、基本直径 $d_1=10$ mm、环高基本尺寸 $h_1=2$ mm，材料为 CrMo 合金铸铁密封环的标记为：R-10×2-CrMo。

示例 2：符合 GB/T 1149.1 的柱面矩形、基本直径 $d_1=10$ mm、环高基本尺寸 $h_1=2$ mm，材料为 3Cr13-GB/T 1220—2007，并要求密封环形状为“正圆”的密封环的标记为：R-10×2-3Cr13-GB/T 1220—2007-MZ。

5 技术要求

5.1 总则

密封环应按经规定程序批准的产品图样及技术条件制造。检验按照 GB/T 25364.2—2010 的规定。

5.2 光密封度

将密封环放入相应的环规中，对照人工光源观察，圆周允许径向有间断针状或模糊状漏光，但漏光长度总和应少于圆周总长的 10%。

5.3 密封环的切向弹力 F_t 和径向弹力 F_d

5.3.1 切向弹力 F_t

用钢带、铜带或铁箍包环在密封环开口端切线方向拉紧，使密封环保持基本直径状态时所施加的力。

5.3.2 径向弹力 F_d

在与环开口方位成 90°直径方向上加载，使密封环保持闭口间隙时所施加的力。

5.3.3 F_t、F_d 弹力值计算的依据

a) 密封环的基本特征；

b) 径向厚度的基本尺寸 a_1 和平均环高 h_1；

c) 自由开口尺寸 K 与基本直径 d_1。

5.3.4 **最佳自由开口 K 的计算**

最佳自由开口 K 按公式(1)计算：

$$K=a_1\times d_1/51g^2d_1 \qquad (1)$$

式中：

K——密封环的最佳自由开口值，单位为毫米(mm)；

a_1——密封环的径向厚度，单位为毫米(mm)；

d_1——密封环的基本直径，单位为毫米(mm)。

5.3.5 **切向弹力 F_t、径向弹力 F_d 规格要求**

切向弹力 F_t、径向弹力 F_d 规格要求见表2。

表2 F_t、F_d 规格要求表

密封环			切向弹力 F_t/N		径向弹力 F_d/N	
外径 d_1/mm	径向厚度 a_1/mm		最佳自由开口 K/mm (与 h_1 对应,mm)	实际自由开口 K_1/mm (与 h_1 对应,mm)	最佳自由开口 K/mm (与 h_1 对应,mm)	实际自由开口 K_1/mm (与 h_1 对应,mm)
	基本尺寸	公差				
≤10	0.6～0.8	0～0.05	$F_t=33\times a_1\times h_1\times K/(d_1-a_1)$	$F_{t1}=F_t\times K_1/K$ 公差:±20%	$F_d=2.63\times F_t$	$F_{d1}=F_d\times K_1/K$ 公差:±20%
>10～14	0.7～1.0	0～0.05				
>14～18	0.8～1.2	0～0.05				
>18～24	0.9～1.4	0～0.06				
>24～30	1.2～1.6	0～0.08				
>30～40	1.3～1.8	0～0.08				

5.4 **热稳定性**

5.4.1 **切向弹力消失率**

密封环在高温状态工作时，允许存在一定的切向弹力消失。表3规定了试验条件和密封环闭合到基本直径时的切向弹力消失率。

表3 密封环许用切向弹力消失率

名称	试验条件			热稳定性
	温度/℃	时间/h	状态	切向弹力最大消失率
密封环	300±10	5	密封环放入与工作直径相等的环规中，在无保护气氛中进行加热	≤17%
	350±10	5		≤20%
	400±10	5		≤25%
	500±10	5		≤30%

注1：试验温度高于300 ℃切向弹力的消失率的增加与温度升高呈非线性关系，一般温度越高，切向弹力消失率越大。

注2：对于高排气温度发动机涡轮增压器密封环，如汽油机涡轮增压器密封环，试验温度可高于500 ℃，但切向弹力最大消失率仍不大于30%。

5.4.2 **硬度消失率**

在温度为600 ℃的状态下，保温3 h，其硬度消失率应不大于5%。

5.5 **表面缺陷**

表面缺陷分为两大类：第一类是铸造缺陷，第二类是机械损伤缺陷。

5.6 残余磁感应强度

密封环的残余磁感应强度应不大于1 mT。

5.7 清洁度

密封环应清洁，不允许有制造残留物、脏物等，并应限制外来颗粒物的大小和尺寸，或加以检测手段进行控制。

5.8 椭圆度、平度和翘度

椭圆度、平度和翘度的合格条件按制造厂的规定执行。

6 包装、标志、储存和运输

6.1 包装与标志

6.1.1 包装

一个包装内只放一种密封环。并随带产品合格证，出厂检验单、质保卡等。

适当数量的密封环为一筒，套入内径与环的外径大小相应的硬质纸筒或塑料筒内。在硬质纸筒或塑料筒上按4.2的要求打上或贴上相应环的标记，用油纸包装好，再立式装入包装盒(箱)内。

6.1.2 标志

包装盒或包装箱外标志内容应包括：

a) 产品名称、型号、数量；

b) 产品执行标准编号；

c) 产品编号、总成号或客户号；

d) 包装箱外形尺寸长(mm)×宽(mm)×高(mm)；

e) 总质量，单位为kg；

f) 制造商名称、商标、地址；

g) 防雨防潮及小心轻放标志。

6.2 储存

密封环应作防锈蚀处理，包装好的密封环贮存在干燥、通风、无腐蚀性物质的清洁仓库内，制造厂应保证产品于出厂之日起12个月内不致生锈。

6.3 运输

在运输过程中，要防雨、防潮、防磕碰、防挤压。

ICS 27.020
J 91

中华人民共和国国家标准

GB/T 25364.2—2010

涡轮增压器密封环 第2部分:检验方法

Turbocharger seal rings—Part 2:Test method

2010-11-10 发布

2011-03-01 实施

中华人民共和国国家质量监督检验检疫总局
中国国家标准化管理委员会 发布

前 言

GB/T 25364《涡轮增压器密封环》分为两个部分：

——第1部分：技术条件；

——第2部分：检验方法。

本部分为GB/T 25364的第2部分。

本部分由中国机械工业联合会提出。

本部分由全国内燃机标准化技术委员会(SAC/TC 177)归口。

本部分起草单位：北京理工大学、萍乡市德博科技发展有限公司、宁波天力增压器有限公司、上海内燃机研究所。

本部分主要起草人：黄若、林燕华、王剑、黄劼、王亮珍、陈云清。

涡轮增压器密封环
第2部分:检验方法

1 范围

GB/T 25364的本部分规定了涡轮增压器密封环的检验方法。

本部分适用于涡轮增压器用密封环,燃气叶轮机械密封环也可参照执行。

2 规范性引用文件

下列文件中的条款通过GB/T 25364的本部分的引用而成为本部分的条款。凡是注日期的引用文件,其随后所有的修改单(不包括勘误的内容)或修订版均不适用于本部分,然而,鼓励根据本部分达成协议的各方研究是否可使用这些文件的最新版本。凡是不注日期的引用文件,其最新版本适用于本部分。

GB/T 1031 产品几何技术规范(GPS) 表面结构 轮廓法 表面粗糙度参数及其数值

GB/T 3505 产品几何技术规范(GPS) 表面结构 轮廓法 术语、定义及表面结构参数(GB/T 3505—2009,ISO 4287:1997,IDT)

3 检验方法

3.1 通用检验条件

除特殊规定外,所有检验应在下列条件下进行:

a) 密封环应以自由状态(即非受力状态)放置在基准面上。除测量3.2.9中的平度和3.2.10中的翘度外,不应有附加力施加在密封环上。

b) 将密封环置于相关的标准环规中,使其处于工作闭合状态。

3.2 特性和检验方法

特性/定义	检验原理/方法
3.2.1 环高 h_1/mm	
在与基准面垂直方向,任意位置处两端面之间的距离(见图1)	用两个半径为1.5 mm±0.05 mm的球面测头测量,测量力约1 N(见图2) 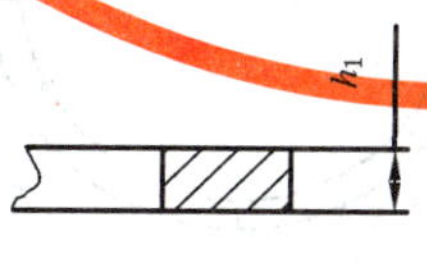 图1 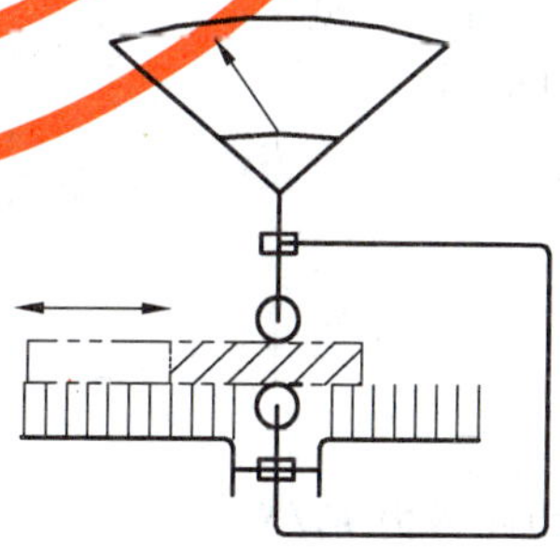 图2
3.2.2 径向厚度 a_1/mm	
环内、外圆之间的径向距离(见图3)	a) 用平面测头在外,用半径不大于2 mm的球头测头在内圆面进行径向测量,测量力3 N~10 N(见图4); b) 用两个半径约2 mm的柱体或用半径不大于2 mm的球头,测量力3 N~10 N滚柱长度应大于环高(见图5)

<table>
<tr><th>特性/定义</th><th>检验原理/方法</th></tr>
<tr><td></td><td>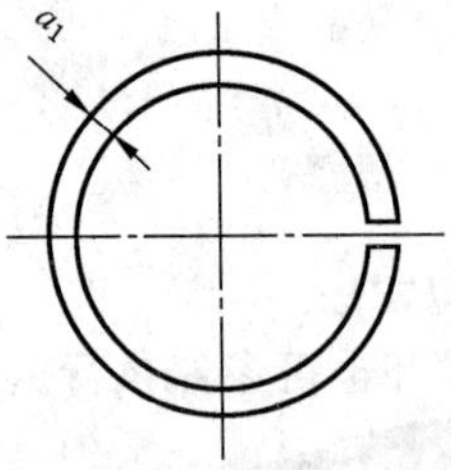图 3
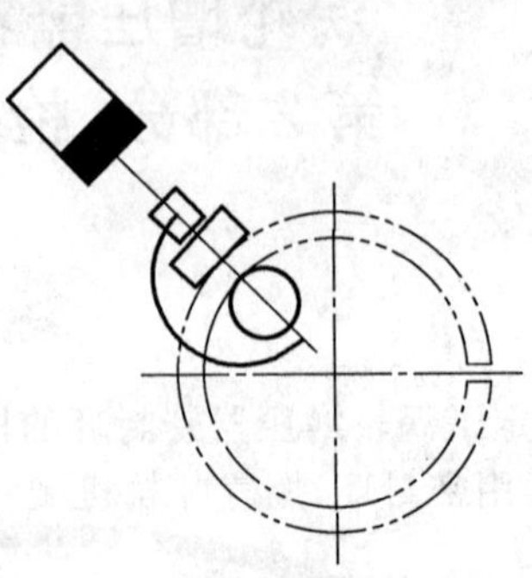图 4
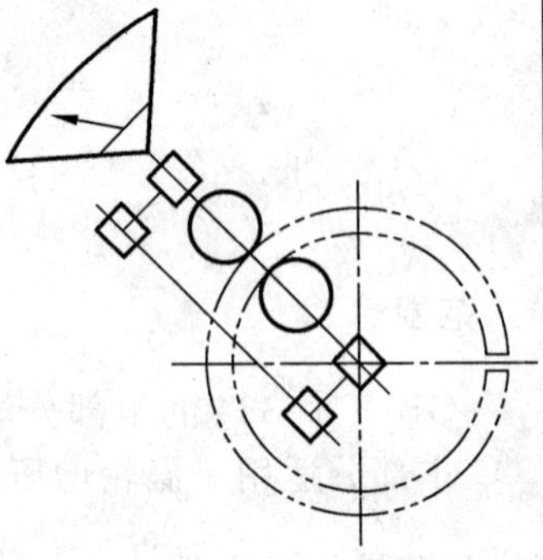图 5</td></tr>
<tr><td colspan="2">3.2.3　自由开口尺寸 K 和 K_1/mm</td></tr>
<tr><td>自由状态(非受力状态)下,环开口两端径向中点的弦距(见图 6)。对具有搭接口的环,其弦距用图 7 所示的 p 表示</td><td>用游标卡尺测量
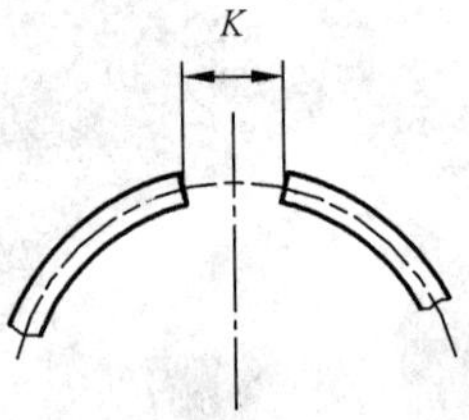图 6
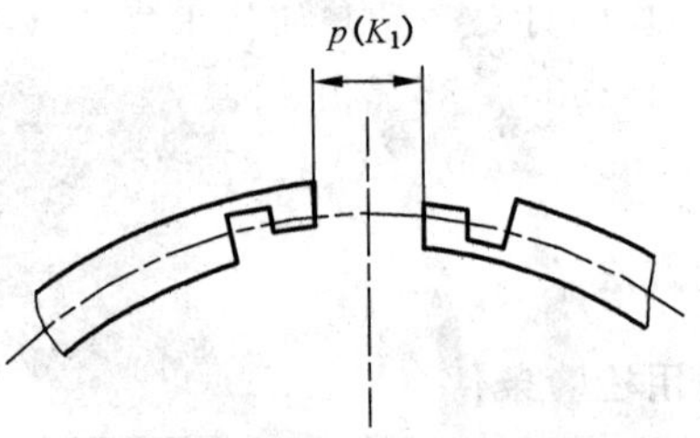图 7</td></tr>
<tr><td colspan="2">3.2.4　闭口间隙 s_1/mm</td></tr>
<tr><td>将环放入相关的标准环规内,环开口两端的最窄间隙(见图 8)闭口间隙 s_1 与基本直径 d_1 有关</td><td>用楔形规或厚薄规在相关的标准环规中测量,测量力约 1 N(见图 8)。环规内径应满足尺寸精度 d_1(H5)。闭口间隙应根据环规内径相对于环基本直径的实际偏差进行修正
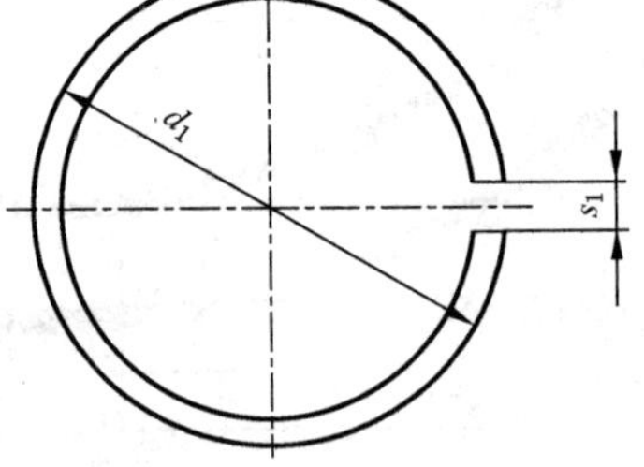图 8</td></tr>
<tr><td colspan="2">3.2.5　切向弹力 F_t/N</td></tr>
<tr><td>用钢带、铜带或铁箍包箍环,在密封环开口端切线方向拉紧,使环保持闭口间隙时所需施加的力(见图 9)</td><td>a)　钢带、铜带法(见图 10)
用厚度为 0.08 mm～0.10 mm 的柔性钢带或铜带包箍环,钢带或铜带两端各绕在两个中心相距 8 mm 直径 7 mm 的滚柱上(见图 10)。拉紧钢带或铜带使环收缩到开口两端接触,然后再松开到实际测得的闭口间隙值,此时从精密测力计读得的切向力为切向弹力</td></tr>
</table>

<table>
<tr><th>特性/定义</th><th>检验原理/方法</th></tr>
<tr><td></td><td>
b)铁箍法(见图 11)

将环放入正确尺寸的铁箍中,使两者开口对准。然后在精密测力仪上对铁箍的加载销加载,直到两个加载销间距为预定距离时,从显示器上读得切向弹力(见图 11),此时,铁箍的位置是相关环规的尺寸

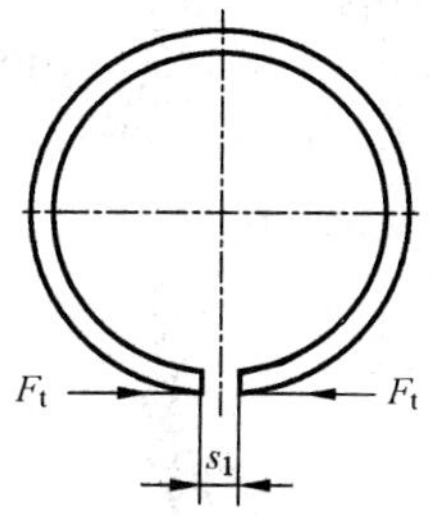

图 9

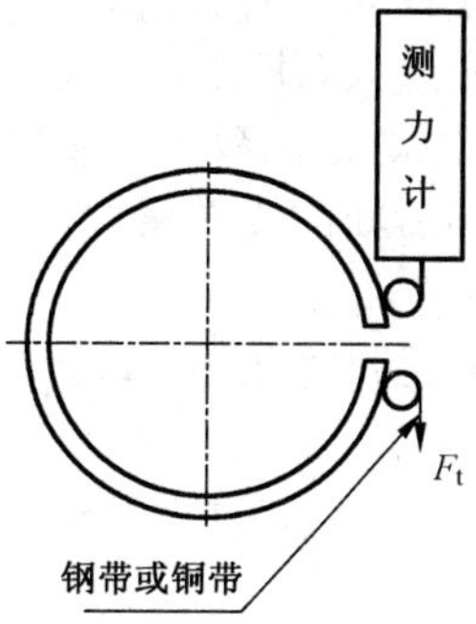

图 10

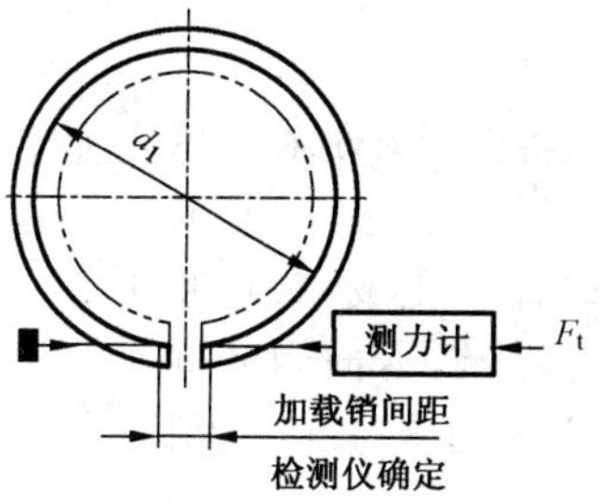

图 11
</td></tr>
<tr><td colspan="2">3.2.6 径向弹力 F_d/N</td></tr>
<tr><td>在与开口成 90°的直径方向上加载,使密封环保持其基本直径状态所需要施加的力(见图 12)</td><td>
在专门测量径向弹力的仪器上测量,该仪器应有能使密封环闭合的平板

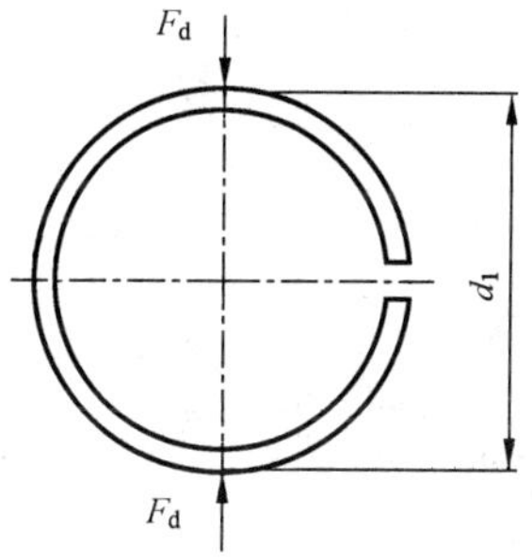

图 12
</td></tr>
<tr><td colspan="2">3.2.7 椭圆度 U/mm</td></tr>
<tr><td>用柔性钢带或铜带包箍环到闭口间隙时,二个相互垂直的直径 d_3 和 d_4 的差值,该差值可能是正值($d_3>d_4$),亦可能是负值($d_3<d_4$)(见图 13)</td><td>
测量时将密封环放在厚度为 0.08 mm～0.10 mm 的柔性钢带或铜带中拉紧,使环处于实际的闭口间隙,用直径测量装置测量,测量力小于或等于 1 N(见图 13),也可将密封环闭合在钢带中或铜带中,然后用平板夹紧密封环,再取下钢带,测量直径 d_3 和 d_4

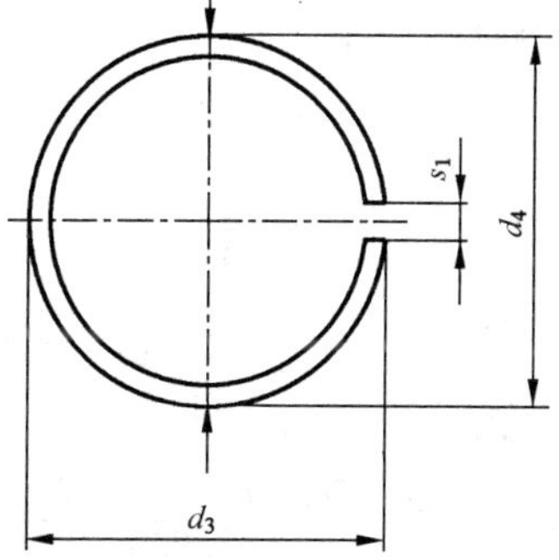

图 13
</td></tr>
</table>

<table>
<tr><th>特性/定义</th><th>检验原理/方法</th></tr>
<tr><td colspan="2">3.2.8　光密封度(用环外圆面周长的百分率表示)</td></tr>
<tr><td>将密封环放在以密封环工作配合内圆基本直径的标准环规内,其外圆面阻止光线通过的能力(见图 14),点状、模糊光线仍视作为密封光线</td><td>用配备适当光源的量具测量在标准环规内密封环外圆面与环规接触面处阻止光线通过的百分率(见图 14)。
允许在环规中转动密封环,以便消除环外圆面的任何轻微表面粗糙,检验和测量不应放大,使用正常视力的肉眼检测,特殊规定除外。重要的是防止视觉的误差,并防止观察者受漫射光的影响。
密封环后面的光照度要高于环境条件 400 lx～500 lx。检验用环规的公差如下:
直径满足尺寸精度 d_1(H5);圆度≤0.000 $1d_1$
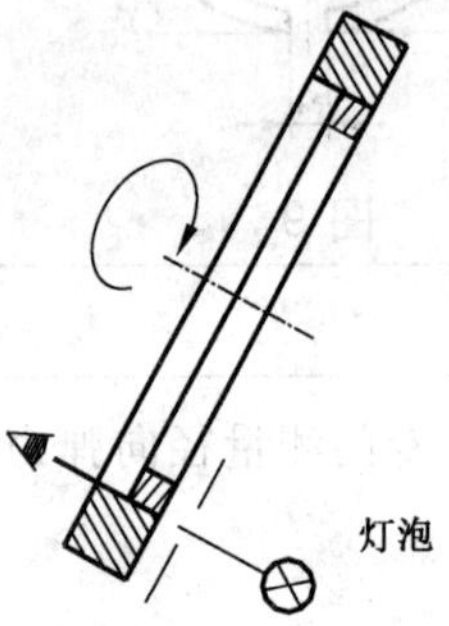

图 14</td></tr>
<tr><td colspan="2">3.2.9　平度 T_{er},T_{eu}/mm</td></tr>
<tr><td>密封环两侧面与基准面平行度的非设计要求的偏差。用径向平度 T_{er} 度量环的扭曲,见图 15;用周向平度 T_{eu} 度量环的蝶形,见图 17。测量前,在环的开口两端各一个、90°、180°、270°五个位置设加载点(以“L”表示),对环加载,每个加载点施加 2.5 N 负荷;在两个加载点中间设测量点(以“M”表示),加载点(L)、测量点(M)均位于密封环径向厚度的中部,见图 19 所示</td><td>a)　径向平度 T_{er}
用半径为 1.5 mm±0.05 mm 的球面测头在环的上侧面沿径向移动(见图 16),测量力约为 1 N,测量点应在加载点中间(见图 19),平度大小按图 15 规定,四个径向移动测量点(M)读数中的最大值作为径向平度(T_{er})的测量结果。
b)　周向平度 T_{eu}
用半径为 1.5 mm±0.05 mm 的球面测头在环的上侧面测量,测量力约1 N(见图 18 和图 19),测量点在加载点中间处环径向厚度中点,四个测量点(M)读数中的最大和最小偏差的差值作为周向平度(T_{eu})的测量结果。

密封环的加载:
测量前,在下列五个加载点对环加载:开口两端各一个,90°、180°和 270°处各一个,每个加载点上施加 2.5 N 负载
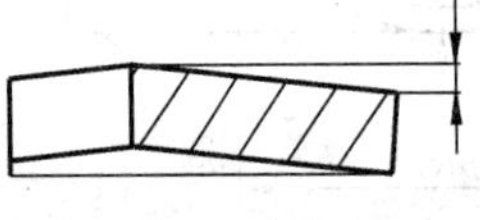

图 15
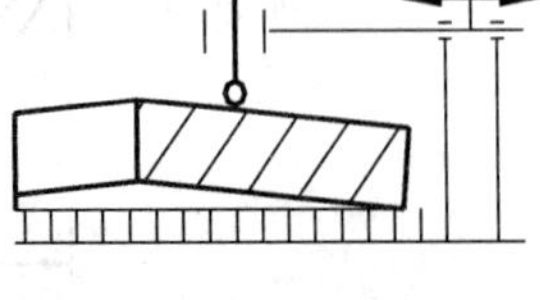
图 16
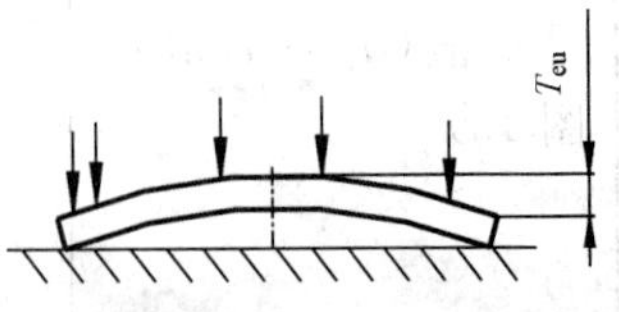

图 17</td></tr>
</table>

特性/定义	检验原理/方法
	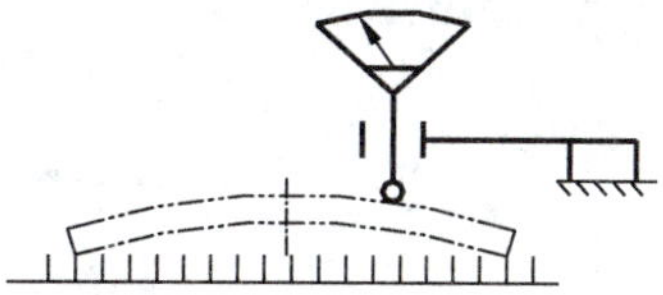 图 18 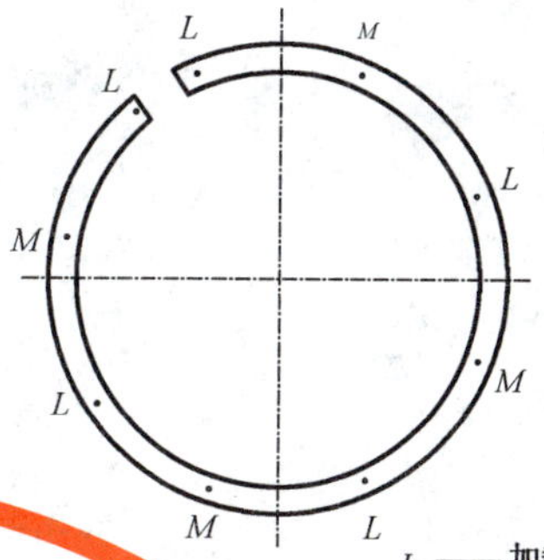 图 19
3.2.10　翘度(开口两端的轴向偏移)	
开口两端垂直于基准面方向的位移(见图 20)	对已与基准面接触的一端施加约 10 N 的力或将其夹住,用测量显微镜或放大仪器测量邻近一端的位移。加载装置或夹持器应限制在与相应开口端成 15°的弧内 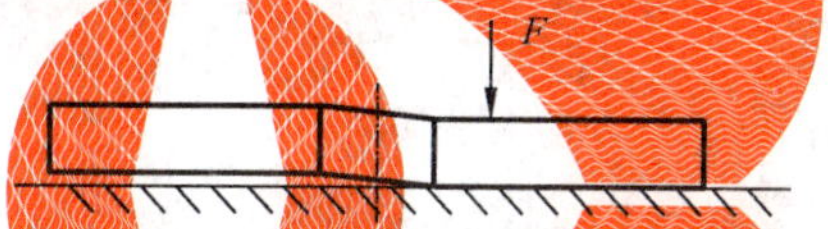 图 20
3.2.11　表面粗糙度参数 ***Ra*** 值和 ***Rz*** 值/μm	
按 GB/T 1031 规定	本部分规定 *Rz* 为首选测量参数,*Rz* 的测量应按 GB/T 1031 规定,用 10 点高度测量方法
按 GB/T 3505 规定	按照 GB/T 3505 规定,用合适的轮廓测量仪测量。 在圆周方向间隔 120°左右测量三点,取平均值即为测量结果。 注:图样上的表示方法见 GB/T 1031 规定

ICS 27.020;43.060.40
J 94

中华人民共和国国家标准

GB/T 25365.1—2010

柴油机电控共轨喷油系统总成技术条件 第1部分:机械

Electronic control common rail fuel injection system for diesel engines—Specifications—Part 1:Machinery

2010-11-10 发布 2011-03-01 实施

中华人民共和国国家质量监督检验检疫总局
中国国家标准化管理委员会 发布

前　言

GB/T 25365《柴油机电控共轨喷油系统总成　技术条件》分为两个部分：

——第 1 部分：机械；

——第 2 部分：电控。

本部分为 GB/T 25365 的第 1 部分。

本部分由中国机械工业联合会提出。

本部分由全国燃料喷射系统标准化技术委员会(SAC/TC 396)归口。

本部分起草单位：无锡油泵油嘴研究所。

本部分主要起草人：庄福如、朱锡芬、俞建达、黄见、张涛、沙有胜、苏晓东。

本部分为首次发布。

柴油机电控共轨喷油系统总成
技术条件　第1部分:机械

1　范围

GB/T 25365的本部分规定了柴油机用电控共轨燃油喷射系统(机械部分)的技术要求、试验方法、标志、包装、运输和贮存。

本部分适用于汽车、工程机械、发电机及船用柴油机用电控共轨燃油喷射系统总成的机械部分(以下简称电控共轨系统)。

2　规范性引用文件

下列文件中的条款通过GB/T 25365的本部分的引用而成为本部分的条款。凡是注日期的引用文件,其随后所有的修改单(不包括勘误的内容)或修订版均不适用于本部分,然而,鼓励根据本部分达成协议的各方研究是否可使用这些文件的最新版本。凡是不注日期的引用文件,其最新版本适用于本部分。

GB 252—2000　轻柴油

GB/T 8029　柴油机喷油泵校泵油(GB/T 8029—2010,ISO 4113:1988,Road vehicles—Calibration fluid for diesel injection equipment,NEQ)

GB/T 10826.5—2008　燃油喷射装置　词汇　第5部分:共轨式燃油喷射系统(ISO 7876-5:2004,IDT)

GB 19147　车用柴油(GB 19147—2009,EN 590:1990,MOD)

GB/T 25366　柴油机电控共轨喷油系统　共轨管总成　技术条件

GB/T 25367　柴油机电控共轨喷油系统　喷油器总成　技术条件

GB/T 25368　柴油机电控共轨喷油系统　高压供油泵总成　技术条件

GJB 3075　军用柴油规范

JB/T 8121　柴油机喷油泵试验台用高压油管组件

JB/T 9734　喷油泵试验台　技术条件

ISO 4113　道路车辆　柴油机喷油泵的校泵油

3　术语和定义

GB/T 10826.5—2008确立的以及下列术语和定义适用于GB/T 25365的本部分。

3.1

共轨燃油喷射系统　common rail (fuel) injection system

共轨喷油系统　CR (fuel) injection system

共轨系统　CR (fuel injection) system

以共轨管(3.3)部件表征的高压燃油喷射系统,用以向各个共轨喷油器(3.5)提供高压燃油,并可减少高压系统中的压力脉冲。

3.2

电控共轨喷油系统　electronic control CR (fuel) injection system

采用电子控制的共轨燃油喷射系统。

3.3

共轨管　rail

具有向共轨喷油器(3.5)供应燃油和减少各喷油器使高压系统产生压力脉冲的高压储油室。

3.4

高压供油泵　high-pressure supply pump

具有(齿轮泵、活塞泵等)任何结构形式,能在要求的最高压力下输送必需燃油量的机械驱动泵。

3.5

共轨喷油器　CR (fuel) injector

包含常规喷油器的特性,此外还包括电磁控制阀或压电驱动阀等用以控制喷射开始和结束装置的喷油器。

3.6

电控单元(ECU)　electronic control unit

依据发动机的转速和负荷等工况,驱动共轨喷油器(3.5)和其他供油控制阀或压力控制阀等阀门的电子控制装置。

3.7

线束部件　wiring harness

用于传输控制信号和传感器反馈信号的部件。

3.8

轨压　rail pressure

共轨管管腔内压力,表征喷射压力。

3.9

脉宽　pulse width

喷油触发信号持续时间,表征喷油持续时间。

4　技术要求

4.1　柴油机电控共轨系统使用 GB 252、GB 19147 和 GJB 3075 规定的燃油时,应能保证正常工作。

4.2　柴油机电控共轨系统共轨管总成,应符合 GB/T 25366 的要求,并能保证正常工作。

4.3　柴油机电控共轨系统高压供油泵总成,应符合 GB/T 25368 的要求,并能保证正常工作。

4.4　柴油机电控共轨系统喷油器总成,应符合 GB/T 25367 的要求,并能保证正常工作。

4.5　柴油机电控共轨系统电控单元、传感器、线束部件等电控部件,应符合制造厂的有关技术文件要求,并能保证正常工作。

4.6　电控共轨系统喷油器的喷油量可以通过修正喷油脉宽的方式进行修正,同一组共轨喷油器中最大和最小油量值对该组平均油量值的油量偏差应符合表 1 的要求(轨压波动范围为±2 MPa)。油量偏差 δ 按公式(1)计算:

$$\delta = \frac{Q_{max}(\text{或 } Q_{min}) - Q_m}{Q_m} \times 100 \qquad \cdots\cdots(1)$$

式中:

δ——同一组共轨喷油器的油量偏差,%;

Q_{max}——同组中最大油量值,单位为立方毫米(mm^3);

Q_{min}——同组中最小油量值,单位为立方毫米(mm^3);

Q_m——同组中平均油量值,单位为立方毫米(mm^3)。

表1 每组共轨喷油器各工况喷油量允许偏差

序号	工况点[a] (轨压 MPa/脉宽 μs)[b]	油量偏差 δ
1	标定点	±2%
2	最大扭矩点	±2%
3	怠速点	±8%
4	单次喷油量 2 mm^3～5 mm^3	±1 mm^3 [c]

a 需要增加检测点时由供应商与发动机主机厂协商确定。

b 轨压 MPa/脉宽 μs 为柴油机匹配标定的轨压和喷油脉宽。

c 该项油量偏差按照公式 $\delta = Q_{max}$(或 Q_{min})$-Q_m$ 计算。

4.7 电控共轨系统的轨压波动应满足极限偏差±2 MPa 的要求。

4.8 柴油机电控共轨系统各密封处应密封,不得有渗漏油现象。

4.9 电控共轨系统的动态回油量应小于喷油量的 50%。

4.10 多缸柴油机上配套用的共轨喷油器,允许对共轨喷油器油量作补偿校正,校正量限值为 5%。

4.11 柴油机电控共轨系统可靠性考核的评定办法可按与用户商定的有关技术文件的规定。

5 试验方法

5.1 试验条件

5.1.1 柴油机电控共轨系统试验台为专用试验台,允许采用符合 JB/T 9734 规定的喷油泵试验台进行改装。

5.1.2 试验用喷油量测试仪的精度要求为:在 10 L/h<流量≤100 L/h 时,要求精度不低于 0.1%;在流量≤10 L/h 时,要求精度不低于 0.2%。

5.1.3 试验用高压供油泵总成、共轨管总成、共轨喷油器总成和电控单元等电控部件,应分别符合 4.2～4.5 的要求。

5.1.4 试验用高压油管为专用高压油管组件,允许采用符合 JB/T 8121 规定的高压油管组件。

5.1.5 试验用油应符合 GB/T 8029 规定的校泵油或 GB 252—2000 规定的 0 号轻柴油。允许采用满足国Ⅲ以上排放标准的市售柴油或校泵油,也允许使用符合 ISO 4113 规定的校泵油。

5.2 电控共轨系统喷油器喷油量和轨压波动试验

5.2.1 在电控共轨系统专用试验台上,调整高压供油泵转速为 800 r/min,当高压供油泵进油温度达到 40 ℃±2 ℃时,按照表1规定的各个工况点,使用喷油量测试仪,通过电控单元动态控制不同轨压、不同喷油脉宽,同时测量并记录各缸喷油器的喷油量和轨压波动。

5.2.2 采用容积法或质量法测试喷油量。当由量筒测取油量值时,在量筒内的油温达到 40 ℃±5 ℃时读取油量,读数时以量筒中盛油的弯月面底部读取数值,倒油时量筒应倾斜 45°,并维持 30 s。

5.3 电控共轨系统密封性检查

在进行 5.2 的试验时,同时观察电控共轨系统总成的密封性,各密封部位不得有明显的肉眼可见的渗漏油现象。

5.4 电控共轨系统的动态回油量试验

在电控共轨系统专用试验台上,调整高压供油泵转速为 800 r/min,轨压为 120 MPa,喷油脉宽为 1 500 μs,当高压供油泵进油温度达到 40 ℃±2 ℃时,测得 200 次的共轨喷油器回油量即为动态回油量。

5.5 喷油器油量补偿校正方法

喷油器油量补偿校正,可通过适当调整喷油脉宽进行。

5.6 电控共轨系统可靠性试验

柴油机电控共轨系统的可靠性考核试验方法按与用户商定的有关技术文件进行。

6 标志、包装、运输和贮存

6.1 标志

6.1.1 每套电控共轨系统，在电控单元显著部位应至少标明以下内容，标志字迹应永久清晰可认：

a) 制造厂厂商或商标；

b) 产品型号或代号；

c) 其他内容按用户协议标注。

6.1.2 高压供油泵总成、共轨管总成及共轨喷油器总成的标志分别按各自的技术要求执行。

6.2 包装

6.2.1 电控共轨系统发货时，各部件分别装入衬有防潮材料的坚固包装箱内。每个包装箱内都应附有经检验员签章的合格证及有关出厂文件。在包装箱外表面应标明：

a) 产品名称；

b) 产品型号；

c) 产品标准号；

d) 制造厂的厂标或商标；

e) 制造厂名；

f) 装箱数量；

g) 装箱日期；

h) 运输保护标志。

6.2.2 与柴油机进行固定配套的各部件的包装，允许按供货协议进行。

6.2.3 高压供油泵总成、共轨管总成、共轨喷油器总成及电控单元的包装分别按各自的技术要求执行。

6.3 运输

包装应充分保证电控单元、高压供油泵总成、共轨管总成和共轨喷油器总成在运输过程中不受损伤和受潮。

6.4 贮存

电控单元、高压供油泵总成、共轨管总成和共轨喷油器总成应贮存在干燥的仓库内，不得与酸、碱及其他能引起腐蚀的化学药品存放在一起。在正常保管情况下，自出厂之日起，制造厂应保证产品一年内不发生锈蚀。

ICS 27.020;43.060.40
J 94

中华人民共和国国家标准

GB/T 25366—2010

柴油机电控共轨喷油系统 共轨管总成 技术条件

Electronic control common rail fuel injection system for diesel engines—The rail—Specifications

2010-11-10 发布　　2011-03-01 实施

中华人民共和国国家质量监督检验检疫总局
中国国家标准化管理委员会　发布

前　言

本标准由中国机械工业联合会提出。

本标准由全国燃料喷射系统标准化技术委员会(SAC/TC 396)归口。

本标准起草单位:无锡油泵油嘴研究所。

本标准主要起草人:庄福如、朱锡芬、黄见、苏晓东。

本标准为首次发布。

柴油机电控共轨喷油系统
共轨管总成　技术条件

1　范围

本标准规定了柴油机用电控共轨燃油喷射系统中共轨管总成的技术要求、试验方法、标志、包装、运输和贮存。

本标准适用于汽车、工程机械、发电机及船用柴油机用电控共轨燃油喷射系统共轨管总成。

2　规范性引用文件

下列文件中的条款通过本标准的引用而成为本标准的条款。凡是注日期的引用文件，其随后所有的修改单(不包括勘误的内容)或修订版均不适用于本标准，然而，鼓励根据本标准达成协议的各方研究是否可使用这些文件的最新版本。凡是不注日期的引用文件，其最新版本适用于本标准。

GB 252—2000　轻柴油

GB/T 8029　柴油机喷油泵校泵油(GB/T 8029—2010，ISO 4113：1988，Road vehicles—Calibration fluid for diesel injection equipment，NEQ)

GB/T 10826.5—2008　燃油喷射装置　词汇　第5部分：共轨式燃油喷射系统(ISO 7876-5：2004，IDT)

GB 19147　车用柴油(GB 19147—2009，EN 590：1999，MOD)

GB/T 25365.1　柴油机电控共轨喷油系统总成　技术条件　第1部分：机械

GB/T 25367　柴油机电控共轨喷油系统　喷油器总成　技术条件

GB/T 25368　柴油机电控共轨喷油系统　高压供油泵总成　技术条件

GJB 3075　军用柴油规范

JB/T 7661—2004　柴油机油泵油嘴产品清洁度限值及测定方法

JB/T 8121　柴油机喷油泵试验台用高压油管组件

JB/T 9734　喷油泵试验台　技术条件

ISO 4113　道路车辆　柴油机喷油泵的校泵油

3　术语和定义

GB/T 10826.5—2008 和 GB/T 25365.1 确立的以及下列术语和定义适用于本标准。

3.1

限流器　flow limiter

限制喷油器工作时的最大流量，确保柴油机及其他安全。

3.2

限压阀　pressure limiter

主要限制共轨系统工作时的最高轨压，确保系统及其他安全。

4　技术要求

4.1　共轨管总成的零件应按经规定程序批准的产品图样和技术文件制造，其总成应符合本标准的规定。

4.2 共轨管总成在使用 GB 252、GB 19147 和 GJB 3075 规定的燃油和正常滤清的情况下，应能保证正常工作。

4.3 共轨管总成中，除了限流器部件(以下简称限流器，对安装有限流器的共轨管总成而言)的阀体和内芯，压力限制器部件(即限压阀部件，以下简称限压阀)的阀座和阀芯作为两对偶件不得互换外，其他零部件均应具有互换性。

4.4 共轨管总成所有运动件均应能灵活动作，不得有卡滞现象。

4.5 共轨管总成工作时，各密封处应密封，不得有渗漏油现象。

4.6 限流器性能要求：若共轨管总成安装有限流器，则要求限流器的关闭流量偏差 $\beta \leqslant \pm 3\%$。关闭流量偏差 β 按公式(1)计算：

$$\beta = \frac{Q_L - Q_i}{Q_L} \times 100 \qquad \cdots\cdots (1)$$

式中：

β——限流器的关闭流量偏差，%；

Q_L——限流器设计的关闭流量，可以按制造厂的有关技术文件确定；

Q_i——各限流器实测关闭流量。

4.7 限压阀性能要求：当共轨管内压力达到限压阀设置的开启压力时，限压阀应能在 0.5 s 内开启，使共轨管内的压力迅速下降，并且使共轨管内压力维持在一定范围，维持压力应高于喷油器开启压力且低于 50 MPa。当共轨管内压力低于喷油器开启压力时，限压阀应能在 1 s 内关闭。

4.8 限压阀开启压力的实测值与规定值的偏差限值为 ±5 MPa。

4.9 共轨管总成的清洁度限值(高压油路内)为：杂质质量 $\leqslant i$ mg(i 为共轨管所配发动机缸数)，杂质颗粒度 $\leqslant$ 0.3 mm。

4.10 共轨管总成装配应完整，商标应清晰，外观不得有锈蚀、磕伤等缺陷。

5 试验方法

5.1 试验条件

5.1.1 共轨管总成试验应采用规定的柴油机电控共轨系统专用试验台进行，允许采用符合 JB/T 9734 规定的喷油泵试验台进行改装。

5.1.2 试验用喷油量测试仪的精度要求为：在 10 L/h < 流量 $\leqslant$ 100 L/h 时，要求精度不低于 0.1%；在流量 $\leqslant$ 10 L/h 时，要求精度不低于 0.2%。

5.1.3 试验用高压供油泵应符合 GB/T 25368 的规定。

5.1.4 试验用共轨喷油器应符合 GB/T 25367 的规定。

5.1.5 试验用电控单元等电控部件应符合制造厂的有关技术文件要求。

5.1.6 试验用高压油管为专用高压油管组件，允许采用符合 JB/T 8121 规定的高压油管组件。

5.1.7 试验用油应符合 GB/T 8029 规定的校泵油或 GB 252—2000 规定的 0 号轻柴油。允许采用满足国Ⅲ以上排放标准的市售柴油或校泵油，也允许使用符合 ISO 4113 规定的校泵油。

5.2 共轨管总成密封性试验

在电控共轨系统专用试验台上，关闭共轨管总成所有出油口，向共轨管内注入燃油，使轨压达到规定的压力(在使用最大压力基础上提高到 1.6 倍，对装有限压阀的共轨管总成为低于限压阀开启压力 5 MPa)，持续 30 s，观察各密封处是否有明显的肉眼可见的渗漏油现象。

5.3 限流器的关闭流量测定

在专用的限流器测试台或具有相同测量功能的试验台上，控制油温在 40 ℃±2 ℃范围内。被测的限流器连接到流量调节阀和流量计上。在最高使用轨压下，调节流量调节阀，增大流量，直至限流器关闭。记录关闭前流量计显示的最大流量值，即记为限流器的关闭流量。

5.4 限压阀的开启压力及性能测定

5.4.1 在专用的限压阀测试台或具有相同测量功能的试验台上，控制油温在 40 ℃±2 ℃范围内。逐步加大轨压至限压阀开启，记录此时的压力值，即为限压阀的开启压力值。

5.4.2 限压阀开启后，轨压下降至一稳定值即为维持压力值。

5.4.3 按测试的压力曲线测定限压阀开启或关闭的时间。

5.5 共轨管总成的清洁度测定

5.5.1 将被测共轨管总成的外表面清洗干净。

5.5.2 采用解体法清洗测量，其清洗方法、称重方法按 JB/T 7661—2004 的规定进行。

6 标志、包装、运输和贮存

6.1 标志

每套共轨管总成应在明显位置至少标明以下内容，标志字迹应永久清晰：

a) 制造厂名(标识)或商标；

b) 产品名称；

c) 产品型号或标记；

d) 制造日期或生产批号。

6.2 包装

6.2.1 共轨管总成上应装有各种防护零件(护罩、护帽等)，以防止内腔被污染。

6.2.2 共轨管总成应装入衬有防潮材料的坚固包装箱内，充分保证共轨管不受损伤和受潮。

6.2.3 每个包装箱内都应有检验人员签章的产品合格证及出厂文件。包装箱外表面应注明：

a) 产品名称；

b) 产品型号；

c) 产品标准号；

d) 制造厂的厂标或商标；

e) 制造厂名；

f) 装箱数量；

g) 装箱日期；

h) 运输保护标志。

6.3 运输

包装应充分保证共轨管总成在运输过程中不受损伤和受潮。

6.4 贮存

共轨管应贮存在干燥的仓库内，不得与酸、碱及其他能引起腐蚀的化学药品存放在一起。在正常保管情况下，自出厂之日起，制造厂应保证产品一年内不发生锈蚀。

ICS 27.020;43.060.40
J 94

中华人民共和国国家标准

GB/T 25367—2010

柴油机电控共轨喷油系统 喷油器总成 技术条件

Electronic control common rail fuel injection system for diesel engines—The injector—Specifications

2010-11-10 发布

2011-03-01 实施

中华人民共和国国家质量监督检验检疫总局
中国国家标准化管理委员会 发布

前　言

本标准由中国机械工业联合会提出。

本标准由全国燃料喷射系统标准化技术委员会(SAC/TC 396)归口。

本标准起草单位:无锡油泵油嘴研究所。

本标准主要起草人:庄福如、朱锡芬、俞建达、张涛、卫忠星。

本标准为首次发布。

柴油机电控共轨喷油系统
喷油器总成　技术条件

1　范围

本标准规定了柴油机用电控共轨燃油喷射系统喷油器总成的技术要求、试验方法、标志、包装、运输和贮存。

本标准适用于汽车、工程机械、发电机及船用柴油机用电控共轨燃油喷射系统喷油器总成(以下简称共轨喷油器)。

2　规范性引用文件

下列文件中的条款通过本标准的引用而成为本标准的条款。凡是注日期的引用文件，其随后所有的修改单(不包括勘误的内容)或修订版均不适用于本标准，然而，鼓励根据本标准达成协议的各方研究是否可使用这些文件的最新版本。凡是不注日期的引用文件，其最新版本适用于本标准。

GB 252—2000　轻柴油

GB/T 8029　柴油机喷油泵校泵油(GB/T 8029—2010，ISO 4113:1988，Road vehicles—Calibration fluid for diesel injection equipment，NEQ)

GB/T 10826.5—2008　燃油喷射装置　词汇　第5部分:共轨式燃油喷射系统(ISO 7876-5:2004，IDT)

GB 19147　车用柴油(GB 19147—2009，EN 590:1999，MOD)

GB/T 25365.1　柴油机电控共轨喷油系统总成　技术条件　第1部分:机械

GB/T 25366　柴油机电控共轨喷油系统　共轨管总成　技术条件

GB/T 25368　柴油机电控共轨喷油系统　高压供油泵总成　技术条件

GJB 3075　军用柴油规范

JB/T 5173—2005　喷油器总成　安装方式及连接尺寸

JB/T 7296—2004　柴油机喷油嘴偶件　技术条件

JB/T 7297—2004　柴油机喷油嘴偶件　性能试验方法

JB/T 7661—2004　柴油机油泵油嘴产品清洁度限值及测定方法

JB/T 8121　柴油机喷油泵试验台用高压油管组件

JB/T 9734　喷油泵试验台　技术条件

JB/T 51183　喷油器总成可靠性考核　评定方法、试验方法、故障分类及判定规则

ISO 4113　道路车辆　柴油机喷油泵的校泵油

3　术语和定义

GB/T 10826.5—2008 和 GB/T 25365.1 确立的以及下列术语和定义适用于本标准。

3.1

共轨喷油器动态开启压力　dynamic open pressure

共轨喷油器实际工作时，开始喷油的最小轨压。

3.2

回油量　back fuel delivery

共轨喷油器工作时回到低压油路的油量。

3.3

开启延迟　open delay

共轨喷油器实际工作时，实际喷油始点与脉冲信号始点的延迟时间。

4　技术要求

4.1　共轨喷油器应按经规定程序批准的产品图样和技术文件制造，并应符合本标准的规定。

4.2　共轨喷油器各零部件应按经规定程序批准的检测方法检测合格。

4.3　共轨喷油器的装配要按经规定程序批准的装配流程进行装配。

4.4　共轨喷油器使用 GB 252、GB 19147 和 GJB 3075 规定的燃油时，应能保证正常工作。

4.5　共轨喷油器中喷油嘴偶件应符合 JB/T 7296—2004 的规定。

4.6　共轨喷油器的安装方式及连接尺寸，应符合 JB/T 5173—2005 的规定，也可按供需双方协议共同规定。

4.7　共轨喷油器针阀动态开启压力按用户与制造厂的协议规定，其极限偏差为+2 MPa。

4.8　共轨喷油器各密封处不得有渗漏油现象。

4.9　共轨喷油器的雾化性能应满足以下要求。

4.9.1　喷出的燃油应成雾状，不应有明显的肉眼可见的飞溅油粒、连续的油柱和极易判别的局部浓、稀不均匀现象。

4.9.2　喷油开始和终了应明显，并应伴有符合喷油嘴偶件结构特点的特有声响或针阀的颤振声响。

4.9.3　允许采用与用户商定的喷油器样品进行比较评定。

4.10　共轨喷油器在标定工况测得的喷油量与柴油机要求的标定工况循环喷油量相比，其喷油量偏差 δ_1 应小于±7%。允许按供应商与发动机主机厂的协议规定。喷油量偏差 δ_1 按公式(1)计算：

$$\delta_1=\frac{Q_r-Q_{rn}}{Q_{rn}}\times 100 \qquad (1)$$

式中：

δ_1——标定工况喷油量与柴油机要求的标定工况循环喷油量之偏差，%；

Q_r——共轨喷油器在标定工况测得的喷油量，单位为立方毫米(mm^3)；

Q_{rn}——柴油机要求的标定工况循环喷油量，单位为立方毫米(mm^3)。

4.11　共轨喷油器每 200 次喷油量，当单次喷油量≥10 mm^3/st 时，其标准差<0.6；当单次喷油量<10 mm^3/st 时，其标准差<0.3。

4.12　共轨喷油器应按油量值进行分组，同一组喷油器中最大和最小油量值对该组平均油量值的油量偏差 δ 应符合表 1 的要求(轨压波动范围为±2 MPa)。油量偏差 δ 按公式(2)计算：

$$\delta=\frac{Q_{max}(\text{或 } Q_{min})-Q_m}{Q_m}\times 100 \qquad (2)$$

式中：

δ——同组共轨喷油器的油量偏差，%；

Q_{max}——同组中最大油量值，单位为立方毫米(mm^3)；

Q_{min}——同组中最小油量值，单位为立方毫米(mm^3)；

Q_m——同组中平均油量值，单位为立方毫米(mm^3)。

4.13　共轨喷油器的动态回油量应小于喷油量的 50%。

4.14　共轨喷油器的喷油开启延迟应小于 550 μs，与该组喷油器平均值偏差≤±3%。

4.15　共轨喷油器的清洁度限值为：每 6 只杂质质量≤6 mg，杂质颗粒度≤0.3 mm。

4.16　共轨喷油器的可靠性考核评定方法应符合 JB/T 51183 的规定。

4.17　共轨喷油器装配应完整，商标应清晰，外观不得有锈蚀、磕伤等缺陷。

表 1 每组共轨喷油器各工况喷油量允许偏差

序号	工况点[a] (轨压 MPa/脉宽 μs)[b]	油量偏差 δ
1	标定点	±3%
2	最大扭矩点	±3%
3	怠速点	±12%
4	单次喷油量 2 mm^3～5 mm^3	±1 mm^3 [c]

a 需要增加检测点时由供应商与发动机主机厂协商确定。

b 轨压 MPa/脉宽 μs 为柴油机匹配标定的轨压和喷油脉宽。

c 该项油量偏差按照 $\delta = Q_{max}$(或 Q_{min})$-Q_m$ 计算。

5 试验方法

5.1 试验条件

5.1.1 共轨喷油器试验,应采用规定的柴油机电控共轨系统专用试验台或具有共轨喷油器性能测试功能的测试设备,允许采用符合 JB/T 9734 规定的喷油泵试验台进行改装。

5.1.2 试验用喷油量测试仪的精度要求为:在 10 L/h＜流量≤100 L/h 时,要求精度不低于 0.1%;在流量≤10 L/h 时,要求精度不低于 0.2%。

5.1.3 试验用共轨管总成应符合 GB/T 25366 的规定。

5.1.4 试验用电控单元等电控部件应符合制造厂的有关技术文件要求。

5.1.5 试验用高压供油泵总成应符合 GB/T 25368 的规定。

5.1.6 试验用高压油管为专用高压油管组件,允许采用符合 JB/T 8121 规定的高压油管组件。

5.1.7 试验用油应符合 GB/T 8029 规定的校泵油或 GB 252—2000 规定的 0 号轻柴油。允许采用满足国Ⅲ以上排放标准的市售柴油或校泵油,也允许使用符合 ISO 4113 规定的校泵油。

5.2 共轨喷油器动态开启压力试验

在电控共轨系统专用试验台上,调整高压供油泵转速为 800 r/min,轨压为 40 MPa,喷油脉宽为 1 500 μs,当高压供油泵进油温度达到 40 ℃±2 ℃时,降低轨压测量共轨喷油器的开启压力,当共轨喷油器的单次喷油量降低到 1 mm^3～2 mm^3 时,记录此时的轨压值,即为共轨喷油器动态开启压力。

5.3 共轨喷油器密封性试验

在电控共轨系统专用试验台上,调整高压供油泵转速为 800 r/min,轨压大于最高工作轨压 15 MPa,喷油脉宽为 1 500 μs,当高压供油泵进油温度达到 40 ℃±2 ℃时,共轨喷油器运行 10 min,观察共轨喷油器各密封处是否有渗漏。

5.4 共轨喷油器雾化性能试验

在电控共轨系统专用试验台上,共轨喷油器雾化性能试验时,使共轨喷油器单次喷射,在怠速工况,以 1 次/s 的频率喷射 5 次～10 次,检查喷雾质量。

5.5 共轨喷油器喷油量测试

5.5.1 在电控共轨系统专用试验台上,调整高压供油泵转速为 800 r/min,当高压供油泵进油温度达到 40 ℃±2 ℃时,按照表 1 规定的各个工况点,使用喷油量测试仪,通过电控单元动态控制不同轨压、不同喷油脉宽,测量并记录共轨喷油器的喷油量。

5.5.2 采用容积法或质量法测试喷油量。当由量筒测取油量值时,在量筒内的油温达到 40 ℃±5 ℃时读取油量,读数时以量筒中盛油的弯月面底部读取数值,倒油时量筒应倾斜 45°,并维持 30 s。

5.6 共轨喷油器动态回油量测试

在电控共轨系统专用试验台上,调整高压供油泵转速为 800 r/min,轨压为 120 MPa,喷油脉宽为 1 500 μs,当高压供油泵进油温度达到 40 ℃±2 ℃时,测得 200 次的共轨喷油器回油量即为动态回油量。

5.7 共轨喷油器喷油开启延迟测量

在电控共轨系统专用试验台上，调整高压供油泵转速为 800 r/min，轨压为 120 MPa，喷油脉宽为 1 500 μs，当高压供油泵进油温度达到 40 ℃±2 ℃时，测得的开启延迟时间即为共轨喷油器喷油开启延迟。

5.8 共轨喷油器的清洁度试验

共轨喷油器的清洁度试验清洗时，高、低压腔不分开，其清洗方法、称重方法按 JB/T 7661—2004 的规定进行。

5.9 共轨喷油器中喷油嘴偶件性能试验

共轨喷油器中的喷油嘴偶件性能试验按 JB/T 7297—2004 的规定进行。

5.10 共轨喷油器的可靠性试验

共轨喷油器的可靠性试验按 JB/T 51183 的规定进行。

6 标志、包装、运输和贮存

6.1 标志

每只共轨喷油器应在明显位置至少标明以下内容，标志字迹应永久清晰：

a) 制造厂名(标识)或商标；

b) 产品型号或代号；

c) 其他内容按用户协议标注。

6.2 包装

6.2.1 共轨喷油器上应装有各种防护零件(护罩、护帽等)，以防止内腔被污染。

6.2.2 共轨喷油器应装入衬有防潮材料的坚固包装箱内，充分保证共轨喷油器不受损伤和受潮。

6.2.3 每个包装箱内都应附有经检验员签章的合格证及有关出厂文件。在包装箱外表面应标明：

a) 产品名称；

b) 产品型号；

c) 产品标准号；

d) 制造厂的厂标或商标；

e) 制造厂名；

f) 装箱数量；

g) 装箱日期；

h) 运输保护标志。

6.2.4 与柴油机进行固定配套的各部件的包装，允许按供货协议进行。

6.3 运输

包装应充分保证共轨喷油器在运输过程中不受损伤和受潮。

6.4 贮存

共轨喷油器总成应贮存在干燥的仓库内，不得与酸、碱及其他能引起腐蚀的化学药品存放在一起。在正常保管情况下，自出厂之日起，制造厂应保证产品一年内不发生锈蚀。

ICS 27.020;43.060.40
J 94

GB

中华人民共和国国家标准

GB/T 25368—2010

柴油机电控共轨喷油系统 高压供油泵总成 技术条件

Electronic control common rail fuel injection system for diesel engines—The high-pressure supply pump—Specifications

2010-11-10 发布

2011-03-01 实施

中华人民共和国国家质量监督检验检疫总局
中国国家标准化管理委员会 发布

前　言

本标准由中国机械工业联合会提出。

本标准由全国燃料喷射系统标准化技术委员会(SAC/TC 396)归口。

本标准起草单位:无锡油泵油嘴研究所、无锡威孚高科技股份有限公司。

本标准主要起草人:庄福如、王亚伟、朱锡芬、王小波、黄见、沙有胜。

本标准为首次发布。

柴油机电控共轨喷油系统 高压供油泵总成 技术条件

1 范围

本标准规定了柴油机用电控共轨燃油喷射系统中由凸轮轴、柱塞偶件、电磁阀部件等组成的高压供油泵总成的技术要求、试验方法、标志、包装、运输和贮存。

本标准适用于汽车、工程机械、发电机及船用柴油机用电控共轨燃油喷射系统高压供油泵总成(以下简称供油泵)。

2 规范性引用文件

下列文件中的条款通过本标准的引用而成为本标准的条款。凡是注日期的引用文件,其随后所有的修改单(不包括勘误的内容)或修订版均不适用于本标准,然而,鼓励根据本标准达成协议的各方研究是否可使用这些文件的最新版本。凡是不注日期的引用文件,其最新版本适用于本标准。

GB 252—2000 轻柴油

GB/T 8029 柴油机喷油泵校泵油(GB/T 8029—2010,ISO 4113:1988,Road vehicles—Calibration fluid for diesel injection equipment,NEQ)

GB/T 10826.5—2008 燃油喷射装置 词汇 第5部分:共轨式燃油喷射系统(ISO 7876-5:2004,IDT)

GB 19147 车用柴油(GB 19147—2009,EN 590:1999,MOD)

GB/T 25365.1 柴油机电控共轨喷油系统总成 技术条件 第1部分:机械

GB/T 25366 柴油机电控共轨喷油系统 共轨管总成 技术条件

GJB 3075 军用柴油规范

JB/T 6291.1—2004 活塞式输油泵总成 技术条件

JB/T 6291.2—2004 活塞式输油泵总成 性能试验方法

JB/T 6295—2005 柱塞式喷油泵 安装型式及连接尺寸

JB/T 7661—2004 柴油机油泵油嘴产品清洁度限值及测定方法

JB/T 8121 柴油机喷油泵试验台用高压油管组件

JB/T 9734 喷油泵试验台 技术条件

JB/T 51178 合成式喷油泵总成可靠性考核 评定方法、台架试验方法、故障分类及判定规则

ISO 4113 道路车辆 柴油机喷油泵的校泵油

3 术语和定义

GB/T 10826.5—2008 和 GB/T 25365.1 确立的以及下列术语和定义适用于本标准。

3.1

直列式供油泵 in-line high-pressure supply pump

3.2

转子式供油泵 rotary high-pressure supply pump

3.3

输油泵总成 internal transfer pump

4 技术要求

4.1 供油泵使用燃油要求

供油泵使用 GB 252、GB 19147 和 GJB 3075 规定的燃油时，应能保证正常工作。

4.2 供油泵相位识别

供油泵的相位识别记号标志方式按用户和制造厂的协议或有关技术文件规定。

4.3 供油泵安装尺寸

直列式供油泵安装尺寸应符合 JB/T 6295—2005 的规定，也可按供需双方协议共同规定。转子式供油泵安装尺寸可按供需双方协议或有关技术文件规定。

4.4 供油泵的密封性要求

4.4.1 从供油泵燃油进油口处通入 0.5 MPa 的压缩空气，保持 30 s，各密封处应不漏气。

4.4.2 从供油泵机油进油口处通入 0.05 MPa 的压缩空气，保持 30 s，各密封处应不漏气。

4.5 供油泵的供油效率

4.5.1 直列式供油泵在标定转速与轨压下的供油效率 η 应不低于 70%。

4.5.2 转子式供油泵在标定转速与轨压下的供油效率 η 应不低于 80%。

4.5.3 供油泵的供油效率 η 按公式(1)计算：

$$\eta=\frac{Q\times 1\,000}{1/4\times \pi \times d^2\times H}\times 100 \qquad \cdots\cdots(1)$$

式中：

η——供油泵的供油效率，%；

Q——标定工况的供油量测量值，换算到每循环单柱塞单次油量，单位为毫升每斯(mL/st)；

d——供油泵的柱塞直径，单位为毫米(mm)；

H——供油泵的凸轮升程，单位为毫米(mm)。

4.6 供油泵的各缸供油量不均匀度

4.6.1 直列式供油泵在标定转速下的各缸供油量不均匀度 δ_q 应小于±3%。

4.6.2 转子式供油泵在标定转速下的各缸供油量不均匀度 δ_q 应小于±4%。

4.6.3 供油泵各缸供油量不均匀度 δ_q 按公式(2)计算：

$$\delta_q=\frac{Q_{max}(\text{或 } Q_{min})-Q_m}{Q_m}\times 100 \qquad \cdots\cdots(2)$$

式中：

δ_q——供油泵各缸供油量不均匀度，%；

Q_{max}——单缸供油时供油量测量值最大的油量，单位为毫升(mL)；

Q_{min}——单缸供油时供油量测量值最小的油量，单位为毫升(mL)；

Q_m——各缸供油量平均油量值，单位为毫升(mL)。

4.7 供油泵的清洁度要求

4.7.1 直列式供油泵润滑腔(低压腔)中杂质质量应≤($5\times i$)mg(i 为供油泵缸数)，杂质颗粒度≤1 mm，允许 0.5 mm<颗粒度<1 mm 的颗粒数小于 5(纤维制品仅作记录，不认为是颗粒)。

4.7.2 直列式供油泵燃油腔(高压腔)中杂质质量应≤($2.5\times i$) mg(i 为供油泵缸数)，杂质颗粒度≤0.5 mm(但宽度≤0.05 mm，0.2 mm<长度≤0.6 mm 的颗粒允许出现)，允许 0.2 mm<颗粒度<0.5 mm的颗粒数小于 5(纤维制品仅作记录，不认为是颗粒)。

4.7.3 转子式供油泵总成的杂质质量≤5 mg，杂质颗粒度≤0.4 mm(但宽度≤0.05 mm，0.2 mm<长度≤0.6 mm 的颗粒允许出现)，允许 0.2 mm<颗粒度<0.4 mm 的颗粒数小于 5(纤维制品仅作记录，不认为是颗粒)。

4.8 输油泵总成的性能要求

4.8.1 输油泵的密封性：从进油口处通入 0.4 MPa 的压缩空气检查输油泵的密封性，输油泵本体及各密封面在 10 s 内不允许漏气。

4.8.2 输油泵的低速供油能力：输油泵用自吸方式吸油，在供油泵转速 100 r/min 时输油泵出油压力应大于 0.15 MPa。

4.8.3 输油泵在规定转速下的进油真空度、出油压力、供油量应符合供油泵的有关技术条件规定。

4.8.4 输油泵的清洁度应符合 JB/T 7661—2004 规定的要求。

4.8.5 输油泵的其他技术要求应参照 JB/T 6291.1—2004 或按协议执行。

4.9 供油泵的可靠性要求

供油泵应参照按 JB/T 51178 的规定进行 1 000 h 可靠性考核，MTBF≥3 000 h，且在考核过程中不允许出现Ⅰ、Ⅱ类故障。

4.10 供油泵的外观质量

供油泵装配应完整，标牌标志清晰，外观不应有锈蚀、磕碰等缺陷，凡有涂漆的表面不得有开裂、脱落现象。

5 试验方法

5.1 试验条件

5.1.1 供油泵试验应采用规定的柴油机电控共轨系统专用试验台，允许采用符合 JB/T 9734 规定的喷油泵试验台进行改装。

5.1.2 试验用喷油量测试仪的精度要求为：在 10 L/h<流量≤100 L/h 时，要求精度不低于 0.1%；在流量≤10 L/h 时，要求精度不低于 0.2%。

5.1.3 试验用共轨管总成应符合 GB/T 25366 的规定。

5.1.4 试验用流量控制阀、电控单元等电控部件应符合制造厂的有关技术文件要求。

5.1.5 试验用高压油管为专用高压油管组件，允许采用符合 JB/T 8121 规定的高压油管组件。

5.1.6 试验用油应符合 GB/T 8029 规定的校泵油或 GB 252—2000 规定的 0 号轻柴油。允许采用满足国Ⅲ以上排放标准的市售柴油或校泵油，也允许使用符合 ISO 4113 规定的校泵油。

5.2 供油泵密封性试验

5.2.1 燃油腔密封性

在供油泵燃油进油口处通入 0.5 MPa 的压缩空气，关闭供油泵燃油回油口与出油阀紧座出油口，将供油泵浸入清洁的轻柴油中，保持 30 s，应不漏气。

5.2.2 润滑腔密封性

在供油泵机油进油口处通入 0.05 MPa 的压缩空气，关闭供油泵机油出油口，将供油泵浸入清洁的轻柴油中，保持 30 s，除柱塞配合间隙处允许有少量漏气外，其余部位不得漏气。

5.3 供油泵供油效率试验

5.3.1 将供油泵装在柴油机电控共轨系统专用试验台上，共轨管第一缸出油口处连接流量控制阀用来调节共轨管内轨压，流量控制阀出口与试验台测量装置相通以测量供油泵的实际供油量值。

5.3.2 测试试验台运转到规定转速，调节电控单元，使供油泵处于最大供油状态，控制进油压力至 0.2 MPa，溢流背压小于 0.02 MPa，调节流量控制阀的开度，使实际轨压达到目标轨压（轨压波动范围为±2 MPa），当试验油温度控制在 40 ℃±2 ℃时，测量由流量控制阀流出的供油量，并由公式(1)计算供油泵的供油效率。

5.3.3 采用容积法或质量法测试供油量。当由量筒测取油量值时，在量筒内的油温达到 40 ℃±5 ℃时读取油量，读数时以量筒中盛油的弯月面底部读取数值，倒油时量筒应倾斜 45°，并维持 30 s。

5.4 供油泵的各缸供油量不均匀度试验

5.4.1 将供油泵装在柴油机电控共轨喷油系统专用试验台上，试验用各零部件的连接方法同5.3.1。

5.4.2 试验时分别使供油泵的各缸单独工作或每缸单独连接共轨管，并分别测量规定工况下的供油量，然后由公式(2)计算供油泵的各缸供油量不均匀度 δ_q。

5.4.3 测取供油量值方法同5.3.3。

5.5 供油泵的清洁度测定

供油泵的清洁度测定方法按JB/T 7661—2004的规定进行。

5.6 输油泵总成的性能试验

5.6.1 输油泵的密封性试验

用专用夹具将输油泵总成除了进油口外其他与内油道相通的油路完全封住，排净输油泵内的柴油，从进油口通入0.4 MPa的压缩空气，然后把输油泵浸入清洁的轻柴油中，保持10 s，检查输油泵本体及各紧固密封面的密封性。

5.6.2 输油泵的低速供油能力试验

将输油泵置于距油箱油面高度为1 m处，进出油管内径为8 mm(大流量输油泵允许用10 mm～12 mm)，进油管长度为2 m时，输油泵用自吸方式吸油，在供油泵转速100 r/min时测量输油泵的出油压力。

5.6.3 输油泵的进油真空度、出油压力、供油量试验

供油泵标定转速时输油泵的进油真空度、出油压力、供油量试验方法，按JB/T 6291.2—2004中5.2～5.4的规定进行。

5.6.4 输油泵的清洁度试验

输油泵的清洁度试验方法按JB/T 7661—2004的规定进行。

5.7 供油泵可靠性试验

供油泵可靠性考核的台架试验方法应参照JB/T 51178的有关规定进行。

6 标志、包装、运输和贮存

6.1 标志

每台供油泵应在明显位置设有标牌，标牌字迹应永久清晰，标牌上至少应标明以下内容：

a) 制造厂名；

b) 产品名称；

c) 商标；

d) 产品型号或标记；

e) 制造日期或生产批号。

6.2 包装

6.2.1 供油泵上应装有各种防护零件(护罩、护帽等)，以防止内腔被污染。

6.2.2 供油泵应装入衬有防潮材料的坚固包装箱内，充分保证供油泵不受损伤和受潮。

6.2.3 供油泵每个包装箱内应有检验人员签章的产品合格证及出厂文件。包装箱外表面应标明：

a) 产品名称；

b) 产品型号；

c) 产品标准号；

d) 制造厂的厂标或商标；

e) 制造厂名；

f) 装箱数量；

g) 装箱日期；

h) 运输保护标志。

6.3 **运输**

包装应充分保证供油泵在运输过程中不受损伤和受潮。

6.4 **贮存**

供油泵应贮存在干燥的仓库内，不得与酸、碱及其他能引起腐蚀的化学药品存放在一起。在正常保管情况下，自出厂之日起，制造厂应保证产品一年内不发生锈蚀。

ICS 25.100.40
J 41

中华人民共和国国家标准

GB/T 25369—2010

金属切割双金属带锯条技术条件

Metal cutting-bimetal band saw blades—Technical specifications

2010-11-10 发布　　　　2011-03-01 实施

中华人民共和国国家质量监督检验检疫总局
中国国家标准化管理委员会　发布

前　言

本标准的附录 A 是规范性附录。

本标准由中国机械工业联合会提出。

本标准由全国刀具标准化技术委员会(SAC/TC 91)归口。

本标准起草单位:湖南泰嘉新材料科技股份有限公司(湖南机床厂)。

本标准主要起草人:谢文忠、吴松涛、李辉、刘刚。

金属切割双金属带锯条
技术条件

1 范围

本标准规定了金属切割双金属带锯条的术语和定义、技术要求、标志和包装。

本标准适用于宽度尺寸为 6 mm～80 mm，齿部材料为高速钢或高性能高速钢，锯条体的材料是低合金弹簧钢的金属切割双金属带锯条(以下简称带锯条)。

2 规范性引用文件

下列文件中的条款通过本标准的引用而成为本标准的条款。凡是注日期的引用文件，其随后所有的修改单(不包括勘误的内容)或修订版均不适用于本标准，然而，鼓励根据本标准达成协议的各方研究是否可使用这些文件的最新版本。凡是不注日期的引用文件，其最新版本适用于本标准。

GB/T 230.1—2004 金属洛氏硬度试验 第1部分：试验方法(A,B,C,D,E,F,G,H,K,N,T标尺)(ISO 6508-1:1999,MOD)

GB/T 4340.1—1999 金属维氏硬度试验 第1部分：试验方法(eqv ISO 6507-1:1997)

GB/T 21954.1—2008 金属切割带锯条 第1部分：术语(ISO 4875-1:2006,MOD)

GB/T 21954.2—2008 金属切割带锯条 第2部分：特性和尺寸(ISO 4875-2:2006,MOD)

JB/T 4318.3 卧式带锯床 第3部分：精度检验

JB/T 6050 钢铁热处理零件硬度测试通则

3 术语和定义

GB/T 21954.1 确立的以及下列术语和定义适用于本标准。

3.1

基本截面 usual scction

基本截面由带锯条的宽度和厚度构成，用"宽度×厚度"表示。

3.2

刀弯 straightness

带锯条无约束地置于平板上，背部(或齿部)纵向(长度方向)较大曲率的弯曲，见图1。

H——刀弯值。

图 1

3.3

蛇(形)弯 snake

带锯条无约束地置于平板上，在较长的长度上背部(或齿部)连续出现纵向弯曲的渐变，见图2。

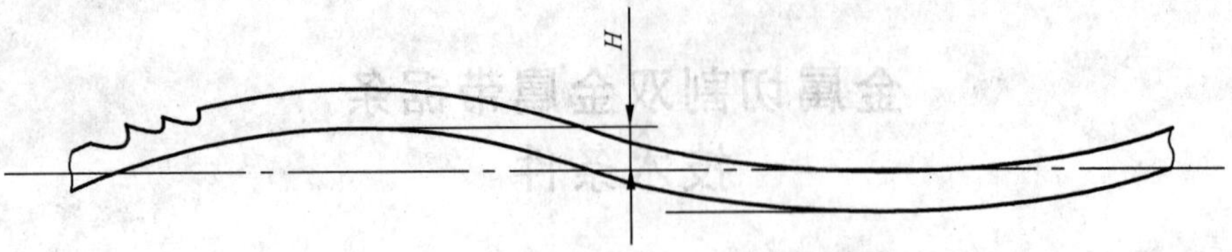

H——蛇弯值。

图 2

3.4

折弯　kink

带锯条无约束地置于无磁力的平板上，较短长度上侧面的弯曲，见图3。

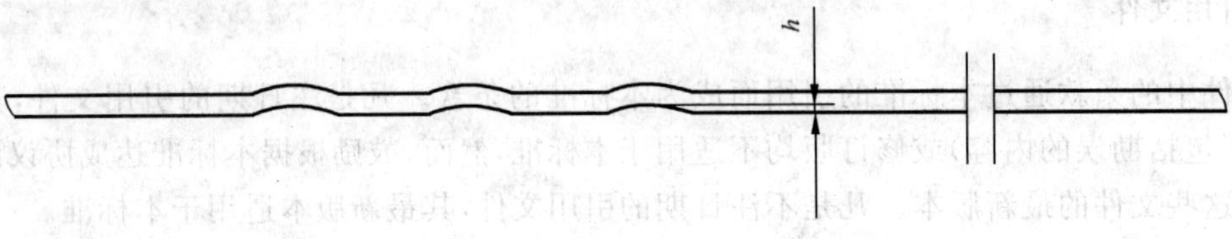

h——折弯值。

图 3

3.5

扭曲　twist

带锯条无约束地置于无磁力的平板上，其自由端头侧面与平板间的夹角，见图4。

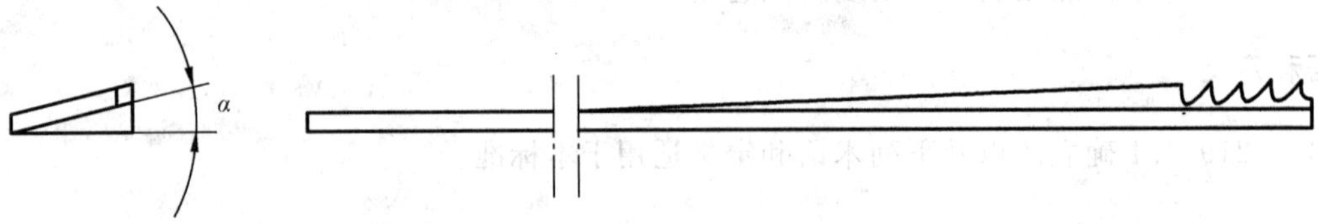

α——扭曲角。

图 4

3.6

料头翘曲(尾翘)　coil set

带锯条无约束地置于无磁力的平板上，其自由端头到平板的垂直距离，见图5。

h——料头翘曲。

图 5

3.7

根带　bandsaw welded loop

根据顾客需要和供货协议，将一定长度的带锯条成品焊接成环状而形成的产品。

4 技术要求

4.1 基本截面

4.1.1 带锯条宽度及其偏差应符合表1的规定。

表1 带锯条宽度及其偏差

单位为毫米

宽度尺寸	6	10	13	20	27	34	41	54	67	80
偏差	0 −0.4			0 −0.5					0 −0.6	

4.1.2 带锯条厚度及其偏差应符合表2的规定。

表2 带锯条厚度及其偏差

单位为毫米

厚度尺寸	0.65	0.9	1.1	1.3	1.6
偏差	+0.02 −0.03	+0.02 −0.06			

4.2 外观质量

4.2.1 带锯条表面不应有裂纹、锈蚀、划痕及磕碰。

4.2.2 焊接处应牢固，不应有错位及凹凸不平，不应有虚焊、气孔、夹渣、脱焊等缺陷。

4.2.3 齿形规则，锯齿应无钝口、崩刃、缺齿、毛刺等影响使用的缺陷。

4.2.4 标志应正确、完整和清晰。

4.3 分齿量

4.3.1 带锯条每侧的分齿量应相等，其偏差为±0.05 mm。

4.3.2 总分齿量的偏差为±0.10 mm。

4.4 硬度

4.4.1 按GB/T 230.1—2004和JB/T 6050检测，齿部硬度应不低于62 HRC(766 HV)。

4.4.2 按GB/T 4340.1—1999和JB/T 6050检测，锯条体经过热处理后硬度应不低于436 HV (45 HRC)。

4.5 表面粗糙度

带锯条表面粗糙度应符合表3的规定。

表3 带锯条表面粗糙度

单位为微米

带锯条表面	表面粗糙度
锯齿前面、后面	*Ra*3.2
锯条体表面	*Ra*1.6

4.6 形位公差

4.6.1 带锯条的横向直线度公差为2 μm/mm。

4.6.2 带锯条的刀弯应符合"在任意6 000 mm的测量长度上不大于25 mm"的要求。

4.6.3 带锯条的蛇(形)弯应符合"在任意1 500 mm的测量长度上不大于3 mm"的要求。

4.6.4 带锯条的折弯应符合"在任意300 mm的测量长度上不大于1 mm，且在任意6 000 mm的测量长度上不多于5个弯曲处(所有折弯应在公差范围内)"的要求。

4.6.5 带锯条的扭曲应符合"在6 000 mm的测量长度上不大于30°"的要求。

4.6.6 带锯条的料头翘曲应符合表4的规定。

表4 带锯条料头翘曲

单位为毫米

宽度尺寸	6	10	13	20	27	34	41	54	67	80
料头翘曲	≤45			≤38			≤30			

4.7 挠性试验

带锯条应按附录 A 中 A.1 的方法进行挠性试验，试验后不应出现塑性变形或裂纹。

4.8 根带

4.8.1 焊接根带应采用已检验合格的带锯条。

4.8.2 根带焊接后，包括对接焊口部位的纵向直线度应符合“在任意 450 mm 的测量长度上不大于 0.40 mm”的要求，且只允许齿部凹下。

4.8.3 对接焊口横向错位不应大于 0.12 mm。按锯齿锯削方向，只允许前高后低。

4.8.4 经打磨抛光后的焊接区的厚度不应小于原厚度的 95%。

4.8.5 焊接打磨后形成的锯齿齿距不应大于相邻锯齿齿距，且不应小于相邻锯齿齿距的 75%。

4.8.6 焊缝区经回火后的硬度不应大于锯条体硬度，且不应小于锯条体硬度的 90%。

4.8.7 打磨抛光均不应损伤齿尖。

4.8.8 根带焊接后应按附录 A 中 A.2 的方法进行对接焊口挠性试验，试验后焊缝区不应出现塑性变形或裂纹。

5 标志和包装

5.1 标志

5.1.1 包装盒(箱)上应标志：

——制造厂的名称、地址和商标；

——带锯条类型或其代号；

——带锯条齿部材料牌号；

——带锯条基本截面；

——每 25.4 mm 长度齿数；

——齿形；

——锯齿前角参数；

——执行标准号；

——带锯条长度；

——包装盒(箱)体积与重量；

——防潮标志。

5.1.2 带锯条产品上应标志：

——制造厂商标；

——带锯条类型或其代号；

——基本截面；

——齿形；

——每 25.4 mm 长度齿数。

5.1.3 在将标志意义明确地告诉顾客的基础上，制造厂可在标志上增添其他带锯条信息。

5.1.4 带锯条的齿形按下列方法表示：

——正常齿或标准齿 Rt；

——跳齿 St；

——正前角齿 Pt；

——正前角跳齿 Ps；

——变齿距齿 Vp。

5.2 包装

5.2.1 带锯条及根带在包装前应作防锈处理。

5.2.2 带锯条及根带包装应采取保护措施，防止齿尖在运输中损伤。

5.2.3 带锯条及根带包装应牢固可靠。

附 录 A
（规范性附录）
带锯条挠性试验

A.1 带锯条挠性试验

A.1.1 试验方法

将带锯条的样本弯曲围绕试验棒半个圆周(见图 A.1),然后释放。

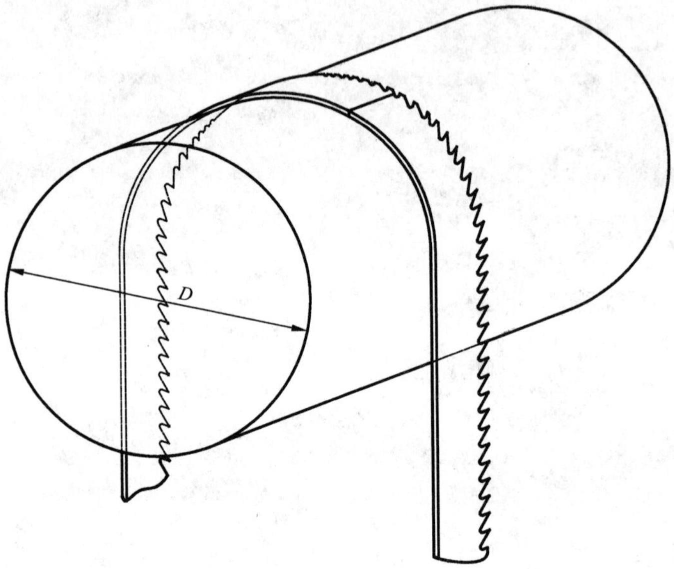

图 A.1

A.1.2 试验棒直径

试验棒直径见表 A.1。

表 A.1 带锯条挠性试验的试验棒直径

单位为毫米

带锯条宽度	<54	≥54
试验棒直径 D	100	150

A.2 带锯条根带对接焊口挠性试验

A.2.1 试验方法

将焊接后根带样本的对接焊口部位弯曲围绕试验棒半个圆周(见图 A.1),然后释放。其次数不少于 3 次。

A.2.2 试验棒直径

试验棒直径见表 A.2。

表 A.2 带锯条根带对接焊口挠性试验的试验棒直径

单位为毫米

带锯条宽度	≤27	34	41	≥54
试验棒直径 D	150	180	210	300

ICS 25.120.30
J 61

中华人民共和国国家标准

GB/T 25370—2010

铸造机械 术语

Foundry machinery—Terminology

2010-11-10 发布　　2011-03-01 实施

中华人民共和国国家质量监督检验检疫总局
中国国家标准化管理委员会　发布

前　言

本标准由中国机械工业联合会提出。

本标准由全国铸造机械标准化技术委员会(SAC/TC 186)归口。

本标准起草单位:济南铸造锻压机械研究所有限公司、青岛铸造机械集团公司、青岛青力环保设备有限公司、青岛中智达环保熔炼设备有限公司、青岛双星铸造机械有限公司。

本标准主要起草人:卢军、吴正涛、陈月芳、于仁先、段金挺、丁仁相。

铸造机械 术语

1 范围

本标准规定了铸造机械专业(包括砂处理、熔炼浇注、造型制芯、落砂清理、特种铸造等设备)常用术语和定义。

本标准适用于铸造机械专业,供专业领域的标准制定、技术文件的编写和有关科技文献的出版物等使用。

2 砂处理设备

2.1 原砂烘干设备

2.1.1

卧式烘砂滚筒 horizontal barrel, revolving drier

湿砂沿滚筒内的螺旋状槽或叶片翻滚前进,使其不断与通入的热气流相接触而被烘干的装置。

2.1.2

热气流烘砂装置 hot pneumatic tube drier

用热气流输送和烘干湿砂的装置,主要由鼓风机、发送器、分离器、热风炉等部分组成。

2.1.3

沸腾床 fluidized bed

从底部吹入气流使粒状物料悬浮翻腾的槽状或筒状设备。在铸造中常用于旧砂沸腾冷却,新砂、粘土等物料的沸腾输送,熔模的沸腾挂砂制壳等。

2.1.4

振动沸腾烘砂装置 vibrating fluidized-bed drier

湿砂沿带孔的振动槽跳跃前进,同时鼓入热气流,使砂子在沸腾状态下烘干的装置。

2.2 旧砂处理设备

2.2.1

磁力分离设备 magnetic separator

利用永磁或电磁铁的磁力吸走铁质杂物的设备。

2.2.2

电磁带轮 electromagnetic pulley

带式输送机的主动轮制成电磁滚筒的磁力分离设备。

2.2.3

永磁带轮 permanent-magnetic pulley

带式输送机的主动轮制成永磁滚筒的磁力分离设备。

2.2.4

带式电磁分离机 belt-type electromagnetic separator

在带式给料机的头尾轮之间装有电磁铁的磁力分离设备。

2.2.5

带式永磁分离机 belt-type permanent-magnet separator

在带式给料机的头尾轮之间装有永磁块的磁力分离设备。

2.2.6

电磁分离滚筒　electromagnetic drum

旋转的由非磁性材料制成的空心滚筒与筒内固定不动的电磁铁组成的磁力分离设备。

2.2.7

永磁分离滚筒　permanent-magnet drum

旋转的由非磁性材料制成的空心滚筒与筒内固定不动的永磁块组成的磁力分离设备。

2.2.8

筛砂机　riddle

利用一定孔径的筛网通过振动或其他方式去除砂中粗颗粒和杂物的设备。

2.2.9

滚筒筛　rotary screen

利用筛网构成的滚筒，在旋转时对筒内的物料进行筛分的机械。

2.2.10

滚筒破碎筛　drum breaker screen

旧砂在旋转滚筒内筛分时兼有破碎砂块作用的筛砂机。

2.2.11

振动筛　vibrating screen

筛体支承在弹性机件上，受激振器产生周期变化的激振力，使筛体上的物料进行筛分的机械。

2.2.12

惯性振动筛　inertial vibrating screen

筛体支承或吊挂在弹性机件上，依靠筛体上的偏心轴或双轴机械激振器产生激振力使筛体振动的振动筛，分单轴与双轴两种。

2.2.13

自定中心振动筛　self-centering vibrating screen

利用带轮偏心或轴承偏心，使带轮的几何中心在振动时保持基本不动的单轴惯性振动筛。

2.2.14

直线振动筛　straight line vibrating screen

筛体由一对振动电机或双轴机械激振器驱动，能作定向振动的振动筛。

2.2.15

共振筛　resonance screen

筛体在接近共振状态下振动的振动筛。

2.2.16

摆动筛　oscillating screen

筛体作往复摇摆运动，使筛体上的物料进行筛分的机械。

2.2.17

振动沸腾冷却装置　vibrating fluidized-bed cooler

热砂沿带孔的振动槽跳跃前进，同时鼓风使砂子在沸腾状态下冷却的装置。

2.2.18

冷却提升机　cooling elevator

提升并冷却热砂的设备。热砂在提升到顶部后，大部分被挡板阻挡回落，与逆向的冷空气多次接触而逐渐冷却。

2.2.19

双盘冷却机　multi-cooler

热砂在两个相互贯通的圆盘上，被两组转向相反的刮板搅拌同时鼓风而使其冷却的机械。

2.2.20

破碎机　crushing machine，crusher

应用机械能将大块物料解体成小块或颗粒的机械。

2.2.21

颚式破碎机　jaw crusher

靠两块颚板在开合的周期运动过程中，挤碎物料的机械。

2.2.22

辊式破碎机　roll crusher

靠两辊筒转动时的磨擦作用将物料带入辊筒的夹缝中，使物料受到连续挤压而破碎的机械。

2.2.23

锤式破碎机　hammer mill

物料进入机壳内，受高速旋转的转子上铰接悬挂着许多小锤或耐磨金属叶片的冲击而使物料破碎的机械。

2.2.24

反击式破碎机　impact crusher

物料进入机壳内，受高速旋转的锤头打击和相互撞击，并抛掷到反击板上进一步受到冲击而破碎的机械。

2.2.25

砂块破碎机　sand lump breaker

利用振动和砂块间的撞击磨擦，对旧砂砂块进行破碎的机械。

2.2.26

旧砂再生设备　sand reclamation equipment

通过焚烧、风吹、水洗或机械方法处理旧砂，能接近或达到新砂性能的设备。

2.2.27

旧砂干法再生设备　dry type sand reclamation equipment

采用加热、风吹、机械等方法的旧砂再生设备。

2.2.28

旧砂湿法再生设备　wet type sand reclamation equipment

采用水洗方法的旧砂再生设备。

2.2.29

砂冷却器　sand cooler

使热态再生砂冷却至一定温度的设备。

2.3　混砂、松砂设备

2.3.1

混砂机　sand mixer

使型(芯)砂中各组分均匀混合，并使粘结剂有效地包复在砂粒表面的混制设备。

2.3.2

间歇式混砂机　batch mixer

加料、混制、卸出型(芯)砂顺序进行的混砂机。

2.3.3

连续式混砂机　continuous mixer

加料、混制、卸出型(芯)砂同时进行的混砂机。

2.3.4

辗轮混砂机　roller mixer

由垂直的主轴带动刮板和辗轮在辗盘上旋转进行混砂作业的混砂机。对型(芯)砂中各组分兼有搅拌、辗压和揉搓作用。

2.3.5

辗轮　roller

水平轴上装有能转动的轮形部件,混砂时起辗压和揉搓作用。

2.3.6

刮板　plough,muller plow

平面或曲面形的零件,混砂时对砂流起搅拌、导向和卸砂的作用。

2.3.7

双辗盘混砂机　multi-mull

由两个同样盘径的相互贯通的辗轮机构组合成一体的连续式混砂机。

2.3.8

辗轮转子混砂机　intensive mixer

由辗轮、刮板和混砂转子在辗盘上进行混砂作业的混砂机。

2.3.9

混砂转子(松砂转子)　mixing rotor

在回转体盘上垂直安装若干根圆棒或叶片的部件,混砂时高速旋转起混合和松散作用。

2.3.10

转子混砂机　rotator mixer

由刮板和混砂转子在辗盘上进行混砂作用的混砂机。

2.3.11

摆轮混砂机　speed-muller

由旋转的圆盘带动的刮板和沿辗盘围圈滚动的摆轮在机体内进行混砂作用的混砂机。

2.3.12

摆轮　centrifugal wheel

垂直轴上装有能水平转动的扁轮形部件,混砂时由于离心力作用摆向侧壁,辗压被刮板抛起的砂流。

2.3.13

叶片混砂机　blade mixer

由水平轴带动叶片在槽体内旋转搅拌或垂直轴带动叶片在辗盘上旋转搅拌的混砂机。

2.3.14

滚筒混砂机　rotary muller,barrel mixer

由刮板、辗轮和松砂轮等装在旋转的卧式滚筒内进行混砂作业的混砂机。

2.3.15

高速涡流混砂机　turbo disc mixer,high speed impeller mixer

粘结剂在高速旋转叶片作用下雾化后与砂流混合的混砂机。常用于混制树脂砂。

2.3.16

碗形混砂机(球形混砂机)　spheroidal bowl mixer,super bowl mixer

混砂机壳体为半球形的高速间歇式叶片混砂机。

2.3.17

树脂自硬砂混砂机　no-bake resin sand mixer

利用叶片搅拌,使树脂均匀包覆在砂粒上的混砂设备。

2.3.18

砂温调节器　sand temperature modulator

混砂前使原砂或再生砂的温度控制在一定范围内的装置。

2.3.19

粘结剂预热器　binder pre-heater

对进入混砂机前的粘结剂进行预热到一定范围内使其黏度稳定的装置。

2.3.20

松砂机　aerator,sand cutter

破碎、松散型砂,降低其容积密度,从而提高型砂性能的设备。

2.3.21

梳式松砂机　comb-type sand cutter

利用高速旋转的转盘上装有梳子状的撞齿,梳松并将型(芯)砂抛向具有弹性的挡砂条而使型(芯)砂松散的机器。

2.3.22

叶片式松砂机　blade aerator

利用高速旋转的装有辐射叶片的轮子,打松并将型(芯)砂抛向具有弹性的挡砂条而使型(芯)砂松散的机器。

2.3.23

带式松砂机　belt-type aerator

利用高速运行的梳齿皮带,梳松并将型(芯)砂抛向挡帘,而使型(芯)砂松散的机器。

2.3.24

轮式松砂机　wheel-type aerator

利用高速旋转的松砂轮,切割、破碎并将型(芯)砂抛向具有弹性的挡砂条而使型(芯)砂松散的机器。

2.4　给料、定量设备

2.4.1

给料机(给料器)　distributor,mechanical feeder

连续均匀控制松散物料流量并可作极短距离输送的机械,停止给料时具有闸门作用。

2.4.2

带式给料机　belt feeder

利用导料槽出口面积大小和带速来控制松散物料流量的短程带式输送机。

2.4.3

振动给料机　vibrating feeder,vibrating distributor

利用激振器产生的激振力,使给料机槽体产生振动,调节槽体倾斜度和振幅来控制松散物料流量的给料机。

2.4.4

电磁振动给料机　electromagnetic vibrating feeder

利用电磁振动器产生激振力，使给料机槽体高速振动，调节槽体倾斜度和电磁线圈中电流的大小来控制松散物料流量的给料机。

2.4.5

螺旋给料机　screw feeder

改变转速或输送时间来控制粉末或粒状物料流量的给料机。

2.4.6

星形给料机　rotary feeder

利用带有均布叶片的转子在壳体内转动，物料从上口进、下口出的给料机。

2.4.7

圆盘给料机　disk feeder，plate feeder

在料斗下方依靠绕垂直轴转动的水平圆盘，利用调整套与圆盘的间距大小和刮板的不同导向位置控制松散物料从圆盘上连续均匀卸出的机械。

2.4.8

振动给料斗　vibrating bin discharger

由斗体、活化锥、激振器、弹性元件等组成振动机件，它与料斗弹性连接，在激振器作用下斗体与活化锥产生振动，用其排出料斗内的物料，兼有破拱闸门作用。

2.4.9

定量器　proportioner

按重力、容积或时间度量控制液体或松散物料的计量装置。

2.4.10

杠杆式定量器　lever-type proportioner

按重力法计量的间歇式定量装置。利用机械衡器中的杠杆秤的作用原理制成的箱式或料斗式的定量器。

2.4.11

栅格式定量器　grid-type proportioner

按容积法计量的间歇式定量装置。利用一个箱形体的上下口各装有一个固定的和一个可开闭的栅格，来控制松散物料的定量器。

2.5　气力输送

2.5.1

气力输送装置　pneumatic conveyor

在封闭管道内，利用流动空气输送砂子或松散物料的装置。

2.5.2

吸送式气力输送装置　suction conveyor

在封闭管道内，依靠低于大气压力的气流输送松散物料的装置。

2.5.3

压送式气力输送装置　compressed air conveyor

在封闭管道内，依靠高于大气压力的压缩空气输送松散物料的装置。

2.5.4

脉冲式气力输送装置　air pulse conveyor

压送式气力输送装置。在封闭管道内，将连续的料柱不断切割成料-气间断的柱塞流输送松散物料的装置。

2.5.5

分离器　separator

气力输送中使物料与空气分离的装置。

2.5.6

旋风式分离器　cyclone separator,centrifugal separator

气力输送中利用离心力和物料与器壁的摩擦力使物料与空气分离的装置。

2.5.7

容积式分离器　volume separator

气力输送中物料通过沉降箱降低气流流速,并依靠固体颗粒本身的重力沉降作用使物料与空气分离的装置。

2.5.8

喉管　throat

吸送式气力输送的受料器,能使物料和空气混合、悬浮并被气流加速的零件。

2.5.9

锁气卸料器　discharger

吸送式气力输送中装于分离器出口处,既能卸料又能密封的装置。

2.5.10

增压器　booster

压送式气力输送中管道压力损失的动力补偿装置。

2.5.11

发送器　transporter

压送式气力输送中用压缩空气发送物料的部件。

2.6　除尘设备

2.6.1

除尘器　duster,dust collector,dust arrester

分离气体中粉尘的设备。

2.6.2

干法除尘器　dry dust remover

利用重力、离心力、电力和过滤等方法分离气体中粉尘的设备。

2.6.3

湿法除尘器　wet dust arrester,wet cap collector

利用水或其他液体与含尘气流相互接触而分离粉尘的设备。

3　熔炼浇注设备

3.1　熔炼、加料、配料设备

3.1.1

冲天炉　cupola

以生铁和(或)废钢铁为金属炉料的竖式圆筒形化铁炉,金属与燃料直接接触,从风口鼓风助燃能连续熔化。

3.1.2

大间距双排风口冲天炉　spacious twin-tuyeres cupola,twin-wind blast system cupola

风口为两排,风口排距为炉膛直径 0.8 倍～1.0 倍的冲天炉。

3.1.3

水冷冲天炉　water-cooled cupola

用水冷却炉壁和风口(如必要)的冲天炉。

3.1.4

热风冲天炉　hot blast cupola

采用预热送风的冲天炉。

3.1.5

水冷热风无炉衬冲天炉　hot blast lining less cupola with water cooling

采用外热式鼓风预热器、雨淋水冷炉身、无炉衬,可较长时间连续熔炼的冲天炉。

3.1.6

无焦冲天炉　cokeless cupola

不以焦炭作为燃料的冲天炉。

3.1.7

碱性冲天炉　basic cupola

用镁砂等碱性耐火材料做炉衬的冲天炉。

3.1.8

酸性冲天炉　acid cupola

用酸性耐火材料做炉衬的冲天炉。

3.1.9

风口　tuyere

在冲天炉炉身上为鼓入空气而开设的孔口。

3.1.10

有效高度　effective height

冲天炉底排风口中心线到加料口下沿的距离。

3.1.11

炉缸　cupola well

冲天炉下部贮存熔融金属的部分,即底排风口下缘至炉底之间的炉膛。

3.1.12

前炉　forehearth

安装于冲天炉前承储铁液并使铁液温度和成分均匀化的容器,通过过桥与冲天炉炉缸连通。

3.1.13

密筋炉胆　ribbed preheating jacket

热风冲天炉的环形内热式空气预热器。

3.1.14

出铁槽　cupola spout

冲天炉铁液从出铁口流入浇包所经过的流槽。

3.1.15

熔化率　melting rate

单位时间内冲天炉熔化金属液的重量。

3.1.16

电渣炉　electroslag furnace

以电流通过熔渣的电阻所产生的热量来熔炼金属的炉子。

3.1.17

保温炉　holding furnace

储存熔炼炉熔炼的熔触金属，并保持适当温度的炉子。

3.1.18

坩埚炉　crucible furnace

在坩埚内熔化金属的炉子。

3.2　加料、配料设备

3.2.1

冲天炉加料机　cupola charging machine

把炉料装入冲天炉内的机械设备。

3.2.2

单轨加料机　monorail charger

用卷扬机构提升料桶，然后使料桶沿轨道水平运行将炉料装入冲天炉内的设备。

3.2.3

爬式加料机　skip hoist

用卷扬机构牵引在轨道上运行的料桶，将炉料提升、装入冲天炉或高炉内的设备。

3.2.4

翻斗加料机　skip hoist

用翻斗代替料桶小车的一种简易爬式加料机。

3.2.5

电磁盘　electromagnetic chuck

利用电磁吸力吸取钢铁等磁性材料的装置，多挂在起重机吊钩上供输送铁料时使用。

3.2.6

电磁配铁秤　electro-magnetic weighing balancer

装有电子传感器和电磁盘的半自动或自动称取钢铁原材料的装置。

3.2.7

电子秤　electronic scale

利用传感器使其随荷重作用发生变化而输出信号，再由电子电位差计接受信号转换成重力值并显示数值，实现自动称量的衡器，并可作定量器使用。

3.2.8

电子称量斗　electronic weighing hopper

电子秤和料斗组成的间歇式自动称量衡器。

3.2.9

带式电子秤　belt electronic weigher，belt scale

由电子秤和带式给料机或带式输送机组成的连续式自动称量衡器。

3.2.10

杠杆称量斗　hopper scale

在杠杆秤上安装称量斗和电气元件组成的间歇式称量衡器。

3.2.11

称量车　weigh larry car

带有称量衡器，能配料、运送并倒入冲天炉加料机料桶的专用车辆。

3.2.12

铁料翻斗　iron charge skip

金属炉料的倒料装置,能将配好的各种金属炉料倒入冲天炉加料机料桶内或过渡料车上。

3.2.13

过渡料车　transfer car

承接、运送炉料并倒入冲天炉加料机料桶内的专用车辆。

3.2.14

料位计　level-sensing device,level measurement meter

物料位的检测显示装置。

3.2.15

碎铁机　breaker

折断、破碎生铁锭的机械。

3.2.16

落锤　drop breaker,drop ball

将重锤提升到适当高度,然后使其自由下落,利用重锤下落时的动能冲击作用来破碎金属炉料的设备。

3.2.17

轮辗机　edge runner

由刮板和辗轮在转动的辗盘上,对耐火材料或其他造型材料进行破碎、辗压、搅拌的机器。

3.3　浇注设备

3.3.1

浇包　ladle

容纳、处理、输送和浇注熔融金属用的容器,其外壳用钢板制成,内衬为耐火材料。

3.3.2

铁液浇包　molten iron ladle

用来容纳和处理铁液的浇包。

3.3.3

钢液浇包　molten steel ladle

用来容纳和处理钢液的浇包。

3.3.4

端包　hand shank ladle

由一人端的小容量浇包。

3.3.5

抬包　carrying ladle

由两人抬的小容量浇包。

3.3.6

座包　receiving ladle,metal mixer

用来存贮熔融金属或浇注的浇包。

3.3.7

底注包　bottom pouring ladle

浇注口设在底部,通过启闭机构来控制浇注量的浇包。

3.3.8

转运包　transfer ladle

把金属液从熔炼炉输送到另一个熔炼炉、保温炉或浇包的容器。

3.3.9

鼓形包　drum ladle

可绕水平轴转动的圆柱形浇包。

3.3.10

茶壶包　teapot ladle, teapot spout ladle

浇注时熔融金属从包底经流槽流出的浇包。

3.3.11

扇形包　sector pouring ladle

作成扇形截面的浇包，使浇注量同浇包的转动角度成正比。

3.3.12

球化包　ladle of spheroidization

通过加入球化剂对铁液进行球化处理的浇包。

3.3.13

压力浇包　ladle of pressure force

通过在包内液面上建立并控制气压实现按一定流量浇出铁液的浇包，用于造型线浇注。

3.3.14

压力球化包　ladle of spheroidization by pressure force

能承受球化剂蒸气压力的带有密封盖的球化包。

3.3.15

升降浇包　ladle for hoist

造型线上能够上下升降的小型浇包。

3.3.16

脱硫包　ladle of desulfurisation

边撒入脱硫剂边通过底部通气孔吹气搅拌铁液进行脱硫的铁液包。

3.3.17

浇注机　pouring machine

将熔融金属浇入铸型内的机器。

3.3.18

自动浇注机　automatic pouring machine, automatic pouring device

能自动完成对准浇口、浇注和浇满后停止浇注等过程的机器。

3.3.19

倾注浇注机　tilting-ladle pouring-unit, tilting-vessel pouring-unit

使浇包或容器倾转进行浇注的浇注机。为便于对准浇口，回转轴一般尽量通过浇嘴。

3.3.20

底注浇注机　bottom-pouring unit

采用底注方式进行浇注的浇注机。

3.3.21

气压浇注机　pressure-pouring unit

靠经过调压的压缩空气或惰性气体进入密闭的浇注容器顶部，将熔融金属压出进行浇注的浇注机。

3.3.22

浇注气压　pouring-pressure

气压浇注机参数。浇注时进入气压浇包内的压缩空气(或惰性气体)管道压力,由所要求浇注速度和包内剩留熔融金属液面的高度来确定其高低。

3.3.23

电磁泵浇注装置　electro-magnetic pouring-unit

利用交变磁场在熔融金属中引起电流,使熔融金属流动进行浇注的装置。

3.3.24

同步浇注装置　pouring device by reciprocating synchronous conveyor car

这种浇注装置在浇注时与铸型输送机同步运动,在浇完一个铸型后即向后运动,对准下一个铸型进行自动浇注。

4　造型制芯设备

4.1　紧实及起模

4.1.1

手工紧实　hand ramming

全部以人力用手动工具使型(芯)砂紧实的过程。

4.1.2

压实　squeeze compaction,squeeze ramming

通过液压、机械或气压作用到压板、柔性膜或组合压头,对型(芯)砂施加压力使之紧实的过程。

4.1.3

震实　jolt compaction,jolt ramming

由于振动撞击使型(芯)砂因惯性获得紧实的过程。

4.1.4

抛砂紧实　impeller ramming,ramming by slinging

高速抛出砂团,使型(芯)砂因惯性获得紧实的过程。

4.1.5

射砂　shooting

压缩空气骤然膨胀,把型(芯)砂射入砂箱(芯盒)并使之紧实的过程。

4.1.6

冲击紧实　impact compaction,impact ramming

利用压缩空气的骤然膨胀,或可燃气爆燃,或其他方法产生的冲击作用,使砂箱中的型砂紧实的过程。

4.1.7

直接起模　straight forward stripping

通过降低模样或者举升铸型或芯子的方法,直接从紧实位置取出模板或芯盒的起模方法。

4.1.8

回转起模　rotary stripping

手动或机动使铸型或芯盒绕水平轴回转180°后进行起模的起模方法。

依据模板或芯盒的纵轴及回转轴相对位置的不同,铸型或芯盒的机械回转可分为翻台式、转台式和翻转式。

4.1.9

翻台起模 tipping up

模板或芯盒绕同其纵轴平行的一根水平外轴机械回转180°后进行的起模。

4.1.10

转台起模 turning over

模板或芯盒绕其纵轴或同该轴在同一竖直面上的另一根平行轴机械回转180°后进行的起模。

4.1.11

翻转起模 rolling over

紧实和起模机构绕同模板纵轴垂直的水平轴或同其平行的水平轴机械回转180°后进行的起模。

4.1.12

顶箱起模 lift pin strippor

将铸型顶起或托住以实现铸型与模板相对运动而进行起模的方法。分顶杆起模、顶框起模和辊道起模三种。

4.2 造型制芯设备

4.2.1

气动舂砂器(风舂) pneumatic rammer,air rammer

手工操纵的手动舂砂装置。

4.2.2

造型机 molding machine

能完成填砂、紧实、起模、合箱、脱箱等主要工序或至少完成紧砂的机器。

4.2.3

脱箱造型机 removable flask molding machine

在可脱砂箱内造型,合箱后脱去砂箱的造型机。

4.2.4

双面模板造型机 matchplate molding machine

用双面模板一次可造出由二个半型组成的整砂型的造型机。

4.2.5

漏模造型机 stripping plate molding machine

砂型紧实后,由漏模板托住砂型,抽出模样或模板以实现起模的造型机。

4.2.6

双工位造型机 two-station molding machine

有两个工作位置的造型机。分直列式和回转式两类。

4.2.7

多工位造型机 multiple stations molding machine

有两个以上工作位置的造型机,分直列式和回转式两类。

4.2.8

压实造型机 squeeze molding machine,squeezer machine

单纯借助压力紧实砂型的造型机。

4.2.9

压板压实造型机 molding machine with top sand frame

带有上填砂框,压实时型砂从砂箱的上面被压头向下压入砂箱的压实造型机。

4.2.10

模板压实造型机 molding machine with down sand frame

带有下填砂框,压实时型砂从砂箱的下面被模板向上压入砂箱的压实造型机。

4.2.11

高压造型机 high-pressure molding machine

对砂型有较高压实比压(>700 kPa)的压实造型机,如多触头高压造型机、无箱射压造型机等。

4.2.12

气冲造型机 air impact molding machine

利用压缩空气或燃气瞬间膨胀产生的压力波冲击紧实型砂的造型机。

4.2.13

多触头高压造型机 high pressure molding machine with multi-squeeze head

由若干小块触头组成的压头进行紧实的高压造型机。触头能随模样外形自动调整压实行程,从而使砂型的紧实度分布均匀。

4.2.14

振动台 vibrating table

以振动器为振源的无起模机构的简易造型机,适用于流动性好的型砂造型。

4.2.15

震实台 jolter

无起模机构的震实造型机。

4.2.16

振动造型机 vibratory molding machine

以振动器为振源的造形机,适用于流动性好的型砂造型。

4.2.17

震实造型机 jolt molding machine

采用震实的造型机。

4.2.18

顶箱震实造型机 jolt-ram pattern draw machine,jolt stripping molding machine

采用顶杆或顶框或辊道起模的震实造型机。

4.2.19

翻台震实造型机 jolt tipping up molding machine

采用翻台起模的震实造型机。

4.2.20

震压造型机 jolt-squeeze molding machine

采用震实和压实(顺序进行或同时进行)生产、有箱砂型的造型机。

4.2.21

脱箱震压造型机 jolt-squeeze snap flask molding machine

在可脱砂箱内造型生产、无箱砂型的震压造型机。

4.2.22

顶箱震压造型机 jolt-squeeze stripper molding machine

采用顶杆或顶框或辊道起模的震压造型机。

4.2.23

顶杆震压造型机 jolt-squeeze pin-lift molding machine

用顶杆起模的震压造型机,属于顶箱震压造型机的一种类型。

4.2.24

转台震压造型机　jolt-squeeze turnover molding machine

采用转台起模的震压造型机。

4.2.25

翻转震压造型机　jolt-squeeze rollover molding machine

采用翻转起模的震压造型机。

4.2.26

高压微震造型机　shockless jolt high pressure squeeze molding machine

采用微震紧实和高压紧实(顺序进行或同时进行)的造型机,这种造型机生产率高,造出的砂型精度高。

4.2.27

冲击造型机　impact moulding machine

采用冲击紧实的造型机,分燃气冲击和空气冲击等。

4.2.28

静压造型机　air-flow press molding machine

采用气流预紧实加压头压实的造型机,与气冲造型机的区别在于模板上分布有可使气流通过的小孔。

4.2.29

顶箱射压造型机　shoot-squeeze stripper molding machine

采用顶杆或顶框或辊道起模的射压造型机。

4.2.30

垂直分型无箱射压造型机　vertical parted flaskless shoot-squeeze molding machine

造型时不用砂箱且砂型的分型面是垂直位置的射压造型机。

4.2.31

水平分型脱箱射压造型机　horizontal parted flaskless shoot-squeeze molding machine

在可脱砂箱内造型,合箱后脱去砂箱,且砂型的分型面是水平位置的射压造型机。

4.2.32

射压造型机　shoot-squeeze molding machine

压缩空气骤然膨胀将型砂射入砂箱进行填砂和预紧实,再进行补充压实的造型机。

4.2.33

有效负荷　jolt capacity, lifting capacity of jolter

造型机参数。当管路气压为 600 kPa 时,震实机构所允许举起的工作台上面的最大有效载荷。有效负荷禁止称作震击力或举升力。

4.2.34

进气行程　intake stroke

造型机震实机构参数。当压缩空气进入震击腔内,使运动部件从初始位置运动至关闭进气口时震击活塞与震击缸间的相对位移量。

4.2.35

膨胀行程　expansion stroke

造型机震实机构参数。从震击腔关闭进气口停止进气,靠缸内压缩空气膨胀做功,使运动部件继续运动至打开排气口时震击活塞与震击缸间的相对位移量。

4.2.36

排气行程(惯性行程)　inertia stroke

造型机震实机构参数。从震击腔打开排气口开始排气,运动部件靠惯性继续运动至极点时震击活塞和震击缸之间的相对位移量。

4.2.37

接砂行程　pre-lift stroke

造型机参数。工作台从初始位置向上运动至托起砂箱并停止于准备接砂位置的距离。

4.2.38

压实行程　squeeze stroke

造型机参数。在压实过程中,工作台和压头间可能达到的最大相对位移量。

4.2.39

起模行程　draw stroke, pattern-draw travel

造型机参数。起模过程中模板与铸型间的相对位移量。

4.2.40

压实比压　specific squeeze pressure

造型机参数。压实时砂型受压表面上单位表面积所受到的压力。

4.2.41

压实力(静压实力)　static squeeze pressure, squeeze pressure

造型机参数。压实时,当管路气压为 600 kPa 时砂型表面所受到的总压力。

4.2.42

动压实力　dynamic squeeze pressure

造型机参数。压实时,当管路气压为 600 kPa 时砂型表面所受到的最大的瞬时总压力。

4.2.43

震压机构　jolt-squeeze mechanism

造型机紧实型砂的机构。它是由震实机构和压实机构组成的套迭式柱塞缸。

4.2.44

震实机构　jolt mechanism

实现震实作用的机构,有震击机构和微震机构等。

4.2.45

震击机构　anvil jolt mechanism

依靠重力使工作台下落直接与固定砧座反复撞击的机构。

4.2.46

微震机构　shockless jolt mechanism

使浮动震铁与工作台反复对撞的机构,有弹簧和气垫等型式。

4.2.47

震铁　floating anvil

微震时反复撞击工作台,以使型(芯)砂紧实的零件。

4.2.48

压头　squeeze head

压实时把型砂压入砂箱以紧实砂型的、固定的或可移动的板形部件。

4.2.49

平压头　conventional squeeze head

平面式压头,多用于形状简单、高度较低的模样造型。

4.2.50

成形压头　contour squeeze head,profile squeeze head

外形随模板上模样的形状仿形的压头,用于有较大高低不平的模样造型。

4.2.51

柔性薄膜压头　flexible diaphragm head

是一种密闭式的柔性薄膜压头,其内充满空气,或者在压实时通入压缩空气或液压油,用以压实砂型。

4.2.52

多触头压头　multi-squeeze head,equalising piston squeeze head

由若干小触头组成的压头,每个触头能随模样外形自动调整压实行程,从而使砂型的紧实度分布均匀。用于复杂模样的造型。

4.2.53

填砂框　sand frame

紧实前,贮存紧实到砂箱中去的附加型砂的箱框。

4.2.54

模板快换装置　pattern plate change device

用于快速更换模板的装置,使一台造型机可以依次用两块或更多块模板进行造型,分穿梭式和循环式两种。

4.2.55

射砂压力　shooting pressure,sand-shot pressure

刚开始射砂时进入射砂筒前的压缩空气压力。

4.2.56

射砂机构　sand-shot system

使定量压缩空气骤然膨胀把型(芯)砂射入砂箱或芯盒的机构。主要由砂闸板、射砂筒、射砂阀、快速排气阀和射砂头等组成。

4.2.57

抛砂机　sand slinger

利用抛砂头高速抛出砂团,同时完成填砂和紧实的造型(芯)机。

4.2.58

固定抛砂机　stationary type sandslinger

底座固定不动的抛砂机。

4.2.59

悬挂抛砂机　overhead sandslinger

抛砂头悬挂在横梁上并能左右前后移动的抛砂机。

4.2.60

单轨移动抛砂机　bracket type sandslinger,console type sandslinger

沿单轨道移动的抛砂机。

4.2.61

双轨移动抛砂机　double track type sandslinger,locomotive type sandslinger

带储砂斗的双轨的移动抛砂机。

4.2.62

抛砂头　slinger head,ramming head

由转子、抛斗和护板组成的抛砂机工作部件,通过高速旋转的抛斗将进入抛砂头的型(芯)砂高速抛出。

4.2.63

轴向进砂抛砂头　slinger head with axial sand inlet

进砂方向垂直于抛斗回转平面的抛砂头。

4.2.64

切向进砂抛砂头　slinger head with tangential sand inlet

进砂方向在抛斗回转平面内，砂流沿抛斗回转的切线方向进入其内的抛砂头。

4.2.65

抛斗　impeller blade

使型砂从抛砂头高速抛出的零件，是耐磨易损件。抛斗不称作叶片。

4.2.66

滚筒起模机　drum-type stripper

砂箱和模板在滚筒内翻转180°后进行回程起模的起模机。

4.2.67

壳型机　shell moulding machine

制造壳型的机器。

4.2.68

吹壳机　mould blower

用压缩空气将砂子混合物吹到模板上制造壳型的机器。

4.2.69

制芯机　coremaking machine，core machine

制造砂芯的机器。

4.2.70

压实制芯机　squeeze-type coremaking machine

用压实法制芯的制芯机。

4.2.71

震实制芯机　core jarring machine

用震实法制芯的制芯机。

4.2.72

翻台制芯机　core tipping up machine

采用翻台脱芯的制芯机。

4.2.73

射芯机　core shooter

用压缩空气骤然膨胀把芯砂射入芯盒的机器。

4.2.74

热芯盒法　hot box process

加适量催化剂的热固性树脂砂射入180 ℃～220 ℃的芯盒中，使砂芯在短时间内硬化到一定厚度的制芯方法。

4.2.75

热芯盒射芯机　hot-box core shooter

用热芯盒法制芯的射芯机。

4.2.76

冷芯盒法　cold box process

树脂砂吹入芯盒后，通入气体催化剂，在室温进行快速硬化的制芯方法。

4.2.77

冷芯盒射芯机　cold-box core shooter

用冷芯盒法制芯的射芯机。

4.2.78

壳芯机　shell core machine

制取树脂砂壳芯的射芯机,分顶吹和底吹两种。

4.2.79

壳型机　shell molding machine

制造树脂砂壳型的机器。

4.2.80

壳芯吹制机　shell core blower

用压缩空气将芯砂吹到热的芯盒内制造壳芯的机器,分为顶吹(并摇摆)和底吹(不摇摆)两类。

4.2.81

挤芯机　core extruder

利用挤压力量和适当模具,连续生产截面相同芯子的机器。

4.2.82

烘芯器　core drying plate

用于将芯子从芯盒中取出和在烘干过程中支承芯子的托板。

4.2.83

立式烘炉　tower stove

用于大批量生产的垂直的连续式砂芯烘炉,炉内有由链轮驱动的放置砂芯的平板。

4.2.84

磨芯机　core grinder

将砂芯磨到规定尺寸的机器。

4.3　造型生产线

4.3.1

造型生产线　moulding line

将主机(造型机)和各辅机按一定的工艺流程,用运输设备联系起来,并采用适当的控制方法组成的机械化、自动化造型的生产流水线。

4.3.2

造型段　moulding station

造型生产线中造砂型的区段。

4.3.3

下芯段　core setting station,core setting section coring station

造型生产线中下芯的区段。

4.3.4

浇注段　pouring station,pouring line

造型生产线中进行浇注的区段。

4.3.5

冷却段　cooling station,cooling line

造型生产线中经浇注后铸件在砂型内进行冷却的区段。

4.3.6

落砂段　shake-out station

造型生产线中从砂箱中捅出(或推出)砂型进行落砂的区段。

4.3.7

造型机组　moulding unit

制造一个整砂型所需的各种机械的组合。

4.3.8

翻箱机　turnover machine,mould rollover

造型生产线上的辅机,将紧实好的半型绕水平轴翻转180°的机器。

4.3.9

钻气孔机　multiple vent unit,vent hole piercing device

造型生产线上的辅机,用钻头在上半砂型中钻出通气孔的机器。

4.3.10

开浇口机　sprue cutter

造型生产线上的辅机,在上半砂型中铣出直浇道和浇口杯的机器。

4.3.11

转箱机　90° corner transfer

造型生产线上的辅机,将砂箱绕垂直轴转动90°的机器。

4.3.12

提箱机　elevator

造型生产线上的辅机,将砂箱升至一定高度的机器。

4.3.13

降箱机　lowerator

造型生产线上的辅机,将砂箱降低至一定高度的机器。

4.3.14

下芯机　core setter

造型生产线上的辅机,进行下芯作业的机器。

4.3.15

合箱机　mould closeting device,closing machine

造型生产线上的辅机,将上半型合到下半型上的机器。

4.3.16

落箱机　mould conveyor feeder

造型生产线上的辅机,将造好的砂型或经过翻转后的下箱降落到铸型输送机上的机器。

4.3.17

压铁机　weighting device

造型生产线上的辅机,造型生产线上加压铁、取压铁和运输压铁的机器。

4.3.18

砂箱自动卡紧装置　automatic clamping mechanism for flasks

造型生产线的辅助装置,具有卡扣和解扣上、下箱功能。采用卡紧装置时可不用压铁。

4.3.19

捅箱机　punch out device

造型生产线上的辅机,将经浇注、冷却过的砂型连同铸件从砂箱中捅出的机器。

4.3.20

分箱机　flask separator, separator device

造型生产线上的辅机，把捅出砂型后叠置的空上、下砂箱分开，并分别推送到回箱辊道上的机器。

4.3.21

铸型输送机　mould conveyor

在造型生产线上用以联系造型、下芯、合箱、压铁、浇注、落砂等工序的输送设备，一般由小车、辊道、链板或悬链组成。

4.3.22

直线型铸型输送机　mould conveyor (in-line type)

直线型的铸型输送机，主要用于垂直分型无箱造型生产线和水平分型脱箱造型生产线。

5　落砂设备

5.1　落砂设备

5.1.1

落砂机　knockout machine, shakeout

使铸件、型砂和砂箱分离的机器。

5.1.2

振动落砂机　vibratory shakeout, vibrating shakeout

采用振动的方法进行落砂的落砂机。

5.1.3

偏心式振动落砂机　vibrating shakeout with eccentric drive

使偏心轴转动而产生振动的振动落砂机。

5.1.4

惯性式振动落砂机　inert vibrating shakeout

由于偏心块转动产生的惯性力引起振动的振动落砂机，分单轴式和双轴式两种。

5.1.5

滚筒落砂机(落砂滚筒)　knockout barrel

通过滚筒的旋转，使其中的砂型与铸件一起滚动、跌落、相互撞击，同时有落砂、破碎砂团和冷却作用的连续落砂设备。

5.1.6

电磁振动落砂机　magnetic vibrating shakeout

由电磁振动器产生振动的振动落砂机。

5.1.7

风动砂芯落砂机　pneumatic core knockout machine

以压缩空气为动力振动铸件落除砂芯的设备，适用于溃散性较好的芯砂，如油砂、纸浆砂等。

5.1.8

气动落砂机　pneumatic knockout

以压缩空气为动力源的落砂机。

5.1.9

振动落砂输送机　shakeout-carrier

兼作落砂和输送用的带栅格的振动输送机。

5.1.10

电动激振器　vibrator motor

由旋转不平衡质量(偏心块)与特殊电动机组合为一体的激振器,用作振动机械的激振源,也称振动电机。

5.1.11

箱式激振器　directional force exciter

箱式激振器主要由箱体、齿轮、主动轴、从动轴、偏心块等组成。当电动机通过传动轴拖动箱式激振器,主动轴经齿轮驱动从动轴,使两轴等速反向旋转,带动偏心块产生激振力,通过底脚传递给振动机械。箱式激振器的激振力为直线激振力。

5.1.12

双轴激振器　two-shaft exciter

双轴激振器主要由箱体、双轴、偏心块等组成。当两台电动机通过传动轴拖动双轴激振器,使两轴等速反向旋转,带动偏心块产生激振力,通过箱体传递给振动机械。

5.2　落砂工艺参数

5.2.1

振动方向角　vibration angle

落砂机合成激振力的方向与水平方向所成的夹角。

5.2.2

振动强度　vibration intensity

落砂机机体在振动方向上的振动加速度与重力加速度的比值称为振动强度。

5.2.3

固定式惯性振动落砂机　stationary shakeout

一般将振动方向角为90°的惯性振动落砂机称为固定式惯性振动落砂机,此时,铸型在落砂机栅格板上不产生水平方向上的运动。

5.2.4

输送式惯性振动落砂机　conveyer shakeout

将振动方向角小于90°的惯性振动落砂机称为输送式惯性振动落砂机,此时,铸型在落砂机栅格板上产生水平方向上的运动。

5.2.5

有效负荷　effective load

落砂机正常工作时能承受的铸型的最大重量。

6　清理设备

6.1　普通清理设备

6.1.1

水力清砂室　hydro-blasting chamber

用高压水流来喷射铸件,清除粘附的砂子和砂芯的成套装置。

6.1.2

水枪　hydraulic gun

将高压水流转变为高速水射流的装置。

6.1.3

水力提升器　plunger elevator

利用高速水射流的虹吸作用,提升松散物料的装置。

6.1.4

水力旋流器　hydrocyclone

具有一定速度的含砂水流在筒内高速旋转，在离心力及重力作用下使砂水分离的装置。

6.1.5

砂轮机　grinder, grinding machine

一种固定式磨床，用砂轮来磨削铸件的飞边、毛刺和多余金属。

6.1.6

悬挂式砂轮机　swing frame grinder

用悬臂或绳索吊起的移动式砂轮机，用以去除大铸件的毛刺、飞边。

6.1.7

砂轮切割机　abrasive cutoff machine

用高速旋转的砂轮片切割铸件浇冒口或其他金属料的机械。

6.1.8

浇冒口切割机　gate cutting machine

切断铸件浇口和冒口的专用机械。

6.1.9

碳弧气刨器　carbon-arc-gouging torch

利用石墨棒或碳棒与铸件之间产生的电弧热熔化飞边、毛刺的同时，用压缩空气将熔化的金属及氧化物吹净的装置。

6.1.10

阳极浇口切割机　anode gate cutting machine

运用电加工方法切割铸件浇冒口的机械。

6.1.11

等离子切割机　plasma cutting machine

利用等离子弧的热能，熔化切断铸件浇冒口或其他金属料的机械。

6.1.12

氧熔剂切割器　powder cutter

在切割氧流中加入纯铁粉或其他熔剂，利用它们的燃烧热和造渣作用切割铸件浇冒口或其他金属的装置。

6.1.13

电液压清砂室　electro-hydraulic plant

利用高压脉冲放电时，电能转换为机械能的原理，制成清除铸件粘砂的成套装置。

6.2 抛喷丸设备

6.2.1

滚筒清理机(清理滚筒)　tumbling barrel cleaning machine

利用滚筒的转动使其中的铸件和星铁在翻滚中碰撞磨擦，进行铸件表面清理的机器。

6.2.2

履带抛丸清理机　apron shot blasting machine, belt shot blasting machine

利用履带形成的滚筒使其中的工件翻动，同时进行抛丸，完成工件表面清理和处理的机器。

6.2.3

星铁　tumbling stars, jack stars

棱锥体的白口铸铁金属块，装入滚筒清理机中用以清理和磨光铸件。

6.2.4

抛丸清理机　airless abrasive blast cleaning machine, airless shot blasting machine

用高速旋转的叶轮，使铁丸或钢丸在离心力作用下抛向工件，进行表面清理和处理的机器。

6.2.5

弹丸(金属磨料)　media, abrasive

供抛丸器、喷丸器作清理铸件用的金属小粒，分浇铸的和钢丝切割两种制造方法。

6.2.6

抛丸器　centrifugal wheel, blast

利用高速旋转叶轮的离心力将弹丸高速抛出的装置。

6.2.7

叶片　blade, vane

抛丸器中承接和抛出弹丸的零件。

6.2.8

分丸轮　distributor, impeller

抛丸器中连续均匀分配弹丸的零件。

6.2.9

叶轮　runner head, impeller wheel

抛丸器中安装叶片的圆盘。

6.2.10

定向套　control cage

抛丸器中引导弹丸抛出方向的零件。

6.2.11

丸砂分离器　abrasive separator

利用风力或磁力等方法分离弹丸、砂、粉尘的装置。

6.2.12

滚筒抛丸清理机　barrel blast cleaning machine

利用滚筒转动使其中的工件翻动，同时进行抛丸，完成工件表面清理和处理的机器。

6.2.13

抛丸清理室　airless blasting chamber, airless cleaning chamber

工件在室内装载机构上转动，同时进行抛丸，完成工件表面清理和处理的成套装置。

6.2.14

喷丸清理室　air blasting chamber, air cleaning chamber

工件在室内装载机构上转动，同时进行喷丸、完成工件表面清理和处理的成套装置。

6.2.15

喷丸器　airblast apparatus

利用压缩空气高速喷射弹丸的装置。

6.2.16

抛丸落砂清理设备　shot blasting knockout equipment

用抛丸器进行铸件落砂和表面清理、除芯，并同时完成旧砂再生和弹丸分离回收的设备。

6.2.17

抛射区域　blast pattern, projection zone

同一台设备上的单台或多台抛丸器所抛射出的保持有效状态的弹丸束流所覆盖的空间区域，不包括效力已经严重衰减的弹丸束流和零星迸溅弹丸所到达的区域。

6.2.18

抛射速度 projection velocity,throwing speed

弹丸脱离抛丸器叶片时的初始速度。

6.2.19

抛丸量 projection rate,throwing rate

抛丸器在单位时间内抛射出的弹丸总量。

6.2.20

喷丸量 spraying rate

喷丸器在单位时间内抛射出的弹丸总量。

6.2.21

斗式提升机 bucket elevator

利用均匀固接于无端牵引构件上的一系列料斗,竖向提升弹丸、砂等松散状态颗粒状物料的连续输送机械。

6.2.22

螺旋输送机 screw conveyor

利用螺旋片推进弹丸、砂等松散状态颗粒状物料的连续输送机械。

6.2.23

弹丸闸门 shot gate

位于流丸管出口端,开通或截止弹丸流出并调节流量的装置。

6.2.24

喷嘴 nozzle

安装在喷枪出口端,有预期要求形状、尺寸规格和耐磨性的器件。

6.2.25

喷枪 spraying gun

连接在喷丸管出口端,供作手持或夹持,以便控制丸流最终喷射方向的杆状器具。

6.2.26

弹丸循环系统 shot recirculation system

抛丸清理机中,实施按预期定量供给和回收弹丸的循环输送,并进行分离筛选处理的系统,通常由提升机、螺旋输送器、分离器、振动筛、料仓以及供丸系统等构成。

6.2.27

供丸系统 abrasive circulation system

清理设备中向抛丸器(或喷丸器的喷枪)供给弹丸的系统,通常由储丸斗(或喷丸器的下室及混合室)、弹丸闸门、溜(流)丸管和料位控制器等零部件构成。

6.2.28

工件承载体 holding fixture,workpiece carrier

装载工件并使工件按设定要求进行运动的装置。

6.2.29

辊道连续抛丸清理机 roller conveyor blast cleaning machine

由辊道连续输送工件,同时进行抛丸,完成工件表面清理和处理的机器。

6.2.30

转台抛丸清理机 rotary table shot blasting machine

利用转台承载工件回转,同时进行抛丸,完成工件表面清理和处理的机器。

6.2.31

吊链抛丸清理机　overhead hanger shot blasting machine

利用吊链吊挂工件连续移动并且工件自转，同时进行抛丸，完成工件表面清理和处理的机器。

6.2.32

机械手抛丸清理机　manipulator blast cleaning machine

利用机械手夹持工件并按设定要求进行运动，同时进行抛丸，完成工件表面清理和处理的机器。

6.2.33

台车抛丸清理机　bogie blast cleaning machine

利用带有转台的台车承载工件，转台进行回转，同时进行抛丸，完成工件表面清理和处理的机器。

6.2.34

吊钩抛丸清理机　hanger blast cleaning machine

利用单吊钩吊挂工件，吊钩进行自转，同时进行抛丸，完成工件表面清理和处理的机器。

6.2.35

多工位转台抛丸清理机　multiple-table blast cleaning machine，satellite-table shot blasting machine

利用大转台公转实行工位转换，在抛射工位工件随小转台自转，同时进行抛丸，完成工件表面清理和处理的机器。

7　金属型铸造设备

7.1　压铸

7.1.1

压铸机　diecasting machine

将熔融金属以高压(10 MPa～500 MPa)高速(0.5 m/s～120 m/s)瞬时(0.1 s～0.05 s)注射到铸型中，并在压力下凝固获得铸件的机器。

7.1.2

压铸单元　diecasting unit

压铸机与辅助装置形成的生产单元。

7.1.3

冷室压铸机　cold chamber diecasting machine

压射室和压射冲头不浸于熔融金属中，而将定量的熔融金属浇到压射室中，然后进行压射的一种压铸机。

7.1.4

卧式冷室压铸机　horizontal cold-chamber diecasting machine

压射冲头沿水平方向运动的冷室压铸机。

7.1.5

立式冷室压铸机　vertical cold-chamber diecasting machine

压射冲头沿垂直方向运动的冷室压铸机。

7.1.6

热室压铸机　hot-chamber diecasting machine

压射室和压射冲头浸于熔融金属内的压铸机，压射室经鹅颈管与压铸型的浇口连通。

7.1.7

合模力　clamping force，die locking force

压射时压铸机锁紧两半压铸型的力。

7.1.8

开模力　die opening force

在铸件凝固之后，压铸机使两半压铸型打开的力。

7.1.9

压射力　injection force

充型过程中，压射缸通过压射活塞传递到压射冲头上的力。

7.1.10

压射回程力　injection return force，injection return stroke force

作用在压射缸前腔，使压射活塞带动压射冲头退回到原位的力。

7.1.11

压射比压　injection pressure

充型结束时，压铸机的压射冲头作用于熔融金属单位面积上的压力。

7.1.12

最大投影面积　maximum projected area

压铸机允许铸件(包括浇注系统和排气溢流系统)在压铸型分型面上的最大正投影面积。

7.1.13

压室最大容量　maximum injection chamber volume

压铸机的压射室内允许浇入熔融金属的最大容量。用来衡量压铸机能压铸最大件的重量或确定一型中铸件数目。

7.1.14

合型机构　die closing mechanism

压铸机中，用来使动、定型开、合并防止该两半铸型在压射充型过程中分离的机构。

7.1.15

合型缸　closing cylinder，die close cylinder

压铸机中用于合型的液压油缸或气压缸，它可以直接使用或与曲柄连杆配合使用。

7.1.16

拉杆　tie dar

压铸机中将合型缸座和定型座板连在一起，给动型座板起导向作用并承受合型力的圆柱杆件。

7.1.17

定型安装板　stationary platen，fixed platen

压铸机中用于安装定型的构件，通常都与压射装置及机架连成一体。

7.1.18

动型安装板　moving platen，ejector die plate

压铸机中，由合型机构驱动的用于安装动型的构件。

7.1.19

压射机构　injection mechanism

压铸机中，把熔融金属从压射室压入铸型中并对正在凝固的金属施加压力的装置。

7.1.20

增压机构　pressure unit

充型结束时，压铸机中使作用于压射活塞上的压力进一步增高的机构。

7.1.21

压射室(压室)　pressure chamber，injection chamber

压铸机中容纳熔融金属的缸体，熔融金属由此受压经浇口压射入型腔。

7.1.22

压射缸　injection cylinder,shot cylinder

压铸机中用于压射熔融金属的一种液压缸。

7.1.23

压射冲头　injection plunger

压铸机中将压射室中的熔融金属压射入压铸型的柱塞。

7.1.24

压射活塞　injection piston

压铸机中处于压射缸中由液压推动作往复运动的零件。

7.1.25

冲头杆　plunger rod,injection rod

压铸机中将压射活塞和压射冲头连接起来的杆子。

7.1.26

反料柱塞　counter plunger

立式冷室压铸机中位于压射室底部的柱塞,此柱塞在压射前将浇道套的入口封闭,压射后将余料切断并顶出压射室。

7.1.27

曲柄连杆锁型装置　toggle linkage locking mechanism

压铸机中以一种肘关节形式的机构,由液压或气压驱动动型座板合型并使驱动力扩大很多倍,产生足够合型力的装置。

7.1.28

鹅颈管　gooseneck

在热室压铸机中,连接压铸型与浸在保温炉内压射室的鹅颈形管子。

7.1.29

辅助装置　auxiliary device

与压铸机主机相配合,可替代人工完成特定的生产工序,并可与主机实现一体化控制的专用机器。

7.1.30

自动浇铸机　automatic pouring machine,automatic filler

能够完成将金属液从炉中定量取出并运到浇铸口将其浇注到压室内的专用装置。

7.1.31

脱模剂自动配比压送机　automatic mixing carrier for parting agent

能够将脱模剂安设定比例与水进行混和并压送到自动喷雾机的专用装置。

7.1.32

自动喷雾机　automatic spraying machine

能够利用压缩空气将脱模剂雾化,定点定量地将其喷淋在模具各指定点和面的专用装置。

7.1.33

自动取件机　automatic capturor,automatic grabber

能够将压铸件从模具上抓住并取出运到指定位置后再将其释放,对铸件的完整度有一定识别功能的专用装置。

7.1.34

模温机　die temperature controller

配合主机和模具,通过液体循环和安设定在一定范围内自我调节,有效控制模具温度的专用装置。

7.1.35

真空机　vacuum machine

配合主机和模具，能够在特定的瞬间，使模具的型腔达到一定真空度的专用装置。

7.1.36

合开模行程　open-to-close stroke

动模固定板从合模极限位置行走至开模极限位置所产生的实际位移长度。

7.1.37

最大装模厚度　mixmum die feeding distance

在设备允许的调整范围内，处于合模状态下动模固定板与定模固定板之间能够产生的最大距离。

7.1.38

最小装模厚度　minimum die feeding distance

在设备允许的调整范围内，处于合模状态下动模固定板与定模固定板之间能够产生的最小距离。

7.1.39

慢速压射　slow injection

从压射初始至快速压射启始点之间(或没有加载快速压射动作的情况下)，从工艺上只起过渡作用的压射动作。

7.1.40

快速压射　rapid injection

承接慢速压射动作，利用蓄能器释放的能量瞬间加速的压射动作。

7.1.41

抛物线压射　parabola injection, para-curve injection

将慢速压射过程分为多段，逐段小范围提速，实现匀加速的动作效果。

7.1.42

压射速度　injection speed

压射过程中，压射冲头在单位时间内所产生的实际行程。

7.1.43

慢压射速度　slow injection speed

慢压射过程中，压射冲头在单位时间内所产生的实际行程。

7.1.44

快压射速度　rapid injection speed

快压射过程中，压射冲头在单位时间内所产生的实际行程。

7.1.45

最大压射空载速度　maxmum injection speed with idle load

压射性能指标之一，指在空载情况下快速压射动作能够产生的最快速度。

7.1.46

快速启始点　start point of rapid injection

压射过程中，根据所设定的位置启动快速压射动作的位置点。

7.1.47

快速建速时间　rapid injection build time

压射过程中，从快速压射启动至达到最大压射速度所需要的时间。单位为 ms。

7.1.48

压射增压(增压)　voltage increase, pressure increase

利用增压器将压射缸内的压力由额定常压瞬间提高的动作过程。

7.1.49

增压压力　increased pressure

利用增压器将局部压力提高,高于设备额定常压的压力即为增压压力。

7.1.50

增压建压时间　increased pressure build time

压射过程中,从压射增压启动至达到额定压力所需要的时间。单位为ms。

7.1.51

增压提前　voltage increase ahead of time

增压启动过早,当高速充型还没有完成时增压行程已经用完。

7.1.52

增压滞后　voltage increase delay

增压启动过迟,当快速充型结束前的瞬间压射缸内未能获额定的增压压力。

7.1.53

压射行程　injection stroke

压射冲头由压射回程极限位置运动至压射极限位置所产生的最大位移长度。

7.1.54

快速压射行程　rapid injection stroke

压射过程中,从快速压射启动至充型结束,压射冲头在此期间所产生的实际位移长度。

7.1.55

压射跟踪行程　injection tracking stroke

压射至极限位置时,压射冲头的端面突出定模固定板平面的实际长度。

7.1.56

压射跟踪速度　injection tracking speed

分型过程中,压射冲头推出料柄时的慢速压射速度。

7.1.57

超低速压铸　ultra-low speed die-casting

生产厚壁产品时,用低于0.05 m/s的压射速度将金属液射入模具型腔,充型完成时再启动增压补缩,达到层流充型高压补缩效果的压铸方法。

7.1.58

超低速压射　ultra-low speed injection

压射速度在0.05 m/s～0.03 m/s的情况下,能够平稳工作并具备足够充型能量的压射动作。

7.1.59

合模缸座　die-matching cylinder saddle

用于固定合模缸,通过曲肘机构连接动模固定板,与拉扛相配合实现装模厚度调整功能,并承受合模力的构件。

7.1.60

曲肘(扩力)机构　toggle joint mechanism

连接动模固定板与合模缸座,合模时能够将合模油缸输出的能量进行数倍放大的,具备曲张功能的肘形连杆机构。

7.1.61

顶出　push-out

由顶出油缸驱动的联接装置,将铸件从铸型的动型内脱离的动作。

7.1.62

顶出缸 push-out cylinder

通过联接装置，用于将铸件从铸型的动型内脱离的双向双作用油压缸。

7.1.63

顶出力 push-out force

顶出油缸在铸件从铸型的动型内脱离的过程中所产生的力(其最大顶出力由设备额定)。

7.1.64

顶回(顶出回程) push-out backhall

铸件顶出后，顶出油缸连同其联接装置复位的动作过程。

7.1.65

顶出板 push-out board

用于执行顶出缸的顶出、顶回动作，并传递顶出力，和可实现铸型顶杆提前复位的过渡板块。

7.1.66

液压抽插芯 hydraulic thrust set

由电液阀和油缸组成，配合模具，用于实现侧面分型动作的配套装置。

7.1.67

动芯 motion core

配合模具，用于实现动模部分侧面分型动作的配套装置。

7.1.68

定芯 setting core

配合模具，用于实现定模部分侧面分型动作的配套装置。

7.1.69

局部锻压功能 local forging function

利用液压抽插芯装置，配合特殊油缸对即将凝固的铸件实施小范围二次加压的电液控制程序。

7.2 金属型铸造

7.2.1

金属型铸造机 permanent mould casting machine，gravity die casting machine

采用金属型并以重力浇注熔融金属来生产铸件的机器。

7.2.2

手动金属型铸造机 hand-operated gravity die casting machine

以人力操纵机构而完成开合型动作的金属型铸造机。

7.2.3

杠杆式金属型铸造机 lever permanent mould casting machine

利用杠杆、曲柄连杆机构使金属型开合的一种手动金属型铸造机。

7.2.4

齿条式金属型铸造机 rack type permanent mould casting machine

利用齿轮、齿条传动使金属型开合的一种手动金属型铸造机。

7.2.5

螺杆式金属型铸造机 bolt type permanent mould casting machine

通过扳动手轮使螺母旋转，而使螺杆带动金属型开合的一种手动金属型铸造机。

7.2.6

机动金属型铸造机 mechanical permanent mould casting machine

借助气动、电动或液压装置完成金属型开合、抽芯等动作的金属型铸造机。

7.2.7

多工位金属型铸造机　multiple station permanent mould casting machine

在金属型单机机械化自动化基础上，由若干台金属型铸造机、按工序并由运输设备(或转盘)组合起来的机器。

7.2.8

金属型重力铸造流水线　permanent mould casting line

由金属型铸造机、浇注机、机械手、铸件运输机及热处理炉等组合起来的生产线。

7.3　离心铸造

7.3.1

离心铸造机　centrifugal casting machine

将熔融金属液浇入旋转的铸型(模具、型筒、管模或冷型)中，在离心力的作用下完成充填、凝固成形获得金属铸件的机器。

7.3.2

卧式离心铸造机　horizontal centrifugal casting machine

铸型(模具、管模、型筒或冷型)绕水平轴线旋转的离心铸造机。

7.3.3

悬臂型卧式离心铸造机　cantilever horizontal centrifugal casting machine

金属铸型呈悬臂状固定于机器主轴一(两)端或与主轴一(两)端相连接的法兰盘上的一种卧式离心铸造机。

7.3.4

托滚型卧式离心铸造机　riding-wheel horizontal centrifugal casting machine

通过四个托轮支撑并由其中一个(或两个)托轮依靠摩擦力驱动型筒(管模或冷型)绕水平轴线旋转的离心铸造机。

7.3.5

多工位托滚型卧式离心铸造机　multi-station riding-wheel horizontal centrifugal casting machine

在托滚型卧式离心铸造机机械自动化基础上，由两台以上的托滚型卧式离心铸造机、按工序铸型加热喷涂、取件清理及浇注成形等组合起来的机器。

7.3.6

托滚型斜卧式离心铸造机　riding-wheel slant centrifugal casting machine

通过四个托轮支撑并由其中一个(或两个)托轮依靠摩擦力驱动型筒(管模或冷型)绕与水平具有一定角度的轴线旋转的离心铸造机。

7.3.7

立式离心铸造机　vertical centrifugal casting machine

铸型绕垂直轴线旋转的离心铸造机。

7.3.8

主轴　spindle, axle

离心铸造机中用于承受铸型(模具、管模、型筒或冷型)载荷和驱动铸型(模具、管模、型筒或冷型)旋转的圆柱件。

7.3.9

法兰盘　ring flange, flange disk

悬臂型卧式离心铸造机或立式离心铸造机主轴端上用来安装铸型(模具)和检测离心机精度的构件。

7.3.10

铸型(模具) die

悬臂型卧式离心铸造机或立式离心铸造机中,固定于主轴上的法兰盘并获得工艺转速,承接金属液形成铸件的部件。

7.3.11

型筒(管模或冷型) pipe die

托滚型卧式离心铸造机或托滚型斜卧式离心铸造机中,通过托轮摩擦力获得工艺转速,承接金属液形成铸件的部件。

7.3.12

托轮 riding wheel

托滚型卧式离心铸造机中支撑并依靠摩擦力托动铸型旋转的零件。

7.3.13

喷涂装置 spray apparatus

托滚型卧式离心铸造机中,把涂料罐中的涂料,通入一定压力的空气,使其通过喷涂杆射流喷入具有一定温度的铸型内,完成涂料在铸型内壁涂挂的装置。

7.3.14

涂料罐 paint jar,lacquer can

托滚型卧式离心铸造机中,在盛有一定量的液体涂料中安装防止涂料沉淀的搅拌装置并通入一定压力的空气,使其通过喷涂杆射流喷入具有一定温度的铸型内的密闭罐状容器。

7.3.15

挂砂装置 overlap apparatus

托滚型卧式离心铸造机中,将覆膜砂均匀倾倒在具有一定温度的铸型内,完成覆膜砂在铸型内壁均匀敷挂的装置。

7.3.16

拔管机 tube drawing bench

托滚型卧式离心铸造机中,通过驱动装置实现自动从高温型筒(管模或冷型)内取出成形铸件的机器。

7.3.17

清理装置 cleaning apparatus

托滚型卧式离心铸造机中,将浇注后铸型内壁残余涂料通过钢丝刷清除干净的装置。

7.4 低压铸造

7.4.1

低压铸造机 low-pressure diecasting machine

将密封坩埚或熔池式反射保温炉内的熔融金属液,通过一定气压,按照工艺速度在工艺时间内,由升液管上升充填在安装于密封坩埚或熔池式反射保温炉上方的铸型内并结晶凝固获得金属铸件的机器。

7.4.2

坩埚密封盖 crucible sealing gasket

低压铸造保温炉装置的一部分,要求与坩埚以及升液管之间能密封配合,能承受模具或机架重力的一种工作台面。

7.4.3

升液管 tube

低压铸造中,吊装在密封坩埚(或熔池式反射保温炉)盖上,供熔融金属液上升填充铸型的管道。

7.4.4

合模力　mold matching force, mold clamping force

低压铸造时使金属型上模与下模相接合的力。

7.4.5

开模力　die sinking force, mould opening force

在铸件低压充型凝固之后,低压铸造机使金属型上模与下模相启开的力。

7.4.6

合模缸　closing cylinder, mold match cylinder

低压铸造机中用于金属型上模和下模相接合与启开的液压油缸。

7.4.7

插芯力　core insert force

低压铸造时使金属型芯头或芯子与铸型相接合的力。

7.4.8

抽芯力　core pull-out force

在铸件低压充型凝固之后,低压铸造机使金属型芯头或芯子与铸型相启开的力。

7.4.9

芯缸　core cylinder

低压铸造机中用于金属型芯头或芯子与铸型相接合与启开的液压油缸。

7.4.10

合模机构　mold match mechanism

低压铸造机中用于使金属型上模、下模接合、启开防止其在低压充型的过程中启开的机构。

7.4.11

下模板　lower bolster

低压铸造机中用于安装金属铸型下模的构件,通常与上模板、导柱连成一体。

7.4.12

动模板　movable platen

低压铸造机中用于安装金属铸型上模的构件,通常与合模缸相连并驱动其上下运动。

7.4.13

上模板　cope plate

低压铸造机中用于安装合模缸并与下模板、导柱组成框架的构件。

7.4.14

导柱　guide pillar

低压铸造机中将下模板和上模板连接在一起,给上模板起导向作用并承受开模力的圆柱杆件。

7.5　连续铸造

7.5.1

连续铸造机　continuous casting machine

将熔融金属不断浇入水冷金属型(结晶器)中,从结晶器的另一端连续拉出断面形状不变的铸坯的机器。

7.5.2

连续铸管机　continuous casting-pipe machine

生产管件的连续铸造机。

7.5.3

拉引装置　drawing device

连续铸管机上,用于从结晶器一端拉引出已凝固的铸坯或铸件的装置。

7.5.4

转浇杯　revolving pouring bush

以一定转速旋转的雨淋式浇口杯。

7.5.5

引管装置　tube guide device

安装在引管座上,能卡住管子承口将管子由结晶器内拉出的装置。

7.5.6

倒管机　tube falling machine

将自结晶器中拉出的红热管子从垂直状态放倒成水平状态的机器。

7.5.7

结晶器　crys tallizer

一种水冷的金属铸型或带水冷金属外套的石墨型,断面形状由连续铸造的铸件决定。

7.5.8

连续铸锭机　continuous ingot-casting-machine

生产铸锭的连续铸造机。

7.5.9

立式连续铸锭机　vertical continuous ingot-casting machine

一种垂直向下拉出铸锭的连续铸造机。

7.5.10

连续铸杆机　continuous rod-casting machine

生产金属棒材的连续铸造机。

7.5.11

连续铸带机　continuous strip-casting machine

生产金属带材的连续铸造机。

8　特种铸造设备

8.1　熔模铸造

8.1.1

蜡料熔化保温炉　fusion wax waintaining furnace

装有加热元件和温度计等控温元件的水浴炉,用来熔化保温蜡料。

8.1.2

机械搅蜡机　mechanical wax stirring machine

利用高速旋转的螺旋与蜡料摩擦及螺旋的压力产生温升,使石蜡、硬脂酸模料直接挤成糊状蜡料的机器。

8.1.3

手动压蜡枪　hand wax injection gun

以人工将糊状蜡料推压入压型的注入器。

8.1.4

气动压蜡机　air wax injection press

以压缩空气为动力,用于压制熔模的机器。

8.1.5

手动压蜡头　manual wax injection gun

使压蜡头对准压型的注入口，以手推压，使出蜡管与气动压蜡机的压送蜡料管道接通，将蜡料压入压型的注射器。

8.1.6

多工位自动压蜡机　multiple station automatic wax injection machine

在一转盘上均布地安装多个压型，在各位置上分别自动完成压蜡、冷却、开型、拔模、压型清理、闭合等工序的压蜡机。

8.1.7

热水脱蜡装置　hot water dewaxing device

将涂挂完毕并经硬化干燥后的模壳组放置于具有升降机构的和由钢丝绳吊挂的铁框中，然后沉浸于热水槽中，使模料熔化脱出型壳的装置。

8.1.8

悬链式制壳流水线　ceramic shell making trolley line

在悬链上悬挂模组，悬链运行一周，经历制壳过程中的上涂料、撒砂、干燥、硬化等工序，并重复若干次，直至获得一定厚度型壳的生产线。

8.1.9

沸腾撒砂装置　stucco fluidized bed

通入一定压力的空气，使盛砂桶内砂子处于悬浮状态而完成撒砂操作的装置。

8.2　**真空吸铸**

8.2.1

真空吸铸机　suction pouring machine

利用负压将熔融金属吸入铸型(结晶器)以生产金属铸件的机器。

8.2.2

吸铸头　suction pouring head

真空吸铸机上用的水冷结晶器，断面形状由真空吸铸的铸件决定。

汉 语 索 引

E

F

G

H

英 文 索 引

C

E

F

G

H

K

L

M

N

O

P

S

T

U

V

ICS 25.120.30
J 61

中华人民共和国国家标准

GB/T 25371—2010

铸造机械　噪声声压级测量方法

Foundry machinery—Measurement method of sound pressure level

2010-11-10 发布　　2011-03-01 实施

中华人民共和国国家质量监督检验检疫总局
中国国家标准化管理委员会　发布

前言

本标准的附录A是规范性附录,附录B、附录C是资料性附录。

本标准由中国机械工业联合会提出。

本标准由全国铸造机械标准化技术委员会(SAC/TC 186)归口。

本标准起草单位:济南铸造锻压机械研究所有限公司、济南铸造锻压机械研究所、青岛铸造机械集团公司、青岛青力环保设备有限公司、青岛中智达环保熔炼设备有限公司、青岛双星铸造机械有限公司。

本标准主要起草人:王德志、卢军、孙桂平、吴正涛、于仁先、段金挺、丁仁相。

铸造机械　噪声声压级测量方法

1　范围

本标准规定了标准辐射稳态噪声、辐射非稳态噪声和辐射周期性变化噪声的铸造机械的 A 声级测定方法。亦可按本方法测定频带声压级。

本标准适用于各类铸造机械的噪声测定。

2　规范性引用文件

下列文件中的条款通过本标准的引用而成为本标准的条款。凡是注日期的引用文件，其随后所有的修改单(不包括勘误的内容)或修订版均不适用于本标准，然而，鼓励根据本标准达成协议的各方研究是否可使用这些文件的最新版本。凡是不注日期的引用文件，其最新版本适用于本标准。

GB 3102.7　声学的量和单位

GB/T 3241　倍频程和分数倍频程滤波器

GB/T 3785—1983　声级计的电、声性能及测试方法

GB/T 3947　声学名词术语

JJG 176　声校准器检定规程

JJG 188　声级计检定规程

3　声学的术语、量和单位

本标准中使用的有关声学的术语、量和单位的名称与符号应符合 GB/T 3947 和 GB 3102.7 的规定。

4　测定项目

4.1　本标准测定项目为 A 声级或等效连续 A 声级。

4.2　按需要可选择一个或几个测点测定 63、125、250、500、1 000、2 000、4 000 和 8 000 Hz 八个倍频带声压级，这些测点一般是认为对分析噪声源有意义的测点。

5　测试的环境和修正值

5.1　测试环境要求和环境修正

5.1.1　满足本标准要求的为具有一个反射面(地面)的下列环境：

a)　具有坚硬反射面的平坦的室外开阔场地；

b)　符合 5.1.2 规定的 $S/S_v \leqslant 0.03$(环境修正值 $K_2 \leqslant 2.0$ dB)条件的各种大房间、车间或试验室。

5.1.2　在室内进行测量时，考虑到测试环境的反射声影响，需从测量结果中减去环境修正值 K_2，K_2，按公式(1)确定：

$$K_2 = 10\ \lg(1 + 20S/S_v) \quad \cdots\cdots(1)$$

式中：

K_2——环境修正值，单位分贝[dB(A)]；

S——终止于反射面地面的一个平行六面体的侧面和顶面的总面积，该平行六面体的每个面(底面除外)距被测铸造机械最近距离为 1 m(见图 1)，单位为平方米(m^2)；

S_v——测试房间的总表面积(天花板、墙壁和地面)，单位为平方米(m^2)。

K_2 也可由图 2 的曲线中查得。

要求 $S/S_v \leqslant 0.03$(即 $K_2 \leqslant 2.0$ dB),如果 $S/S_v > 0.03$(即 $K_2 > 2.0$ dB),将会引起修正值的误差,此时应将被测的铸造机械移到一个较大的房间或室外进行测量。

5.1.3　室外测量时,风速不应超过 6 m/s(相当于 4 级风),传声器应使用风罩。

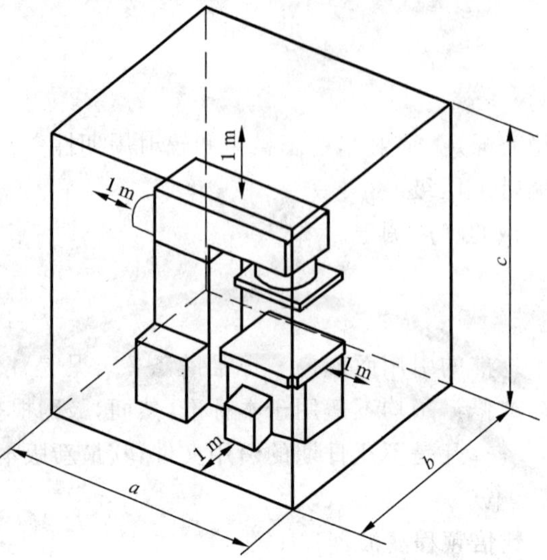

图 1

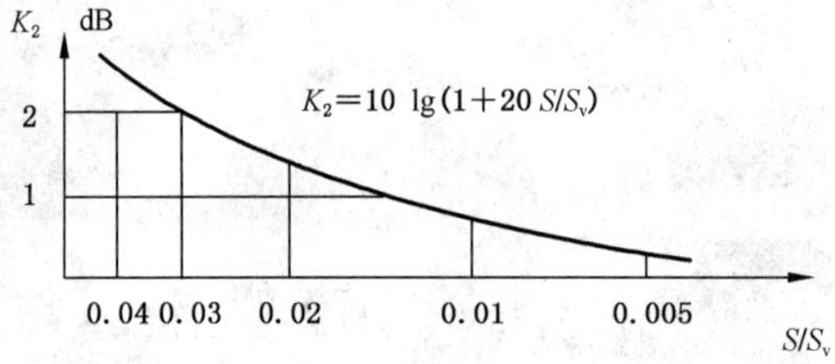

图 2

5.2　背景噪声要求及背景噪声修正

5.2.1　测量应在安静的环境中进行。在整个测量过程中,要求背景噪声的 A 声级或倍频声压级比被测铸造机械运转时相应测得的 A 声级或倍频带声压级最好低 10.0 dB 以上,至少要低 3.0 dB,否则应停止测量,设法降低背景噪声后再测。

5.2.2　若各测点所测得的铸造机械运转噪声和背景噪声之差在 3.0 dB~10.0 dB 之间,则所测得的结果需进行背景噪声修正。背景噪声修正值 K_1 按表 1 求得。

表 1　背景噪声修正值　　单位为分贝

铸造机械运转时测得的声压级与背景噪声声压级之差	应从运转时的声压级测量值中减去的背景噪声修正值 K_1
3.0	3.0
4.0	2.0
5.0	
6.0	1.0
7.0	
8.0	
9.0	0.5
10.0	
>10.0	0

6 测量仪器

6.1 声级计

使用符合 GB/T 3785—1983 中规定的 1 型声级计，也可使用与其准确度相当的其他测试仪器。为了减少观测者对测量的影响，声级计或其他测试仪器与传声器之间最好使用延伸电缆或延伸杆。

6.2 倍频或 1/3 倍频程滤波器

使用的倍频和 1/3 倍频程滤波器应符合 GB/T 3241 规定的要求。

6.3 校准用仪器

每次测量前后应使用准确度不低于±0.5 dB 的活塞发声器或声级校准器对整个测量系统(包括电缆)进行校准。如果测量前后的校准值相差超过 1.0 dB 时，则测量无效。

6.4 仪器的检定

所有用于测量和校准的仪器应作定期检定，以保证测量仪器的准确度。声级计和其他测试仪器的检定应符合 JJG 188 的规定。声级校准器的检定应符合 JJG 176 的规定。

7 被测铸造机械的安装和运转条件

7.1 被测铸造机械应按说明书规定的正常使用情况固定在反射平面上。一般平坦的混凝土或无较大裂缝的柏油地面可作为反射平面。如反射面不是地平面，则必须保证反射面物体不会由于振动而辐射影响测量的附加噪声。

注：如果附加噪声的声压级大于被测机械的噪声声压级，或虽小于被测铸造机械的噪声声压级但其差值在 10 dB 以内，则视为影响测量。

7.2 测量地点应避免反射声的影响，被测铸造机械与除地面以外的其他任何反射物体的距离须在 2.0 m 以上。如墙壁或反射物体经过了一定的声学处理，该距离也可适当缩小。

7.3 对于可以在任意高度上吊式安装的铸造机械，安装点距离地面的高度取 1.5 m。如需利用专用支架，支架应牢固地固定在反射面上，并保证支架体不会由于被测铸造机械的运转而产生影响测量的附加噪声。

7.4 被测铸造机械及其辅助装置应在额定使用的压缩空气压力、工作油压或额定转速的实际工况下空运转。根据实际情况(或各方协议)也可选择以下的工作状况，但必须规定条件并在测量报告中详细记录：

a) 在规定的负载下；

b) 在全负载下；

c) 在辐射噪声最大的工作状况下；

d) 在模拟负载的工作状况下。

7.5 连续运转的铸造机械应在连续稳定运转正常后开始测量工作。对于非连续运转的铸造机械(如压铸机、射芯机、造型机等)，应按产品说明书规定的生产率调整运转周期，待运转正常后开始测量工作。

7.6 被测铸造机械所有可移动的可调部件应处于调整范围的中间位置。

7.7 被测铸造机械的投入运转的所有运动部件，一般均应处于运动状态。

7.8 如辅助装置与主机同时发声且非刚性联接，经预选测试确认不辐射影响测量的噪声(声压级小于主机 10.0 dB 以上)，则最好将其移出测点轨迹环绕的范围之外。

7.9 随机安装或提供的，并在使用说明书中明确规定的吸声、消音及隔振等元件或装置，应安装在相应位置上。

8 测量方法

8.1 测点选择

8.1.1 测点距离地面的高度一般应取 1.5 m。在被测铸造机械高度小于 1.0 m 的情况下，测点高度取 1.0 m。

8.1.2 测点应在距被测铸造机械周边 1.0 m 所环绕的水平轨迹上选取(参见附录 B)。测点数不应少于 4 点,两相邻测点间的距离一般小于 2.0 m。为简化被测铸造机械周边形状,可忽略机器上的对噪声测量不会带来较大影响的个别突起物。

8.1.3 辅助装置离主机 2.0 m 以上时,应分开各自测量。

8.2 校准声级计

8.2.1 测量前先校准声级计,检查电源电压。

8.2.2 测量后需再次校准声级计,如误差超过 6.3 的规定,应重新测量。

8.3 测量

8.3.1 声级计取 A 计权网络。如需做倍频带声压级测量时,频率计权位置按声级计使用说明书放置,时间计权一律使用"慢"档。声级计的传声器应指向被测铸造机械。

8.3.2 在被测铸造机械不运转的情况下,任选测点中的一点,测量其背景噪声的 A 声级或倍频带声压级。

8.3.3 被测铸造机械按 7.4 的规定稳定运转后,测量每个测点上的 A 声级或倍频带声压级,对每个测点的测量次数不应少于 4 次。如某一测点测得的最大和最小声压级之差大于 2.0 dB,需适当增加在该点的测量次数。

8.3.4 当在观察时间内声级计表头读数波动幅度不大于±3.0 dB 时,读表时则取最大和最小示值的平均值为测量值(可不考虑偶然出现的过大或过小值),观察时间不应少于 10 s。

8.3.5 当观察时间内声级计表头读数波动幅度大于或等于±3.0 dB,即被测铸造机械辐射非稳态噪声时,应使用积分声级计进行测量,观察时间不应少于 10 s。

8.3.6 对于辐射周期性变化噪声的铸造机械(如射芯机、压铸机、震压造型机等),应使用积分声级计测取等效连续 A 声级,观察时间不少于机器工作的 2 个循环周期。也可测量一个周期内的各不同 A 声级和相应的持续时间,然后计算等效 A 声级(见附录 A)。但考虑测量工作大和影响测量精度原因,本标准建议最好不采用计算方法。仲裁检验时应使用积分声级计。

注:① 如不使用积分声级计,为简化测量,每个测点的测量次数可为 2 次。

② 如持续时间很短,不易测量时,可参考该机器的循环周期表或以合理计算出的值做依据。

8.3.7 传声器附近 1.0 m 的范围内不应有任何声反射物体,1.0 m 以外的反射物也不应由于振动而引起明显的噪声(如料斗、铁板等薄壁物体)。测点轨迹环绕的范围内不应有任何声吸收物体。传声器避免直接受压缩空气的影响。

8.3.8 测量人员应尽量远离声场,观测者和机器操作者与传声器之间的距离至少在 0.5 m 以上。

8.3.9 测量过程中应随时检查被测铸造机械所使用的压缩空气和工作油压,以压力表示值为据,气压波动值不应大于使用压力的 3%,液压波动值不应大于使用压力的 5%。

9 记录方式和数据处理

9.1 在测量结果中,应画出被测铸造机械和测点位置简图。必要时画出测量环境简图。并按附录 C 中 C.1 章记录测量时的条件。

9.2 将背景噪声和各测点实测值记入附录 C 中 C.1 章表格中。

9.3 对每个测点中的实测值做算术平均值计算。

9.4 按 5.2.2 规定进行背景噪声修正。

9.5 经背景噪声修正后的各测点的 A 声级按式(2)计算平均值:

$$\overline{L_{A}} = 10\lg\frac{1}{n}(10^{L_1/10} + 10^{L_2/10} + \cdots + 10^{L_n/10}) \qquad \cdots\cdots(2)$$

式中：

$\overline{L_A}$——平均 A 声级，单位为分贝[dB(A)](基准值为 20 μPa)；

$L_1, L_2, \cdots, L_n$——背景噪声修正后的各测点的 A 声级，单位为分贝[dB(A)](基准值为 20 μPa)；

n——测点数。

若各测点经背景噪声修正后的 A 声级最大差值不超过 5.0 dB(A)时，可按计算平均$\overline{L_A}$。

9.6 对于非稳态噪声和周期性变化噪声，用积分声级计可直接得到结果，并参照 9.3～9.5 规定的方法和顺序分别计算各测点等效连续 A 声级的平均值$\overline{L_{eq}}$。如无积分声级计，应将每测点测得的变化的各不同 A 声级分别按 9.3～9.5 规定的方法和顺序计算各平均值，然后按附录 A 的方法确定$\overline{L_{eq}}$。

9.7 做倍频带声压级测量时，需将在各典型测点所测得的各频带声压级参照 9.3～9.5 的方法和顺序分别计算 8 个倍频带声压级平均值$\overline{L_p}$。

9.8 按 5.1.2 规定进行环境修正，按公式(3)或公式(4)或公式(5)计算 A 声级 L_A 或等效连续 A 声级 L_{eq} 或 8 个倍频带声压级 L_p：

$$L_A = \overline{L_A} - K_2 \text{（基准值为 20 μPa）} \quad \cdots\cdots(3)$$

$$L_{eq} = \overline{L_{eq}} - K_2 \text{（基准值为 20 μPa）} \quad \cdots\cdots(4)$$

$$L_p = \overline{L_p} - K_2 \text{（基准值为 20 μPa）} \quad \cdots\cdots(5)$$

9.9 测量结果的最后表达形式为：

a) 在符合 7.4 规定的运行条件下，被测铸造机械的 A 声级 L_A，dB(A)(基准值为 20 μPa)。

b) 在符合 7.4 规定的运行条件下，被测铸造机械的等效连续 A 声级 L_{eq}，dB(A)(基准值为 20 μPa)，并应记录最大 A 声级值及持续时间作参考。

c) 需做倍频带声压级测量的典型测点的 8 个倍频带声压级 L_p，dB(A)(基准值为 20 μPa)。

10 报告内容

10.1 噪声测定的报告形式参见附录 C 中 C.2。

10.2 应申明噪声测定是按本标准规定的方法进行的。

10.3 应注明被测铸造机械的有关情况：

a) 型号、名称、规格、出厂编号、制造日期和制造厂；

b) 被测铸造机械的额定工况和噪声测定时的实际工况。

10.4 报告所测定的结果(A 声级，或等效连续 A 声级，或根据需要测定的 8 个倍频带声压级)。

10.5 测量人员、审核人员、测定报告发出单位及日期。

附 录 A
（规范性附录）
等效连续A声级的确定方法

A.1 概述

等效连续A声级的概念是：根据等能量观点，将声场中某一位置上的，在某一段时间内间歇暴露的几个不同A声级，用一个在这段时间内其能量与间歇暴露的不同A声级总能量相等的连续稳态A声级来表示，这个声级就是等效连续A声级。等效连续A声级等于一定时间 T 内A声级 L_{pA} 按能量的平均值，A声级按公式（A.1）计算：

$$L_{eq \cdot T}=10\ \lg\left[\frac{1}{T}\int_{0}^{T}10^{0.1L_{pA}}\,\mathrm{d}T\right] \qquad \cdots\cdots(A.1)$$

式中：

$L_{eq \cdot T}$——T 内A声级，单位为分贝[dB(A)]（基准值为20 μPa）；

T——某段总时间；

L_{pA}——声级变化的瞬间值，单位为分贝[dB(A)]（基准值为20 μPa）。

A.2 等效连续A声级的确定方法

A.2.1 等效连续A声级可用积分声级计测得，也可用计算方法求得。

A.2.2 计算方法按公式（A.2）。

$$\overline{L_{eq}}=10\ \lg\frac{1}{T}\left[\sum\Delta T_{i}\times10^{0.1\overline{L_{pAi}}}\right] \qquad \cdots\cdots(A.2)$$

式中：

$\overline{L_{eq}}$——等效连续A声级（各测点的平均值），单位为分贝[dB(A)]（基准值为20 μPa）；

T——某段总时间；

ΔT_i——某一A声级的持续时间（各测点的平均值）；

$\overline{L_{pAi}}$——某一A声级值（各测点的平均值），单位为分贝[dB(A)]（基准值为20 μPa）。

A.2.3 利用诺模图，见图A.1。

求法如下：

a) 在某一时间 ΔT_i（s或min）内读A声级 $\overline{L_{pAi}}$（均为各测点的平均值），分别标于诺模图的右尺及左尺。

b) 将左尺上标示的dB(A)与右尺上标示的 T 相连，在中尺上截得 f 值。

c) 机器工作循环中的每一不同阶段或不稳定噪声的每一时刻都会有各自的 f 值，将各 f 值相加再乘以（480/以"min"计算的采样时间），得到 $f_{修正}$。

d) 由中尺右边的 $f_{修正}$ 值即可得到中尺左边所示的等效连续A声级（为各测点的平均值 $\overline{L_{eq}}$），（基准值为20 μPa）。

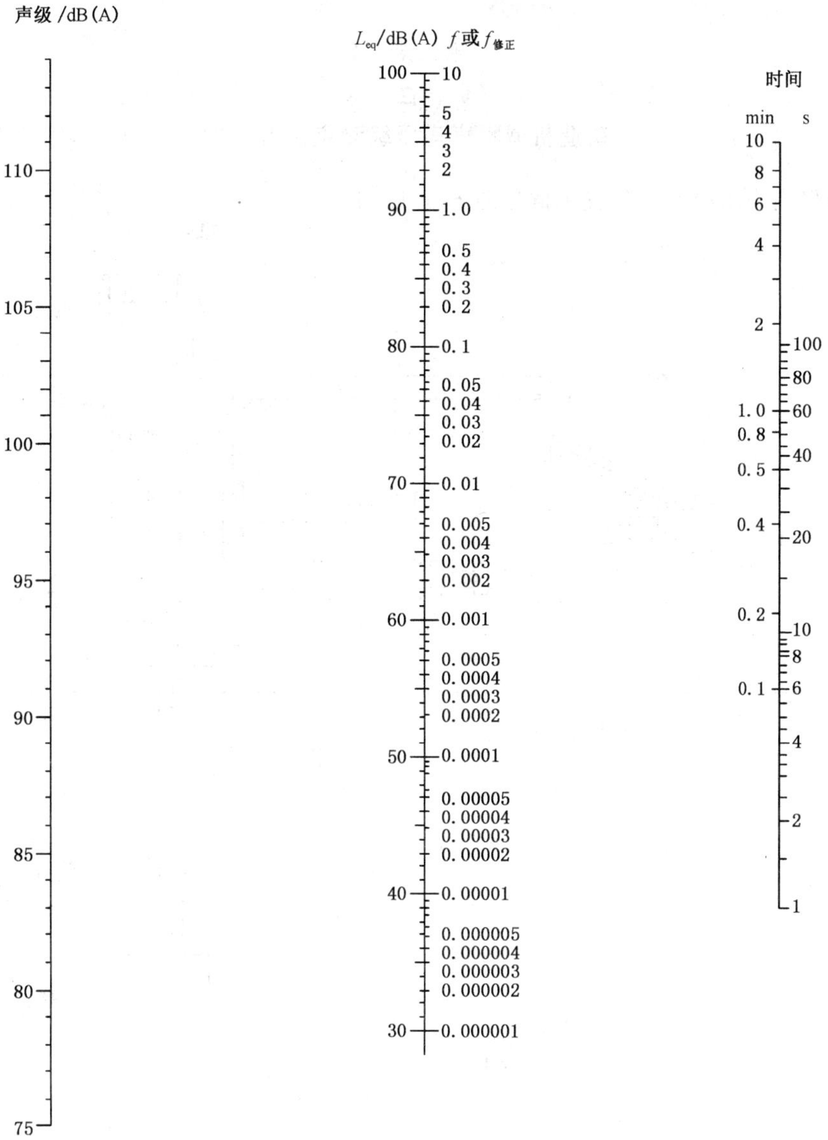

图 A.1 确定等效连续 A 声级的诺模图

附　录　B
（资料性附录）
铸造机械噪声声压级测点位置示例

B.1　铸造机械噪声声压级测点位置示例见图 B.1、图 B.2。

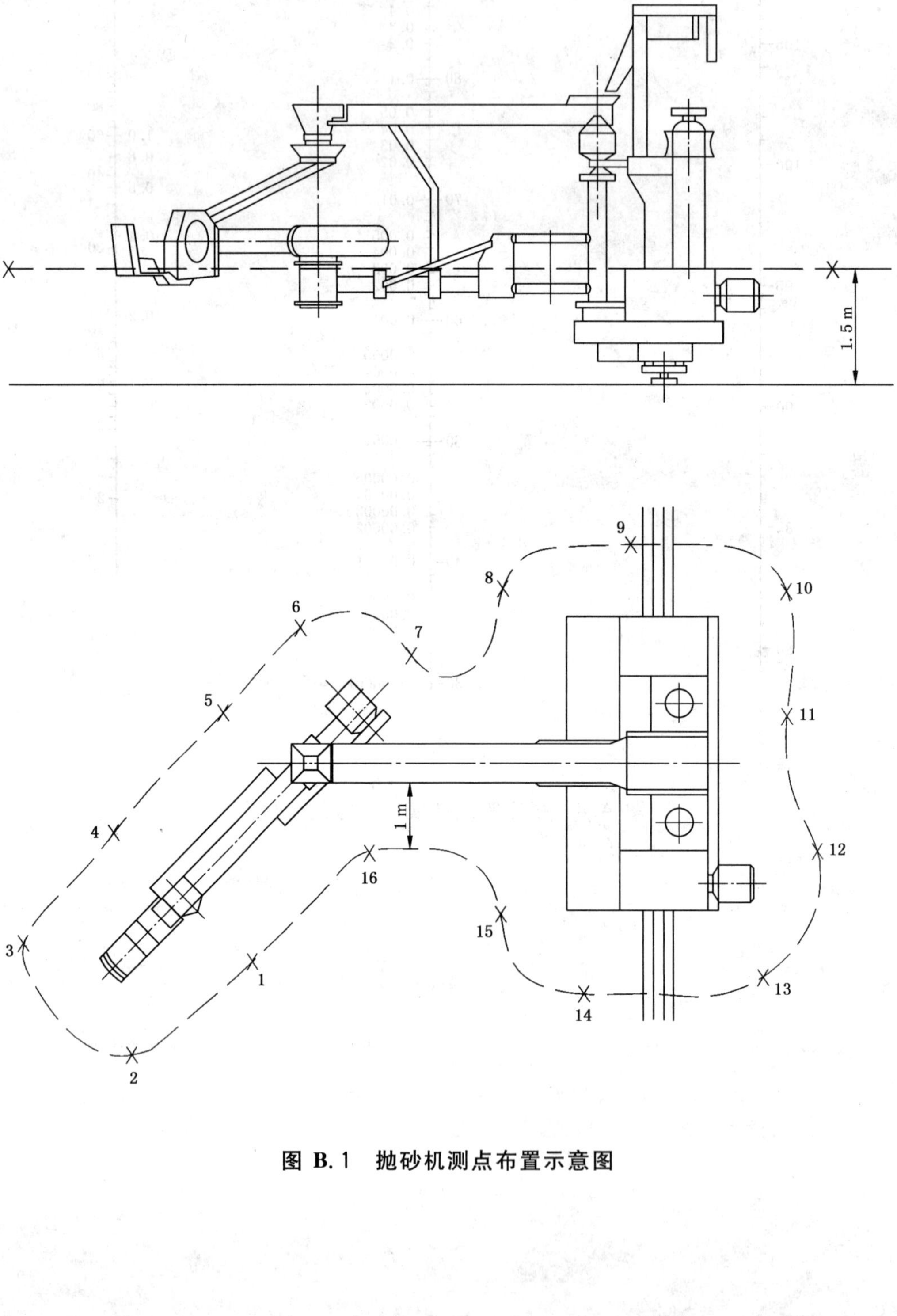

图 B.1　抛砂机测点布置示意图

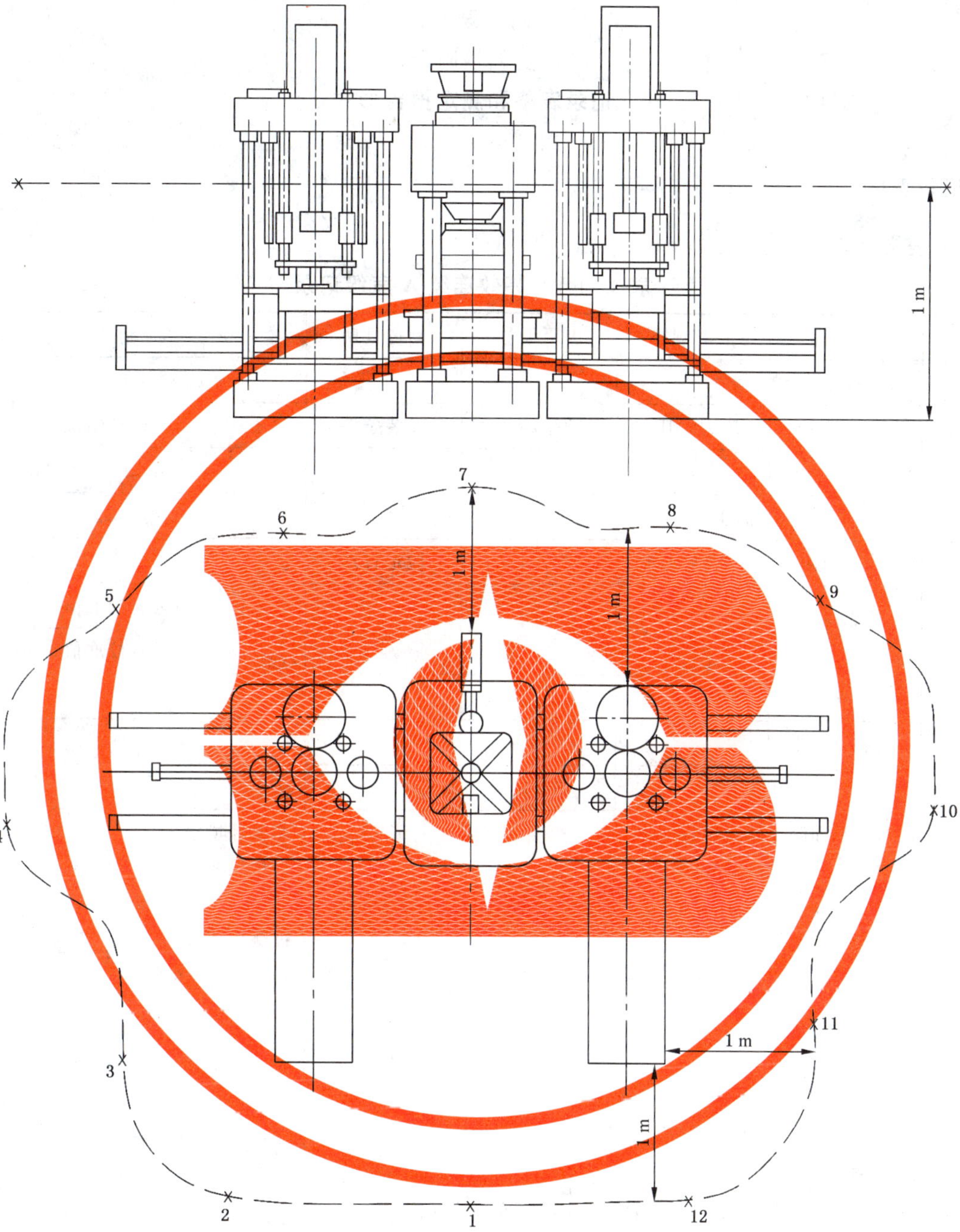

图 B.2 二工位热芯盒射芯视图点布置示意图

附　录　C
（资料性附录）
记录表格和测定报告形式

C.1　记录表格

记录表格见表 C.1。

表 C.1-1　等效连续 A 声级记录

	名　称	型号和规格	出厂编号	制造日期	制造厂
被测机器					
	转速/(r/min)	压力/MPa	功率/kW	安装条件	运转情况
		气压：			
		油压：			

	名　称	型　号	生产厂	检定日期	备　注
测量仪器	声级计				测量前校准值　dB
					测量后校准值　dB
	滤波器				
	活塞发声器				

测量环境，机器安装和测点位置示意图：	测量环境描述： 厂房尺寸(m) 长____宽____高____ S_v ____ 被测机器尺寸(m) 长(l_1)____宽(l_2)____高(l_3)____ $S=ab+2ac+2bc=$ 式中： $a=l_1+2, b=l_2+2, c=l_3+1$

	测点	距离 m	高度 m	A 声级　dB(A)					背景噪声 dB(A)	背景噪声修正值 K_3 dB(A)	背景噪声修正后 A 声级 L_i dB(A)
				第一次	第二次	第三次	第四次	平均			
记录数据	1										
	2										
	3										
	4										
	⋮										
	n										

计算平均 A 声级 $\overline{L_A}$	计算结果	环境修正值 K_2/dB(A)	被测机器 A 声级/dB(A)
$\overline{L_A}=10\lg\frac{1}{n}(10^{L_1/10}+10^{L_2/10}+\cdots+10^{L_n/10})$			$L_A=\overline{L_A}-K_2=$

表 C.1-1（续）

	测点	A 声级 L_{pA1}/持续时间 ΔT_1				A 声级 L_{pA2}/持续时间 ΔT_2				A 声级 L_{pA3}/持续时间 ΔT_3				…
		第一次	第二次	平均	背景噪声修正后的 A 声级	第一次	第二次	平均	背景噪声修正后的 A 声级	第一次	第二次	平均	背景噪声修正后的 A 声级	
记录数据	1													
	2													
	3													
	4													
	5													
	6													
	7													
	8													
	9													
	10													
	n													
平均值														

采样时间（机器每一工作循环总时间）T		最大 A 声级值	最大 A 声级的持续时间
计算等效连续 A 声级 $\overline{L_{eq}}$	计算结果	环境修正值 K_2/dB(A)	被测机器等效连续 A 声级/dB(A)
$\overline{L_{eq}}=10\ \lg\frac{1}{n}[\sum\Delta T_i\times10^{0.1\overline{L_{pAi}}}]$			$L_{eq}=\overline{L_{eq}}-K_2=$

表 C.1-2 倍频带声压级记录

	测点	距离 m	高度 m	倍频带声压级/dB							
				中心频率/Hz							
记录数据	背景噪声			63	125	250	500	1 000	2 000	4 000	8 000
备注：											

测量地点________ 测量者________ 测量日期________

C.2 测定报告形式

测定报告形式见表 C.2。

表 C.2

<table>
<tr><td>机器型号、名称</td><td colspan="3"></td><td colspan="3">出厂编号</td><td colspan="4"></td></tr>
<tr><td>机器规格</td><td colspan="3"></td><td colspan="3">制造日期</td><td colspan="4"></td></tr>
<tr><td>制造厂</td><td colspan="10"></td></tr>
<tr><td>项　目</td><td colspan="3">额定工况</td><td colspan="7">噪声测定工况</td></tr>
<tr><td>转速/(r/min)</td><td colspan="3"></td><td colspan="7"></td></tr>
<tr><td>功率/kW</td><td colspan="3"></td><td colspan="7"></td></tr>
<tr><td>气压压力/MPa</td><td colspan="3"></td><td colspan="7"></td></tr>
<tr><td>液压压力/MPa</td><td colspan="3"></td><td colspan="7"></td></tr>
<tr><td>运转情况</td><td colspan="10"></td></tr>
<tr><td rowspan="3">声压级/dB
(基准声压 20 μPa)</td><td>A 声级
dB(A)</td><td>等效连续
A 声级
dB(A)</td><td colspan="8">倍频程中心频率/Hz</td></tr>
<tr><td></td><td></td><td>63</td><td>125</td><td>250</td><td>500</td><td>1 000</td><td>2 000</td><td>4 000</td><td>8 000</td></tr>
<tr><td></td><td></td><td></td><td></td><td></td><td></td><td></td><td></td><td></td><td></td></tr>
<tr><td>测量人员</td><td colspan="6"></td><td>日期</td><td colspan="3"></td></tr>
<tr><td>审 核 者</td><td colspan="6"></td><td>日期</td><td colspan="3"></td></tr>
<tr><td colspan="11">测定报告单位(公章)

年　月　日</td></tr>
</table>

ICS 25.080.10
J 50

中华人民共和国国家标准

GB/T 25372—2010

金属切削机床　精度分级

Metal-cutting machine tools—Accuracy grade

2010-11-10 发布　　　　2011-03-01 实施

中华人民共和国国家质量监督检验检疫总局
中国国家标准化管理委员会　发布

前　言

本标准由中国机械工业联合会提出。

本标准由全国金属切削机床标准化技术委员会(SAC/TC 22)归口。

本标准起草单位:四川长征机床集团有限公司、北京机床研究所。

本标准主要起草人:王晓慧、徐中行、李祥文。

金属切削机床　精度分级

1　范围

本标准规定了各类金属切削机床的精度级别。

本标准适用于金属切削机床(以下简称机床)。

2　规范性引用文件

下列文件中的条款通过本标准的引用而成为本标准的条款。凡是注日期的引用文件,其随后所有的修改单(不包括勘误的内容)或修订版均不适用于本标准,然而,鼓励根据本标准达成协议的各方研究是否可使用这些文件的最新版本。凡是不注日期的引用文件,其最新版本适用于本标准。

GB/T 1184—1996　形状和位置公差 未注公差值(eqv ISO 2768-2:1989)

GB/T 1800.1—2009　产品几何技术规范(GPS)极限与配合　第1部分:公差、偏差和配合的基础(ISO 286-1:1988,MOD)

GB/T 2363—1990　小模数渐开线圆柱齿轮精度

GB/T 10095.1—2008　圆柱齿轮　精度制　第1部分:轮齿同侧齿面偏差的定义和允许值(ISO 1328-1:1995,IDT)

GB/T 10095.2—2008　圆柱齿轮　精度制　第2部分:径向综合偏差与径向跳动的定义和允许值(ISO 1328-2:1997,IDT)

3　机床精度分级的原则

3.1　根据被加工工件的加工精度要求,机床按绝对分级法分为六个绝对精度等级,分别用罗马数字Ⅵ、Ⅴ、Ⅳ、Ⅲ、Ⅱ、Ⅰ表示,Ⅵ级精度最低,Ⅰ级精度最高。

3.2　具体到各类型机床,则应在绝对精度等级的基础上,按相对分级法分为三个相对精度等级,分别用汉语拼音字母P、M、G表示:

P——普通级(读音为"普",在型号中P省略);

M——精密级(读音为"密");

G——高精度(读音为"高")。

3.3　各类型机床可根据具体情况,确定一个、两个或三个相对精度等级。

3.4　P级精度的机床,其精度指标应与现行相应的国际标准或国外先进标准的技术水平相当。

3.5　P级精度的圆柱加工面机床,其尺寸公差达到GB/T 1800.1—2009规定的IT6至IT7的加工精度,圆度、圆柱度达到GB/T 1184—1996规定的8级加工精度,一般应对应绝对精度等级Ⅴ级(例如卧式车床)。

3.6　P级精度的平面加工机床,平面度、垂直度如能达到GB/T 1184—1996规定的6级至7级的形位公差的加工精度,一般应对应绝对精度等级Ⅴ级(例如升降台铣床)。

3.7　P级精度的齿形面加工机床,如能达到GB/T 2363—1990或GB/T 10095.1—2008和GB/T 10095.2—2008规定的6级至7级齿轮公差的加工精度,一般应对应绝对精度等级Ⅴ级(例如插齿机)。

3.8　从Ⅵ级至Ⅴ级、Ⅴ级至Ⅳ级、Ⅳ级至Ⅲ级、Ⅲ级至Ⅱ级、Ⅱ级至Ⅰ级精度的机床,其精度标准中工作精度检验项目的允差值,应按照加工对象精度的要求,确定其相邻绝对精度等级机床工作精度检验项目允差值之比。

3.9 几何精度检验项目中对工作精度有直接影响的项目，其允差值之比至少应与确定工作精度检验项目允差值之比相同(一般为1.6)；几何精度检验项目中对工作精度影响小的项目，其允差值之比可小于对工作精度有直接影响的项目之比(一般为1.25)。

4 机床精度的分级

各类型机床的精度分级，一般应符合表1至表7的规定。

注1：表中未列出的机床，以及由于技术进步而发展的新型机床，可根据本标准中的精度分级原则，进行精度分级。

注2：低于普通精度级或高于高精度级的机床产品，可根据用户的需要发展。

表1 车床

机床类型	机床的绝对精度等级					
	Ⅵ	Ⅴ	Ⅳ	Ⅲ	Ⅱ	Ⅰ
	机床的相对精度等级					
单轴纵切自动车床			P	M		
单轴转塔自动车床		P				
多轴自动、半自动车床		P				
立式车床		P	M			
落地车床		P				
卧式车床		P	M	G		
仿形车床		P				
多刀车床		P				
转塔车床		P				
丝杠车床			P	M		
铲齿车床			P	M		

表2 铣床

机床类型	机床的绝对精度等级					
	Ⅵ	Ⅴ	Ⅳ	Ⅲ	Ⅱ	Ⅰ
	机床的相对精度等级					
龙门铣床		P	M			
平面铣床		P	M			
仿形铣床		P				
升降台铣床		P	M			
摇臂铣床		P				
床身铣床		P	M	G		
万能工具铣床		P	M	G		
花键轴铣床		P				
刻模铣床		P				

表 3　镗床

机床类型	机床的绝对精度等级					
	Ⅵ	Ⅴ	Ⅳ	Ⅲ	Ⅱ	Ⅰ
	机床的相对精度等级					
立式镗床		P	M			
卧式铣镗床		P	M			
落地镗床		P				
坐标镗床				P	M	
刨台卧式铣镗床		P	M			
落地铣镗床		P	M			
卧式精镗床			P			
立式精镗床			P			

表 4　磨床

机床类型	机床的绝对精度等级					
	Ⅵ	Ⅴ	Ⅳ	Ⅲ	Ⅱ	Ⅰ
	机床的相对精度等级					
导轨磨床			P	M	G	
万能工具磨床			P	M	G	
卧轴矩台平面磨床			P	M	G	
立轴矩台平面磨床			P	M		
卧轴圆台平面磨床			P	M	G	
立轴圆台平面磨床			P	M		
龙门平面磨床			P	M		
坐标磨床				P	M	
无心外圆磨床			P	M	G	
外圆磨床			P	M	G	
内圆磨床			P	M	G	
螺纹磨床				P	M	

表 5　钻床

机床类型	机床的绝对精度等级					
	Ⅵ	Ⅴ	Ⅳ	Ⅲ	Ⅱ	Ⅰ
	机床的相对精度等级					
摇臂钻床		P				
立式钻床		P				
台式钻床		P				
卧式钻床		P				

表 6　齿轮机床

机床类型	机床的绝对精度等级					
	Ⅵ	Ⅴ	Ⅳ	Ⅲ	Ⅱ	Ⅰ
	机床的相对精度等级					
滚齿机		P	M	G		
剃齿机			P	M		
插齿机		P	M			
碟形砂轮磨齿机				P		
锥形砂轮磨齿机			P	M		
蜗杆砂轮磨齿机				P	M	
成形砂轮磨齿机			P	M		
大平面砂轮磨齿机					P	
摆线齿轮磨齿机			P			
弧齿锥齿轮磨齿机			P	M		
弧齿锥齿轮铣齿机		P	M			
直齿锥齿轮刨齿机		P	M			

表 7　其他类机床

机床类型	机床的绝对精度等级					
	Ⅵ	Ⅴ	Ⅳ	Ⅲ	Ⅱ	Ⅰ
	机床的相对精度等级					
加工中心		P	M	G		
复合机床		P	M	G		

表 7（续）

机床类型	机床的绝对精度等级					
	Ⅵ	Ⅴ	Ⅳ	Ⅲ	Ⅱ	Ⅰ
	机床的相对精度等级					
组合机床		P	M			
圆刻线机				P	M	
长刻线机				P	M	
悬臂及龙门刨床		P				
牛头刨床		P				
插床		P				
侧拉床		P				
立式内拉床		P				
卧式内拉床		P				
立式外拉床		P	M			
带锯床	P					
圆锯床		P				

ICS 25.080.01
J 50

GB

中华人民共和国国家标准

GB/T 25373—2010

金属切削机床　装配通用技术条件

Metal-cutting machine tools—General specifications of assembling

2010-11-10 发布　　2011-03-01 实施

中华人民共和国国家质量监督检验检疫总局
中国国家标准化管理委员会　发布

前　言

本标准由中国机械工业联合会提出。

本标准由全国金属切削机床标准化技术委员会(SAC/TC 22)归口。

本标准起草单位:北京第一机床厂、北京机床研究所。

本标准主要起草人:胡瑞琳、刘宇凌、李祥文。

金属切削机床　装配通用技术条件

1　范围

本标准规定了金属切削机床装配过程中的技术要求。

本标准适用于金属切削机床(以下简称机床)部(组)件的装配和整机的装配。

2　规范性引用文件

下列文件中的条款通过本标准的引用而成为本标准的条款。凡是注日期的引用文件,其随后所有的修改单(不包括勘误的内容)或修订版均不适用于本标准,然而,鼓励根据本标准达成协议的各方研究是否可使用这些文件的最新版本。凡是不注日期的引用文件,其最新版本适用于本标准。

GB 5226.1　机械安全　机械电气设备　第1部分:通用技术条件(GB 5226.1—2002,IEC 60204-1:2000,IDT)

GB/T 6576　机床润滑系统(GB/T 6576—2002,eqv ISO 5170:1977)

GB/T 7932　气动系统通用技术条件(GB/T 7932—2003,ISO 4414:1998,IDT)

GB/T 9061　金属切削机床　通用技术条件

GB 15760　金属切削机床　安全防护通用技术条件

GB/T 23572　金属切削机床　液压系统通用技术条件

GB/T 23575　金属切削机床　圆锥表面涂色法检验及评定

GB/T 25374　金属切削机床　清洁度的测量方法

GB/T 25375　金属切削机床　结合面涂色法检验及评定

JB/T 3579　环氧涂层滑动导轨　通用技术条件

JB/T 8832　机床数控系统　通用技术条件

3　基本要求

3.1　机床应按图样和装配工艺规程进行装配。装配到机床上的零、部件(包括外购件)均应符合质量要求。不应放入图样未规定的垫片和套等。

3.2　装配环境应清洁。精度要求高的部件,装配环境应符合有关规定。

3.3　装配时的零、部件应清理干净。用于装配的加工件不应磕碰、划伤和锈蚀,加工件的配合面不应有修锉和打磨等痕迹(制造工艺另有规定的除外)。

3.4　装配后的螺栓、螺钉头部和螺母的端面应与被紧固的零件平面均匀接触,不应倾斜和留有间隙。螺栓的尾部应略突出于螺母。装配在同一部位的螺钉,其长度一般应一致。紧固的螺钉、螺栓和螺母不应有松动现象,影响精度的螺钉其紧固力应一致。

3.5　在螺母紧固后,各种止动垫圈应达到制动要求,根据结构需要可采用在螺纹部分涂低强度、中强度防松胶代替止动垫圈。

3.6　机床的移动、转动部件装配后,运动应平稳、灵活、轻便,无阻滞现象。变位机构应保证准确、可靠地定位。

3.7　机床上有刻度装置的手轮、手柄装配后的反向空程量应在各类型机床的技术条件中规定。

3.8　采用静压装置的机床,其节流比应符合设计的要求。静压建立后,运动应轻便、灵活。

3.9　高速旋转的零、组件,装配时应做平衡试验。

3.10　液压系统的装配应符合GB/T 23572《金属切削机床　液压系统通用技术条件》的有关规定。

3.11 电气系统的装配应符合 GB 5226.1 的有关规定。

3.12 气动系统的装配应符合 GB/T 7932 的有关规定。

3.13 润滑系统的装配应符合 GB/T 6576 的有关规定。

3.14 数控系统的安装调试应符合 JB/T 8832 的有关规定。

4 部件、组件的装配

4.1 主轴和轴的装配

4.1.1 在主轴轴颈上装配滚动轴承时，应按主轴轴颈和轴承内环的高低点标记进行安装。Ⅳ级和Ⅳ级以上精度等级的机床，一般应对主轴的滚动轴承进行选配，或按轴承尺寸配作主轴的配合尺寸。

注：本标准中涉及到的机床精度等级是指 GB/T 25372《金属切削机床 精度分级》中规定的绝对精度等级。

4.1.2 机床的主轴、套筒(装弹簧卡头的锥孔除外)等的锥体，装配后应用量规做涂色法检验，检验方法应符合 GB/T 23575《金属切削机床 圆锥表面涂色法检验及评定》的规定。锥体的接触应靠近大端，实际接触长度与工作长度的接触比值不应小于表 1 的规定。对于高速旋转的 1：10 主轴锥孔用涂色法检验时，其接触比值应达到 85%以上。

注：有特殊要求的锥体，接触允许靠近小端。

表 1

机床精度等级	接触比值/%
Ⅲ级和Ⅲ级以上	85
Ⅳ级	80
Ⅴ级	75

4.1.3 高速旋转的主轴组件，装配后应进行动平衡试验。

4.1.4 花键和装有导向平键的零件，运动件装上后移动应平稳。

4.1.5 平键和键槽的配合侧面不应有损伤现象，平键装入后，应与键槽均匀接触，键的两端不应翘起。

4.1.6 主轴松、拉刀机构在装配后应进行动作试验，松、拉刀动作应安全、灵活、可靠。

4.2 轴承的装配

4.2.1 装配可调的滑动轴承时，应留有调整余量。

4.2.2 装配轴承时应保持其位置正确、受力均匀、无损伤现象。

4.2.3 Ⅳ级和Ⅳ级以上精度等级的机床，主轴轴承一般宜采用冷却的方法进行装配。

4.2.4 当用加热方法装配过盈配合的轴承时，加热应均匀，温度一般应在 100 ℃以下。

4.2.5 轴承外圈装配后，其定位端与外圈或垫圈的接触应均匀。轴承内圈装配后，应紧靠轴肩或定距环。

4.2.6 滑动轴承油槽棱边应倒钝。

4.2.7 装配润滑脂润滑的轴承时，润滑脂的注入量应能保证在使用周期内的正常润滑，其理化指标应符合有关规定。

4.3 齿轮的装配

4.3.1 齿轮与轴的配合间隙或过盈量有特殊要求时，应在图样和技术文件中作出规定。

4.3.2 主传动的高速齿轮与轴组装后的齿圈跳动，应在图样和技术文件中作出规定。花键轴和齿轮装配后一般应标明方位。

4.3.3 6 级和 6 级以上精度级齿轮装配后的啮合间隙，应在图样和技术文件中作出规定。

4.3.4 5 级和 5 级以上精度级齿轮装配后的有关精度项目，宜在图样和技术文件中作出规定。

4.3.5 齿轮、齿条副和蜗轮副装配后的接触斑点，宜在图样和技术文件中作出规定。

4.3.6 装配后的齿轮沿轴向定位应准确、可靠。

4.3.7 当用锁紧螺母在同一轴上固定若干个齿轮时，锁紧力应使各端面贴实、无窜动。

4.3.8 用加热方法装配齿轮时，加热应均匀，除渗碳齿轮外，温度不应高于 250 ℃。

4.4 丝杠副的装配

4.4.1 装配丝杠副时，丝杠轴线与其驱动部件移动的平行度应符合图样和技术文件的规定。

4.4.2 丝杠与螺母装配后，其配合间隙应符合图样和技术文件的规定。

4.4.3 具有消除间隙机构的丝杠副，装配后的调整量应符合设计规定。

4.4.4 滚珠丝杠的预拉伸在装配后应符合设计规定。

4.5 密封件的装配

4.5.1 装配在机床上的各种密封件不应有损伤现象，装配时密封件的唇部和表面及轴上应涂上润滑脂。

4.5.2 密封件的装配方向，应使介质工作压力将其唇部紧压在轴上。

4.5.3 装配重叠的密封圈时，各圈要相互压紧，开口方向应向压力大的一侧。

4.6 传动箱的装配

4.6.1 Ⅲ级和Ⅲ级以上精度等级机床的主要传动箱宜进行二次装配。

4.6.2 啮合齿轮的轴向错位量，当啮合齿轮轮缘宽度小于或等于 20 mm 时，不应大于 1 mm；当啮合齿轮轮缘大于 20 mm 时，不应超过轮缘宽度的 5%，且不应大于 5 mm。

注：两啮合齿轮轮缘宽度不同时，轴向错位按其中较窄的计算。

4.6.3 主传动箱装配后，应进行空运转试验，由低速到高速逐级运转(用交换齿轮、带传动变速和无级变速的机床可做低、中、高速运转)，各级转速运转时间不应少于 2 min，最高转速运转时间不少于 1 h，并检查以下各项：

a) 变速操纵机构的灵活性和可靠性；
b) 运转应平稳，不应有不正常的尖叫声和不规则的冲击声；
c) 在主轴轴承达到稳定温度的情况下，其温度和温升应符合 GB/T 9061 或各类型机床技术条件标准的规定；
d) 润滑系统的油路应畅通、无阻塞，各结合部位不应有渗漏油现象；
e) 主轴的径向跳动和轴向窜动应符合各类型机床精度检验标准的规定。

4.6.4 传动箱在组装后应将箱体内部的铁屑、杂物等清理干净，在空运转试验后应进行清洗。

4.7 其他部件、组件的装配

4.7.1 机床的操纵及联锁机构装配后，应灵活、可靠。

4.7.2 离合器及其控制机构装配后应达到可靠的接合与脱开。因结构限制，不能做试验的机床，可在总装后进行试验。

5 机床的总装

5.1 在机床的总装过程中，应按技术文件首先调整好机床的安装水平。

5.2 配合件的结合面应检查刮研面的接触点数。

5.2.1 刮研面不应有机械加工的痕迹和明显的扎刀痕。

5.2.2 两配合件的结合面均是刮研面，用配合件的结合面(研具)做涂色法检验时，刮研点应均匀。按规定的计算面积平均计算，在每 25 mm×25 mm 的面积内，接触点数不应少于表 2 的规定。

5.2.3 两配合件的结合面一个是刮研面，另一各是机械加工面，用配合件的机械加工面检验刮研面的接触点时，不应少于表 2 中规定点数的 75%。

5.2.4 个别的 25 mm×25 mm 面积内(一处至两处)的最低点数，不应少于表 2 中规定点数的 50%。

5.2.5 静压导轨油腔封油边的接触点数不应少于表 2 中规定的点数。

5.2.6 贴塑导轨刮研面的接触指标应符合设计和工艺文件的规定。

表 2

机床精度等级	静压、滑(滚)动导轨		移置导轨		主轴滑动轴承		镶条压板滑动面	特别重要固定结合面
	每条导轨宽度/mm				直径/mm			
	≤250	>250	≤100	>100	≤120	>120		
	接触点数							
Ⅲ级和Ⅲ级以上	20	16	16	12	20	16	12	12
Ⅳ级	16	12	12	10	16	12	10	8
Ⅴ级	10	8	8	8	12	10	6	6

注 1：两配合件的结合面为一组不同宽度的导轨时，按宽导轨的规定点数检验。

注 2：在平均计算每 25 mm×25 mm 面积内的接触点数时，Ⅳ级和Ⅳ级以上精度等级机床和机床重量小于或等于 10 t 的Ⅴ级机床的计算面积为 100 cm^2，机床重量大于 10 t 的Ⅴ级机床的计算面积为 300 cm^2。

注 3：检验接触点的介质为红丹涂料。

5.3　采用机械加工方法加工的两配合件的结合面，应用涂色法检查接触情况，检验方法应符合 GB/T 25375《金属切削机床　结合面涂色法检验及评定》的规定。接触应均匀，接触指标不应低于表 3 的规定。

表 3

机床精度等级	静压、滑(滚)动导轨		移置导轨		特别重要固定结合面	
	接触指标/%					
	全长上	全宽上	全长上	全宽上	全长上	全宽上
Ⅲ级和Ⅲ级以上	80	70	70	50	70	45
Ⅳ级	75	60	65	45	65	40
Ⅴ级	70	50	60	40	60	35

注 1：检验时，只有宽度上的接触达到规定指标，才能作为长度上的计算值。

注 2：镶条的检验按相配导轨的接触指标检验。

5.4　重要固定结合面和特别重要固定结合面应紧密贴合。

5.4.1　重要固定结合面在紧固后用表 4 规定的塞尺检验时不应插入。

5.4.2　特别重要固定结合面除用涂色法检验外，紧固前、后用表 4 规定的塞尺检验均不应插入。

表 4

机床精度等级	塞尺厚度/mm
Ⅲ	0.02
Ⅳ	0.03
Ⅴ	0.04

5.4.3　与水平面垂直的特别重要固定结合面可只在紧固后检验。

5.4.4　用塞尺检验时，允许局部(一处至两处)插入深度小于结合面宽度的 1/5，但不应大于 5 mm。插入部位的长度小于或等于结合面长度的 1/5，但不大于 100 mm 则按一处计。

5.5　滑动、移置导轨表面除用涂色法检验外(圆柱导轨可不做涂色法检验)，还应用 0.04 mm 塞尺检验，塞尺在导轨、镶条、压板端部的滑动面间插入深度不应大于表 5 的规定。

表 5

机床重量/t	Ⅳ级和Ⅳ级以下精度等级机床	Ⅲ级和Ⅲ级以上精度等级机床
	插入深度/mm	
≤10	20	10
>10	25	15

5.6 镶条装配后应留有调整余量。

5.7 直线滚动导轨副的安装应符合设计文件要求。

5.8 滚动导轨面与所有滚动体应均匀接触,运动应轻便、灵活、无阻滞现象。

5.9 静压导轨空载时,运动部件四周的浮升量差值不应超过设计要求。

5.10 涂层导轨应符合 JB/T 3579 的规定。

5.11 贴敷导轨的导轨板与基体应贴合紧密,粘接牢固。

5.12 镶钢导轨、多段拼接的床身导轨结合后,相邻处导轨导向面的错位量不应大于表 6 的规定。

表 6

机床重量/t	相邻处导轨面错位量/mm
≤10	0.003
>10	0.005

5.13 重要的定位锥销的接触长度不应小于锥销工作长度的 60%,并应均布在接缝的两侧。

5.14 带的张紧机构装配后,应具有足够的调整量。主、从动带轮的对称面应重合,传动时带应无明显的脉动现象,对于两根以上的 V 带传动,装配后的松紧应基本一致。

5.15 随机供应的驱动和控制装置等应在机床上安装和试验。

5.16 机床安全防护装置的装配和安全标志的设置安装应符合 GB 15760 的规定。

5.17 机床总装后的清洁度检验应符合 GB/T 25374《金属切削机床　清洁度的测量方法》的规定。

5.18 机床总装后,应按 GB/T 9061 及各类型机床的技术条件和精度检验标准的规定进行检验。

参 考 文 献

[1] GB/T 25372 金属切削机床 精度分级.

ICS 25.080.01
J 50

中华人民共和国国家标准

GB/T 25374—2010

金属切削机床　清洁度的测量方法

Metal-cutting machine tools—Measuring method of cleanliness

2010-11-10 发布　　　　2011-03-01 实施

中华人民共和国国家质量监督检验检疫总局
中国国家标准化管理委员会　发布

前　言

本标准的附录 A、附录 B 为规范性附录。

本标准由中国机械工业联合会提出。

本标准由全国金属切削机床标准化技术委员会(SAC/TC 22)归口。

本标准起草单位:四川长征机床集团有限公司、北京机床研究所、北京第一机床厂。

本标准主要起草人:王晓慧、徐中行、李祥文、胡瑞琳。

金属切削机床　清洁度的测量方法

1　范围

本标准规定了金属切削机床清洁度使用目测、手感法和重量法及颗粒计数法进行测量的方法。

本标准适用于金属切削机床(以下简称机床)清洁度的测量。

2　规范性引用文件

下列文件中的条款通过本标准的引用而成为本标准的条款。凡是注日期的引用文件,其随后所有的修改单(不包括勘误的内容)或修订版均不适用于本标准,然而,鼓励根据本标准达成协议的各方研究是否可使用这些文件的最新版本。凡是不注日期的引用文件,其最新版本适用于本标准。

GB 1922—2006　油漆及清洗用溶剂油

GB/T 20082—2006　液压传动　液体污染　采用光学显微镜测定颗粒污染度的方法(ISO 4407:2002,IDT)

ISO 11500:1997　液压传动　采用遮光原理的自动计数法测定颗粒污染度

3　术语和定义

下列术语和定义适用于本标准。

3.1

清洁度　cleanliness

指检测对象所含脏物(如金属屑、金属末、砂子、灰尘、棉丝、漆皮等)的程度。

3.2

清洁度允值　permit of cleanliness

检测对象所含脏物的最大允许值。

4　一般要求

4.1　检测清洁度时,环境应清洁,其清洁程度应与检测的要求相适应。

4.2　检测清洁度时,检测人员的衣、帽和双手应清洁。

4.3　检测清洁度时所用器具应清洁。

5　检测对象及采用的方法

检测对象及采用的方法见表1。

表1

序号	检测对象名称		检测方法
1	零、部件	轴承、主轴、丝杠等主要零件的内外表面	目测、手感法
		孔、槽以及一般零件的配合面、工作面等	
		床身、立柱、滑板、工作台、主轴箱体、液压箱体等铸件或焊接件的内外表面(含涂底漆前表面)和孔槽等	
		导轨面及其结合面,结合面的油孔、油槽	

表 1（续）

序号	检测对象名称		检测方法
2	润滑油循环润滑的传动系统	主轴箱、进给箱、变速箱等	重量法
		接头、管道等	目测、手感法
3	润滑油非循环润滑的传动系统	丝杠副、蜗轮副等	目测、手感法
4	液压系统	阀、接头、管道、油缸等	目测、手感法
		油箱	重量法或颗粒计数法
5	气动系统	阀、接头、过滤装置等	目测、手感法
6	电气系统	电器元件、电柜、操作站等	目测、手感法
注：各类机床应根据本标准的规定，在各自的技术条件标准中加以补充和具体化。			

6 检测方法

6.1 目测、手感法

指通过视觉和手的触觉来评定检测对象清洁度的方法。

6.2 重量法

指通过测定检测对象所含脏物的重量来评定其清洁度的方法。

检测一般包括采集脏物、过滤、烘干和称重等步骤。

6.2.1 采集脏物

6.2.1.1 清洗法采集脏物

对机床的零件或机械传动系统用规定的清洗液进行清洗，收集全部脏物和带脏物的清洗液。

6.2.1.1.1 清洗液

清洗液应采用去污能力强的液体，使用前应进行过滤，所用滤膜的孔径应小于过滤脏液时所用滤膜的孔径。一般宜采用 GB 1922—2006 中规定的 NY-120 溶剂油。

6.2.1.1.2 清洗器具及装置

a) 尼龙刷、画笔、绸布、磁铁和镊子等；

b) 注射器、油枪、气枪、冲洗装置等；

c) 盘、盆及带盖的桶等。

6.2.1.1.3 清洗要求

a) 清洗前向机械传动系统加一定量的润滑油，使其适当运转，收集全部润滑油；

b) 用刷洗、冲洗等方法将检测对象清洗干净；

c) 非取样部位的脏物不应进入所收集的清洗液，并应防止清洗液散失。

6.2.1.2 抽样法采集脏物

对机床的液压系统，用抽样装置从系统的管路或油箱中抽取适量的液压油（一般不少于 100 mL）。抽样前，液压系统应运行足够时间（一般不少于 20 min），使脏物均匀悬浮在液压油中。

6.2.2 过滤

6.2.2.1 过滤器具及装置

a) 过滤器具：滤膜、漏斗、量筒、真空泵等；

b) 过滤装置：微孔滤膜过滤装置如图 1 所示。

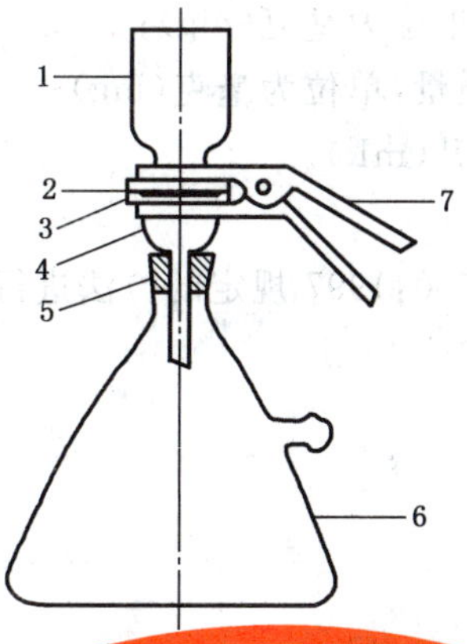

1——漏斗；

2——滤膜；

3——滤膜支撑架；

4——漏斗座；

5——耐油橡胶塞；

6——吸滤瓶；

7——金属夹。

图 1

6.2.2.2 过滤要求

a) 过滤元件(滤膜、滤网)使用前应遵照附录 A 的规定进行恒重；

b) 滤膜的孔径应根据检测对象精密程度的要求确定，但最大不应超过 5 μm；

c) 过滤完后应使全部脏物转移到过滤元件上；

d) 过滤应采用真空抽滤方法，真空过滤系统的真空度不得大于 80 kPa；

e) 当滤液过多时，应遵照附录 B 规定的粗滤和抽样过滤并用的方法；

f) 当滤液有润滑脂时应在脱脂后进行过滤；

g) 运转后的润滑油也应进行过滤。

6.2.3 烘干、称重

6.2.3.1 器具及设备

a) 称量瓶、干燥器；

b) 分析天平；

c) 烘箱。

6.2.3.2 烘干

a) 将带有脏物的滤膜、滤网分别放入称量瓶内进行烘干，滤膜的烘干温度为 90 ℃±5 ℃，滤网的烘干温度为 105 ℃±5 ℃，烘干时间均不少于 60 min；

b) 称量瓶从烘箱取出后应置于干燥器中冷却，冷却时间不少于 30 min。

6.2.4 计算

用清洗法采集脏物进行全液过滤时，检测对象所含脏物质量的计算按式(1)；用抽样法采集脏物时，抽取的液体单位体积中所含脏物质量的计算按式(2)。

$$m = m_2 - m_1 \qquad \cdots\cdots(1)$$

$$m_v = (m_2 - m_1) \times \frac{1\ 000}{V} \qquad \cdots\cdots(2)$$

式中：

m——检测对象所含脏物质量，单位为毫克(mg)；

m_v——抽取的液体单位体积中所含脏物质量，单位为毫克每升(mg/L)；

m_1——洁净的称量瓶和滤膜质量，单位为毫克(mg)；

m_2——带有脏物的称量瓶和滤膜质量，单位为毫克(mg)；

V——抽取的液体体积，单位为毫升(mL)。

6.3 颗粒计数法

按 GB/T 20082—2006 或 ISO 11500:1997 规定的方法进行测量。

附 录 A
（规范性附录）
过滤元件的恒重

A.1 将过滤元件放入洁净的清洗液中清洗两面。

A.2 将清洗后的过滤元件放入有标记或编号的称量瓶中。

A.3 把装有滤膜的称量瓶放入 90 ℃±5 ℃的烘箱内，把装有滤网的称量瓶放入 150 ℃±5 ℃的烘箱内，并将瓶盖稍微打开，烘干时间均为 60 min。

A.4 将称量瓶盖盖好，从烘箱内取出，置于干燥器中冷却 30 min，然后称量。

A.5 按 A.3 和 A.4 的方法反复烘干、称重，直至两次质量之差不大于规定值（一般为 0.4 mg）。

A.6 按过滤元件编号记录质量值。

附　录　B
（规范性附录）
粗滤和抽样过滤并用的方法

B.1　粗滤

经用恒重的网孔尺寸为 0.036 mm(400 目/英寸)的金属滤网过滤全部带脏物的液体，并计量过滤后全部液体的体积。

B.2　抽样过滤

B.2.1　搅拌

在盛装粗滤后全部液体的容器底部放置螺旋式搅拌器，使其偏离中心一定距离，其转速以不使液体溅出为限，搅拌时间约为 1 h。

B.2.2　抽样

在不停机的情况下抽取适量经搅拌的液体，并计量其体积。

B.2.3　过滤

按 6.2.2 的规定进行。

B.3　烘干

将带有脏物的滤膜、滤网按 6.2.3 的规定进行烘干、称重。

B.4　计算

检测对象所含脏物质量的计算按式(B.1)：

$$m=(m_4-m_3)+(m_2-m_1)\frac{V_1}{V_2} \qquad \text{(B.1)}$$

式中：

m——检测对象所含脏物质量，单位为毫克(mg)；

m_1——洁净的称量瓶和滤膜质量，单位为毫克(mg)；

m_2——带有脏物的称量瓶和滤膜质量，单位为毫克(mg)；

m_3——洁净的称量瓶和滤网质量，单位为毫克(mg)；

m_4——带有脏物的称量瓶和滤网质量，单位为毫克(mg)；

V_1——经粗滤的全部液体体积，单位为毫升(mL)；

V_2——抽取的液体体积，单位为毫升(mL)。

ICS 25.080.01
J 50

中华人民共和国国家标准

GB/T 25375—2010

金属切削机床 结合面涂色法检验及评定

Metal-cutting machine tools—Check and evaluation for combine surface by miniating

2010-11-10 发布

2011-03-01 实施

中华人民共和国国家质量监督检验检疫总局
中国国家标准化管理委员会 发布

前　言

本标准的附录 A、附录 B 为资料性附录。

本标准由中国机械工业联合会提出。

本标准由全国金属切削机床标准化技术委员会(SAC/TC 22)归口。

本标准起草单位:北京第二机床厂有限公司、北京机床研究所。

本标准主要起草人:张秀兰、张卫、王波、李祥文、张维。

金属切削机床
结合面涂色法检验及评定

1 范围

本标准规定了金属切削机床导轨副、滑动轴承和特别重要固定结合面接触质量用涂色法检验及评定的方法。

本标准适用于金属切削机床导轨副、滑动轴承和特别重要固定结合面。

2 规范性引用文件

下列文件中的条款通过本标准的引用而成为本标准的条款。凡是注日期的引用文件，其随后所有的修改单(不包括勘误的内容)或修订版均不适用于本标准，然而，鼓励根据本标准达成协议的各方研究是否可使用这些文件的最新版本。凡是不注日期的引用文件，其最新版本适用于本标准。

GB 253 煤油

GB 443—1989 L-AN 全损耗系统用油

GB/T 25372 金属切削机床 精度分级

GB/T 25373 金属切削机床 装配通用技术条件

HG/T 3850—2006 红丹

3 基本要求

3.1 两配合件的结合面(以下简称结合面)接触质量的检验，一般应采用两结合面直接合研检验。

3.2 结合面不能直接合研检验时，应使用检具分别合研检验两结合面。如两结合面均为平面，应使用同一检具检验；对于燕尾形、矩形、V 形等由两个或两个以上面组成的导轨副或特别重要固定结合面，应使用成套检具检验。

3.3 用检具合研检验时，检具的长度一般不应小于被代替件的配合长度。检具的精度和技术要求应符合有关规定。

3.4 两结合面直接合研检验时，其中一个面应达到规定的精度和技术要求，以该面作为基准面，另一个面作为相配面。对于导轨副，一般应选择基础件上的导轨面作为基准面；对于一个为机械加工面、另一个为刮研面的两结合面，一般应选择机械加工面作为基准面。

3.5 合研时采用的介质为红丹涂料，按重量其配比推荐如下：

红丹：L-AN 全损耗系统用油：煤油≈100：7：3

煤油应符合 GB 253 规定的质量指标。

全损耗系统用油应符合 GB 443—1989 规定的 L-AN32 的质量指标。

红丹应符合 HG/T 3850—2006 规定的一级或二级质量指标。

4 检验方法

4.1 涂敷涂料

4.1.1 两结合面直接合研检验时，如两结合面均为机械加工面或均为刮研面，涂料可涂敷在基准面上或相配面上；如两结合面中有一个为刮研面，涂料应涂敷在刮研面上。

4.1.2 用检具检验机械加工面时，涂料一般应涂敷在检具上。用检具检验刮研面时，涂料应涂在刮研面上。

4.1.3 涂料应涂敷均匀，其涂敷厚度不大于 5 μm。

涂敷厚度的简易测量方法参见附录 A。

4.2 合研

4.2.1 合研行程

4.2.1.1 导轨副合研时的行程：直线运动导轨副合研时，相配面应在基准面的工作范围内合研，其行程距离不应大于配合长度的 1/2；圆环形导轨副合研时，相配面应在相隔 180°的两个位置上与基准面分别合研，其转动范围不应大于 90°；扇形导轨副合研时，相配面应在基准面的工作范围内合研，其转动范围不应大于配合弧长的 1/2。

4.2.1.2 特别重要固定结合面合研时的行程：矩形结合面合研时，相配面应在基准面的宽度或长度的一个方向上合研（用检具合研时方向不限），相配面越出基准面的宽度或长度，不应大于结合面宽度或长度的 1/5；圆环形结合面合研时，相配面应在相隔 180°的两个位置上与基准面分别合研，其转动范围不应大于 90°；扇形结合面合研时，相配面越出基准面的角度不应大于配合弧长的 1/5。

4.2.2 合研行程次数

每次合研的行程次数不应大于五个双行程。

4.2.3 负荷

合研过程中相配件或检具的重量较轻时，允许均匀地施加负荷。

5 评定方法

5.1 机械加工面接触的评定方法

5.1.1 评定依据

5.1.1.1 涂料涂敷在相配面上时，合研后呈现在相配面上的亮点、黑点和暗红色斑点均为评定接触的依据。

5.1.1.2 涂料涂敷在基准面上或检具上时，合研后呈现在相配面上的亮点、黑点和暗红色斑点和涂料本色均为评定接触的依据。

5.1.2 接触指标的评定

5.1.2.1 评定接触指标时，只有宽度上的接触达到规定指标，才能作为长度上的计算值。

5.1.2.2 接触长（宽）度的评定指标应符合下列规定：

a) 涂料涂敷在相配面上直接合研检验接触时，相配面上的接触长（宽）度应达到 GB/T 25373《金属切削机床　装配通用技术条件》规定的指标；

b) 涂料涂敷在基准面上直接合研检验接触时，相配面上的接触长度应在 GB/T 25373《金属切削机床　装配通用技术条件》规定指标基础上提高 5%（例如：标准规定接触长度为 70%，提高 5%后则为 75%）；

c) 使用检具合研检验接触时，相配面窄边的接触宽度应在 GB/T 25373《金属切削机床　装配通用技术条件》规定指标的基础上提高 15%（例如：标准规定接触宽度为 45%，提高 15%后则为 60%）。

5.1.2.3 复杂形状结合面应按如下方式评定：

a) 断开平面应分别评定。如图 1 应按三个平面分别评定；

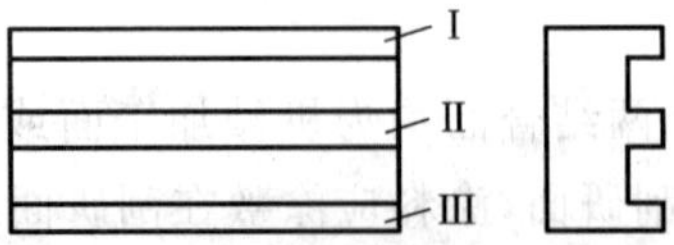

图 1

b) 带孔连续平面划分评定。如图 2、图 3 应分别划成四个、五个区域分别评定；

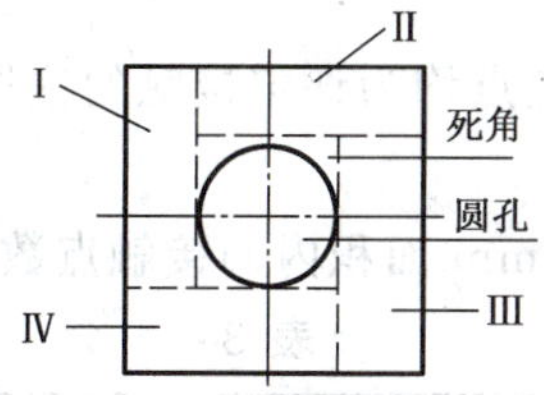

图 2

注：死角允许不接触。

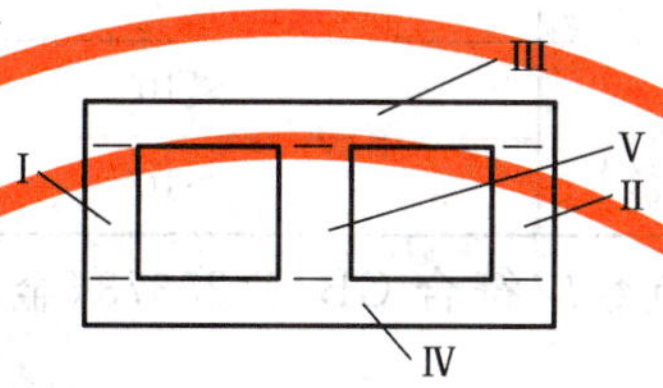

图 3

c) 圆形环平面应按展开评定。

5.1.3 接触均匀性的评定

5.1.3.1 只有在达到了规定的接触指标后，才进行接触均匀性的评定。

5.1.3.2 结合面接触均匀性按空白区的大小、类型及其分布来评定。结合面上未接触的内接矩形区域称为空白区。

5.1.3.3 空白区的宽度和长度不得同时大于或等于表 1 规定的指标；同时大于或等于表 2 规定指标的 A 类或 B 类空白区允许出现一处，但不得出现在两端（A 类）或两侧（B 类）。

表 1

机床精度等级（按 GB/T 25372《金属切削机床 精度分级》）	滑动导轨 滑动轴承		移置导轨		特别重要 固定结合面	
	接触指标/%					
	全长上	全宽上	全长上	全宽上	全长上	全宽上
Ⅲ级和Ⅲ级以上	20	25	25	40	25	50
Ⅳ级	25	35	35	50	35	60
Ⅴ级	25	50	35	60	35	60

表 2

机床精度等级（按 GB/T 25372《金属切削机床 精度分级》）	空白区类型	滑动导轨 滑动轴承		移置导轨		特别重要 固定结合面	
		接触指标/%					
		全长上	全宽上	全长上	全宽上	全长上	全宽上
Ⅳ级和Ⅳ级以上	A	7	100	10	100	15	100
	B	50	15	50	20	50	30
Ⅴ级	A	10	100	15	100	20	100
	B	50	20	50	30	50	40

5.1.4 机械加工结合面评定方法示例参见附录 B。

5.2 刮研面接触的评定方法

5.2.1 评定依据

合研后呈现在刮研面上的亮点、深黑点均为评定接触的依据。

5.2.2 接触点数的计算与评定

5.2.2.1 在评定刮研面每 25 mm×25 mm 面积内的接触点数时,应按表 3 规定的计算面积平均计算。

表 3

机床精度等级 (按 GB/T 25372《金属切削机床　精度分级》)	机床重量/t	计算面积/cm^2
Ⅳ级和Ⅳ级以上	—	100
Ⅴ级	≤10	100
	>10	300

5.2.2.2 刮研点应分布均匀,接触点数应符合 GB/T 25373《金属切削机床　装配通用技术条件》的规定。

注:没有明显断开痕迹的接触点按一点计算。

附 录 A
（资料性附录）
涂色厚度的简易测量方法

做一专用圆柱形量规(图 A.1)或矩形量规(图 A.2)，其凹槽深度为 5 μm，两端突出部分作支撑面。测量时，根据凹槽及两端支撑面宽度，将被测零件表面上与支撑面接触的红丹涂料用汽油擦干净，然后将量规紧贴被测零件表面。慢慢滚动或移动量规，滚动或移动方向与涂色方向垂直。如量规凹槽表面未沾上红色，则测得的红丹涂料厚度就是小于 5 μm。

在开始使用这种检验方法时，为了对涂色厚度进行比较，可多做几种尺寸的量规，便于在生产实践中掌握。

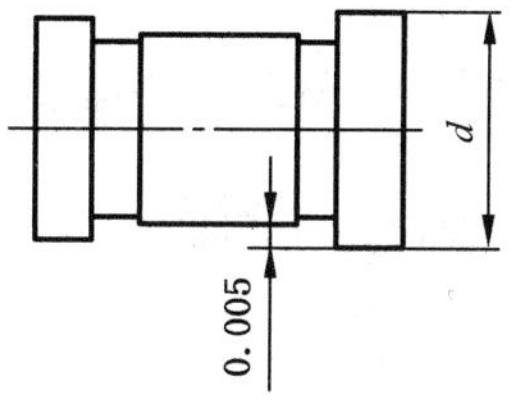

图 A.1

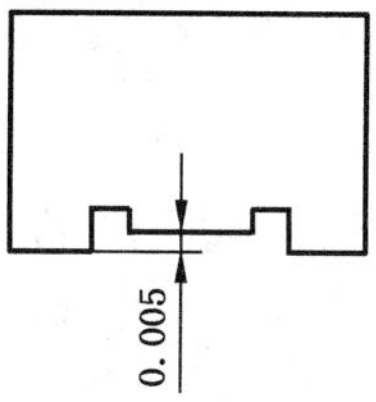

图 A.2

附 录 B
（资料性附录）
机械加工件结合面评定方法示例

本示例以Ⅴ级精度等级机床滑动导轨副表面的接触为例，说明其评定方法和程序。

B.1 首先评定导轨表面的接触长(宽)度是否达到 GB/T 25373《金属切削机床　装配通用技术条件》的规定指标。

如图 B.1 所示，找出宽度上的接触达到 b 大于或等于 $0.50B$ 的地方，计算其接触长度 l。

$$\begin{aligned} l &= l_1 + l_2 \\ &= 0.20L + 0.27L \\ &= 0.47L \end{aligned}$$

$$l < 0.70L$$

说明此面的接触未达到标准规定指标，应评定为不合格，不必继续评定空白区。

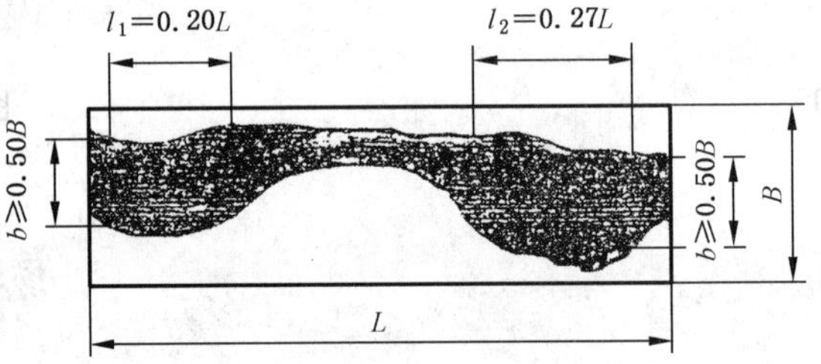

图 B.1

如图 B.2 所示，找出宽度上的接触达到 b 大于或等于 $0.50B$ 的地方，计算其接触长度 l。

$$l = L$$

$$l > 0.70L$$

说明此面的接触指标合格，可按本标准表 1 的规定继续评定空白区。

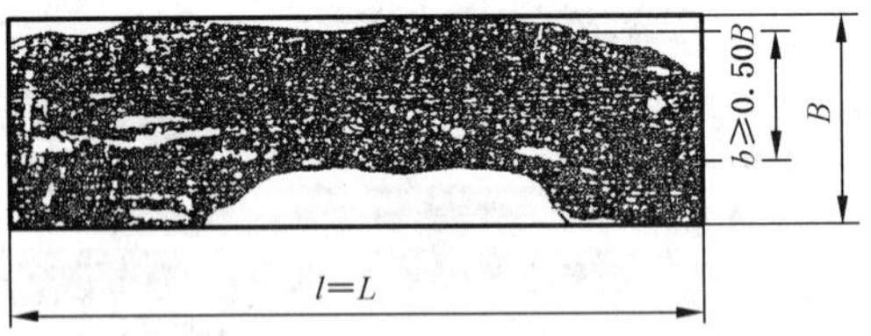

图 B.2

B.2 根据本标准 5.1.3.3 规定空白区的宽度和长度不得同时大于或等于表 1 规定的指标。

如图 B.3 所示，找出空白区在宽度上达到 b' 大于或等于 $0.50B$ 的地方，计算其接触长度 l'。

$$\begin{aligned} l' &= L - (l_1 + l_2) \\ &= L - (0.33L + 0.38L) \\ &= 0.29L \end{aligned}$$

$$l' > 0.25L$$

说明此空白区在宽度和长度上同时超过了表 1 规定的指标，接触均匀性不好，此面应评定为不合格，不必再继续评定。

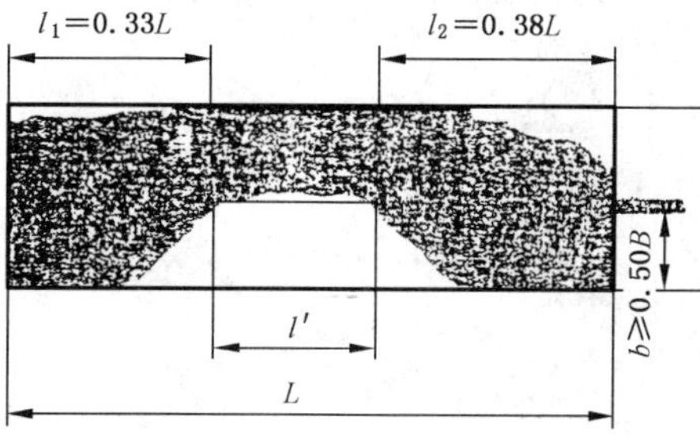

图 B.3

如图 B.4 所示，空白区在宽度上 b'小于 0.50B，长度上 l'大于或等于 0.25L，未同时超过表 1 规定的指标，应按本标准表 2 规定的空白区继续评定。

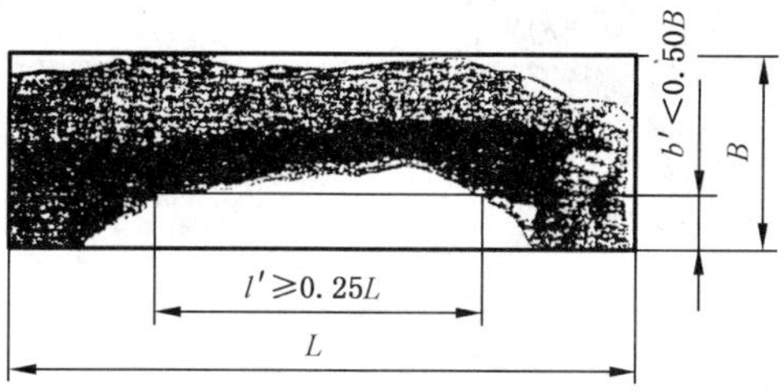

图 B.4

B.3 本标准 5.1.3.3 还规定：同时大于或等于表 2 规定指标的 A 类或 B 类空白区时，只允许出现一处，但不得出现在两端或两侧。如图 B.5 所示，空白区在宽度上 b'大于或等于 0.20B，长度上 l'大于或等于 0.50L，虽然仅出现一处，但出现在一侧，仍应评定为不合格。

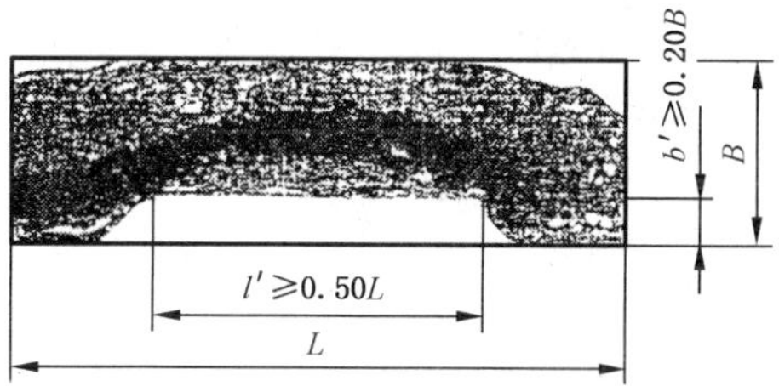

图 B.5

如图 B.6 所示，空白区虽然出现在一侧，但其宽度上 b'小于 0.20B，长度上 l'大于或等于 0.50L，未同时超过表 2 的规定值，应评定为合格品。最后此面可评为合格品。

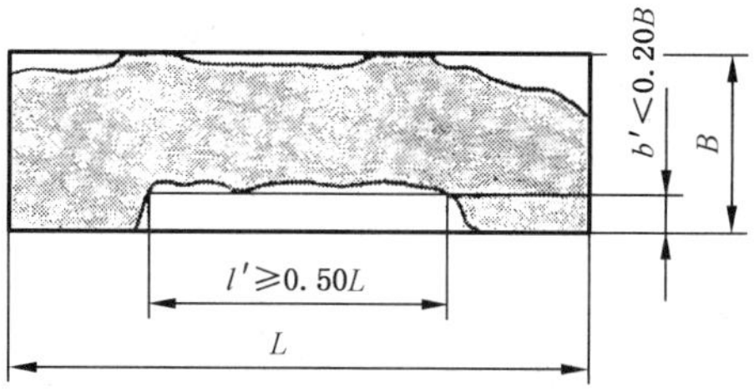

图 B.6

ICS 25.080.01
J 50

中华人民共和国国家标准

GB/T 25376—2010

金属切削机床 机械加工件通用技术条件

Metal-cutting machine tools—General specifications of machining parts

2010-11-10 发布　　2011-03-01 实施

中华人民共和国国家质量监督检验检疫总局
中国国家标准化管理委员会　发布

前　言

本标准由中国机械工业联合会提出。

本标准由全国金属切削机床标准化技术委员会(SAC/TC 22)归口。

本标准起草单位:沈机集团昆明机床股份有限公司、北京机床研究所。

本标准主要起草人:唐其寿、张晓毅、许昆平、李祥文、何春树。

金属切削机床
机械加工件通用技术条件

1 范围

本标准规定了金属切削机床机械加工件的设计与制造过程中的技术要求。

本标准适用于金属切削机床(以下简称机床)机械加工件的设计与制造。

2 规范性引用文件

下列文件中的条款通过本标准的引用而成为本标准的条款。凡是注日期的引用文件,其随后所有的修改单(不包括勘误的内容)或修订版均不适用于本标准,然而,鼓励根据本标准达成协议的各方研究是否可使用这些文件的最新版本。凡是不注日期的引用文件,其最新版本适用于本标准。

GB/T 158 机床工作台 T形槽和相应螺栓(GB/T 158—1996,eqv ISO 299:1987)

GB/T 197 普通螺纹 公差(GB/T 197—2003,ISO 965-1:1998,MOD)

GB/T 275 滚动轴承与轴和外壳的配合

GB/T 1144 矩形花键尺寸、公差和检验(GB/T 1144—2001,ISO 14:1982,NEQ)

GB/T 1804—2000 一般公差 未注公差的线性和角度尺寸的公差(eqv ISO 2768-1:1989)

GB/T 10089 圆柱蜗杆、蜗轮精度

GB/T 10095.1 圆柱齿轮 精度制 第1部分:轮齿同侧齿面偏差的定义和允许值(GB/T 10095.1—2008,ISO 1328-1:1995,IDT)

GB/T 10095.2 圆柱齿轮 精度制 第2部分:径向综合偏差与径向跳动的定义和允许值(GB/T 10095.2—2008,ISO 1328-2:1997,IDT)

GB/T 10096 齿条精度

GB/T 11162 光学分划零件通用技术条件

GB/T 11334—2005 产品几何量技术规范(GPS) 圆锥公差

GB/T 11365 锥齿轮和准双曲面齿轮 精度

GB/T 17587.3 滚珠丝杠副 第3部分:验收条件和验收检验(GB/T 17587.3—1998,eqv ISO 3408-3:1992)

GB/Z 18620.3 圆柱齿轮 检验实施规范 第3部分:齿轮坯、轴中心距和轴线平行度的检验(GB/Z 18620.3—2008,ISO/TR 10064-3:1996,IDT)

GB/Z 18620.4—2008 圆柱齿轮 检验实施规范 第4部分:表面结构和轮齿接触斑点的检验(ISO/TR 10064-4:1998,IDT)

GB/T 23575 金属切削机床 圆锥表面涂色法检验及评定

GB/T 25372 金属切削机床 精度分级

GB/T 25375 金属切削机床 结合面涂色法检验及评定

JB/T 2886 机床梯形丝杠、螺母 技术条件

JB/T 3579 环氧涂层滑动导轨 通用技术条件

JB/T 3997 金属切削机床灰铸铁件 技术条件

JB/T 4316.2 直齿端齿盘 精度检验

3 一般要求

3.1 加工件应符合图样、工艺文件和有关标准的规定。

3.2 铸件上不影响使用和外观的缺陷，允许按有关规定进行修补。

3.3 重要铸件粗加工后宜进行时效处理。Ⅲ级和Ⅲ级以上机床精度等级[1)]的重要铸件，半精加工后还应进行时效处理。

3.4 加工件的锐边、尖角在图样上未注明要求时(有规定要求的除外)应倒角、倒钝和除去毛刺。机械加工面与毛坯交接处倒角宽度和角度应符合图样要求。

3.5 丝杆、蜗杆等的第一圈螺纹端部的厚度应大于1 mm，厚度小于1 mm的应修去不完整螺纹。

3.6 加工件在热处理后不再进行加工的表面应清理干净。表面处理后的加工件光泽应均匀一致。

3.7 加工件尺寸未注明极限偏差时，应符合GB/T 1804—2000中规定的m级。

3.8 加工件的盲孔深度未注明公差时，其极限偏差应不超过表1的规定。

表1

孔深/mm	极限偏差/mm
≤50	$^{+2.0}_{0}$
>50～100	$^{+6.0}_{0}$
>100	$^{+8.0}_{0}$

3.9 加工件未注明公差的锥度和角度，有配合要求的按GB/T 11334—2005中规定的AT12级，无配合要求的应符合GB/T 1804—2000中规定的C级。

3.10 加工件未注明公差带的普通螺纹按GB/T 197的规定，内螺纹为6H、外螺纹为6g。

3.11 机床的主轴、套筒和与其相配的心轴、顶尖等加工件的锥体按GB/T 23575《金属切削机床　圆锥表面涂色法检验及评定》的规定用量规做涂色法检验，锥体的接触应靠近大端，实际接触长度与工件长度的接触比值不应低于表2的规定。

表2

机床精度等级	接触比值/%
Ⅲ级和Ⅲ以上	85
Ⅳ级	80
Ⅴ级	75
注：有特殊要求的锥体，接触可靠近小端。	

3.12 加工件的已加工表面不应有磕碰、划伤和锈蚀等缺陷，螺纹表面不应有压痕。搬运和存放时，应采取防止加工件损伤和变形的措施。

4 主要加工件基本要求

4.1 导轨表面和结合面

4.1.1 导轨面加工精度应达到各类型机床的精度标准和技术要求，并留有储备量。

4.1.2 采用机械加工方法加工的两配合件的结合面，应用涂色法检验接触情况，检验方法及接触指标按GB/T 25375《金属切削机床　结合面涂色法检验及评定》的规定。

1) 机床精度等级按GB/T 25372《金属切削机床　精度分级》中的绝对精度等级。

4.1.3 镶钢导轨和钢导轨的安装基面应符合重要固定结合面的要求。

4.1.4 直线滚动导轨副的安装基面、侧向定位面的加工精度应符合直线导轨副的精度等级的要求。

4.1.5 滚动导轨块的安装基面与机床导轨滚动接触面的精度应符合滚动导轨块的精度等级要求。

4.1.6 机械加工后的导轨表面和特别重要固定结合面的表面粗糙度 *Ra* 的最大允许值宜符合表 3 的规定。

表 3

机床精度等级	铸铁导轨/ μm	镶钢或钢导轨/ μm	移置导轨和特别重要固定结合面/ μm
Ⅲ级和Ⅲ级以上	0.63	0.32	0.8
Ⅳ级	0.8	0.4	1.6
Ⅴ级	1.25	0.8	1.6

4.1.7 机械加工后的平导轨面不应有明显的波纹,圆柱导轨面不应有明显的螺旋线。

4.1.8 铸铁导轨面的硬度、硬度差和硬度检验方法应符合 JB/T 3997 等有关标准的规定。

4.1.9 导轨面的淬火质量应符合有关标准的规定,感应淬火导轨的硬度宜不低于表 4 的要求。

表 4

导轨类型		硬　度　值
淬火铸铁滑动导轨	HT200	457 HBS(65 HS、48 HRC)
	HT300	480 HBS(68 HS、50 HRC)
淬火镶钢滑动导轨		55 HRC
淬火镶钢滚动导轨		58 HRC

4.1.10 静压导轨的加工精度应符合设计图样的规定。

4.1.11 涂层导轨的技术要求应符合 JB/T 3579 等标准的规定。

4.1.12 贴塑导轨粘接面应清洗干净,导轨面粘接应牢固,不应有气泡和空隙。贴塑导轨固化后应按有关规定进行加工,导轨板边缘应倒角、修圆。

4.2 轴和套筒

4.2.1 轴一般应进行正火和调质处理,有耐磨要求的部位应淬火处理,其硬度一般应不低于 48 HRC。

4.2.2 主轴的配合公差、形位公差应符合设计图样的规定。

4.2.3 主轴端部的主要连接尺寸和部位应符合有关标准和设计图样的规定。

4.2.4 经常拆卸附件和刀具的主轴端部的硬度应不低于 50 HRC。

4.2.5 主轴的轴颈、定心孔和装夹附件(如:卡盘、铣刀)和刀盘的定心表面不应有明显的波纹。

4.2.6 与滚动轴承配合的主轴轴颈为保证旋转精度的要求,一般宜有高点标记。

4.2.7 与轴承配合的主轴轴颈的硬度,采用滑动轴承的不应低于 52 HRC,滚动轴承的不应低于 48 HRC,当主轴轴颈作为滚动轴承的滚道时,其硬度不应低于 60 HRC。

4.2.8 主轴锥孔锥体的接触应符合 3.11 的要求,与刀柄配合的主轴锥孔的硬度不应低于 52 HRC。定心孔对轴颈的精度应保证各类型机床精度检验标准的要求,并留有储备量。

4.2.9 机床主轴或顶尖套筒的主要技术要求应保证各类型机床精度检验标准的要求。

4.2.10 套筒应进行调质和淬火处理,硬度应符合有关标准和设计图样要求。

4.3 箱体

4.3.1 箱体上的配合公差、形位公差应符合设计图样的规定。

4.3.2 箱体上主轴孔的精度应保证各类型机床精度检验标准的要求,并留有储备量。

4.3.3 箱体上滚动轴承孔的配合公差、形位公差应符合 GB/T 275 的规定。

4.3.4 箱体上孔端面对孔轴线的垂直度，一般应按所选轴承的型式和精度等级的安装精度要求确定。

4.3.5 箱体上安装电主轴的配合表面，其配合公差、形位公差应符合相关标准的规定。

4.3.6 渐开线圆柱齿轮传动箱体孔的中心距和轴线平行度允许偏差宜按 GB/Z 18620.3 的要求规定。

4.4 齿轮

4.4.1 渐开线圆柱齿轮的精度应符合 GB/T 10095.1、GB/T 10095.2 的规定。

4.4.2 渐开线圆柱齿轮的齿面粗糙度宜按 GB/Z 18620.4—2008 中 8.2 的推荐值选取。

4.4.3 与渐开线圆柱齿轮应用部位、圆周速度有关的齿面表面粗糙度 Ra 的最大允许值宜按表 5 的推荐值选取。

表 5

应用部位、圆周速度	齿轮精度等级	齿面粗糙度 Ra 的最大允许值/μm
1) 高精度和精密的分度链末端齿轮 2) 圆周速度 $v>30$ m/s 的直齿轮 3) 圆周速度 $v>50$ m/s 的斜齿轮	4	0.32
1) 一般精度的分度链末端齿轮 2) 高精度和精密的分度链的中间齿轮 3) 圆周速度 $v>15$ m/s～30 m/s 的直齿轮 4) 圆周速度 $v>30$ m/s～50 m/s 的斜齿轮	5	0.63
1) Ⅴ级机床主传动的重要齿轮 2) 一般精度的分度链的中间齿轮 3) Ⅲ级和Ⅲ以上精度等级机床的进给齿轮 4) 油泵齿轮 5) 圆周速度 $v>10$ m/s～15 m/s 的直齿轮 6) 圆周速度 $v>15$ m/s～30 m/s 的斜齿轮	6	0.8
1) Ⅳ级和Ⅳ级以上精度等级机床的进给齿轮 2) 圆周速度 $v>6$ m/s～10 m/s 的直齿轮 3) 圆周速度 $v>8$ m/s～15 m/s 的斜齿轮	7	1.6

4.4.4 齿轮基准端面的跳动按齿轮精度等级和端面直径尺寸给定。

4.4.5 当其圆周速度超过表 6 所列数值时，宜进行齿形修缘。

表 6

齿轮类型	齿轮精度等级	
	5 级及 5 级以上	6 级
	圆周速度/(m/s)	
直齿圆柱齿轮	15	10
斜齿圆柱齿轮	30	15

4.4.6 传动系统中高速、重载和滑移齿轮的齿部应进行淬火、渗碳、表面氮化等处理，并应符合有关标准和设计图样的规定。

4.4.7 滑移齿轮的齿端应倒圆并淬火，齿轮基准孔矩形内花键应符合 GB/T 1144 的规定。

4.4.8 圆锥齿轮的精度应符合 GB/T 11365 的规定。

4.4.9 齿条的精度应符合 GB/T 10096 的规定。

4.5 蜗轮副

4.5.1 蜗轮副的精度应符合 GB/T 10089 的规定，并应满足各类型机床精度检验标准的要求。

4.5.2 蜗轮副的精度等级和齿面粗糙度 Ra 的最大允许值宜按表 7 的推荐数值选取。

表 7

应用部位	蜗轮副精度等级	齿面粗糙度 Ra 的最大允许值/μm	
		蜗杆	蜗轮
高精度滚齿机分度蜗轮副	2	0.05	0.40
磨齿机分度蜗轮副	3	0.10	0.40
一般齿轮机床分度蜗轮副	5	0.20	0.80
齿轮机床的进给系统	6	0.40	1.25
一般机床的进给系统	8	0.80	1.60

4.6 梯形螺纹丝杆副

4.6.1 加工后的梯形螺纹丝杆及螺母的精度应符合 JB/T 2886 的规定。

4.6.2 丝杆精度等级的选择应保证各类型机床精度标准的要求，无校正装置的一般应高一级。

4.6.3 丝杆应具有一定的耐磨性，并在加工过程中进行适当次数消除内应力的时效处理。

4.7 滚珠丝杠副

4.7.1 滚珠丝杆副的精度应符合 GB/T 17587.3 的规定。

4.7.2 机床传动链末端滚珠丝杠副精度等级的选择，应保证各类型机床精度检验标准的要求。

5 其他件

5.1 分度、定位件的定位面应采取耐磨措施。

5.2 端齿盘应根据使用要求，按 JB/T 4316.2 选择精度等级。

5.3 有 T 型槽的加工件一般应符合 GB/T 158 的规定。

5.4 有刻度的加工件，其刻线应准确、间隔均匀，数字和标记清楚，数字应刻在线条的中心对称位置，如镀铬时，应为无光镀铬。

5.5 光学分划零件上的刻线线条的技术要求应符合 GB/T 11162 的有关规定。

ICS 25.080.01
J 51

中华人民共和国国家标准

GB/T 25377—2010

检　验　棒

Check bar

2010-11-10 发布　　　　2011-03-01 实施

中华人民共和国国家质量监督检验检疫总局
中国国家标准化管理委员会　发布

前　言

本标准的附录 A 为资料性附录。

本标准由中国机械工业联合会提出。

本标准由全国金属切削机床标准化技术委员会(SAC/TC 22)归口。

本标准起草单位:四川普什宁江机床有限公司、成都仪表机床研究所。

本标准主要起草人:钱文明、张勤。

检　验　棒

1　范围

本标准规定了检验棒的型式、精度等级、结构尺寸、技术要求和检验方法等内容。

本标准适用于检验金属切削机床几何精度的莫氏圆锥、米制圆锥、7∶24 圆锥、圆柱检验棒。

2　规范性引用文件

下列文件中的条款通过本标准的引用而构成为本标准的条款。凡是注日期的引用文件，其随后所有的修改单（不包括勘误的内容）或修订版均不适用于本标准，然而，鼓励根据本标准达成协议的各方研究是否可使用这些文件的最新版本。凡是不注日期的引用文件，其最新版本适用于本标准。

GB/T 230.1—2004　金属洛氏硬度试验　第 1 部分：试验方法（A、B、C、D、E、F、G、H、K、N、T 标尺）（ISO 6508-1：1999，MOD）

GB/T 1219—2008　指示表

GB/T 1443—1996　机床和工具柄用自夹圆锥（eqv ISO 296：1991）

GB/T 1958—2004　产品几何量技术规范（GPS）　形状和位置公差　检测规定

GB/T 3837—2001　7∶24 手动换刀刀柄圆锥（eqv ISO 297：1988）

GB/T 4340.2—1999　金属维氏硬度试验　第 2 部分：硬度计的检验（idt ISO 6507-2：1997）

GB/T 4340.3—1999　金属维氏硬度试验　第 3 部分：标准硬度块的标定（idt ISO 6507-3：1997）

GB/T 4755—2004　扭簧比较仪

GB/T 6060.2—2006　表面粗糙度比较样块　磨、车、镗、铣、插及刨加工表面（ISO 2632/1：1985，MOD）

GB/T 6062—2002　产品几何量技术规范（GPS）表面结构　轮廓法　（触针）触针式仪器的标称特性（ISO 3274：1996，EQV）

GB/T 10944.1—2006　自动换刀用 7∶24 圆锥工具柄部 40、45 和 50 号柄　第 1 部分：尺寸及锥角公差（ISO 7388/1：1983，IDT）

GB/T 11852—2003　圆锥量规公差与技术条件

GB/T 17421.1—1998　机床检验通则　第 1 部分：在无负荷或精加工条件下机床的几何精度（eqv ISO 230-1：1996）

JB/T 7974—1999　铸铁平板

JB/T 10036—1999　电感式测微仪

3　型式、精度等级

3.1　检验棒型式

检验棒的型式见表 1。

3.2　检验棒精度等级

检验棒的精度分为两个等级：普通级（P 级）、精密级（M 级），见表 1。

注：使用检验棒检验机床几何精度时应参照 GB/T 17421.1。

4 结构、尺寸

4.1 圆锥检验棒结构、尺寸

4.1.1 A型莫氏圆锥、米制圆锥检验棒的结构见图1,尺寸见表2。

4.1.2 A型7∶24圆锥检验棒的结构见图2,尺寸见表3。

4.1.3 B型莫氏圆锥、米制圆锥检验棒的结构见图3,尺寸见表4。

4.1.4 B型7∶24圆锥检验棒的结构见图4,尺寸见表5。

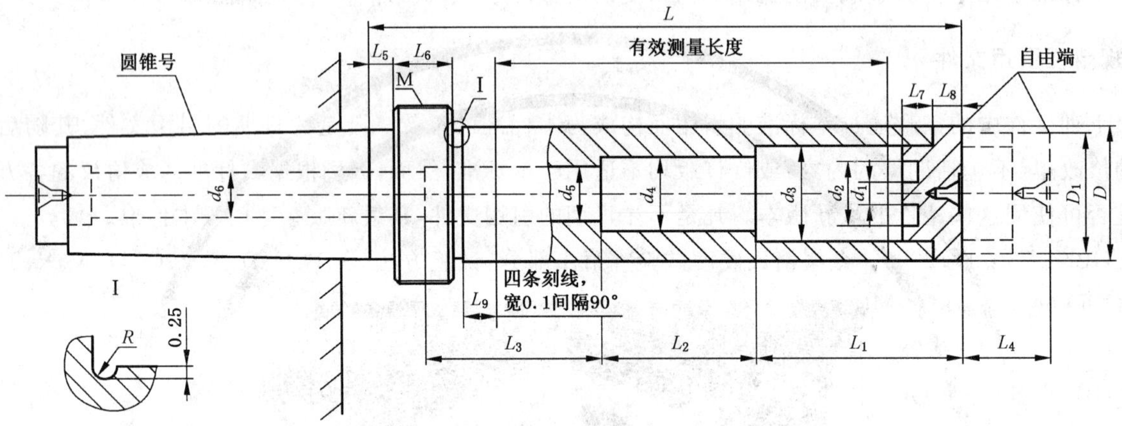

注1:当制造双点画线所示加长部分(便于制造)的检验棒时,堵头相应后移,但结构不变。

注2:检验棒的中心孔应与内孔钻通,并可在非工作面上打吊挂孔。

注3:莫氏0号～2号检验棒为实心结构。

注4:检验棒两端带保护锥的中心孔需经磨削或研磨。

图1 A型莫氏圆锥、米制圆锥检验棒结构图

表1 检验棒精度等级表

型式			圆锥号	代号	精度等级	
圆锥检验棒	莫氏圆锥检验棒	A	0～6	MS	M	P
		B				—
	米制圆锥检验棒	A	80～200	MZ		P
		B				—
	7∶24圆锥检验棒	A	30～80	7∶24		P
		B				—
圆柱检验棒		—	—	YZ		P

表 2　A 型莫氏圆锥、米制圆锥检验棒尺寸表

单位为毫米

<table>
<tr><th rowspan="2" colspan="2">圆锥号</th><th rowspan="2">有效测量长度</th><th colspan="20">尺　寸　代　号</th></tr>
<tr><th>D</th><th>D_1</th><th>M</th><th>d_1</th><th>d_2</th><th>d_3</th><th>d_4</th><th>d_5</th><th>d_6</th><th>L</th><th>L_1</th><th>L_2</th><th>L_3</th><th>L_4[a]</th><th>L_5</th><th>L_6</th><th>L_7</th><th>L_8</th><th>L_9</th><th>R</th></tr>
<tr><td rowspan="7">莫氏圆锥</td><td>0</td><td rowspan="2">75</td><td rowspan="2">12</td><td rowspan="2">11</td><td rowspan="2">M16×1-6g</td><td rowspan="3">—</td><td rowspan="3">—</td><td rowspan="3">—</td><td rowspan="4">—</td><td rowspan="4">—</td><td rowspan="6">—</td><td rowspan="2">100</td><td rowspan="3">—</td><td rowspan="4">—</td><td rowspan="4">—</td><td rowspan="2">12</td><td rowspan="3">2</td><td rowspan="3">8</td><td rowspan="3">—</td><td rowspan="3">—</td><td rowspan="4">5</td><td rowspan="3">0.5</td></tr>
<tr><td>1</td></tr>
<tr><td>2</td><td>150</td><td>24</td><td>23</td><td>M27×1.5-6g</td><td>175</td><td rowspan="2">16</td></tr>
<tr><td>3</td><td>200</td><td>32</td><td>31</td><td>M36×1.5-6g</td><td>8</td><td>16</td><td>23</td><td>235</td><td>223</td><td rowspan="9">5</td><td rowspan="9">12</td><td>7</td><td rowspan="9">5</td><td rowspan="9">2</td></tr>
<tr><td>4</td><td rowspan="2">300</td><td rowspan="2">40</td><td rowspan="2">39</td><td rowspan="2">M48×1.5-6g</td><td rowspan="8">10</td><td rowspan="2">27</td><td rowspan="2">33</td><td rowspan="2">30</td><td rowspan="2">24</td><td rowspan="2">335</td><td rowspan="2">115</td><td rowspan="2">110</td><td rowspan="2">95</td><td rowspan="8">20</td><td rowspan="8">10</td><td rowspan="8">10</td></tr>
<tr><td>5</td></tr>
<tr><td>6</td><td rowspan="6">300
500</td><td>63</td><td>62</td><td>M68×1.5-6g</td><td>46</td><td>54</td><td>44</td><td>34</td><td>20</td><td rowspan="6">335
535</td><td rowspan="6">115
185</td><td rowspan="6" colspan="2">110
175</td></tr>
<tr><td rowspan="5">米制圆锥</td><td>80</td><td rowspan="5">80</td><td rowspan="5">79</td><td>M85×1.5-6g</td><td rowspan="5">63</td><td rowspan="5">71</td><td rowspan="5">60</td><td rowspan="5">50</td><td rowspan="5">30</td></tr>
<tr><td>100</td><td>M105×2-6g</td></tr>
<tr><td>120</td><td>M125×2-6g</td></tr>
<tr><td>160</td><td>M165×3-6g</td></tr>
<tr><td>200</td><td>M205×3-6g</td></tr>
</table>

注：圆锥部分的尺寸按 GB/T 1443。

[a] 尺寸为参考尺寸。

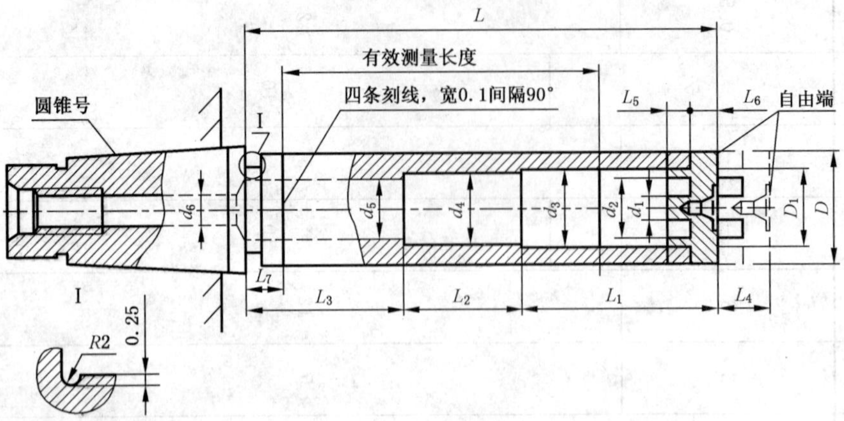

注 1：当制造双点画线所示加长部分(便于制造)的检验棒时，堵头相应后移，但结构不变。

注 2：检验棒的中心孔应与内孔钻通，并可在非工作面上打吊挂孔。

注 3：检验棒两端带保护锥的中心孔需经磨削或研磨。

图 2　A 型 7∶24 圆锥检验棒结构图

表 3　A 型 7∶24 圆锥检验棒尺寸表

单位为毫米

圆锥号	有效测量长度	尺寸代号															
		D	D_1	d_1	d_2	d_3	d_4	d_5	d_6[a]	L	L_1	L_2	L_3	L_4[a]	L_5	L_6	L_7
30	200	32	31	8	16	23	—	—	—	235	223	—	—	20	7	5	5
40 45	300	40	39	10	27	33	30	24		335	115	110	95		10		10
50 55	300 500	63	62		46	54	44	34	20	335 535	115 185	110 175					
60	500	80	79		63	71	60	50	26	535	185	175					
65 70									31								
75 80									42								

注：圆锥部分的尺寸按 GB/T 3837(手动换刀)或 GB/T 10944.1(自动换刀)。

a 尺寸为参考尺寸。

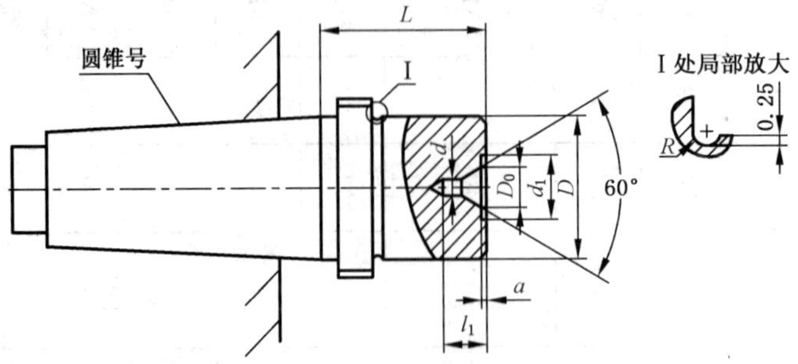

注：检验棒两端带保护锥的中心孔需经磨削或研磨。

图 3　B 型莫氏圆锥、米制圆锥检验棒结构图

表 4　B 型莫氏圆锥、米制圆锥检验棒尺寸表

单位为毫米

尺寸代号	莫氏圆锥号						米制圆锥
	0～1	2	3	4	5	6	80～200
D	12	24	32	40		63	80
L	22	34	50	57		80	100
d_1	8	10	16			20	25
a	0.8		1			1.2	
d	2	2.5	3			4	
D_0	5	6	7.5			10	
l_1	5.8	6.8	8.5			11.2	
R	0.5		2				

注 1：其余尺寸与 A 型相同。
注 2：同表 2 注。

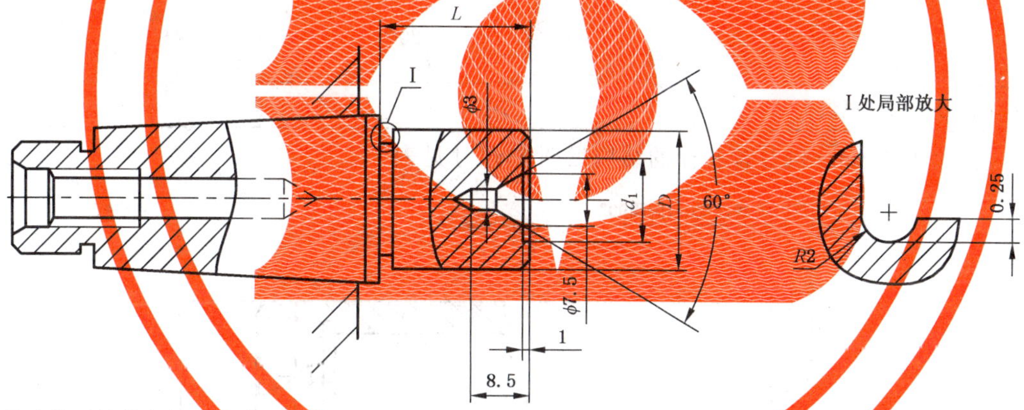

注：检验棒两端带保护锥的中心孔需经磨削或研磨。

图 4　B 型 7∶24 圆锥检验棒结构图

表 5　B 型 7∶24 圆锥检验棒尺寸表

单位为毫米

尺寸代号	圆锥号					
	30	40	45	50	55	60～80
D、L	32	40		63		80
d_1	16			20		25

注 1：其余尺寸与 A 型相同。
注 2：同表 3 注。

4.2　圆柱检验棒结构、尺寸

4.2.1　直径不大于 40 mm 圆柱检验棒的结构见图 5，尺寸见表 6。

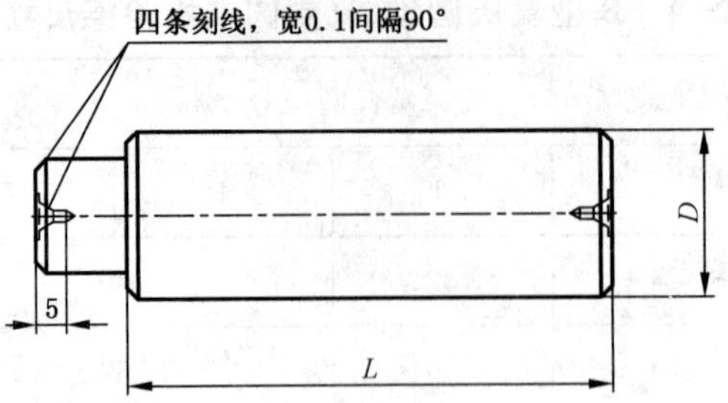

注 1：根据使用的要求允许在非工作面上打吊挂孔。

注 2：检验棒两端带保护锥的中心孔需经磨削或研磨。

图 5 圆柱检验棒（*D*≤40 mm）结构图

表 6 圆柱检验棒（*D*≤40 mm）尺寸表

单位为毫米

<table>
<tr><td>直径 D</td><td colspan="60">长度 L</td></tr>
<tr><td>(8)</td><td colspan="10">25</td><td colspan="10">40</td><td colspan="10">50</td><td colspan="10">63</td><td colspan="10">80</td><td colspan="10">100</td></tr>
<tr><td>10</td><td colspan="10">50</td><td colspan="10">63</td><td colspan="10">80</td><td colspan="10">100</td><td colspan="10">125</td><td colspan="10">160</td></tr>
<tr><td>(12.5)</td><td colspan="15">100</td><td colspan="15">125</td><td colspan="15">160</td><td colspan="15">200</td></tr>
<tr><td>16</td><td colspan="12" rowspan="3">100</td><td colspan="12" rowspan="3">125</td><td colspan="12" rowspan="3">160</td><td colspan="12" rowspan="3">200</td><td colspan="12" rowspan="3">250</td></tr>
<tr><td>(20)</td></tr>
<tr><td>25</td></tr>
<tr><td>(30)</td><td colspan="20" rowspan="2">160</td><td colspan="20" rowspan="2">200</td><td colspan="20" rowspan="2">250</td></tr>
<tr><td>40</td></tr>
<tr><td colspan="61">注：带括号的尺寸尽量不采用。</td></tr>
</table>

4.2.2 直径大于 40 mm 圆柱检验棒的结构见图 6，尺寸见表 7。

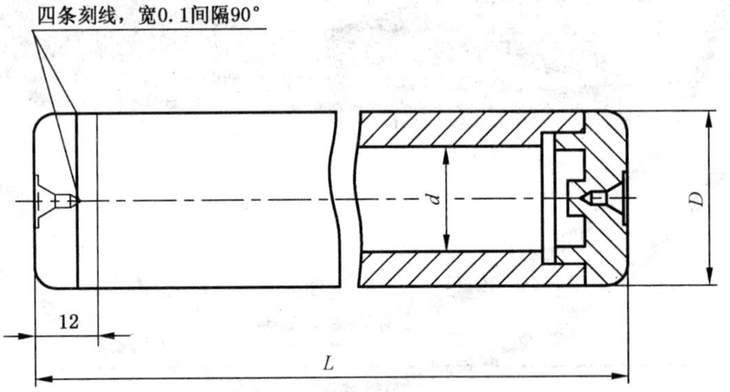

注 1：根据制造和使用的要求，检验棒的中心孔允许与内孔钻通，并可在非工作面上打吊挂孔。

注 2：检验棒两端带保护锥的中心孔需经磨削或研磨。

图 6 圆柱检验棒（*D*＞40 mm）结构图

表 7 圆柱检验棒（*D*＞40 mm）尺寸表

单位为毫米

<table>
<tr><td>直径 D</td><td colspan="6">长度 L</td><td>d</td></tr>
<tr><td>(50)</td><td colspan="2" rowspan="2">315</td><td colspan="2" rowspan="2">400</td><td colspan="2" rowspan="2">500</td><td>36</td></tr>
<tr><td>63</td><td>50</td></tr>
<tr><td>80</td><td colspan="2">630</td><td colspan="2">800(750)</td><td colspan="2">1 000</td><td>60</td></tr>
<tr><td>125</td><td colspan="3">1 250</td><td colspan="3">1 600(1 500)</td><td>105</td></tr>
<tr><td colspan="8">注：带括号的尺寸尽量不采用。</td></tr>
</table>

4.2.3 圆柱检验棒的有效测量长度：在 L 的两端各去掉 l 长度为有效测量长度，其 l 见表 8。

表 8 圆柱检验棒有效测量长度表

单位为毫米

长度 L	≤50	>50～80	>80～250	≥315
有效测量长度 l	4	5	6	10

5 技术要求

5.1 检验棒的材料应选用碳素工具钢/合金工具钢/轴承钢，也可采用与其性能相当的材料。

5.2 检验棒应经稳定性处理。

5.3 检验棒工作面的硬度应不低于 58 HRC 或 600 HV，其工作面可镀或不镀硬铬。

5.4 圆锥检验棒的圆锥接触比值：P 级精度检验棒应不小于 85%，M 级精度检验棒应不小于 90%。圆锥的接触应靠近大端。

5.5 圆锥检验棒的形位公差、表面粗糙度 Ra 的最大允许值见表 9。圆柱检验棒的形位公差、表面粗糙度 Ra 的最大允许值见表 10。

表 9 圆锥检验棒形位公差、表面粗糙度最大允许值表

序号	项　　目	有效测量长度/mm	公差/μm	
			M 级	P 级
1	圆度	≤150	0.20	0.40
		≥200	0.25	0.50
2	圆柱度	≤150	0.50	1
		≥200	0.75	1.50
3	径向圆跳动	≤150	1	2
		≥200	1.50	3
4	端面圆跳动	—	1	2
5	表面粗糙度 Ra	≤150	0.05	0.10
		≥200	0.10	0.20

表 10 圆柱检验棒形位公差、表面粗糙度最大允许值表

序号	项　　目	有效测量长度/mm	公差/μm	
			M 级	P 级
1	圆度	≤250	0.20	0.40
		≥315～500	0.25	0.50
		>500～1 000	0.38	0.75
		>1 000～1 600	0.45	0.90
2	圆柱度	≤250	0.50	1
		≥315～500	0.75	1.50
		>500～1 000	1	2
		>1 000～1 600	1.25	2.50
3	径向圆跳动	≤250	1	2
		≥315～500	2	4
		>500～1 000	3.50	7
		>1 000～1 600	5	10

表 10（续）

序号	项　　目	有效测量长度/mm	公差/μm	
			M级	P级
4	表面粗糙度 *Ra*	≤250	0.05	0.10
		≥315	0.10	0.20

5.6　圆锥检验棒圆锥部分的锥角极限偏差、形状公差按表 11。

表 11　圆锥检验棒锥角极限偏差、形状公差表

圆锥类型	圆锥号	测量长度/mm	锥角极限偏差			形状公差/μm
			AT_{α}（角度值）		AT_D（线性值）	
			μrad	(″)	μm	
莫氏圆锥	0	43	±25	±5	±1	0.7
	1	45			±1.1	
	2	54	±20	±4		
	3	69			±1.4	0.9
	4	87	±16	±3		
	5	114			±1.8	1.3
	6	162	±12.5	±2.5	±2	
米制圆锥	80	164	±12.5	±2.5	±2	1.3
	100	192			±2.4	1.6
	120	220	±10	±2	±2.2	
	160	276			±2.8	1.7
	200	332	±8	±1.5	±2.7	
7∶24 圆锥	30	44	±25	±5	±1.2	0.8
	40	61	±20	±4	±1.3	
	45	76			±1.6	1.1
	50	95	±16	±3		
	55	120			±2	1.3
	60	155	±13	±2.5		
	65	193			±2.5	1.7
	70	243	±10	±2		
	75	296			±3	2
	80	381			±3.9	2.6

注 1：AT_{α}、AT_{DP}的含义见 GB/T 11852。

注 2：形状公差包括任一轴向截面内素线直线度公差和任一横截面内圆度公差。

5.7　检验棒的挠度值参见附录 A。

6　检验方法

检验棒的检验方法按表 12。

表 12 检验棒检验方法表

序号	项目	检验方法	检验工具
1	圆度	按 GB/T 1958—2004 附录 A 中 A.6.3 圆度误差检测方案 1-2 检验检验棒圆柱部分的圆度。	圆度仪(或其他类似量仪)
2	圆柱度	按 GB/T 1958—2004 附录 A 中 A.6.4 圆柱度误差检测方案 1-1 检验检验棒圆柱部分的圆柱度。	
3	径向圆跳动	将圆锥检验棒(A 型)的圆柱部分支承在 V 形铁上。固定指示器,使其测头垂直触及检验棒圆锥表面。旋转检验棒检验。记录指示器读数的最大差值。 按上述方法测量三个轴向截面。误差以测量结果的最大值计。 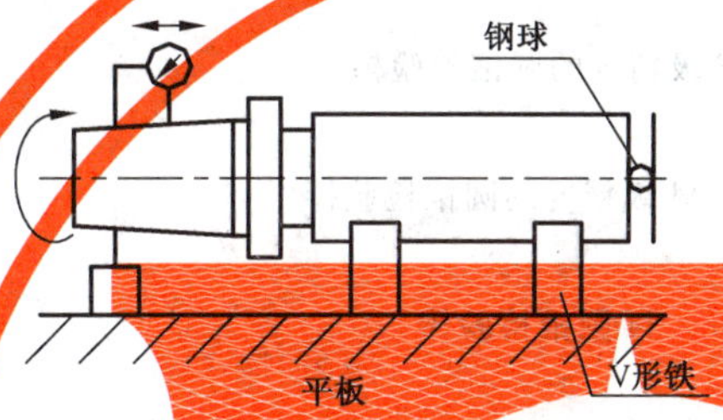 将圆柱检验棒支承在两顶尖间。固定指示器,使其测头垂直触及检验棒圆柱表面。旋转检验棒检验。记录指示器读数的最大差值。 按上述方法测量三个轴向截面。误差以测量结果的最大值计。 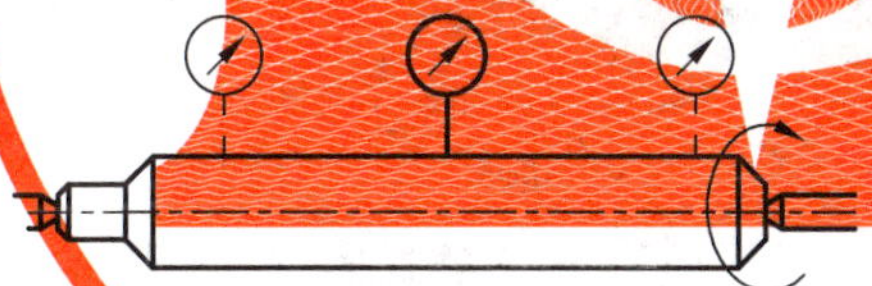	1) GB/T 1219 规定的千分表。 2) JB/T 10036 规定的电感式测微仪。 3) GB/T 4755 规定的扭簧比较仪。 4) JB/T 7974 规定的 00 级铸铁平板。 5) 检测用 V 形铁。
4	端面圆跳动	将圆锥检验棒(B 型)支承在两顶尖间。固定指示器,使其测头触及靠近检验棒边缘表面。旋转检验棒检验。 误差以指示器读数的最大差值计。 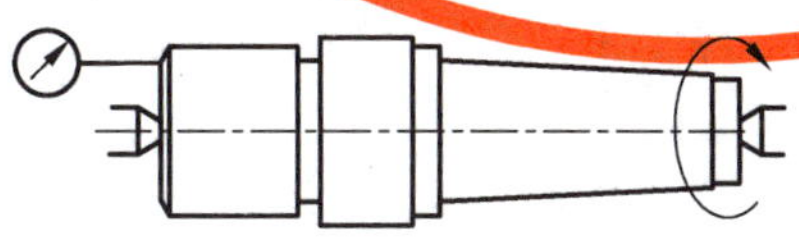	
5	圆锥接触比值	在圆锥的等分圆周上涂色,其涂层厚度不大于 2 μm。沿轴向均匀地划分三条宽度不大于 5 mm 直线,然后把锥体放入圆锥量规中,施加适当外力,使其紧密接触。单方向转动的角度不大于 60°,取出锥体,检验锥体接触情况。检验结果以三条线中接触最差的一条计算接触长度的百分比。	圆锥量规

表 12（续）

序号	项目	检验方法	检验工具
6	表面粗糙度	将检验棒圆锥和(或)圆柱表面用表面粗糙度测量仪检验或与表面粗糙度比较样块比较。	1) GB/T 6060.2 规定的表面粗糙度比较样块。 2) GB/T 6062 规定的测量仪。
7	硬度	按 GB/T 4340.3 规定的试验方法，或 GB/T 230.1 规定的试验方法在非工作面上检验。	1) GB/T 4340.2 规定的硬度计。 2) GB/T 230.1 规定的硬度计。

7 标志、随行文件、包装

7.1 检验棒非工作面上应标志：

制造厂商标、检验棒代号、型式及精度等级、规格(圆锥检验棒标志“圆锥号×有效测量长度”；圆柱检验棒标志“直径×长度”)。

例 1：莫氏 3 号，有效测量长度 200 mm，A 型，P 级精度的圆锥检验棒

标志：MS 3×200 A

例 2：米制 100 号，有效测量长度 500 mm，B 型，M 级精度的圆锥检验棒

标志：MZ 100×500 B M

例 3：圆锥号 40 号，长度 300 mm，M 级精度的 7∶24 圆锥检验棒

标志：7∶24 40×300 M

例 4：直径 25 mm，长度 160 mm，P 级精度的圆柱检验棒

标志：YZ 25×160

7.2 检验棒出厂应附有合格证。

7.3 检验棒包装盒上应标志(不仅局限于)：

——制造厂名厂址，商标(需要时)；

——产品名称；

——型式(如有)与规格；

——精度等级；

——执行标准编号。

7.4 检验棒在包装前应对其作清洗和防锈处理。检验棒包装应牢固、可靠。

附 录 A
（资料性附录）
检验棒的挠度值

A.1 当使用本标准的检验棒时，根据使用情况，应考虑挠度的影响(特别是 0 号和 1 号莫氏圆锥的检验棒应考虑自然挠度)。

A.2 本附录给出的挠度值是按 $E=200\ \mathrm{kN/m^2}$ 计算的，当 $E=180\ \mathrm{kN/m^2}\sim190\ \mathrm{kN/m^2}$ 时，检验棒挠度可忽略不计。

A.3 圆锥检验棒挠度值见表 A.1。

表 A.1 圆锥检验棒挠度值

圆锥类型	圆锥号	有效测量长度/mm	总重量/≈kg	自然挠度/μm	P/mN	在 P 作用下自由端的附加挠度/μm	总挠度/μm
莫氏圆锥	0	75	0.110	0.65	500	0.90	1.55
	1		0.130	0.50		0.70	1.20
	2	150	0.730	1.50	1 000	0.60	2.10
	3	200	0.960	1.80		0.70	2.50
	4	300	2.200	3.30			4
	5		3	2.60		0.60	3.20
	6		7.710	0.90		0.10	1
		500	10	5.80		0.35	6.15
米制圆锥	80～200	300	11.940	0.55		0.05	0.60
		500	15	3.50		0.15	3.65

A.4 直径不大于 40 mm 圆柱检验棒挠度值见表 A.2。表中的上方数值为自重产生的自然挠度值，下方的数值为仅考虑在中央加 2 250 mN 集力时产生的挠度值。

表 A.2 圆柱检验棒(D≤40 mm)挠度值

直径 D/mm	长度 L/mm									
	25	40	50	63	80	100	125	160	200	250
	挠 度/μm									
(8)	0 0.02	0 0.07	0.01 0.14	0.02 0.28	0.05 0.57	0.12 1.10	—	—	—	—
10	—	—	0 0.06	0.01 0.11	0.03 0.23	0.08 0.45	0.19 0.89	0.51 1.90	—	—
(12.5)	—	—	—	—	—	0.05 0.19	0.12 0.36	0.33 0.76	0.80 1.50	—
16	—	—	—	—	—	0.03 0.07	0.07 0.14	0.20 0.28	0.49 0.65	1.20 1.10
20	—	—	—		—	0.02 0.03	0.05 0.06	0.13 0.12	0.31 0.23	0.76 0.44

表 A.2（续）

直径 D/mm	长度 L/mm									
	25	40	50	63	80	100	125	160	200	250
	挠 度/μm									
25	—	—	—	—	—	0.01 0.01	0.03 0.02	0.08 0.05	0.20 0.09	0.49 0.18
(30)	—	—	—	—	—	—		0.04 0.02	0.14 0.94	0.34 1.84
40	—	—	—	—	—	—	—	0.03 0.01	0.08 0.02	0.20 0.03

A.5 直径大于 40 mm 圆柱检验棒挠度值见表 A.3。2 250 mN 作用力是作用在检验棒中央的集中力。

表 A.3 圆柱检验棒（*D*>40 mm）挠度值

直径 D/mm	长度 L/mm	重量[a]/kg	自然挠度/μm	2 250 mN 作用下的挠度/μm
(50)	315	2.3	0.20	0.03
	400	3.0	0.52	0.06
	500	3.7	1.27	0.12
63	315	2.8	0.12	0.02
	400	3.6	0.31	0.03
	500	4.5	0.75	0.06
80	630	10.8	1.22	0.04
	800	13.7	3.17	0.08
	1 000	17.2	7.74	0.16
125	1 250	35.2	7.08	0.07
	1 600	45	18	0.20
[a] 端部堵头的重量未计入。				

ICS 25.60.20
J 52

中华人民共和国国家标准

GB/T 25378—2010

工具柄用8°安装锥的弹簧夹头 弹簧夹头、螺母和配合尺寸

Collets with 8° setting angle for tool shanks—Collets, nuts and fitting dimensions

(ISO 15488:2003, MOD)

2010-11-10 发布　　　　2011-03-01 实施

中华人民共和国国家质量监督检验检疫总局
中国国家标准化管理委员会　发布

前　言

本标准修改采用 ISO 15488:2003《工具柄用 8°安装锥的弹簧夹头　弹簧夹头，螺母和配合尺寸》(英文版)。

本标准根据 ISO 15488:2003 重新起草。

考虑到我国国情，在采用 ISO 15488:2003 时做了如下技术内容修改：

—— 表面粗糙度 Rz 值改为 Ra 值。

本标准与 ISO 15488:2003 相比，编辑性修改内容如下：

——将“本国际标准”改为“本标准”；

——用小数点符号“·”代替作为小数点的逗号“,”；

——删除了国际标准前言和引言。

本标准的附录 A 为规范性附录。

本标准由中国机械工业联合会提出。

本标准由全国金属切削机床标准化技术委员会(SAC/TC 22)归口。

本标准起草单位：烟台机床附件研究所、上海金玉篮精密机床配件有限公司。

本标准主要起草人：时述庆、钱志明。

工具柄用 8°安装锥的弹簧夹头 弹簧夹头、螺母和配合尺寸

1 范围

本标准规定了用于夹紧圆柱柄工具的弹簧夹头(A 型、B 型)、夹头座和螺母的尺寸、材料、技术要求和标记。对不符合本标准的弹簧夹头,例如图纸另行规定的夹头,由供需双方协商决定。

A 型用于铣削和其他对夹持孔有硬度要求的,夹紧公差范围为 h10。

B 型一般用于扩大夹紧范围要求的情况。

2 规范性引用文件

下列文件中的条款通过本标准的引用而成为本标准的条款。凡是注日期的引用文件,其随后所有的修改单(不包括勘误的内容)或修订版均不适用于本标准,然而,鼓励根据本标准达成协议的各方研究是否可使用这些文件的最新版本。凡是不注日期的引用文件,其最新版本适用于本标准。

GB/T 1804—2000 一般公差 未注公差的线性和角度尺寸的公差(eqv ISO 2768-1:1989)

3 尺寸

3.1 一般说明

弹簧夹头、夹头座和螺母不必与图 1～图 3 相符;仅给定尺寸应一致。

一般公差:GB/T 1804—2000 规定的 m。

3.2 弹簧夹头

见图 1 和表 1。

公差单位为毫米

表面粗糙度单位为微米

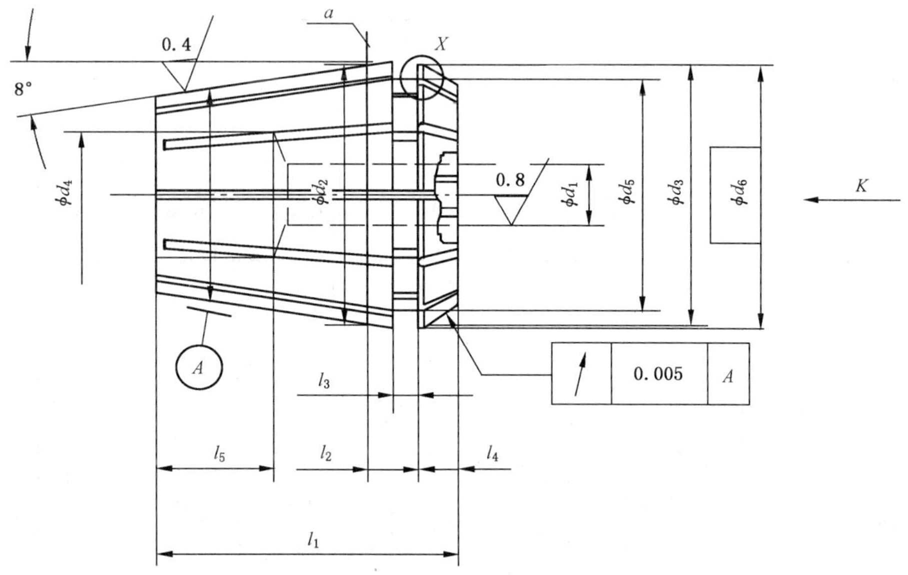

图 1 A 型和 B 型弹簧夹头

公差单位为毫米

表面粗糙度单位为微米

$\frac{X}{2.5:1}$

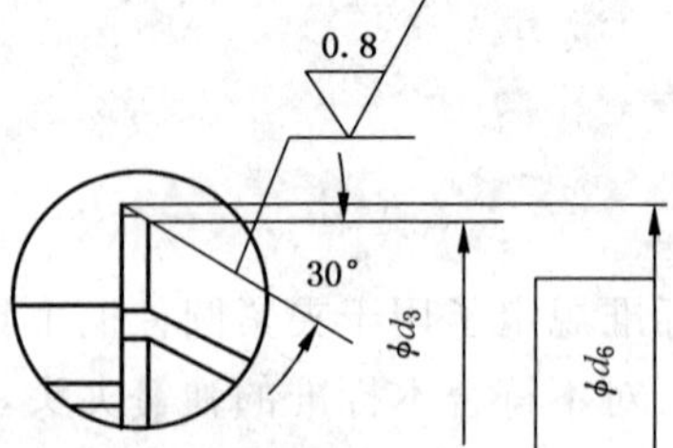

*K*向

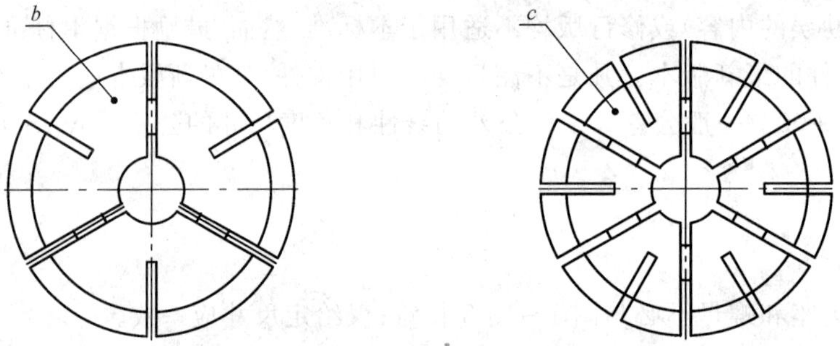

a 基准面；

b A 型 6 槽～8 槽；

c B 型 12 槽～16 槽。

图 1（续）

表 1 弹簧夹头尺寸

单位为毫米

公称尺寸	d_1 H7 A型[a] 公称直径 从	d_1 A型[a] 至	d_1 B型[b] 从	d_1 B型[b] 至	d_2	d_3 $^{0}_{-0.2}$ A型	d_3 B型	d_4 A型	d_4 B型	d_5	d_6 A型	d_6 B型	l_1 max	l_2 A型	l_2 B型	l_3 A型	l_3 B型	l_4 ±0.2	l_5 min
11	1	<3	1	2.5	11	11.3	11.5	5	5	9.5	11.6	11.7	18	2	3.8	2	2	2.5	9
	3	6	3	7				—	—										—
16	1	<5	1	4	16	16.74	17	7	7.5	13.8	17.1	17.25	27.5	2.3	6.26	2.3	2.7	4	9
	5	10	5	10				—	—										—
20	1	<7	1	6	20	20.74	21	9	10	17.4	21.1	21.3	31.5	2.4	6.36	2.4	2.8	4.8	12
	7	13	7	13				—	—										—
25	1	<8	2	7	25	25.74	26	10	12	22	26.1	26.3	34	2.5	6.66	2.5	3.1	5	13
	8	16	8	16				—	—										—

表 1(续)

单位为毫米

公称尺寸	d_1 H7 A型[a] 公称直径 从	至	d_1 H7 B型[b] 公称直径 从	至	d_2	d_3 $_{-0.2}^{0}$ A型	B型	d_4 A型	B型	d_5	d_6 A型	B型	l_1 max	l_2 A型	B型	l_3 A型	B型	l_4 ±0.2	l_5 min
32	2	<8	3	7	32	32.74	33	12	15	29.2	33.1	33.35	40	2.7	7.16	2.7	3.6	5.5	15
	8	20	8	20				—	—										—
40	3	<9	4	8	40	40.74	41	14	20	36.2	41.1	41.4	46	3.5	7.66	3.5	4.1	7	18
	9	26	9	26				—	—										—

[a] 夹持偏差范围 h10。

[b] 夹持偏差范围 $_{-0.5}^{0}$。

当公称尺寸 16 至 40 时,夹持偏差范围 $_{-1}^{0}$,亦可协商 $_{-0.5}^{0}$。

3.3 夹头座

见图 2 和表 2。

公差单位为毫米

表面粗糙度单位为微米

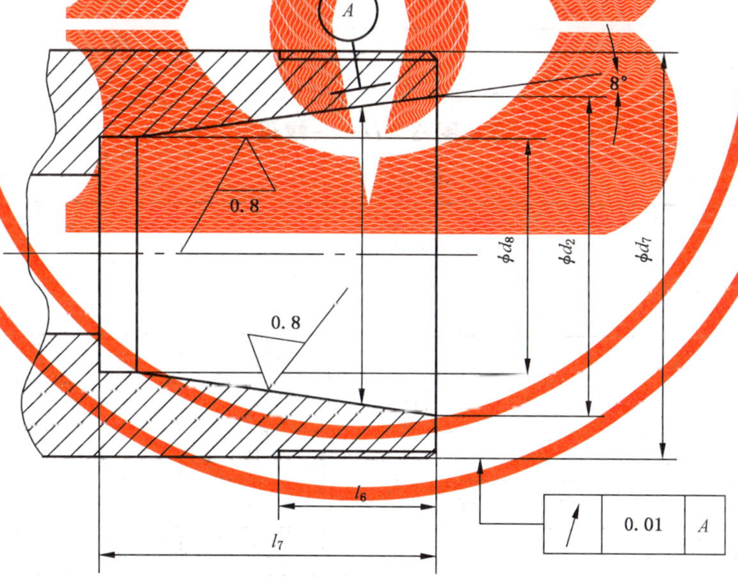

图 2 C——夹头座

表 2 夹头座尺寸

单位为毫米

公称尺寸	11	16	20	25	32	40
d_2 ±0.05	11	16	20	25	32	40
d_7 6g	M14×0.75	M22×1.5	M25×1.5	M32×1.5	M40×1.5	M50×1.5
d_8 $_{0}^{+0.5}$	7.5	10.5	13.5	18	23.5	30.5
l_6 min	10	13	13.5	14	16	17
l_7 min (A型和B型)	17	22	26.5	29	34	38

3.4 螺母

见图3和表3。

公差单位为毫米
表面粗糙度单位为微米

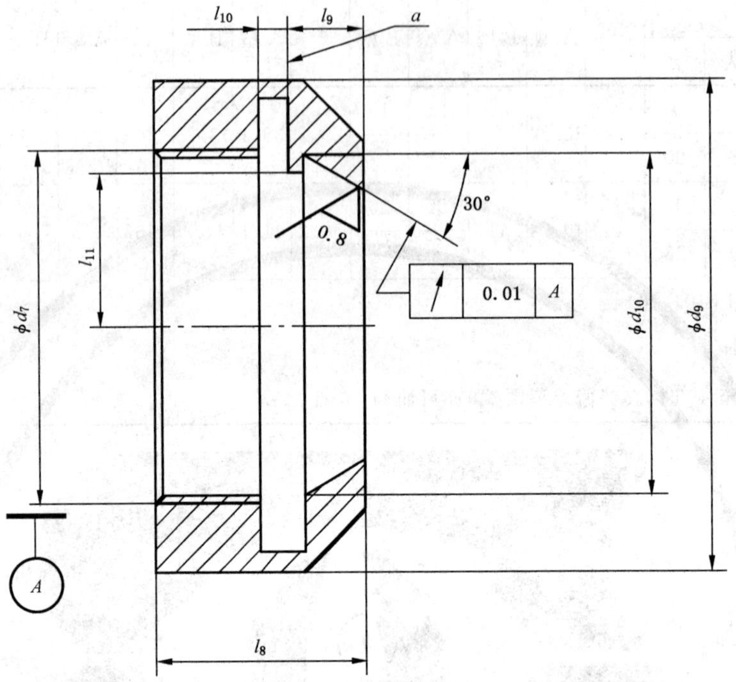

a 基准面。

图3 *D*——螺母

表3 螺母尺寸

单位为毫米

公称尺寸	d_7 6H	d_9	d_{10}	l_8	l_9	l_{10} $^{0}_{-0.2}$	l_{11} max
11	M14×0.75	19	12.1	11.3	3.1	1	5
16	M22×1.5	32	17.71	17.5	4.7	1.1	7.2
20	M25×1.5	35	21.76	19	5.5	1.2	9.2
25	M32×1.5	42	26.64	20	5.7	1.3	11.5
32	M40×1.5	50	33.57	22.5	6.2	1.6	14.9
40	M50×1.5	63	41.86	25.5	7.7	2.1	18.5

3.5 弹簧夹头径向跳动公差

表4规定了弹簧夹头的跳动公差。在弹簧夹头孔内插入检验棒检测,见图4。

检验棒直径为弹簧夹头的公称直径。

检验棒要求:

a) 直径公差:h6;

b) 圆柱度:0.002 mm;

c) 直线度:0.002 mm;

d) 圆度:0.002 mm;

e) 表面无纵向痕；

f) 最大表面粗糙度 $Ra=0.8\ \mu m$；

g) 表面硬度：(58^{+3}_{0})HRC。

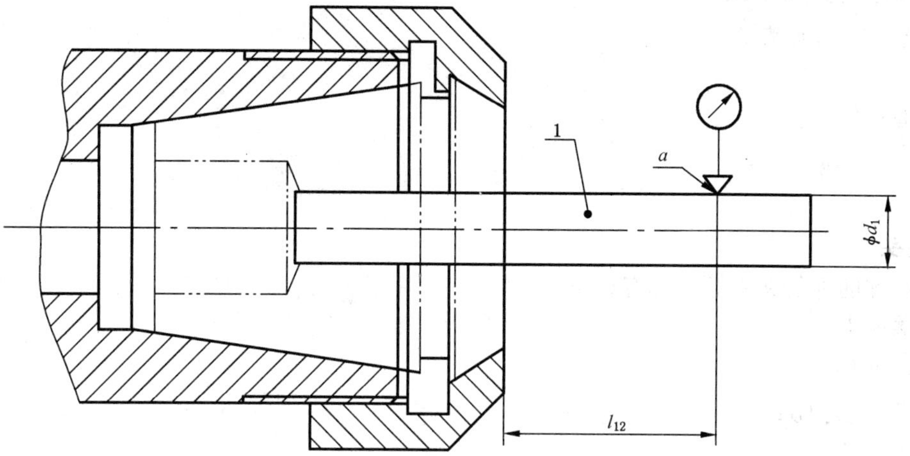

1——检验棒。

[a] 检测点。

图 4 径向跳动公差的检测

表 4 弹簧夹头径向跳动公差

单位为毫米

d_1 H7 公称直径		l_{12}	径向跳动公差[a]	
大于	至(含)		1 级[b]	2 级
1(含)	1.6	6	0.010	0.015
1.6	3	10		
3	6	16		
6	10	25		
10	18	40	0.015	0.020
18	26	50		

[a] 标准夹头径向跳动一般规定为 2 级，1 级按需求特殊提供，见 5.1；

[b] 径向跳动为 1 级的夹头应用时，须注意系统精度(机床主轴、夹头座、弹簧夹头和刀具)。

4 材料

4.1 弹簧夹头

选用的钢材抗拉强度不低于 700 N/mm^2。

4.2 螺母

钢材由制造者选用。

5 技术要求

5.1 弹簧夹头

A 型和 B 型：夹持孔和锥柄部位硬度为(44^{+4}_{0})HRC。

圆锥公差：$AT3$，见表 A.1。

径向跳动公差：一般规定为 2 级。

5.2 夹头座

圆锥孔硬度(56^{+4}_{0})HRC。

圆锥公差：$AT4$，见表 A.2。

5.3 螺母

由制造者自行设计。

6 标记

6.1 弹簧夹头

符合本标准的弹簧夹头标记含有以下内容：

a) 弹簧夹头；

b) 本标准号；

c) 型式(A 或 B)；

d) 公称尺寸；

e) 公称直径 d_1，单位为毫米；

f) 径向跳动为 1 级的等级代号。

例 1：B 型，公称尺寸 32，公称直径 d_1=10 mm 的弹簧夹头标记为：

弹簧夹头 GB/T 25378-B 32×10

例 2：B 型，公称尺寸 32，公称直径 d_1=10 mm，跳动公差 1 级的弹簧夹头标记为：

弹簧夹头 GB/T 25378-B 32×10 CI1

6.2 夹头座

符合本标准的夹头座标记含有以下内容：

a) 夹头座；

b) 本标准号；

c) 型式 C；

d) 公称尺寸。

例：C 型，公称尺寸 32 的夹头座标记为：

夹头座 GB/T 25378-C 32

6.3 螺母

符合本标准的螺母标记含有以下内容：

a) 螺母；

b) 本标准号；

c) 型式 D；

d) 公称尺寸。

例：D 型，公称尺寸 32 的螺母标记为：

螺母 GB/T 25378-D 32

6.4 检验棒

符合本标准的检验棒标记含有以下内容：

a) 检验棒；

b) 本标准号；

c) 直径 d_1，单位为毫米。

例：直径 d_1=10 mm 的检验棒标记为：

检验棒 GB/T 25378-10

7 标志

符合本标准的弹簧夹头标志含有以下内容：

——公称直径；

——制造者名称或商标。

8 组装

见图 5 和表 5。

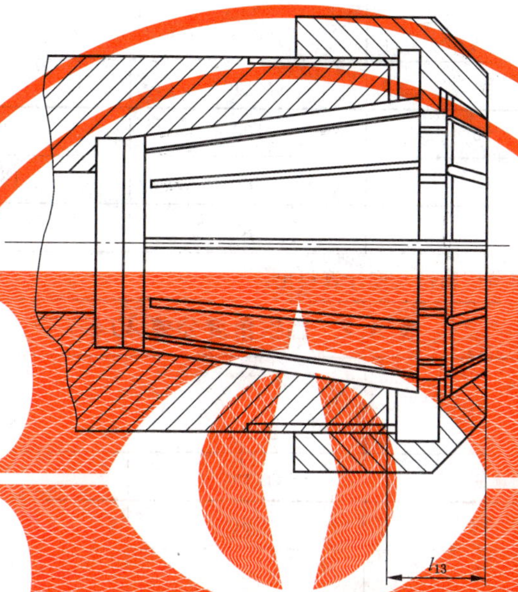

图 5 组装实例

表 5 尺寸

单位为毫米

公称尺寸	l_{13} max
11	6.6
16	10.6
20	11.5
25	12
32	13
40	15

附 录 A
（规范性附录）
圆锥角度公差 *AT*3 和 *AT*4

该附录规定了 *AT*3 公差值（见表 A.1）和 *AT*4 公差值（见表 A.2）。引自 ISO 1947:1973《圆锥公差系列 锥度 C=1∶30 至 1∶500 和长度为 6 mm 至 630 mm 系列》（已被取消）。

表 A.1 圆锥角度公差 *AT*3

圆锥长度范围 L/mm		AT_α		AT_D[a]
大于	至	μrad	″	μm
10	16	100	21	1…1.6
16	25	80	16	1.3…2
25	40	63	13	1.6…2.5

[a] AT_D 的值由 AT_α 值和一定范围圆锥长度计算得出。

表 A.2 圆锥角度公差 *AT*4

圆锥长度范围 L/mm		AT_α		AT_D[a]
大于	至	μrad	″	μm
10	16	160	33	1.6…2.5
16	25	125	26	2…3.2
25	40	100	21	2.5…4

[a] AT_D 的值由 AT_α 值和一定范围圆锥长度计算得出。

ICS 25.060.20
J 51

中华人民共和国国家标准

GB/T 25379.1—2010

机床通用部件　工件随行托板
第1部分：名义尺寸至800 mm的工件随行托板

Modular units for machine tools—Workholding pallets—Part 1: Workholding pallets up to 800 mm nominal size

(ISO 8526-1:1990, MOD)

2010-11-10 发布　　　　2011-03-01 实施

中华人民共和国国家质量监督检验检疫总局
中国国家标准化管理委员会　发布

前　言

GB/T 25379《机床通用部件　工件随行托板》分为以下两个部分：

——第1部分：名义尺寸至800 mm的工件随行托板；

——第2部分：名义尺寸大于800 mm的工件随行托板。

本部分为GB/T 25379的第1部分。

本部分修改采用ISO 8526-1:1990《机床通用部件　工件夹持托板　第1部分：名义尺寸至800 mm的工件随行托板》(英文版)。

为便于使用，本部分做了下列技术内容和编辑性修改：

——将“本标准”一词改为“本部分”；

——删除了国际标准的前言和引言；

——用小数点符号“.”代替作为小数点的逗号“,”；

——对ISO 8526-1:1990引用的其他国际标准，用已转化为我国的标准代替对应的国际标准；

——对标准中相关的图、表编排位置、顺序等进行了编辑性修改；

——标准中的沉孔尺寸按我国标准进行了修改。

本部分的附录A为规范性附录，附录B为资料性附录。

本部分由中国机械工业联合会提出。

本部分由全国金属切削机床标准化技术委员会(SAC/TC 22)归口。

本部分起草单位：大连机床集团有限责任公司。

本部分主要起草人：付承云、刘莲花、罗秀珍。

机床通用部件　工件随行托板
第1部分：名义尺寸至800 mm的
工件随行托板

1　范围

GB/T 25379的本部分规定了机床使用的工件随行托板(以下简称托板)的尺寸。

本部分适用于名义尺寸为320 mm、400 mm、500 mm、630 mm、800 mm的正方形托板和长宽比为1.25的长方形托板。

2　规范性引用文件

下列文件中的条款通过GB/T 25379的本部分的引用而成为本部分的条款。凡是注日期的引用文件,其随后所有的修改单(不包括勘误的内容)或修订版均不适用于本部分,然而,鼓励根据本部分达成协议的各方研究是否可使用这些文件的最新版本。凡是不注日期的引用文件,其最新版本适用于本部分。

GB/T 158—1996　机床工作台　T形槽和相应螺栓(eqv ISO 299:1987)

GB/T 1182—2008　产品几何技术规范(GPS)几何公差　形状、方向、位置和跳动公差标注(ISO 1101:2004,IDT)

GB/T 1800.4—1999　极限与配合　标准公差等级和孔、轴的极限偏差表(eqv ISO 286-2:1988)

GB/T 1804—2000　一般公差　未注公差的线性和角度尺寸的公差(eqv ISO 2768-1:1989)

3　术语

3.1

名义尺寸　nominal size

名义尺寸规定用托板的宽度尺寸 a_1 表示(见图3)。

3.2

一般术语　general

托板有关部位的术语应符合图1和表1的规定。

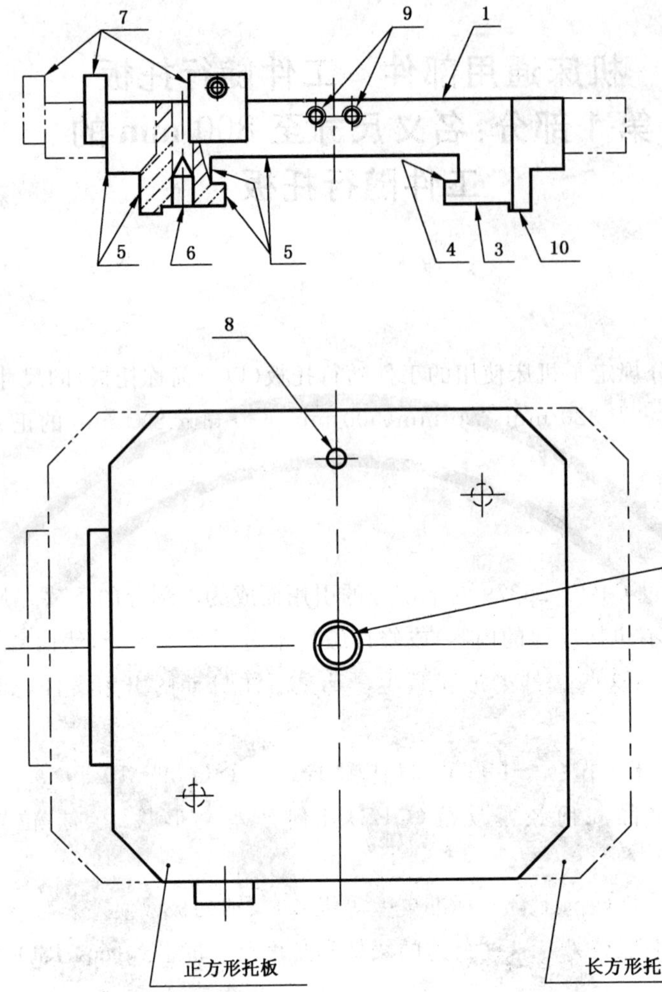

图 1　工件随行托板

表 1　术语

代　　号	中文名称	英文名称
1	托板上平面	top surface of pallet
2	中心孔	centre hole
3	定位面	location surface
4	夹紧面	clamping surface
5	输送滑动面	transportation slide surface
6	定位孔	location hole
7	侧边定位块(安装时)	edge locator (when fitted)
8	校准孔(提供时)	alignment hole (when provided)
9	插销机构紧固孔	fixing holes for latch mechanism
10	支承面	resting surface

4　尺寸

托板的上平面型式见图 2a)、图 2b)、图 2c)。托板的尺寸应符合图 3 和表 2 的规定。

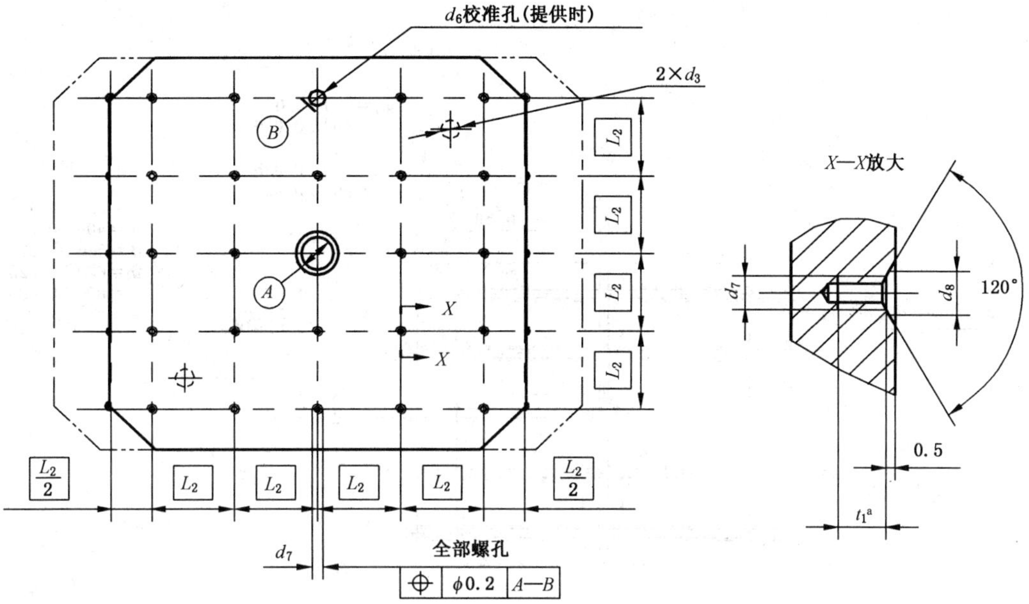

a t_1 为螺纹最小结合长度。

a) 1 型——上平面带有螺孔

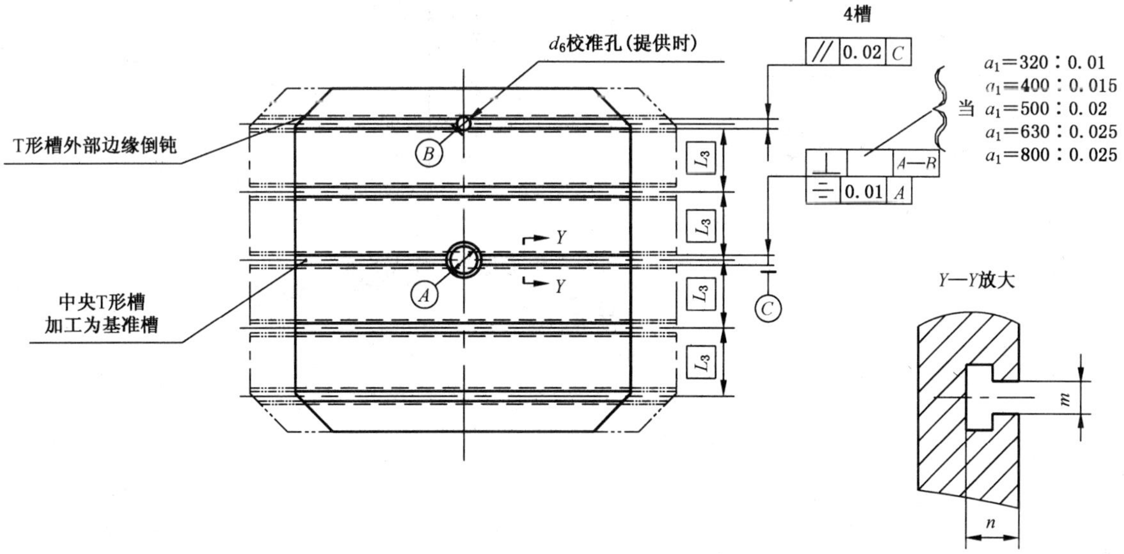

b) 2 型——上平面带有 T 形槽

图 2　托板的上平面型式

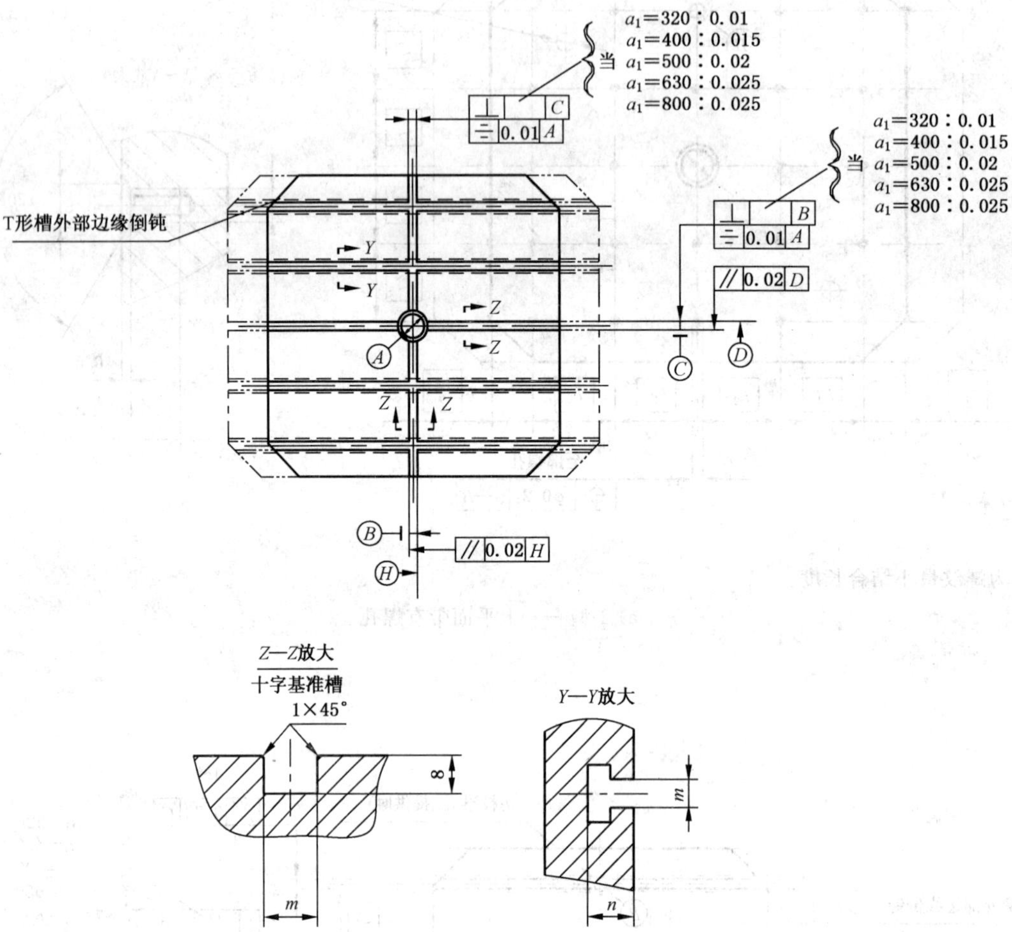

c) 3 型——上平面带有 T 形槽和十字基准槽

图 2（续）

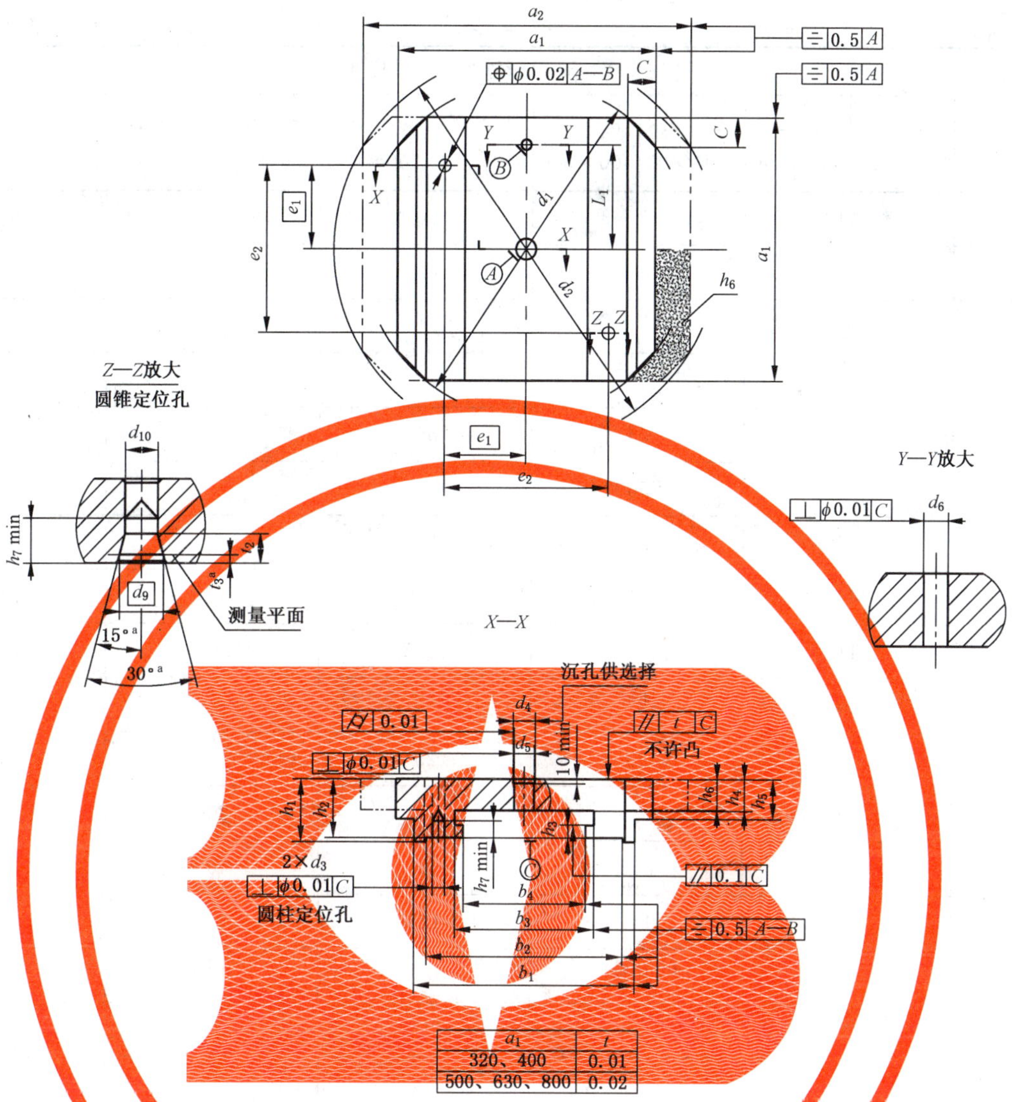

注 1：两个圆锥定位孔的位置与两个圆柱定位孔的位置相同，所需要的定位形式应在订购托板时规定。

注 2：形位公差的标注应符合 GB/T 1182 的规定。

注 3：如果需要，可在 d_3 孔的任何一端塞入最小深度为直径 1.25 倍的衬套。

注 4：当 d_3 或 d_{10} 是直通孔时，如果需要，其中间部分可分别挖空到最大长度为 $h_2-2.5\times d_3$ 和 $h_2-2.5\times d_{10}$。

[a] t_3、15°、30°的公差由制造厂规定。

图 3　托板的基本尺寸

表 2　托板尺寸[a]

单位为毫米

尺　寸	名义尺寸与长度									
	$a_1\times a_1$ 320×320	$a_1\times a_2$ 320×400	$a_1\times a_1$ 400×400	$a_1\times a_2$ 400×500	$a_1\times a_1$ 500×500	$a_1\times a_2$ 500×630	$a_1\times a_1$ 630×630	$a_1\times a_2$ 630×800	$a_1\times a_1$ 800×800	$a_1\times a_2$ 800×1 000
$b_{1\,-0.5}^{\;0}$	290		340		430		540		670	
$b_{2\,0}^{+0.5}$	272		300		380		480		600	
b_3	200^{+1}_{0}		200^{+1}_{0}		$260^{+1.6}_{0}$		$340^{+1.6}_{0}$		$420^{+1.6}_{0}$	
$b_{4\,0}^{+0.5}$	160		160		220		300		380	

表 2（续）

单位为毫米

尺寸		名义尺寸与长度									
		$a_1 \times a_1$ 320×320	$a_1 \times a_2$ 320×400	$a_1 \times a_1$ 400×400	$a_1 \times a_2$ 400×500	$a_1 \times a_1$ 500×500	$a_1 \times a_2$ 500×630	$a_1 \times a_1$ 630×630	$a_1 \times a_2$ 630×800	$a_1 \times a_1$ 800×800	$a_1 \times a_2$ 800×1 000
C^{b}		40		50		60		70		100	
$d_{1\ -5}^{\ 0}$		400		500		630		800		1 000	
$d_{2\ -5}^{\ 0}$		—	466.5	—	583	—	736	—	938	—	1 166
$d_{3\ 0}^{+0.013}$		25		25		25		30		35	
d_4（选择）		55		55		55		55		55	
d_5(H6)[c,d]		50		50		50		50		50	
d_6(H7)[c,e]		20		20		20		25		25	
d_7[f]		M10		M12		M12		M16		M16	
d_8[f]		11		13.5		13.5		17.5		17.5	
d_9		29		29		29		40		40	
d_{10}[g]		25		25		25		30		35	
e_1		120		125		160		200		250	
$e_2 \pm 0.01$		240		250		320		400		500	
$h_1 \pm 0.5$		95		115		125		150		170	
$h_2 \pm 0.02$		90		105		115		140		160	
$h_{3\ -0.25}^{\ 0}$		20		25		25		30		30	
$h_{4\ -0.25}^{\ 0}$		45		50		60		75		95	
$h_{5\ -0.25}^{\ 0}$		65		70		80		95		115	
h_6		—	44	—	49	—	59	—	74	—	94
$h_{7\min}$		20		25		25		30		30	
$L_1 \pm 0.013$[h,i]	AP	100		150		200		200		300	
	GP	125		160		200		250		320	
L_2[h,i]	AP	50		50		100		100		100	
	GP	63		80		100		125		160	
L_3[h,i]	AP	50		50		100		100		100	
	GP	63		80		100		125		160	
m[j]		12		14		14		18		18	
$n_{\ 0}^{+1}$		20		23		23		30		30	
$l_{1\ 0}^{\ +1}$		20		22		22		30		30	

表 2（续）

单位为毫米

尺　寸	名义尺寸与长度									
	$a_1 \times a_1$ 320×320	$a_1 \times a_2$ 320×400	$a_1 \times a_1$ 400×400	$a_1 \times a_2$ 400×500	$a_1 \times a_1$ 500×500	$a_1 \times a_2$ 500×630	$a_1 \times a_1$ 630×630	$a_1 \times a_2$ 630×800	$a_1 \times a_1$ 800×800	$a_1 \times a_2$ 800×1 000
l_2	8		10		10		12		12	
l_3	0.54		2.54		2.54		2.67		2.67	

注：[a] 未注公差尺寸的加工公差应符合 GB/T 1804—2000 中 m 级公差的规定。

[b] 45°倒角或倒圆由制造厂选择。

[c] 见 GB/T 1800.4。

[d] d_5 中心孔可在其孔内放一个衬套。

[e] d_6 孔的深度由制造厂决定。

[f] 上平面螺孔 d_7 处的沉孔尺寸 $d_8 \times 0.5$ 主要用于保护螺纹。为防止切屑进入，可将带头部的堵塞插入裸露的孔中，这时可根据堵塞尺寸改变沉孔尺寸，以容纳堵塞头部。

[g] 如果 d_{10} 用作定位孔[见 6e)条]，其公差应为 H6。

[h] 对于长方形托板，外侧螺孔的间距(在托板的较长尺寸上)，应为名义间距 L_2 的一半，以免螺孔太靠近托板的边缘。

[i] AP 和 GP 尺寸可选用其中一种。AP 为等差数列，GP 为等比数列(见附录 B)。

[j] 尺寸 m 的公差，对于基准槽为 H8，对于固定槽为 H12。

5　上平面

5.1　倒角

托板的四边应倒角(见表 2 中尺寸 C)。

5.2　T 形槽和螺纹孔

托板的上平面可以提供 T 形槽或者螺孔，T 形槽应符合 GB/T 158 的规定。T 形槽和螺纹孔的尺寸与间距应符合表 2 的规定。

注 1：根据用户要求，上平面可以做成平滑表面。

注 2：如有特殊用途，T 形槽可做成径向的，其尺寸应符合附录 A 中表 A.1、表 A.2 的规定。

5.3　上平面型式

上平面分为以下不同型式：

1 型——平面上带螺孔[见图 2a)]；

2 型——平面上带 T 形槽[见图 2b)]；

3 型——平面上带 T 形槽和十字基准槽[见图 2c)]；

4 型——平滑表面[见图 5)]；

5 型——平面上带径向 T 形槽(见图 A.1)；

6 型——平面上带径向双 T 形槽(见图 A.2)。

5.4　中心孔

托板上应提供一中心孔 d_5，可以作为工件或夹具在托板上定位的基准孔和(或)作为托板制造的基准孔(见图 1)。

中心孔处的沉孔 d_4 是供选择用的，其深度要大于托板的中央 T 形槽深度。

5.5　校准孔

托板上可提供一校准孔 d_6，以用于工件或夹具在托板上定位和(或)作为托板制造的基准孔(见图 1)。

注：必须防止切屑和冷却液进入托板底面。

6 工件的定位

工件或夹具在托板上平面的定位可以采用下列方法之一：

a) 利用侧边定位块(见图 4 和表 3)；

注：对于 2 型和 3 型上平面托板，侧边定位块的安装孔由制造厂决定。夹具紧固孔的位置要与图 4 所示的一致。

b) 利用中心孔和校准孔(此时托板上平面带有螺孔)[见图 2a)]；

c) 利用中心孔和基准槽(此时托板上平面带有 T 形槽)[见图 2b)]；

d) 利用两条垂直的十字基准槽[见图 2c)]；

e) 利用两个直通定位孔 d_3 或 d_{10}(见图 3 剖面 $X—X$ 和 $Z—Z$)。

注 1：必须防止切屑和冷却液进入托板底面。

注 2：可以是不通孔。

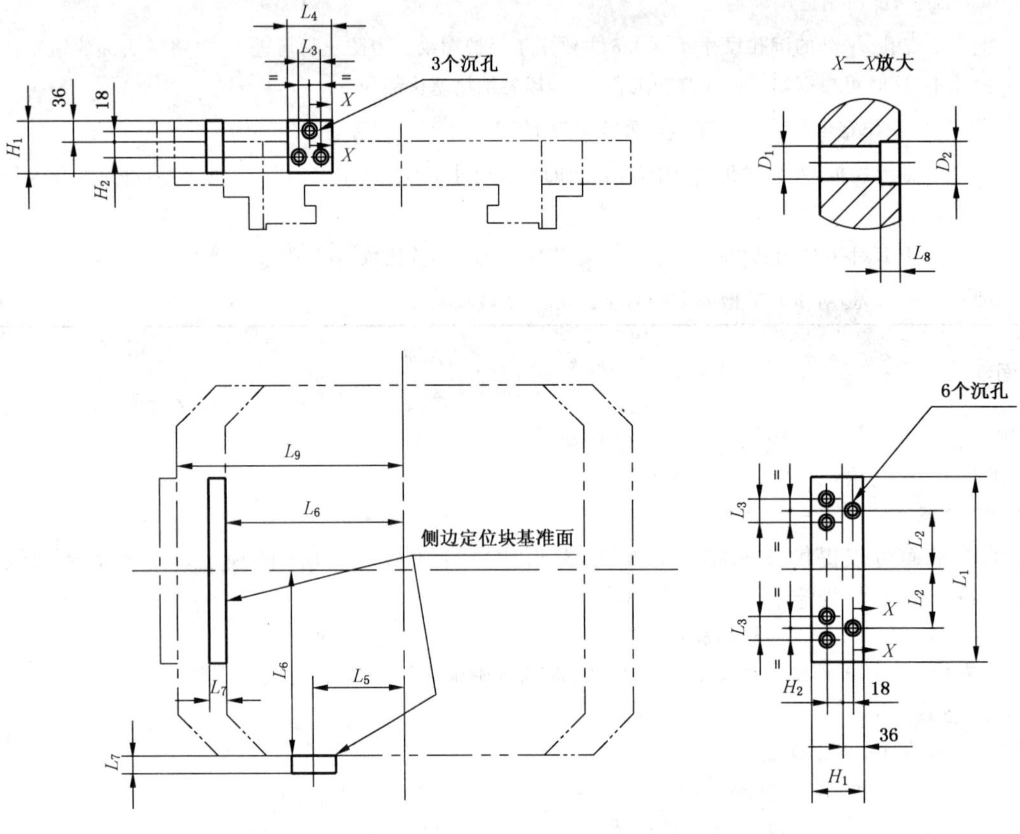

图 4 侧边定位块安装图

表 3 侧边定位块尺寸(安装时)

单位为毫米

托板名义尺寸 a_1	L_1	L_2	L_3	L_4	L_5	L_6 ±0.01	L_7	L_8	L_9 ±0.01	H_1	H_2	D_1	D_2	托板紧固螺钉
320	160	50	25	50	63	160	15	11	200	80	22	11	18	M10
400	200	55	40	80	80	200	20	13	250	80	22	13.5	20	M12
500	250	75	40	80	125	250	25	13	315	80	22	13.5	20	M12
630	315	100	40	80	160	315	30	17.5	400	90	27	17.5	26	M16
800	400	135	40	80	200	400	30	17.5	500	90	27	17.5	26	M16

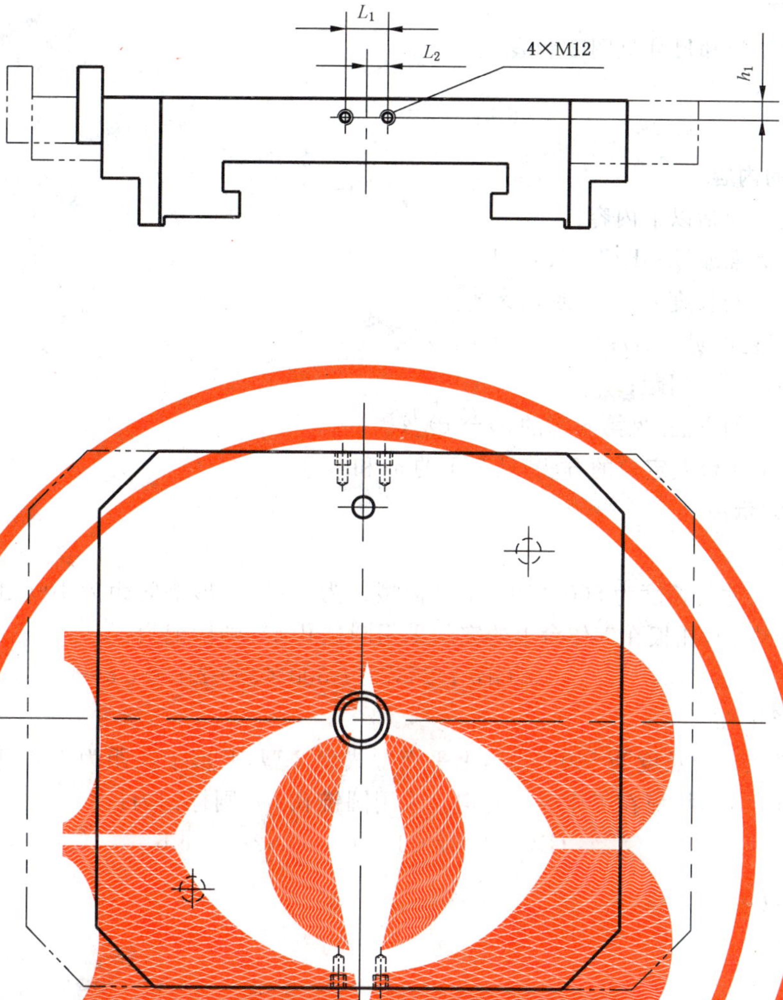

注：图示为上平面为平滑表面的 4 型托板。

图 5　插销机构紧固孔

表 4　插销机构紧固孔尺寸

单位为毫米

托板名义尺寸 a_1	h_1	L_1	L_2
320	22	50	25
400			
500			
630			
800			

7　底面

7.1　托板在机床工作台上的定位

托板在机床工作台上的定位可以采用下列方法之一：

a)　利用托板上两个圆柱孔(见图 3 剖面 $X—X$)和工作台上的两个圆柱销；

b)　利用托板上的两个圆锥孔(见图 3 剖面 $Z—Z$)和工作台上的两个圆锥销。

7.2 外形和尺寸

托板底面的外形和尺寸见图 3 和表 2。

8 托板的标记

8.1 托板标记的内容

托板的标记应包括以下内容：

a) 托板的标准编号 GB/T 25379.1；

b) 名义尺寸与长度 $a_1 \times a_1$ 或 $a_1 \times a_2$；

c) 上平面型式(见 5.3)；

d) T 形槽或螺孔间距；

e) 工件定位的方法[见第 6 章的 a)至 e)]；

f) 托板在工作台上定位的方法[见 7.1 的 a)和 b)]。

8.2 托板标记的示例

a) 正方形托板

当名义尺寸与长度为 500×500，上平面型式为 2 型，T 形槽间距为 100，工件定位采用中心孔和基准槽 c)，托板在工作台上的定位采用圆柱孔 a)，则标记为：

GB/T 25379.1-500×500-2-100-c-a

b) 长方形托板

当名义尺寸与长度为 500×630，上平面型式为 2 型，T 形槽间距为 100，工件定位采用中心孔和基准槽 c)，托板在工作台上的定位采用圆锥孔 b)，则标记为：

GB/T 25379.1-500×630-2-100-c-b

附　录　A
（规范性附录）
上平面带径向 T 形槽的托板——5 型和 6 型

A.1　5 型——上平面带径向 T 形槽的托板（见图 A.1 和表 A.1）

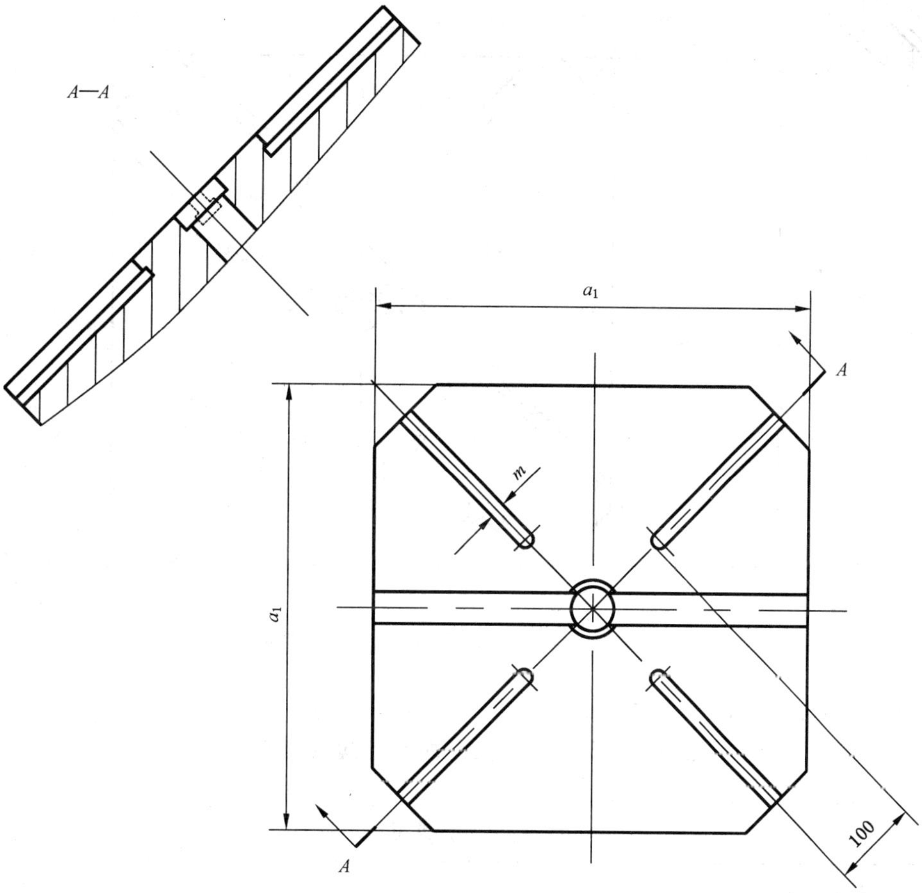

图 A.1　5 型——上平面带径向 T 形槽

表 A.1　5 型尺寸

单位为毫米

托板名义尺寸与长度 $a_1 \times a_1$	径向 T 形槽 m
320×320	14
400×400	14
500×500	18

A.2　6型——上平面带径向双T形槽的托板(见图A.2和表A.2)

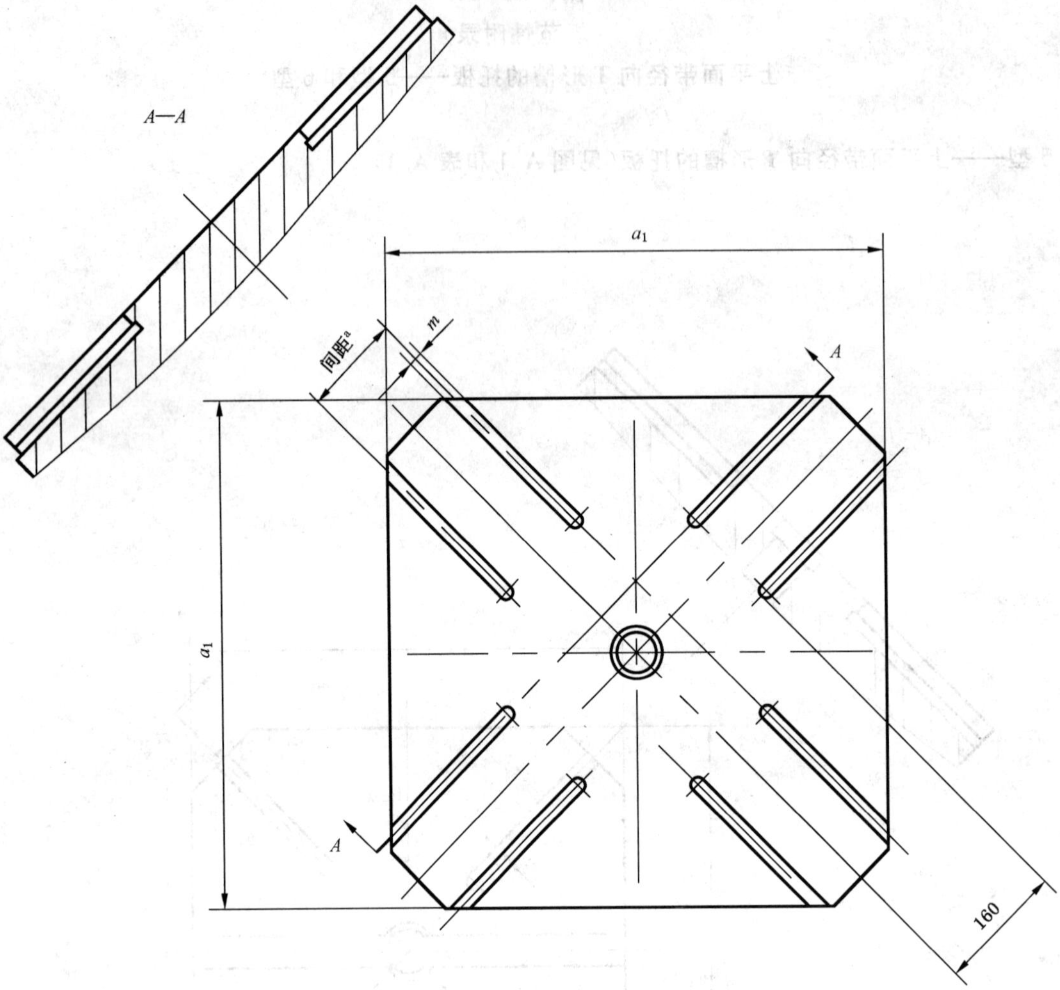

注：[a] T形槽间距尺寸应符合GB/T 158的规定。

图A.2　6型——上平面带径向双T形槽

表A.2　6型尺寸　　单位为毫米

托板名义尺寸与长度 $a_1 \times a_1$	径向双T形槽 m
630×630	22
800×800	

附 录 B
（资料性附录）
T形槽间距应用等差数列和等比数列原理

图B.1和图B.2表示了T形槽间距尺寸成等差数列(AP)和等比数列(GP)的托板。

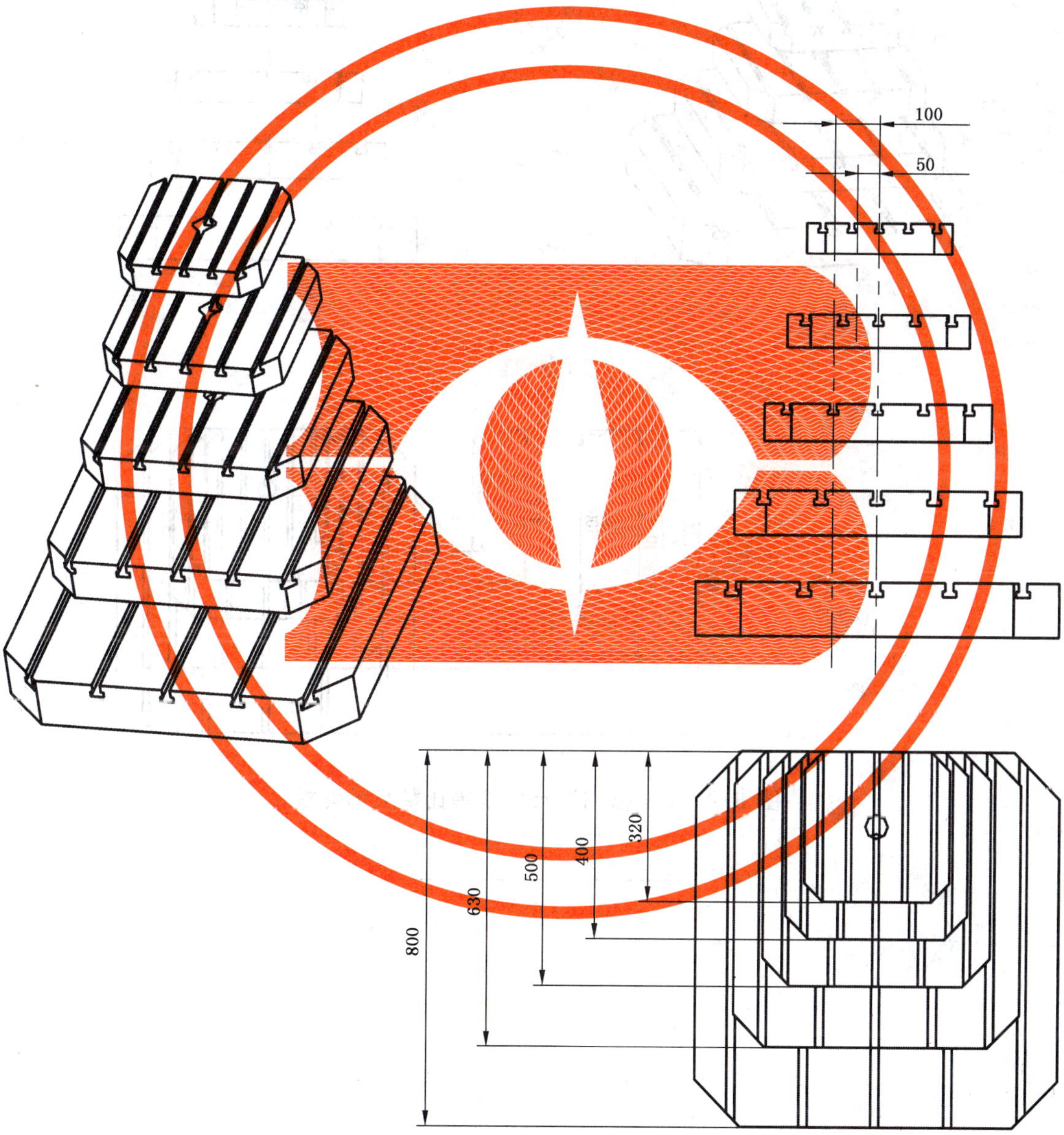

图 B.1 T形槽间距尺寸成等差数列的托板

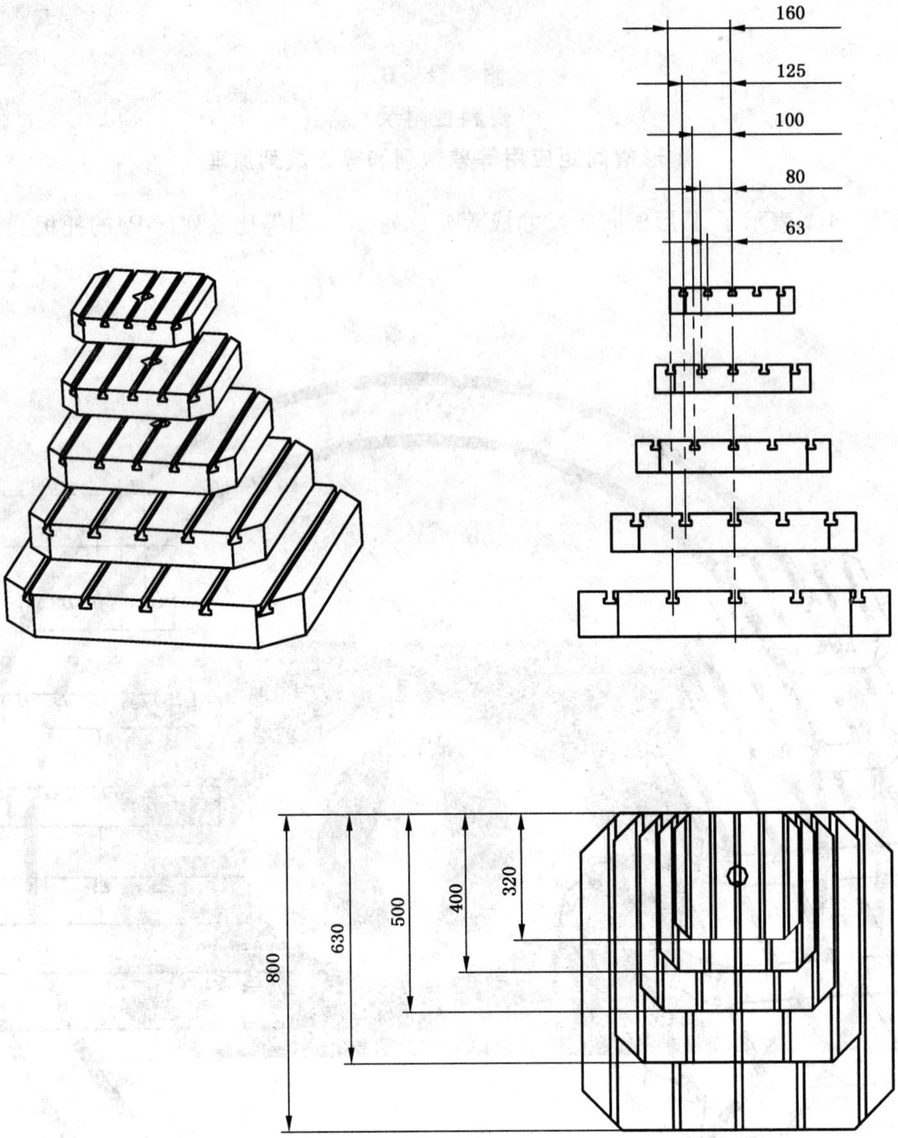

图 B.2　T 形槽间距尺寸成等比数列的托板

ICS 25.060.20
J 51

中华人民共和国国家标准

GB/T 25379.2—2010

机床通用部件　工件随行托板
第2部分：名义尺寸大于800 mm的工件随行托板

Modular units for machine tools—Workholding pallets—
Part 2: Workholding pallets of nominal size greater than 800 mm

(ISO 8526-2:1990,MOD)

2010-11-10 发布　　　　2011-03-01 实施

中华人民共和国国家质量监督检验检疫总局
中国国家标准化管理委员会　发布

前　言

GB/T 25379《机床通用部件　工件随行托板》分为以下两个部分：

——第1部分：名义尺寸至800 mm的工件随行托板；

——第2部分：名义尺寸大于800 mm的工件随行托板。

本部分为GB/T 25379的第2部分。

本部分修改采用ISO 8526-2：1990《机床通用部件　工件夹持托板　第2部分：名义尺寸大于800 mm的工件随行托板》(英文版)。

为便于使用，本部分做了下列技术内容和编辑性修改：

——将“本标准”一词改为“本部分”；

——删除了国际标准的前言和引言；

——用小数点符号“.”代替作为小数点的逗号“,”；

——对ISO 8526-2：1990引用的其他国际标准，用已转化为我国的标准代替对应的国际标准；

——对标准中相关的图、表编排位置、顺序等进行了编辑性修改；

——标准中的沉孔尺寸按我国标准进行了修改。

本部分的附录A为规范性附录，附录B为资料性附录。

本部分由中国机械工业联合会提出。

本部分由全国金属切削机床标准化技术委员会(SAC/TC 22)归口。

本部分起草单位：大连机床集团有限责任公司。

本部分主要起草人：付承云、刘莲花、罗秀珍。

机床通用部件　工件随行托板 第2部分:名义尺寸大于800 mm的工件随行托板

1　范围

GB/T 25379的本部分规定了机床使用的工件随行托板(以下简称托板)的尺寸。

本部分适用于名义尺寸为1 000 mm、1 250 mm、1 600 mm、2 000 mm的正方形托板和长宽比为1.25的长方形托板。

2　规范性引用文件

下列文件中的条款通过GB/T 25379的本部分的引用而成为本部分的条款。凡是注日期的引用文件,其随后所有的修改单(不包括勘误的内容)或修订版均不适用于本部分,然而,鼓励根据本部分达成协议的各方研究是否可使用这些文件的最新版本。凡是不注日期的引用文件,其最新版本适用于本部分。

GB/T 158—1996　机床工作台　T形槽和相应螺栓(eqv ISO 299:1987)

GB/T 1182—2008　产品几何技术规范(GPS)几何公差　形状、方向、位置和跳动公差标注(ISO 1101:2004,IDT)

GB/T 1800.4—1999　极限与配合　标准公差等级和孔、轴的极限偏差表(eqv ISO 286-2:1988)

GB/T 1804—2000　一般公差　未注公差的线性和角度尺寸的公差(eqv ISO 2768-1:1989)

3　术语

3.1

名义尺寸　nominal size

名义尺寸规定用托板的宽度尺寸 a_1 表示[见图3a)]。

3.2

一般术语　general

托板有关部位的术语应符合图1和表1的规定。

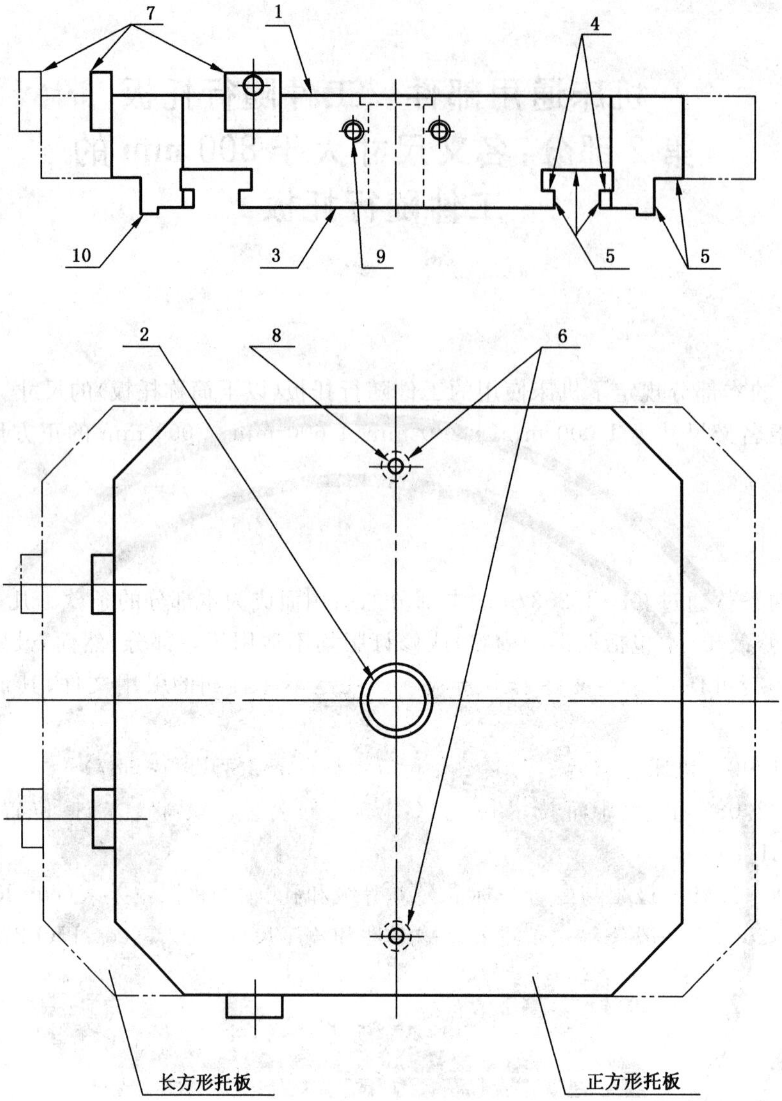

图1 工件随行托板

表1 术 语

代 号	中文名称	英 文 名 称
1	托板上平面	top surface of pallet
2	中心孔	centre hole
3	定位面	location surface
4	夹紧面	clamping surface
5	输送滑动面	transportation slide surface
6	定位孔	location hole
7	侧边定位块(安装时)	edge locator (when fitted)
8	校准孔(提供时)	alignment hole (when provided)
9	插销机构紧固孔	fixing holes for latch mechanism
10	支承面	resting surface

4 尺寸

托板的上平面型式见图 2a)、图 2b)、图 2c)。托板的尺寸应符合图 3a)、图 3b)和表 2 的规定。

单位为毫米

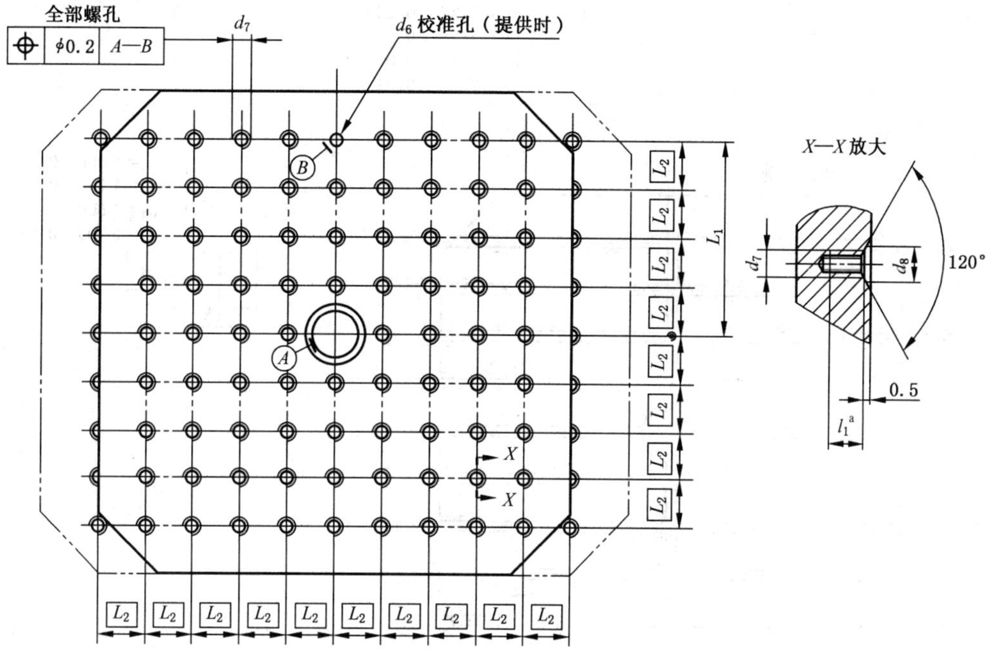

[a] l_1 为螺纹最小结合长度。

a) 1 型——上平面带有螺孔

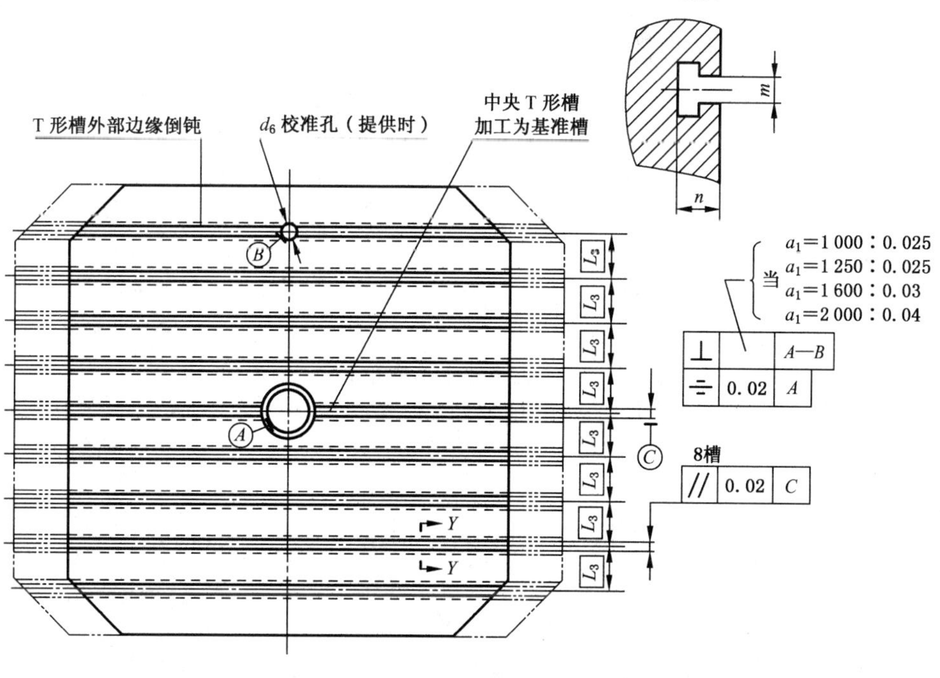

b) 2 型——上平面带有 T 形槽

图 2

单位为毫米

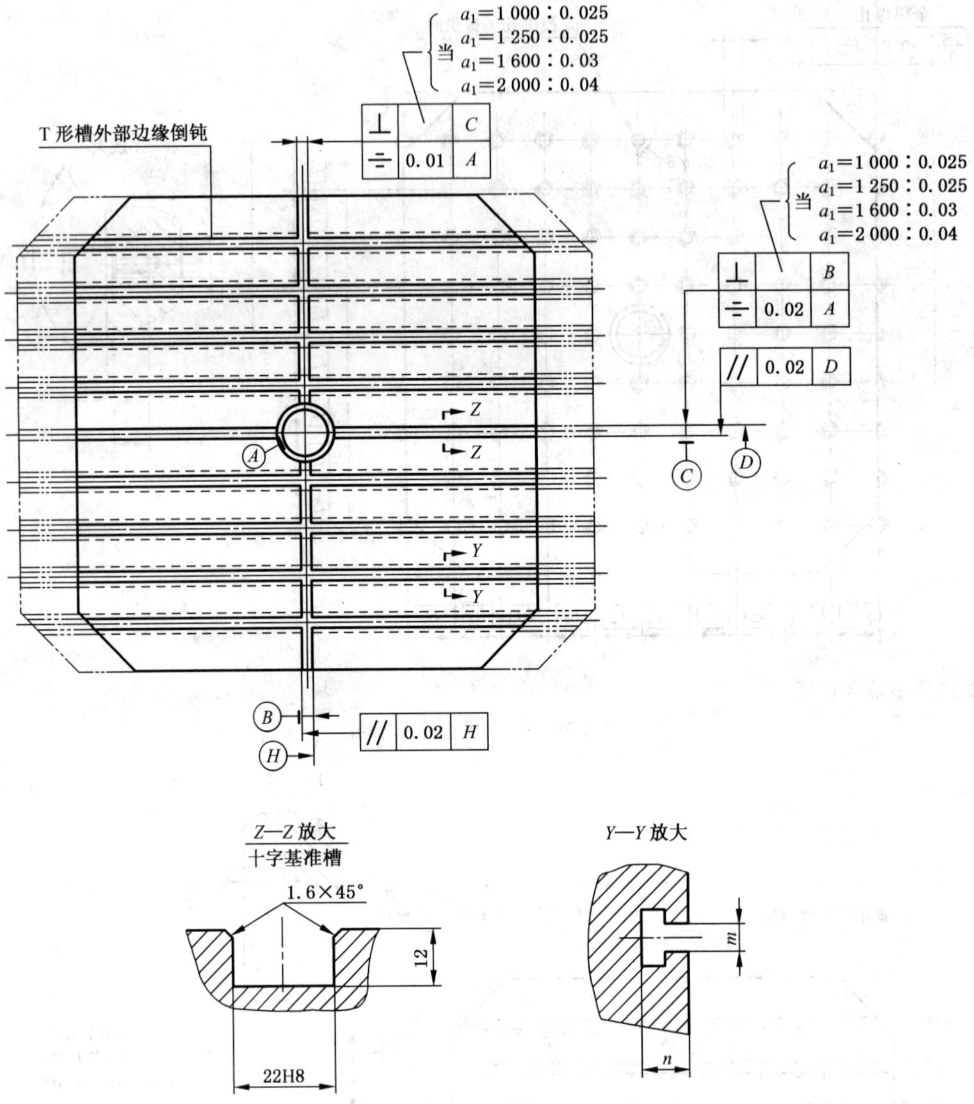

c) 3 型——上平面带有 T 形槽和十字基准槽

图 2（续）

单位为毫米

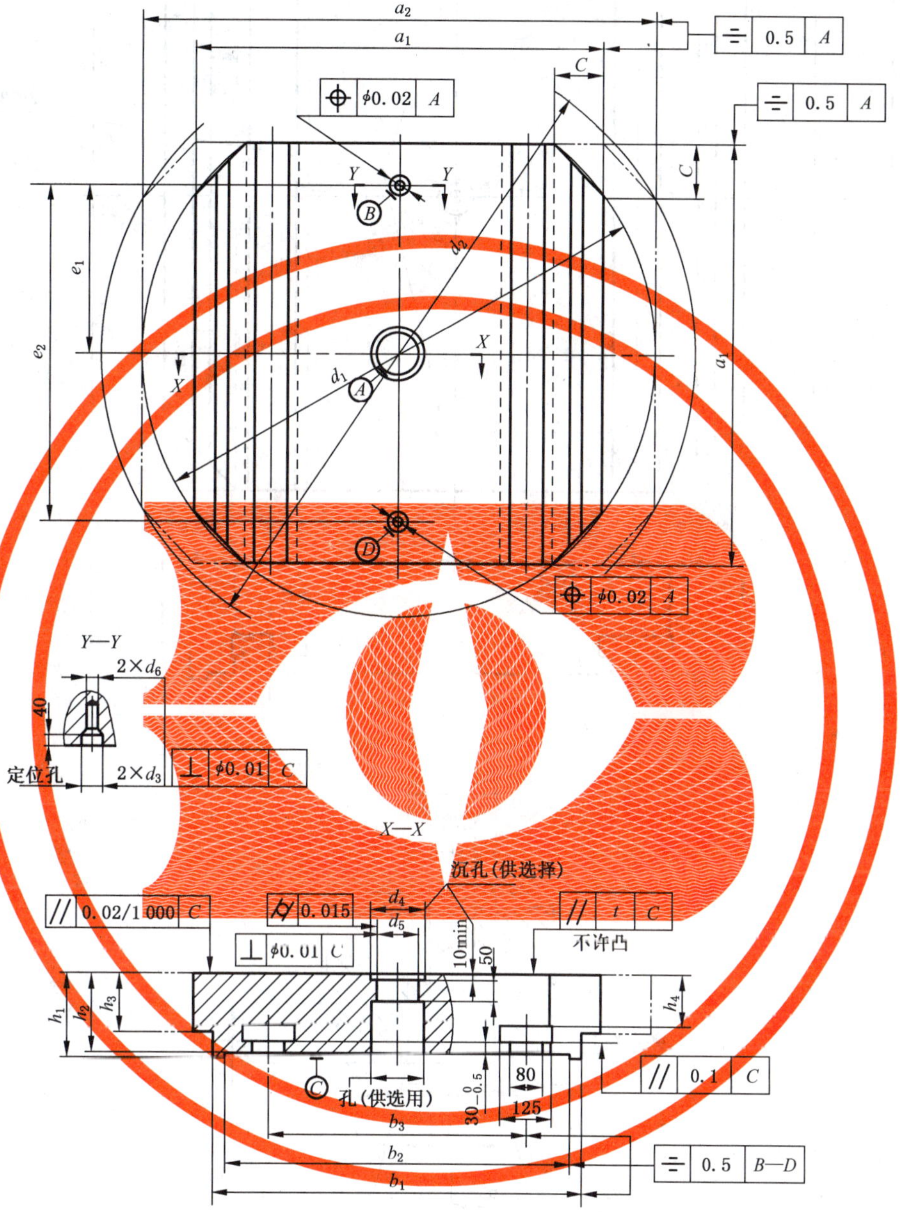

a_1	t
1 000、1 250	0.03
1 600	0.05
2 000	0.06

a）带圆柱定位孔的托板

图 3

单位为毫米

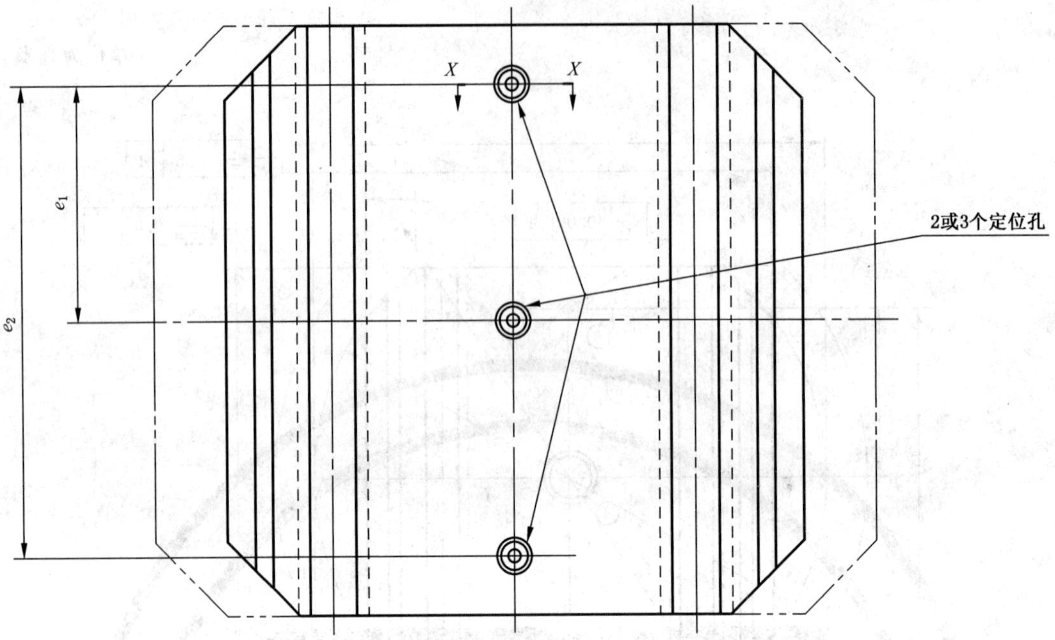

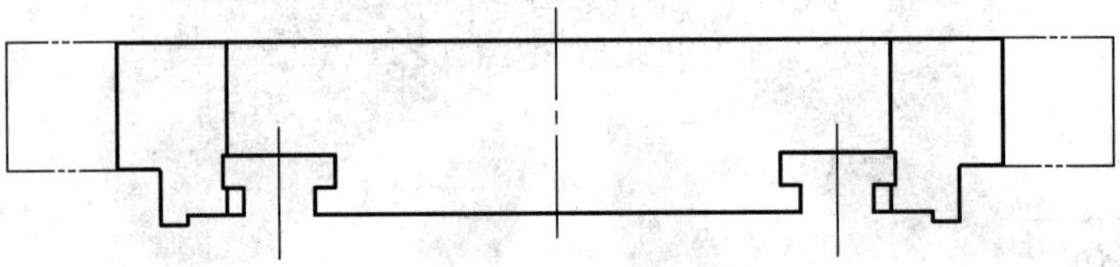

X—X 放大

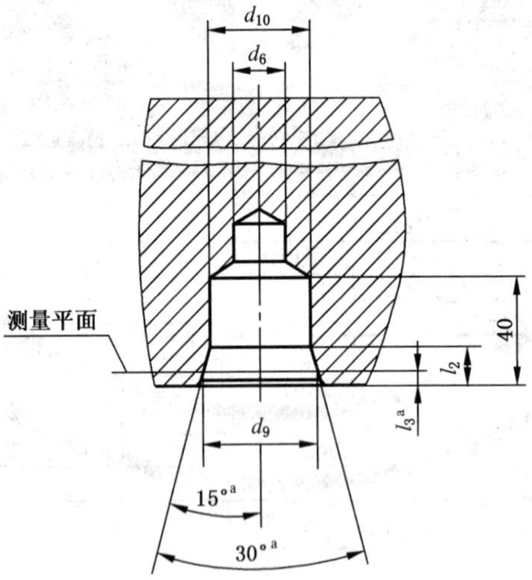

注 1：所需要的定位形式应在订购托板时规定。

注 2：形位公差的标注应符合 GB/T 1182 的规定。

注 3：如果需要，可在 d_6 孔的任何一端塞入最小深度为直径 1.25 倍的衬套。

注 4：当 d_6 是直通孔时，如果需要，其中间部分可挖空到最大长度为 $(h_2-40)-2.5\times d_6$。

[a] l_3、15°、30°的公差由制造厂规定。

b) 带圆锥定位孔的托板

图 3（续）

表 2　托板尺寸[a]

单位为毫米

<table>
<tr><th rowspan="2" colspan="2">尺　寸</th><th colspan="8">名 义 尺 寸 与 长 度</th></tr>
<tr><th>$a_1 \times a_1$
1 000×1 000</th><th>$a_1 \times a_2$
1 000×1 250</th><th>$a_1 \times a_1$
1 250×1 250</th><th>$a_1 \times a_2$
1 250×1 600</th><th>$a_1 \times a_1$
1 600×1 600</th><th>$a_1 \times a_2$
1 600×2 000</th><th>$a_1 \times a_1$
2 000×2 000</th><th>$a_1 \times a_2$
2 000×2 500</th></tr>
<tr><td colspan="2">$b_{1\,-0.5}^{\;\;0}$</td><td colspan="2">900</td><td colspan="2">1 110</td><td colspan="2">1 400</td><td colspan="2">1 700</td></tr>
<tr><td colspan="2">$b_{2\;\;0}^{\;+1}$</td><td colspan="2">840</td><td colspan="2">1 030</td><td colspan="2">1 300</td><td colspan="2">1 580</td></tr>
<tr><td colspan="2">$b_3 \pm 0.5$</td><td colspan="2">630</td><td colspan="2">800</td><td colspan="2">1 000</td><td colspan="2">1 250</td></tr>
<tr><td colspan="2">C[b]</td><td colspan="2">125</td><td colspan="2">125[c]</td><td colspan="2">200</td><td colspan="2">250</td></tr>
<tr><td colspan="2">$d_{1\,-5}^{\;\;0}$</td><td colspan="2">1 250</td><td colspan="2">1 600</td><td colspan="2">2 000</td><td colspan="2">2 500</td></tr>
<tr><td colspan="2">$d_{2\,-5}^{\;\;0}$</td><td colspan="2">1 458</td><td colspan="2">1 886</td><td colspan="2">2 332</td><td colspan="2">2 916</td></tr>
<tr><td colspan="2">d_3(H7)</td><td colspan="2">50</td><td colspan="2">80</td><td colspan="2">80</td><td colspan="2">80</td></tr>
<tr><td colspan="2">d_4(选择)</td><td colspan="2">110</td><td colspan="2">110</td><td colspan="2">110</td><td colspan="2">110</td></tr>
<tr><td colspan="2">d_5(H7)[d,e]</td><td colspan="2">100</td><td colspan="2">100</td><td colspan="2">100</td><td colspan="2">100</td></tr>
<tr><td colspan="2">d_6(H7)[d,f]</td><td colspan="2">25</td><td colspan="2">25</td><td colspan="2">25</td><td colspan="2">25</td></tr>
<tr><td colspan="2">d_7[g]</td><td colspan="2">M20</td><td colspan="2">M20</td><td colspan="2">M24</td><td colspan="2">M24</td></tr>
<tr><td colspan="2">d_8[g]</td><td colspan="2">22</td><td colspan="2">22</td><td colspan="2">26</td><td colspan="2">26</td></tr>
<tr><td colspan="2">d_9</td><td colspan="2">55</td><td colspan="2">55</td><td colspan="2">55</td><td colspan="2">55</td></tr>
<tr><td colspan="2">d_{10}</td><td colspan="2">50</td><td colspan="2">80</td><td colspan="2">80</td><td colspan="2">80</td></tr>
<tr><td colspan="2">e_1</td><td colspan="2">400</td><td colspan="2">500</td><td colspan="2">675</td><td colspan="2">875</td></tr>
<tr><td colspan="2">$e_2 \pm 0.01$</td><td colspan="2">800</td><td colspan="2">1 000</td><td colspan="2">1 350</td><td colspan="2">1 750</td></tr>
<tr><td colspan="2">$h_1 \pm 0.5$</td><td colspan="2">200</td><td colspan="2">230</td><td colspan="2">260</td><td colspan="2">290</td></tr>
<tr><td colspan="2">h_2</td><td colspan="2">190±0.02</td><td colspan="2">220±0.03</td><td colspan="2">250±0.04</td><td colspan="2">280±0.04</td></tr>
<tr><td colspan="2">$h_3 \pm 0.5$</td><td colspan="2">140</td><td colspan="2">170</td><td colspan="2">200</td><td colspan="2">230</td></tr>
<tr><td colspan="2">$h_{4\,-0.5}^{\;\;0}$</td><td colspan="2">125</td><td colspan="2">155</td><td colspan="2">185</td><td colspan="2">215</td></tr>
<tr><td colspan="2">$L_1 \pm 0.025$</td><td colspan="2">400</td><td colspan="2">500</td><td colspan="2">675</td><td colspan="2">875</td></tr>
<tr><td rowspan="2">L_2[h]</td><td>AP</td><td colspan="2">100</td><td colspan="2">100</td><td colspan="2">200</td><td colspan="2">200</td></tr>
<tr><td>GP</td><td colspan="2">100</td><td colspan="2">125</td><td colspan="2">160</td><td colspan="2">200</td></tr>
<tr><td rowspan="2">L_3[h]</td><td>AP</td><td colspan="2">100</td><td colspan="2">100</td><td colspan="2">200</td><td colspan="2">200</td></tr>
<tr><td>GP</td><td colspan="2">100</td><td colspan="2">125</td><td colspan="2">160</td><td colspan="2">200</td></tr>
<tr><td colspan="2">m[i]</td><td colspan="2">22</td><td colspan="2">22</td><td colspan="2">28</td><td colspan="2">28</td></tr>
<tr><td colspan="2">$n_{\;\;0}^{+1}$</td><td colspan="2">38</td><td colspan="2">38</td><td colspan="2">48</td><td colspan="2">48</td></tr>
<tr><td colspan="2">$l_{1\;\;0}^{\;+1}$</td><td colspan="2">35</td><td colspan="2">35</td><td colspan="2">40</td><td colspan="2">40</td></tr>
</table>

表 2（续） 单位为毫米

尺 寸	名义尺寸与长度							
	$a_1 \times a_1$ 1 000×1 000	$a_1 \times a_2$ 1 000×1 250	$a_1 \times a_1$ 1 250×1 250	$a_1 \times a_2$ 1 250×1 600	$a_1 \times a_1$ 1 600×1 600	$a_1 \times a_2$ 1 600×2 000	$a_1 \times a_1$ 2 000×2 000	$a_1 \times a_2$ 2 000×2 500
l_2	12		12		12		12	
l_3	2.67		2.67		2.67		2.67	

[a] 未注公差尺寸的加工公差应符合 GB/T 1804—2000 中 m 级公差的规定。

[b] 45°倒角或倒圆由制造厂选择。

[c] 该尺寸暂定。

[d] 见 GB/T 1800.4。

[e] d_5 中心孔可在其孔内放一个衬套。

[f] 当 d_6 孔用作上平面上的校准孔，并且不加工成直通孔时，其深度由制造厂决定。当 d_6 仅用作非配合孔时，不需要标注公差。

[g] 上平面螺孔 d_7 处的沉孔尺寸 $d_8 \times 0.5$ 主要用于保护螺纹。为防止切屑进入，可将带头部的堵塞插入裸露的孔中，这时可根据堵塞尺寸改变沉孔尺寸，以容纳堵塞头部。

[h] AP 和 GP 尺寸可选用其中一种。AP 为等差数列，GP 为等比数列（见附录 B）。

[i] 尺寸 m 的公差，对于基准槽为 H8，对于固定槽为 H12。

5 上平面

5.1 倒角

托板的四边应倒角（见表 2 中尺寸 C）。

5.2 T 形槽和螺纹孔

托板的上平面可以提供 T 形槽或者螺孔，T 形槽应符合 GB/T 158 的规定。T 形槽和螺纹孔的尺寸与间距应符合表 2 的规定。

注 1：根据用户要求，上平面可以做成平滑表面。

注 2：如有特殊用途，T 形槽可做成径向的，其尺寸应符合附录 A 中图 A.1、图 A.2 的规定。

5.3 上平面型式

上平面分为以下不同型式：

1 型——平面上带螺孔[见图 2a)]；

2 型——平面上带 T 形槽[见图 2b)]；

3 型——平面上带 T 形槽和十字基准槽[见图 2c)]；

4 型——平滑表面（见图 5）；

5 型——平面上带径向 T 形槽（见图 A.1）；

6 型——平面上带径向双 T 形槽（见图 A.2）。

5.4 中心孔

托板上应提供一中心孔 d_5，可以作为工件或夹具在托板上定位的基准孔和（或）作为托板制造的基准孔（见图 1）。

中心孔处的沉孔 d_4 是任选择用的，其深度要大于托板的中央 T 形槽深度。

5.5 校准孔

托板上可提供一校准孔 d_6，以用于工件或夹具在托板上定位和（或）作为托板制造的基准孔（见图 1）。

注：必须防止切屑和冷却液进入托板底面。

6 工件的定位

工件或夹具在托板上平面的定位可以采用下列方法之一：

a) 侧边定位块(见图 4 和表 3)；

注：对于 2 型和 3 型上平面托板，侧边定位块的安装孔由制造厂决定。夹具紧固孔的位置要与图 4 所示的一致。

b) 利用中心孔和校准孔(此时托板上平面带有螺孔)[见图 2a)]；

c) 利用中心孔和基准槽(此时托板上平面带有 T 形槽)[见图 2b)]；

d) 利用两条垂直的十字基准槽[见图 2c)]；

e) 利用两个或三个直通定位孔 d_6[见图 3a)和图 3b)]。

注 1：必须防止切屑和冷却液进入托板底面。

注 2：可以是不通孔。

单位为毫米

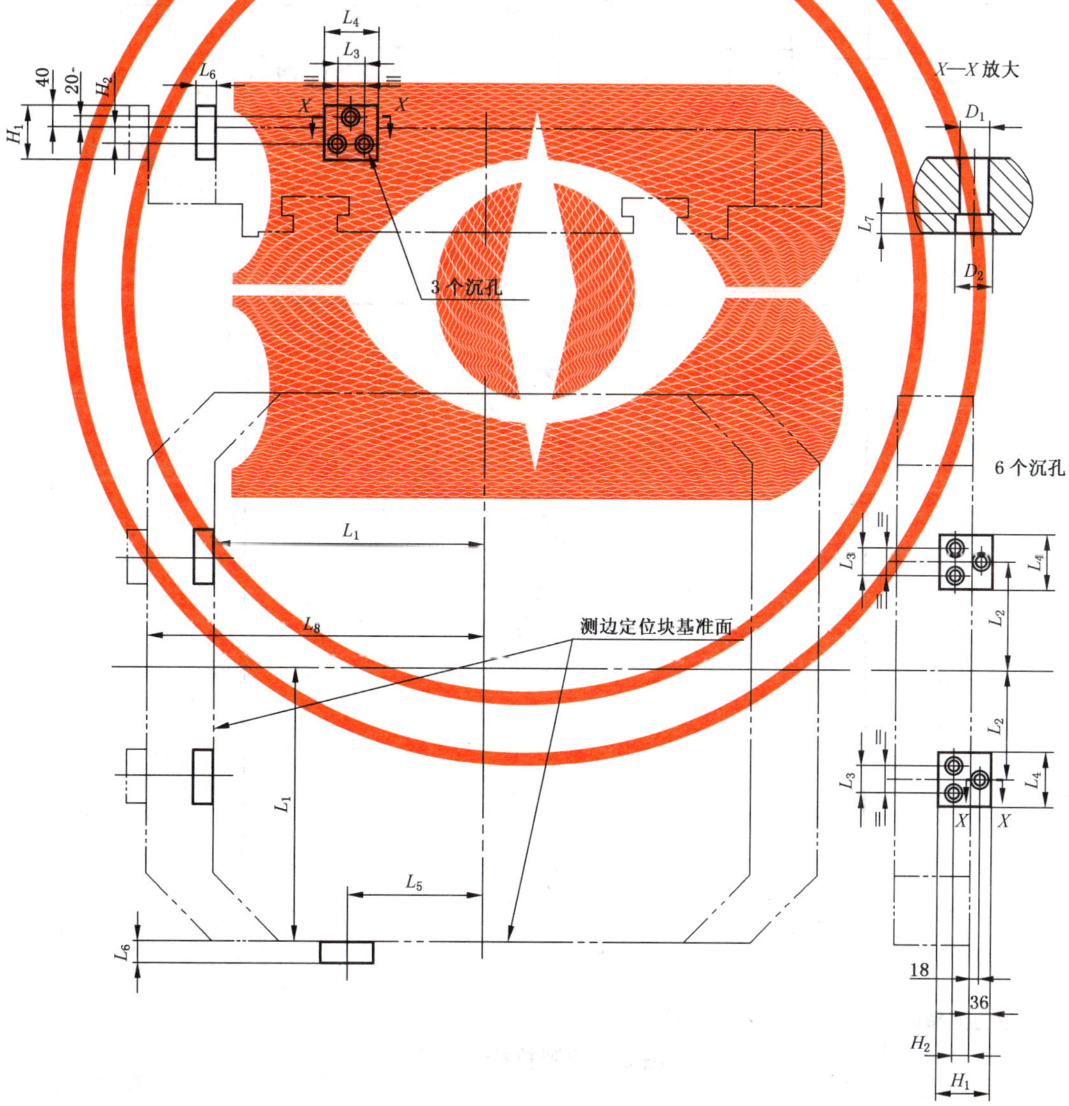

图 4 侧边定位块安装图

表 3 侧边定位块尺寸(安装时)

单位为毫米

托板名义尺寸 a_1	L_1 ±0.01	L_2	L_3	L_4	L_5	L_6	L_7	L_8 ±0.01	H_1	H_2	D_1	D_2	托板紧固螺钉
1 000	500	200	50	98	250	38	21.5	625	100	30	22	33	M20
1 250	625	250	50	98	315	38	21.5	800	100	30	22	33	M20
1 600	800	315	55	108	400	45	25.5	1 000	120	35	26	40	M24
2 000	1 000	400	55	108	500	45	25.5	1 250	120	35	26	40	M24

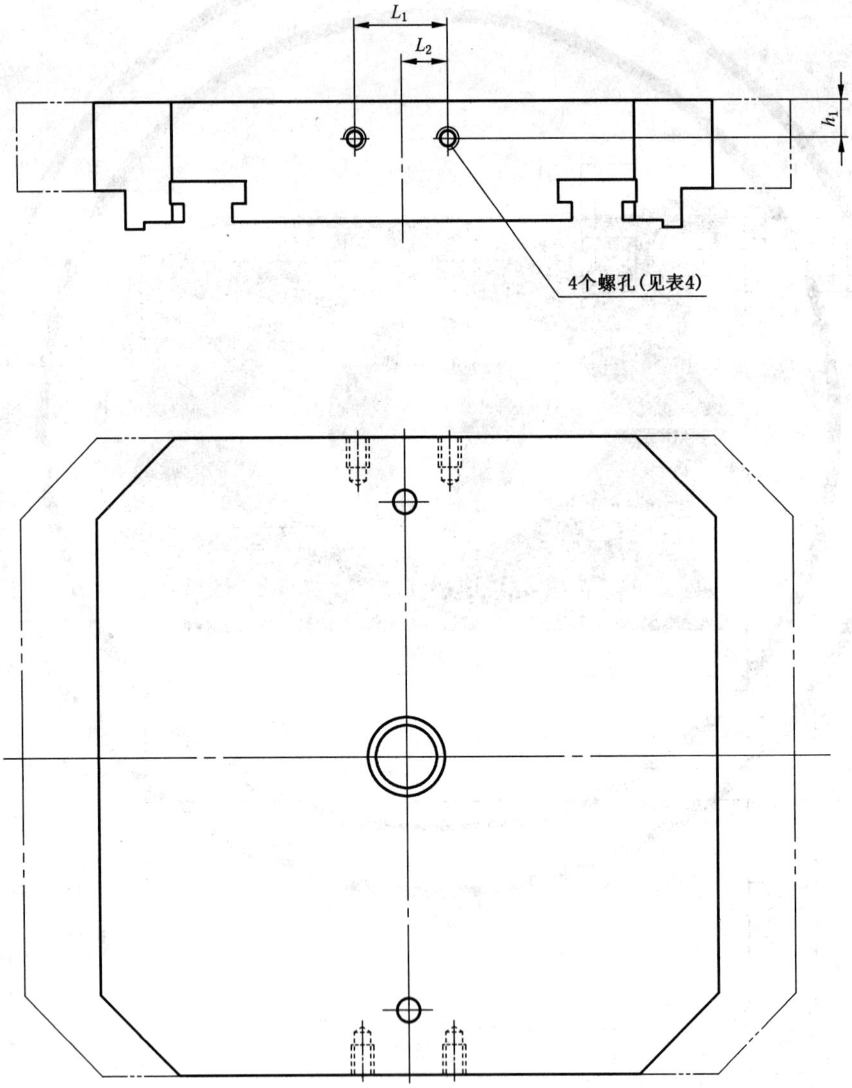

注：图示为上平面为平滑表面的 4 型托板。

图 5 插销机构紧固孔

表 4 插销机构紧固孔尺寸

单位为毫米

托板名义尺寸 a_1	h_1	L_1	L_2	螺孔尺寸
1 000	60	100	50	M20
1 250				
1 600	90	150	75	M24
2 000				

7 底面

7.1 托板在机床工作台上的定位

托板在机床工作台上的定位可以采用下列方法之一：

a) 托板上两个圆柱孔 d_3[见图 3a)]和工作台上的两个圆柱销；

b) 用托板上的两个或三个圆锥孔[见图 3b)]和工作台上的两个或三个圆锥销。

7.2 外形尺寸

托板底面的外形和尺寸见图 3a)和表 2。

8 托板的标记

8.1 托板标记的内容

托板的标记应包括以下内容：

a) 托板的标准编号 GB/T 25379.2；

b) 名义尺寸与长度 $a_1 \times a_1$ 或 $a_1 \times a_2$；

c) 上平面型式(见 5.3)；

d) T 形槽或螺孔间距；

e) 工件定位的方法[见第 6 章的 a)至 e)]；

f) 托板在工作台上定位的方法[见 7.1 的 a)和 b)]。

8.2 托板标记的示例

a) 正方形托板

当名义尺寸与长度为 1 000×1 000，上平面型式为 2 型，T 形槽间距为 100，工件定位采用中心孔和基准槽(c)，托板在工作台上的定位采用圆柱孔(a)，则标记为：

GB/T 25379.2-1000×1000-2-100-c-a。

b) 长方形托板

当名义尺寸与长度为 1 000×1 250，上平面型式为 2 型，T 形槽间距为 100，工件定位采用中心孔和基准槽(c)，托板在工作台上的定位采用圆锥孔(b)，则标记为：

GB/T 25379.2-1000×1250-2-100-c-b。

附　录　A
（规范性附录）
上平面带径向 T 形槽的托板——5 型和 6 型

A.1　5 型——上平面带径向 T 形槽的托板（见图 A.1）

单位为毫米

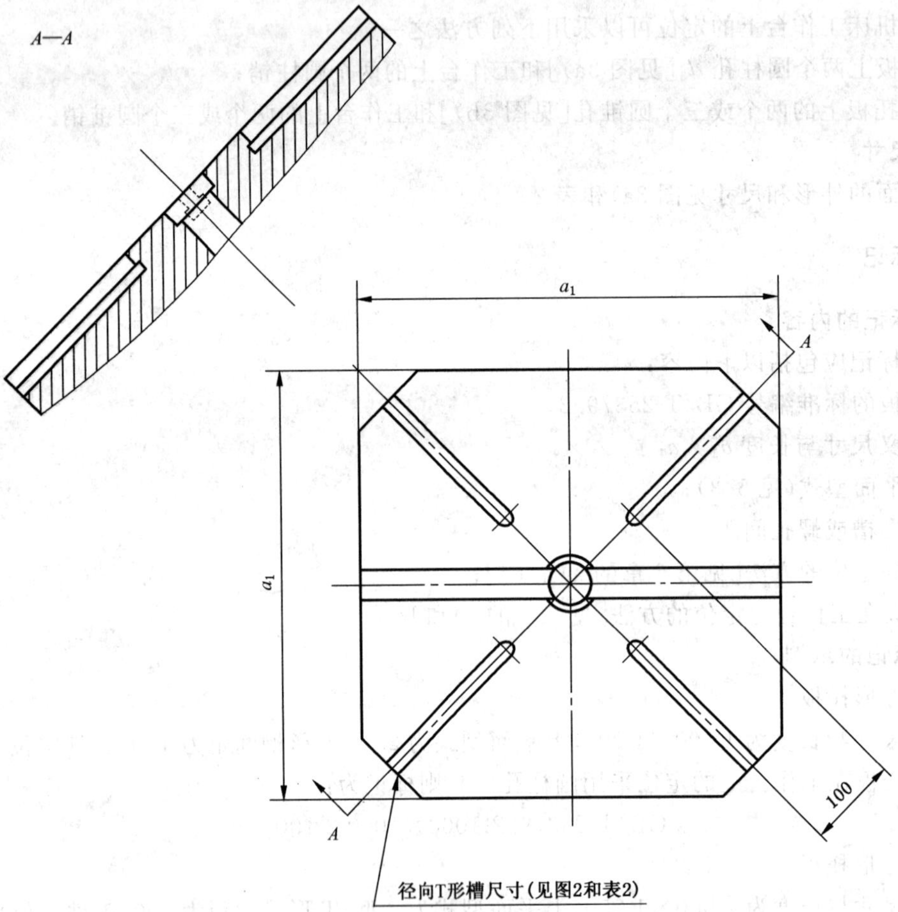

图 A.1　5 型——上平面带径向 T 形槽

A.2　6 型——上平面带径向双 T 形槽的托板(见图 A.2)

单位为毫米

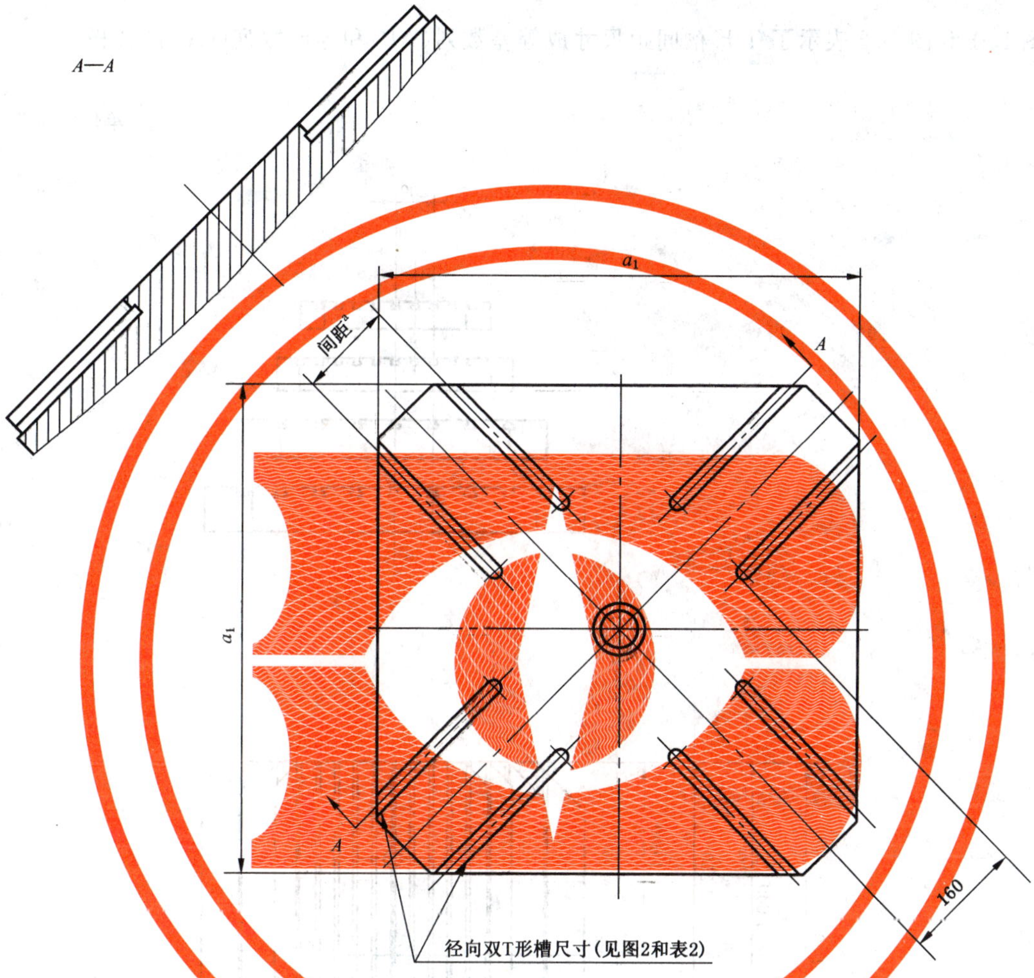

注：[a] T 形槽间距尺寸应符合 GB 158—1996 的规定。

图 A.2　6 型——上平面带径向双 T 形槽

附 录 B
（资料性附录）
T形槽间距应用等差数列和等比数列原理

B.1 图B.1和图B.2表示了T形槽间距尺寸成等差数列(AP)和等比数列(GP)的托板。

单位为毫米

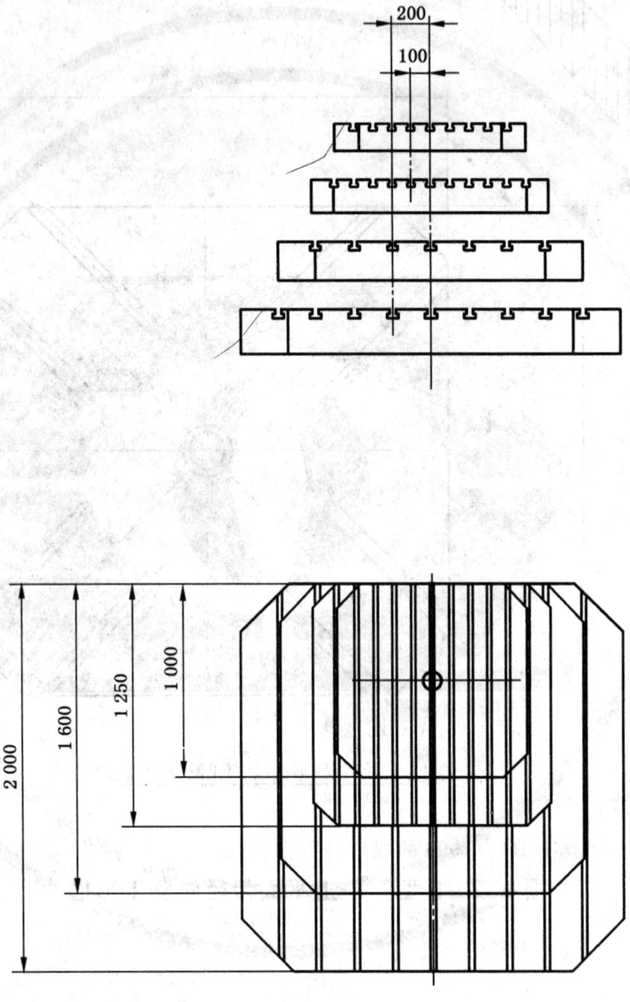

图B.1 T形槽间距尺寸成等差数列的托板

单位为毫米

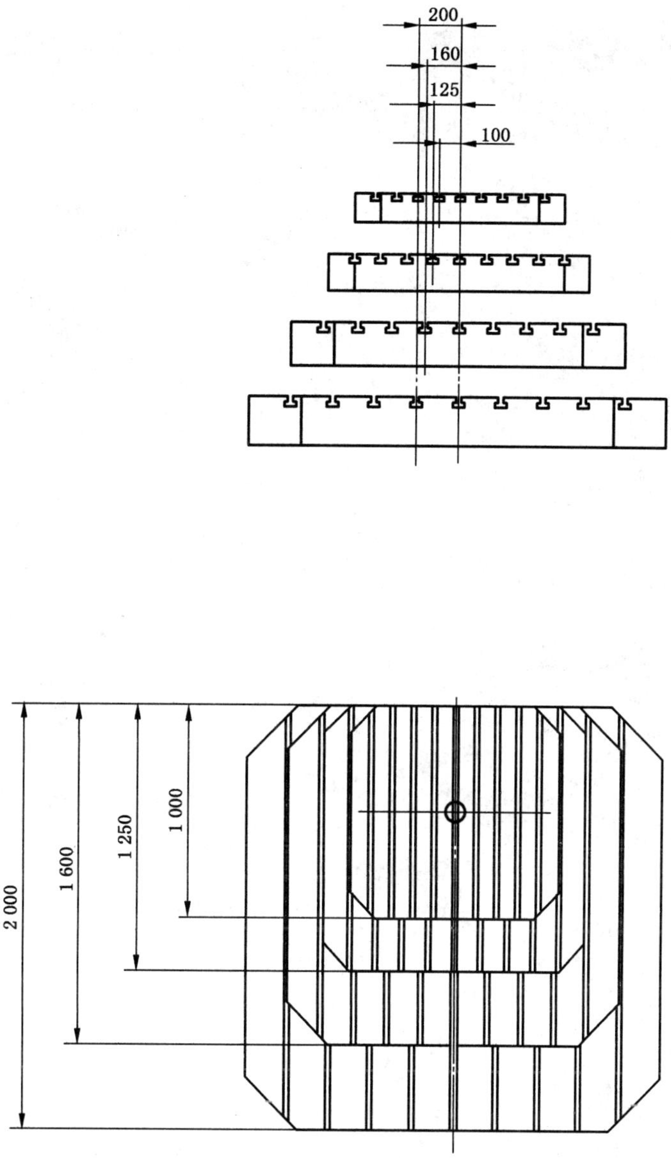

图 B.2　T 形槽间距尺寸成等比数列的托板

ICS 25.040.20
J 56

中华人民共和国国家标准

GB/T 25380—2010

数控滚齿机　精度检验

Numerical control gear hobbing machine—Testing of the accuracy

(ISO 6545:1992, Acceptance conditions for gear hobbing machines—Testing of the accuracy, MOD)

2010-11-10 发布　　2011-03-01 实施

中华人民共和国国家质量监督检验检疫总局
中国国家标准化管理委员会　发布

前　言

本标准修改采用ISO 6545:1992《滚齿机验收条件　精度检验》(英文版)。

本标准根据ISO 6545:1992重新起草。

本标准与ISO 6545:1992相比,存在如下技术差异:

——对ISO 6545:1992引用的其他国际标准,用采用为我国的标准代替对应的国际标准;

——引用文件中增加了GB/T 8170—1987、GB/T 13924—1992及GB/T 17421.2—2000;

——删除了引用ISO 701:1976,因其内容在本标准及其他引用标准中已有说明;

——对ISO 6545:1992中的部分符号进行了调整,以与GB/T 10095.1—2008相一致;

——对几何精度检验中G6.2项的检验方法作了调整,以适合我国的使用要求;

——在几何精度检验中增加了有关线性数控轴线定位精度检验项目,以满足数控机床的需要。

为了便于使用,本标准还对ISO 6545:1992做了下列编辑性修改:

——删除了ISO 6545:1992的前言;

——对ISO 6545:1992的范围的描述进行了修改,以适合我国语言表述习惯,并删除了其中对使用语种的说明;

——将ISO 6545:1992中的第3章变为第5章,第4章变为第3章,第5章变为第4章,以适应我国标准编写习惯;

——删除了术语中法文、俄文及德文定义,增加了中文定义;

——删除了ISO 6545:1992中计量单位的英制部分及其说明;

——删除了ISO 6545:1992中若干误差成因、误差结果等资料性内容;

——工作精度检验改为以表格及文字形式编写,以适合我国精度标准的编写习惯。

本标准由中国机械工业联合会提出。

本标准由全国金属切削机床标准化技术委员会(SAC/TC 22)归口。

本标准起草单位:重庆机床(集团)有限责任公司、南京二机床有限责任公司、上海第一机床厂、武汉重型机床集团有限公司。

本标准主要起草人:李毅、阎发治、李先广、廖承渝、李光华、杨志源、伍竞平。

数控滚齿机 精度检验

1 范围

本标准规定了数控滚齿机几何精度、传动精度和工作精度检验的要求及检验方法。

本标准适用于最大工件直径 80 mm～2 000 mm 的数控滚齿机(以下简称“机床”)。

2 规范性引用文件

下列文件中的条款通过本标准的引用而成为本标准的条款。凡是注日期的引用文件,其随后所有的修改单(不包括勘误的内容)或修订版均不适用于本标准,然而,鼓励根据本标准达成协议的各方研究是否可使用这些文件的最新版本。凡是不注日期的引用文件,其最新版本适用于本标准。

GB/T 8170—2008 数值修约规则与极限数值的表示和判定

GB/T 10095.1—2008 圆柱齿轮 精度制 第1部分:轮齿同侧齿面偏差的定义和允许值(ISO 1328-1:1995,IDT)

GB/T 13924—2008 渐开线圆柱齿轮精度 检验细则

GB/T 17421.1—1998 机床检验通则 第1部分:在无负荷或精加工条件下机床的几何精度(eqv ISO 230-1:1996)

GB/T 17421.2—2000 机床检验通则 第2部分:数控轴线的定位精度和重复定位精度的确定(eqv ISO 230-2:1997)

3 术语

术语见表1和图1。

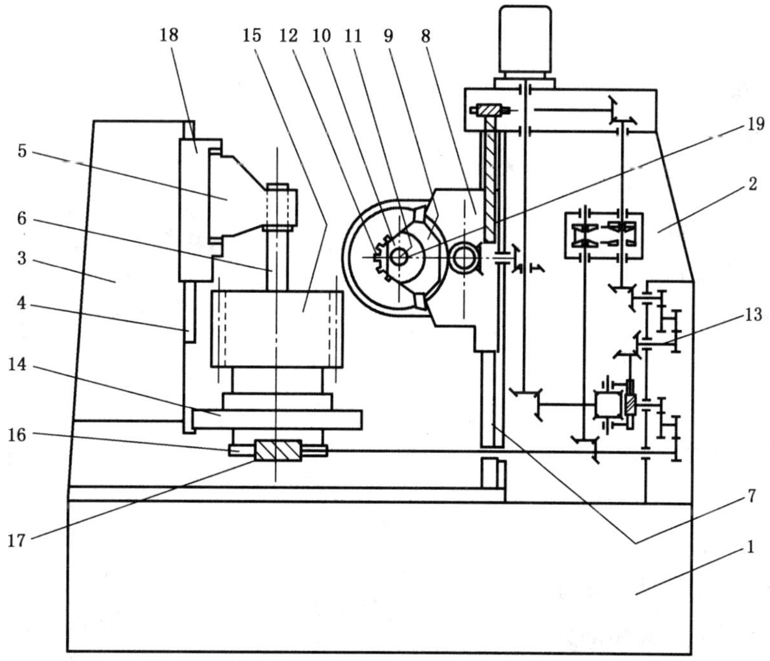

图 1

表 1

序号	中文	英文	序号	中文	英文
1	床身	bed	11	滚刀主轴回转轴线	axis of rotation of the hob spindle
2	立柱	column			
3	小立柱	work-steady column	12	滚刀	hob
4	小立柱导轨	work-steady slideway	13	参考轴	reference shaft
5	外支架	work-steady	14	工作台	work-table(-carrier;-spingdle)
6	工件心轴	work arbor(clamping arbor)	15	工件	workpiece
7	立柱导轨	axial slideway	16	分度蜗轮	index worm wheel
8	刀架滑板	axial slide	17	分度蜗杆	index worm
9	切向滑座	tangential slide	18	外支架滑板	work-steady slide
10	活动支承	outboard bearing	19	滚刀心轴	hob arbor

4 符号

4.1 参考工件

d_{u1}——参考工件①分度圆直径；

m_{tu1}——参考工件①端面模数；

Z_{u1}——参考工件①齿数；

d_{u2}——参考工件②分度圆直径；

m_{tu2}——参考工件②端面模数；

Z_{u2}——参考工件②齿数。

4.2 试件

d_{p1}——试件①分度圆直径；

m_{p1}——试件①法向模数；

Z_{p1}——试件①齿数；

b_{p1}——试件①齿宽；

d_{p2}——试件②分度圆直径；

m_{p2}——试件②法向模数；

β_{p2}——试件②螺旋角；

b_{p2}——试件②齿宽；

Z_{p2}——试件②齿数。

4.3 机床规格

d——机床最大工件直径；

m——机床最大模数。

4.4 机床精度或试件精度

f_{dl}——角度传动误差的低频部分；

f_{dk}——角度传动误差的高频部分；

f_{dlu}——f_{dl} 中与参考工件或试件的端面模数成正比的部分；

f_{dku}——f_{dk} 中与参考工件或试件的端面模数成正比的部分；

f_{tl}——切向线性传动误差的低频部分；

f_{tk}——切向线性传动误差的高频部分；

f_{xl}——轴向线性传动误差的低频部分；

f_{xk}——轴向线性传动误差的高频部分；

F_{pk}——齿距累积偏差；

F_p——齿距累积总偏差；

$f_{H\beta}$——螺旋线倾斜偏差。

5 一般要求

5.1 使用本标准时应按 GB/T 17421.1 的规定进行，尤其是精度检验前的安装、主轴和其他部件空运转的升温、检验方法和检验工具的精度。

5.2 按 GB/T 17421.1—1998 中 3.1 调整机床安装水平，在床身导轨上的两端放置专用桥板，其上放置水平仪，水平仪在床身导轨的横向及纵向的读数均不应超过 0.04/1 000。

5.3 几何精度检验项目的顺序并不表示实际检验顺序。检验时，一般可按装拆检验工具和检测方便以及热检项目的要求，安排检验顺序。

5.4 在用户参与验收时，本标准规定的检验项目不总是需要全部进行检验。用户可根据需要，同制造厂协商确定相应的检验项目，但应在订货协议中明确。

5.5 工作精度检验应在精滚后进行。精滚时的切削用量(包括切削速度和进给量等)由制造厂根据机床的使用要求确定。

5.6 当实测长度与本标准中的规定值不同时，则给定的允差值应按 GB/T 17421.1—1998 中 2.3.1.1 的规定折算，允差的最小折算值为 0.005 mm。

5.7 允差计算结果的尾数按 GB/T 8170 的规定修约，精确到 0.001 mm。

6 几何精度检验

序号	简图	检验项目	允差 μm	检验工具	检验方法 按 GB/T 17421.1—1998 的有关条文
G1	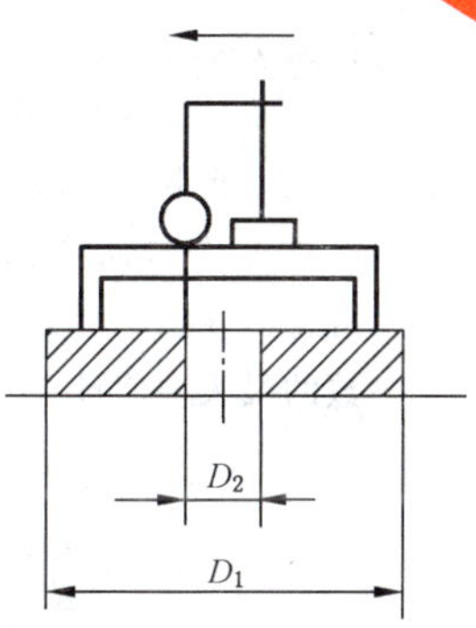 D_1——工作台直径； D_2——工作台孔径	工作台面的径向直线度	$6+0.6\times\sqrt{D_1-D_2}$ 直或凹	桥式平尺指示器或水平仪和其他装置	5.2 和 5.3 以桥式平尺作为基准，用精密指示器检查工作台面。 工作台直径小于等于 500 的机床，在两个直径方向检验直线度；工作台直径大于 500 的机床，在四个直径方向检验直线度。 各方向误差分别计算，误差以指示器读数的最大差值计

序号	简　　图	检验项目	允差 μm	检验工具	检验方法 按 GB/T 17421.1—1998 的有关条文
G2	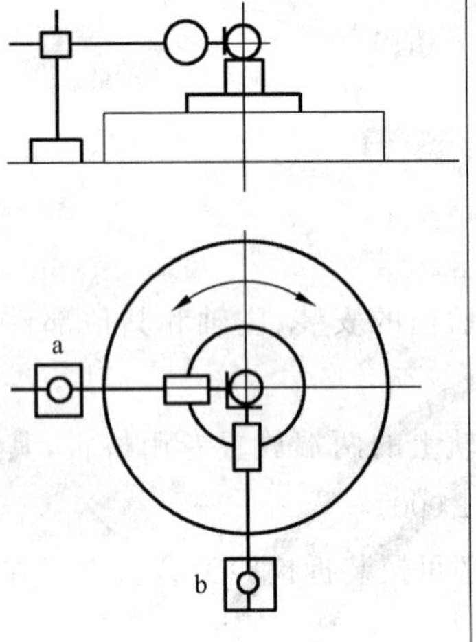	工作台回转轴线的径向跳动	$4+0.1\sqrt{d}$ d——机床最大工件直径	平头指示器 钢球 专用支架检验棒	5.6.1.2 按图示 a 和 b 位置成 90°固定两指示器，使其测头垂直于工作台回转轴线触及钢球。调整带钢球的专用支架，使工作台在一转中两指示器读数变化尽可能小。 在工作台两个回转方向上于 a、b 两点进行测量。a、b 误差分别计算，误差以指示器读数的最大差值计。 也可用检验棒替代钢球和专用支架进行此项检验
G3	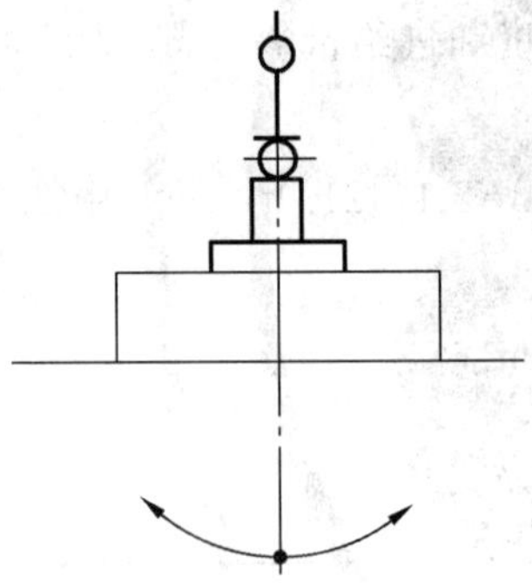	工作台的轴向窜动	$4+0.06\sqrt{d}$ d——机床最大工件直径	平头指示器 钢球 专用支架	5.6.2.2 指示器测头对准工作台回转轴线触及在 G2 项中已调整好的钢球。 在工作台两个回转方向进行测量。 误差以指示器读数的最大差值计
G4	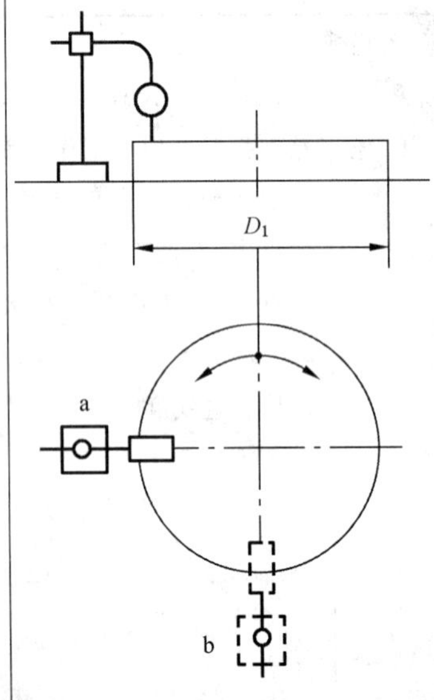	工作台的端面跳动	$6+0.25\sqrt{D_1}$	球头指示器	5.6.3.2 使指示器测头触及工作台面靠近最大可能的直径检验处，先后在间隔 90°的 a、b 两点检验(其中一个测量点 a 或 b 正对滚刀)。 在工作台两个回转方向进行测量，误差以指示器读数的最大差值计

序号	简　图	检验项目	允差 μm	检验工具	检验方法 按 GB/T 17421.1—1998 的有关条文
G5	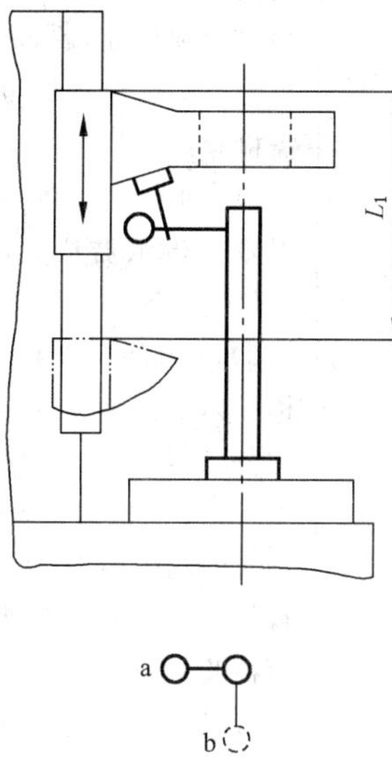 L_1——外支架最大工作行程	外支架移动对工作台回转轴线的平行度 (因结构原因不便拆卸的带顶尖机床本项可不检验)	a) 检验棒伸出端偏向滚刀主轴轴线的允差: $8+0.8\sqrt{L_1}$; 在相反方向: $4+0.4\sqrt{L_1}$; b) $6+0.5\sqrt{L_1}$	球头指示器 检验棒	5.4.2.2.3 在外支架上靠近支架孔处固定指示器,使其测头在a、b两个垂直平面内触及检验棒。调整检验棒至径向跳动平均位置。 在外支架全部工作行程上,于a、b两个平面内进行检验,若有夹紧机构,则夹紧外支架测取读数。 误差分别以在a、b两平面内指示器读数的差值计。 也可在工作台回转时用记录仪进行此项测量。测出外支架沿两个方向全行程移动时,工作台每转在a、b两平面内指示器读数的平均值。误差分别以在a、b平面内指示器读数平均值的差值计
G6.1	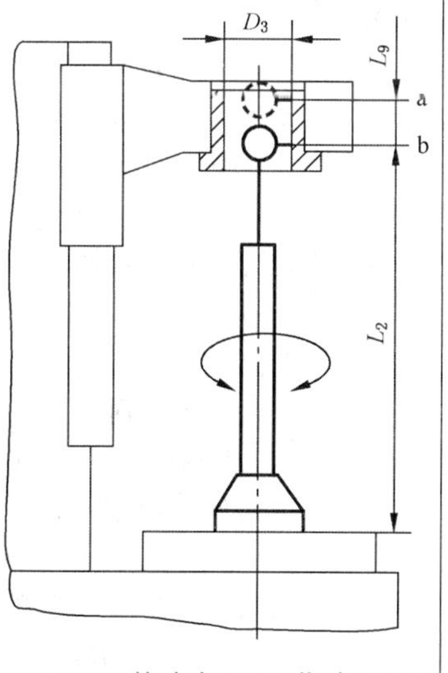 L_2——外支架至工作台面最大工作高度; L_9——两测量面间的距离; D_3——轴套孔径	外支架轴套孔与工作台回转轴线的重合度	$6+0.6\sqrt{L_2}$	球头指示器及其支架	5.4.4.2 若此项检验不能进行,则应进行G6.3项检验。 在工作台上固定指示器及其支架,使测头触及处于最大工作高度处的外支架轴套孔内侧。 靠近外支架轴套孔顶端和下端相距 L_9 的a、b两处在工作台两个回转方向进行检验。若有夹紧机构,则夹紧外支架测取读数。 误差以指示器读数差(不计形状误差的影响)之半计。 注1:若 $L_9/D_3<0.5$ 和 $L_9\leqslant 80$,则只需在 $L_2+L_9/2$ 处进行检验。 注2:对带可调轴心外支架的机床不作此项检验

序号	简　图	检验项目	允差 μm	检验工具	检验方法 按 GB/T 17421.1—1998 的有关条文
G6.2	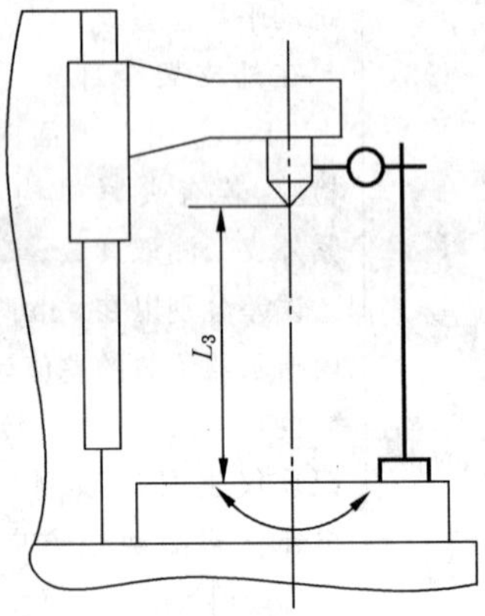 L_3——外支架顶尖位置至工作点台面的距离	外支架顶尖与工作台回转轴线的重合度(仅用于带顶尖的机床)	$6+0.4\sqrt{L_3}$ 正对滚刀主轴轴线的两个读数差只许偏向滚刀主轴轴线	指示器	5.4.4 指示器固定在工作台上，使其测头垂直触及外支架顶尖的圆柱面，旋转工作台检验。工作台正转、反转均需检验： 1) 顶尖可拆卸的机床，误差以指示器读数的最大差值之半计； 2) 当外支架顶尖因结构原因不便拆卸的机床，应在外支架工作行程的上、中、下三个位置(或全行程均布的几个位置)上分别进行检验(这样可不进行 G5 项检验)。允差按各自位置进行计算。误差以指示器各自位置读数的最大差值之半计。 注：外支架有夹紧机构时，应将外支架夹紧后检验。
G6.3	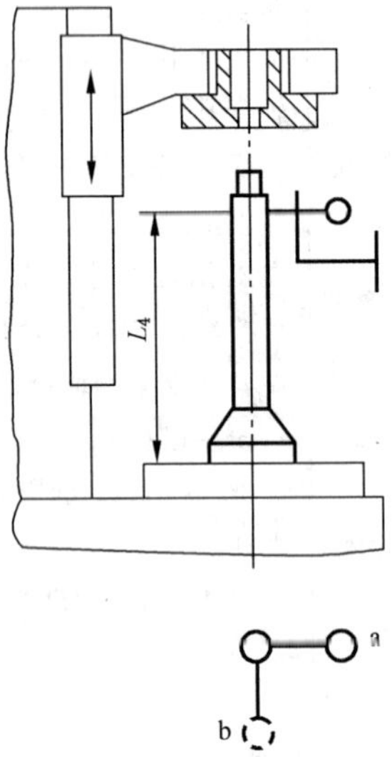 L_4——测量点至工作台面的距离	外支架轴套孔与工作台回转轴线的重合度 (用于带轴套的机床)	a 及 b $6+0.4\sqrt{L_4}$ a 项允差只许偏向滚刀主轴轴线	球头指示器 检验棒	5.4.4 若不能进行 G6.1 项检验，则应进行此项检验。 在距工作台 L_4 处固定指示器，使其测头在 a、b 两处触及经校准的检验棒。L_4 为测量点至工作台面的距离。 在每个方向调整检验棒至其径向跳动平均位置。 使外支架进入和退离检验棒分别在 a、b 两处进行检验。若有夹紧机构则夹紧外支架测取读数。 误差以外支架进入检验棒时的指示器读数差加上孔与轴颈间隙之半计。 也可在工作台回转时进行此项测量

序号	简　图	检验项目	允差 μm	检验工具	检验方法 按 GB/T 17421.1—1998 的有关条文
G7	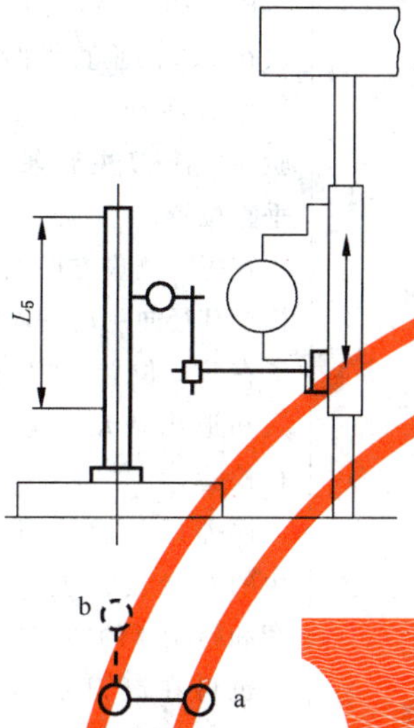 L_5——刀架滑板最大行程	刀架滑板移动对工作台回转轴线的平行度	a) 检验棒伸出端偏向滚刀主轴轴线的允差 $8+0.8\sqrt{L_5}$ 在相反方向 $4+0.4\sqrt{L_5}$； b) $6+0.5\sqrt{L_5}$ 在滚刀和工件心轴处于任意轴心距时，a、b处测得的偏差均不应超过允差值	球头指示器 检验棒	5.4.2.2.2 在刀架滑板上固定指示器，使其测头在a、b两个垂直平面内触及检验棒。 调整检验棒至其径向跳动平均位置。 在a、b两平面内沿刀架滑板两个方向全行程上进行检验。 误差分别以在a、b平面内指示器读数的差值计。 也可在工作台回转时用记录仪进行此项测量。测出刀架滑板沿两个方向全行程移动时，工作台每转在a、b两个平面内指示器读数的平均值。误差分别以在a、b平面内指示器读数平均值的差值计
G8	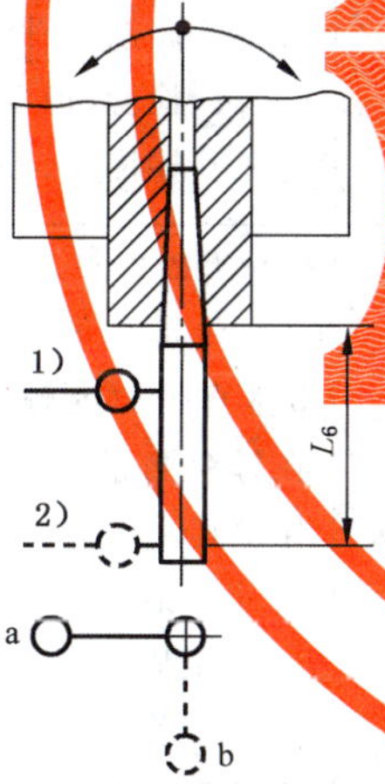 L_6——滚刀主轴端部至滚刀心轴活动支承中间最大距离之半	滚刀主轴安装孔的径向跳动： 1)　靠近滚刀主轴端部； 2)　距滚刀主轴端部L_6处	1) 6； 2) $6+0.6\sqrt{L_6}$	球头指示器 检验棒	5.6.1.2 滚刀主轴轴线调至垂直位置，在两个回转方向进行检验。 拔出检验棒旋转90°重新插入，再依次检验三次，a、b误差分别计算。误差以四次测量结果的平均值计。 注：可根据机床具体结构，将滚刀主轴轴线调至水平位置进行检验，但要消除检验棒扰度的影响
G9	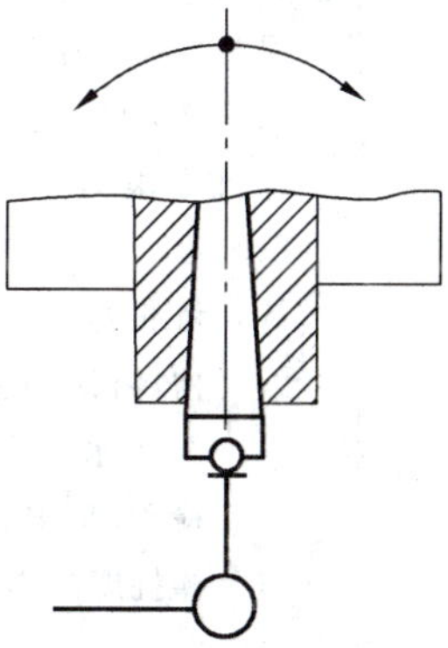	滚刀主轴的轴向窜动	$4+0.6\sqrt{m}$ m——机床最大模数	平头指示器 检验棒 钢球 （如果需要带预载装置）	5.6.2.2 固定指示器，使测头触及检验棒中心孔内钢球。如果需要可施加力F，以消除轴承内的轴向间隙。施力大小由制造厂规定。 在两个回转方向进行检验。 误差以指示器读数的最大差值计。 注：主轴轴承有轴向预加载荷时不再施加力

序号	简图	检验项目	允差 μm	检验工具	检验方法 按 GB/T 17421.1—1998 的有关条文
G10	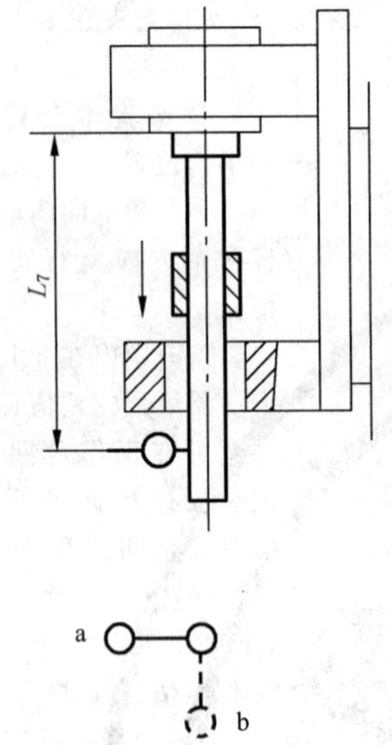 L_7——滚刀主轴端部至检验棒伸出端测量点的距离	活动支承孔与滚刀主轴轴线的重合度	a 及 b $6+0.5\sqrt{L_7}$ a 项允差只许偏向工件心轴轴线	球头指示器 检验套 检验棒	5.4.4.2 固定指示器，使其测头依次在 a、b 两垂直平面内尽可能靠近活动支承处触及检验棒。滚刀主轴轴线调至垂直位置。 在每个测量方向调整检验棒至其径向跳动平均位置。 在 a、b 位置，当检验套进入和退出活动支承孔时进行检验。 误差以检验套进入时产生的重合度误差加上检验套和检验棒的间隙之半计。 也可在滚刀主轴回转时进行此项测量。 注：可根据机床具体结构，将滚刀主轴轴线调至水平位置进行检验，但要消除检验棒扰度的影响
G11	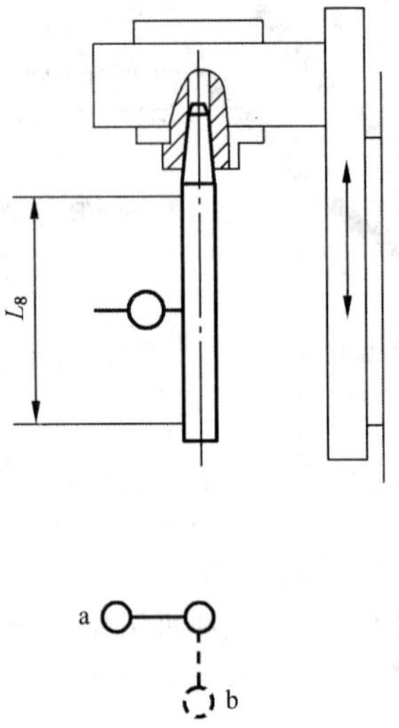 L_8——刀架切向滑座的最大行程	刀架切向滑座移动对滚刀主轴回转轴线的平行度	a 及 b $6+0.5\sqrt{L_8}$	球头指示器 检验棒	5.4.2.2.3 固定指示器，使其测头 a、b 垂直平面内触及检验棒。在每个测量方向调整检验棒至其径向跳动平均位置。 沿刀架切向滑座两个方向全行程上在 a、b 两平面内进行检验。滚刀主轴轴线调至垂直位置。 若滚切时刀架切向滑座夹紧，则在夹紧状态下测取读数。 误差分别以在 a、b 平面内指示器读数的差值计。 也可在滚刀主轴回转时进行测量。 注：可根据机床具体结构，将滚刀主轴轴线调至水平位置进行检验，但要消除检验棒扰度的影响

序号	简　图	检验项目	允差 mm	检验工具	检验方法 按 GB/T 17421.2—2000 的有关条文
G12	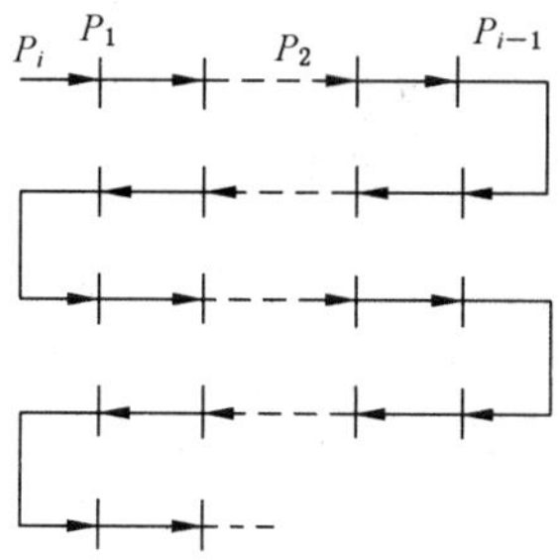 	工作台(或立柱)径向移动轴线的定位精度： a) 单向定位精度 $A\uparrow$ 或 $A\downarrow$； b) 单向重复定位精度 $R\uparrow$ 或 $R\downarrow$； c) 反向差值 B	a) 测量行程 <400， $A\uparrow$ 或 $A\downarrow$ 为 0.020； 测量行程 ≥400， $A\uparrow$ 或 $A\downarrow$ 为 0.022； b) 测量行程 <400， $R\uparrow$ 或 $R\downarrow$ 为 0.010； 测量行程 ≥400， $R\uparrow$ 或 $R\downarrow$ 为 0.012； c) B 为 0.012	激光干涉仪等或具有类似精度的其他测量系统(见 GB/T 17421.1)	在工作台(或立柱)水平移动的轴线行程上，按每 1 000至少五个，全测量行程不少于五个均布的目标位置测量。 工作台(或立柱)从一个基准点，快速趋近各目标位置，而后快速返回，经各目标位置回到基准点，如此重复五次，测量任意目标位置 P_i 处的位置偏差： $X_{i1}\uparrow, X_{i2}\uparrow, \cdots\cdots, X_{i5}\uparrow$ $X_{i1}\downarrow, X_{i1}\downarrow, \cdots\cdots, X_{i5}\downarrow$ 平均位置偏差： $\overline{X}_i\uparrow=(X_{i1}\uparrow+X_{i2}\uparrow+\cdots\cdots X_{i5}\uparrow)/5$ $\overline{X}_i\downarrow=(X_{i1}\downarrow+X_{i2}\downarrow+\cdots\cdots X_{i5}\downarrow)/5$ 单向标准不确定度的估算值： $S_i\uparrow=\sqrt{\frac{1}{4}\sum_{j=1}^{5}(X_{ij}\uparrow-\overline{X}_i\uparrow)^2}$ $S_i\downarrow=\sqrt{\frac{1}{4}\sum_{j=1}^{5}(X_{ij}\downarrow-\overline{X}_i\downarrow)^2}$ a) 单向定位精度 $A\uparrow$ 或 $A\downarrow$： 以各目标位置的($\overline{X}_i\uparrow+2S_i\uparrow$)中的最大值与($\overline{X}_i\uparrow-2S_i\uparrow$)中的最小值之差或($\overline{X}_i\downarrow+2S_i\downarrow$)中的最大值与($\overline{X}_i\downarrow-2S_i\downarrow$)中的最小值之差的较大值计； b) 单向重复定位精度 $R\uparrow$ 或 $R\downarrow$： 以各目标位置的单向重复定位精度 $R_i\uparrow$($4S_i\uparrow$)或 $R_i\downarrow$($4S_i\downarrow$)中的最大值计； c) 反向差值 B： 各目标位置以两个方向趋近某一位置的两单向平均位置偏差之差($\overline{X}_i\uparrow-\overline{X}_i\downarrow$)中的最大绝对值计
	注：径向进给轴线为非数控轴的机床不作此项检验。				

序号	简图	检验项目	允差 mm	检验工具	检验方法 按 GB/T 17421.2—2000 的有关条文
G13	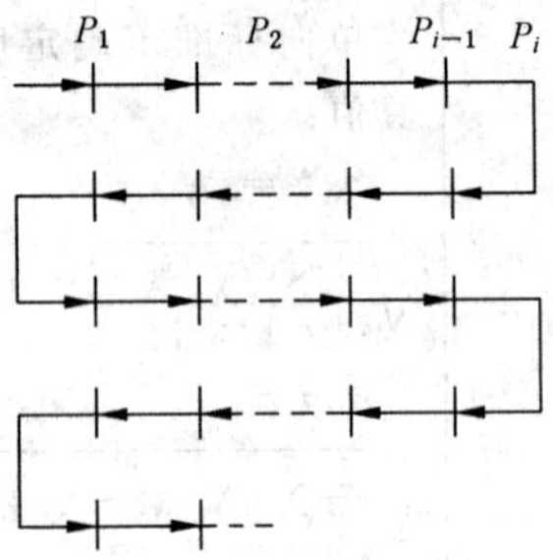	刀架滑板垂直进给轴线的定位精度： a) 单向定位精度 $A\uparrow$ 或 $A\downarrow$； b) 单向重复定位精度 $R\uparrow$ 或 $R\downarrow$	a) 测量行程 <400， $A\uparrow$ 或 $A\downarrow$ 为 0.020； 测量行程 $\geqslant400$， $A\uparrow$ 或 $A\downarrow$ 为 0.022； b) 测量行程 <400， $R\uparrow$ 或 $R\downarrow$ 为 0.010； 测量行程 $\geqslant400$， $R\uparrow$ 或 $R\downarrow$ 为 0.012	激光干涉仪等或具有类似精度的其他测量系统(见 GB/T 17421.1)	在刀架滑板垂直进给的轴线行程上，按每 1 000 至少五个，全测量行程不少于五个均布的目标位置测量。 刀架滑板从一个基准点，快速趋近各目标位置，而后快速返回各目标位置回到基准点，如此重复五次，测量任意目标位置 P_i 处的位置偏差： $Z_{i1}\uparrow,Z_{i2}\uparrow,\cdots\cdots,Z_{i5}\uparrow$ $Z_{i1}\downarrow,Z_{i2}\downarrow,\cdots\cdots,Z_{i5}\downarrow$ 平均位置偏差： $\overline{Z}_i\uparrow=(Z_{i1}\uparrow+Z_{i2}\uparrow+\cdots\cdots Z_{i5}\uparrow)/5$ $\overline{Z}_i\downarrow=(Z_{i1}\downarrow+Z_{i2}\downarrow+\cdots\cdots Z_{i5}\downarrow)/5$ 单向标准不确定度的估算值： $S_i\uparrow=\sqrt{\frac{1}{4}\sum_{j=1}^{5}(Z_{ij}\uparrow-\overline{Z}_i\uparrow)^2}$ $S_i\downarrow=\sqrt{\frac{1}{4}\sum_{j=1}^{5}(Z_{ij}\downarrow-\overline{Z}_i\downarrow)^2}$ a)单向定位精度 $A\uparrow$ 或 $A\downarrow$： 以各目标位置的($\overline{Z}_i\uparrow+2S_i\uparrow$)中的最大值与($\overline{Z}_i\uparrow-2S_i\uparrow$)中的最小值之差或($\overline{Z}_i\downarrow+2S_i\downarrow$)中的最大值与($\overline{Z}_i\downarrow-2S_i\downarrow$)中的最小值之差的较大值计； b)单向重复定位精度 $R\uparrow$ 或 $R\downarrow$： 以各目标位置的单向重复定位精度 $R_i\uparrow(4S_i\uparrow)$ 或 $R_i\downarrow(4S_i\downarrow)$ 中的最大值计
	注：垂直进给轴线为非数控轴的机床不作此项检验。				

序号	简图	检验项目	允差 mm	检验工具	检验方法 按 GB/T 17421.2—2000 的有关条文
G14	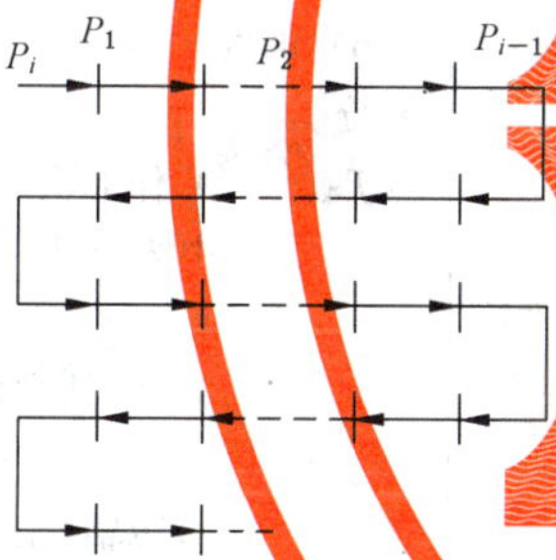 	刀架切向滑座切向进给轴线的定位精度： a) 单向定位精度 $A\uparrow$ 或 $A\downarrow$； b) 单向重复定位精度 $R\uparrow$ 或 $R\downarrow$。 （仅作窄刀调整用途的切向滑座 Y 数控线性轴线不进行本项检验）	a) $A\uparrow$ 或 $A\downarrow$ 为 0.028 b) $R\uparrow$ 或 $R\downarrow$ 为 0.015	激光干涉仪等或具有类似精度的其他测量系统(见 GB/T 17421.1)	在刀架切向滑座切向进给轴线的测量行程上，对五个均布的目标位置进行测量。 刀架切向滑座从一个基准点，沿切向进给轴线移动，快速趋近各目标位置，而后快速返回，经各目标位置回到基准点，如此重复五次，测量任意目标位置 P_i 处的位置偏差： $Y_{il}\uparrow, Y_{i2}\uparrow, \cdots\cdots, Y_{i5}\uparrow$ $Y_{il}\downarrow, Y_{i2}\downarrow, \cdots\cdots, Y_{i5}\downarrow$ 平均位置偏差： $\bar{Y}_i\uparrow = (Y_{i1}\uparrow + Y_{i2}\uparrow + \cdots\cdots Y_{i5}\uparrow)/5$ $\bar{Y}_i\downarrow = (Y_{i1}\downarrow + Y_{i2}\downarrow + \cdots\cdots Y_{i5}\downarrow)/5$ 单向标准不确定度的估算值： $S_i\uparrow = \sqrt{\frac{1}{4}\sum_{j=1}^{5}(Y_{ij}\uparrow - \bar{Y}_i\uparrow)^2}$ $S_i\downarrow = \sqrt{\frac{1}{1}\sum_{j-1}^{5}(Y_{ij}\downarrow - \bar{Y}_i\downarrow)^2}$ a) 单向定位精度 $A\uparrow$ 或 $A\downarrow$： 以各目标位置的($\bar{Y}_i\uparrow + 2S_i\uparrow$)中的最大值与($\bar{Y}_i\uparrow - 2S_i\uparrow$)中的最小值之差或($\bar{Y}_i\downarrow + 2S_i\downarrow$)中的最大值与($\bar{Y}_i\downarrow - 2S_i\downarrow$)中的最小值之差的较大值计； b) 单向重复定位精度 $R\uparrow$ 或 $R\downarrow$： 以各目标位置的单向重复定位精度 $R_i\uparrow$ ($4S_i\uparrow$)或 $R_i\downarrow$ ($4S_i\downarrow$)中的最大值计
	注：切向进给轴线为非数控轴的机床不作此项检验。				

7 传动精度检验

可用工作精度检验(见第 8 章)替代下列传动精度检验。

序号	简图	检验项目	允差 μm	检验工具	检验方法 按 GB/T 17421.1—1998 的有关条文
K1	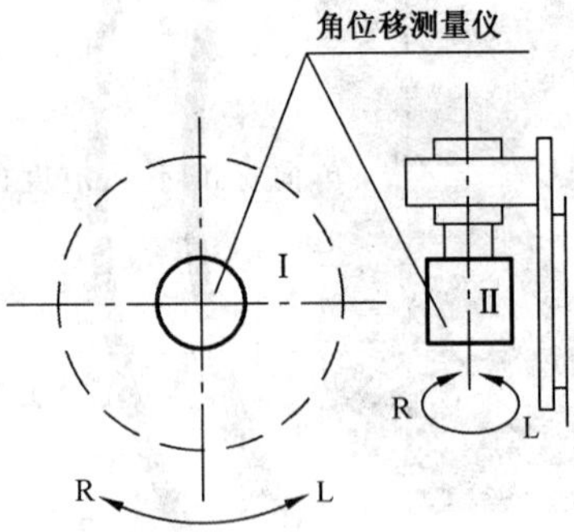 注:不能按 K1 项检验的专用机床,该项精度检验要求按机床实际加工时相当的参考工件分度圆直径 d_u,端面模 m_{tu} 确定: $f_{dku}=0.6f_{dk}(m_{tu}/m+2d_u/d)$ $f_{dlu}=1.13\sqrt{d_u}$	工作台回转相对于滚刀主轴回转的传动精度: a) 角度传动误差的低频部分 f_{dl}; b) 角度传动误差的高频部分 f_{dk};	a) $f_{dl}=1.13\sqrt{d_{u1}}$; b) $f_{dk1}=f_{dk2}=f_{dk}=5+1.5\sqrt{m}$	角度传动误差测量装置	在工作台和滚刀主轴上固定角位移测量仪(Ⅰ和Ⅱ)。 按参考工件①和②分别调整机床,滚刀主轴选用工作时的旋转方向,在无负荷条件下分别在两方向连续旋转工作台进行检验。 a) 角度传动误差的低频部分 f_{dl}——工作台回转一转中,偏离理论位置滤去高频部分的角度误差部分,以参考工件的分度圆弧长计。 b) 角度传动误差的高频部分 f_{dk}——工作台回转一转中多次周期性重复出现角度误差部分,其中的低频极限等于最低速回转轴(工作台除外)回转频率之半,误差以参考工件分度圆弧长计。 若所测得的误差 f_{dk1} 或 f_{dk2} 超过允差的 80%,则使滚刀主轴反向旋转(如机床结构允许)重复检验,这时 f_{dk1} 和 f_{dk2} 不应超过允差值。 参考工件①: $d_{u1}=2d/3$; $m_{tu1}=1m/3$; $Z_{u1}=d_{u1}/m_{tu1}=2d/m$ 参考工件②; $d_{u2}=1d/3$; $m_{tu2}=m$; $Z_{u2}=d_{u2}/m_{tu2}=d/3m$ 式中 d_{u1}、m_{tu1}、Z_{u1}、d_{u2}、m_{tu2}、Z_{u2} 分别为参考工件①和②的分度圆直径、端面模数、齿数

序号	简图	检验项目	允差 μm	检验工具	检验方法 按 GB/T 17421.1—1998 的有关条文
K2	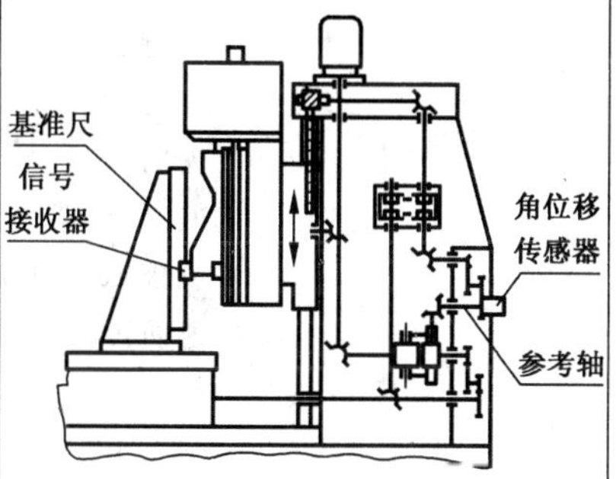	刀架滑板移动相对于滑板传动参考轴回转的传动精度： a) 轴向线性传动误差低频部分 f_{x1}； b) 轴向线性传动误差的高频部分 f_{xk}	a) $f_{x1}=1.2\sqrt{L}$ $0\leqslant L\leqslant L_4$ 在任意长度 L 上所测得的误差不得超过允差。切向线性传动误差成分不计； b) $f_{xk}=6+0.6\sqrt{m}$	线性传动误差测量装置	在机床床身或立柱上固定测量装置的基准尺，在刀架滑板上固定拾信头，在参考轴上固定角位移信号装置。 在空负荷条件下于正、反两个方向移动刀架滑板检验。 a) 轴向线性传动误差的低频部分 f_{x1}——刀架滑板在测量行程内偏离其理论位置，滤去高频部分的线性传动误差部分。 b) 轴向线性传动误差的高频部分 f_{xk}——刀架滑板在全行程范围内多次周期性重复出现的线性传动误差部分，其中的低频极限等于最低速回转轴（轴向进给丝杆）的回转频率之半。 斜进给滚齿机和加工蜗轮的专用滚齿机不要求此项检验。 可用激光干涉仪代替基准尺和拾信头检验

序号	简图	检验项目	允差 μm	检验工具	检验方法 按 GB/T 17421.1—1998 的有关条文
K3	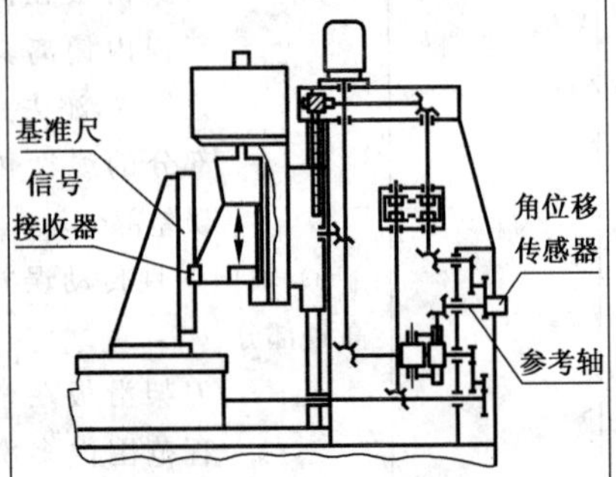	刀架切向滑座移动相对于滑座传动参考轴回转的传动精度： a) 切向线性传动误差的低频部分 f_{t1}； b) 切向线性传动误差的高频部分 f_{tk}	a) $f_{t1}=\sqrt{L}$ $0\leqslant L\leqslant L_7$ 在任意长度 L 上所测得的误差不应超过允差。轴向线性传动误差成分不计； b) $f_{tk}=6+0.6\sqrt{m}$	线性传动误差测量装置	在机床床身或立柱上固定测量装置的基准尺，在切向刀架滑座上固定拾信头，在参考轴上固定角位移信号装置。在空负荷条件下，正、反两个方向移动刀架切向滑座检验。 a) 切向线性传动误差的低频部分 f_{t1}——刀架切向滑座在测量行程内偏离理论位置滤去高频部分的线性传动误差部分。 b) 切向线性传动误差的高频部分 f_{tk}——刀架切向滑座在全行程范围内多次周期性重复出现的线性传动误差部分，其中的低频极限等于最低速回转轴（切向进给丝杆）的回转频率之半。 斜进给滚齿机和无切向进给的滚齿机不要求此项检验。可用激光干涉仪代替基准尺和拾信头

8 工作精度检验

8.1 当用工作精度代替机床传动精度检验时，一般情况下，试切齿轮的参数、材料、滚切参数以及检验要求按 P1、P2 项的规定。

8.2 在机床进行传动精度检验后，一般不再进行工作精度检验。当用户有特殊要求，还需用试切齿轮的方法来间接进行机床精度检验时，应通过制造厂和用户取得一致意见后，对所有细节，特别是试切齿轮的尺寸参数、材料、齿坯的精度、滚刀及滚切参数等的要求在订货协议时给予确定。

8.3 对高效（高速）数控滚齿机、大模数少齿数数控滚齿机硬齿面数控滚齿机及大型数控滚齿机一般可不按本标准规定的试件和允差进行工作精度检验，它们的工作精度检验应通过制造厂与用户协商或由制造厂根据用户的使用要求，确定其具体方法。

序号	试件参数	检验性质	切削条件	检验项目	允差 μm	检验工具	检验方法 按 GB/T 13924—2008 的有关条文
P1	试件①直齿轮 $d_{p1}\approx 2d/3$ $Z_{p1}=Z_T-P_1$ $m_{p1}\approx d_{d1}/Z_{p1}$ b_{p1}由设计确定 材料：铸铁或 45 钢（正火） 注： d_{p1}——试件①分度圆直径； m_{p1}——试件①法向模数； Z_{p1}——试件①齿数； b_{p1}——试件①齿宽； Z_T——分度蜗轮（或齿轮）齿数； P_1——接近 $Z_T/11$ 的整数； 若 $Z_T/11<4$ 时取 $P_1=4$	精滚	滚刀：AA 级；切削用量：由制造厂确定	a) 齿距累积偏差 F_{PK}； b) 齿距累积总偏差 F_P	a) $F_{PK}=(3+0.9\sqrt{m})\times(m_{p1}/m+2d_{p1}/d)+1.6\sqrt{K\cdot m_{p1}}$ b) $F_P=(3+0.9\sqrt{m})\times(m_{p1}/m+2d_{p1}/d)+1.13\sqrt{d_{p1}}$ K——为齿距数，对于偶数齿： $K=1\sim Z_{p1}/2$； 对于奇数齿： $K=1\sim(Z_{p1}-1)/2$，一般取 $K=9\sim11$	齿轮测量仪	按 GB/T 10095.1 的规定进行。 a) 齿距累积偏差(F_{PK})： 任意 K 个齿距的实际弧长与理论弧长之代数差。理论上它等于这 K 个齿距的各个齿距偏差的代数和； b) 齿距累积总偏差(F_P)： 齿轮同侧齿面任意弧段($K=1$至$K=Z$)的最大齿距偏差
P2	试件②斜齿轮 $d_{p2}\approx(1/3\sim1/2)d$ m_{p2}由设计决定 $\beta_{p2}=20°\sim30°$ $b_{p2}\geq10$ m（最大不超过 350） Z_{p2}由设计确定 材料：45 钢（正火） 注： d_{p2}——试件②分度圆直径； m_{p2}——试件②法向模数； β_{p2}——试件②螺旋角，(°)； b_{p2}——试件②齿宽； Z_{p2}——试件②齿数	精滚	滚刀：AA 级；切削用量：由制造厂确定	螺旋线倾斜偏差：$f_{H\beta}$	$f_{H\beta}=8+\sqrt{b_{p2}}$	螺旋线倾斜偏差测量仪或齿轮测量仪	螺旋线倾斜偏差($f_{H\beta}$)： 在计值范围 L_β 两端与平均螺旋线连线相交的两条设计螺旋线迹线之间的距离

ICS 27.180
F 11

中华人民共和国国家标准

GB/T 25381—2010

风力发电机组 系列型谱

Genealogy of wind turbine generator system

2010-11-10 发布 2011-03-01 实施

中华人民共和国国家质量监督检验检疫总局
中国国家标准化管理委员会 发布

前　言

本标准由中国机械工业联合会提出。

本标准由全国风力机械标准化技术委员会(SAC/TC 50)归口。

本标准起草单位:中国农机院呼和浩特分院。

本标准起草人:王建平、宋经选。

风力发电机组　系列型谱

1　范围

本标准规定了单机容量(额定输出功率)大于等于 100 kW 的并网型水平轴风力发电机组的系列型谱。

本标准适用于风电产品研究生产企业和使用单位对并网型水平轴风力发电机组的选型。

2　规范性引用文件

下列文件中的条款通过本标准的引用而成为本标准的条款。凡是注日期的引用文件,其随后所有的修改单(不包括勘误的内容)或修订版均不适用于本标准,然而,鼓励根据本标准达成协议的各方研究是否可使用这些文件的最新版本。凡是不注日期的引用文件,其最新版本适用于本标准。

GB/T 2900.53　电工术语　风力发电机组(GB/T 2900.53—2001,IEC 60050-415:1999,IDT)

GB 18451.1　风力发电机组　安全要求(GB 18451.1—2001,IEC 61400-1:1999,IDT)

GB/T 18451.2　风力发电机组　功率特性试验(GB/T 18451.2—2003,IEC 61400-12:1998,IDT)

GB/T 20320　风力发电机组　电能质量测量和评估方法(GB/T 20320—2006,IEC 61400-21:2001,IDT)

3　术语和定义

GB/T 2900.53 确立的术语和定义适用于本标准。

4　一般要求

系列型谱中风力发电机组在基本要素、外部条件、结构设计等方面应符合 GB 18451.1 的有关规定。

系列型谱中风力发电机组的功率特性应按 GB/T 18451.2 的方法进行测量。

系列型谱中风力发电机组的电能输出质量应满足 GB/T 20320 的相关规定。

5　系列型谱

5.1　风轮

风轮宜由三个叶片组成。

5.2　容量(额定输出功率)风轮直径系列

5.2.1　优先系列

优先系列见表 1。

表 1　优先系列

容量(kW)	600		660		750		850		1 000	1 300	1 500	
风轮直径(m)	43	44	46	47	48	50	52	58	60	62	70	77

表 1（续）

容量（kW）	2 000			2 500		3 000		4 000		5 000	
风轮直径（m）	77	80	82	88	90	95	104	109	113	122	127

5.2.2 一般系列

一般系列见表 2。

表 2 一般系列

容量（kW）	100	120	130	150		200	250				275
风轮直径（m）	18	19	22	22	23	24	25	27	28	29	27

容量（kW）	300				450	500			550		600			750	
风轮直径（m）	28	29	31	33	37	37	39	42	37	40	42	46	48	43	49

容量（kW）	800	900	1 000	1 200		1 250	1 300	1 500		1 750	1 800
风轮直径（m）	50	52	55	57	62	64	60	60	82	77	78

ICS 27.180
F 11

中华人民共和国国家标准

GB/T 25382—2010

离网型风光互补发电系统运行验收规范

Regulations for operational acceptance test of off-grid wind/solar hybrid generator system

2010-11-10 发布 2011-03-01 实施

中华人民共和国国家质量监督检验检疫总局
中国国家标准化管理委员会 发布

前 言

本标准由中国机械工业联合会提出。

本标准由全国风力机械标准化技术委员会(SAC/TC 50)归口。

本标准起草单位:中国农业机械化科学研究院呼和浩特分院、北京远东博力风能设备有限公司。

本标准主要起草人:董文斌、都志杰、李凌锐。

离网型风光互补发电系统
运行验收规范

1 范围

本标准规定了储能型直流母线式、系统总(混合)功率 100 kW 及以下的离网型风光互补发电系统的验收程序、验收方法及文件等规范。

本标准适用于由离网型风力发电机组与太阳能光伏组件(阵列)组成的储能型直流母线式、系统总(混合)功率 100 kW 及以下的互补集中供电系统投入运行前的验收。

2 规范性引用文件

下列文件中的条款通过本标准的引用而成为本标准的条款。凡是注日期的引用文件,其随后所有的修改单(不包括勘误的内容)或修订版均不适用于本标准,然而,鼓励根据本标准达成协议的各方研究是否可使用这些文件的最新版本。凡是不注日期的引用文件,其最新版本适用于本标准。

GB/T 2297 太阳光伏能源系统术语

GB/T 2900.53 电工术语 风力发电机组(GB/T 2900.53—2001,IEC 60050-415:1999,IDT)

GB/T 5465.2 电气设备用图形符号 第2部分:图形符号(GB/T 5465.2—2008,IEC 60417 DB:2007,IDT)

GB/T 19064—2003 家用太阳能光伏电源系统技术条件和试验方法

GB/T 20319—2006 风力发电机组 验收规范

GB/T 20321.1 离网型风能、太阳能发电系统用逆变器 第1部分:技术条件

GB/T 20321.2 离网型风能、太阳能发电系统用逆变器 第2部分:试验方法

DL/T 499—2001 农村低压电力技术规程

JB/T 6939.1 离网型风力发电机组用控制器 第1部分:技术条件

JB/T 6939.2 离网型风力发电机组用控制器 第2部分:试验方法

YD/T 1058—2007 通信用高频开关电源系统

3 术语和定义

GB/T 2297、GB/T 2900.53 中确立的术语和定义适用于本标准。

4 验收程序

4.1 总则

系统的验收分为预验收阶段和竣工验收阶段。预验收阶段主要考核系统及各设备的各项基本功能和控制参数的设定等;竣工验收阶段主要考核系统的功率转换控制性能、安全保护功能、供电品质等。

4.2 预验收

4.2.1 现场测试

4.2.1.1 系统安装工程完成后,设备通电前的检查应符合下列要求:

a) 现场应清理完毕;

b) 各设备安装检查结束并经确认;

c) 各设备安装施工正确,放置稳固,连接紧密;

d) 风力发电机组、光伏阵列、建筑物、树木和局域电网架空电力线之间距离安全、布局合理,不影响各设备的正常、安全运行,又便于人员操作;

e) 风力发电机组和光伏阵列的基础材料和施工工艺符合相关标准和规范，基础无裂纹或断裂、表面剥落、沉降、移位等情况；风力发电机组和光伏阵列的安装符合供应商的规定和要求；

f) 系统平衡(BOS)部件间的容量与性能是匹配的；

g) 控制机房内的照明、通风、防火设施应齐全，高寒地区的控制机房内应有供暖设施；

h) 系统电气设备(风力发电机组、光伏阵列、充电控制器；对于向交流负载供电的系统，还包括逆变器和交流配电装置等；对于向直流负载供电的系统，还包括高频开关电源等)的保护性接地连接可靠，接地电阻经测量符合相关的电气标准或规程；

i) 防雷系统完善，固定可靠，连接紧密，接地电阻经测量符合相关的电气标准或规程；

j) 系统各电气设备警示标志齐全、规范，符合 GB/T 5465.2 的规定。

4.2.1.2 完成安装检查后，根据设备制造商规定的初次通电程序要求接通电源。通常，应将系统分为发(充)电和供电两部分分别通电试验，且应先对供电部分进行通电试验，再分别对风力发电机组和光伏阵列的发电、充电情况进行通电试验。

4.2.1.3 起动风力发电机组前应进行控制功能和安全保护功能的检查和试验，确认各项控制功能和安全保护动作准确、可靠。

4.2.1.4 风力发电机组控制系统如采用可编程电气控制的方式，应检查设定风力发电机组控制系统的参数，控制系统应能确保完成风力发电机的正常运行控制。

4.2.1.5 风力发电机组的首次起动应在低风速下进行，一般不宜在超过其额定风速的情况下起动。

4.2.1.6 光伏阵列的首次运行应在光照条件较好的情况下进行。

4.2.1.7 风力发电机充电控制器的控制参数和功能应根据 JB/T 6939.1 和 JB/T 6939.2 的规定和随机的技术手册进行校验。

4.2.1.8 光伏控制器的控制参数和功能应根据随机的技术手册进行校验。

4.2.1.9 测试工作应由经过培训的人员或在专业人员的指导下进行。

4.2.2 试运行

4.2.2.1 系统经过现场测试后，进行试运行。

4.2.2.2 试运行的时间依据制造商的规定来进行，但应不少于 10 天。在无风期、弱光照期内，试运行时间应适当延长。

4.2.2.3 试运行期间应按表 1 的内容进行检查并应符合设备或零部件的技术要求。

4.2.2.4 试运行期间应根据设备制造商的规定对系统及设备进行必要的调整。这些调整包括(但不仅限于)螺栓预紧、更换润滑油、检查零部件的装配、安装和运行情况等适当的调整。

4.2.2.5 应对试运行情况和控制参数及其结果进行完整详尽记录。

4.2.2.6 系统试运行期满后，确认系统各设备的技术指标符合设备技术文件的规定时，有关各方签署预验收文件。

4.3 竣工验收

在预验收后，供需双方商定对系统的功率转换控制性能、安全保护功能、供电品质等内容进行验证，其结果应满足设备技术文件的规定。供需双方依据合同规定接受验收结果后，签署竣工验收文件。

表 1 检查项目

序号	设备/零部件		检查内容
1	风力发电机组	风轮/叶片	表面损伤、裂纹及结构不连续、螺栓预紧力
		轴类零件	泄漏、异常噪声、振动、腐蚀、润滑、螺栓预紧力、齿轮状态
		机头罩及承载结构件	腐蚀、裂纹、异常噪声
		塔架	腐蚀、螺栓预紧力、拉索的张力
		安全设施及制动装置	功能检查、损伤、磨损

表 1（续）

序号	设备/零部件		检 查 内 容
2	光伏阵列	光伏组件	表面损伤、裂纹、电池连接、火斑，框架损伤、裂纹
		支架及其连接件	腐蚀、裂纹、异常变形、螺栓预紧力
3	风力发电机充电控制器	充电及其控制系统	参数设定、功能、腐蚀、污损、绝缘与漏电
		电气保护系统	参数设定、功能、腐蚀、污损、绝缘与漏电
4	光伏控制器		参数设定、功能、腐蚀、污损、绝缘与漏电
5	蓄电池组	蓄电池	组内连接、组间连接，排气阀、排气，壳体变形、泄漏、腐蚀、裂纹
		支架及放置地面	腐蚀、裂纹、异常变形、螺栓预紧力、沉降、移位
6	逆变器		参数设定、功能、腐蚀、污损、绝缘与漏电
7	交流配电装置		参数设定、功能、腐蚀、污损、绝缘与漏电
8	高频开关电源		参数设定、功能、腐蚀、污损、绝缘与漏电
9	机房		防漏、照明设施、通风设施、保暖设施、防火设施、布线、散热条件
10	局域电网	传输线路	连接、腐蚀、绝缘
		电杆	腐蚀、裂纹、倾斜(倒)、沉降、移位

5 验收试验方法

5.1 总则

验收试验应在系统调试完成后由供需双方联合进行，必要时可委托独立的第三方进行。

为保证验收能够及时顺利进行，验收试验要求的内容可在现场测试及试运行过程中进行，经供需双方同意，可将现场测试及试运行的结果作为验收试验的组成部分。

5.2 螺栓连接检查

风力发电机组和光伏阵列螺栓连接检查的内容、方法、标准参照 GB/T 20319—2006 中 5.2 的规定进行。

5.3 避雷与接地系统的检查与试验

风力发电机组和光伏阵列的避雷系统、局域电网的避雷系统的接地必须接入同一个接地体(网)，其接地电阻应不大于 10 Ω。

避雷系统接地与电气设备柜体保护性接地可以连接到同一个接地体(网)，但须分别引入接地体(网)，其接地电阻亦应不大于 10 Ω。

接地电阻的测量可采用交流电流表-电压表法进行，亦可采用其他等效的方法或工具进行测量。

5.4 风力发电机组控制与安全保护功能的检查与试验

对风力发电机组的控制功能进行下列检查和试验：

a) 机组的起动、充电功能试验，对于设置有泄荷电路的机组，还应进行泄荷功能试验；

b) 自动对风调向或根据风向信号进行对风调向试验；

c) 负载丧失时的停机(对尾翼斜置式机组或变桨距机组)试验；

d) 制动功能(对尾翼斜置式机组或变桨距机组)试验；

e) 转速或功率超出限定值的保护功能试验；

f) 对带有人工操作的紧急停车装置的机组，应进行人工操作的紧急停机试验。

试验应按照制造商规定的程序进行。通过上述试验，确认各项控制功能准确、可靠。

5.5 蓄电池组的检查

蓄电池组的规格与运行要求依照 GB/T 19064—2003 中 6.2.1 的要求来进行检查。

5.6 逆变器的试验

对于向交流负载供电的系统，应依照标准 GB/T 20321.1 和 GB/T 20321.2 的规定对逆变器进行试验。

逆变器应能在供电系统近端或远端短路的情况下可靠保护，并可在故障排除后，手动操作恢复供电。

5.7 交流配电装置的试验

交流配电装置的试验应由供需双方商定的办法来试验。采用三台单相逆变器运行系统的交流配电装置，应具有三路独立的闭合、断开装置，具备必要的人机界面。试验的结果应符合合同所规定的技术条件。

5.8 局域电网供电品质的试验

局域电网末端的电压偏差应符合 DL/T 499—2001 中 3.3.2 的规定。

5.9 高频开关电源的检查

高频开关电源直流配电部分的电压可调节范围应满足 YD/T 1058—2007 中 4.4.1 的要求。应确认设备随机的合格证或满足用户使用要求的技术协议齐备、完整。

5.10 线路压降的试验

风力发电机组充电回路和光伏充电回路的压降均不得超过其输出端电压的 3%。

6 验收文件

6.1 总则

应提供足够的资料，证明验收所要求的所有目的已经达到。验收资料和文件应包括工程概括、项目施工方、供货方与有关方签订的项目承包合同或设备采购合同(至少应附有有关的技术条款)，工程施工图，供货方提供的产品说明书、检查及试验记录，合格证件及安装、维护手册，安装报告、调试报告和试运行报告，验收报告等。

6.2 工程竣工技术文件

包括变更设计部分的实际施工技术文件，设计变更的有关证明文件等。

由工程承包方提交的风力发电机组、光伏阵列基础，控制机房施工竣工验收资料；由工程承包方提交的风力发电机组、光伏阵列、蓄电池组、控制器、逆变器和交流配电装置或直流供电装置的安装工程竣工验收资料。由系统供电网施工方提交的区域电网施工竣工验收资料。

6.3 设备质量文件

由制造商提供的有效版本的产品说明书，安装、运行和维护手册，产品合格证书和检验试验报告。

6.4 系统调试、试运行报告

由工程承包方提交的系统调试及试运行报告。

6.5 验收试验报告

应分别列出试验项目名称、条件、原始数据、图表等。经整理、计算、修正和处理得出结果，并绘制必要的特性曲线。出具正式的试验报告。

6.6 验收报告

根据有关检测和试验结果，对系统或设备性能指标和技术参数按照技术文件或合同约定要求进行认真评价，本着科学、求实、公正的原则得出竣工验收结论。对于工程建设过程中出现的问题进行分析总结，给出改进意见或建议。

6.7 其他

根据需要，可在验收文件中附加必要的其他资料、报告、证明或图片等。

ICS 27.180
F 11

中华人民共和国国家标准

GB/T 25383—2010

风力发电机组 风轮叶片

Wind turbine generator system—Rotor blades

2010-11-10 发布 2011-03-01 实施

中华人民共和国国家质量监督检验检疫总局
中国国家标准化管理委员会 发布

前　言

本标准的编写参考了 IEC 61400-1(2005 年 8 月第 3 版)风力发电机组—第 1 部分:设计要求、IEC TS 61400-23(2001 年 4 月第 1 版)风力发电机组—第 23 部分:风轮叶片全尺寸试验、IEC TR 61400-24 (2007 年 4 月第 1 版)风力发电机组—第 24 部分:防雷、近海风力发电机组认证规范(德国船级社(2005 版)和陆上及近海风力发电机组风轮叶片设计及制造(DNV-OS-J102)2006 年版等标准,对风力发电机组风轮叶片的设计、制造工艺、材料、检验规则以及叶片的包装、运输和贮存等有关内容给出了通用性技术要求,供国内开发研制风力发电机组风轮叶片参照执行。

本标准的附录 A 为规范性附录。

本标准由中国机械工业联合会提出。

本标准由全国风力机械标准化技术委员会(SAC/TC 50)归口。

本标准主要起草单位:中航惠腾风电设备股份有限公司、上海玻璃钢研究院、连云港中复连众复合材料集团有限公司、金风科技股份有限公司。

本标准主要起草人:田野、田卫国、姜兆民、庄岳兴、赵建立、王逸波、陈余岳、刘卫生、王相明。

风力发电机组　风轮叶片

1　范围

本标准规定了风力发电机组风轮叶片的通用技术条件。

本标准适用于风轮扫掠面积等于或大于 40 m^2 的水平轴风力发电机组风轮叶片。

2　规范性引用文件

下列文件中的条款通过本标准的引用而成为本标准的条款。凡是注日期的引用文件，其随后所有的修改单(不包括勘误的内容)或修订版均不适用于本标准，然而，鼓励根据本标准达成协议的各方研究是否可使用这些文件的最新版本。凡是不注日期的引用文件，其最新版本适用于本标准。

GB/T 1447　纤维增强塑料拉伸性能试验方法(GB/T 1447—2005,ISO 527-4:1997,NEQ)

GB/T 1448　纤维增强塑料压缩性能试验方法

GB/T 1449　纤维增强塑料弯曲性能试验方法 (GB/T 1449—2005,ISO 14125:1998,NEQ)

GB/T 1463　纤维增强塑料密度和相对密度试验方法 (GB/T 1463—2005,ASTM D 792:1998,NEQ)

GB/T 2576　纤维增强塑料树脂不可溶分含量试验方法 (GB/T 2576—2005,ISO 308:1994,MOD)

GB/T 2577　玻璃纤维增强塑料树脂含量试验方法(GB/T 2577—2005,ISO 1172:1996,MOD)

GB/T 2900.53　电工术语　风力发电机组(GB/T 2900.53—2001,IEC 60050-415:1999,IDT)

GB/T 3354　定向纤维增强塑料拉伸性能试验方法

GB/T 3355　纤维增强塑料纵横剪切试验方法

GB/T 3356　单向纤维增强塑料弯曲性能试验方法

GB/T 3856　单向纤维增强塑料平板压缩性能试验方法

GB/T 3961　纤维增强塑料术语

GB/T 19001　质量管理体系　要求(GB/T 19001—2008,ISO 9001:2008,IDT)

GB/T 25384　风力发电机组　风轮叶片全尺寸结构试验(GB/T 25384—2010,IEC TS 61400-23-2001,MOD)

GB/Z 25427　风力发电机组　雷电防护(GB/Z 25427—2010,IEC TR 61400-24-2002,MOD)

ISO 12944.3　涂料和油漆——用保护涂料进行钢结构防腐　第 3 部分:设计依据

ISO 12944.5　涂料和油漆——用保护涂料进行钢结构防腐　第 5 部分:涂料保护系统

IEC 61400-1:2005　风力发电机组　第 1 部分:设计要求

3　术语和定义

GB/T 2900.53、IEC 61400-1:2005 和 GB/T 3961 确立的以及下列术语和定义适用于本标准。

3.1

设计寿命　design lift

在设计工况下的设计使用年限。

3.2

风轮　rotor

将风能转化为机械能的风力机部件，由叶片和轮毂组成。

3.3

叶片　blade

使风轮旋转并产生气动力的部件。

3.4

参考几何弦　reference chord

指在叶片设计过程中叶片展向某一确定位置处的几何弦，叶片其他位置的几何弦以此位置为参考。一般定义为0°位置，即该处几何弦与风轮旋转平面平行。

3.5

扭角　twist angle

叶片当地几何弦与叶片参考几何弦的夹角。

3.6

中弧线　median line

翼型上下表面内切圆圆心光滑连接起来的曲线。在前部，最小内切圆与翼型周线的切点是中弧线的起点；在后部，最小内切圆与翼型周线的切点是中弧线的终点。

3.7

前缘　leading edge

翼型中弧线的最前点。

3.8

后缘　tailing edge

翼型中弧线的最后点。

3.9

弦线　chord

连接前缘与后缘的直线。

3.10

弦长　chord length

弦线的长度。

3.11

重心　the centre of gravity

在重力场中，物体处于任何方位时，所有各组成质点重力的合力通过的那一点。

4　缩略语

叶片	风力发电机组　风轮叶片
复合材料	纤维增强塑料

5　设计环境条件

5.1　总则

风力发电机组风轮叶片是一种全天候条件下运行的产品，设计和制造叶片时应考虑环境因素对其设计寿命的影响。

5.2　温度

叶片工作环境温度范围－10 ℃～＋40 ℃，生存工作温度范围－20 ℃～＋50 ℃，超出上述规定范围的，按S级处理。

5.3　湿度

叶片设计工作环境最高相对湿度一般小于或等于95％。

5.4 雷电防护

应考虑叶片遭雷击的可能性，并采取相应的雷电防护措施，雷电防护系统按 GB/Z 25427《风力发电机组 雷电防护》标准要求进行设计。

5.5 盐雾

对于在沿海地区运行的风力发电机组，应考虑盐雾对叶片的腐蚀影响，应根据 ISO 12944.3 和 ISO 12944.5标准要求采取相应的防腐措施。

5.6 沙尘

应考虑沙尘对叶片的影响，如沙尘对叶片表面的长期冲蚀，对机械转动部位润滑的影响以及对叶片平衡造成的影响等。

5.7 辐射

应考虑太阳辐射和紫外线对叶片的老化影响。

5.8 结冰

应考虑叶片表面覆冰对风力发电机组性能和结构安全性的影响。

6 设计要求

6.1 气动设计

叶片气动设计是风力发电机组设计的基础，推荐根据使用地区的风资源特点，进行优化分析。

6.2 结构设计

6.2.1 叶片结构设计应考虑实际运行环境条件的影响，在规定的使用环境条件和设计寿命期内，叶片应具有足够的强度和刚度。

应通过可靠的分析方法和试验验证，证明叶片能满足各种设计工况下的极限强度、疲劳强度和气弹稳定性要求。

推荐强度分析方法见附录 A。

6.2.2 叶片的设计安全系数应大于等于 1.15。

6.2.3 叶片刚度应保证在所有设计工况下叶片变形后叶尖与塔架的安全距离不小于未变形时叶尖与塔架间距离的 40%(见附录 A)。

6.2.4 叶片的固有频率应与风轮的激振频率错开，避免发生共振(见附录 A)。

6.2.5 叶片的设计寿命应大于或等于 20 年。叶片的设计寿命既可以通过计算，也可以通过疲劳试验确定。

6.3 公差要求

——叶片长度公差：1.0‰×L(mm)，其中 L 为叶片设计长度；
——叶片弦长公差：±(1.0%×c)mm，其中 c 为当地翼型弦长；
——叶片扭角公差：±0.3°；
——翼型公差：±(2‰×c)mm，其中 c 为当地翼型弦长；
——叶片表面粗糙度：$R_z \leqslant 15\ \mu m$；
——叶片成套重量互差：±3.0‰；
——叶片成套静矩互差：±1.0‰。

7 材料要求

7.1 总则

7.1.1 叶片所用材料应满足设计使用要求，材料的性能指标和化学成分应符合现行有效标准或其他有关技术规范要求。

7.1.2 材料供应商应根据 GB/T 19001 标准要求建立有效的质量管理体系。

7.1.3 材料供应商应提供材料的合格证、材料数据单、检验单、安全数据单和使用说明书。

7.1.4 主要材料和用于重要零部件的材料进厂后应进行性能复验，试验类型和范围按技术文件和质量管理体系相关规定进行。

7.1.5 选用的材料应符合当地相关法律法规的要求。

7.2 纤维增强塑料

7.2.1 树脂

7.2.1.1 复合材料叶片常用的基体树脂根据其化学性质不同分为环氧树脂、不饱和聚酯树脂、乙烯基树脂等。

7.2.1.2 基体树脂在固化状态下有好的防潮性和高的防老化性能，能够满足叶片在不同地点运行所承受的温度变化、紫外线老化、海水环境腐蚀等要求和足够的抗水解能力。

7.2.2 增强材料

7.2.2.1 复合材料叶片常用的增强材料有玻璃纤维、碳纤维、芳纶纤维和其他有机或无机材料纤维及其制品。

7.2.2.2 纤维表面应有浸润剂，纤维表面浸润剂的种类应与基体树脂匹配。

7.2.3 夹芯材料

7.2.3.1 闭孔结构的硬质泡沫塑料可作为夹层板的芯材，应能与所选用的基体树脂和胶粘剂匹配。

7.2.3.2 夹芯材料应具有防老化、防海洋环境腐蚀和工业环境影响的能力及低吸水性。

7.2.3.3 用作芯材的木材应进行防腐和杀虫处理，并进行消毒、均化和烘干，其平均水分含量不大于12%。

7.2.4 胶粘剂

7.2.4.1 纤维增强塑料间或与其他材料间的粘接，应使用无溶剂的胶粘剂，应使用双组分反应型胶粘剂。如可能，应使用与产品相同性质的树脂。

7.2.4.2 层合板只能在固化状态下相互粘接。使用热固性胶粘剂时胶粘剂的放热峰值不能超过层合板的许用温度值。

7.2.4.3 胶粘剂应具有良好的抗潮湿和抗老化能力。温度对其强度的影响应尽量小，应能在 60 ℃以上的环境温度长期使用。

7.2.5 预浸料

预浸料应满足制造组件的要求并适于保存。

7.2.6 外部涂层

外部涂层应具有较好的防紫外线老化性能、抗海洋环境腐蚀，并具有良好的附着力、耐磨性、高弹性和低吸水性。

油漆和胶衣都可用于叶片表面防护的外部涂层。

填加的颜料应不受气候的影响，可由无机或光照不褪色的有机染料组成。

当使用胶衣时应验证其与基体树脂的匹配性。

7.2.7 纤维增强塑料层合板试验方法

纤维增强塑料性能的测试方法推荐按下列国家标准进行，测试试件个数至少 6 件。

玻璃纤维增强塑料树脂含量按 GB/T 2577 进行。

纤维增强塑料固化度按 GB/T 2576 进行。

纤维增强塑料密度按 GB/T 1463 进行。

定向纤维增强塑料拉伸性能按 GB/T 3354 进行。

纤维增强塑料纵横剪切性能按 GB/T 3355 进行。

单向纤维增强塑料压缩性能按 GB/T 3856 进行。

单向纤维增强层板弯曲性能及模量按 GB/T 3356 进行。

纤维增强塑料弯曲性能按 GB/T 1449 进行。

纤维增强塑料压缩性能按 GB/T 1448 进行。

纤维增强塑料拉伸性能按 GB/T 1447 进行。

7.3 金属材料

7.3.1 应根据具体使用要求选择适当的金属材料。

7.3.2 应采用适当的方法控制和排除金属材料的制造缺陷;同时,应采用适当的表面处理和热处理工艺提高金属材料的使用性能和耐环境能力。

7.3.3 金属材料性能、化学成分应符合国家标准或其他有关技术条件。

8 制造控制

8.1 生产作业文件

8.1.1 生产作业文件依据设计图样和材料特性编制。

8.1.2 生产作业文件必须明确叶片所有零件的全部制造过程。

8.1.3 生产作业文件至少应包括材料清单、工具清单、操作要求、检验项目和操作检验记录单等内容。

8.2 控制内容

8.2.1 叶片材料控制

叶片原材料控制按 7.1 要求进行。

8.2.2 叶片制造控制

8.2.2.1 叶片制造记录文件应跟随生产过程,并纳入叶片档案。

8.2.2.2 对于影响叶片性能和工艺控制的主要材料,应随叶片制造过程同时制作足够的试样并进行保存。

8.2.3 叶片成品质量检验

8.2.3.1 应对部件的加工过程及完成的叶片成品进行检验,特别注意气泡、夹杂、分层、变形、贫胶等。

8.2.3.2 对叶片表面及部件内部缺陷可采用目测、敲击、X 射线或超声波等无损检测方法来检验。

9 工艺要求

9.1 总则

9.1.1 应隔离生产区和储存区,避免层铺材料受到污染。

9.1.2 在叶片成型过程中,生产区不允许有产生粉尘的加工、油漆喷涂等作业。

9.2 成型车间

9.2.1 成型车间应满足制造工艺对环境的要求。一般要求环境温度为 16 ℃~25 ℃,相对湿度小于或等于 70%,并通过温度计和湿度计进行监测记录。

9.2.2 成型车间应采取适当措施,防止阳光直射影响树脂正常固化。

9.3 原材料库房

9.3.1 所有原材料应按照其使用说明书的要求进行贮存和取用,并符合国家和地方相关法律、法规要求。

9.3.2 原材料库房内贮存的物品应具有明显的材料标记、贮存条件和贮存周期等标识。

9.4 成型过程

9.4.1 叶片成型可以采用手糊成型、真空吸注、预浸料或缠绕等方法。

9.4.2 层铺作业应符合有效的技术文件要求,并重点控制铺层的位置、纤维方向和平直状态等。

9.4.3 应采用适当的方法混合树脂与固化剂,注意尽量少地卷入空气。必要时,可在真空条件下排出树脂混合物中的空气。

9.4.4 树脂浸渍应均匀、充分,复合材料纤维含量应满足设计要求。

9.4.5 叶片和零部件应在树脂固化后启模，采用加温固化的叶片和零部件启模后应进行后固化处理。

9.4.6 待粘接表面应采用适当的方法处理(如打磨、脱脂或底涂等)以保证粘接强度。

9.4.7 对于被切割的复合材料端面，应采用密封处理，防止外部介质或潮气侵入。

9.4.8 对叶片制造过程中产生的缺陷可以进行修补，修补后的叶片应满足设计要求。

9.5 模具

9.5.1 模具应保证叶片的外形尺寸公差和稳定性。

9.5.2 模具的型面和定位尺寸应定期标定以保证叶片外形尺寸的稳定性。

9.6 工装及计量器具

9.6.1 叶片制造所需工装、设备和工具等应满足工艺要求及其他有关规定。

9.6.2 所用量具、衡器、仪表需经检定，并在检定合格周期内使用。

9.7 人员要求

叶片制造人员、检验人员必须经过专门职业培训，经考核合格后可以持证上岗。技术培训时间不得低于3个月。

9.8 记录

叶片制造过程中所有零部件、材料以及操作过程应进行连续的和可追溯的记录，这些记录应至少在两倍的质保期周期内得到保存。

10 检验规则和验收

10.1 检验分类

10.1.1 叶片的检验分型式试验和出厂检验。

10.1.2 当有下列情况之一时应进行型式试验：

——新产品试制完成时；

——叶片关键材料代用时；

——重大工艺调整时；

——出厂检验与上次型式试验结果有较大差异时；

——国家质量监督机构提出进行型式检验要求时等。

10.2 型式试验

10.2.1 叶片型式试验至少应包括：

——固有频率测试；

——静力试验；

——疲劳试验；

——对于具有叶尖制动机构的定桨距叶片还应进行叶尖制动机构功能试验。

10.2.2 客户与制造商协商的其他试验项目。

10.2.3 叶片型式试验方法按GB/T 25384《风力发电机组　风轮叶片全尺寸结构试验》的规定进行。

10.3 出厂检验

10.3.1 叶片出厂检验至少应进行以下项目：

——叶片长度；

——叶根接口尺寸；

——叶片质量和重心位置；

——叶片外观质量目视检查；

——叶片内部缺陷应进行敲击或无损检验；

——对于具有叶尖制动机构的定桨距叶片应进行功能试验。

10.3.2 客户与制造商确定的其他检验项目。

10.4 判定规则和复验规则

10.4.1 型式试验中只要有一项指标不合格，就应采用另一片新叶片对该项目进行复验，直至合格为止。

10.4.2 检验结果与产品图样和技术要求不符时，即为不合格品。

10.5 不合格品处理

不合格叶片应做明显标记，禁止与合格叶片混放，并应单独存放和处理。

11 标识和随机文件

11.1 叶片的标识

11.1.1 叶片的标识包括铭牌、重心标记和叶片零度安装角标记。

11.1.2 叶片铭牌应用耐环境材料制作，并固定在叶片根部，包括下列内容：

——制造商名称、详细地址；

——叶片规格、型号；

——叶片的长度、重量和重心位置；

——叶片系列编号和制造日期；

——叶片配套号；

——其他项目。

11.1.3 应在叶片表面标记叶片重心位置。

11.1.4 应用耐环境材料制作叶片零度安装角标记，并固定在叶片根部。

11.2 叶片使用维护说明书

11.2.1 叶片制造商应提供叶片使用维护说明书。

11.2.2 叶片使用维护说明书的内容：

——制造商；

——名称、型号；

——叶片技术数据；

——叶片安装原理图；

——叶片安装、运输过程中的吊装位置及吊装要求；

——叶片贮存要求；

——叶片使用维护要求。

11.3 其他随机文件

叶片制造商应提供用户《叶片接口图样(规范)》、《叶片安装、使用和维护说明书》和《叶片吊装、运输和现场存放规范》等文件。

12 包装、贮存、运输和吊装

12.1 包装

12.1.1 叶片复合材料部分表面不需要包装。

12.1.2 叶根接口部位的螺栓或内孔螺纹应进行有效保护，避免在存放、装卸和运输等过程中损伤或锈蚀。

12.1.3 叶片根部应采取有效密封措施，防止尘土或杂物进入叶片内部。

12.1.4 叶片随机文件

叶片的随机文件应包括下列内容：

——装箱单；

——随机备件、附件清单；

——叶片合格证；
——叶片使用维护说明书；
——其他有关的技术资料。

12.1.5 备件、安装工具和随机文件应装到一个包装箱内，以确保在保管和运输中的完整性。

12.2 贮存

12.2.1 叶片可以露天存放，但要对叶片进行适当保护，避免损坏叶片表面。

12.2.2 野外存放叶片时，应考虑现场地形和风向的影响，必要时应采取适当的保护措施。

12.3 运输

12.3.1 对于叶片的薄弱部位(如后缘)，在运输过程中应进行有效保护(如安装适当的保护罩)。

12.3.2 在运输过程中，每片叶片至少需要两个支撑点，一个支撑在叶根处，另一个在叶片长度约 2/3(距叶根)处。

12.3.3 支撑叶片主体时，为了均匀承受载荷需要使用与当地翼形基本一致的支撑垫板。

12.3.4 叶片运输时，不允许水平放置叶片，即不允许叶片最大弦长处弦线平行于地面。

12.3.5 建议采用汽车运输叶片。

12.4 吊装

12.4.1 吊装叶片时，应采取叶片前缘向下方式。吊点位置后缘应使用后缘防护罩，其长度不小于 500 mm。

12.4.2 吊装叶片时，不允许在叶片下面垫硬性支撑物，以免造成结构纤维形成损伤。

12.4.3 在吊装过程当中，需要转动叶片时，在叶片后缘应使用后缘防护罩，其长度不小于 500 mm。

12.4.4 对于有叶尖制动系统的叶片，在吊装时，不允许将叶尖和主体之间的连接轴作为吊装点。

附　录　A
（规范性附录）
叶片结构强度分析方法

A.1　总则

（1）　叶片的结构强度分析可参考本附录推荐的方法。

（2）　叶片结构强度分析主要包括叶片结构动力特性分析、强度分析、变形分析和胶接强度分析。

（3）　叶片强度通常由静强度分析和疲劳分析（设计极限状态校核）来验证。受压部件还应校验失稳（分层、折皱、翘曲等）。

（4）　叶片的主要材料为增强纤维，叶片强度计算主要对增强纤维强度进行校核。

（5）　强度分析应在足够多的截面上进行，被检验的截面的数目取决于叶片类型和尺寸，但至少应分析四个截面。在几何形状和/或材料不连续的位置处应分析附加的截面。

（6）　用螺纹、胶接或其他连接技术在不同部件间构成的连接强度，应依据设计载荷进行验证。

A.2　叶片动特性分析

（1）　为了避免风力发电机组在运行过程中产生共振，应确定叶片在运行和静止时的一阶挥舞和摆振方向的固有频率。必要时，还应考虑轮毂和变桨轴承的影响。

（2）　当叶片长度大于 30 m 时，应对叶片挥舞方向和摆振方向的二阶频率和一阶扭转频率进行分析。

（3）　叶片运行时的挥舞和摆振频率应避开机组激振频率的倍频（推荐考虑 1 P～8 P），应控制在倍频±5%以外。

（4）　叶片结构动力特性分析时应采用叶片材料测试模量的平均值。

A.3　增强纤维

A.3.1　总则

（1）　强度分析既可用应变验证又可用应力验证，对于应力验证，还应分析最大载荷作用点的应变，证明没有超过破坏极限。

（2）　验证采用下面 A.3.2 中叙述的试验数据确定的特征值来进行，应证明设计值 S_d 不超过材料的许用值 R_d（特征值 R_k 除以该材料局部安全系数 γ_{Mx}）：

$$S_d \leqslant R_k / \gamma_{Mx} = R_d$$

（3）　如果没有进一步验证，载荷传递区域沿纤维方向的平均应力值应小于 100 N/mm²。

（4）　如果没有供验证的试验结果，可以使用下面给出的最小特征值。在开始生产前，应能证明材料至少达到在分析中设定的特征值。

A.3.2　特征值

（1）　特征值一般按公式（A.1）计算：

$$R_k(\alpha, P, \upsilon, n) = \bar{x}\left[1 - \upsilon\left(U_\alpha + \frac{U_p}{\sqrt{n}}\right)\right] \quad \cdots\cdots\cdots\cdots (\text{A.1})$$

式中：

U_i——i%正态分布分位数；

n——试件个数；

$\bar{x}$——试验值的平均值；

υ——n 个试验值的变异系数。

(2) 对于公式(A.1),假设观测值的标准偏差符合正态分布,存在的不准确性用缩减系数进行处理。

(3) 应采用假设的正态分布中,$\alpha=5\%$、$P=95\%$(置信度),此时:

$$R_k(5\%,95\%,\upsilon,n)=\bar{x}\left[1-\upsilon\left(1.645+\frac{1.645}{\sqrt{n}}\right)\right] \quad \cdots\cdots(A.2)$$

A.3.3 材料的局部安全系数

A.3.3.1 材料的局部安全系数 γ_{Mx} 分别定为:

——静强度验证($x=a$);

——疲劳验证($x=b$);

——稳定性分析($x=c$);

——胶接分析($x=d$ 和 $x=e$)。

这些系数由局部安全系数 γ_{M0} 和缩减系数 C_{ix} 相乘而得。

$$\gamma_{Mx}=\gamma_{M0}\prod_{i}C_{ix}$$

对于所有的分析,局部安全系数 γ_{M0} 为:

$$\gamma_{M0}=1.35$$

温度影响系数 C_{2x} 的适用范围为 −30 ℃~50 ℃,并且复合层在 50 ℃的剪切模量和弯曲模量值比 23 ℃时的值下降不低于 20%。

下面所列的缩减系数 C_{ix} 不需更进一步验证,也可以使用试验验证过的缩减系数。

A.3.3.2 在静强度验证中,γ_{Ma} 的值为 γ_{M0} 乘以缩减系数 C_{ia} 确定,考虑材料性能的影响,应采用下面的缩减系数:

$C_{1a}=1.35$　老化影响;

$C_{2a}=1.1$　温度影响;

$C_{3a}=1.1$　预浸、缠绕方法或树脂注入方法铺敷成型;

$=1.2$　湿法手工铺敷成型;

$C_{4a}=1.0$　后固化处理;

$=1.1$　非后固化处理。

A.3.3.3 在疲劳验证中,γ_{Mb} 应按 γ_{M0} 乘以下面的缩减系数 C_{ib} 确定:

$C_{1b}=N^{\frac{1}{m}}$ 包含载荷循环次数 N 和 S/N 曲线斜率 m 的高周疲劳曲线;m 应通过分析(S/N 曲线)确定;

对于玻璃纤维(纤维体积含量:$30\%\leqslant V_f\leqslant 55\%$),基体材料为聚酯时 m 为 9,基体材料为环氧时 m 为 10;对于碳纤维(纤维体积含量:$50\%\leqslant V_f\leqslant 60\%$)$m$ 为 14。当采用其他新材料时,m 值应根据试验获得的 S/N 曲线分析确定。

$C_{2b}=1.1$　温度影响系数;

$C_{3b}=1.0$　单向增强材料;

$=1.1$　非编织纤维和单向编织纤维;

$=1.2$　编织纤维和毡;

$C_{4b}=1.0$　后固化处理;

$=1.1$　非后固化处理;

$C_{5b}=1.0\sim1.2$　叶片后缘局部安全系数,具体数值根据验证质量确定(叶片摆振方向动态试验取 1.0,有限元计算取 1.1,按柏努利理论计算取 1.2)。

A.3.4 其他材料制成的部件

对于用其他材料制成的叶片部件(例如在叶尖机构中或在叶片连接部位的钢部件,叶片的铝材连接件等)与复合材料之间的连接强度,应在确定载荷情况下加以验证。

A.4 叶片强度分析

A.4.1 总则

(1) 应力或应变设计值是通过在所有的设计工况下的静强度、疲劳强度和稳定性的铺层失效和失稳失效来确定的。分析时应考虑铺层中纤维不连续的地方、载荷施加的区域和高的载荷循环次数。

(2) 对于各向异性材料,其静强度和疲劳强度应按照失效假设(例如 VDI2014 或 Puck)判定实际安全性。对于强度分析,应提供单独的纤维失效和纤维间失效。

(3) 对于静强度和疲劳强度分析中纤维失效、纤维间失效和稳定性的验证,可采用应变或应力分析的形式。

A.4.2 纤维失效分析

(1) 纤维失效分析应对承受设计载荷值 S_d 的拉、压和/或剪力载荷作用区域进行分析。

(2) 疲劳分析应基于所研究铺层特征值的 S/N 曲线(见 A.3.2)及按此 S/N 曲线建立的古德曼图进行。

(3) 古德曼图给出了部件许用载荷 R 和作用载荷 S(R 和 S 可换为应变 ε 和应力 σ)的均值和变程之间的关系,如图 A.1。

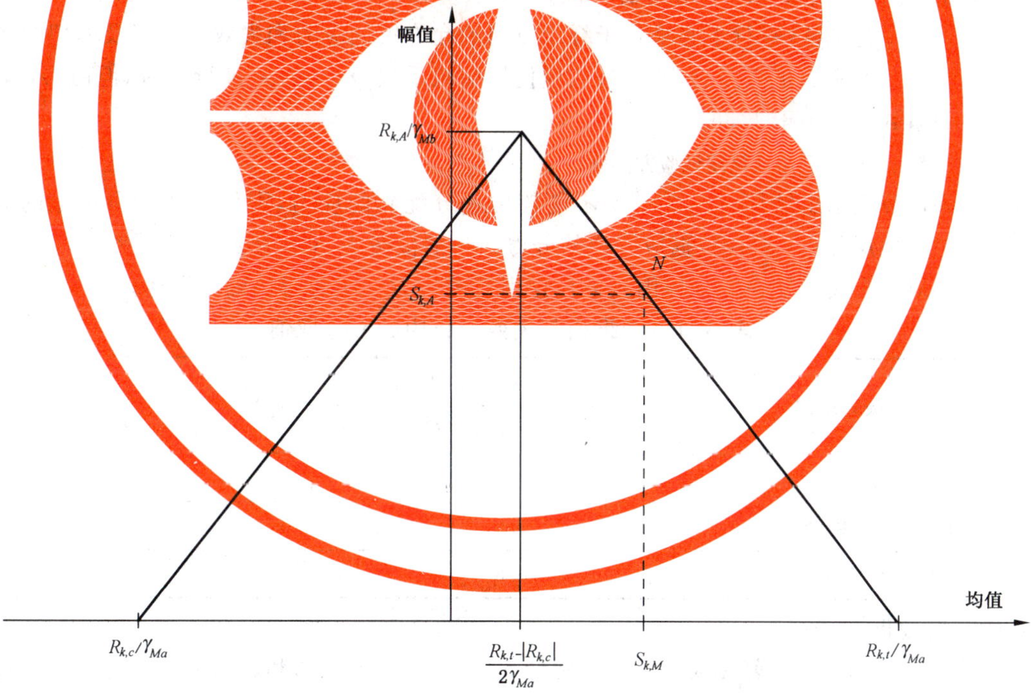

图 A.1 古德曼图

此时,容许的载荷循环次数 N 应按公式(A.3)确定:

$$N=\left[\frac{R_{k,t}+|R_{k,c}|-|2\cdot\gamma_{Ma}\cdot S_{k,M}-R_{k,t}+|R_{k,c}||}{2(\gamma_{Mb}/C_{1b})\cdot S_{k,A}}\right]^{m} \qquad \text{(A.3)}$$

式中:

$S_{k,M}$——特征载荷平均值;

$S_{k,A}$——特征载荷幅值,$S_{k,A}=(S_{k\,\max}-S_{k\,\min})/2$;

$R_{k,t}$——结构的拉伸强度特征值；

$R_{k,c}$——结构的压缩强度特征值；

m——S/N 曲线斜率；

$R_{k,A}$——结构特征值。当循环次数为 1 时，$R_{k,A}=(R_{k,t}+|R_{k,c}|)/2$；

N——容许载荷循环次数；

γ_{Ma}——材料局部安全系数(按 A.3.3.2，静强度)；

γ_{Mb}——材料局部安全系数(按 A.3.3.3，疲劳强度)；

$C_{1b}=N^{1/m}$，见 A.3.3.3，γ_{Mb}/C_{1b}，即 γ_{Mb} 中不考虑 C_{1b})。

对于给定的作用载荷，可用古德曼图确定容许循环次数 N，然后用于损伤累积计算。损伤 D 定义为现有载荷循环次数 n_i 与容许循环次数 N_i 之比的总和，D 小于等于 1：

$$D=\sum_i \frac{n_i}{N_i} \leqslant 1 \qquad \cdots\cdots(A.4)$$

式中：

D——损伤；

n_i——第 i 级载荷作用下的循环次数；

N_i——第 i 级载荷作用下的容许循环次数。

A.4.3 纤维间失效分析

(1) 对于铺层中的单一层，在相关临界位置，裂纹应按 A.4.1 第 2 部分采用计算的方法进行验证。对于此验证，平行于和垂直于纤维方向的允许失效应力和失效应变以及剪切的允许失效应力和失效应变是必需的，特征参数应使用缩减系数(γ_{Ma}，C_{IFF})进行缩减，但由(γ_{Ma}，C_{IFF})获得的系数不应小于 1.35。

注：横向应变可采用计算或试验方法确定。

(2) 如果计算显示出铺层中的单一层不能够传递分配到的应力，则作用在断裂层上的分力 ΔF 应被其他层分担。C_{IFF} 根据应传递的分力 ΔF 的值按表 A.1 确定。

(3) 不必对有裂纹铺层中单一层因载荷传递引起的应力变化进行精确的描述。

表 A.1 纤维内部失效分析中的 C_{IFF} 取值

按纤维方向的失效形式	在纤维内部失效形式中需传递的分力 ΔF	
	$0<\Delta F<5\%$ 时的 C_{IFF}	$\Delta F>5\%$ 时的 C_{IFF}
剪力与横向拉伸的组合	0.6	0.8
剪力为主，与横向压缩的组合	0.6	0.8
横向压缩为主，与剪力的组合	0.8	1

A.4.4 稳定性分析

(1) 对拉伸、压缩和/或剪切载荷作用下构件的稳定性(抵抗翘曲和起皱的能力)，应在作用载荷的设计值 S_d 的基础上进行验证。

(2) 对于稳定性分析，为了确定构件强度设计值 R_d，应将材料局部安全系数 γ_{Mc} 用于材料的刚度平均值，γ_{Mc} 应根据局部安全系数 γ_{M0} 乘以下面的缩减系数 C_{ic} 确定：

$C_{1c}=1.1$　　对于整体的铺层和夹芯结构的蒙皮，考虑模量的分散度；

$=1.3$　　对于芯材，考虑模量的分散度；

$=1.0$　　对于芯材，在使用最小特征值时；

$C_{2c}=1.1$　　温度影响。

(3) 一般情况下，当使用计算的方法进行验证，真实结构不能被详细分析时，对其所做的假设和估计应偏于保守。

(4) 稳定性分析可采用(几何)非线性有限元计算方法,对于每个载荷,应采用固有一阶线性屈曲的无应力预变形。固有一阶线性屈曲的整体比例应按临界起皱的最大高度为其最大水平长度(弦长)的 1/400 执行。如果起皱高度已被验证,可允许其有较小的预变形。在上述情况下,容许应力不应超过已考虑的载荷设计值。

(5) 在使用非线性有限元法进行稳定性分析时,为了确定屈曲临界载荷,应使用线性有限元法进行附加验证。屈曲临界载荷必须大于特征载荷值。另外,必须能够证明在预变形出现屈曲后,邻近的结构构件和结构零件不会出现损伤(如在粘接接合部位)。

(6) 如果稳定性分析为线性分析时,应考虑附加安全系数 1.25。

(7) 稳定性分析采用试验验证的方法。这种情况下,应考虑载荷设计值和缩减系数,其中取 $C_{1c}=1.0$。

A.5 变形分析

(1) 为了保证叶片与机组其他零部件间的最小间隙,应对所有设计工况下的叶片变形进行验证。

(2) 当采用静态方式进行叶片变形计算时,叶片在所有运行工况下的最小间隙应不小于叶片在自由状态下与机组其他零部件间隙的 40%。叶片在所有静止工况下的最小间隙应不小于叶片在自由状态下与机组其他零部件间隙的 5%。

(3) 当采用动态或气弹的方式进行叶片变形计算时,叶片在所有运行工况下的最小间隙应不小于叶片在自由状态下与机组其他零部件间隙的 30%。

A.6 胶接

(1) 胶接强度应按 A.4 通过必要的变换进行分析,应考虑胶接表面和缺陷处的应力集中。

(2) 应遵守制造厂商规定的使用限制,胶接设计应尽最大可能避免剥离力矩或力。

(3) 如果分析是基于试验中得到的特征值,应对每一种情况进行检查,以便于把在试件上发现的应力集中应用到实际结构构件中去。必要时,特征值应按各种应力集中进行比例修正。

(4) 为了确定静态的剪应力曲线,应在 23 ℃和 50 ℃时对使用的胶粘剂进行层间剪切试验或等效试验。对所确定的特征值应使用材料局部安全系数 γ_{Md}。γ_{Md} 应由局部安全系数 γ_{m0} 和下述缩减系数 C_{id} 的乘积确定:

$C_{1d}=1.5$　老化影响系数;

$C_{2d}=1.0$　温度影响系数;

$C_{3d}=1.1$　胶接界面重现性;

$C_{4d}=1.0$　后固化处理;

$=1.1$　非后固化处理。

(5) 当不进一步进行验证时,对于双组分的热固性胶粘剂,剪切应力可采用以下特征值:

$$\tau_{Rk}=7\ \mathrm{N/mm^2}$$

结构中由于应力集中而增大的剪切应力可以使用该值的 1.0~3.0 倍的数值计算。

(6) 对于疲劳验证,特征 S/N 曲线应在 23 ℃时通过试验确定。对所确定的特征 S/N 曲线应使用材料局部安全系数 γ_{Me}。γ_{Me} 应由局部安全系数 γ_{Mo} 和下述缩减系数 C_{ie} 的乘积确定:

$C_{1e}=1.0$　备用系数;

$C_{2e}=1.1$　温度影响系数;

$C_{3e}=1.1$　胶接界面重现性;

$C_{4e}=1.0$　后固化处理;

$=1.1$　非后固化处理。

在疲劳验证中应计入平均应力的影响。

(7) 对于双组分的热固性胶粘剂,如果对于循环次数为 10^7 时由当量等幅变程谱得出的应力变程小于以下值时,应提供在具有连续的剪切应力曲线的连接处(例如大梁和壳体或上下壳体之间的连接)的疲劳验证。

$$\tau_{Rd}=1.0\ \mathrm{N/mm^2}$$

结构中由于应力集中而增大的剪切应力可以使用该值的 1.0～3.0 倍的数值计算。

(8) 对于集中载荷的疲劳验证(如金属嵌入物),应在 23 ℃时由试验确定特征 S/N 曲线,应计入湿度对胶接的影响。

A.7 应变分析

当叶片结构主要承力材料为单向纤维增强材料时,其静强度和疲劳强度可采用简化的应变分析。沿纤维方向的应变值应低于以下的设计值:

(1) 玻璃纤维增强材料

——拉伸应变 $\varepsilon_{Rd,t}\leqslant 0.35\%$

——压缩应变 $\varepsilon_{Rd,c}\leqslant|-0.25\%|$

(2) 碳纤维增强材料

——拉伸应变 $\varepsilon_{Rd,t}\leqslant 0.24\%$

——压缩应变 $\varepsilon_{Rd,c}\leqslant|-0.18\%|$

ICS 27.180
F 11

中华人民共和国国家标准

GB/T 25384—2010

风力发电机组 风轮叶片全尺寸结构试验

Turbine blade of wind turbine generator systems—
Full-scale structural testing of rotor blades

(IEC TS 61400-23:2001, Wind turbine generator systems
Part 23: Full-scale structural testing of rotor blades, MOD)

2010-11-10 发布 2011-03-01 实施

中华人民共和国国家质量监督检验检疫总局
中国国家标准化管理委员会 发布

前　　言

本标准修改采用 IEC TS 61400-23:2001《风力发电机组风轮叶片　全尺寸结构试验》(英文版)。

本标准根据 IEC TS 61400-23:2001 重新起草。

考虑到我国国情,在采用 IEC TS 61400-23:2001 时,本标准做了如下修改:

——增加了第 14 章　组件试验,原来第 14 章试验报告顺延为第 15 章;

——增加了定义:3.2 摆振方向(风轮坐标系)lead-lag;

——删除了定义:3.17 向内、3.18 超前滞后、3.23 向外。

为了便于使用,本标准做了下列编辑性修改:

a)　将“本技术规范”一词改为“本标准”;

b)　用小数点“.”代替作为小数点的逗号“,”;

c)　增加了本标准前言。

对于 IEC TS 61400-23:2001 引用的其他国际标准中有被等同或修改采用为我国标准的,本标准用引用我国的这些国家标准或行业标准代替对应的国际标准,其余未有等同采用为我国标准的国际标准,在本标准中均被直接引用(见本标准第 2 章)。

本标准由中国机械工业联合会提出。

本标准由全国风力机械标准化技术委员会归口。

本标准主要起草单位:中航惠腾风电设备股份有限公司。

本标准主要起草人:田野、韩玉清、邢晓坡、田卫国、姜兆民、庄岳兴、赵建立。

IEC 引言

风轮叶片是风力发电机组的关键部件。许多国家标准都在设计部分对叶片作了单独的规定,但是很少把叶片测试作为取得认证的必要条件。目前许多国家都有叶片试验室,每个试验室都独立开发了各具特色的试验设备、试验程序和术语,用于叶片的试验。尽管每个试验室的方法可能都有效,但在不同设备上执行叶片试验而获得的结果很难进行比较和评估。

IEC TC 88 技术委员会第 8 工作组最初是想找到能被各个试验室普遍认可的试验方法,并在建立叶片试验标准的过程中给予指导。然而由于各试验室使用的试验方法较多(因为试验系统硬件决定试验方法),制定一个限制性标准支持一种方法而排斥其他方法是不合理的。所以,后来就编写了本技术规范,对推荐的各种试验方法提供指南。本规范包括了许多不同的试验方法。

不应该把本规范收录的所有试验都视为每个叶片设计所必需的。所需试验项目取决于设计评估中因采用新材料、新设计理念、新生产工艺等产生的不确定度,以及对结构完整性的可能影响。一般采用推荐的试验方法进行试验(见附录 D),本规范给出了这些方法的优缺点。

风力发电机组　风轮叶片
全尺寸结构试验

1　范围

本标准规定了风轮叶片全尺寸结构试验的总则、叶片数据、设计与试验载荷、试验载荷系数、载荷分布、失效模式、试验程序和方法及叶片特性的其他试验和组件试验。

本标准适用于风轮扫略面积大于或等于 200 m^2 水平轴风轮叶片的全结构试验。

本标准中的绝大部分原理可适用于任何结构、尺寸和材料的风轮叶片。

2　规范性引用文件

下列文件中的条款通过本标准的引用而成为本标准的条款。凡是注日期的引用文件，其随后所有的修改单(不包括勘误的内容)或修订版均不适用于本标准，然而，鼓励根据本标准达成协议的各方研究是否可使用这些文件的最新版本。凡是不注日期的引用文件，其最新版本适用于本标准。

GB/T 2900.53—2001　电工术语　风力发电机组(IEC 60050-415:1999,IDT)

GB 18451.1—2001　风力发电机组　安全要求(IEC 61400-1:1999,IDT)

GB/T 27025—2008　检测和校准实验室能力的通用要求(ISO/IEC 17025:2005,IDT)

ISO 2394:1998　结构可靠性的一般原则

3　术语和定义

GB/T 2900.53 所确立的以及下列术语和定义适用于本标准。

3.1

***S-N* 公式　*S-N* formulation**

用来描述材料、部件或结构的应力(S)与循环次数(N)关系特性的一种方法。

3.2

摆振方向(风轮坐标系)　lead-lag

与风轮扫掠面平行且与未变形叶片的纵轴垂直的方向。

3.3

摆振方向(叶片剖面坐标系)　edgewise

与当地弦线平行的方向。

3.4

变幅加载　variable amplitude loading

通过施加非恒定平均值、非恒定周期变程的方式使试验对象经受相应载荷循环次数的方法。

3.5

等幅加载　constant amplitude loading

在疲劳试验过程中，以恒定的幅值和平均值施加循环载荷的方法。

3.6

点载荷　point loading

分散施加在不同展向位置上的一个载荷或一系列载荷。

3.7

非破坏性试验　non-destructive testing (NDT)

不改变结构性能的检验方法。

3.8

分配梁　whiffle tree

把集中载荷分配到试验件上的多点加载的一种装置。

3.9

刚度　stiffness

载荷的变化与弹性物体对应的位移变化之比。

3.10

工作载荷　service loads

代表实际工作条件的载荷谱,包括顺序。

3.11

固定装置　fixture

给试验件加载或支撑试验件的部件或装置。

3.12

固有频率　natural frequency

当结构受扰动并自由振动时表现出来的频率。

3.13

挥舞方向(风轮坐标系)　flapwise

与风轮未变形叶片轴线扫过的面垂直的方向。

3.14

挥舞方向(叶片剖面坐标系)　flatwise

沿叶片轴线分布并垂直于局部弦线的方向。

3.15

厚度　thickness

在翼型上下表面之间垂直于弦线方向测得的最大距离。

3.16

极限强度　ultimate strength

材料或结构最大(静力)承载能力的一种量度。

3.17

加载器　actuator

一种能被控制、可以施加恒定载荷或变化载荷与位移的装置。

3.18

静力试验　static test

对试验件施加大小恒定、方向不变的指定载荷的试验。

3.19

径向位置　radial position

在与风轮旋转轴垂直的平面内,某点到轮毂中心的距离。

3.20

局部安全系数　partial safety factors

考虑代表(特征)值的不确定度时用于载荷和材料强度的系数。

3.21

模态试验　modal tests

用来确定结构的固有频率、阻尼和振型的试验。

3.22

扭转　twist

叶片剖面弦线的角度在展向的变化。

3.23

疲劳公式　fatigue formulation

用以估算疲劳寿命的方法。

3.24

疲劳强度　fatigue strength

材料或结构承受交变载荷能力的度量。

3.25

疲劳试验　fatigue test

给试验件施加等幅或变幅循环载荷的试验。

3.26

屈曲　buckling

一种失效模式，其特征是随压缩载荷的变化其挠度呈非线性增加。

3.27

全尺寸试验　full-scale test

在实际结构或部件上进行的试验。

3.28

蠕变　creep

在持续载荷作用下，应变随时间增加而增加的现象。

3.29

设计载荷　design loads

在设计时确定的叶片应经受的载荷，包括适当的局部安全系数。

3.30

测试区域　tested area

试验对象上承受预定载荷的区域。

3.31

试验载荷　tested load

试验过程中施加的力和力矩。

3.32

弦长　chord

按常规定义，弦长为连接叶片翼形剖面前、后缘点的参考直线（弦线）长度。

3.33

叶根　blade root

叶片上与轮毂相连的部分。

3.34

叶片　blade

使风轮旋转并产生气动力的部件。

3.35

应变 strain

用以描述材料变形程度的力学量，线应变等于材料伸长量与原长之比，切应变等于材料直角单元的变化角度(弧度)。

3.36

应力比 R-ratio

一个载荷循环中最小值和最大值之比。

3.37

载荷包络 load envelope

不同径向位置各个方向最大设计载荷的集合。

3.38

展向 spanwise

与叶片的纵轴平行的方向。

3.39

自重载荷 tare loads

由重力产生的力和力矩。

4 符号

4.1 英文符号

F_x	挥舞方向剪力(风轮坐标系)
F_y	摆振方向剪力(风轮坐标系)
F_z	径向力(拉力)(风轮坐标系)
M_x	摆振方向弯矩(风轮坐标系)
M_y	挥舞方向弯矩(风轮坐标系)
M_z	叶片扭矩(风轮坐标系)
F_a	挥舞方向剪力(叶片剖面坐标系)
F_b	摆振方向剪力(叶片剖面坐标系)
F_c	径向力(拉力)(叶片剖面坐标系)
M_a	摆振方向弯矩(叶片剖面坐标系)
M_b	挥舞方向弯矩(叶片剖面坐标系)
M_c	叶片扭矩(叶片剖面坐标系)
D	理论损伤
C	材料强度转换系数
f	强度
F	载荷
q	强度参数

4.2 希腊符号

γ	局部安全系数
σ	应力

4.3 下标

design	设计载荷条件
df	设计载荷：疲劳
du	设计载荷：静力

ef	试验载荷中疲劳公式的不确定性
f	载荷
ff	疲劳载荷
fu	静力载荷
k	特征值
m	材料
n	失效后果
nf	疲劳失效后果
nu	静力失效后果
sf	叶片与叶片的差异:疲劳试验载荷
su	叶片与叶片的差异:静力试验载荷
target	目标载荷条件
test	试验载荷条件

4.4 缩略语

SSF	静强度系数
RSSF	相对静强度系数
MSS	最低静强度
RMSS	相对最低静强度
FSF	疲劳应力系数
RFSF	相对疲劳应力系数
MFS	最低疲劳强度
RMFS	相对最低疲劳强度
WGTS	风力发电机组

5 总则

5.1 试验目的

风轮叶片试验的基本目的是在一个合理的置信度下证明:按相应标准制造出的一种型号叶片,在特定极限状态下具有所规定的可靠性。或者更确切地说是为了验证叶片不会达到指定的极限状态。由此证明叶片具有其设计规定的强度和使用寿命。在试验中应证明:叶片在设计使用寿命内能够承受设计规定的极限载荷和疲劳载荷。

本标准中涉及的全尺寸试验是在少数试验件上进行的,由于只用一到两片叶片试验,因此不能获得产品叶片的强度统计分布。尽管试验能够对相应叶片型号提供有效的信息,但它不能替代严密的设计方法,也不能代替叶片批量生产中的质量保证体系。

5.2 极限状态

为了确定和评估试验载荷,应要了解一些设计知识。叶片的设计通常遵照某些标准或准则,比如GB 18451.1,它依据 ISO 2394 的原则确定极限状态和局部安全系数,以获得相应的设计值。简单地说:极限状态就是结构承受最大载荷的情况下仍能满足设计要求的状态。局部安全系数体现了各种不准确度,选用局部安全系数是为了使结构达到极限状态的概率低于规定的值。因此,如果叶片承受试验载荷(根据设计载荷确定)时未达到极限状态,则认为叶片通过了试验。

试验载荷代表值应高于设计载荷,以计入诸如环境影响、试验不确定度和制造差异等的影响(见第 9 章)。

应确定极限状态的实际界限,因为这种界限可为试验叶片的强度提供一种实际安全性的度量。但这些值不容易分析,应使用概率方法才能确定。

5.3 试验中的限制因素

在实施这些试验时会受到许多技术和经济方面的制约。主要原因是：

——叶片上的分布载荷只能近似地模拟；

——试验时间通常需要一年左右；

——只能对一片或少数几片叶片进行试验；

——某些失效难以发现。

由于上述限制因素，叶片试验需要采取一些折中方式，使最终试验结果能够用于确定叶片极限状态的评估。

对试验结果进行整理分析时，应注意用于试验的叶片通常是批量生产中首批叶片中的一片，试验前会对它进行局部加固等修改工作，但有时很小的修改也可能影响试验的有效性。

5.4 试验结果

设计载荷是确定试验载荷的基础，也是试验完成后对试验载荷的作用强度进行评估的基础。如果在试验过程中叶片未发生任何损坏，试验完成后对叶片结构和试验载荷也进行了正确的评估，则表明叶片设计满足要求。不过，应注意在试验中哪些已进行了试验验证，哪些没有经过试验验证。

5.4.1 经过试验验证的项目

根据设计计算结果，叶片应具有承受设计载荷的能力。在设计计算时应进行了以下假设：

——应力或应变是由准确计算或保守估算确定的；

——所有相关材料、零件的强度和抗疲劳等级是经过准确地或保守地估算确定的；

——用于强度计算的强度和疲劳公式是准确或保守的；

——叶片生产是按照设计进行的。

在作为最终设计验证的全尺寸试验过程中，可同时验证上述假设的正确性。如果叶片在试验过程中失效，则说明至少违背了上述假设中的一项。应进行分析研究，以确定造成失效的原因。

当叶片通过了试验并且没有发生意外或严重损坏时，则说明在设计和制造过程中没有导致安全隐患的严重错误。但并不能证明叶片在设计和制造上就绝对没有问题。因为全尺寸试验不能模拟实际工作情况，设计假设中的错误可能会在当前的全尺寸试验中互相抵消。

5.4.2 未经试验验证的项目

在全尺寸试验过程中，下列内容没有进行试验验证：

——设计载荷的有效性；

——试验过程中不同环境条件的影响；

——试验结果的分散性；

——制造或设计中可能发生的改变。

6 叶片数据

6.1 总则

叶片通常由图样、标准和零件清单来描述，并且应有装卸、吊装和存放的说明书。

对于叶片试验件，应有可追踪的设计和制造证明文件，如图样、参考铺层表和签字的检验报告等。叶片本身应有唯一的标识。尤其是当叶片试验件与批生产叶片之间存在差异时，这些差异应明确地用文件资料说明。

完整详细地描述叶片需要大量的数据，以供不同阶段使用。例如试验室应用叶片基本尺寸数据来确定叶片能否在试验台上安装，而评估和试验阶段还需要更详细的材料数据。下面来说明这些数据的基本种类。

6.2 外形与接口尺寸

叶片的尺寸应使用图样加以说明，应至少给出下列数据(见图1所示)：

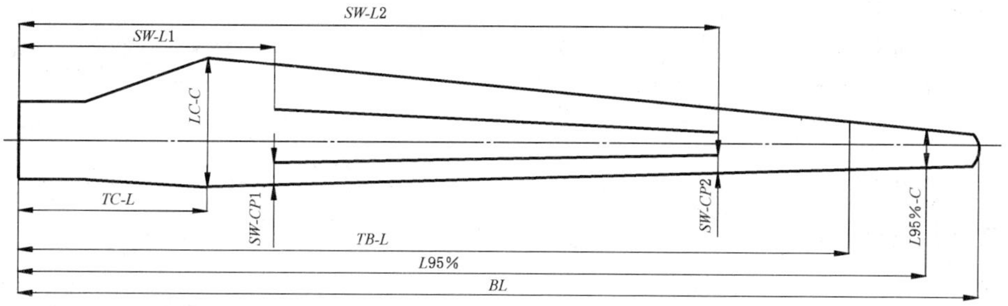

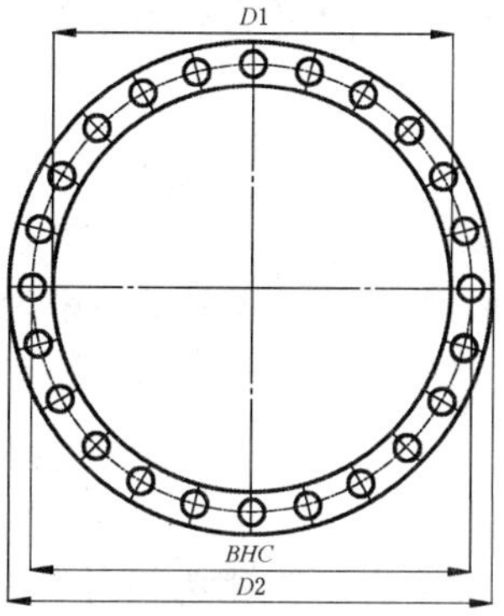

叶片尺寸				
总体尺寸				
BL	—			
LC-L	—	LC-C	—	
L95%-L	—	L95%-C	—	
TB-L	—			
叶片接口尺寸				
D1	—	Bolt	—	
D2	—	Number	—	
BHC	—		—	
承剪腹板				
SW-L1	SW-L1	SW-CP1	SW-CP2	
—	—	—	—	—
翼形数据				
C	C	T	TW	Type
—	—	—	—	—
—	—	—	—	—

设计			名称		
核对					
审核					
			比例	总页数	页数

BL——叶片长度；
TC-L——最大弦长位置；
LC-C——最大弦长；
L95%-L——95%长度位置；
L95%-C——95%长度位置的弦长；
TB-L——叶尖刹车位置距叶根距离；
D1——叶根内径；
Bolt——螺栓型式；
D2——叶根外径；
Number——螺栓数量；
BHC——螺孔节圆直径；
SW-L1——承剪腹板起始位置；
SW-L2——承剪腹板终止位置；
SW-CP1——承载腹板起始位置距前缘距离；
SW-CP2——承载腹板终止位置距前缘距离；
L——长度位置；
C——弦长；
T——厚度；
TW——扭角。

图 1　表达叶片外形和接口尺寸的样图

——叶片长度(从叶根到叶尖)。

——螺栓型式与叶根接口尺寸。

——弦长和扭角分布。

为了确定试验所需的空间和设备，应提供预计的叶片最大挠度和载荷。

6.3　叶片特性

为了进行试验和评估，应详细说明下列内容：

——剖面几何尺寸。包括载荷作用剖面在内，叶片上至少应有 5 个分布合理的位置剖面；

——内部主要零件的位置和特性；

——所用材料(见 6.4)；

——材料分布；

——主要制造工艺的特性；

——层板和夹芯结构的构成；

——钢和金属件；

——紧固件；

——胶接件；

——在叶片上分布合理的至少 5 个剖面的下列特性：

a) 弹性范围；

b) 主弯曲刚度；

c) 主要轴线位置；

d) 扭转刚度；

e) 剪切中心。

——总质量和质量分布；

——重心位置；

——固有频率(挥舞方向和摆振方向的1阶和2阶,扭转方向1阶)；

——主要参数公差。

对于强度基的试验来说,应给出每个选定剖面的强度。

6.4 材料数据

应给出叶片测试区域所用材料的相应强度、疲劳公式及弹性特性。对于疲劳试验来说,还应包括适当的S-N公式、循环计数方法、损伤累积模型、应力比影响等。

6.5 设计载荷和条件

6.5.1 总则

对于某一具体载荷工况来说,通常是将叶片上分布的气动和惯性力矩简化为沿叶片展向分布的几个集中力作为试验载荷。对载荷基试验(见8.2),应具体说明叶片设计载荷,而强度基试验(见8.3)则不需要说明设计载荷。应说明使用的标准及设计载荷中采用的所有局部安全系数。

6.5.2 载荷工况

沿叶片展向选取足够多的作用位置,每种设计载荷工况都应在相应的作用位置上用6个载荷分量(F_x、F_y、F_z、M_x、M_y、M_z)来定义,以准确评估被测试临界区域的试验载荷。应给出包括相应相位和频率特性的6个载荷分量的值以确定组合的载荷工况[1)]。不是所有载荷都是同等重要的,也不会在试验过程中施加所有的载荷(见第7章)。应明确载荷分量所采用的坐标系,一般可以使用弦线坐标系(见图2),也可以使用风轮坐标系(见图3)。在叶片试验中建议使用图3所示的风轮坐标系。

6.5.3 环境条件

除载荷外,对影响材料特性的试验条件(如湿度、温度)以及设计运行条件的假设,均应给予说明。

6.5.4 机械部件

作用于叶尖制动器等关键部件上的载荷,其特性通常与叶片的一般载荷不同,应根据需要进行附加的技术说明和特定的试验(见8.7)。

6.6 测试区域

任何一个试验都不可能理想地给整个叶片施加全部载荷,但应对临界区域施加试验载荷。叶片上可能的临界区域有：

——叶片最大弦长位置附近区域,这部分的剖面特性是逐渐变化的；

——在叶片上屈曲、强度或疲劳寿命计算中储备系数最小的部位；

——与气动刹车装置相结合的部位,尤其是受此设备影响的结构区域。

应具体说明需要试验的区域。

6.7 叶片特殊处理

可以根据试验需要对叶片进行特殊处理。在疲劳试验过程中,为了在可接受的时间内完成试验,应将载荷放大,而放大后的疲劳载荷可能会导致非测试区域的损坏。这时就需要考虑对叶片进行特殊处理。有时也会因加固载荷作用剖面而对叶片进行特殊处理。对叶片进行的所有特殊处理都应具体说明。

---

1) 当6个载荷分量按时间序列给出时,其组合会自动完成。

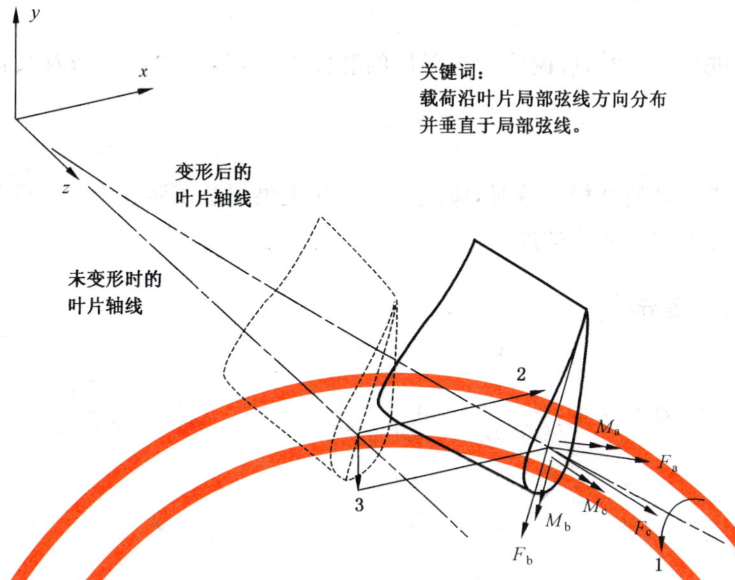

图例：

a,b,c——叶片微段方向矢量；

M_a——摆振方向弯矩；

M_b——挥舞方向弯矩；

M_c——叶片扭矩；

F_a——挥舞方向剪力；

F_b——摆振方向剪力；

F_c——叶片径向力；

1——扭转变形；

2——挥舞方向变形；

3——摆振方向变形。

图 2　剖面(flatwise, edgewise)坐标系

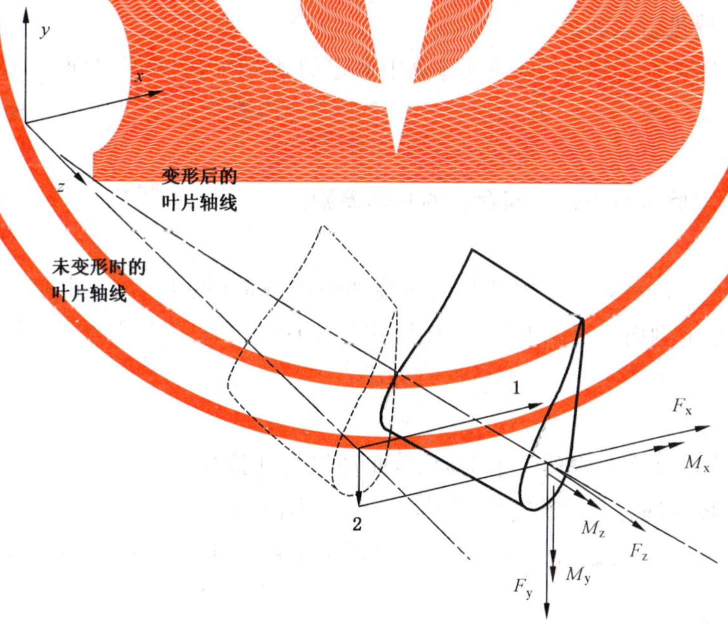

图例：

x,y,z——叶片微段方向矢量；

M_x——摆振方向弯矩；

M_y——挥舞方向弯矩；

M_z——叶片扭矩；

F_x——挥舞方向剪力；

F_y——摆振方向剪力；

F_z——叶片径向力；

1——挥舞方向变形；

2——摆振方向变形。

图 3　风轮(flapwise, lead-lag)坐标系(首选)

6.8 叶根连接部位

当需要对叶根部位进行试验时，应说明叶根部位的装配细节，包括螺栓规格及其拧紧步骤、夹紧长度和轮毂刚度等。

6.9 机械装置

当试验与机械装置相结合的结构区域时，应随叶片一起提供加载工装或夹具。应提供装配、定位和配置机械装置或加载夹具所需的所有辅助数据。

7 设计与试验载荷条件的差异

7.1 总则

叶片设计载荷包括下列载荷分量：

——挥舞方向弯矩；

——摆振方向弯矩；

——挥舞方向剪力；

——摆振方向剪力；

——叶片扭矩；

——叶片径向载荷。

实验室的试验有其局限性，在试验中，无法同时对叶片施加所有载荷分量，也无法建立与设计条件相同的试验条件。另外，在疲劳试验中，为了使叶片在合理的试验周期内受到足够的疲劳损伤，应使试验载荷大于设计载荷来加速疲劳试验。在试验中还应考虑与理想加载的其他差异，如施加的集中载荷、增加的剪力载荷和扭转载荷等；另外，也无法对叶片的所有部分进行均等地试验。尽管加载被简化了，但至少应对所关心的区域进行试验。

许多情况下，由于试验条件与载荷或强度计算中假定的环境存在着差异（即实验室环境通常不同于设计和运行环境），因此应对试验载荷进行修正。合适的修正系数关系到试验的判断和评估，选取方法详见第9章和第10章。

下面将论述设计与试验载荷条件之间存在的具体差别。

7.2 加载

在试验过程中，加载通常是对叶片的某些剖面施加集中载荷（见12.3）。由于载荷集中，而且加载剖面有可能被加固，阻止了剖面的正常变形，从而导致叶片局部剖面应力的改变。因此，加载点应远离确定的测试区域（见6.6和10.2）。

7.3 弯矩和剪力

在试验中，载荷通常施加在有限的几个剖面上，而理想的试验载荷是连续的。因此叶片上各剖面的弯矩（见图4）和剪力与其在理想试验载荷作用下的分布是不同的。

增加加载点的数量可以改善这种情况，但同时也增加了叶片上不能被准确试验的区域（见7.1和10.2）。

尽管如此，试验时叶片展向上的弯矩和剪力分布要尽可能接近设计载荷分布状态。一般情况下，应优先保证弯矩分布接近设计载荷分布状态。

7.4 挥舞方向和摆振方向载荷的合成

在静力和疲劳试验中，当施加挥舞方向和摆振方向的合成载荷时，其结果最具有代表性。只单独施加挥舞方向或摆振方向弯矩时，在叶片某些区域上产生的应力、应变及损伤累积可能比设计值小。

特别是当应力、应变与载荷呈非线性关系且在评估试验载荷中又未考虑这一点时，其评估结果的准确性一般会比同时施加挥舞方向和摆振方向载荷时的准确性小。

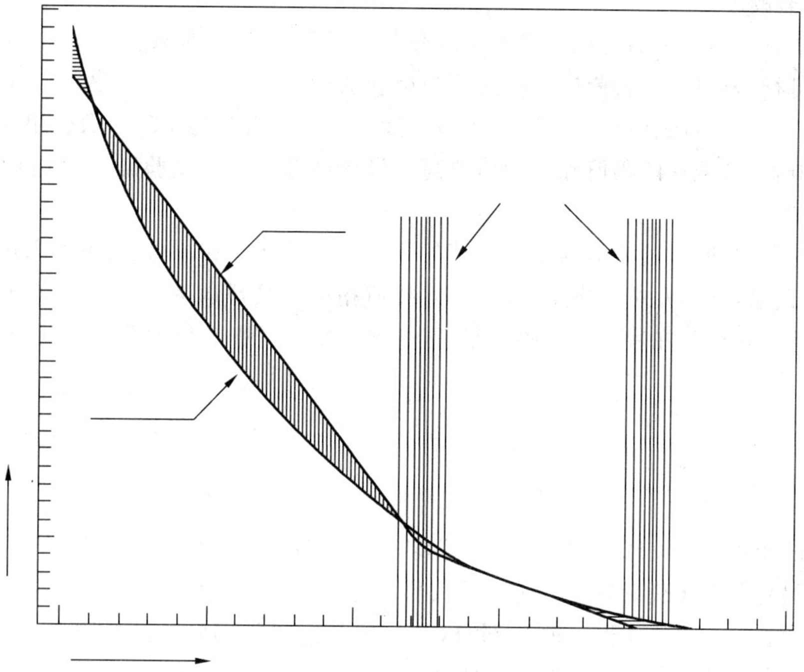

图 4　理想试验弯矩分布与实际试验加载时弯矩分布的差异

7.5　径向载荷

运行中风轮叶片上的径向载荷是由重力和离心力引起的。在不明显地改变叶片结构的情况下，一般无法对试验件叶片施加一个均匀分布的离心载荷。由轴向载荷引起的应力相对较小。

径向载荷与弯矩的组合作用可能会很显著(例如：对于叶根固定装置)，这时可通过适当地调整弯矩分量来补偿。

7.6　扭转载荷

多数情况下，作用在叶片上的扭矩很小，可以忽略不计。当需要考虑扭转载荷时，则应施加这一载荷。试验加载装置通常都会产生附加的扭转载荷(见 12.7.3)，对这一影响应予以评估。

7.7　机械装置

位于叶尖部位的机械装置的动态环境相当复杂。在这些区域，轴向载荷起主导作用，而且不能忽视。在试验台上无法施加轴向载荷的情况下，对机械装置的结构连接部位进行的试验会不准确。因此，应建立能够施加轴向载荷的特殊试验装置。当然，对这种机械装置的结构连接部位进行的试验通常仅局限于设计载荷的最重要分量，以免造成更复杂的影响。

7.8　环境条件

试验过程中的环境和时间条件不同于设计情况，这些条件包括：

——湿度；

——温度影响；

——紫外线辐射；

——老化(疲劳和时间的相互作用)；

——灰尘；

——盐分；

——化学污染。

在评估中要通过使用同时适合设计和试验的强度与疲劳公式来考虑这些因素的影响。但在试验中无法检验各种条件下的不同设计公式的有效性。

7.9 载荷谱和加载顺序

设计载荷通常是根据实际随机载荷中的一组载荷工况确定的，每种载荷工况对应不同的载荷循环。为了使试验切实可行，要将设计载荷进一步简化为试验载荷。试验载荷可以是限制振幅变化的变幅载荷，也可以是恒幅载荷，而且试验载荷的循环次数也远小于设计载荷的循环次数。由于载荷循环次数的减少以及其他影响，试验载荷的幅值和平均值要高于设计载荷，因此，试验载荷谱与设计载荷有很大的差别。

如果不考虑这些差别，试验载荷与设计载荷的作用强度是同等的，最终结论将取决于疲劳公式的精确性(见 9.3.2 和附录 B)。另外，试验载荷与设计载荷相应的循环次数的施加顺序也不相同。载荷循环次数的施加顺序影响通常在疲劳公式中不予考虑，这是因为其影响程度总是不能充分确定，即使能确定，考虑起来也相当复杂。

8 试验载荷

8.1 总则

应详细说明设计载荷或设计强度以确定试验载荷。试验载荷可以是载荷基的也可以是强度基的。载荷基试验可使用完全设计载荷包络或选定的载荷工况。

载荷包络试验通常作为认证程序的一部分，其目的是为了证明叶片能承受预定的载荷而不失效。载荷包络试验应包含对试验载荷的试验前评估，详见第 10 章。

选定载荷试验以某些选择的载荷分布为基础，强度基试验以计算所得的叶片强度数据为基础。在这两种试验类型中，通常由设计者或制造者给叶片加载至其破坏以确定其实际承载能力(详见参考文献[2][2])。

8.2 载荷基试验

8.2.1 设计载荷包络试验

8.2.1.1 总则

这项试验用以证明试验叶片在某一置信度下能够满足其运行或极限载荷条件的结构设计要求，主要目的是为了证明叶片能够承受给定的载荷而不发生破坏，所以不要求将叶片试验到破坏状态。不同的载荷条件，载荷方向也不相同，因此，用单次试验不可能代表对试验件叶片进行所有的载荷工况和作用位置的试验。试验载荷的基础是根据 GB 18451.1 或其等效标准确定的叶片完全设计载荷包络，这类试验是设计验证的逻辑最小值。

为了确定恰当的试验载荷，需要使用第 9 章中的系数来修正载荷。对这些系数在载荷包络试验中的评估应在试验之前完成。见第 10 章。

8.2.1.2 静力试验

在静力试验中，考虑到所制造叶片的总体差异以及试验室和设计环境条件的差异，叶片应按作用强度最大的设计载荷情况进行加载。

由于不希望在设计载荷包络试验过程中损坏叶片，因此，可以用几次连续的试验来充分验证试验叶片。例如，如果需要用不同方向或载荷分布来代表不同的极端载荷情况时，则可以依次对每一种情况分别进行试验；这种情况下，可以改变加载装置的位置和载荷大小，以保证叶片的所有相关区域都能被测试。

8.2.1.3 疲劳试验

在确定的临界区域上，试验载荷应能够产生与设计载荷等效的疲劳损伤。为使疲劳试验切实可行，在试验中通常选择适当的疲劳试验载荷以缩短试验时间。为了试验环绕整个叶片剖面的区域，可以使用挥舞方向和摆振方向载荷的各种组合。确定最终试验载荷的详细方法和载荷系数详见第 9 章和第 10 章。

2） 方括号中的数据为参考文献。

由于不希望在设计载荷包络试验过程中损坏叶片，因此，在完成疲劳试验之后，可进行非破坏性的静力载荷验证试验或加载至失效的残余强度试验。这是设计载荷包络试验的优势之一。

8.2.2 选定载荷试验

叶片试验载荷可以根据选定的单个设计载荷情况获得。一般采用规则化分布的设计载荷把叶片试验到静力或疲劳破坏，这会得到在这些载荷作用下叶片最薄弱位置的作用载荷与失效强度之间的安全裕度。在不能准确知道叶片的强度分布或在试验前不进行全面的试验载荷评估时，可以使用这种方法。在进行这种试验之前，可进行不产生破坏的其他试验。例如，在载荷包络试验后确定剩余强度或在极限载荷试验后确定疲劳强度。连续或分级增加试验载荷可保证叶片适时发生破坏。

通过试验后评估可确定叶片是否满足各种使用标准与相对于这些标准的安全系数。当完成设计载荷评估后，就会发现施加的试验载荷与载荷评估中要求的试验载荷并不是在叶片的所有加载位置上都成比例的，如果失效时的最终安全裕度很小，试验结果就没有说服力。另外，由于叶片会在试验过程中破坏，因此这种方法只允许试验一种载荷情况。如果试验的主要目的是为了证明叶片满足其设计要求，则应首先考虑载荷包络试验的方法。

8.3 强度基试验

8.3.1 总则

强度基试验直接验证叶片强度，并用来改进设计计算评估及设计结果。这种方法可以确定叶片大区域内的最低强度位置(相对于预期强度)。在叶片选定区域，选用的载荷应与其强度成比例。强度分布测试区域的大小最终取决于强度分布的特性和试验设备的局限性。根据需要，在叶片大部分区域具备了相对于其预期强度的期望条件后，可施加到静力破坏或人们关注的疲劳载荷水平。

如果要求的试验载荷类型不同于叶片设计所依据的载荷类型，例如，要对按疲劳运行载荷设计的叶片进行极限载荷试验(或者相反的情况)，此时强度基试验非常有用。这种情况下，叶片强度分布与不决定其设计的设计载荷工况有很大的差异。

强度基试验的另一个目的是评定叶片中存在的大宗材料强度与已进行材料强度试验的小样件之间的强度减缩(即样本与母体之间的关系)。既然样件和成品叶片可在相似的受控实验室下进行试验，就可以获得一个受外部影响最小的评估；如果使用分配梁或其他多点加载方式，则可以通过选择载荷作用点使载荷曲线的形状与强度曲线的形状很好的吻合。如果使用单点加载，则选择合适的加载位置使所考虑区域内产生的载荷-预期强度比最大。

应检查选定的测试区域以外区域的强度，以降低由于非测试区域的破坏而损坏试验样件的风险。如果有可能发生不期望的破坏模式，则应调整其载荷分布。相反，如果在同一试验中的多个区域内施加测试破坏强度的载荷，就可以确定强度最小的区域。

强度基试验加载必然会在叶片展向产生较长的、应力值高且相对恒定的区域，因此，应变测量值在大范围内可能显示为几乎恒定的值。如果载荷施加于叶片结构不连续的地方，如内部层板中断的地方，则可监测到叶片内的最大应变；在性能更均匀的地方，可以确定其典型的体积应变；在每种情况中，均可利用这种在大范围内产生相对恒定应变的性能来帮助研究叶片的重要特性。

8.3.2 静力试验

对强度基静力试验来说，应给出叶片抵抗选定方向作用载荷的展向强度分布。应保证加载方法不会导致局部失稳或产生不期望的附加剪力。如果试验目的是检验屈曲稳定性，采用方向适当的强度基加载就会形成大范围的高应力区域，并达到叶片稳定性极限的最大概率。

8.3.3 疲劳试验

对疲劳试验来说，强度分布曲线应以作为展向位置函数的叶片计算疲劳性能为基础。结构中的层板中断、改变材料成分及其他结构细节对静力试验的影响可以忽略，但其对结构的疲劳影响应在试验中证明；这些细节会有不同的疲劳特性，因此，具有循环等级修正系数的单一强度曲线并不适合所有可能的试验。

如果不同材料类型或有不同疲劳响应的结构特性成为限制因素，则载荷方向的变化可改变失效模式及强度曲线。应注意保证强度曲线符合所进行试验项目的条件和定位。

8.4 静力试验载荷谱

8.4.1 载荷组合

如果用叶片挥舞方向和摆振方向的载荷分量的组合来进行试验，则一个方向的最大载荷应与另一个方向的适当载荷(不一定是最大值)进行组合。在载荷包络试验中，每个方向上的最大载荷应与其他方向适当载荷进行组合，然后依次施加。应该注意的是，当某一合成载荷(数值不一定是最大的)正好施加在某一特殊方向上时，叶片最容易达到某种失效模式而损坏。在每一载荷组合作用下，叶片应在规定的载荷作用时间内承受住其最大载荷(见8.4.2)。

8.4.2 静力试验周期

由于多数普通叶片材料的强度会随载荷作用时间的延长而减小，因此，试验载荷的持续时间应至少与设计载荷最大值的时间一样长。如果设计载荷资料为叶片的最大载荷提供了一个明确的持续时间，试验载荷和持续时间均应直接以此为依据。如果与设计载荷时间曲线相匹配的恒载持续时间难以确定，则建议其最小值为10 s。不推荐使用比设计载荷持续时间更小的值，因为这需要引入和使用强度缩减系数，这会给试验结果的分析带来不良的不确定度。

8.5 疲劳试验载荷谱

8.5.1 试验周期的缩短

为使试验切实可行，应该缩短试验时间。可按以下方法对设计载荷进行修正：

——增大试验频率；

——略去无损载荷循环次数；

——增大试验载荷。

实际试验频率(范围从0.5 Hz到5 Hz)通常不会比设计载荷的实际频率高出多少。假设20 m长的叶片设计载荷循环次数约为5亿次，以1 Hz的频率进行试验大约要15年，这显然是不现实的；即使达到2 Hz或3 Hz，所需时间仍很长。因此，除了增大试验频率外，仍需要修正设计载荷。

忽略无损载荷循环次数所造成的影响取决于材料特性(如，*S-N*曲线的斜率、疲劳极限等)，需要具体分析总循环次数中哪一部分可视为无损循环。

通常要增大载荷使试验循环次数降至1千万次，对于更大的叶片，要降到更低。这是使试验尽可能接近实际情况与试验时间更为合理之间的一种折中方案。

8.5.2 载荷放大倍数和频率的限制

由于上述原因，应对设计载荷进行放大以得到合适的试验载荷。由于载荷放大，应力和应变随之增加，理论上这会导致适当的等效疲劳损伤累积。但载荷放大是有限度的，应力或应变的最大值可能会超过材料的静强度，从而导致静力破坏或静力失效。

此外，应力或应变值太高会导致力和应力之间的一般线性假设不再适用，比如在屈曲的情况下。结果是由此产生了在非放大载荷加载时不会产生的内力或结构位移，从而导致试验严重失真或者难以分析。

因此，由于叶片上静强度和非线性的原因，在疲劳加载过程中对应力和应变的极限值都有实际限制。特别是在变幅加载过程中，采用较低的放大系数就可能达到这些极限值。在这种情况下，只有中等载荷循环次数可进一步增加，其结果是导致试验加载逐渐变为等幅加载(见图5)。

增加疲劳载荷和试验频率的另一个问题是某些材料在高应力区会内部发热，这也会导致加速疲劳损伤。

内部发热应保持在切实可行的最低程度，当不可避免地产生明显发热时，应监视和记录其温升以便分析其影响。

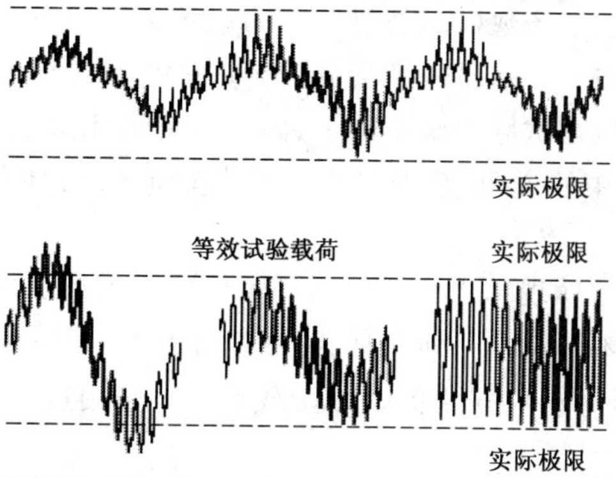

图 5 载荷放大的实际限制

8.5.3 加载类型

疲劳试验有许多加载类型。如：

——等幅加载；

——分块加载；

——变幅加载；

——单轴加载；

——多轴加载；

——多载荷点加载。

这些加载类型在第 12.5.1 中说明。

8.6 静力试验和疲劳试验顺序

风轮叶片的疲劳试验可以在非破坏性静力试验(如载荷包络试验)之后进行，但这并不适用于诸如钢材等承受高载荷后疲劳性能反而改善的材料。建议在完成疲劳试验之后进行剩余强度试验。

8.7 机械装置

某一机械装置及其机械接口的加载可以符合整个叶片加载情况，也可符合特定的装置工作情况。例如，一个处于工作位置的绕轴旋转叶尖可以在挥舞方向加载试验中被加载，或者在特定试验中对处于展开位置的叶尖加载(同时参见 6.5.4 和 7.7)。在第一种情况下，机械装置及其机械接口是叶片结构载荷传递路径的组成部分，因此对试验载荷的一般考虑适用于任何可能相关的其他区域。对于机械装置处于其他情况下的(如叶尖处于制动位置)结构试验，则应考虑根据该情况进行适当的调整或试验。

9 试验载荷系数

9.1 总则

试验时应考虑各种载荷系数，由设计引入的系数见 9.2；另外，为了考虑试验方法的影响还要使用附加试验载荷系数，这些试验载荷系数见 9.3。

9.2 设计中使用的局部安全系数

9.2.1 总则

在设计计算中，一般按照 ISO 2394 标准的规定使用局部安全系数(或系数)，它们是：

γ_m——材料局部安全系数；

γ_n——失效后果局部安全系数；

γ_f——载荷局部安全系数。

在设计计算中需要使用这三个局部安全系数(γ_m、γ_n 和 γ_f)。这三个系数的乘积是总体安全设计等级的重要指标。在叶片试验中,只有 γ_f 和 γ_n 会影响试验载荷。

在许多设计标准中,局部安全系数(γ_m、γ_n 和 γ_f)的乘积大小相近(详见参考文献 [1])。只是有些标准中,这些局部安全系数中的一个或另一个会分配得多一些。对于设计而言,由于要使用所有的局部安全系数,并不受任何影响。但在试验中就不同了,因为只有 γ_f 和 γ_n 两个系数对试验载荷起作用。关于这个问题,可以参见附录 A 中的说明,其中也给出了一个例子来说明如何处理这个问题。

9.2.2 材料局部安全系数

材料局部安全系数 γ_m 通常体现结构中材料的实际性能与采用试验样件测得的材料性能之间关系的不确定性,即转换系数中的不确定性。换句话说,成品叶片中实际材料的材料强度和疲劳特性比强度和疲劳公式中所采用的试验件材料数据要低。试验载荷不能采用这一系数进行放大,因为试验叶片的材料是实际材料。

材料转换系数考虑了结构中实际的材料条件与推导强度和疲劳公式的材料条件之间的具体差异。比如,这些转换系数有尺度影响、湿度、老化、温度等系数。在评估过程中使用适当的强度和疲劳公式即可将这些因素考虑进来(见第 9.3.3 和第 10.4.4)。

9.2.3 失效后果局部安全系数

失效后果局部安全系数 γ_n 是反映结构重要性和失效后果严重程度的系数,其中考虑了失效类型的重要性[3)]。使用这一系数的原因是对非失效安全型部件(如叶片)来说,要求比失效安全型部件具有更高的抵抗失效安全性。在这种情况下,就要求全尺寸疲劳试验反映这一附加安全要求,因此在试验载荷中应包括这些系数。

9.2.4 载荷局部安全系数

在设计过程中,载荷局部安全系数 γ_f 考虑了载荷中的不确定度。因此,叶片试验件应能够承受含有适当载荷局部安全系数的设计载荷。

9.3 试验载荷安全系数

9.3.1 叶片之间的差异

通常在全尺寸叶片试验中仅试验一个样件作为最终设计验证,因此不能获得实际叶片强度的分散性。由于没有什么好方法可以确定被测试的叶片到底代表成品叶片分布的哪一部分,这就带来了一个问题:如果认为试验样件强度接近平均值,那么从低于设计强度的所有叶片中取出一片比平均强度值高的叶片试验件就会使人误解。

但在全尺寸试验中,叶片大部分区域会承受相当于设计载荷的试验载荷,并且许多部件和区域要同时进行试验。这在某种程度上相当于在相似条件下对一些小样件进行试验并把最先失效的小样件的数据作为试验结果。从统计学上来说,这意味着通过叶片全尺寸试验得到的数据的平均值和分散性要比小样件试验的结果低。另一方面,由于损坏区域变得更有柔韧性而导致应力重新分布,会使叶片中的损伤累积减慢。

因此,当叶片上的大片区域被同等严格地试验的时候,得到的试验结果会有较小的分散性。这一点在多轴加载试验中比在单轴加载试验中更接近实际。

对于特定的叶片型号,如果没有适用的失效概率分布数据,推荐使用下列试验载荷系数:

对静力试验:$\gamma_{su}=1.1$;

对疲劳试验:$\gamma_{sf}=1.1$。

9.3.2 疲劳公式中的可能误差

由于要把原始疲劳设计载荷转换成试验载荷,所以应评估试验载荷相对于设计载荷的作用强度符合性(见第 10 章)。这种对作用强度符合性的评估应使用适当的疲劳公式进行。试验载荷与原始设计载荷偏离越大(如等幅加载),这种比较就越依赖于疲劳公式的准确性(见附录 B)。补偿这一不确定度

3) 在一些规范中,可通过使用不同的载荷局部系数来考虑这一问题。

的系数(应应用)如下:

对疲劳试验:$\gamma_{ef}=1.05$。

如果能证明试验载荷对设计载荷的评估几乎不受疲劳公式中特征值(如 S-N 曲线的斜率、应力比模式、加载顺序)变化的影响,则这一系数可以减小。

9.3.3 环境条件

通常,试验台的环境条件比叶片实际工作条件及其设计条件要好一些。在许多强度和疲劳公式中,这些条件的影响可以用系数来表示,也可以在不同的条件下使用不同的强度和疲劳公式。

由于试验条件优于设计条件,因此需要对要求的试验载荷值进行放大,合适的放大系数应通过对试验载荷分布的评估来校核。但这两种条件(即试验条件和设计条件)都需要使用合适的强度或疲劳公式(见 10.4.4)。确定了环境影响的各个系数后,就可以依据这些系数确定设计载荷放大到等效的试验载荷所需的系数。

9.4 确定目标载荷时所使用的载荷系数

包含载荷局部安全系数 γ_f 与失效后果系数 γ_n 乘积的设计载荷与试验载荷系数 γ_s、γ_e 是确定试验载荷的基础。所得的结果称为目标载荷(F_{target})。对于静力试验和疲劳试验这分别为:

静力试验:

$$F_{target-u}=F_{du}\cdot\gamma_{nu}\cdot\gamma_{su} \quad (1)$$

式中:

$F_{target-u}$——静力试验目标载荷;

F_{du}——设计载荷(包含载荷局部系数 γ_f);

γ_{nu}——失效后果局部系数;

γ_{su}——叶片之间差异局部系数。

疲劳试验:

$$F_{target-f}=F_{df}\cdot\gamma_{nf}\cdot\gamma_{sf}\cdot\gamma_{ef} \quad (2)$$

式中:

$F_{target-f}$——疲劳试验目标载荷;

F_{df}——设计载荷(包含载荷局部系数 γ_f);

γ_{nf}——失效后果局部系数;

γ_{sf}——叶片之间差异局部系数;

γ_{ef}——疲劳公式误差局部系数。

试验载荷理论上等于目标载荷。

为了进行必要的修正(如循环次数的减小和不同的条件),要求对载荷进一步放大。需要通过试验载荷分布评估来校核所需的放大值(见第 10 章)。

10 试验载荷分布相对于设计要求的评估

10.1 总则

由于获得实际试验载荷时需要对目标载荷进行必要的修正,而且实验室内的条件不同于户外的使用条件,因此,试验载荷会与目标载荷不同(见 8.4)。

试验载荷的载荷分量分布及其相互之间的比值不同于目标载荷。由于试验应证明叶片能承受其目标载荷,因此应评估试验载荷。应校核在叶片的测试区域内,试验载荷的作用强度与目标载荷相等或更为强烈。因为试验载荷相对于目标载荷的作用强度在整个叶片区域上是变化的,所以,原则上应评估叶片上所有被试验位置上的载荷。在进行此评估时,应注意在第 7 章中所述的差异仍然存在。

10.2 加载的影响

当试验载荷以集中载荷的形式作用在有限的几个位置(如加载器位置上)时,施加载荷的剖面会被干扰，而且剖面中的某一区域可能会被加载装置加强。因此，叶片的这些区域不能被正确地测试，也不会在分析和评估中考虑。被干扰区域的长度(纵向)可以通过计算或测量来确定。

如果不进一步分析，可假设这一影响区域在加载装置的两侧各一个弦长的范围。

10.3 静力试验

10.3.1 总则

下面给出评估静力试验载荷分布的两种方法。每种方法都可用来评估试验载荷与设计载荷相同的作用的一致性。

10.3.2 基于载荷分量分布的评估

通过比较试验载荷与目标载荷相对应的六个载荷分量，评估试验载荷相对于目标载荷的作用强度。对于每个剖面来说，如果由试验载荷产生的作用于各剖面的力和弯矩大于由目标载荷产生的力和弯矩，则试验载荷比目标载荷的作用强度更大，这说明这些剖面已充分地进行了静力试验。

但为了使试验切实可行，不能在试验中施加由设计载荷确定的所有载荷分量(见第7章)。而且不同的载荷情况会在叶片上产生不同的临界应力区。因此，基于载荷分量分布的评估并不总是令人信服的。

10.3.3 基于静强度系数的评估

这一评估通过比较由设计载荷和条件得出的目标载荷静强度系数(*SSF*)与由试验载荷和条件得出的静强度系数(*SSF*)来完成。

静强度系数(*SSF*)表达了基于应力或应变的静强度储备。静强度系数(*SSF*)定义如下：

静强度系数(*SSF*)是用来与载荷或应力相乘以得到材料或结构设计强度的系数。

对静强度系数(*SSF*)来说，可以给出下面的表达式：

$$SSF=\frac{f_k/\gamma_m}{\sigma}\equiv\frac{f_k}{\sigma\cdot\gamma_m} \qquad \cdots\cdots(3)$$

式中：

f_k——强度特征值；

σ——作用应力或应变等级；

γ_m——材料局部安全系数。

对于设计与试验的载荷和条件来说，此式分别变为：

$$SSF_{target}=\frac{f_{k-design}}{\sigma_{target}\cdot\gamma_m} \qquad \cdots\cdots(4)$$

$$SSF_{test}=\frac{f_{k-test}}{\sigma_{test}\cdot\gamma_m} \qquad \cdots\cdots(5)$$

式中：

σ_{target}——由目标载荷确定的应力或应变值；

σ_{test}——由实际试验载荷确定的应力或应变值；

$f_{k-design}$——设计条件下的强度特征值；

f_{k-test}——试验条件下的强度特征值。

通过比较由实际试验载荷和目标载荷得出的静强度系数(*SSF*)，可以获得基于载荷或应力或应变的试验载荷的作用强度。在某一具体位置，要使试验载荷至少与目标载荷的作用强度相同，则下式应成立：

$$SSF_{test}\leqslant SSF_{target} \qquad \cdots\cdots(6)$$

它们之间的比值可以称为相对静强度系数(*RSSF*)：

$$RSSF=\frac{SSF_{target}}{SSF_{test}} \qquad \cdots\cdots(7)$$

用(4)和(5)代入得：

$$RSSF = \frac{\sigma_{\text{test}} \cdot f_{\text{k-design}}}{\sigma_{\text{target}} \cdot f_{\text{k-test}}} \quad \cdots\cdots(8)$$

在此系数等于或大于1的所有位置上，其试验载荷的作用强度至少与目标载荷相同。

满足判别式 $RSSF>1$ 所需的应力或应变值可按下面的公式进行推断。根据公式(8)，如果试验载荷与目标载荷作用强度相同，则所需的最小应力或应变等级按下式计算：

$$\sigma_{\text{test}} = \sigma_{\text{target}} \frac{f_{\text{k-test}}}{f_{\text{k-design}}} \quad \cdots\cdots(9)$$

假定载荷和应力或应变之间是线性关系，则根据(1)式，σ_{target}可以由下式计算：

$$\sigma_{\text{target}} = \sigma_{\text{design}} \cdot \gamma_{\text{nu}} \cdot \gamma_{\text{su}} \quad \cdots\cdots(10)$$

式中 σ_{design}是由设计载荷确定的应力或应变。

把(10)式代入(9)式中，则试验时所要求的应力或应变水平为：

$$\sigma_{\text{test}} = \sigma_{\text{design}} \cdot \gamma_{\text{nu}} \cdot \gamma_{\text{su}} \frac{f_{\text{k-test}}}{f_{\text{k-design}}} \quad \cdots\cdots(11)$$

10.3.4 基于最低强度要求的评估

原则上，为了能计算静强度系数(SSF)，应事先知道有关零部件、材料的特征强度(f_{k})及可能的应力集中。而对基于能承受作用载荷的最低静强度(MSS)的评估，这些值就不需要了。

最低静强度定义如下：

最低静强度(MSS)是在规定的情况下承受作用载荷(应力或应变)等级所要求的特征强度的最低值。

此值由下式给出：

$$MSS = \sigma \cdot \gamma_{\text{m}} \quad \cdots\cdots(12)$$

对目标载荷和试验载荷来说，此式分别变为：

$$MSS_{\text{target}} = \sigma_{\text{target}} \cdot \gamma_{\text{m}} / C_{\text{design}} \quad \cdots\cdots(13)$$

$$MSS_{\text{test}} = \sigma_{\text{test}} \cdot \gamma_{\text{m}} / C_{\text{test}} \quad \cdots\cdots(14)$$

式中：

C_{design}——从规定的参考条件到设计条件的变换系数；

C_{test}——从规定的参考条件到试验条件的变换系数。

这些变换系数由下式给出：

$$C_{\text{test}} = \frac{f_{\text{k-test}}}{f_{\text{k-ref}}} \quad \cdots\cdots(15)$$

$$C_{\text{design}} = \frac{f_{\text{k-design}}}{f_{\text{k-ref}}} \quad \cdots\cdots(16)$$

通过比较由实际试验载荷和目标载荷得出的 MSS 值，可以获得基于应力或应变的试验载荷的作用强度。对于某一具体位置上至少与目标载荷作用强度相同的试验载荷来说，下式应成立：

$$MSS_{\text{test}} \geqslant MSS_{\text{target}} \quad \cdots\cdots(17)$$

最低静强度 MSS 的比值称为相对最低静强度 $RMSS$：

$$RMSS = \frac{MSS_{\text{test}}}{MSS_{\text{target}}} \quad \cdots\cdots(18)$$

代入(13)和(14)式得：

$$RMSS = \frac{\sigma_{\text{test}} \cdot C_{\text{design}}}{\sigma_{\text{target}} \cdot C_{\text{test}}} \quad \cdots\cdots(19)$$

在所有位置上，如果此系数等于或大于1，则说明试验载荷与设计载荷的作用强度至少相同。对于所有载荷分量来说，在其应力集中系数相等的情况下，相对最低静强度 $RMSS$ 与实际值无关。

为满足判别式 $RMSS>1$ 所需的应力或应变值可按下面的步骤进行推断。根据公式(19),如果试验载荷与设计载荷的作用强度相同,则所需的最小应力或应变水平按下式计算:

$$\sigma_{test}=\sigma_{target}\frac{C_{test}}{C_{design}} \qquad \cdots\cdots(20)$$

把(10)式代入(20)式中,则可以给出试验期间所需的应力或应变水平的关系式:

$$\sigma_{test}=\sigma_{design}\cdot\gamma_{nu}\cdot\gamma_{su}\frac{C_{test}}{C_{design}} \qquad \cdots\cdots(21)$$

用(15)和(16)代入(21)式又会得到(11)式。

10.4 疲劳试验

10.4.1 总则

在测试区域内,试验载荷相对于目标载荷的作用强度会发生变化。对疲劳试验来说,这就意味着在不同疲劳循环次数情况下可以实现试验载荷和目标载荷的等效作用强度。由于大部分材料的疲劳特性的原因,这种时间上的差别是很重要的,而基于载荷等级的差别是不明显的。

当叶片某一测试区域在经受了与目标载荷相当的试验载荷试验之后发生失效,则认为此区域通过了试验。一般叶片试验可持续到其他区域达到同等的作用强度。但这仅适用于没有受到由损伤引起的应力重新分布影响的测试区域。

在试验完成之后,通过考虑这些问题,可以验证哪些位置在达到所要求的性能之前已承受了等效或作用强度更强烈的疲劳载荷却没有失效。因此证明了这些位置具有足够的抗疲劳强度。

应注意用于设计载荷和试验载荷的疲劳公式、材料局部安全系数不一定是相同的。对于试验和设计情况应分别使用各自适用的系数(见 10.4.4)。

10.4.2 基于理论损伤的评估

如果疲劳试验中叶片某一位置上的理论损伤(如迈因纳累积)等于或高于基于目标载荷的理论损伤,则其试验载荷的作用强度等于或大于目标载荷。

这可表示为:

$$D_{test}\geqslant D_{target} \qquad \cdots\cdots(22)$$

式中:

D_{test}——由实际试验载荷引起的理论损伤;

D_{target}——由目标载荷引起的理论损伤。

10.4.3 基于载荷或应力等级的评估

10.4.3.1 总则

试验时没有失效并且在试验载荷作用下的理论疲劳损伤大于在目标载荷作用下的理论疲劳损伤的区域,已经被证明具有足够的疲劳强度。然而这两种损伤之间的系数很难解释,它没有清楚地说明试验载荷强到怎样的程度,这是因为损伤值本身并没有清楚地表明基于应力或应变的载荷作用强度。因此,应使用不同的系数来比较不同的载荷谱或基于载荷或应力/应变等级的疲劳公式,这些系数也可用来评估相对于目标载荷的试验载荷。这里给出了两种可能情况。选择哪一种取决于具体的设计计算方法。

10.4.3.2 基于疲劳应力系数的评估

疲劳应力系数(FSF)[4]可以用来评估目标载荷相对于实际强度的作用强度。FSF 定义如下:

FSF^{D} 是与载荷或应力相乘而得到许用的损伤累积值 D(一般取 1)的系数。

---

4) 术语“应力储备系数(SRF)”在参考文献[4]中用于比较不同设计计算的结果,由于不总是发现有储备,后来将其更名为疲劳应力系数(FSF)。

疲劳应力系数 *FSF* 表示应力或应变等级基础上的疲劳强度储备。通过比较由实际试验载荷得出的和由目标载荷得出的疲劳应力系数(*FSF*)[5]，可以获得基于载荷或应力基础上的试验载荷的作用强度。对某一具体位置上至少与设计载荷作用强度相同的试验载荷来说，下式应成立：

$$FSF^{D}_{\text{test}} \leqslant FSF^{D}_{\text{targert}} \qquad (23)$$

式中：

FSF^{D}_{test}——根据实际试验载荷计算的疲劳应力系数值；

FSF^{D}_{targert}——根据目标载荷计算的疲劳应力系数值。

这两个疲劳应力系数的比值定义为相对疲劳应力系数：

$$RFSF^{D}=\frac{FSF^{D}_{\text{target}}}{FSF^{D}_{\text{test}}} \qquad (24)$$

在这一系数等于或大于 1 的所有位置上，试验载荷至少与目标载荷的作用强度相同。

10.4.3.3 基于最低疲劳强度的评估

为了计算疲劳应力系数(*FSF*)，原则上应事先知道有关零件和材料的疲劳强度和可能的应力集中。对零件进行基于能承受载荷作用的最低要求疲劳强度(*MFS*)的评估，则无需完全知道其疲劳强度。

通常材料或零件的抗疲劳特性是由规定条件下某一循环次数的许用应力等级来描述的。这一参考应力等级可看作是疲劳强度特征的一个参数(q_f)。

最低疲劳强度(*MFS*)定义如下：

最低疲劳强度(MFS^D)是疲劳损伤值等于许用值 *D*(通常为 1)的疲劳强度参数(q_f)的值。

通过比较由实际试验载荷得出的和由设计载荷得出的最低疲劳强度(MFS^D)值，可以获得基于载荷或应力的试验载荷的作用强度。对在某一具体位置上至少与设计载荷作用强度相同的试验载荷来说，下式应成立：

$$MFS^{D}_{\text{test}} \geqslant MFS^{D}_{\text{target}} \qquad (25)$$

式中：

MFS^{D}_{test}——根据实际试验载荷计算的最低疲劳强度(MFS^D)；

MFS^{D}_{target}——根据目标载荷计算的最低疲劳强度(MFS^D)。

注：两个疲劳公式中的特征疲劳强度参数 q_f 应相同且对不同的条件都是独立的。

最低疲劳强度值之间的比值可称为相对最低疲劳强度值 MFS^D($RMFS^D$)：

$$RMFS^{D}=\frac{MFS^{D}_{\text{test}}}{MFS^{D}_{\text{target}}} \qquad (26)$$

在该系数等于或大于 1 的所有区域，试验载荷至少与目标载荷的作用强度相同。对于所有载荷分量来说，如果其可能的应力集中系数相等，则相对最低疲劳强度值与实际值无关。

用于评估木材/环氧树脂叶片和玻璃钢叶片的试验载荷的方法示例分别在参考文献[1]和[5]中给出。

10.4.4 疲劳公式的补偿

一般情况下，全尺寸疲劳试验中使用的叶片与承受实际设计工作载荷的叶片相同。但这并不意味着在计算目标载荷引起的损伤时使用的疲劳公式与计算试验载荷引起的损伤使用的疲劳公式完全相同。这是因为试验室中的叶片受力环境与实际运行叶片的环境不同。

例如，材料的疲劳特性在潮湿条件和干燥条件下是不同的(不同的常数或 *S-N* 曲线斜率等)。如果

---

5) 大多数情况下，可能会使用明确的数学表达式表示 *FSF* 或 *MFS*，它可通过变换 R_{kf} 的值直到疲劳损伤等于容许损伤值 *D* 的迭代计算过程得到计算结果。由于一些疲劳公式的不连续性(如疲劳极限)，不可能总会得到恰好等于容许损伤的疲劳损伤值，这种情况下可以使用在极值处给出最低和最高损伤值的 R_{kf} 值。

疲劳试验是在试验室中的干燥条件下进行的，则应用干燥条件下的疲劳公式计算试验中的损伤累积，并且用适合于实际运行条件的疲劳公式计算叶片设计寿命中的损伤累积。

原则上，对试验载荷来说，应使用有效的或最适用试验条件的疲劳公式；而对目标载荷来说，则应使用有效的或最适合于实际运行条件的疲劳公式。

因为试验条件通常要比实际运行条件好得多，所以在试验室中的叶片疲劳特性会更好些。因此，试验载荷应比设计载荷作用强度更大以获得等效的损伤累积。这就要求在试验过程中使用额外的载荷系数(在载荷系数上补偿载荷循环次数的减小)(见9.3.3)。

10.4.5 试验后评估

完成试验后，应用适当的损伤模型计算叶片的损伤累积，然后，试验结果可作为在最终载荷水平上的等效载荷循环次数或其他某一选定载荷等级(如表示等效工作寿命的载荷等级)的等效疲劳循环次数。换句话说，可以用损伤模型来计算某一选定疲劳循环次数下叶片所能承受的最大载荷。所有这一切都取决于：失效主要是由材料特性引起的，而不是因为受到了试验导致的重大影响(如局部过热、开胶、屈曲、残余剪应力等)或不能用损伤模型正确衡量的其他影响。然而，当认定这些影响无关紧要时，其等效损伤累积计算可能会相当精确；这些计算可以很好地评估叶片在其他条件下的疲劳性能，因此，可以相信设计是可靠的。

当进行试验评估时，为了获得更多的判断手段，建议测量叶片临界区域的应变，以获得材料应变的更准确信息，提供另一种对材料损伤模型的判断方法，更好地解释试验结果。

11 失效模式

11.1 总则

由于叶片结构复杂，在试验过程中要探测到可能的损坏或失效是比较困难的，因此难以检查和监测隐藏着的重要结构件。进一步地说，叶片材料可能遭到局部损坏却显示不出来。

在本章中，只有对叶片造成不可逆的性能改变才称为失效模式。叶片能否满足某设计准则或标准并不是本章要讨论的内容，本章仅说明应监测的可能发生的失效模式。

本章中使用下列失效模式的定性特征，其定义在11.2～11.4中给出：

——灾难性失效；

——功能性失效；

——表面失效。

部件屈曲本身并不是一种失效模式，但由于它对叶片内部应变和剖面刚度的影响，屈曲会产生一种失效模式。

若损伤发生在测试区域外，没有影响测试区域内的应力分布，则应对该损伤进行记录，而不应视为一种失效。

11.2 灾难性失效

灾难性失效的定义为：

导致至关重要功能丧失的、损害安全保障的部件、结构破裂或毁坏的失效模式。

下列示例可以看作是灾难性失效：

——叶片主要结构的断裂或毁坏；

——结构件(如内、外胶层，蒙皮，承剪腹板，叶根紧固件等)完全失效；

——主要部件与主结构分离。

11.3 功能性失效

当某一具体部件或组件在可接受的范围内不再起作用时，则认为是功能性失效。

下列示例可作为功能性失效：

——叶片刚度明显减小且不能恢复(相当于减小 5%～10%[6])；

——去除载荷后，叶片出现显著的永久性变形[7]；

——剖面形状发生显著的永久性变化；

——去除叶片上的载荷后，叶片机械结构不能完成其设计功能[8]。

上述所列任何一项是否为功能性失效都取决于其特定的设计标准，应对每种情况进行具体评估。但是不管怎样，都应对这些项目进行说明和记录以便评估。

11.4 表面失效

表面失效是一种不会立即对结构产生影响的失效。

下列示例可作为表面失效：

——小裂纹，未引起明显的强度下降或胶层减弱；

——胶衣产生裂纹；

——涂料剥落；

——表面气泡；

——弹性板微小的屈曲；

——小的分层。

在外部环境条件下，表面失效经过一段时间后可能成为功能性失效或灾难性失效。任何情况下，都应说明和记录这些失效内容以便用来进行评估。

12 试验程序和方法

12.1 总则

本章阐述进行静强度和疲劳强度试验所使用的各种方法和程序。确定叶片其他特性的试验方法见第 13 章。根据需要，测量叶片特性的试验可以与本章所述的静力试验一起进行，也可以单独进行。

控制、校准、维护以及检查测量与试验设备的程序应按 GB/T 27025 的规范进行。条件许可时，应对整个系统作“端对端”检查，以便校验所有系统部件。必要时应根据由试验装置或试验几何关系引起的系统误差对其测量数据进行修正。

12.2 试验台与叶根固定装置

所有的强度试验均要求有一个用于安装叶片、试验载荷的适当安装面以及一些加载装置。实际应用中，通常将叶根固定在试验台上，在垂直于叶片轴线方向对叶片进行加载，沿着叶片展向施加试验载荷。叶片通过法兰盘和连接螺栓固定在试验台上。

如果要求验证叶根设计的有效性，叶根固定装置应能够在叶根处产生所需的应力分布，且其刚度应和叶片与轮毂连接的刚度相同，最好包括与叶根直接相连的轮毂/叶片界面的实际部分(如变桨轴承)。如果所用螺栓或双头螺柱的紧固方法和夹持长度不同于风轮上使用的紧固件，则应在相应文件中加以说明。

12.3 加载装置

应对载荷作用点处的叶片结构加以保护，以防止因表面接触区域压力集中和高剪切载荷等载荷传递引起的叶片局部损坏。可以通过在载荷作用面和叶片表面之间设置一个外部环绕衬套来实现，用于分配载荷，防止叶片截面变形(见图 6)。这种加固方法通常是可以去除的，且不会永久地改变叶片的结构，以便在以后的试验中测试叶片这一区域。

对于集中加载，当不移动载荷点时，也可以在叶片结构内部加强以防止截面的局部破碎。但注意避

6) 相应的百分数取决于设计限制。

7) 应注意粘弹性材料会在一定的恢复期内全部或部分地回复这一变形。

8) 机械结构的功能试验不是本规范的内容。

免改变测试区域附近的叶片刚度。

图6 使用木制外部衬套的叶片夹紧方法

内部加固通常是不可逆的，并且会永久地改变叶片结构及固有频率，因此不可能再对该修改区域进行试验。

12.4 静力试验

12.4.1 加载类型

12.4.1.1 总则

叶片可用面载荷或集中载荷(单点/多点载荷)来进行加载。每种方法都有其优缺点，如表1所示。加载方法通常按下面讨论的经验方法来确定。

12.4.1.2 分布式面载荷

可以用重物(如沙袋)沿叶片轴向施加一个连续的表面分布载荷。重量沿测试方向在叶片展向受拉面上连续分布，可实现沿叶片展向没有大的阶跃变化的均匀分布载荷。用这种方法可沿展向得到最具代表性的剪力分布，且可以精确地再现其载荷分布。

由于需要搬运大量重物，这种方法使用起来很困难。由于增加了大量的附加质量，在极限载荷情况下系统的固有频率非常低。这就使叶片/质量系统很容易被动态激励起来。失效时，施加的面载荷可使叶片产生很高的能量释放，这是因为在叶片初始破裂之后，载荷仍继续作用于叶片。这种方法仅局限于单轴静态加载。

12.4.1.3 单点加载方法

在叶片展向位置上作用的单点集中载荷，可在叶片上产生一个线性弯矩分布。为了使这一线性分布在整个叶片长度的试验段上接近目标试验载荷分布，可在叶片展向不同位置多次对叶片分级加载，每次试验叶片的一段，最终获得所有需要试验位置处的目标试验载荷。这种方法可减少所需试验设备的数量。

这种方法一般包含两个步骤：首先按相应的试验载荷给叶片靠近叶尖方向试验段加载；然后将载荷点向试验叶片靠近叶根方向试验段移动，对靠近叶根方向的试验段加载。

与多点加载或分布式面加载相比，这种加载方法会在叶片靠近叶根方向试验段产生较高的剪切载荷。

此方法对加载至失效的试验不太适用，但采取相应的措施后可以做到。这时需要将加载序列分几次施加，每次将载荷等级增加一个小的百分比直至出现失效。如果加载步长足够小，则试验结果将近似地与多点载荷加载试验基本相同。

12.4.1.4 多点加载方法

用多点加载方法，可把要求的所有试验载荷分布(力矩和剪力)同时施加到叶片上。与单点加载相比，这种方法能产生更符合实际的剪切载荷。在叶片展向的多个位置上，同时作用的分布载荷，使叶片的大部分区域在同一时间进行试验，可以很方便地实现加载至失效试验，并可以确定叶片的极限强度、设计裕度或屈曲极限。

应使每个加载点上的载荷匀速递增，以保证随着载荷的增加而保持载荷分布的形状，这一点很重要。可以将每个加载点与分配梁或单个加载装置相连接来做到这一点，但这会增加所需试验硬件的数量。应避免将加载接触点设置在相关的临界区域，因为载荷加载装置会对该部位产生影响(见 10.2 中说明)。对加载区域的试验可在以后的试验中进行，将加载装置移至临界区域，每次移动一处，并依次测试各加载区域。

12.4.2 试验控制方法

静力试验加载通常涉及一个递增加载顺序的应用。对于一个给定的加载顺序，静力试验载荷通常按均匀的步幅施加，或以稳定的控制速率平稳地增加。必要时，可明确规定加载速率与最大载荷等级的数值。通常加载速率应足够慢，以避免载荷波动引起的动态影响，从而改变试验的结果。试验载荷中的误差一般是由试验载荷增加造成的几何关系变化或试验系统中仪器设备的误差累积造成的。这些影响的修正在第 12.7 中讨论。

12.4.3 加载设备

叶片静力试验常用的加载设备有：

——天车或吊车；

——液压或气动加载器；

——静重(如沙袋)；

——卷扬机。

有时需要使用其他设备将主载荷调整或分布到叶片的其他点上。这些设备有：

——分配系统和分配梁；

——摇臂和操纵杆；

——滑轮和钢丝绳系统。

这些装置的示例在附录 D 中给出。

12.5 疲劳试验

12.5.1 载荷类型

12.5.1.1 总则

在疲劳试验中，有多种加载方法。载荷可以施加在单点或多点上。弯曲载荷可施加在单轴、两轴或多轴上。载荷可以是等幅恒频的，也可以是变幅变频的。每种加载方法都有其优缺点。加载方法的选用通常取决于所用的试验设备。

12.5.1.2 等幅加载

在等幅加载试验中，试验载荷的特点是多次重复的单一载荷循环，而且其最大和最小载荷值是固定的。叶片等幅加载试验数据很容易与材料试验数据进行比较，因为它们通常都是用相同的方法确定的。在等幅试验的情况下，当采用放大载荷方式来加速试验时，可避免非线性失效模式。等幅加载试验忽略了加载顺序影响的可能性，也引入了一些因其对疲劳公式的敏感性而产生的附加不确定度(见附录 B)。

12.5.1.3 分块加载

分块加载是等幅加载试验的另一种方式，试验过程中载荷需要在规定的等幅循环持续作用时间之后改变一次或多次，目的是在振幅逐渐增加的情况下施加载荷循环块来产生疲劳失效。如果叶片能够承受此载荷循环，则载荷按规定的大小增加并继续施加新的循环载荷，重复这一过程直至叶片失效试验终止。这种加载方式允许试验按合理的载荷分级进行，来验证叶片的设计(类似于设计验证试验)。可通过增加试验载荷进一步加速试验来确定失效寿命、失效模式以及设计裕度或储备。由载荷引起的损伤可用 Miner 理论来计算。分块加载通常和等幅加载一起使用。试验载荷不应增加得太高，以防止试验载荷产生的失效模式与正常运行时期望的失效模式不同。

分块加载的另一种型式是可变块加载，试验时交替地施加各种幅值的载荷，目的是在连续变幅加载不可能的情况下给等幅加载试验引入一些载荷序列的特性。

12.5.1.4 变幅加载

在变幅加载试验中，其载荷谱是具有不同幅值和不同均值的一系列载荷循环。载荷系列需要重复多次，载荷谱可能含有一系列的载荷幅值比和载荷值。这些载荷谱很难与在等幅情况获得的试件数据进行比较。对于变幅加载，由于载荷放大有限制(见 8.5.1)，载荷放大也更加困难。因为疲劳计算对疲劳公式中的不确定度不那么敏感(见附录 B)，变幅加载可与设计载荷谱很精确的匹配。

12.5.1.5 单轴加载

这种用单个加载器或载荷源加载的方式简化了加载，但不允许载荷方向的变化。在单轴加载中，可单独施加疲劳载荷分量，也可施加其合成载荷(如挥舞和摆振)。单独施加载荷分量要求进行两次试验，但与多轴加载一样，用两个单独的试验不能产生与同时加载情况相同的疲劳损伤。

同时施加挥舞和摆振方向分量并要求这两个分量的相位相同，因为只有一个弯曲轴，用单轴加载进行试验将导致远离弯曲轴的最外端纤维受压更严重，同时使靠近中性轴的区域载荷不足。

单轴加载方式可用于等幅或变幅加载试验。

12.5.1.6 多轴加载

在多轴加载中，挥舞和摆振方向的疲劳载荷分量应用单独的加载装置来分别加载。载荷分量之间的相位关系在整个试验过程中应是已知的，并且应加以控制。这种加载方法更接近运行过程中叶片剖面周围的实际应力分布。在有两个弯曲轴的情况下，靠近某一载荷分量中性轴的纤维会在另一个弯曲轴方向受力。多轴加载可用于等幅或变幅加载试验。

12.5.1.7 多点加载

为了简便起见，在疲劳试验中常使用单点展向加载。单点加载通常可以试验叶片的大部分展长，但不能试验整个叶片长度。为了增加试验的叶片长度或提高力矩分布的精度，可沿叶片展向进行多点加载。这大大地增加了试验的复杂性，但对单一载荷组合来说可以包含叶片所有的临界区域。

12.5.1.8 共振法加载

共振法加载是利用接近叶片固有频率的激励频率振动叶片来达到对叶片加载的目的。由于叶片展向载荷分布遵循叶片的振动模态，因此，所需的试验载荷可以通过在选定的区域内增加质量来获得，从而在一次试验过程中可以对叶片的大部分进行试验。共振加载通常用于单轴、等幅加载，也可以通过改变其激振频率用于变幅加载，但有一定的限制。

12.5.2 试验控制方法

12.5.2.1 总则

目前，有三种广泛应用的基本试验控制方法。一般情况下，使用的控制方法不取决于所用的加载方式。本条不涉及具体的硬件或试验设备配置，这些可参见附录 D。

12.5.2.2 位移控制

在位移控制下，叶片挠度受控制而与施加的载荷无关。当试验频率接近叶片固有频率(在大约

20%范围内)时,应进行位移控制。在这些情况下,叶片动态影响会使各位置的作用力与叶片在静力试验时的作用力不同,由于在线弹性结构中,准静态载荷与行程是成比例的,因此,毫无疑问,载荷可由动态位移量来确定。试验过程中应监测叶片的刚度,如果叶片刚度发生显著变化,则应调整位移控制范围。产生蠕变时也要求调整位移平均值。

从准静态加载到一阶固有频率之间,试验频率可以在一定的速度范围内变化。大多数情况下试验频率都低于一阶固有频率,以便维持叶片的动态稳定性并将热效应降至最低程度。

12.5.2.3 力控制

力控制用施加的载荷决定叶片的位移。施加的力与叶片位移或固有频率无关。如果叶片变软或失效时,由于力保持不变,将会导致更大的位移;应采取辅助测量措施来监视和控制这些位移变化。当试验频率远远低于试验系统的固有频率时,可使用力控制以保证最小的动态影响。当位移很小或位移与载荷线性无关时,力控制是最合适的。

12.5.2.4 共振试验

共振试验方法的原理是在低于试验叶片固有频率的较窄的频率范围内激振试验叶片。附加质量固定在试验叶片上以获得所需的平均载荷。保持激振频率低于系统的固有频率,通过改变激振频率可以调整位移的幅度。通过给叶片安装一个激振器或以叶片基本频率移动试验台座来实现叶片共振。较大的环境温度变化可引起试验叶片刚度和挠度均值的变化,需要在试验过程中进行调整。叶片载荷可以通过将挠度或应变保持在指定的公差范围内来直接控制或用加速度传感器来间接控制。

12.5.3 加载装置

用于叶片疲劳试验的设备有:

——偏心旋转质量;

——液压激振器;

——凸轮轴。

附录D中给出了相关加载装置的完整描述。

12.6 推荐的试验方法的优缺点

表1 推荐的试验方法的优缺点

试验方法	优　点	缺　点
分布式表面加载 (使用沙袋等静重)	——精确的载荷分布 ——剪切载荷分布较精确	——只能单轴 ——只能静态载荷 ——失效能量释放可导致更严重的失效 ——较低的固有频率
单点加载	——硬件简单	——一次只能精确试验一个或两个剖面 ——由试验载荷引起的剪切载荷较高
多点加载	——可以对叶片大部分区域一次性完成试验 ——剪切力更准确	——更复杂的硬件和载荷控制
单轴加载	——硬件简单	——不易获得准确的应变,损伤分布在整个剖面上
多轴加载	——挥舞和摆振方向载荷合成更准确	——更复杂的硬件和载荷控制
共振加载	——简单硬件 ——能耗低	——不易获得准确的应变,损伤分布在整个剖面上

表 1（续）

试验方法	优　点	缺　点
等幅加载	——简单,快速,较小的峰值载荷	——受疲劳公式准确性的影响较大
等幅渐进分块加载	——失效循环次数有限	——受疲劳公式准确性和加载顺序的影响较大
等幅可变分块加载	——模拟变幅加载的方法简单	——受疲劳公式准确性和加载顺序的影响较大（尽管敏感度低于等幅渐进分块加载）
变幅加载	——更真实的加载 ——对疲劳公式精确性不敏感	——较高的峰值载荷 ——复杂的硬件和软件 ——比较慢

12.7　试验载荷的修正

12.7.1　自重力

试验会受重力载荷的影响,该重力载荷不是试验载荷的一部分或者无法由载荷传感器测得。这些载荷在试验和试验数据处理过程中应适当地说明。

自重力载荷可由下列物体的质量引起：

——叶片自身；

——加载器的连接夹紧结构；

——叶片上的铰接；

——加载器；

——分配梁装置；

——电缆、吊索和传感器。

应记录上述设备的质量以及其相对于叶片坐标系的位置。应修正相应的试验载荷来考虑这些附加质量载荷。载荷传感器应仔细调零以消除已知的不确定影响。

某些情况下,自重载荷可垂直作用于载荷传感器的敏感轴,使载荷传感器无法测量这一载荷。例如,一端与试验台连接,另一端与叶片连接的水平方向加载器,会把它的部分重量传递给叶片。这类载荷应加以考虑。有些设备(如分配梁组件)会给叶片引入不能完全消除的局部力矩。

12.7.2　载荷角度变化

由于叶片的挠曲变形,载荷方向相对叶片初始位置的角度会改变。在评估试验载荷时应考虑这些载荷方向变化。详细说明见附录 C。

12.7.3　扭转载荷

作用于叶片的扭转力矩是在加载过程中由叶片的展向挠曲变形引起的。由于叶片总是向某一方向变形,垂直作用于初始位置的所有载荷或载荷分量就会在叶根处产生一个大小为初始变形乘以垂直载荷的扭转力矩。这些力矩会很显著,在确定试验载荷时应加以考虑。

当作用力的弦向位置与叶片的弹性轴不同时,也会产生扭转力矩。可以采取措施抵消弹性轴的作用载荷,以得到一个规定的扭转力矩。

12.8　数据采集

12.8.1　总则

本条中的数据采集适用于需要监控和记录的试验活动。从目视检查到对标定后的数据作持续地记录。由于用户要求的不同,对数据的要求也不同。

12.8.2　载荷测量

对于强度试验,在整个试验过程中应监测并记录所施加载荷的大小、位置和方向。在第 13 章中描述的用于确定叶片特性的试验中,也应记录其作用载荷。数据采样频率应足以能够在可接受的公差范围内测量载荷的动态变化。

可用不同的方法监测施加的载荷。最合适的监测载荷的方法通常取决于所用的试验方法。主要有下述方法：

——挠度(变形)；

——力/载荷；

——加速度；

——应变计；

——这些方法的组合。

一般情况下，载荷可由叶片位移来确定，在很多情况下，尤其是在静力试验中，作用力是可以直接测得的。在某些情况下，也可使用加速度计和应变计来确定载荷。传感器也用来控制加载等级，使载荷在整个试验过程中保持在指定的公差范围内。

在进行静力试验时，在叶片和载荷施加设备之间应安装一个测力传感器。对于分配梁，应在分配梁的顶部也就是施加总载荷的部位测量载荷，根据分配梁的几何关系可以确定作用在叶片上每一点的载荷。

12.8.3　损伤检查

在试验过程中，应经常目视检查叶片的表面损伤，如裂纹、分层、脱胶等。明显的表面损伤应拍照记录；应同时检查叶片的挠度、应变量、刚度、阻尼、声音变化、蠕变和振型的变化。建议对试验过程中发生的重要事件进行摄像。

12.8.4　刚度变化

刚度变化可以作为叶片静力试验或疲劳试验的失效准则(见第 11 章)，而且是一种在疲劳试验中比使用其他监测方法更为可靠的监测累积损伤的方法。

在共振法疲劳试验中，刚度是主要的监测参数，因为载荷分布取决于叶片的刚度分布。刚度可通过挠度、应变测量、频繁校准载荷或这些方法的组合来监测，这主要取决于试验的控制原理。

对位移控制来说，通常在较低速度或准静态载荷条件下测量刚度，载荷和位移都应测量。如果使用位移控制，当刚度发生变化时，则应定期调整位移范围以保持载荷恒定。

环境温度的变化也可导致叶片刚度变化，这种变化不是由加载损伤引起的。由于材料的非弹性挠曲会导致结构发热，通常在普通试验频率下，这不会有问题；在高频率试验时，应监视和控制叶片结构中的发热。一般情况下，通过触摸可以很容易地探测到较大的叶片温度梯度，这表明叶片结构内部或表面下的失效正在发展。较小的温度梯度很正常，基本上不会影响试验。

12.8.5　应变监测

目视检查不能监测到的叶片状态的变化，通常可用应变计来监测。以网状间隔均匀布置在叶片试验区上的应变计，通过显示叶片表面上应变图形的相应再分布，可以检测到在其他情况下可能注意不到的内部失效。在叶片结构设计分析时确定的临界区和高应力区可以设置应变计，用应变量变化来推断出局部的内部失效。在完成基本的疲劳试验之后，可以用这种方法选择要进行的附加试验。也可用应变计来测定叶片的特性，此问题将在第 13 章中讨论。

12.8.6　环境条件监测

在试验过程中，应定期记录试验室的温度和湿度，测量次数应足以能监测环境的变化。这些测量值不可能充分确定在任一给定时间内叶片的真实湿度状况，在恒定湿度下叶片达到平衡状态可能要几个星期，因此，有必要在试验结束之后解剖叶片，并测量其含水量。

同样地，叶片达到平衡温度可能要几个小时。应通过排除热风和局部发热源，努力将温度波动变化降到最低值。被测试叶片应在实验室环境中放置一段时间之后再进行试验。如果环境温度经过一段时间不能稳定，则应进行更频繁的测量。如果叶片表面存在不同的环境条件，则应对试验叶片做多次测量。

通过环境记录来量化环境条件对试验叶片的热效应是很有必要的，这些热效应包括：刚度变化、应变仪漂移(特别是在单个单元桥路上)，或其他传感器中的漂移。

特定的试验需要特定的试验环境。在这种情况下，可能需要附加的测量仪器。

12.8.7 失效说明

应按第11章提到的失效准则描述和记录失效类型。试验完成后，可在叶片失效部位切取试样来研究其失效类型。

13 确定叶片特性的其他试验

13.1 总则

在前面的条款里，只涉及到与强度有关的试验。但另外一些可给出叶片其他结构或动态特性方面附加信息的试验也是很重要的，一般也需要完成这些试验。这些试验可与强度试验分开进行，但通常来说，实际应用中这些试验的大多数是和强度试验——特别是静力试验一起进行的。如果需要的话，可以进行诸如非破坏性试验等其他附加试验。这里只简单地提出这些试验，其中的一些也要进行确定性修正(见12.7)。

13.2 试验台变形

叶片位移和刚度测量的值应根据叶根夹紧装置和试验台的变形进行修正。叶片的固有频率、阻尼和模态测试试验，也应考虑试验台的影响。对于相对刚性的试验台而言(对叶尖变形的影响不到1%)，试验台的影响可以忽略。

13.3 叶片挠度

由于风轮相对于塔架的间隙有限，因此，叶片挥舞方向的挠度是非常重要的。在试验过程中，应记录叶片和试验台的挠度。该试验通常与静力试验一起进行。

13.4 刚度分布

叶片在给定载荷方向下的弯曲刚度可由载荷/应变测量值或由挠度测量值来导出。

载荷/应变方法非常适合测量要求详细的刚度分布，尤其适合测量叶根及其附近部位的剖面的刚度分布。本方法需要精心选择应变测量点，沿叶片展向分布设置应变计，即在叶片每一个展向位置剖面的上下翼型型面上各设置一个应变计。通过给叶尖加载，测量叶片各剖面上下表面的应变值，并已知各应变计之间的距离，由此可以计算出各剖面的局部曲率；根据各剖面的曲率和弯矩，可以导出其刚度。注意：应变计布置在叶片表面的未扰动区域上。

应测量在指定的载荷作用下沿叶片展向不同位置处叶片的位移。位移测量位置数目应足够确定整个叶片的位移曲线和刚度。

位移方法从某种意义上来说是更简单快捷的试验方法，但应修正由叶根夹紧装置的变形引起的偏差。此外，这种方法会受限于叶片根部区段，且对结果需要进行光顺，从而会出现较高的结果不确定度。

叶片的扭转刚度可以表示为旋转角随扭矩增大的函数。

13.5 应变分布测量

如果需要，可由置于叶片测试区域上的应变计测量叶片应变量的分布，应变计的位置和方向应记录。测量的次数取决于试验的叶片(例如叶片的大小、复杂程度、需要测量的区域等)。如果要求从零应力水平获取非线性，则应使用一片未加载的叶片对应位置上的应变计来补偿其自重力影响(见第12.7.1)。

应在叶片表面临界区域测量叶片应变，叶片上的比较典型的位置为：几何形状突变、临界的细部设计或应变水平预计较高的位置。推荐的测量位置有：

——叶根与轮毂连接处；

——叶根；

——叶根过渡段；

——剖面变化较大处；

——材料或厚度变化处；

——气动刹车机构过渡区；

——细节设计和接头；

——内部接头、加强部分和梁。

每个测量点可包括三个应变测量值，如果主应变的方向未知，则可用应变化来确定测量点处的主应变值的大小和方向。

如果仅对应力集中或某一应变等级感兴趣，则可以使用应力涂料。它是一种具有确定裂纹极限并对应变敏感的脆性漆膜。每一次加载后，都应检查应力涂料层是否有裂纹。应力涂料的使用可参考使用手册。

也可用光弹性测量法推导出应力值(详见参考文献[3])。

13.6 固有频率

通常重要的频率只限于挥舞方向的一、二阶和摆振方向的一阶频率(有些情况下，还包括扭转一阶频率)。对于大多数叶片来说，这些频率间隔很好，且很少会耦合。因此，可把叶片置于所要求的振动模态下，监测来自诸如应变计、位移传感器或加速度计等的振动模态响应信号，逐个地直接测量出这些频率。二阶挥舞方向的激振模态可能会导致一些问题，尤其是在对刚性非常大的叶片测量的过程中。

如果不能通过单独激励的方式测得频率，则可以采用叶片谐振频率之外的频率激振叶片，使其产生自由振动，通过将获得的信号进行频谱分析以获得叶片的固有频率。

13.7 阻尼

可以通过测量叶片挥舞和摆振方向无扰动振荡的对数衰减量确定叶片的结构阻尼。振幅应足够小(几厘米)，以排除气动阻尼的影响。应注意阻尼通常与温度关系密切。

13.8 振型

与清晰间隔固有频率的低阻尼线性结构相应的标准振型值，可以由(在共振时)传递函数的虚部来逼近，此传递函数是确定振型值点处的输入力与加速度响应关系的函数。

进行挥舞和摆振方向的振型测量时，可将叶片安装在刚性试验台上，在叶片的某个适当点处(多数在叶尖)施加一个激振力(以相关的频率)，沿叶片适当间隔位置监测所引起的加速度响应，激振力可由力传感器来测量，加速度由加速度计来测量，然后把测量值输入分析仪中，通过分析仪获得可能的模态数以及在共振频率下复杂传递函数的相位，在参考文献[7]中给出详细说明。

除采用移动单个加速度计的方法外，还可以沿叶片展向均匀地布置若干加速度计，用一系列强迫频率来激振叶片，也可以确定叶片的振型(详见参考文献[11])。

13.9 质量分布

粗略的质量分布可以通过测量叶片总质量和重心的方法计算出来，参考文献[8]中给出了一种更精确的测量方法。必要时可把叶片截成小段并称出每段的重量来测量其质量分布。

13.10 蠕变

对蠕变敏感的材料来说，有必要通过试验确定叶片的蠕变和恢复特性。这些试验是通过对叶片进行长时间静加载进行的(如几小时或几天)。在试验过程中，应频繁地测量叶片的挠度，并记录叶片的挠度与对应时间。经过一段时间后去掉载荷，当叶片松弛时，应再记录叶片的恢复与对应时间。

13.11 其他非破坏性试验

在有些情况下，非破坏性试验(NDT)技术可用来检查叶片是否按设计要求制造，并用来发现制造缺陷。非破坏性试验可与其他试验同时进行，常用的方法有：

——检查、测量叶片几何形状(如尺寸、外形等)；

——硬币轻敲；

——声音传导；

——超声波探伤；

——声发射(见参考文献[9]);

——热成像(见参考文献[10])。

13.12 叶片解剖

叶片解剖可用来检查叶片是否按设计要求制造,并且可以用来发现制造缺陷。

通过叶片解剖可以检查下列特性:

——叶片的质量分布;

——几何形状(如翼型等);

——铺层、梁、胶接等的制造(如确定玻璃纤维叶片的纤维含量、纤维方向和疏松度等)。

研究叶片的失效模式时也需要对叶片进行解剖。

14 组件试验

14.1 总则

组件试验用于成组部件的计算验证或特性测定。

14.2 组件的定义

——风轮叶片组件是风轮叶片的组成部分,当它们与叶片分开时,能够明确地确定它们的功能,并且能在没有叶片其他部分或相邻零件直接参与的情况下完成这一功能。

——当需要明确确认组件及其功能时,应补足与该组件相邻的零部件(如叶片轴承、轮毂等)。当与相邻组件的连接刚度对该组件的载荷有显著影响时,通常采用这一方法。

——如果能够明确地确定组件的几何比例或其他缩放值的特性对于其功能与主要影响的反应,可以采用按比例缩放后的组件进行试验。

14.3 组件的作用类别

组件的作用类别有:

——载荷和弯矩;

——应变和变形;

——雷击;

——温度和湿度;

——辐射、磨损、腐蚀。

这些作用类别可分为短期、长期、静态或周期动态等作用形式。

作用于组件上的主要、次要和试验特定作用类别之间的差异:

——作用于组件上的主要作用与组件功能有直接联系并影响组件失效时间。在组件试验中,主要作用要在部件上模拟并试验。

——作用于部件上的主要作用是完全已知的,并且能被控制和计量。

——次要作用的重要性较小,次要作用对组件功能和使用寿命的影响可以忽略不计或者很小,甚至通过单独的验证过程即可实现对试验、计算结果的修正。

——作用于组件的次要作用是已知的,并且至少是可以被限制的,但在试验中不予考虑。

试验特定作用取决于试验装置、试验的实现方式和试验期间的气候条件。试验特定作用的影响应尽可能不损害试验结果。

14.4 组件试验

组件试验的设计应保证:除主要作用项和可能的次要项作用之外,组件上没有其他作用类别的影响。在试验过程中,主要作用项应尽可能准确地作用在组件的正确部位上,在不能满足这一要求的部位,应尽可能谨慎地作用于组件上。

存在试验特定作用的部位时,应记录下来并考虑它们对试验结果的影响。通常应将试验特定作用部位排除或修改,以保证试验不会导致组件功能的过早丧失。

在执行组件试验前，应具备试验方案说明书，其中应包含以下内容：

——组件试验目的；

——试验组件与相邻组件在尺寸和功能划分等方面的界定；

——对试验过程中作用于组件上的主要、次要和试验特定作用位置的定义和评估；

——对组件试验和试验条件的说明；

——试验的实施规划。

14.5 验证程序

验证程序分为：

——试验结果的评估；

——试验结果的确认；

——呈报试验结果。

14.6 加载方式

14.6.1 用于验证的组件试验

用于计算验证的组件试验，一般不采用统计计算的方式确定。

用于静力试验的载荷 S_{Test} 按下式计算：

$$S_{Test}=S_D\cdot\gamma_{1T}\cdot\gamma_{2T}\cdot\gamma_{3T} \qquad \cdots\cdots(27)$$

式中：

S_D——设计载荷；

γ_{1T}——重现系数；

γ_{2T}——比例系数；

γ_{3T}——温度系数。

除另有规定外，可取 $\gamma_{1T}=1.05$，$\gamma_{2T}=1.1$。当在温度为 20 ℃的环境中进行试验时，取 $\gamma_{3T}=1.0$，环境温度为−30 ℃时，取 $\gamma_{3T}=1.1$。当环境温度在 20 ℃～−30 ℃之间时，γ_{3T}按线性内差法取用。

用于动态试验的载荷 S_{Test} 按下式确定：

$$S_{Test}=S_D\cdot\gamma_{1T}\cdot\gamma_{2T}\cdot\gamma_{3T}\cdot\gamma_{4T} \qquad \cdots\cdots(28)$$

除采用静力试验中规定的系数外，还应用系数 γ_{4T} 来考虑载荷谱型式的影响，多级载荷谱时取 $\gamma_{4T}=1.0$，单级载荷谱时取 $\gamma_{4T}=1.1$。

14.6.2 用于特性鉴定的组件试验

用于特征值鉴定的组件试验应采用统计计算的方法确定。

对于静力试验，至少应试验五个单独的组件，通常将组件加载至破坏。要选取要求的置信度范围和存活概率（如 95%/95%），还要计算出设计期望的特征值。

许多组件都要进行动力循环试验，以获得一个可靠并且有代表性的 S-N 公式。每项试验均应包含 4 个组件试验件，对每个试验件应至少采用 4 级载荷进行加载，其中应包含一个能使载荷循环次数达到 10^7 的载荷水平。（根据指南，要选取要求的置信度范围和存活概率（如 95%/95%），还要计算出设计期望的特征值。）

换句话说，为了在不损失试验有效性的情况下减少试验所需时间，在一个所谓的“线串式试验”过程中至少需要 12 个试验件，这一试验过程中的各级载荷应为统计学上的均匀分布。如有可能，应使 3 个试验件经受约 10^7 次的载荷循环，如：一个为 0.6×10^7 次，一个为 1.0×10^7 次，另一个为 2×10^7 次，最后一个载荷循环次数恰好可以验证外推至 2×10^8 次的延长使用寿命。

14.7 替代性试验

14.7.1 导言

在以校核或证实已有的相关知识为目的，对部件的结构性能进行若干试验后，建议首先确定是否已获得既可用作基础数据又可以免去执行一个耗时的新试验的结论或经验。

说明：对于高效率的产品系列开发，最重要的就是贯彻这一思想。在德国的滑翔机结构领域，这种方法（即所谓的“替代性试验”的使用）已经被成功地使用了近40年，尤其在疲劳试验领域。用于风力发电机组的风轮叶片与滑翔机的翼型在许多方面是相似的，因此将在飞机结构上获得的经验用于风电机组结构的校核过程是合理的，当然某些方面在同一时间肯定是不可转换的。下面讨论这一基本原理用于风轮叶片的可行性的必要条件。

14.7.2 替代性试验的定义

可以参考一个已完成的替代性试验的必要条件是：在所用材料、几何尺寸、生产工艺和结构型式等方面相似并且具备“经验库”。

这样的经验库有：

——文献和研究结果；

——标准和指南；

——材料特性数据库；

——已完成的“全尺寸试验”静力或动态试验结果；

——运行中的载荷测量结果；

——实际运行经验；

——损伤评估。

这些经验不需要在风能领域重新获得，但要来源于相关工程领域，如航空学，只要能证明有可移植性（假设材料试验，如其中的载荷循环次数、载荷等级等），就可以采用。

现在的风力发电机组和风轮叶片工业已经使用了复杂的仿真和计算程序，其适用性可以用试验室内的静力试验、循环动态试验、对风轮叶片的测量以及经验库中不同地形、不同气候下的实际风电机组运行来证实。当开发一个与其他叶片不同的新型号风轮叶片时，只要所用材料、尺寸或原材料相同的相似部件，这些已经验证过的程序系统加上从经验库中得到的替代性试验，可代替新的循环动态试验。

这种情况下，制造商选择的方法的可移植性应按适当的方式证明。

14.7.3 用于静强度验证的替代性试验

对已核准的风轮叶片（替代品）进行修改，如对叶根进行延长或类似的修改，只要其载荷水平小于或等于替代品的载荷水平，则不要求再做静力试验。

14.7.4 用于疲劳强度验证的替代性试验

为了验证疲劳强度，如果能够满足前面的要求或相似性，允许对新结构的特性移植替代品的试验结果。

两个功能或条件的区别：

——当满足相应要求时，这一试验可作为替代性试验；

——对于疲劳强度验证，例如属于同一个叶片系列，可预先规定替代性试验。

14.7.5 限制条件

当叶片或组件已经证实与替代品存在较大差异时，则不应采用替代性试验结果：

——使用了不同的基本材料，如用玻璃纤维织物代替了碳纤维织物；

——使用了另外的结构，如用I型法兰代替了D型法兰；

——使用了另外型式的载荷传递方式，如用IKEA代替了双头螺栓；

——完全改变了生产工艺，如从手铺法成型改为预浸料成型。

15 试验报告

15.1 总则

试验应采用包含足够信息的试验报告来证明，使相关人员都能理解试验及其结果。

15.2 试验报告内容

根据试验类型,试验报告应包括以下内容:

1） 所有试验的一般要求

——目录;

——试验承办人;

——试验日期和地点;

——试验目的;

——叶片数据;

——叶片标识;

——试验过程和试验结果;

——附件:图样、测量数据、试验日志、照片等。

2） 静力试验和疲劳试验

试验报告中要提供下列内容:

——试验载荷的推导和说明;

——失效准则说明;

——试验装置及试验步骤;

——所用的试验设备;

——测量仪器的标定;

——应变计位置和挠度测量点位置(图样);

——测量的挠度、载荷和载荷方向;

——试验结果的精度;

——试验载荷评估,包括试验载荷分布[9];

——失效说明[10];

——应变、载荷的测量等级和范围;

——加载方向;

——整个试验中载荷和挠度的汇总。

3） 具他试验

叶片其他试验的报告格式和内容一般按上述内容确定。

9） 只用于设计载荷包络试验。

10） 尽管产生的失效与结果不相干,也要求对叶片上所有的失效给出描述和引证。

附　录　A
（规范性附录）
局部安全系数的确定

在设计计算中要用到三个局部安全系数（γ_m、γ_n 和 γ_f），这些系数的乘积是总体设计安全等级的重要指标。而对于试验载荷，只有 γ_f 和 γ_n 起作用（见 9.2）。

许多设计标准中这几个系数的乘积大小相近，只是有些标准在总体安全系数中分配给某个系数的值会有所不同，甚至一些标准关于载荷的局部安全系数是一致的，而另一些标准关于材料的局部安全系数是一致的。在这些标准中，总体不确定度似乎集中在上述提到的一或两个系数中。对于设计来说，由于要使用所有的局部安全系数，所以并不受任何影响。但在试验中就不同了，因为只有 γ_f 和 γ_n 两个系数对试验载荷起作用（见 9.2）。

结果是使用不同的设计标准可以得到同样的设计，却得到不同的甚至可能被低估的试验载荷。为了防止这种可能性，根据以往的经验，可使用下列乘积的最小值：

对于静力试验：$\gamma_{fu} \cdot \gamma_{nu} \geqslant 1.25$

对于疲劳试验：$\gamma_{ff} \cdot \gamma_{nf} \geqslant 1.15$

如果设计程序或执行的设计标准给出了更高的总体局部安全系数，那么上述最小值对试验载荷没有影响。然而，当设计标准把所有或大部分局部安全系数都放在载荷、失效后果、材料中的某一个时，这些最小值将会确保一个合理的最小试验载荷，这时试验载荷就不取决于安全系数分配在哪里了。

例如，可以比较表 A.1 中 IEC 61400-1 第一版和第二版中在不使用上述最小值时用于疲劳的系数。

表 A.1

	61400-1 Ed.1	61400-1 Ed.2
局部安全系数　γ_{mf}	1.25	1.10
γ_{nf}	1.0	1.15
γ_{ff}	1.0	1.0
影响设计的局部安全系数乘积（$\gamma_{mf} \cdot \gamma_{nf} \cdot \gamma_{ff}$）	1.25	1.26
影响试验载荷的局部安全系数乘积（$\gamma_{nf} \cdot \gamma_{ff}$）	1	1.15

可以看出，设计中使用的安全系数基本相同，但试验使用的系数，由于安全性在 γ_f 和 γ_n 之间的分配不同，却相差很多。在理想情况下，使用不同标准的试验应产生相同的试验载荷和试验结果。前面给出的最小值可以限制上面所述的影响。

附 录 B
（规范性附录）
疲劳公式对评估的影响

由于设计载荷与试验载荷大不相同，因此对分别由设计载荷和试验载荷引起的损伤累积的比较将取决于所用的疲劳公式。使用正确的疲劳公式给出的疲劳特性可以进行精确的损伤比较，但通常不容易得到正确的疲劳公式，其准确性取决于对具体材料的了解。

一般疲劳公式由 *S-N* 曲线、Goodman 关系式、Miner 累积、计数程序及其他影响系数等来表示。疲劳损伤预估的不确定度与下列内容的不确定度有关：

——*S-N* 曲线的斜率；

——Goodman 图；

——Miner 累积的有效性；

——循环计数程序的适用性；

——其他影响系数的影响。

对设计载荷和试验载荷来说，由这些不确定度造成的疲劳损伤预估的误差是不同的。因此这些不确定度或误差将会影响试验载荷与设计载荷的作用强度。

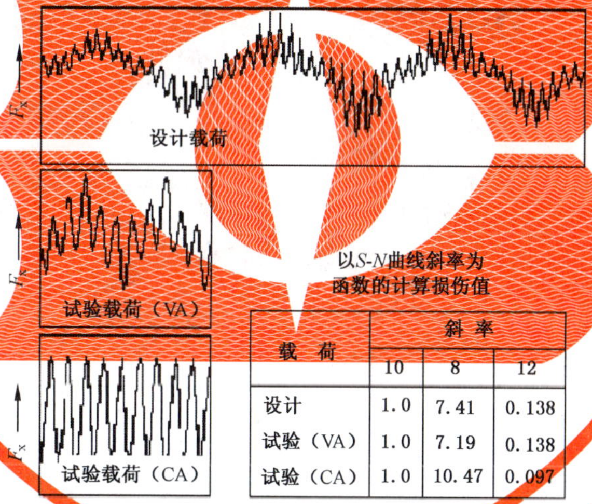

载 荷	斜 率		
	10	8	12
设计	1.0	7.41	0.138
试验（VA）	1.0	7.19	0.138
试验（CA）	1.0	10.47	0.097

图 B.1 等幅加载和变幅加载试验对疲劳公式敏感性的比较

例如，改变 *S-N* 曲线的斜率会得到一个关于试验载荷与设计载荷作用强度符合性的不同结论。试验载荷谱与设计载荷谱差别越大，对疲劳公式的敏感性也就越大。因此，关于试验载荷与设计载荷作用强度符合性的结论，在等幅加载试验中就比在具有相似载荷谱和载荷顺序的变幅加载试验中对疲劳公式的敏感性要大。

图 B.1 对此进行了说明，图中显示了一个设计载荷和两种试验载荷的疲劳损伤，并根据不同的 *S-N* 曲线的斜率给出了这些疲劳损伤值。当 *S-N* 曲线的斜率为 10 时，变幅和等幅加载与设计载荷具有相同的损伤（为 1.0），在这种情况下，两种试验载荷与其相应的设计载荷的作用强度是相同的。如果材料的实际斜率是 8 而不是 10，则所有载荷的疲劳损伤均会改变，变幅试验载荷与设计载荷的作用强度仍然相同（都接近 7.3），而等幅加载的作用强度则更大，是设计载荷的作用强度的 1.4 倍（10.47 除以 7.3）。如果实际斜率为 12，则等幅试验载荷比设计载荷的作用强度要小一些，设计载荷的作用强度是等幅试验载荷的 1.4 倍（0.138 除以 0.097），而变幅试验载荷与设计载荷具有相同的疲劳损伤。上述疲劳寿命中的系数 1.4 相当于根据应变或载荷比较疲劳损伤时的 4%。

试验载荷作用强度的结论中存在的其他误差，是由于在变幅加载情况下，用当前的疲劳公式不能准确地预测玻璃钢材料的疲劳损伤造成的。这已经被最近的玻璃纤维样件高周变幅（WHISPER）疲劳试验所证明（详见参考文献[12]）。它显示出：用当前的疲劳公式（采用一个基于恒幅试验的非常精确的 S-N 曲线）会低估变幅加载下的预计疲劳寿命。低估的程度取决于应力水平，甚至达到 100 倍。若以载荷产生的应力为基础，则会有约 1.5 倍的差异。

上述两个例子说明，试验载荷的作用强度符合性结论取决于所用疲劳公式的准确性。这也可以得出如下结论，即试验载荷与设计载荷相差越大，对疲劳公式的敏感性越增加。因此，试验载荷越接近恒幅载荷，对疲劳公式的敏感性越增加。同样，当用恒幅载荷逼近试验载荷时，对疲劳公式的敏感性增加；减少试验载荷的循环次数时，对疲劳公式的敏感性也是增加的。

附　录　C
（规范性附录）
加载角度变化的影响与补偿

对于静力试验和疲劳试验来说，叶片变形会引起明显的加载角度变化，从而改变预期的载荷，有几种影响应加以考虑。当载荷作用于叶片并引起相应的变形时，会造成叶片几何形状的改变，载荷的作用方向也随之而改变。这一问题会在不同的情况下出现。

在疲劳或静力加载试验中，弯曲的叶片相对于水平面的投影长度会变短。在载荷作用方向上的变形较小时，这一影响通常可以忽略；但是当产生的位移较大或产生垂直于载荷作用方向的位移时，会导致作用在叶片上的力矩减小。如果加载装置与叶片及对应的反作用点之间的连接采用固定方式（如采用液压加载器加载），随着载荷的增大，载荷作用方向就不再与叶片保持垂直，此时，作用于叶片的力矩分布就减小了。如果加载装置的一端可以调整（如静力试验中采用起重机加载），力的作用方向通常能保持在垂直方向（法线方向），但力臂会减小，也同样减小了力矩分布。在这些情况下，应增加作用力来达到预期的力矩分布。

多轴加载情况下，当在垂直于载荷作用方向上产生位移时，需要进行更多的修正。例如在疲劳试验中，挥舞方向的变形会使摆振方向载荷作用点在垂直于摆振载荷作用方向产生移动，即使相对很小的变形也可能对预期载荷有很大影响。这种挥舞方向的变形会导致挥舞方向载荷的增加和摆振方向载荷的减小，因为摆振方向的载荷分量被传递到了挥舞方向。反过来也会发生同样的影响，挥舞方向的加载会引起较大的摆振载荷。可使用长的加载器或能够连锁相互垂直的位移量的连杆机构将这些载荷误差降到最低限度。由于挥舞方向的位移较大，因此摆振方向加载器的长度应大于叶片在摆振方向的变形。残余误差可通过适当地改变试验载荷而引起预期的几何形状变化的方式补偿。更好的控制方案可以通过精确地计算叶片变形以消除不期望的影响的方式来获得。

当使用刚性的加载夹具时，大的叶片变形会导致另一种误差。载荷夹具通常是由木块构成，在叶片加载点处紧固在叶片的剖面上。载荷施加在夹具的边缘，通过夹具传递到叶片上。随着叶片变形的加大，载荷夹具会与载荷作用方向产生角度，此时叶片的反作用力产生一个力偶，这一力偶是增大还是减小预期的力矩，要根据载荷的施加方式确定。这一影响可用图 C.1 来说明。这种影响会很大，因此应合理设计加载夹具，使载荷作用线通过预定的叶片弦线来实现自补偿，将这一影响降到最低程度。

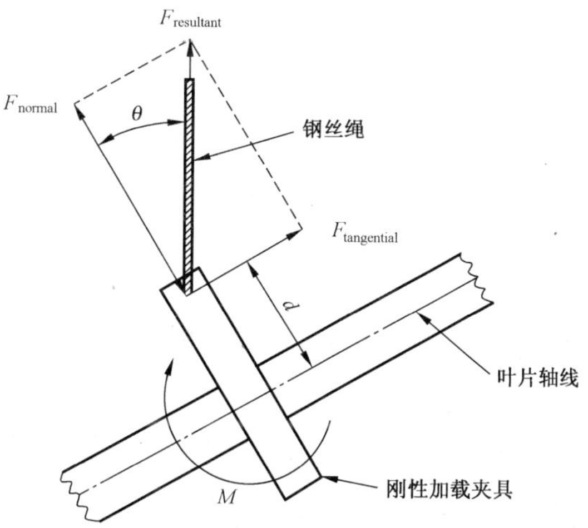

M——导致的弯矩 $M=F_{tangential\times d}$；

θ——叶片偏移的角度。

图 C.1　静力试验过程中力偶诱导的弯矩

载荷作用角度的显著变化通常会改变力矩分布，无法实现预期的载荷分布，因此需要预先考虑这些变形并设计试验装置来抵消它们。通常，对于在最大载荷情况下的载荷角度变化，最重要的是修正作用力，因此，应随叶片的变形量调整预定的载荷。如果未变形的叶片轴线在载荷作用方向的反向偏离水平线，则叶片大变形的影响会减小，这样就减少了需要调整的变形量。可以在试验台上建造也可以在试验夹紧装置上设置这种反向偏离的能力。相比刚性较大的叶片试验，在变形大的叶片试验中需要测量更多的参数，如叶片角位移、载荷角、载荷径向位置和线性位移等参数都是很重要的。

在垂直面内试验时较大叶片变形会带来一些特殊问题，这些问题可以通过水平牵引叶片来消除。叶片在三个平面内的大变形可以通过地面遥控技术测量。由于叶片变形导致的叶片加载角度变化可以通过试验装置内的位移传感器来监测(见参考文献[13])。

附　录　D
（资料性附录）
试验设备示例

D.1　液压加载器

在将液压加载器用于施加疲劳载荷时，加载器安装在刚性支撑（或地面）与叶片的连接夹具之间，通过监测载荷或位移来控制。

液压加载器适用于各种各样的试验条件和控制方式。试验频率、载荷幅度和顺序、载荷分布及载荷作用轴的数目都可以改变。液压加载器可用于单点加载或多点合成加载。使用多个加载器可进行多轴加载；通过两个不同展向位置上的加载器可以给叶片施加一个分布式疲劳载荷；也可以使用单个加载器按合适的角度对叶片施加挥舞方向和摆振方向的合成载荷（见第12.5.1.5）。根据所用液压控制系统的不同，可以施加等幅或变幅载荷。

液压加载器的主要缺点是成本太高。而且，在能够实现大多数加载类型时，大位移、高频率、或多个展向载荷点等都需要昂贵的专用设备以及大容量的液压泵。

采用液压加载器的试验装备主要取决于试验要求和叶片特性。大多数液压加载器试验系统使用液压伺服反馈系统来控制作用载荷，将控制信号发送到伺服阀，由控制器来监测预定的响应。加载器也可用位移或载荷准则来控制，通过调节使载荷或位移信号保持在预定的范围内。在试验过程中会有许多因素影响试验的精度和稳定性。

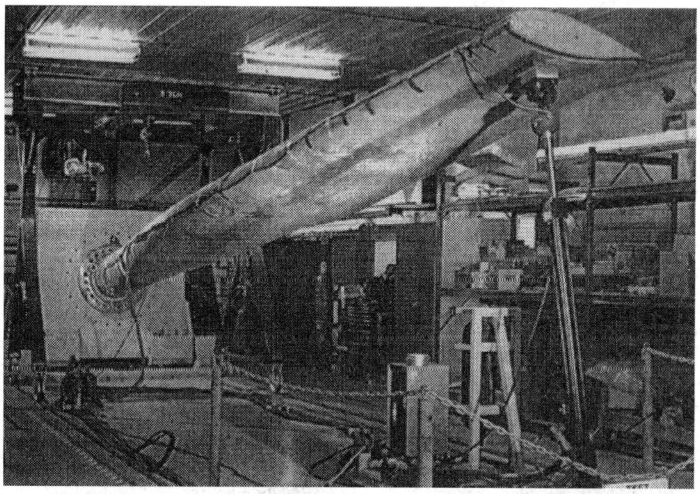

图 D.1　使用液压加载器的单轴试验设备的示例

液压加载器应是耐疲劳的，以保证在每次大修或维护之前能够承受数百万次的载荷循环。加载器应配有与之连成一体的而且耐用的载荷和位移传感器。加载器可以是单活塞杆的，也可以是双活塞杆的。双活塞杆加载器对于载荷换向或长位移来说更稳定。虽然双活塞杆加载器更加坚固耐用，但在相同位移和载荷能力下，双活塞杆加载器要比单活塞杆加载器长而且重。为了适应不同加载要求，需要使用多个不同载荷和行程的加载器。如果使用换向加载方式，应在加载器两端装备抗反冲附件来保护零部件。

有时需要配备大的蓄能器和止回阀来消除供油管路及回油管路中的压力波动。应配备大的液压泵给加载器提供高压液压油源。建议用精密的伺服阀来控制液压油的流动。通常液压油应冷却。如果位移传感器浸在液压油中，则应监测油温，因为温度变化可能使传感器产生漂移。

图 D.2 使用液压加载器的单轴多点加载试验设备的示例

液压装置和试验件的相互作用可引起液压共振或产生非预期的动态系统互相作用，因此应把伺服阀容量、加载器加载能力及行程、蓄能器能力、供油和回油管的压力以及液压油流量等进行正确地组合，以得到最佳动态稳定性。每个试验准备都需要相当数量的硬件调整。影响试验稳定性的外部参数主要有叶片固有频率、叶片质量和刚度、试验载荷及速度要求等。试验频率受最大液压油流量限制，所需液压油量随加载器行程、加载能力及加载器数量而增加。

为了获得最佳精度，需要通过加载器的位移传感器或载荷传感器对其进行反馈控制。有时还需要采用辅助反馈传感器(如加速度计、管路压力传感器等)来控制液压共振或叶片高阶固有频率。

图 D.3 使用液压加载器的多轴试验设备示例

D.2 偏心旋转质量

D.2.1 总则

偏心旋转质量(偏心轮)试验方法的原理是以接近风轮叶片固有频率的激振频率来激励风轮叶片。将带偏心旋转质量的可变速激振装置调节至能产生所需响应的振荡频率。激振装置的作用是提供振动能量,产生试验所需的、稳定的等幅载荷循环。

在偏心质量激振试验中,展向载荷分布遵循试验系统的一阶模态(包括叶片配重和激振器的净重)。通过在激振器位置给叶片施加不同的静载来调整试验载荷的应力比。

这种试验方法的优点是试验设备简单、稳定且试验费用低。缺点是此方法局限于等幅或分块加载载荷谱且试验频率受试验系统(包括叶片配重)的固有频率限制。

D.2.2 试验装置

挥舞方向试验的典型装置是叶根固定在试验台上,叶尖弦线或叶片处于水平位置,叶片吸力面朝向地面。由激振器和配重的重量在叶片测试区域产生预期的载荷分布。例如,如果将叶根剖面和叶片最大弦长剖面附近确定为试验区,就可以在叶片上靠近叶尖的部分(如在叶片长度的75%处)安装配重和激振器来产生所需的试验载荷。激振器和配重的重量一般不超过产生叶根区域预期载荷所需重量的一半,可以通过在叶片不同展向位置上设置配重来调整载荷分布,从而得到各剖面位置所需的载荷。

图 D.4 使用偏心旋转质量的试验装置示例

开始试验后,要经常将叶片载荷与测试区域的预定载荷进行比较,以确保测试区域以外的部分不会发生严重过载。

摆振方向的试验方法跟上述挥舞方向试验类似,但通常以叶片的叶尖弦线垂直于地面的方向固定在试验台上。摆振和挥舞方向的组合试验可以在上述的摆振方向试验中用一拉杆在挥舞方向给叶片施加静载来进行,也可以通过互相垂直安装的两台激振器来试验。

D.2.3 建立加载

由于配重会引起叶片振型的变化,因此,在激振器的作用下,叶片上的载荷分布与静力试验中的载荷分布是不同的。在选择测试区域和试验循环次数时应考虑到这一点。

激振器可以采用带偏心旋转质量的调速电机。为了获得所需的应力比,应给叶片设置能够产生载荷谱中载荷均值的配重。通过调整偏心旋转质量的大小及旋转频率可获得叶片试验预期的位移,预期位移可根据试验进行前的标定试验确定。

对控制和数据采集设备的要求在很大程度上取决于所选择的控制和监测原理。

D.2.4 试验控制问题

D.2.4.1 振幅调整

在低于叶片试验系统(包括配重)固有频率的范围内调整激振器频率,将叶片位移幅值调节到所需要的水平。

D.2.4.2 刚度变化

根据试验控制原理,刚度可采用挠度、应变仪测量、频繁的载荷标定或这些方法的组合等方式来监控。

D.2.4.3 位移控制/行程限制

在整个试验过程中,载荷水平应保持在规定的公差范围内。因为叶片的特性通常是线性的,因此可由其位移来推导其载荷水平。位移可直接由位移传感器或间接由测量的加速度来监控(在特殊情况下也可由应变仪测量值来监测)。

建议安装一个应急开关,当试验载荷超过某一载荷极限值时,可用来停止试验。

D.2.4.4 温度

大的环境温度变化可引起叶片刚度和叶片挠度平均值的变化,此时要对试验进行调整。

D.3 凸轮

把叶片与一个连接在旋转凸轮轴上的推杆相连,可以对风轮叶片施加交变载荷。通过调整推杆的线性运动得到预期的挠度。这种方法通常局限于位移控制和单向的等幅加载。可采用刚性连接方式的硬件进行等位移加载或用较柔软的链接提供系统阻尼。如果是刚性连接,则不需要附加位移信号,因为位移由系统的几何结构控制。

D.4 静力试验加载装置

当位移较大而且试验条件要求载荷从上部施加时,利用吊车或卷扬机是很好的选择。对刚度非常好的结构来说,要控制加载的速率可能是困难的,除非吊车装备有低速控制设备。卷扬机的用法类似,但可以安装在任何刚性支架上。

图 D.5 使用吊车的静力试验装置

图 D.6 使用卷扬机的静力试验装置之一

图 D.7 使用卷扬机的静力试验装置之二

沙袋搬运起来比较困难，用沙袋给叶片施加极限载荷时要极其小心。为了操作安全，添加沙袋时应在叶片下面进行支撑，以避免因载荷变化而导致叶片失效。可用人工或自动装置沿叶片放置沙袋。试验前要沿叶片展向安装沙袋固定装置，以防叶片受力变形时，沙袋沿叶片轴向滑动。对于柔性较大的叶片，由于加载时变形会更大，使用沙袋进行加载的方法则不再适用。用这种方法施加摆振方向载荷也是很困难的。

图 D.8　使用液压加载器的静力试验装置

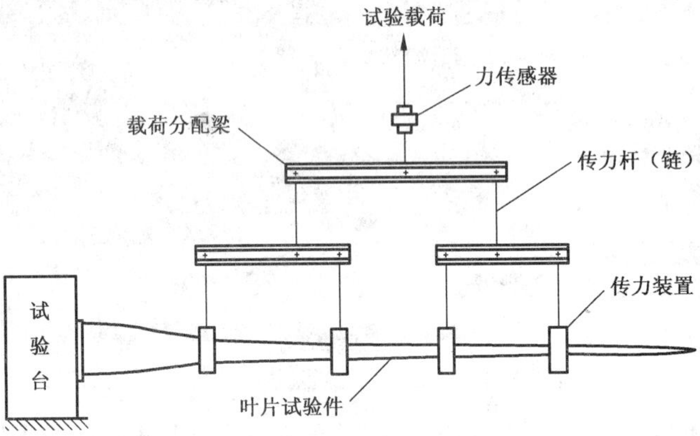

图 D.9　分配梁加载示例

图 D.10　分配梁加载实例

分配梁是在静力试验中对叶片施加分布点载荷的试验装置,图 D.9 显示了典型分配梁加载的简图。这种方式中所有的联结和连接都是柔性的,以防止夹紧装置改变叶片刚度。分配梁的几何结构要设计成能够对叶片施加接近目标试验载荷分布的形式。对于较大的叶片,最好采用分段试验的方式,例如,用一个分配梁试验叶尖部分,用另一个试验叶片靠近最大弦长剖面的区域。使用分配梁时,采用吊车提升叶片比较容易,但也可以用液压加载器。通常用轻质材料制造分配梁。

对于特殊加载装置,可以使用摇臂、杠杆、滑轮和钢丝绳通过放大载荷或位移来改变其机械性能。

参 考 文 献

[1] D. R. V. van Delft J. L van Leeuwen, Full-scale testing of wind turbine rotor blades, EWEC'94 conf. 1994, Thessaloniki

[2] W. D. Musial et al, A Comparison of Strength and Load-based Methods for Testing Wind Turbine Blades, AIAA 97-0957; 35th Aerospace Sciences Meeting & Exhibit, 1997 RENO

[3] W. D Musial et al, A Photo-elastic stress analysis on a Phoenix 7. 9 meter blade, Windpower'91 conference and Exposition, Palm Springs, 1991

[4] H. J. van Grol, B. H. Bulder, Reference procedure to establish fatigue stresses for large size wind turbines

[5] D. R. V. van Delft, D. C. Corbet, J. L. van Leeuwen, Full-scale fatigue tests of wood-epoxy blades. , Proc. EWEC'91, Amsterdam 1991

[6] Perry, C. C. , and Lissner, H. R. The Strain Gage Primer, Chapter 5, McGraw-Hill, 1962

[7] G. C. Larsen and A. Kretz, Experimental Determination of Stiffness Distributions and Mode Shapes of Wind Turbine Blades. Risø report R-773(EN), March 1995

[8] G. C. Larsen and A. Kretz, Experimental determination of structural properties by non-destructive methods

[9] H. J. Sutherland et al, The application of non-destructive techniques to the testing of a wind turbine blade, Sandia report; SAND93-1380. UC-261, June 1994

[10] A. G. Dutton et al. , Damage detection and stress measurement in composite wind turbine blades EWEC'94 conf. 1994, Thessaloniki

[11] D. J. Ewins, Modal Testing: Theory and Practice, Research Studies Press Ltd, UK

[12] D. R. V. van Delft et al, Fatigue behaviour of fiberglass wind turbine blade material under variable amplitude loading Proc. EUWEC'96, Götenburg

[13] K. McLemon, N. Gibson and P. Graets, Development of Blade Test Facility to Accommodate Flexible Blade Assembly for New MS4 Wind Turbine, BWEA 19 Edinburgh 1997

[14] T. P. Philippidis, P. S. Vionis, D. J. Lekou, A. N. Fragoulis, Rotor Blade Design Verification By means of Full-Scale Testing, EWEC=97

ICS 27.180
F 11

中华人民共和国国家标准

GB/T 25385—2010

风力发电机组　运行及维护要求

Operation and maintenance requirement for wind turbines

2010-11-10 发布　　2011-03-01 实施

中华人民共和国国家质量监督检验检疫总局
中国国家标准化管理委员会　发布

前　言

本标准的附录 A、附录 B 为规范性附录。

本标准由中国机械工业联合会提出。

本标准由全国风力机械标准化技术委员会(SAC/TC 50)归口。

本标准起草单位:新疆金风科技股份有限公司。

本标准主要起草人:杨志强、朱新湘、候先锋、姜兴华、王相明、霍江明。

风力发电机组　运行及维护要求

1　范围

本标准规定了风力发电机组运行和维护人员的基本要求；规定了机组的试运行说明、操作手册和维护手册等主要内容。

本标准适用于容量在100 kW以上定桨距、变桨距和变速变桨、水平轴、上风向风力发电机组。

本标准适用于制造商或用户对风力发电机组的运行维护。

2　概述

风力发电机组制造商应提供一份详细的运行维护手册，手册应对试运行、运行、检测和维修工作中操作人员的安全作出规定。

风力发电机组设计时要考虑所有零部件检查和维修的安全通道。

对于临时安装在风力发电机组上的测量用的电子设备，应该包含在风力发电机组手册的电气部分。

风力发电机组运行维护人员必须接受过专门的培训，应熟悉设备和运行维护手册。在允许的条件下，运行和维修人员要对眼、脚、耳和头部进行保护。对攀爬塔架和高处作业应进行这方面的工作培训，并确保会使用安全带、安全攀爬辅助设备或其他设备等。具有不适合高空作业疾病的人员不允许攀爬塔架或在高处作业。在高出水面的水域作业要经过专业的水上救生培训，在允许的条件下，要配备救生设备。

3　安全运行、检测和维修的设计要求

操作人员对风力发电机组进行正常操作要尽可能在地面上进行。现场应该配备手动控制优先于自动控制的或具有遥控功能的提升设备。

如果发生不危及今后风力发电机组安全的外部事故，如电网停电后再恢复供电，允许自动恢复到正常工作状态。

为了保护人员的安全，运动部件的设计要有可靠的安全要求，能够防止由于接触运动部件而发生的意外，除非该部件需要频繁使用且其运动是可预见的。

防护装置应：

a)　安全可靠；

b)　重要的维修工作没有它的情况下也能进行。

为了保证检测和维修人员的安全，设计要包含下列内容：

a)　应有安全和足够的、便于检测和维护的操作空间；

b)　应有保护操作人员避免因偶然接触运动零件造成伤害的措施；

c)　在攀爬塔架或高空作业时，需佩戴安全带和其他经过检验的安全设备；

d)　在维护叶轮、偏航机构或其他运动机构时，要有可靠的制动保护；

e)　应有现场操作的警告标志；

f)　应有合格的接地及放电设备；

g)　应有消防措施；

h)　应有逃离机舱的备用应急措施。

维护过程中，对任何一个进入到封闭空间内的工作人员，需要配备必要的安全设备，例如进入类似轮毂或者叶片的内部这样的危险区域，要对叶轮进行良好的锁定，并且要有待命人员随时准备处理可能

的危险和开展营救工作。

4 试运行说明

4.1 供电

制造商提供的说明中需包含风力发电机组电器系统的初始电压。

4.2 试运行测试

制造商的说明中需要包含风力发电机组安装后的测试检查，确保所有设备、控制系统和仪表功能正常。包括但不限于下列内容：

- 启动；
- 停机；
- 紧急停机；
- 模拟由于过速或其他典型故障的紧急停机；
- 安全系统的功能测试。

4.3 记录

安装完成后，制造商的说明书需包含测试、试运行、控制参数和结果等描述，并作为机组档案保存。

4.4 试运行后的操作

安装完成后，进入制造商建议的试运行阶段，具体需要的操作将由制造商完成。这些不仅仅包含紧固部件紧固，更换润滑油，检查零件的运转，适当调整控制参数。

现场要进行危险品的清理和做防腐处理。

5 操作手册

5.1 概述

a) 操作手册由风机制造商提供，并结合当地独特的现场状况和客户特殊的要求。所有的操作都要由经过合格培训的人员进行或在培训合格人员的指导下进行；
b) 系统描述和设备安全运行极限；
c) 启动和停机操作程序；
d) 报警动作列表；
e) 紧急情况处理程序；
f) 规定的要求有：
   1) 在允许的条件下，操作和维修人员要对眼、脚、耳和头部进行保护；
   2) 所有攀爬塔架或在高处作业，需要进行这方面的工作培训，会使用安全带、安全攀爬辅助设备或其他安全设备等；
   3) 在允许的条件下，在高出水面的水域作业要有救生设备；
g) 手册应该使用操作和维修人员能够阅读并理解的语言。

5.2 操作和维修记录

手册应规定操作和维修记录需要保存下来，记录至少包含下列内容：

a) 机组编号；
b) 发电量；
c) 工作小时数；
d) 停机小时数；
e) 故障名称及发生的日期和时间；
f) 维护和修理的人员、日期和时间；
g) 故障和维护的性质；

h） 进行的操作；

i） 更换的零件。

5.3 意外自动停机

手册应规定在任何故障或功能失常造成的故障停机后，操作人员必须在查明原因后再重新启动风机，除非在手册中有另外的规定。所有的故障停机必须有记录。

5.4 可靠性降低

手册中应规定在找到故障、异常报警的原因和可靠性降低的根源后，才能进行下一步的工作。

5.5 操作规程

手册应规定风力发电机组的操作安全规程，规程需考虑下列因素：

a） 电控系统的操作；

b） 兼顾运行和维修；

c） 操作现场清理规程；

d） 塔架攀爬的规程；

e） 设备操作的规程；

f） 恶劣天气下的操作；

g） 通信方法和应急方案，等。

5.6 应急方案

手册中应对可能的紧急事件要有重要性提示标记，并对操作人员采取的操作作出规定。

手册中应规定，一旦出现有火情、零件或整机明显受到损害的情况，所有人员必须在险情排除后方可接近风力发电机组。

下列情况将可能增加风力发电机组损伤的程度，应该制定紧急事件的应急方案：

a） 结冰；

b） 闪电和暴雨；

c） 台风；

d） 地震；

e） 沙尘暴；

f） 火灾，洪水；

g） 过速；

h） 刹车失灵；

i） 叶轮不平衡；

j） 紧固件松动；

k） 润滑失效；

l） 拉索松动或断裂；

m） 寒冷天气机组启动；

n） 其他零部件故障。

6 维护手册

每一个类型的风力发电机组均有相应的维修手册，至少包含风力发电机组制造商规定的维护要求和紧急事件处理程序，同时包含非计划性维修。

维护手册要明确零部件磨损和更换标准。

维护手册应该包含下列项目：

a） 任何检查和维修工作必须由培训合格或授权的操作人员，在指定的时间，依照维护手册操作；

b） 对风力发电机组子系统及其运行进行描述；

c) 润滑周期表应该规定更换或添加油脂的周期、牌号和用量等(见附录A);

d) 更换操作的程序;

e) 维护检查的周期和程序;

f) 保护系统的功能检查程序;

g) 完整的配线和接线图;

h) 拉索的检查和重新张紧周期表、螺栓的检查的重新紧固周期表,包括拉伸力和力矩值(见附录B);

i) 故障诊断程序和故障处理指南;

j) 备品备件清单;

k) 现场装配和安装图纸;

l) 工具清单,等。

附 录 A
（规范性附录）
润滑周期表

表 A.1 润滑周期表

部位	润滑周期					备注
	安装	500 小时	1/4 年	半年	一年	
齿轮箱	YW	YW	YW	YW	YW	定期进行油样测试、更换
万向联轴器	YZ	YZ	YZ	YZ	YZ	按照设备供应商的要求更换
发电机轴承	YZ	YZ	YZ	YZ	YZ	润滑必须在较低转速下进行，严格遵守加润滑脂数量
偏航齿面	YZ	YZ	YZ	YZ	YZ	按照设备供应商的要求更换
偏航齿轮箱	YW	YW	YW	YW	YW	按照设备供应商的要求更换
液压系统	YW	YW	YW	YW	YW	按照设备供应商的要求更换
偏航轴承				YZ		更换易磨损元件
变桨轴承				YZ		
变桨减速器	YW	YW	YW	YW	YW	
变桨齿轮	YZ	YZ	YZ	YZ	YZ	
液力耦合器						

注 1：油位用 YW 表示；

注 2：油脂用 YZ 表示；

注 3：其他需要润滑的部位，按照设备供应商的要求进行。

附 录 B
（规范性附录）
定期运行维护项目及要求

B.1 半年运行维护项目及要求

半年运行维护项目及要求见表B.1。

表B.1 半年运行维护项目及要求

序号	项 目	要 求
1	塔架/基础连接螺栓	先抽查5%螺栓个数的力矩，如有一个螺栓的力矩达不到要求，则检查所有螺栓力矩
2	上塔架/下塔架连接螺栓	要求同上
3	偏航轴承连接螺栓	要求同上
4	叶片连接螺栓	要求同上
5	轮毂/加长节连接螺栓	要求同上
6	轮毂/叶轮主轴连接螺栓	要求同上
7	齿轮箱/底座连接螺栓	要求同上
8	闸盘连接螺栓	要求同上
9	闸盘支架/齿轮箱	要求同上
10	偏航闸连接螺栓	要求同上
11	闸块间隙	闸块最小厚度
12	偏航闸块间隙	闸块最小厚度
13	齿轮箱油位	检查油位
14	齿轮箱油过滤器	如需要则进行更换
15	发电机加注油脂	加注
16	万向轴加注油脂	加注
17	偏航齿轮箱油位	检查油位
18	偏航轴承	加注
19	偏航齿系统润滑	每个齿上润滑剂厚度
20	电缆夹板	检查电缆有无磨损，紧固夹板螺栓
21	液压油位	检查油位
22	风向标	检查支架的固定，螺帽的固定，风向标的转动方向与机舱偏航的方向是否一致
23	风速计	检查风速计的固定 使风速计停止转动，观察是否归0位
24	顶部开关盒	检查所有电缆连接，检查其机械固定，检查操作功能
25	主开关柜	检查所有电缆的连接 检查连接点的力矩 特殊元件的力矩 检查开关的功能

B.2 全年运行维护项目及要求

全年运行维护项目及要求见表B.2。

表B.2 全年运行维护项目及要求

序号	项　目	要　求
1	塔架/基础连接螺栓	先抽查5%螺栓的力矩，如有螺栓的力矩达不到要求，则检查所有螺栓力矩
2	上塔架/中塔架连接螺栓	要求同上
3	中塔架/下塔架连接螺栓	要求同上
4	偏航轴承连接螺栓	要求同上
5	叶片连接螺栓	要求同上
6	延长节/轮毂连接螺栓	要求同上
7	轮毂/叶轮主轴连接螺栓	要求同上
8	齿轮箱/底座连接螺栓	要求同上
9	齿轮箱底座/底板连接螺栓	要求同上
10	闸盘连接螺栓	要求同上
11	闸盘支架/齿轮箱	要求同上
12	偏航闸连接螺栓	要求同上
13	闸块间隙	闸块最小厚度
14	发电机连接螺栓	检查所有螺栓力矩
15	万向轴和联轴器螺栓	检查所有螺栓力矩
16	偏航齿轮箱连接螺栓	检查所有螺栓力矩
17	偏航轴承连接螺栓	检查所有螺栓力矩
18	偏航闸块间隙	闸块最小厚度
19	齿轮箱油位	检查油位，定期检测油品的质量，按20%抽检进行油品化验
20	齿轮箱油过滤器	如报故障须更换
21	发电机加注油脂	加注
22	电缆夹板	检查电缆有无磨损，紧固夹板螺栓
23	万向轴加注油脂	加注
24	偏航齿轮箱油位	检查油位，加注
25	偏航轴承	加注
26	偏航齿系统润滑	检查每个齿面润滑剂厚度；喷涂
27	液压油位	检查油位，每3年更换1次油
28	变桨轴承润滑	加注
29	变桨齿轮润滑	检查每个齿面润滑剂厚度；喷涂

表 B.2（续）

序号	项　　目	要　　求
30	变桨减速器油位	检查油位、颜色，按照规定年限更换
31	变桨刹车	检查刹车间隙和刹车片厚度
32	液压油过滤器	观察阻塞指示器
33	振动传感器	检查振动传感器机械连接处及振动开关内的电缆连接，检查振动传感器功能
34	纽缆	测试开关动作功能
35	风向标	检查支架的固定，螺帽的固定，风向标的标记方向是否正确
36	风速计	检查风速计的固定，使风速计停止转动观察风速显示是否为 0 m/s
37	顶部开关盒	检查所有电缆连接，检查其机械固定，检查其功能是否正常
38	主开关柜	检查所有电缆的连接、 检查连接点的力矩、 特殊元件的力矩、 灯的保险座、主断路器、母线连接 检查开关的功能
39	叶片	所有转动部件自由转动 检查机械元件腐蚀状况，并进行修理 检查在正常转速和压力下叶尖是否完全关闭。检查叶轮螺栓的紧固 液压系统是否有泄露
	塔架焊缝	检查塔架焊缝
注 1：表格中未尽的项目，按照设备供应商的要求进行。		

ICS 27.180
F 11

中华人民共和国国家标准

GB/T 25386.1—2010

风力发电机组 变速恒频控制系统 第1部分：技术条件

Wind turbine generator system variable speed constant frequency control system—Part 1: Technical condition

2010-11-10 发布 2011-03-01 实施

中华人民共和国国家质量监督检验检疫总局
中国国家标准化管理委员会 发布

前　言

GB/T 25386《风力发电机组　变速恒频控制系统》分为两个部分：

——第1部分：技术条件；

——第2部分：试验方法。

本部分为GB/T 25386的第1部分。

本部分由中国机械工业联合会提出。

本部分由全国风力机械标准化技术委员会(SAC/TC 50)归口。

本部分起草单位：中国科学院电工研究所、北京科诺伟业科技有限公司。

本部分主要起草人：赵斌、武鑫、赵栋利、鄂春良、许洪华。

风力发电机组　变速恒频控制系统 第1部分:技术条件

1　范围

本部分规定了并网型水平轴变速恒频风力发电机组控制系统和电气变桨距控制系统的相关术语和定义、一般要求、技术要求、试验方法和检验规则等。

本部分适用于并网型水平轴变速恒频风力发电机组控制系统和电气变桨距控制系统。

2　规范性引用文件

下列文件中的条款通过本部分的引用而成为本部分的条款。凡是注日期的引用文件,其随后所有修改单(不包括勘误的内容)或修订版均不适用于本部分,然而,鼓励根据本部分达成协议的各方研究是否可使用这些文件的最新版本。凡是未注日期的引用文件,其最新版本适用于本部分。

GB/T 191　包装储运图示标志(GB/T 191—2008,ISO 780:1997,MOD)

GB/T 2900.53　电工术语　风力发电机组

GB/T 3859.2—93　半导体变流器　应用导则(eqv IEC 60146-1-2:1991)

GB/T 4588.1　无金属化孔单双面印制板分规范(GB/T 4588.1—1996,idt IEC/PQC 89:1990)

GB/T 4588.2　有金属化孔单双面印制板分规范(GB/T 4588.2—1996,idt IEC/PQC 90:1990)

GB/T 13384　机电产品包装通用技术条件

GB/T 15969.1　可编程序控制器　第1部分:通用信息(GB/T 15969.1—2007,IEC 61131-1:2003,IDT)

GB/T 15969.2　可编程序控制器　第2部分:设备特性(GB/T 15969.2—2008,IEC 61131-2:2003,IDT)

GB/T 25386.2　风力发电机组　变速恒频控制系统　第2部分:试验方法

IEC 60204-1　机械安全　机器的电气设备　第1部分:一般要求

3　术语和定义

GB/T 2900.53 确立的以及下列术语和定义适用于本标准。

3.1

控制系统　control system

接收风力发电机组信息和其工作环境信息,调节风力发电机组,使其保持在工作要求范围内的系统。

3.2

变速恒频风力发电机组　variable speed constant frequency WTGS

风轮转速可以随风速在较宽的范围内改变,机组输出的电能频率与电网频率保持同步的风力发电机组。

3.3

失效　failure

执行某项规定功能的终结。

注1:"失效"概念作为定义,不适用于仅由软件组成的功能项目。

注2：失效后，该功能项有故障。

注3："失效"是一个事件，区别于作为一种状态的"故障"。

3.4

安全链　safe-chain

安全链是一种由风力发电机组若干关键保护节点串联组成的独立于控制系统的硬件保护回路。

3.5

叶尖速比　tip speed ratio

风力发电机组叶片的叶尖线速度与风速之比。

3.6

故障　fault

不能执行某规定功能的一种特征状态。它不包括在预防性维护和其他有计划的行动期间，以及因缺乏外部资源条件下不能执行规定功能。

注：故障经常作为功能项本身失效的结果，但也许在失效前就已经存在。

3.7

偏航　yawing

风轮轴绕垂直轴的旋转(仅适用于水平轴风力发电机组)。

3.8

偏航系统　yawing system

使水平轴风力发电机组的风轮轴绕塔架垂直中心线旋转的机构。偏航系统包括偏航驱动机构、回转支撑、制动装置等。

3.9

正常关机　normal shutdown (WTGS)

关机全过程都是在控制系统控制下进行的关机。

3.10

紧急关机　emergency shutdown (WTGS)

安全链触发使风力发电机组迅速关机。

3.11

运行转速范围　operating rotational speed range

风轮从最低运行速度到最高运行速度的转速范围，在这个范围内机组的转速处于正常运行状态。

3.12

导电滑环　slip ring

利用导电部件的滑动或滚动接触、静电耦合或电磁耦合，在转动部件与静止部件之间传递电信号和电能的装置。

3.13

功率特性　power performance

风力发电机组发电能力的表述。

3.14

净电功率输出　net electric power output

风力发电机组输送给电网的电功率值。

3.15

功率曲线　power curve

描绘风力发电机组净电功率输出与风速的函数关系的图和表。

3.16

失效-安全机制 fail-safe mechanism

一种安全设计特性，即设备或系统中个别部件失效时仍能保持设备或系统的安全。

3.17

电气变桨距控制系统 electric pitch control system

电气变桨距控制系统是调整桨叶节距的装置。主要包括变桨控制器、变桨电机、变桨伺服驱动器、后备电源等部件。

3.18

变桨伺服驱动器 pitch servo driver

变桨伺服驱动器是用于驱动变桨电机调整桨叶角度的装置。

3.19

后备电源 backup power supply

后备电源是在电网掉电时为电气变桨距控制系统提供能量支撑的电源。

3.20

顺桨 feathering

风轮叶片的几何攻角改变到风轮叶片趋近零升力的状态。通常顺桨分为正常顺桨和紧急顺桨。

3.21

桨距角 pitch angle

在指定的叶片径向位置叶片弦线与风轮旋转面间的夹角。

3.22

桨距角工作范围 operating blade angle range

风力发电机组的正常运行范围内所对应的叶片桨距角的工作范围。

3.23

最大变桨速率 the maximum pitch rate

桨距角变化速率所允许的最大值。

3.24

变桨电机额定电压 the rated voltage of pitch motor

变桨电机铭牌上所规定的额定输入电压。

3.25

变桨电机额定转速 the rated speed of pitch motor

变桨电机铭牌上所规定的额定转速。

3.26

变桨电机额定转矩 the rated torque of pitch motor

额定运行条件下，变桨电机能够连续工作而不会超过限值的最大转矩值。

3.27

变桨电机过载能力 the overload capacity of pitch motor

在规定的时间内，变桨电机能够连续输出不超过规定值的最大转矩值。

4 一般要求

4.1 概述

并网型水平轴变速恒频风力发电机组控制系统应具有正常运行控制、变速变桨控制、参数检测和监控、电气安全保护等功能；电气变桨距控制系统应具有正常运行控制、伺服驱动控制、后备电源管理、参数检测和监控以及电气安全保护等功能。

通常,风力发电机组控制系统应保证风力发电机组在规定的外部条件下能有效、安全地运行。当控制系统不能使机组保持在正常运行状态或超出正常运行限值后,则由其安全保护系统执行安全方案。

4.2 环境条件

a) 工作温度范围:－20 ℃～＋ 45 ℃ (常温型),－30 ℃～＋ 45 ℃ (低温型);

b) 生存温度范围:－30 ℃～＋ 50 ℃ (常温型),－40 ℃～＋ 55 ℃ (低温型);

c) 最高相对湿度小于或等于95%;

d) 海拔高度小于等于1 000 m,海拔高度大于1 000 m时,应按照GB/T 3859.2规定执行;

e) 贮存和运输中的环境:

——运输:控制柜包装后,应能保证在正常运输条件下不受任何损伤。

——贮存:控制柜应贮存在没有腐蚀性气体和有害性气体的干燥、通风的库房中,不允许露天存放。如果没有特殊要求,运输和贮存温度范围在－25 ℃～＋45 ℃之间。

f) 接地电阻应小于或等于4 Ω。

4.3 电网条件

a) 电压波动范围,额定值±10%;

b) 频率波动范围,47.5 Hz～51.5 Hz 。

4.4 控制柜与元器件

4.4.1 控制柜根据不同地区、不同要求确定相应防护等级。一般应具有不低于IP54的防护等级,控制系统的显示、键盘的防护等级应不低于IP41。

4.4.2 控制柜中所使用的硬件设备,传感器和元器件应符合相应的各自标准及IEC 60204-1的有关规定。可编程序控制器应符合GB/T 15969.1和GB/T 15969.2的规定。

4.4.3 控制柜中所装用的印制板应符合GB/T 4588.1、GB/T 4588.2的规定。

4.4.4 控制柜应采取较完善的屏蔽措施,防止受雷电感应过电压而损害。

4.4.5 控制和安全保护系统的设定值应予以保护,防止非授权情况下的随意改动。

4.4.6 手动/自动控制应不损害安全保护系统的功能,允许手动控制的装置做出恰当标记,以便于识别。

4.4.7 当控制系统与安全保护系统冲突时,控制系统应服从安全保护系统的要求。

4.5 电磁兼容

控制系统/电气变桨距控制系统应具有适当的抗电磁干扰能力,应保证信号传输不受电磁干扰,执行部件不发生误动作。

5 技术要求

5.1 设计原则

5.1.1 控制系统应满足在规定的所有外部条件下都能使风力发电机组的运行参数保持在正常运行范围内。

5.1.2 控制系统通过对执行机构的控制,应优化风力发电机组运行效率,实现风力发电机组高效、安全运行。

5.1.3 控制系统应能检测出风力发电机组出现的故障,如超速、过振动、超功率、过热等,并采取完善的保护措施。

5.1.4 控制系统应具备至少对两套独立制动系统的控制能力。

5.1.5 电气变桨距控制系统应满足在规定的所有外部条件下都能使风力发电机组运行在安全工作区内。

5.1.6 电气变桨距控制系统应能接收风力发电机组控制系统指令,实时调节桨距角,降低机组所承受的载荷水平,使机组运行最佳化。

5.1.7 电气变桨距控制系统应能够检测出后备电源故障、电网掉电、电网过压/欠压、轮毂过温、通讯故障、变桨伺服驱动器内部故障、变桨电机过热、变桨电机过速、编码器故障等，并进行自动顺桨。

5.1.8 电气变桨距控制系统应具备冗余的测量角度系统及限位开关。

5.1.9 在电网掉电时，电气变桨距控制系统应自动投入后备电源驱动桨叶顺桨。

5.1.10 电气变桨距控制系统应具备手动和自动调节桨距角的功能。

5.2 控制功能

5.2.1 概述

控制系统应能实现风力发电机组的正常运行控制。控制系统功能包括：启动控制；关机控制；并网控制；变速控制；恒功率运行控制；偏航控制；解缆控制等。

电气变桨距控制系统功能包括：独立变桨控制；桨叶位置控制、变桨电机运动控制；后备电源充放电管理；电网失效时的紧急顺桨等。

5.2.2 启动

控制系统的启动方式包括自动启动，塔底手动启动、机舱手动启动和远程启动。

在系统第一次上电或电网故障停电后又恢复正常时，控制系统应对电网进行检测，在无故障情况下，使系统处于待机状态。

无论是手动启动还是自动启动都应该先检测风力发电机组允许的启动条件，这些条件包括系统压力、温度、风速、电网电压、频率等。当以上条件均在正常范围内时，进入启动程序。

电气变桨距控制系统的启动方式包括自动启动（接收到控制系统发出的启动命令）、手动启动。

电气变桨距控制系统的启动过程中应完成后备电源、变桨电机、变桨伺服驱动器、温度等状态的检测，启动过程完毕后，根据风力发电机组的控制系统指令调节叶片桨距角。

5.2.3 关机

关机通常包括正常关机和紧急关机。

正常关机 在手动关机、负功率关机或出现除紧急关机以外的需要关机的故障时，应能控制风力发电机组脱网，执行正常顺桨。

紧急关机 当风力发电机组出现过振动、扭缆超限、超速、手动急停或看门狗信号丢失等情况时，应能使安全链断开，风力发电机组脱网，同时执行紧急顺桨。

5.2.4 并网控制

启动电气变桨距控制系统，电气变桨距控制系统通过闭环控制桨距角变化，使发电机转速按设定曲线上升，当发电机转速升至变流器运行范围内时，启动变流器，完成并网控制。

5.2.5 变速控制（最大功率跟踪）

风力发电机组在切入电网后且在额定转速以下时，应运行在变速控制方式。该阶段控制发电机的电磁转矩使发电机转速在较宽的转速范围内可调，以实现最大功率跟踪。

5.2.6 恒功率控制

风力发电机组应在额定风速以上切出风速以下范围内运行时，通过调节桨距角和变速控制实现风力发电机组的恒功率控制。

5.2.7 偏航控制

偏航控制包括自动偏航和手动偏航。手动偏航包括控制柜手动偏航、机舱手动偏航、中央监控室手动偏航。

优先级别：机舱手动偏航＞控制柜手动偏航＞中央监控室手动偏航＞风向标控制的自动偏航。

5.2.8 解缆控制

解缆包括自动解缆和手动解缆。自动解缆应至少设置两级限制，当扭缆达到设定限值时，控制系统发出信号，通过对偏航驱动装置的控制，自动解缆。

若自动解缆未能执行，扭缆达到扭缆保护限值即发生扭缆超限时，则应触发安全链，使风力发电机组紧急关机，等待进行手动解缆操作。

当执行解缆操作时，系统应自动屏蔽所有偏航请求。

5.2.9 在线不间断电源(UPS)

控制系统应当配置UPS。在线不间断电源(UPS)至少需要维持10 min电源支撑，支撑包括控制系统控制单元、变流器控制单元、电气变桨距控制系统控制单元等部分。

5.2.10 变桨伺服驱动器

变桨伺服驱动器控制桨距角精度应不低于0.1°。变桨伺服驱动器应具备自身故障保护能力，当系统出现内部硬件故障时，能够输出故障信号。变桨伺服驱动器应具备对变桨电机的保护能力，当出现输出短路、断路等故障时，能够停机并输出故障信号。

5.2.11 后备电源

电气变桨距控制系统应当配置后备电源。在电网掉电或电网欠压条件下为伺服驱动系统提供能量。后备电源的容量设计应至少能满足3次以上满载下的全程顺桨需求。电气变桨距控制系统根据后备电源的状态进行充放电控制。

5.3 参数检测

5.3.1 概述

控制系统应对风力发电机组运行参数检测，如：电量参数；环境参数；变流器参数；电气变桨距控制参数；其他参数等。

5.3.2 电量参数

——三相电压；

——三相电流；

——有功功率；

——无功功率；

——功率因数；

——频率；

——发电小时数；

——发电量。

5.3.3 环境参数

——风速；

——风向；

——环境温度。

5.3.4 变流器参数

——变流器测量发电机转速；

——发电机电磁转矩；

——其他所需参数。

5.3.5 电气变桨距控制参数

——桨距角；

——变桨速率；

——轮毂温度；

——其他所需参数。

5.3.6 其他参数

——温度，包括发电机绕组温度、轴承温度、控制柜温度等；

——转速，包括风轮转速和发电机转速；

——压力和油位，包括液压系统压力，液压油位等；

——偏航系统，包括偏航角度、偏航方向等；

——制动系统状态；

——机舱振动；

——电缆缠绕；

——传动链相关参数(如齿轮箱油压、温度、油位)；

——电气变桨距控制系统状态参数(变桨电机故障状况；后备电源状态，欠电压、充电故障等；变桨电机电枢电流，绕组温度；变桨伺服驱动器状态；编码器状态；叶片同步状况)。

5.3.7 人机界面

控制系统显示和查询风力发电机组的运行状态及参数、故障状态等。人机界面应能实现对风力发电机组的手动启、停控制、偏航控制以及修改参数等操作功能，为维护人员提供良好的操作界面。

电气变桨距控制系统应配置人机界面接口，显示和查询电气变桨距控制系统的运行状态及参数、故障状态等。通过人机界面实现对电气变桨距控制系统的手动启、停控制、角度和速度控制、角度校验以及修改参数等控制操作，为维护人员提供良好的操作界面。

5.4 安全保护

5.4.1 由于风力发电机组内部或外部发生故障，或监控的参数超过极限值而出现危险情况，或控制系统失效，风力发电机组不能保持在它的正常运行范围内，则应启动安全保护系统，使风力发电机组维持安全状态。

5.4.2 安全保护系统的设计应以失效-安全为原则。当安全保护系统内部发生任何部件单一失效或动力源故障时，安全保护系统应能对风力发电机组实施保护。

5.4.3 安全保护系统应具有较高的优先权，控制系统的功能应服从安全保护系统的要求。

5.4.4 安全保护系统应至少能启动两套完全独立的制动系统，当安全保护系统启动制动系统时，控制系统应自行降至服从地位。

5.4.5 应考虑触发安全保护系统的限制值，使其不超过设计基础的极限值，而且不会对风力发电机组造成危险，但也应使安全保护系统不会产生对控制系统的不必要干扰。

5.4.6 由于内部故障或风力发电机组达到安全极限发生跳闸时，风力发电机组不应自动启动。

5.4.7 若安全保护系统已经启动过，则应要求人工排除故障。

5.4.8 在风轮超速、发电机超速、过振动、过扭缆、人工急停、控制系统失效等情况下应启动安全链紧急关机保护。

5.4.9 控制系统应具有故障处理功能，根据故障类型分别进行报警或者关机。同时，针对可自恢复故障和不可自恢复故障实现风力发电机组重新自动启动或手动启动。

对于可自恢复故障(如电网掉电或电网频率、电压偏差过大、发电机输出功率过大或发电机温度过高等)，待这些故障自动消除后，可重新自动启动机组。

对于不可自恢复故障(如机械制动器磨损过度而失效、机械零部件故障等)，则应手动排除故障后才可以重新启动风力发电机组。

5.4.10 电气变桨距控制系统应具有故障处理功能，根据故障类型分别进行正常顺桨、紧急顺桨等故障方式处理。电气变桨距控制系统至少要有以下保护功能：

1) 电网掉电保护

当电网掉电时，电气变桨距控制系统执行紧急顺桨。

2) 电网欠压/过压保护

当电网出现过压或欠压时，电气变桨距控制系统执行正常顺桨。

3） 变桨电机保护

当变桨电机的温度、电枢电流、转速等参数和运行状态超出正常运行范围时，将执行正常顺桨。

4） 编码器故障保护

当发生编码器故障时，电气变桨距控制系统执行紧急顺桨。

5） 通信故障保护

当发生通信故障时，电气变桨距控制系统执行正常顺桨。

6） 变桨伺服驱动器保护

当发生变桨伺服驱动器内部故障时，电气变桨距控制系统执行紧急顺桨。如果不能完成紧急顺桨，需要控制系统或手动切断电气变桨距控制系统主回路电源。

7） 后备电源保护

当发生后备电源故障时，电气变桨距控制系统执行正常顺桨。

8） 叶片不同步保护

对三个桨叶的角度进行监控，当偏差超过规定范围时，电气变桨距控制系统执行正常顺桨。

5.5 通讯要求

控制系统应配置通讯接口，具备与外部通讯能力，实现与变流器、电气变桨距控制系统、本地及远程监控等通讯功能，监测风力发电机组的运行状态、运行数据和故障情况等。通讯接口可以采用现场总线、工业以太网、串口或I/O等方式。

电气变桨距控制系统具有与风力发电机组控制系统的通讯功能，以便风力发电机组主控系统实时发送位置控制指令和监测电气变桨距控制系统的运行状态、运行数据和故障情况等。

6 试验方法

试验应按照GB/T 25386.2《风力发电机组　变速恒频控制系统　第2部分：试验方法》执行。

7 检验规则

7.1 检验类别

产品检验分型式试验、出厂检验、现场试验。

7.2 检验规定

每台产品均做出厂检验，产品检验合格后签发合格证，产品才能出厂。风力发电机组在现场安装调试运行后，在规定的时间内对控制系统进行现场检验，现场检验合格后才能验收。有下列情况之一时，应进行型式试验：

——新产品的试制定型鉴定时；

——产品的设计、工艺等方面有重大改变时；

——出厂检验的结果与上次型式试验有较大差异时。

7.3 检验项目

7.3.1 传感器及其安装规程的检查

检查装于风力发电机组上的各种传感器及其安装规程是否符合其本身的标准规定，其性能和精度是否满足系统监测、控制和安全保护的要求。

7.3.2 控制系统试验项目

试验项目见表1。

表 1

序号	试验名称	型式试验	出厂试验	现场试验
1	电气测试	√	√	
2	绝缘耐压试验	√	√	
3	一般功能试验	√		
4	协调控制试验	√	√	
5	并网试验			※
6	变速控制试验			※
7	恒转速试验(双馈机组)			※
8	功率控制试验			※
9	安全保护试验	√	√	
10	电磁兼容试验	√		
11	低温环境试验	√		
12	高温环境试验	√		
13	湿热性能试验	√		
14	其他试验		√	
注：※代表该试验为现场试验，√为模拟或地面试验。				

7.3.3　**电气变桨距控制系统试验项目**

试验项目见表 2。

表 2

序号	试验名称	型式试验	出厂试验	现场试验
1	电气测试	√	√	
2	绝缘耐压试验	√	√	
3	一般功能试验	√	√	
4	变桨电机温升试验	√		
5	振动试验	√		
6	防护等级试验	√		
7	过载能力试验	√		
8	安全保护试验	√	√	
9	电磁兼容试验	√		
10	低温环境试验	√		
11	高温环境试验	√		
12	湿热性能环境试验	√		
13	其他试验	√		
注：√为模拟或地面试验。				

8 产品信息

8.1 提供文件

a） 装箱清单；

b） 产品使用说明书；

c） 安装尺寸图；

d） 产品质量合格证；

e） 电气接线图；

f） 电气原理图；

g） 出厂检验记录；

h） 保修卡；

i） 用户意见调查表。

8.2 产品标识

a） 技术参数；

b） 产品标志；

c） 产品名称；

d） 产品型号；

e） 出厂编号；

f） 制造日期；

g） 制造厂名；

h） 包装标志。

外包装上有收发货标志、包装储运标志和安全警告标志，按 GB/T 191 包装储运图示标志和 GB/T 13384 机电产品包装通用技术条件的有关规定执行。

ICS 27.180
F 11

中华人民共和国国家标准

GB/T 25386.2—2010

风力发电机组　变速恒频控制系统
第2部分：试验方法

Wind turbine generator system variable speed constant frequency control system—Part 2：Test method

2010-11-10 发布　　2011-03-01 实施

中华人民共和国国家质量监督检验检疫总局
中国国家标准化管理委员会　发布

前　言

GB/T 25386《风力发电机组　变速恒频控制系统》分为两个部分：

——第1部分：技术条件；

——第2部分：试验方法。

本部分为GB/T 25386的第2部分。

本部分的附录A和附录B为资料性附录。

本部分由中国机械工业联合会提出。

本部分由全国风力机械标准化技术委员会(SAC/TC 50)归口。

本部分起草单位：中国科学院电工研究所、北京科诺伟业科技有限公司。

本部分主要起草人：武鑫、李海东、邵桂萍、谷海涛、王宇龙。

风力发电机组　变速恒频控制系统
第2部分：试验方法

1　范围

本部分规定了并网型水平轴变速恒频风力发电机组控制系统和电气变桨距控制系统的试验条件、试验方法。

本部分适用于并网型水平轴变速恒频风力发电机组控制系统和电气变桨距系统的性能试验。

2　规范性引用文件

下列文件中的条款通过本部分的引用而成为本部分的条款。凡是注日期的引用文件，其随后的所有修改单（不包括勘误的内容）或修订版均不适用于本部分，然而，鼓励根据本部分达成协议的各方研究是否可使用这些文件的最新版本。凡是不注日期的引用文件，其最新版本适用于本部分。

GB/T 1032　三相异步电动机试验方法

GB 1311—2008　直流电机试验方法

GB/T 2423.1—2008　电工电子产品环境试验　第2部分：试验方法　试验A：低温（IEC 60068-2-1：2007，IDT）

GB/T 2423.2—2008　电工电子产品环境试验　第2部分：试验方法　试验B：高温（IEC 60068-2-2：2007，IDT）

GB/T 2423.3—2006　电工电子产品环境试验　第2部分：试验方法　试验Cab：恒定湿热试验（IEC 60068-2-78：2001，IDT）

GB/T 2423.10—2008　电工电子产品环境试验　第2部分：试验方法　试验Fc：振动（正弦）（IEC 60068-2-6：1995，IDT）

GB/T 3859.1—1993　半导体变流器 基本要求的规定（eqv IEC 60146-1-1：1991）

GB 4208—2008　外壳防护等级（IP代码）（IEC 60529：2001，IDT）

GB/T 17626.1—2006　电磁兼容　试验和测量技术　抗扰度试验总论（IEC 61000-4-1：2000，IDT）

GB/T 25386.1　风力发电机组　变速恒频控制系统　第1部分：技术条件

3　试验条件

3.1　试验环境

为满足并网型变速恒频风力发电机组控制系统试验的要求，对变速恒频风力发电机组控制系统进行模拟、地面联机试验或现场测试。

1）　模拟试验平台：模拟风力发电机组各类传感器信号，对控制系统的逻辑控制功能和信号模拟输出进行测试。

2）　地面联机试验平台：包括控制系统、变流器的风力发电机组机舱在生产车间安装完好的情况下，由整机测试拖动平台工作，实现地面联机调试的目的。

3）　现场测试试验：通常在风力发电机组安装完成的条件下，电气测试符合机组运行的状态下，进行风力发电机组控制系统的现场测试。

为满足并网型变速恒频风力发电机组电气变桨距控制系统试验的要求，对变速恒频风力发电机组电气变桨距控制系统进行模拟、地面联机试验或现场测试。

1） 模拟试验平台：模拟风力发电机组控制系统信号以及电气变桨距控制系统的负载信号，对电气变桨距控制系统的运行控制，电机伺服控制功能进行测试。

2） 地面联机试验平台：包括控制系统、电气变桨距控制系统的风力发电机组机舱在生产车间安装完好的情况下，电气变桨距控制系统接受控制信号，实现地面联机调试的目的。

3） 现场测试试验：通常在风力发电机组安装完成的条件下，电气测试符合机组运行的状态下，进行风力发电机组电气变桨距控制系统的现场测试。

具体试验项目见 GB/T 25386.1《风力发电机组　变速恒频控制系统　第1部分：技术条件》。

3.2　试验准备

试验机组应满足控制系统和电气变桨距控制系统的试验条件。检查装于试验机组上的各类传感器及其安装规程是否符合其本身的标准规定，其性能和精度是否满足系统检测、控制和安全保护要求，设定值应符合风力发电机组检测与保护的要求。

3.3　试验仪器

试验用仪器、仪表应在校核有效期内。所需试验仪器、仪表见附录A。

4　试验方法

4.1　电气测试

检查电气元件、辅助元件的安装、接线以及柜体质量是否符合相关标准和图纸的规定。

4.2　绝缘耐压试验

按 GB/T 3859.1—1993 中 6.4.1 的规定进行试验。

4.3　一般功能测试

4.3.1　控制系统

依照试验机组"控制系统操作说明书"的要求和步骤，进行下列试验：

1） 塔底控制试验

a） 风力发电机组运行状态显示和参数的设置、修改；

b） 手动启动：

——启动：操作人机界面相应的启动功能键，观察机组启动过程；

——快速启动：在测试状态下，操作人机界面相应的快速启动功能键，观察机组启动过程。

c） 手动关机

在试验机组正常运行时，操作人机界面相应的关机功能键，观察机组关机过程。

d） 手动偏航

在测试状态下，闭合安全链，操作人机界面相应的功能键，执行偏航动作，观察偏航方向是否与要求的方向一致、偏航角度是否准确、偏航过程中手动关机是否平稳。

e） 手动复位

操作复位键，观察机组是否清除故障标志，进入待机状态。

f） 手动解缆

在试验机组发生扭缆时，操作人机界面手动解缆键，观察机组是否能够按照操作指令进行解缆操作。

2） 顶部控制试验

操作过程同 4.3.1 中 1）。

3） 远程控制试验

操作过程同 4.3.1 中 1）。

4） 自动控制试验

a) 自动启动

在满足自启动条件的情况下，观察变流器、变桨距系统工作状态及并网过程。

b) 自动关机

观察机组脱网、叶片顺桨的过程是否正常。

c) 自动解缆

观察机组扭缆情况下是否能够自动解缆，解缆过程是否正常。

d) 自动偏航

在风向改变时，观察机组自动偏航过程是否正常。

4.3.2 电气变桨距控制系统

依照试验机组“电气变桨距控制系统操作说明书”的要求和步骤，进行下列试验：

a) 变桨距系统运行状态参数的显示、查询、设置及修改，通过人机界面查询或修改机组的运行状态参数；
b) 手动启动，通过人机界面相应的功能键命令变桨距系统启动；
c) 手动顺桨，在试验机组正常运行时，通过人机界面相应的功能键命令机组正常关机；
d) 速度控制，通过人机界面可以分别对三个桨叶的运行方向和快慢速率进行点动控制；
e) 位置控制，通过人机界面可以分别对三个桨叶进行位置控制。可以设置桨叶变桨速度和给定的位置；
f) 位置区间往复运动控制，通过人机界面可以分别对三个桨叶进行位置区间的运动控制。可以设置桨叶变桨速度和给定的位置区间以及到达位置后的停滞时间；
g) 校验，通过人机界面设置对桨叶进行 0°或者顺桨角度校验，并可以通过桨叶在正常运行区间内的三轴运行，对三个桨叶的角度进行修正。

4.4 协调控制试验

4.4.1 与变流器协调

4.4.1.1 通讯试验(I/O 控制)

正常上电后，观察变流器与控制系统之间能否正常进行通讯。通过人机界面或 PC 机观察变流器的状态信息以及测量数据，验证显示是否正确且数据一致，通讯中断后控制系统能否发出有效的保护指令。

4.4.1.2 功能试验

通讯正常的情况下，控制系统发出启动、并网、关机、转矩设定值或功率设定值，观察变流器的启动、并网、关机过程以及是否稳定达到给定的转速或功率，验证控制系统对变流器的控制是否正确，同时变流器运行是否满足控制系统的要求，能否及时反馈运行状态信息。

4.4.2 与电气变桨距控制系统协调控制

4.4.2.1 通讯试验(I/O 控制)

正常上电后，观察电气变桨距控制系统与控制系统之间能否正常进行通讯。通过人机界面或 PC 机观察电气变桨距控制系统的状态信息以及测量数据，验证显示是否正确且数据一致，通讯中断后控制系统能否发出有效的保护指令。

4.4.2.2 功能试验

单叶片独立变桨和三叶片统一变桨试验(从人机界面启动变桨测试子程序，该测试程序运行时确保发电机处于高速刹车状态)。通过人机界面设置变桨速度和变桨目标角度，依次观察每个叶片独立变桨和三叶片同时变桨情况是否和人机界面的设定值一致。具体试验包括：

a) 人机界面控制调桨

通过风力发电机组控制系统的人机界面进行变桨控制，包括对桨叶进行速度控制、点动控制、位置控制、往复区间控制。

b) 自动启动

在适合的风况下，观察桨叶变化速率是否正常。

c) 自动关机

在适合的风况下，观察桨叶变化是否正常。

d) 恒转速试验

在适合的风况下，风力发电机组控制系统恒转速控制的条件下，观察桨叶变化是否正常。

e) 恒功率试验

在适合的风况下，风力发电机组控制系统恒功率控制的条件下，观察桨叶变化是否正常。

f) 桨叶同步试验(独立变桨除外)

在适合的风况，风力发电机组控制系统控制桨叶的条件下，观察三叶片之间的桨距角之差是否在合理的范围之内。

4.5 并网试验

当风力发电机组无故障且风速满足并网条件时，可对风力发电机组进行并网试验。通过人机操作界面预先设置好发电机的并网发电转速。当发电机转速达到预先设定的并网转速时，观察控制系统是否向变流器发出并网信号，变流器在收到并网信号后是否闭合并网开关，并网后变流器是否向控制系统反馈并网成功信号。

4.6 变速控制试验(最大功率跟踪)

风力发电机组并网后，当风速介于启动风速和额定风速之间时，需要针对不同风速进行最大功率跟踪，控制系统依据机组的最佳叶尖速比控制发电机转速，观察风力发电机组发电功率。

4.7 恒转速试验(双馈机组)

在双馈式风力发电机组运行的情况下(并网前)，改变转速设定值(需满足小于或等于额定转速)，调节桨距角进行恒转速控制，观察转速跟踪情况并记录转速和桨距角。

4.8 功率控制试验

当风速大于额定风速时需进行恒功率试验，设定额定功率输出，调节电气变桨距控制系统，观察风力发电机组是否能稳定运行，并记录发电功率的变化情况和转速的波动范围。

4.9 变桨电机温升试验

温升试验的目的在于测定变桨距系统在额定条件下连续运行时，变桨电机是否超过规定的极限温升以及是否会产生相应的保护。交流电机试验方法参见 GB/T 1032 中相关规定，直流电机试验方法参见 GB 1311 中相关规定。

4.10 振动试验

风力发电机组电气变桨距控制系统的振动试验试验方法按 GB/T 2423.10 进行，对电气变桨距控制系统进行三轴三向的扫频耐久试验。所用的频率范围和幅值由风力发电机组的振动特性决定。

4.11 防护等级试验

按照 GB 4208 外壳防护等级中第 13、14 条规定进行试验。

4.12 过载能力试验

在变桨电机额定运行至温升达到稳定值后，在 150% 的额定输入转矩下运行 30 s，随后转矩降至额定值以下运行一段时间，在整个试验期间，输入转矩等效值不超过额定输入转矩。

4.13 安全保护试验

4.13.1 叶轮超速

模拟方法：拨动叶轮过速开关，观察安全链断开情况，观察关机过程和故障报警状态。

4.13.2 过振动

模拟方法：触发相应的振动开关，观察安全链断开情况，观察关机过程和故障报警状态。

4.13.3 紧急关机按钮

模拟方法:在正常转速范围内,分别按下控制柜上的紧急关机按钮和机舱里的紧急关机按钮,观察安全链能否及时断开而触发紧急关机动作,同时观察关机过程和故障报警状态。

4.13.4 看门狗信号异常

模拟方法:复位看门狗输出信号,观察安全链断开情况,观察关机过程和故障报警状态。

4.13.5 安全链断开

模拟方法:触发安全链输出信号,观察关机过程和故障报警状态。

4.13.6 过度扭缆

模拟方法:分别触发顺时针扭缆开关和逆时针扭缆开关,观察安全链断开情况,观察关机过程和故障报警状态。

4.13.7 解缆

机组扭缆且关机后,观察机组的解缆过程,核实其解缆方向以及解缆完成后的偏航角度。

4.13.8 电网掉电

模拟方法:在机组并网运行时,在发电机输出功率低于额定值的20%的情况下,断开主回路空气开关,观察关机过程和故障报警状态。

4.13.9 发电机超速

模拟方法:调低发电机超速的设置点,观察关机过程和故障报警状态。

4.13.10 叶轮超速

模拟方法:调低叶轮超速的设置点,观察关机过程和故障报警状态。

4.13.11 制动器磨损

模拟方法:拨动制动器磨损传感器限位开关,观察关机过程和故障报警状态。

4.13.12 制动器反馈信号丢失

模拟方法:断开制动反馈信号,观察关机过程和故障报警状态。

4.13.13 风速信号丢失

模拟方法:在机组并网运行时,断开风速传感器的风速信号,观察关机过程和故障报警状态。

4.13.14 风向信号丢失

模拟方法:在机组并网运行时,断开风速传感器的风向信号,观察关机过程和故障报警状态。

4.13.15 叶轮转速传感器失效

当叶轮转速高于2 rpm时,断开风轮转速传感器信号后,观察关机过程和故障报警状态。

4.13.16 发电机转速传感器失效

当叶轮转速高于2 rpm时,断开发电机转速传感器信号后,观察关机过程和故障报警状态。

4.13.17 并网反馈信号丢失

模拟方法:发电机并网开关吸合后,将其反馈信号线断开,观察关机过程和故障报警状态。

4.13.18 液压系统油位低

模拟方法:断开液压油位传感器信号线并维持设定时间,观察关机过程和故障报警状态。

4.13.19 液压系统油压低

模拟方法:启动液压油泵,断开液压传感器信号线,观察关机过程和故障报警状态。

4.13.20 发电机功率超临界值

模拟方法:调低功率传感器变比或动作条件设置点,观察机组动作结果及自复位情况。

4.13.21 发电机过热

模拟方法:调低温度传感器动作条件设置点,观察机组动作结果及自复位情况。

4.13.22 与电气变桨距控制系统通讯故障

模拟方法:断开控制系统与电气变桨距控制系统通讯线并维持设定时间,观察关机过程和故障报警状态。

4.13.23 与变流器通讯故障

模拟方法:断开控制系统与变流器通讯线并维持设定时间,观察关机过程和故障报警状态。

4.13.24 与中央监控通讯中断

模拟方法:断开控制系统与中央监控通讯线并维持设定时间,观察关机过程和故障报警状态。

4.13.25 400 V 供电电源故障

模拟方法:断开控制系统/电气变桨距控制系统 400 V 供电电源,观察关机过程和故障报警状态。

4.13.26 编码器故障

模拟方法:断开一个编码器接线,观察关机过程和故障报警状态。

4.13.27 变桨电机过流

模拟方法:调低变桨电机过流动作条件设置值,观察机组动作结果及自复位情况。

4.13.28 变桨电机过热

模拟方法:调低变桨电机过热动作条件设置值,观察机组动作结果及自复位情况。

4.13.29 伺服驱动器内部故障

模拟方法:拨动伺服驱动器故障输出继电器开关,观察关机过程和故障报警状态。

4.13.30 通讯故障

模拟方法:将通讯线路断开,观察关机过程和故障报警状态。

4.14 电磁兼容试验

风力发电机组控制系统/电气变桨距控制系统的抗电磁干扰试验遵照 GB/T 17626.1 标准进行,所适用的干扰等级可根据预期的使用环境选定。当存在高频电磁波干扰的情况下,各类传感器应不误发信号,执行部件应不误动作。

4.15 环境试验

4.15.1 低温试验

试验方法按 GB/T 2423.1 中"试验 A"进行。产品无包装,在试验温度为－20 ℃±3 ℃(常温型)或－30 ℃±3 ℃(低温型)运行条件下,使被测产品保持工作状态 2 h,在常温条件下恢复 2 h 后,控制系统/电气变桨距控制系统应还能正常工作。

4.15.2 高温试验

试验方法按 GB/T 2423.2 中"试验 B"进行。产品无包装,在试验温度为 40 ℃±3 ℃运行条件下,使被测产品保持工作状态 2 h,在常温条件下恢复 2 h 后,控制系统/电气变桨距控制系统应还能正常工作。

4.15.3 湿热性能环境试验

试验方法按 GB/T 2423.3 中"试验 Cab"进行。产品在试验温度为(45±2)℃、相对湿度(95±3)%恒定湿热条件下,无包装,不通电,经受 48 h 试验后,取出样品,在常温条件下恢复 2 h 后,控制系统/电气变桨距控制系统应能正常工作。

4.16 其他试验

若对控制系统/电气变桨距控制系统的上述标准试验项目未涉及其他性能有要求时,应在订货时提出,并取得协议。

5 试验报告

试验报告格式和内容见附录 B。

附 录 A
（资料性附录）
仪器、仪表要求

a) 万用表

量　程：AC 0 V～750 V，DC 0 V～1 000 V；

准确度：0.5 级；

b) 钳型电流表

量　程：AC 0 A～1 000 A，0 A～2 000 A；

准确度：2 级；

c) 兆欧表

电　压：1 000 V；

量　程：0 MΩ～500 MΩ，0 MΩ～1 000 MΩ；

准确度：5 级；

d) 双线数字存储示波器

频带响应：0 MHz～200 MHz；

输入电压：0 V～250 V（带有 10 倍衰减器）；

灵　敏　度：2 mV/div；

e) 四线瞬态记录器

频带响应：0 MHz～500 MHz；

输入电压：0 V～250 V（带有 10 倍衰减器）；

灵　敏　度：1 mV/div；

f) 工频耐压试验设备

g) 电磁兼容测试仪

附 录 B
（资料性附录）
试验报告格式和内容

B.1 格式

B.1.1 封面

封面应包括试验报告名称、编写报告单位和日期等。其中报告名称中应包含风力发电机组型号，编写报告单位应署全称，与日期一起位于封面正下方。

B.1.2 封二

封二应包括以下内容。报告名称、报告编号、试验地点、试验负责人、试验日期、主要参试人员、报告编写日期、报告编写人（职务或职称）、校对人（职务或职称）、审核人（职务或职称）、批准人（职务或职称）等。

B.2 报告内容

B.2.1 前言

任务来源，试验目的，试验时间等。

B.2.2 试验机组

试验机组简介，依据设计或制造厂商说明书列出主要技术参数和特点。

B.2.3 试验设备

试验台简介，主要仪器、仪表、装置的名称、型号、规格、精度等级及检验日期等。

B.2.4 试验项目

试验项目名称、试验条件。

B.2.5 试验方法

试验方法及有关标准代号，名称。

B.2.6 试验结果

分别列出必要的原始数据和经整理得出的结果，对试验结果进行必要的分析和讨论。

B.2.7 结论

结论要科学、真实、可靠。对机组性能、指标和技术参数按有关技术文件进行认真评价，并对试验过程中所发生的问题进行分析，提出改进意见和建议。

B.3 其他

报告中一般应附有试验照片。

试验发生中断或重要故障时，必须在报告中明确中断原因，继续试验的时间和情况。重要故障应较详细地说明情况和处理办法。

ICS 27.180
F 11

中华人民共和国国家标准

GB/T 25387.1—2010

风力发电机组　全功率变流器
第1部分：技术条件

Full-power converter of wind turbine generator systems—
Part 1: Technical condition

2010-11-10 发布　　　　2011-03-01 实施

中华人民共和国国家质量监督检验检疫总局
中国国家标准化管理委员会　发布

前 言

GB/T 25387《风力发电机组 全功率变流器》分为两个部分：

——第1部分:技术条件

——第2部分：试验方法

本部分为GB/T 25387的第1部分。

本部分参考了GB/T 3859.1—1993《半导体变流器基本要求的规定》、GB/T 12668.2—2002《调速电气传动系统 第2部分:一般要求 低压交流变频电气传动系统额定值的规定》等国内相关标准。

本部分的附录A是资料性附录。

本部分由中国机械工业联合会提出。

本部分由全国风力机械标准化技术委员会(Sac/TC 50)归口。

本部分起草单位:合肥阳光电源有限公司、湘电集团有限公司、北京科诺伟业科技有限公司、东方汽轮机有限公司、国网电力科学研究院、山东长星风电科技有限公司、艾默生网络能源有限公司。

本部分主要起草人:曹仁贤、余勇、张兴、屠运武、汪令祥、姚丹、张友权、龙辛、赵斌、尚小林、朱晓东、朱玉国、袁斌。

风力发电机组　全功率变流器
第1部分：技术条件

1　范围

本部分规定了风力发电机组全功率交直交电压型变流器的相关术语和定义、通用要求、试验方法、检验规则等。

本部分适用于风力发电机组全功率交直交电压型变流器(以下简称“变流器”)。

2　规范性引用文件

下列文件中的条款通过本部分的引用而成为本部分的条款。凡是注日期的引用文件，其随后所有的修改单(不包括勘误的内容)或修订版均不适用于本部分，然而，鼓励根据本部分达成协议的各方研究是否可使用这些文件的最新版本。凡是不注日期的引用文件，其最新版本适用于本部分。

GB/T 191　包装储运图示标志(GB/T 191—2008,ISO 780:1997,MOD)

GB/T 2900.53　电工术语　风力发电机组(GB/T 2900.53—2001,IEC 60050-415:1999,IDT)

GB/T 3859.2　半导体变流器　应用导则(GB/T 3859.2—1993,eqv IEC 60146-1-2:1991)

GB 4208　外壳防护等级(IP代码)(GB 4208—2008,IEC 60529:2001,IDT)

GB 12668.3　调速电气传动系统　第3部分：产品的电磁兼容性标准及其特定的试验方法(GB 12668.3—2003,IEC 61800-3:1996,IDT)

GB/T 13384　机电产品包装通用技术条件

GB 18451.1　风力发电机组　安全要求(GB 18451.1—2001,IEC 61400-1:1999,IDT)

GB/T 20320　风力发电机组　电能质量测量和评估方法(GB/T 20320—2006,IEC 61400-21:2001,IDT)

GB/T 25387.2　风力发电机组　全功率变流器　第2部分：试验方法

3　术语和定义

GB/T 2900.53确立的以及下列术语和定义适用于本部分。

3.1

电机侧变流器　generator-side converter

将风力发电机发出的电压、电流幅值和频率变化的交流电变换成直流电的静止型变流器。

3.2

电网侧变流器　line-side converter

将电机侧变流器输出的直流电变换成满足并网要求的交流电，并馈入电网的静止型变流器。

3.3

直流环节　DC link

电机侧变流器和电网侧变流器之间相互连接的直流电路。

3.4

全功率变流器　full-power converter

由电机侧变流器、电网侧变流器和直流环节组成，容量按大于风力发电机容量选取的静止型交直交变流器。(常用的全功率交直交电压型变流器拓扑结构见附录A)

3.5

变流器额定运行条件　rated operation condition of converter

变流器在额定电网条件和额定功率因数输出时，将风力发电机组输出的额定功率馈送到电网时所处的工作状态。以下简称“额定运行条件”。

3.6

电机侧额定电流　generator-side rated current

额定运行条件下，电机侧变流器能够连续供给而且幅值不超过规定限值的最大基波电流均方根值。

3.7

电机侧额定电压　generator-side rated voltage

额定运行条件下，电机侧变流器交流端线电压均方根值。

3.8

电机侧额定频率　generator-side rated frequency

额定运行条件下，电机侧变流器输入电压基波的频率。

3.9

电机侧工作频率范围　generator-side operating frequency range

风力发电机组的运行转速范围所对应的电机侧变流器输入电压基波频率范围。

3.10

电网侧额定电流　line-side rated current

额定运行条件下，电网侧变流器能够连续供给而且幅值不超过规定限值的最大基波电流均方根值。

3.11

过载能力　overload capability

额定运行条件下，变流器能够在规定的时间段内供给而不会超过规定限值的最大输入电流均方根值。

3.12

电网侧功率因数　line-side power factor

电网侧变流器输出的总有功功率与视在功率之比。

3.13

总谐波畸变率　total harmonic distortion

总谐波畸变率与所考虑量的基波分量相关。总谐波畸变率（THD）定义为：

$$THD=\sqrt{\frac{Q^2-Q_1^2}{Q_1^2}} \quad \cdots\cdots(1)$$

式中：

Q_1——基波有效值；

Q——总有效值，可代表电流或电压。

特别要注意的是，上述定义中包含有谐间波。当谐间波存在时，波形不再是周期性的，谐间波所产生的影响可能要比谐波产生的影响更复杂些。假若谐间波忽略不计，则式(1)也可表达为：

$$THD=\sqrt{\frac{\sum_{h=2}^{h=n}Q_h^2}{Q_1^2}} \quad \cdots\cdots(2)$$

式中：

h——谐波次数；

Q_h——h 次谐波分量的有效值。

注1：相比于馈入电网的电流，电网电压波形的畸变要小得多。因此电网电压的 THD 比电流的 THD 小得多。

注2：偶次含量（次数 h 仅为偶数）称为偶次谐波畸变率，奇次含量（次数 h 仅为奇数）称为奇次谐波畸变率。

3.14

直流电流含量　DC current content

在一个电网电气周期内，变流器馈入电网的电流中直流电流平均值占电流均方根值的百分比。

3.15

变流器效率　efficiency of converter

额定运行条件下，变流器输出有功功率与输入有功功率的比值，用百分数表示。

4　通用要求

4.1　使用条件要求

4.1.1　正常使用的环境条件

变流器应在下列环境条件下工作：

a)　工作环境温度：

根据我国各区域风电场气候特点不同，变流器分为低温型和常温型。低温型变流器工作环境温度为：−30 ℃～+45 ℃；常温型变流器工作环境温度为：−20 ℃～+45 ℃。

当环境温度超过正常使用环境条件规定的最高值时(但最多不超过15 ℃)，为使变流器安全运行，按照GB/T 3859.2中5.11.1规定使用。

b)　空气相对湿度≤95%；

c)　海拔高度≤1 000 m；当设备在高于1 000 m的海拔高度地区使用时，应设计成高原型设备，使用标准型设备时应降容使用，见GB/T 3859.2中5.11.2的规定；

d)　空气中应不含有过量的尘埃，酸、碱、腐蚀性及爆炸性微粒和气体。

注：当有特殊要求，需要与需方就极限工作温度达成协议。

4.1.2　电气条件

4.1.2.1　电网频率范围

电网频率偏差在−2.5 Hz～+1.5 Hz范围内，变流器应能正常运行。

4.1.2.2　电网电压范围

电网电压偏差在−10%～+10%范围内，变流器应能正常运行。电网电压偏差在−20%～−10%范围内，电网电压每降低1%，变流器应提供额定容量2%的无功以支持电网。

注：短时间内电压的变化超过规定值可能引起工作中断或跳闸。若需要连续工作，用户和制造商应进行协商。

4.1.2.3　电网电压不平衡度

电网电压不平衡度应不超过2%，短时不超过4%。

4.1.2.4　电网 *THD*

电网电压的波形应为正弦波，在稳态条件下谐波畸变率小于5%。

4.2　机体和结构质量

变流器的结构和机柜本身的制造质量、主电路连接及电气元件安装等应符合下列要求：

a)　变流器及机柜组装有关零部件均应符合各自的技术要求；

b)　油漆电镀应牢固、平整，无剥落、锈蚀及裂痕等现象；

c)　机柜面板应平整，文字和符号要求清楚、整齐、规范、正确；

d)　标牌、标志、标记应完整清晰；

e)　各种开关应便于操作，灵活可靠。

4.3　性能指标

4.3.1　效率

额定运行条件下，变流器效率应不低于96.5%。

4.3.2 电网侧功率因数

变流器应具备电网侧功率因数在容性与感性之间可调节控制功能。

注：如有特殊要求，电网侧功率因数范围可由用户和供货商/制造厂商定。

4.3.3 总谐波畸变率(*THD*)

变流器在额定运行条件下，风力发电机组输出电流的总谐波畸变率的规定可参见GB/T 20320—2006《风力发电机组 电能质量和评估方法》第8.4关于谐波的规定。

4.3.4 直流电流含量

额定运行时，变流器向电网馈送的直流电流含量不应超过其输出电流额定值的0.5%。

4.3.5 过载能力

在电机侧工作频率范围内，变流器的过载特性应具有反时限特性。在110%的电机侧标称电流容量下，变流器持续运行时间应不少于1 min。

注：若有特殊要求，过载的幅值和持续时间由用户和供货商/制造厂商定。

4.3.6 电压变化率(du/dt)

应根据变流器实际应用情况(如安装现场电缆长度)和发电机匝间所能承受的最大应力，来设计变流器du/dt抑制滤波器的大小。

4.3.7 平均故障间隔时间(*MTBF*)

应不小于18 000 h。

4.3.8 稳定性运行时间

在额定运行条件下，变流器连续运行时间应不小于72 h。

4.4 保护功能

4.4.1 过电流保护

当工作电流超过设定值时，变流器应启动保护，包括电网侧过电流保护和电机侧过电流保护。

4.4.2 缺相保护

变流器应设置缺相保护，包括电网侧变流器缺相保护和电机侧变流器缺相保护。

4.4.3 接地故障保护

变流器应设置接地故障保护以防止接地漏电流超过允许值。

4.4.4 冷却系统故障保护

采用冷却系统的变流器应设置冷却系统故障保护。

4.4.5 过热保护

变流器应设置过热保护。

4.4.6 过/欠压保护

包括发电机过压、直流环节过/欠压保护和网侧过/欠压保护。

4.4.7 通讯故障保护

变流器应设置与风力发电机组控制系统的通讯故障保护。

4.4.8 电网断电保护

电网断电时，变流器应停机。

4.4.9 浪涌过电压保护

变流器应设置浪涌过电压保护，采用进线过压吸收装置作为标准配置。

4.4.10 恢复并网保护

由于超限状态导致变流器停止向电网供电后，在电网的电压和频率恢复到正常范围后的20 s到5 min，变流器不应向电网供电。

4.5 绝缘耐压性

4.5.1 绝缘电阻

变流器的输入电路对地、输出电路对地的绝缘电阻应不小于1 MΩ。绝缘电阻只作为绝缘强度试验参考。

4.5.2 绝缘强度

变流器的输入电路对地、输出电路对地应承受 50 Hz 的正弦交流电压 1 min，试验电压的均方根值见表 1，不击穿，不飞弧，漏电流＜20 mA。

试验电压应从零开始，以每级为规定值的 5％的有级调整方式上升至规定值后，持续 1 min。

表 1 绝缘强度试验电压

额定电压 U_N(V)	试验电压(V)
≤60	1 000
60＜U_N≤300	2 000
300＜U_N≤690	2 500
690＜U_N≤ 800	3 000
800＜U_N≤1 000	3 500
1 000＜U_N≤1 500	3 500
注：整机绝缘强度按上述指标仅能试验一次。用户验收产品时如需要进行绝缘强度试验，应将上列试验电压降低 25％进行	

4.6 电磁兼容性

4.6.1 抗电磁干扰

电磁干扰有低频干扰和高频干扰。低频干扰包括谐波和换相缺口/电压畸变；电压变化，波动，电压跌落和短时中断；电压不平衡和频率变化及电源的影响。高频干扰包括静电放电、快速瞬变脉冲群、浪涌及对电磁场的抗扰度。变流器的抗干扰等级应根据 GB 12668.3 第 5 章的规定，按预期使用环境选定。

4.6.2 电磁发射

电磁发射应尽可能地与其实际的工作环境条件相适应。变流器的电磁发射限值应符合 GB 12668.3 第 6 章的规定。

4.7 通讯

应规定变流器与风力发电机组控制系统的通讯形式及内容，包括采取的通讯模式(总线或远程 I/O 等)、通讯的具体参数及定标、控制逻辑及流程等。

4.8 安全要求

与安全有关的要求应符合 GB 18451.1 第 10 章中关于接地、防雷的规定。

4.9 防护性能

应符合 GB 4208 规定。功率器件部分应不低于 IP23，控制部分器件部分应不低于 IP54。

注：如有特殊要求，变流器的防护等级由用户和制造厂协定，但应符合 GB 4208 的规定。

5 试验方法

试验方法应按 GB/T 25387.2《风力发电机组 全功率变流器 第 2 部分：试验方法》进行。

6 检验规则

6.1 型式检验

6.1.1 当有下列情况之一时，应进行型式检验：

a) 新产品鉴定时；

b) 正式生产后，结构、材料、工艺有较大改变，足以影响产品性能时；

c) 批量生产的产品，每隔 3 年进行一次型式检验；

d) 产品长期停产后恢复生产时；

e) 国家质量监督机构提出进行型式检验的要求时。

6.1.2 进行型式检验的样品，应在经过出厂试验合格的一批中抽样，抽样的数量应不少于两台。

6.1.3 型式检验项目应符合产品的技术规定，全部合格则判定为合格；有一项不合格，则判定该产品不合格。

6.2 出厂检验

每台产品都应进行出厂检验。一台中有一项性能不符合要求，即为不合格，允许返修后复试，复试一次仍不合格，则为检验不合格。检验合格后，填写检验记录并且出具合格证方能出厂。

6.3 变流器试验项目

试验项目按表 2 进行。

表 2 变流器的试验项目

试验名称	型式试验	出厂试验
绝缘耐压试验[a]	√	√
功能试验	√	√
加载试验	√	√
电网适应能力试验	√	
效率试验	√	
电网侧功率因数测定试验	√	√
总谐波畸变率测量试验	√	√
直流电流含量测定试验	√	√
过载能力试验	√	
平均故障间隔时间试验	√	
稳定性运行时间试验	√	
温升试验	√	
辅助器件的检验	√	√
保护功能试验	√	√
抗电磁干扰性试验	√	
电磁发射试验	√	
通讯试验	√	
低温工作试验	√	
高温工作试验	√	
恒定湿热试验	√	
防护性能试验	√	
附加试验	√	

[a] 假若为了变流器正常运行而要求某些器件接地，在绝缘试验期间，这些器件应断开。

7 标志、包装、贮存和运输

7.1 标志

7.1.1 产品标志

变流器的适当位置应有铭牌。铭牌内容如下：

a) 产品名称；

b) 产品型号；

c) 技术参数：

额定容量；

效率(%)；

电机侧额定电流(A)；

电网侧额定电流(A)；

电网电压范围(V)；

电网频率范围(Hz)；

过载能力；

防护等级；

制造依据(标准号)；

d) 出厂编号；

e) 制造日期；

f) 制造厂名。

注：由于铭牌尺寸的限制，有些项目可在使用说明书中给出。

7.1.2 包装标志

变流器的外包装上有收发货标志、包装储运标志和安全警告标志，按 GB/T 191 的有关规定执行。

7.2 包装

7.2.1 随同产品供应的技术文件

a) 装箱清单；

b) 产品使用维护说明书；

c) 安装说明书；

d) 产品质量合格证；

e) 电气接线图；

f) 电气原理图；

g) 出厂检验记录；

h) 保修卡；

i) 用户意见调查表。

7.2.2 产品包装

产品包装应符合 GB/T 13384 的规定。

7.3 贮存

7.3.1 气候条件

a) 环境温度：−40 ℃～+70 ℃；

b) 相对湿度：≤95%。

7.3.2 特定的存放危险

a) 水：应避免雨、雪等；

b) 海拔：不应存放在高于海平面 3 000 m 以上的场所；

c） 腐蚀性材料：应防止盐雾、危险性气体、腐蚀性液体等的侵蚀；

d） 时间：上述条件适用于发货和存放总时间不超过6个月的情况。若存放时间较长，则应作专门的考虑；

e） 啮齿动物和霉菌：

——当存放的设备可能受到啮齿动物侵蚀时，应对设备外部材料及冷却孔和连接孔的尺寸加以规定，以防止啮齿动物侵入；

——当存放的设备可能受到霉菌侵蚀时，应规定出适合于存放和工作环境的材料耐霉度。

7.4 运输

7.4.1 气候条件

a） 环境温度：－40 ℃～＋70 ℃；

注：温度限值指设备周围的环境温度(如集装箱内)。

b） 相对湿度：＋40 ℃时，≤95％。

7.4.2 包装运输条件

设备应用供货者的部分包装箱进行运输，运输过程中不应有剧烈震动、冲击和倒放。

附 录 A
（资料性附录）
常用的全功率交直交电压型变流器拓扑结构

A.1 概述

本附录旨在给出最常用的风力发电机组全功率交直交电压型变流器拓扑结构，这些拓扑结构采用的电力电子器件符号不限于特定的功率器件，可以表示具有其控制信号开通关断能力的功率半导体开关器件，这些简化方框图也不限于功率器件或功率单元相并联的数量，不限于永磁发电机还是它励式发电机，不限于绕组数量及相数，不限于内转子还是外转子，更不限于是否存在变速箱。注意：如果没有二极管符号与功率开关器件并联，则该功率半导体开关具有反向阻断能力。

A.2 常用的拓扑结构

A.2.1 背靠背双 PWM 型

这种拓扑结构的变流器如图 A.1 所示，由电机侧变流器、直流环节和电网侧变流器组成，电机侧和电网侧结构完全相同，均为两电平的交-直或直-交的变流器，通过直流环节以背靠背形式组合在一起，构成双 PWM 控制。这种拓扑结构的特点是可以实现能量的双向流动。

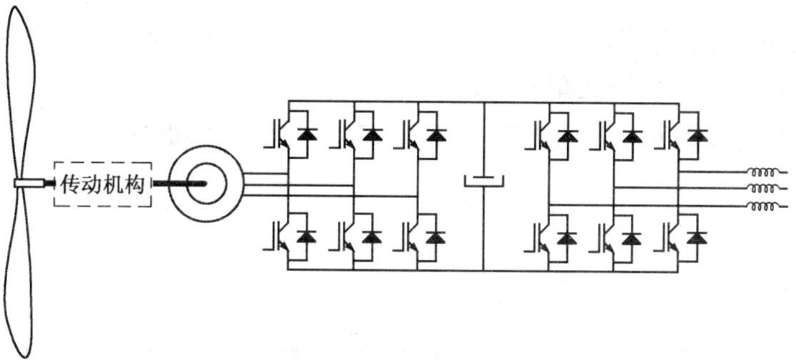

图 A.1 背靠背双 PWM 型变流器拓扑结构

A.2.2 不控整流 BOOST 升压＋PWM 型

这种拓扑结构的变流器如图 A.2 所示，由电机侧变流器、直流环节（特指 BOOST 电路升压后的直流环节）和电网侧变流器组成，电机侧和电网侧结构并不相同，电机侧变流器由二极管全桥不控整流电路和 BOOST 升压电路组成，并通过升压后的直流环节与电网侧变流器直流端相连，电网侧变流器为两电平的直-交型变流器。这种拓扑结构具有控制简单、可靠性高、能将低风速时的电能馈入电网等优点，缺点是电感和电容尺寸较大、升压管承受高压，且不能实现能量的双向流动。

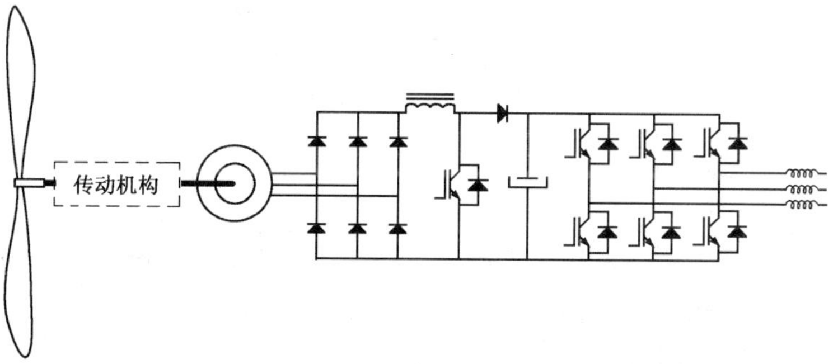

图 A.2 不控整流 BOOST 升压型变流器拓扑结构

A.2.3 不控整流+PWM型

这种拓扑结构的变流器如图A.3所示，由电机侧变流器、直流环节和电网侧变流器组成。电机侧和电网侧结构并不相同，电机侧变流器为二极管全桥不控整流电路，并通过直流环节与电网侧变流器直流端相连，电网侧变流器为两电平的直-交型变流器。这种拓扑结构具有控制简单、可靠性高等优点，缺点是往往需要与励磁电流可调的风力发电机配合使用才能够保证在不同转速条件下的最大功率输出，且不能实现能量的双向流动。

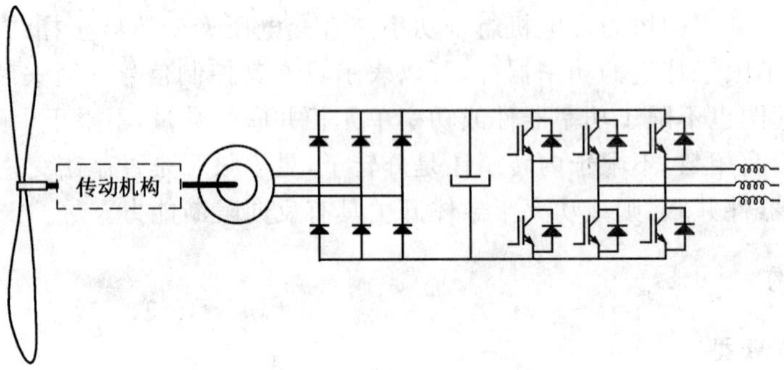

图A.3 不控整流+PWM型变流器拓扑结构

A.2.4 半控整流+PWM型

这种拓扑结构的变流器如图A.4所示，由电机侧变流器、直流环节和电网侧变流器组成。电机侧和电网侧结构并不相同，电机侧变流器为晶闸管全桥半控整流，并通过直流环节与电网侧变流器直流端相连，电网侧变流器为两电平的直-交型变流器。这种拓扑结构具有可控整流、有效保护直流侧过载等优点，缺点是往往需要与励磁电流可调的风力发电机配合使用才能够保证在不同转速条件下的最大功率输出，且不能实现能量的双向流动。

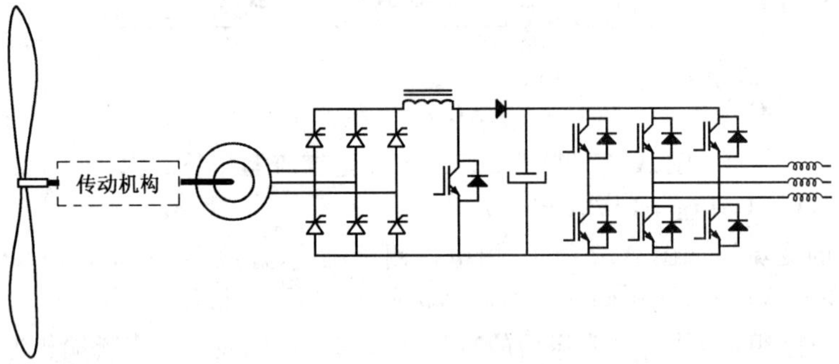

图A.4 半控整流+PWM型变流器拓扑结构

ICS 27.180
F 11

中华人民共和国国家标准

GB/T 25387.2—2010

风力发电机组　全功率变流器　第2部分:试验方法

Full-power converter of wind turbine generator systems—Part 2: Test method

2010-11-10 发布　　2011-03-01 实施

中华人民共和国国家质量监督检验检疫总局
中国国家标准化管理委员会　发布

前　言

GB/T 25387《风力发电机组　全功率变流器》分为两个部分：

——第1部分：技术条件；

——第2部分：试验方法。

本部分为GB/T 25387的第2部分。

本部分由中国机械工业联合会提出。

本部分由全国风力机械标准化技术委员会(SZAC/TC 50)归口。

本部分主要起草单位：合肥阳光电源有限公司、湘电集团有限公司、北京科诺伟业科技有限公司、东方汽轮机有限公司、山东长星风电科技有限公司、国网电力科学研究院、艾默生网络能源有限公司。

本部分主要起草人：曹仁贤、余勇、张兴、屠运武、姚丹、张友权、龙辛、赵斌、尚小林、朱玉国、朱晓东、袁斌。

风力发电机组　全功率变流器
第2部分：试验方法

1　范围

本部分规定了风力发电机组全功率交直交电压型变流器(以下简称“变流器”)的试验条件和试验方法。

本部分适用于风力发电机组用全功率交直交电压型变流器的试验和检验。

2　规范性引用文件

下列文件中的条款通过本部分的引用而成为本部分的条款。凡是注日期的引用文件，其随后所有的修改单(不包括勘误的内容)或修订版均不适用于本部分，然而，鼓励根据本部分达成协议的各方研究是否可使用这些文件的最新版本。凡是不注日期的引用文件，其最新版本适用于本部分。

GB/T 2423.1　电工电子产品环境试验　第2部分：试验方法　试验A：低温(GB/T 2423.1—2008,IEC 60068-2-1:2007,IDT)

GB/T 2423.2　电工电子产品环境试验　第2部分：试验方法　试验B：高温(GB/T 2423.2—2008,IEC 60068-2-2:2007,IDT)

GB/T 2423.3　电工电子产品环境试验　第2部分：试验方法　试验Cab：恒定湿热试验(GB/T 2423.3—2006,IEC 60068-2-78:2001,IDT)

GB 4208　外壳防护等级(IP代码)(GB 4208—2008,IEC 60529:2001,IDT)

GB 12668.3　调速电气传动系统　第3部分：产品的电磁兼容性标准及其特定的试验方法(GB 12668.3—2003,IEC 61800-3:1996,IDT)

GB/T 25387.1　风力发电机组　全功率变流器　第1部分：技术条件

YD/T 282　通信设备可靠性通用试验方法

3　试验条件

3.1　试验环境条件

测量和试验推荐在以下条件下进行：

a)　温度：15 ℃～35 ℃；

b)　相对湿度：45%～75%；

c)　气压：86 kPa～106 kPa。

3.2　测量仪器仪表

a)　试验中使用的测量仪器、仪表、传感器均应经计量部门检定合格并在有效期内，且在被测频率范围内满足精度要求；

b)　试验时采用的电气测量仪表的准确度应不低于0.5级(兆欧表除外)，温度计的误差应不大于±1 ℃，其他测量仪器仪表应符合相关标准的规定。

4　试验方法

4.1　试验平台

变流器试验应在与实际工作等效的电气条件下进行，尽量模拟风场条件。例如，试验平台可由电动机-发电机拖动机组组成，以模拟风力发电机的功率特性，该拖动机组由电动机、电动机侧适配变压器、电动机驱动用变流器、发电机、发电机侧适配变压器、被测变流器、控制台及相关配电设备组成，如图 1 所示，依据控制台指令进行一系列试验。

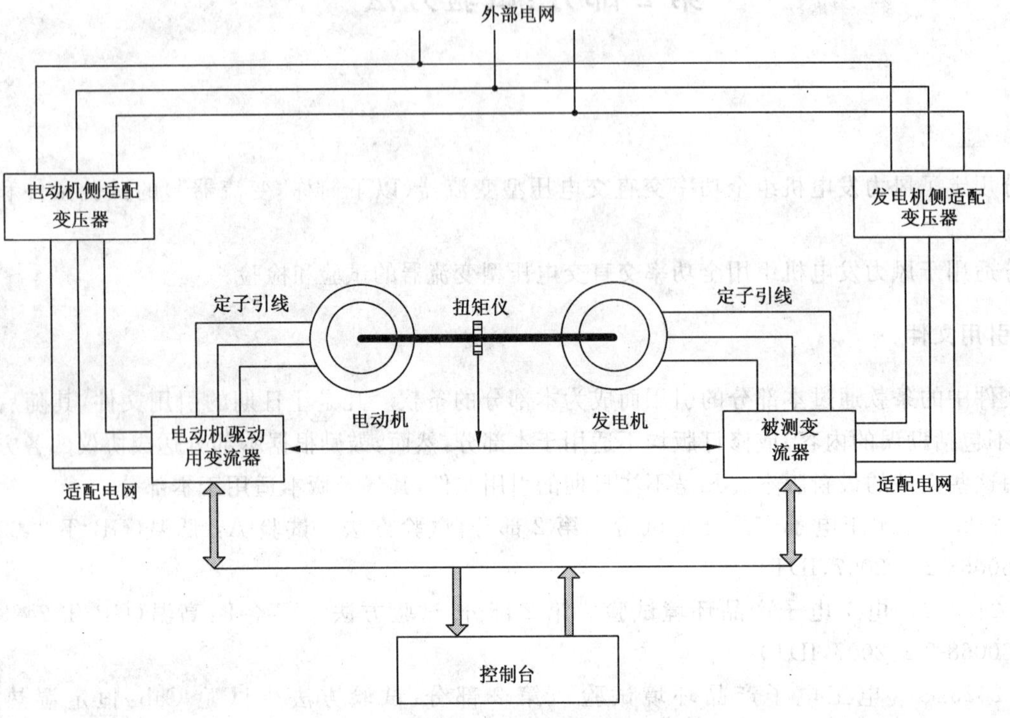

图 1　全功率变流器模拟试验平台示例

4.2　试验项目及内容

4.2.1　绝缘耐压试验

4.2.1.1　绝缘电阻和绝缘强度试验之前，应将所有不能承受高压的元器件从电路中予以排除。

4.2.1.2　绝缘电阻测定试验

用兆欧表或绝缘电阻测试仪以 1 000 V 试验电压分别测量变流器的输入电路对地、输出电路对地的绝缘电阻值。测量绝缘电阻合格后，才能进行绝缘强度试验。

4.2.1.3　绝缘强度测定试验

用耐压测试仪分别对变流器的输入电路对地、输出电路对地按 GB/T 25387.1《风力发电机组　全功率变流器　第 1 部分：技术条件》中 4.5.2 的规定进行试验。

4.2.2　功能试验

功能试验的目的是为了验证电气线路的所有部分以及冷却系统的连接是否正确，能否与主电路一起正常运行，设备的静态特性是否能满足规定要求。

出厂试验时，变流器仅在额定输入电压下运行；型式试验时，应在额定输入电压的最大值和最小值下检验设备的功能。试验期间，应检查控制、辅助、保护装置等的性能，应能与主电路协调工作。

功能试验主要包括：启动、运行、停机、通讯等。

4.2.3　加载试验

加载试验的目的是验证不同转速下变流器的输出功率与设定的风力发电机的功率曲线的对应关系。

试验在图 1 所示的模拟试验平台上进行，步骤如下：

a)　启动电动机驱动用变流器，并调节电动机速度至切入转速点；

b)　启动被测变流器，使之并网发电，并记录被测变流器输出功率；

c) 调节电动机转速，使发电机在不同转速下运行，测试转速点依次取切入转速到最高转速范围内的等分点 n_{01}、n_{02}、n_{03}、……、n_{0i}（$i \geqslant 10$），并记录不同转速下被测变流器的输出功率 P_{0i} 与指令功率 $P_{0i}{}^{*}$，直到最高转速。表 1 给出了加载试验数据表。

表 1 加载试验数据表

转速	n_{01}	n_{02}	n_{03}	……	n_{0i}
指令功率	$P_{01}{}^{*}$	$P_{02}{}^{*}$	$P_{03}{}^{*}$	……	$P_{0i}{}^{*}$
输出功率	P_{01}	P_{02}	P_{03}	……	P_{0i}

4.2.4 电网适应能力试验

4.2.4.1 模拟电网

在该项试验中，交流电网应该用电压、频率可调的模拟电网代替，模拟电网的容量应大于被测变流器容量的 5 倍以上。

注：若电压、频率可调的模拟电网难以实现，为试验方便起见，可通过控制检测信号来模拟电网电压和频率的变化。

4.2.4.2 电网电压适应能力试验

变流器应能检测到异常电压并做出反应，电压的均方根值在变流器交流输出端测量。

试验分别在变流器输出为额定功率的(25～33)%、(50～66)%和 100%处进行，分别往正、负方向调整模拟电网的输出电压直至变流器停止向电网供电，记录下动作时间以及动作时的电压应符合表 2 规定。

表 2 异常电压的响应

电压(变流器交流输出端)	最大跳闸时间[a]
$V<80\% V_{标称}$	0.05 s
$80\% V_{标称} \leqslant V<90\% V_{标称}$	变流器无功支持
$90\% V_{标称} \leqslant V \leqslant 110\% V_{标称}$	正常运行
$110\% V_{标称}<V<135\% V_{标称}$	0.5 s
$135\% V_{标称} \leqslant V$	0.05 s

[a] 最大跳闸时间是指异常状态发生到变流器停止向电网供电的时间。主控与监测电路应切实保持与电网的连接，从而继续监视电网的状态，使得“恢复并网”功能有效。

4.2.4.3 电网频率适应能力试验

试验分别在变流器输出为额定功率的(25～33)%、(50～66)%和 100%处进行，分别往正、负方向调整模拟电网的输出频率直至变流器停止向电网供电，记录下动作时间以及动作时的频率应符合表 3 规定。

表 3 异常频率的响应

频率(变流器交流输出端)	最大跳闸时间[a]
$f<47.5$ Hz	0.2 s
47.5 Hz $\leqslant f \leqslant$ 51.5 Hz	正常运行
51.5 Hz $<f$	0.2 s

[a] 最大跳闸时间是指异常状态发生到变流器停止向电网供电的时间。主控与监测电路应切实保持与电网的连接，从而继续监视电网的状态，使得“恢复并网”功能有效。

4.2.5 **效率试验**

结合4.2.3试验，使发电机在最高转速运行，用功率计测量被测变流器的输入功率 P_i、输出功率 P_0，计算效率。效率 $=(P_0/P_i)\times100\%$。

4.2.6 **电网侧功率因数测定试验**

结合4.2.3试验，使发电机在最低转速、额度转速和最高转速下运行，分别测试被测变流器电网侧功率因数。

4.2.7 **总谐波畸变率测量试验**

由于变流器输出交流电流的总谐波畸变率与电网短路阻抗有关，为使试验结果具有可比性，试验报告中应注明该项试验时的电网短路阻抗。

结合4.2.3试验，在额定运行条件下，测量被测变流器输出交流电流的总谐波畸变率。

注1：试验中电网的容量须大于变流器容量的5倍以上，且无其他负载接入。

4.2.8 **直流电流含量测定试验**

结合4.2.3试验，在额定运行条件下，测量被测变流器输出交流电流中的直流电流含量。

4.2.9 **过载能力试验**

按图1接线，在变流器额定运行至各器件温升达到稳定值后，在110%的电机侧标称电流容量下运行1 min，随后电流降至额定值以下运行一段时间，在整个运行期间，输入电流有效值不超过额定输入电流，变流器应能正常工作。

4.2.10 **平均故障间隔时间试验**

按YD/T 282中规定的方法进行。

4.2.11 **稳定性运行时间试验**

在额定运行条件下，被测变流器应正常运行，并记录连续运行时间。

4.2.12 **温升试验**

温升试验目的在于测定被测变流器在额定运行条件下时，各部件的温升是否超过规定的极限温升。

试验应在规定的额定电流以及最不利的冷却条件下进行。试验时测温元件应采用温度计、热电偶、热敏元件、红外测温仪或其他有效方法。温升应尽可能在规定点测量，应测量主电路部件和冷却系统的热阻抗。

对主电路的半导体器件，测量应包括冷却条件最差的器件，并记录半导体器件规定部位的温升和计算等效结温。半导体器件的温升极限可以是规定点（例如外壳）的最高温升，也可以是等效结温，由制造厂决定。

变流器主要部件和部位的极限温升如表4所示，变流器电抗器的极限温升如表5所示。

表4 变流器主要部件和部位的极限温升

部件和部位	极限温升/K
主电路半导体器件	外壳温升和结温由产品技术条件或分类标准规定
主电路半导体器件与导体的连接处	裸铜：45 有锡镀层：55 有银镀层：70
母线(非连接处)：铜 铝	35 25
浪涌吸收器与主电路的电阻元件	距外表面30 mm处的空气：25

表 5 变流器电抗器的极限温升

电抗器冷却介质	电抗器温度等级	用电阻法测量的绕组极限温升/K
空气	A B H	60 80 125
油	A	65
水	H	125

4.2.13 辅助器件的检验

辅助器件的检验主要对散热风扇、外部电路断路器和断路装置等的性能进行检验。但只要这些装置具备出厂合格证,可只检验其在变流器中的运行机能,不必重复进行出厂试验。

将辅助器件接至规定的额定电压,检查其运行机能(启动、运转、噪声及停机等)。当变流器在温升试验中某些部件的温升超过规定时,应测量有关冷却风机的风速或泵的流量。

当这些辅助器件已通过的绝缘试验电压低于其在变流器内可能承受的电压时,应按 4.2.1 的规定进一步检验其绝缘性能。

4.2.14 保护功能试验

4.2.14.1 试验规则

保护功能试验主要包括各种过电流保护装置的过流整定;快速熔断器和快速开关的正确动作;各种过电压保护设施的正确工作;冷却系统的保护设施的正常工作;作为安全操作的接地装置和开关的正确设置以及各种保护器件的互相协调;GB/T 25387.1《风力发电机组 全功率变流器 第1部分:技术条件》中 4.4 规定的保护功能试验。

保护功能的检验应尽可能在不使变流器各部件受到超过其额定值冲击的条件下进行。出厂试验时保护系统动作的检验不包括那些动作时会发生永久性损坏的器件(如熔断器)。熔断器的保护性能,只有在认为有十分必要时,由供需双方商定,按有关规定进行。

4.2.14.2 过电流保护试验

过电流保护试验与变流器的拓扑结构有关。

对于 GB/T 25387.1《风力发电机组 全功率变流器 第1部分:技术条件》中图 A.1 的情况:(1)通过对被测变流器中电网侧变流器的直流侧与电网之间做无功循环以检验电网侧变流器过流保护的正确动作。(2)被测变流器中电网侧变流器做整流器并网运行,电机侧变流器做逆变器运行,输出电压的频率和幅值等同于发电机端电压的频率和幅值,并接入感性负载,通过与感性负载交换无功以检验电机侧变流器过流保护的正确动作。

对于 GB/T 25387.1《风力发电机组 全功率变流器 第1部分:技术条件》中图 A.2、图 A.3 和图 A.4的情况:通过对被测变流器中电网侧变流器的直流侧与电网之间做无功循环以检验电网侧变流器过流保护的正确动作。

4.2.14.3 缺相保护试验

切断被测变流器输入端三相中的一相,检验被测变流器的正确动作。

4.2.14.4 接地故障保护试验

断开接地,检验被测变流器的正确动作。

4.2.14.5 冷却系统故障保护试验

关闭冷却系统或使冷却系统故障输出节点动作,检验被测变流器的正确动作。

4.2.14.6 过热保护试验

通过检测过热保护元件以检验过热保护的正确动作。

4.2.14.7 过/欠压保护试验

a) 直流环节过/欠压保护

调整设定的保护值,增加或降低被测变流器直流环节的电压,检验被测变流器过/欠压保护的正确动作。

b) 网侧过/欠压保护

见 4.2.4.1。

c) 发电机过压保护

通过模拟电网来模拟发电机端电压以检测被测变流器中电机侧变流器过/欠压保护的正确动作,或通过与发电机频率、幅值等同的信号模拟发电机端电压检测信号以检测过/欠压保护的正确动作。

4.2.14.8 通讯故障保护试验

模拟通讯故障状态,检验被测变流器通讯故障保护的正确动作。

4.2.14.9 电网断电保护试验

分别在被测变流器最小电流和额定运行条件下,切断电网,检验被测变流器断电保护的正确动作。

4.2.14.10 浪涌过电压保护试验

a) 分合闸引起的浪涌过电压保护试验

测量时将测量仪器接至直流侧正负端子,并在变流器直流侧开路的情况下使变流器网侧开关作分合闸操作,记录过电压峰值,如此至少重复 5 次,如果变流器在实际运行时不可能开路,则允许在轻载条件进行试验;

b) 快速开关引起的浪涌过电压保护试验

额定运行条件下,使快速开关动作,测出最高峰值电压,再据以推算事故条件下的过电压。

4.2.14.11 恢复并网保护试验

由于超限状态导致变流器停止向电网供电,再到电网恢复正常后,检验被测变流器恢复并网保护的正确动作。

4.2.14.12 变流器无功支持保护试验

见 4.2.4.1。

4.2.15 抗电磁干扰性试验

变流器抗电磁干扰性试验按 GB 12668.3 中 5 的规定进行。

4.2.16 电磁发射试验

变流器电磁发射试验按 GB 12668.3 中 6 的规定进行。

4.2.17 通讯试验

利用图 1 所示的模拟试验平台,变流器与风力发电机组控制系统可以进行通讯试验。试验的主要内容应包括开机过程、控制过程(指令下发)、停机过程、保护及复位过程、数据及状态交换等。

4.2.18 低温工作试验

试验方法按 GB/T 2423.1 中“试验 A”进行。产品无包装,在试验温度为(−20±3)℃(常温型)或者(−30±3)℃条件下,通电运行 2h,在常温条件下恢复 2 h 后,变流器应能正常工作。

4.2.19 高温工作试验

试验方法按 GB/T 2423.2 中“试验 B”进行。产品无包装,在试验温度为(45±2)℃条件下,通电运行2 h,在常温条件下恢复2 h后,变流器应能正常工作。

4.2.20 恒定湿热试验

试验方法按GB/T 2423.3中"试验Cb"进行。产品在试验温度为(45±2)℃、相对湿度(95±3)%恒定湿热条件下,无包装,不通电,经受48 h试验后,取出样品,在常温条件下恢复2 h后,变流器应能正常工作。

4.2.21 防护性能试验

应根据规定或用户和制造厂协定的防护等级,按GB 4208的规定试验。

4.2.22 附加试验

若对变流器上述试验项目未包括的其他要求时,应在订货时提出,并取得协议。

ICS 27.180
F 11

中华人民共和国国家标准

GB/T 25388.1—2010

风力发电机组 双馈式变流器
第1部分:技术条件

Double-fed converter of wind turbine generator system—
Part 1:Technical condition

2010-11-10 发布 2011-03-01 实施

中华人民共和国国家质量监督检验检疫总局
中国国家标准化管理委员会 发布

前　言

GB/T 25388《风力发电机组　双馈式变流器》分为两个部分：

——第1部分：技术条件；

——第2部分：试验方法。

本部分为GB/T 25388的第1部分。

本部分由中国机械工业联合会提出。

本部分由全国风力机械标准化技术委员会(SAC/TC 50)归口。

本部分负责起草单位：中国科学院电工研究所、北京科诺伟业科技有限公司、合肥阳光电源有限公司、国网电力科学研究院电气控制研究所、哈尔滨九洲电气股份有限公司、艾默生网络能源有限公司。

本部分主要起草人：许洪华、赵栋利、武鑫、赵斌、余勇、王伟、孙敬华、袁斌。

风力发电机组　双馈式变流器
第1部分：技术条件

1　范围

GB/T 25388 的本部分规定了双馈式变速恒频风力发电机组交直交电压型变流器的相关术语和定义、通用技术要求、试验方法、检验规则及其产品的相关信息等。

本部分适用于双馈式变速恒频风力发电机组交直交电压型变流器，即双馈式变流器(以下简称"变流器")。

2　规范性引用文件

下列文件中的条款通过本部分的引用而成为本部分的条款。凡是注日期的引用文件，其随后所有的修改单(不包括勘误的内容)或修订版均不适用于本部分，然而，鼓励根据本部分达成协议的各方研究是否可使用这些文件的最新版本。凡是不注日期的引用文件，其最新版本适用于本部分。

GB 191　包装储运图示标志

GB/T 2900.33—2004　电工术语　电力电子技术(IEC 60050-551:1998,IDT)

GB/T 3859.1—1993　半导体变流器　基本要求的规定(eqv IEC 60146-1-1:1991)

GB/T 3859.2—1993　半导体变流器　应用导则(eqv IEC 60146-1-2:1991)

GB/T 12668.2—2002　调速电气传动系统　第2部分：一般要求　低压交流变频电气传动系统额定值的规定(IEC 61800-2:1998,IDT)

GB/T 12668.3—2003　调速电气传动系统　第3部分：产品的电磁兼容性标准及其特定的试验方法(IEC 61800-3:1996,IDT)

GB/T 13384　机电产品包装通用技术条件

GB 18451.1—2001　风力发电机组　安全要求(IEC 61400-1:1999,IDT)

GB/T 20320—2006　风力发电机组　电能质量测量和评估方法(IEC 61400-21:2001,IDT)

GB/T 25388.2　风力发电机组　双馈式变流器　第2部分：试验方法

3　术语和定义

GB/T 3859.1 和 GB/T 2900.33 中有关变流器和电力电子技术方面确立的以及下列术语和定义适用于本部分。

3.1

变流器

3.1.1

电机侧变流器　generator-side converter

与双馈发电机转子侧连接的三相全控桥静止型变流器，实现双馈电机的有功功率与无功功率解耦控制。

3.1.2

电网侧变流器　line-side converter

与三相电网侧连接的三相全控桥静止型变流器，实现变流器直流环节电压控制和网侧功率因数控制。

3.1.3

直流环节　DC link

电机侧变流器和电网侧变流器之间相互连接的直流电路。

3.1.4

双馈式变流器　Double-fed converter

由电机侧变流器、直流环节以及电网侧变流器组成，实现能量的双向流动(以下简称“变流器”)。

3.2

变流器参数

3.2.1

电网侧额定电流　line-side converter rated current

额定运行条件下，电网侧变流器能够连续供给而不会超过限值的最大基波电流均方根值。

3.2.2

电网侧额定电压　line-side converter rated voltage

额定运行条件下，电网侧变流器交流侧线电压均方根值。

3.2.3

电网侧额定频率　line-side converter rated frequency

电网侧变流器交流侧基波电压的频率，即电网频率。

3.2.4

电网侧额定容量　line-side converter rated capacity

在网侧额定频率、网侧额定电压和网侧额定电流时，电网侧变流器的视在功率。

3.2.5

电网侧功率因数　line-side converter power factor

电网侧变流器交流侧有功功率与视在功率的比值。

3.2.6

总谐波畸变系数　total harmonic distortion(*THD*)

总谐波畸变系数(THD)与所考虑量的基波分量有关。总谐波畸变系数定义为：

$$THD=\sqrt{\frac{Q^2-Q_1{}^2}{Q_1{}^2}} \qquad \cdots\cdots(1)$$

式中：

Q_1——基波有效值；

Q——总有效值，可代表电流或电压。

就本部分而言，总谐波畸变率只考虑额定工况。

3.2.7

电机侧额定电流　generator-side converter rated current

额定运行条件下，电机侧变流器能够连续供给而不会超过限值的最大基波电流均方根值。

3.2.8

电机侧额定电压　generator-side converter rated voltage

额定运行条件下，电机侧变流器交流侧基波线电压均方根值。

3.2.9

电机侧额定频率　generator-side converter rated frequency

额定运行条件下，电机侧变流器交流侧基波电压频率。

3.2.10

电机侧额定容量 generator-side converter rated capacity

在电机侧额定频率、电机侧额定电压和电机侧额定电流时，电机侧变流器的视在功率。

3.2.11

电机侧工作频率范围 operating frequency range

风力发电机组运行转速范围所对应的电机侧变流器交流侧基波电压频率范围。

3.2.12

总功率因数 total power factor

由变流器控制风力发电机组输出的总有功功率与视在功率的比值。

3.2.13

变流器效率 Double-fed converter efficiency

额定运行条件下，变流器输出有功功率与输入有功功率的比值。

3.2.14

并网切入电流 cut_in current

双馈发电机并入电网过程中，在启动变流器功率解耦控制功能前所产生的定子电流最大峰值。

3.2.15

过载能力 overload capability

在规定的时间段内连续供给而不会超过规定限值的最大基波电流均方根值。

3.2.16

直流额定电压 DC rated voltage

额定运行条件下，变流器直流环节的工作电压平均值。

3.2.17

直流电压纹波系数 DC voltage ripple coefficient

直流电压中的交流谐波分量的有效值与直流额定电压的比值。

4 通用要求

4.1 使用条件

4.1.1 正常使用的环境条件

a) 根据我国各区域风电场气候特点不同，变流器分为低温型和常温型，工作环境温度条件如表1所示。

表1 工作环境温度

变流器类型	常温型	低温型
工作环境温度	−20 ℃～+45 ℃	−30 ℃～+45 ℃

当环境温度超过正常运行条件的最高规定值时（但最多不超过15 ℃），为使变流器安全运行，按照GB/T 3859.2—1993中5.11.1规定使用。

如需要指出变流器工作温度的上、下限值如有特殊要求时，需要与需方就极限工作温度达成协议。

b) 相对湿度≤95%。

c) 海拔高度≤1 000 m；海拔高度>1 000 m时，应按GB/T 3859.2—1993中5.11.2的规定降额使用。

4.1.2 运输气候条件

有关变流器运输的气候条件，机械条件以及异常气候条件运输的有关规定应符合GB/T 12668.2—2002中4.3的规定。

4.1.3 贮存环境条件

a) 环境温度：−40 ℃～+70 ℃；

b) 相对湿度：≤95%。

4.1.4 正常使用的电气条件

4.1.4.1 电网频率变化范围

电网频率变化范围:47.5 Hz～51.5 Hz。

4.1.4.2 电网电压波动范围

电网电压允许波动范围:电网电压额定值的±10%。

注：短时间内电压的变化超过规定值可能引起变流器工作中断或跳闸。若需要连续工作,用户和制造商应协商解决。

4.1.4.3 电网电压不对称度

电网电压不对称度用负序分量对正序分量的百分比表示,该值应不超过 2%。(短时 4%)

注：不对称度短时超过额定值时,将引起直流侧纹波增大,交流侧产生非特征谐波等不良后果。

4.2 性能指标

4.2.1 并网切入电流

变流器对双馈发电机进行并网控制时,并网切入电流应不超过双馈发电机定子额定电流。

4.2.2 机组功率因数

变流器应具备机组功率因数在容性与感性之间可调节控制功能。

注：如有特殊要求,机组功率因数范围可由用户和供货商/制造厂商定。

4.2.3 总谐波畸变系数(*THD*)

变流器在额定运行条件下,风力发电机组输出电流的总谐波畸变系数可按 GB/T 20320—2006 中 8.4 的规定。

4.2.4 直流电压纹波系数

额定负载条件下,直流电压纹波系数应小于 5%。

4.2.5 过载能力

变流器的过载能力应与双馈发电机过载能力相匹配。变流器在 110%的标称电流容量,持续运行时间应不少于 1 分钟。

4.2.6 稳定性运行时间

变流器满载连续运行时间应不小于 72 h。

4.2.7 变流器效率

额定运行条件下,变流器效率应不低于 96%。

4.3 保护功能

4.3.1 过流保护

当瞬时工作电流超过设定值时,变流器应设置保护,包括网侧过流保护和电机侧过流保护。

4.3.2 直流环节电压保护

当直流环节出现过电压和欠电压情况时,变流器应设置保护。

4.3.3 功率器件过温保护

变流器应设置功率器件过温保护,包括网侧功率器件过温保护和电机侧功率器件过温保护。

4.3.4 发电机超速保护

变流器应设置发电机超速保护。

4.3.5 功率器件故障硬件保护

变流器应设置功率器件故障硬件保护功能,设置功率器件因控制电源、过流及短路等原因引起故障的硬件保护电路,实现快速保护。包括电网侧变流器功率器件硬件保护和电机侧功率器件硬件保护。

4.3.6 缺相保护

变流器应设置缺相保护，包括电网侧变流器缺相保护，电机侧变流器缺相保护。

4.3.7 接地故障保护

变流器应设置接地故障保护以防止接地漏电流超过允许值。应对变流器可采用的接地系统进行说明，应进行型式试验来验证变流器的整体性能是否符合可采用的接地系统。其中可能包括：

a) 中线直接对地；

b) 中线经过高阻抗对地；

c) 绝缘。

4.3.8 相序错误保护

变流器应设置相序错误保护。

4.3.9 浪涌过电压保护

变流器应设置浪涌过电压保护功能。

4.4 安全要求

与安全有关的要求应符合 GB 18451.1 中关于防雷、接地的规定。

4.5 电磁兼容性

4.5.1 电磁抗扰

电磁干扰有低频干扰和高频干扰。低频干扰包括电压畸变；电压变化，波动，电压跌落和短时中断；电压不平衡和频率变化及电源的影响。高频干扰包括静电放电、快速瞬变脉冲群、浪涌及对电磁场的抗扰度。双馈式变流器的抗干扰等级应根据 GB/T 12668.3—2003 中 5 的规定，按预期使用环境选定。

4.5.2 电磁发射

电磁发射应尽可能地与其实际的工作环境条件相适应。双馈式变流器的电磁发射限值应符合 GB/T 12668.3—2003 中 6 的规定。

5 试验方法

试验方法按 GB/T 25388.2《风力发电机组 双馈式变流器 第 2 部分：试验方法》的规定进行。

6 检验规则

6.1 型式试验

型式试验是全面考核产品性能和质量，验证产品是否符合技术要求的一种试验。当有下列情况之一时，应进行型式试验：

a) 试制的新产品鉴定时；

b) 当产品的设计、工艺或所用材料的改变会影响产品性能时；

c) 批量生产的产品，每隔 3 年进行一次型式试验；

d) 产品长期停产后恢复生产时；

e) 国家质量监督机构提出进行型式试验的要求时。

6.1.1 抽样方法

进行型式试验的样品，应在经过出厂试验合格的一批产品中抽样，抽样的数量应不少于两台。

6.1.2 判定规则

型式试验项目应符合产品的技术规定，全部合格判定为合格；任有一项不合格，则判定该产品不合格。

6.2 出厂试验

为了考核产品的性能，保证产品符合有关标准和型式试验的相关要求，组装后的变流器应进行出厂试验。一台中有一项性能不符合要求，即为不合格，应返工后复试，复试仍不合格，则判定不合格。试验合格后，填写试验纪录并且发给合格证方能出厂。

6.3 试验项目

试验项目见表 2。

表 2 变流器试验项目

试验名称	型式试验	出厂试验
绝缘耐压试验	√	√
电气测试试验	√	√
并网控制试验	√	√
加载试验	√	√
温升试验	√	
效率试验	√	
过载试验	√	
总谐波畸变测量试验	√	
总功率因数测定试验	√	
电网电压适应能力试验	√	
安全保护试验	√	√
电磁兼容试验	√	
低温工作试验	√	
高温工作试验	√	
恒定湿热	√	
稳定性运行试验	√	
附加试验	√	

7 技术文件和产品信息

7.1 随同产品提供的技术文件

提供的技术文件包括：

1） 装箱清单；

2） 产品使用说明书；

3） 安装说明书；

4） 产品质量合格证；

5） 电气接线图；

6） 电气原理图；

7） 出厂检验记录；

8） 保修卡；

9） 用户意见调查表。

7.2 产品信息

7.2.1 铭牌

变流器的适当位置应有铭牌。铭牌内容如下：

1） 产品名称；

2） 产品型号；

3） 技术参数：

a） 电机侧额定容量；

b） 网侧额定容量；

c） 网侧电流额定值(A)；

d） 电机侧电流额定值(A)；

e） 电机侧频率范围(Hz)。

4） 防护等级；

5） 出厂编号；

6） 制造日期；

7） 制造厂名。

注 1：由于铭牌尺寸的限制，有些项目可在使用说明书中给出。

7.2.2 包装标志

变流器的外包装上应有收发货标志、包装储运标志和安全警告标志，按 GB 191，GB/T 13384 的有关规定执行。

ICS 27.180
F 11

中华人民共和国国家标准

GB/T 25388.2—2010

风力发电机组　双馈式变流器
第2部分：试验方法

Double-fed converter of wind turbine generator system—
Part 2：Test method

2010-11-10 发布　　2011-03-01 实施

中华人民共和国国家质量监督检验检疫总局
中国国家标准化管理委员会　发布

前　言

GB/T 25388《风力发电机组　双馈式变流器》分为两个部分：

——第1部分：技术条件；

——第2部分：试验方法。

本部分为GB/T 25388的第2部分。

本部分附录A为资料性附录。

本部分由中国机械工业联合会提出。

本部分由全国风力机械标准化技术委员会(SAC/TC 50)归口。

本部分负责起草单位：中国科学院电工研究所、北京科诺伟业科技有限公司、合肥阳光电源有限公司、国网电力科学研究院电气控制研究所、哈尔滨九洲电气股份有限公司、艾默生网络能源有限公司。

本部分主要起草人：赵栋利、林资旭、郭金东、朱晓光、余勇、王伟、孙敬华、袁斌。

风力发电机组　双馈式变流器
第2部分：试验方法

1　范围

GB/T 25388的本部分规定了双馈式风力发电机组交直交电压型变流器工作性能的试验条件、试验内容和试验方法。

本部分适用于双馈式风力发电机组交直交电压型变流器性能试验。

2　规范性引用文件

下列文件中的条款通过本部分的引用而成为本部分的条款。凡是注日期的引用文件，其随后的所有修改单(不包括勘误的内容)或修订版均不适用于本部分，然而，鼓励根据本部分达成协议的各方研究是否可使用这些文件的最新版本。凡是不注日期的引用文件，其最新版本适用于本部分。

GB/T 2423.1　电工电子产品环境试验　第2部分：试验方法　试验A：低温(GB/T 2423.1—2008,IEC 60068-2-1:2007,IDT)

GB/T 2423.2　电工电子产品环境试验　第2部分：试验方法　试验B：高温(GB/T 2423.2—2008,IEC 60068-2-2:2007,IDT)

GB/T 2423.3—2006　电工电子产品环境试验　第2部分：试验方法　试验Cab：恒定湿热试验(IEC 60068-2-78:2001,IDT)

GB/T 3859.1—1993　半导体变流器基本要求的规定(eqv IEC 60146-1-1:1991)

GB/T 12668.3—2003　调速电气传动系统　第3部分：产品的电磁兼容性标准及其特定的试验方法(IFC 61800-3:1996,IDT)

GB/T 25388.1　风力发电机组　双馈式变流器　第1部分：技术条件

3　试验目的

检验双馈式变流器是否满足风力发电机组的运行要求。

4　试验条件

4.1　试验环境

推荐双馈式变流器在如下大气环境下进行试验：

a)　温度：15 ℃～35 ℃；

b)　相对湿度：45%～75%；

c)　气压：86 kPa～106 kPa。

在进行试验时，双馈式变流器应安装于室内坚固的基座上，在其安装区域内或附加的机壳内对通风或冷却系统不会造成严重的影响。

4.2　试验准备

双馈式变流器试验应在与实际工作等效的电气条件下进行，例如，试验系统可由变压器、拖动变频器、拖动电动机、转矩测量仪、双馈电机、双馈式变流器以及上位机组成，如图1所示。在试验过程中，由拖动变频器驱动拖动电动机来模拟风力机运行，在上位机的控制指令下完成双馈式变流器系列试验。

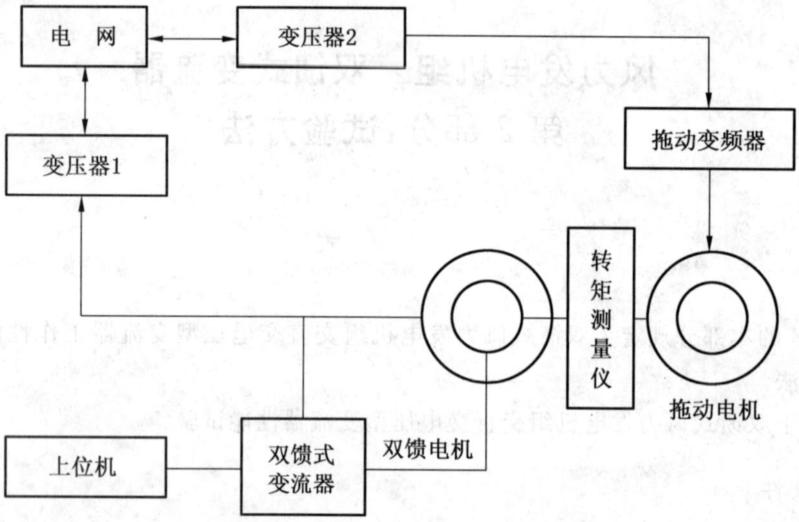

图1　双馈式变流器试验模拟平台示例

4.3　仪器设备

试验所用仪器、仪表、传感器应在计量部门校验合格并在有效期内，试验用仪器、仪表见附录A。

5　试验内容和方法

5.1　试验内容

试验内容按照GB/T 25388.1《风力发电机组　双馈式变流器　第1部分：技术条件》规定的项目进行。

5.2　试验方法

5.2.1　绝缘耐压试验

按GB/T 3859.1—1993中6.4.1的规定进行试验。

5.2.2　电气测试试验

检验电路连接是否正确，双馈式变流器通电后，对系统的输入输出进行电气测试，通讯功能是否正常，设备的静态特性是否能满足规定要求。

5.2.3　并网控制试验

在变流器的控制下，将发电机定子三相输出绕组并入电网，记录并网过程中并网切入电流波形和最大值。

5.2.4　加载试验

依次取并网转速到额定转速范围内的五个速度点，五个速度点应该至少包括并网转速、额定转速、同步转速测量每个转速所对应的风力发电机输出电量，数据如下：

a)　输出变压器1输出端电压U_0、电流I_0和功率P_0；

b)　双馈式变流器输出端电压U_1、电流I_1和功率P_1；

c)　风力发电机定子输出端电压U_2、电流I_2和功率P_2。

5.2.5　温升试验

额定条件运行时，测定双馈式变流器功率器件及电抗器是否超过规定的极限温升。试验参照GB/T 3859.1—1993中6.4.6的规定进行。

5.2.6　效率测试

在额定运行条件下，测定双馈式变流器转子输入到电机侧变流器的有功功率P_2和从网侧变流器输出到电网的有功功率P_1，计算双馈式变流器的效率。

$$\eta=\frac{P_1}{P_2}\times 100\% \quad \cdots\cdots(1)$$

5.2.7 过载试验

在双馈式变流器额定运行，并且温升达到稳定值后，在110%的标称电流容量下运行1 min，随后电流降至额定值以下运行，在整个试验期间，变流器应能正常工作。

5.2.8 总谐波畸变测量试验

按照5.2.4加载试验方法中额定转速进行试验，记录电流 I_0 的畸变率。

5.2.9 机组功率因数测定试验

在双馈式变流器额定条件运行时，测量双馈式风力发电机组向电网发送的有功功率 P 和总视在功率 S，则总功率因数为：

$$PF=\frac{P}{S}\times 100\% \quad \cdots\cdots(2)$$

5.2.10 电网电压适应能力试验

正常运行时，调节网侧输入电压使之在额定电压±10%变动，双馈式变流器应能正常运行。

5.2.11 保护功能试验

主要包括各种过电流保护装置的过流整定；各种过、欠电压保护设施的正确工作；装置冷却系统的保护设施的正常动作；作为安全操作的接地装置和开关的正确设置以及各种保护器件的互相协调；GB/T 25388.1《风力发电机组 双馈式变流器 第1部分：技术条件》中规定的保护功能试验。

5.2.12 电磁兼容试验

电磁兼容试验是通过试验验证双馈式变流器各个子部件的性能，如电力电子电路、驱动电路、保护电路、控制电路及显示和控制面板对电磁干扰的抗扰度。为了确保基本的保护要求，分别规定了对公共环境、工业环境的低频基本发射限值和高频基本发射限值。试验按照GB/T 12668.3—2003中5的规定进行。

双馈式变流器的抗电磁干扰试验按照如GB/T 12668.3的有关标准规定进行，所用的干扰等级可根据预期的使用环境选定。当存在高频电磁波干扰的情况下，各类传感器应不误发信号，执行部件应不误动作。

5.2.13 低温工作试验

试验方法按GB/T 2423.1中"试验A"进行。产品无包装，在试验温度为(−20±3)℃(常温型)或者(−30±3)℃(低温型)启动，通电保持2 h，在常温条件下恢复2 h后，双馈式变流器应能正常工作。

5.2.14 高温工作试验

试验方法按GB/T 2423.2中"试验B"进行。产品无包装，在试验温度为(45±2)℃，通电保持2 h，在常温条件下恢复2 h后，双馈式变流器应能正常工作。

5.2.15 恒定湿热试验

试验方法按GB/T 2423.3中"试验Cab"进行。产品在试验温度为(45±2)℃、相对湿度(95±3)%恒定湿热条件下，无包装，不通电，经受48 h试验后，取出样品，在常温条件下恢复2 h后，双馈式变流器应能正常工作。

5.2.16 稳定性运行试验

在额定条件下，对变流器连续运行稳定性进行试验，记录变流器额定运行连续时间，无故障连续运行72 h。

5.2.17 附加试验

若对变流器上述标准试验项目未包括的其他性能有要求时，应在订货时提出，并取得协议。

6 试验报告

在试验过程中，应及时整理有关数据和资料，试验结束后应核实观察、测定和计算结果，并整理汇总，编写试验报告。试验报告应包括以下内容：

a） 试验概述；

b） 样机简介；

c） 试验条件及分析；

d） 试验结果及分析；

e） 结论；

f） 附件。

附　录　A
（资料性附录）
仪器、仪表要求

a) 万用表

量　程:AC 0 V～750 V, DC 0 V～1 000 V;

准确度:0.5 级;

b) 钳型电流表

量　程:AC 0 A～1 000 A,0 A～2 000 A;

准确度:2 级;

c) 兆欧表

电　压:1 000 V;

量　程:(0～500)MΩ,(0～1 000)MΩ;

准确度:5 级;

d) 数字存储示波器

频带响应:(0～200)MHZ;

输入电压:(0～250)V(带有 10 倍衰减器);

灵 敏 度:2 mV/div;

e) 电量分析仪

f) 工频耐压试验设备

技术性能应符合 GB/T 17627.2—1998 的要求。

g) 电磁兼容测试仪

技术性能应符合 IEC 60801 的要求。

ICS 27.180
F 11

中华人民共和国国家标准

GB/T 25389.1—2010

风力发电机组　低速永磁同步发电机
第1部分：技术条件

Wind turbine low-speed permanent magnet synchronous generator—
Part 1：Technical conditions

2010-11-10 发布　　2011-03-01 实施

中华人民共和国国家质量监督检验检疫总局
中国国家标准化管理委员会　发布

前 言

GB/T 25389《风力发电机组 低速永磁同步发电机》分为两个部分：

——第1部分：技术条件；

——第2部分：试验方法。

本部分为GB/T 25389《风力发电机组 低速永磁同步发电机》的第1部分。

本部分由中国机械工业联合会提出。

本部分由全国风力机械标准化技术委员会(SAC/TC 50)归口。

本部分负责起草单位：湘潭电机股份有限公司、湘电风能有限公司、中国北车集团永济新时速电机电器有限责任公司、西安盾安电气有限公司、沈阳工业大学特种电机研究所、常州轨道车辆牵引传动工程技术研究中心、江西金力永磁科技有限公司、北京中科三环高技术股份有限公司、内蒙古汇全环保动力有限公司。

本部分主要起草人：杨国伟、李春林、郭灯塔、王步瑶、龙辛、李素平、刘荣强、黄国杰、庞卓卉、孔令江、唐任远、安忠良、邱世平、李忻农、吕锋、何叶青、张富全。

风力发电机组　低速永磁同步发电机 第1部分:技术条件

1　范围

GB/T 25389的本部分规定了并网型风力发电机组用低速永磁同步发电机的主要型式、技术要求、试验方法、检验规则、标志与包装、使用期等要求。

本部分适用于低速永磁同步发电机(以下简称发电机),其他类型的发电机可参照使用。

2　规范性引用文件

下列文件中的条款通过GB/T 25389的本部分的引用而成为本部分的条款。凡是注日期的引用文件,其随后所有的修改单(不包括勘误的内容)或修订版均不适用于本部分,然而,鼓励根据本部分达成协议的各方研究是否可使用这些文件的最新版本。凡是不注日期的引用文件,其最新版本适用于本部分。

GB/T 191　包装储运图示标志(GB/T 191—2008,ISO 780:1997,MOD)

GB 755　旋转电机　定额和性能(GB 755—2008,IEC 60034-1:2004,IDT)

GB/T 997　旋转电机结构型式、安装型式及接线盒位置的分类(IM代码)(GB/T 997—2008,IEC 60034-7:2001,IDT)

GB/T 1993　旋转电机冷却方法(GB/T 1993—1993,IEC 60034-6:1991,IDT)

GB/T 2900.25　电工术语　旋转电机(GB/T 2900.25—2008,IEC 60050-411:1996,IDT)

GB/T 4831　电机产品型号编制方法

GB/T 4942.1　旋转电机整体结构的防护等级(IP代码)-分级(GB/T 4942.1—2006,IEC 60034-5:2000,IDT)

GB 10068—2008　轴中心高为56 mm及以上电机的机械振动　振动的测量、评定及限值(IEC 60034-14:2007,IDT)

GB/T 10069.1　旋转电机噪声测定方法及限值　第1部分:旋转电机噪声测定方法(GB/T 10069.1—2006,ISO 1680:1999,MOD)

GB 10069.3　旋转电机噪声测定方法及限值　第3部分:噪声限值(GB 10069.3—2008,IEC 60034-9:2007,IDT)

GB/T 12665—2008　电机在一般环境条件下使用的湿热试验要求

GB/T 25389.2　风力发电机组　低速永磁同步发电机　第2部分:试验方法

GB/T 25381　风力发电机组　系列型谱

JB/T 5811　交流低压电机成型绕组匝间绝缘　试验方法及限值

JB/T 9615.1　交流低压电机散嵌绕组匝间绝缘　试验方法

JB/T 9615.2　交流低压电机散嵌绕组匝间绝缘　试验限值

JB/T 10098　交流电机定子成型线圈耐冲击电压水平(JB/T 10098—2000,IEC 60034-15:1995,IDT)

XB/T 903—2002　烧结钕铁硼永磁材料　表面电镀层

3　术语及定义

GB/T 2900.25中确立的以及下列术语和定义适用于本部分。

3.1

低速　low-speed

本部分中，发电机的最高运行转速小于或等于 500 r/min 的工况为低速。

3.2

双三相　double three-phase

两个三相交流电系统。一般情况两系统之间相位差为零。

3.3

六相　six-phase

指六相双 Y 移 30°系统。两个具有磁耦合的三相交流电系统，两系统之间相位差为 30°。

3.4

不可逆失磁　irreversible magnetizing loss

永磁体在外部条件恢复后其磁性能不能回复到原有值的差额部分，称为不可逆失磁。一般表现为剩磁或磁通的损失。

3.5

效率曲线　efficiency curve

发电机在额定转速、额定电压下，不同输出功率与效率之间的关系。

3.6

功率特性　power characteristic

发电机发电能力的表述。功率特性曲线是发电机在不同的转速下与最大输出功率之间的关系。

4　型号、型式、基本要求

4.1　发电机型号按 GB/T 4831 的规定由产品代号、规格代号、补充代号三部分依次排列组成。

示例：

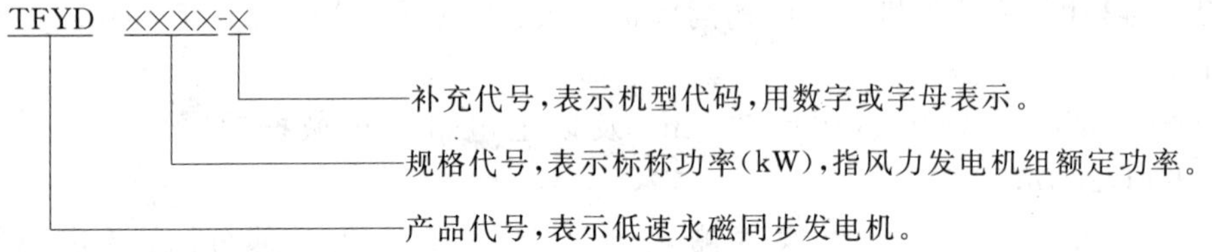

4.2　标称功率一般按风力发电机组额定功率确定，见 GB/T 25381 的规定。

4.3　发电机一般按机组要求的额定电压制造。电压等级推荐如下：

690 V、1 050 V、3 150 V、6 300 V、10 500 V。

4.4　发电机通常为三相或双三相或六相交流电输出。

4.5　发电机一般采用 F 级及以上绝缘等级。

4.6　发电机的最高运行转速不大于 500 r/min。

4.7　发电机的定额是以连续工作制(S1)为基准的连续定额。

4.8　发电机的结构及安装型式应符合 GB/T 997 的规定。

4.9　发电机外壳防护等级应满足风力发电机组的要求，并符合 GB/T 4942.1 的规定。

4.10　发电机应有可靠的冷却方法，并符合 GB/T 1993 的规定。使用的冷却介质不得对发电机造成危害。

5　技术要求

5.1　发电机应符合本部分的要求，并按照经规定程序批准的图样及技术文件制造。

5.2　在下列环境条件下，发电机应能正常运行：

a） 海拔不超过 1 000 m；

b） 运行地点的环境空气温度不高于 40 ℃，不低于－20 ℃，对于寒冷地区不低于－30 ℃（用户明确提出低温环境要求时）；

注：如发电机在海拔超过 1 000 m 或环境空气温度高于 40 ℃的条件下使用时，按 GB 755 规定。

c） 最湿月月平均最高空气相对湿度不大于 95%，同时该月月平均最低温度不高于 25 ℃。

5.3 在海拔和环境空气温度符合 5.2 规定时，发电机绕组的温升限值和轴承的容许温度按 GB 755 规定。如试验地点的海拔或环境空气温度与 5.2 的规定不同时，温升限值应按 GB 755 的规定修正。

5.4 发电机在额定转速、额定功率因数下，当电压在额定值的 95%～105%之间变化，应能输出额定功率。当偏离额定运行时，其温升限值允许有变动，但在上述电压变化下连续运行时，温升限值允许超过的最大值为：

额定功率 1 000 kW 及以下的发电机为 10 K；

额定功率 1 000 kW 以上的发电机为 5 K。

5.5 发电机的效率曲线应满足用户要求。

发电机效率的计算应包括以下损耗：

a） 铜耗；

b） 铁耗；

c） 机械损耗；

d） 杂散损耗。

5.6 发电机的输出端通常接全功率变流器。发电机的绝缘结构、电压调整率应与全功率变流器相匹配。

5.7 在额定电压时，发电机应能承受 1.5 倍额定电流，历时不少于 30 s。

5.8 发电机在额定发热试验后，保持额定电压不变，应能承受 1.15 倍额定负载运行 1 h，此时温升不作考核，但电机不应发生损坏及有害变形。

5.9 发电机的永磁体在发电机突然短路状态和温度限值下应不发生大于 1%的不可逆失磁。

5.10 发电机应能承受 1.2 倍最高运行转速，历时 2 min 不发生有害变形。

5.11 绝缘电阻限值如下：

a） 发电机定子绕组的绝缘电阻在热状态或发热试验后，应不低于 $U_N/(1\,000+P_N/100)$ MΩ。

注：U_N——额定电压，单位为伏（V）；P_N——额定功率，单位为千瓦（kW）。

b） 在＋5 ℃～＋35 ℃，埋置检温元件的绝缘电阻用 250 V 兆欧表测量时，其绝缘电阻应不小于 1 MΩ。

c） 防潮加热器的绝缘电阻用 500 V 兆欧表测量时，其绝缘电阻应不小于 1 MΩ。

5.12 发电机定子绕组各相间及双三相绕组相互间应能承受历时 1 min 的耐电压试验而不发生击穿，试验电压的频率为 50 Hz，并尽可能为正弦波形，电压的有效值为（$2U+1\,000$）V。

注：U——功率变流器的 2 倍直流母线电压，单位为伏（V）。

同一台发电机不应重复进行本项试验，如用户提出要求，允许在安装后开始运行之前，在现场可再进行一次试验，其试验电压应按 GB 755 的规定。

5.13 发电机的定子绕组应能承受匝间耐冲击电压试验而不击穿。当发电机采用成型绕组时，其试验冲击电压峰值和试验方法按 JB/T 5811 或 JB/T 10098 的规定；当发电机采用散嵌绕组时，其试验冲击电压峰值和试验方法按 JB/T 9615.1 和 JB/T 9615.2 的规定。

5.14 发电机的定子绕组在按 GB/T 12665 所规定的 40 ℃交变湿热试验方法进行 6 周期试验后，绝缘电阻应不低于 5.11 的规定数值，并能承受 5.12 所规定的耐电压试验而不发生击穿。

5.15 发电机作电动机空载运行时按 GB 10068 测定的振动幅值应不大于 0.05 mm。

5.16 发电机作电动机空载运行时按 GB/T 10069.1 测得噪声数值应符合 GB 10069.3 的规定。

5.17 当并网三相电压平衡时，发电机三相电流中任何一相与三相平均值的偏差应不大于三相平均值的10%。

5.18 发电机不允许在运行中反接电源制动或逆转。在出线端标志的字母顺序与三相电压相序方向相同时，从驱动端视之，发电机应为顺时针方向旋转(用户要求发电机转向不同时，应在合同中注明)。

5.19 发电机的接线盒内应有接地端子，同时机座上应另设一个接地端子，并应在接地端子的附近设置接地标志，此标志应保证在发电机整个使用期内不易磨灭。

5.20 发电机用永磁体材料应有可靠的防腐蚀保护。如果采用表面电镀层的技术要求一般按XB/T 903—2002的规定(如果采用的话)。

5.21 发电机设计使用寿命不少于20年。

6 试验方法

发电机应按GB/T 25389.2的规定进行试验。

7 检验规则

7.1 每台发电机须经检验合格后才能出厂，并应附有产品检验合格证。

7.2 出厂试验项目包括：

a) 机械检查(按7.3进行)；

b) 定子绕组对机壳及绕组相互间绝缘电阻测定(检查试验时可测量冷态绝缘电阻，但应保证热态时绝缘电阻不低于本部分5.11的规定)；

c) 定子绕组在实际冷状态下直流电阻的测定；

d) 空载试验；

e) 耐电压试验；

f) 匝间冲击耐电压试验；

g) 振动的测定。

7.3 机械检查项目包括：

a) 装配检查：检查发电机装配是否完整、正确，包括磁极、转子、定子、轴承、总装配等检查和其他重要部件的检查；

b) 转动检查：发电机转动时，应平稳轻快，无怠滞现象；

c) 外观检查：发电机表面油漆应干燥、完整、均匀，无污损、碰撞、裂痕等现象；

d) 安装尺寸、外形尺寸检查：外形、安装尺寸应符合有关规定。

7.4 凡遇下列情况之一者，应进行型式试验：

a) 制造商第一次试制或小批试生产时；

b) 设计或工艺上的变更足以引起某些特性和参数发生变化时；

c) 当检查试验结果和以前进行的型式试验结果发生不可容许的偏差时；

d) 成批生产的发电机的定期抽试，抽试时间至少三年一次，每次至少两台。试验中如有发电机不合格，应从同一批产品中抽加倍数量对不合格项目进行重试，如仍有不合格时，则应对该项目逐台试验。

7.5 发电机的型式试验项目：

a) 出厂试验的全部项目；

b) 起动阻力矩的测定；

c) 固有电压调整率的测定；

d) 发热试验；

e) 效率的测定；

f) 过载试验；

g) 功率特性曲线的测定；

h) 噪声的测定；

i) 超速试验；

j) 三相突然短路试验(仅对在合同中有此项要求时)；

k) 湿热试验(仅对在合同中有此项要求时)；

l) 盐雾试验(仅对在合同中有此项要求时)；

m) 霉菌试验(仅对在合同中有此项要求时)；

n) 外壳防护等级试验(仅对在合同中有此项要求时)；

o) 质量测定(仅在试制或必要时)。

8 标志、包装和使用期

8.1 铭牌材料及铭牌上数据刻划方法，应保证在整个使用期内不易磨灭。

8.2 铭牌应固定在电机上(实际视线范围内)，应标明项目如下：

a) 制造商名；

b) 发电机名称；

c) 发电机型号；

d) 发电机相数；

e) 额定功率(发电机的实际输出功率，kW)；

f) 额定电压(V)；

g) 额定电流(A)；

h) 额定频率(Hz)；

i) 功率因数；

j) 额定转速(r/min)；

k) 绝缘等级；

l) 接线方法；

m) 外壳防护等级；

n) 冷却方法；

o) 出品年月和编号；

p) 质量(kg)。

8.3 发电机定子绕组的出线端及接线板的接线位置上均应有相应的标志，并保证其字迹在发电机整个使用期内不易磨灭，其标志按表1的规定。

表1 出线端标志

三个出线端标志 (三相绕组)	六个出线端标志 (双三相和六相绕组)	
U	1U	2U
V	1V	2V
W	1W	2W

8.4 发电机的使用维护说明书及产品合格证应随同每台发电机供给用户，使用维护说明书中应说明本产品有强磁，以及可能对人体及环境的影响。

8.5 发电机的包装应能保证在正常贮运条件下，自发货之日起一年内不致因包装不善而导致受潮与损坏。

8.6 发电机的包装在运输、贮存过程中不得受雨水侵袭，不应受有害碰撞。产品贮存应放在没有雨、雪侵入，无有害气体、粉尘进入，空气流通，空气相对湿度不大于 80%，环境温度在 −20 ℃～+40 ℃的仓室中。

8.7 包装体外壁的文字和标志应清楚、整齐，内容如下：

a) 货站与制造商名称；
b) 收货站及收货单位名称；
c) 发电机型号和出品编号；
d) 发电机质量和整体质量；
e) 包装体尺寸；
f) 在包装体外的适当位置应标有“禁止翻滚”、“怕雨”、“向上”、“电机内有强磁”、“禁止碰撞”等字样，其图形应符合 GB/T 191 的规定；
g) 包装体吊装方式和位置。

8.8 每台发电机应附下列随机文件，文件应放在防潮袋内并固定于包装体内部：

a) 随机文件目录；
b) 使用维护说明书；
c) 产品合格证；
d) 电机绕组和测温元件接线图；
e) 用户要求的其他文件(应在合同中注明)。

8.9 在用户按照使用说明书的规定正确地使用与存放发电机的情况下，制造商应保证发电机在使用的一年内，但自制造商出品的日期不超过两年的时间内能良好地运行。如在此规定的时间内，发电机因制造质量不良而发生损坏或不能正常工作时，制造商应无偿地为用户修理或更换零件或发电机。

ICS 27.180
F 11

中华人民共和国国家标准

GB/T 25389.2—2010

风力发电机组 低速永磁同步发电机 第2部分：试验方法

Wind turbine low-speed permanent magnet synchronous generator—Part 2: Testing methods

2010-11-10 发布

2011-03-01 实施

中华人民共和国国家质量监督检验检疫总局
中国国家标准化管理委员会 发布

前　言

GB/T 25389《风力发电机组　低速永磁同步发电机》分为两个部分：

——第1部分：技术条件；

——第2部分：试验方法。

本部分为GB/T 25389《风力发电机组　低速永磁同步发电机》的第2部分。

本部分由中国机械工业联合会提出。

本部分由全国风力机械标准化技术委员会(SAC/TC 50)归口。

本部分负责起草单位：湘潭电机股份有限公司、湘电风能有限公司、中国北车集团永济新时速电机电器有限责任公司、西安盾安电气有限公司、沈阳工业大学特种电机研究所、常州轨道车辆牵引传动工程技术研究中心、江西金力永磁科技有限公司、北京中科三环高技术股份有限公司、内蒙古汇全环保动力有限公司。

本部分主要起草人：刘国平、禹利华、郭灯塔、李春林、罗桂生、龙辛、毕建红、陈小林、李素平、刘荣强、黄国杰、庞卓卉、孔令江、唐任远、安忠良、邱世平、李忻农、吕锋、王玉国、张富全。

风力发电机组
低速永磁同步发电机
第2部分:试验方法

1 范围

GB/T 25389 的本部分规定了并网型风力发电机组用低速永磁同步发电机的试验方法。

本部分适用于低速永磁同步发电机(以下简称发电机)的试验,其他类型的发电机可参照使用。

2 规范性引用文件

下列文件中的条款通过 GB/T 25389 的本部分的引用而成为本部分的条款。凡是注日期的引用文件,其随后所有的修改单(不包括勘误的内容)或修订版均不适用于本部分,然而,鼓励根据本部分达成协议的各方研究是否可使用这些文件的最新版本。凡是不注日期的引用文件,其最新版本适用于本部分。

GB 755 旋转电机 定额和性能(GB 755—2008,IEC 60034-1:2004,IDT)

GB/T 1029 三相同步电机试验方法

GB/T 2423.16 电工电子产品环境试验 第2部分:试验方法 试验J和导则:长霉(GB/T 2423.16—2008,IEC 60068-2-10:2005,IDT)

GB/T 2423.17 电工电子产品环境试验 第2部分:试验方法 试验Ka:盐雾(GB/T 2423.17—2008,IEC 60068-2-11:1981,IDT)

GB/T 4942.1 旋转电机整体结构的防护等级(IP代码)-分级(GB/T 4942.1—2006,IEC 60034-5:2000,IDT)

GB 10068 轴中心高为 56 mm 及以上电机的机械振动 振动的测量、评定及限值(GB 10068—2008,IEC 60034-14:2007,IDT)

GB/T 10069.1 旋转电机噪声测定方法及限值 第1部分:旋转电机噪声测定方法(GB/T 10069.1—2006,ISO 1680:1999,MOD)

GB/T 12665 电机在一般环境条件下使用的湿热试验要求

GB/T 25389.1 风力发电机组 低速永磁同步发电机 第1部分:技术条件

JB/T 5811 交流低压电机成型绕组匝间绝缘试验方法及限值

JB/T 7836.1 电机用电加热器 第1部分:通用技术条件

JB/T 9615.1 交流低压电机散嵌绕组匝间绝缘试验方法

JB/T 9615.2 交流低压电机散嵌绕组匝间绝缘试验限值

JB/T 10098 交流电机定子成型线圈耐冲击电压水平(JB/T 10098—2000,IEC 60034-15:1995,IDT)

JB/T 10500.1 电机用埋置式热电阻 第1部分:一般规定、测量方法和检验规则

3 术语和定义

GB 755、GB/T 1029 确立的术语和定义适用于本部分。

4 试验要求

4.1 安全措施

由于试验过程涉及到危险的电流、电压、磁场和机械力，对所有试验应采取安全预防措施，所以所有试验应由有相关知识和经验的人员操作。

4.2 测量仪器仪表

测量所用仪器仪表应满足以下要求：

a) 试验中使用的测量仪器、仪表、传感器均应经计量部门检定合格并在有效期内；

b) 试验时采用的电气测量仪表的准确度应不低于0.5级(兆欧表除外)，电量传感器的准确度应不低于0.2级，电量变送器的准确度应不低于0.5级，转速表的准确度应不低于1.0级，测力计的准确度应不低于1.0级(悬挂式弹簧秤除外)，温度计的误差应为±1 ℃，其他测量仪器、仪表应符合相关标准的规定；

c) 用变流器做试验电源时，变流器输入端、输出端应采用宽频数字式测量仪，且在被测频率范围内满足精度要求。

4.3 试验准备

试验前被试发电机应处于正常状态，接线正确，试验线路和设备应满足试验的要求。

5 试验项目

5.1 绝缘电阻的测定

5.1.1 绕组对机壳及绕组相互间绝缘电阻的测定

5.1.1.1 测量时发电机的状态

测量发电机绕组的绝缘电阻时应分别在发电机实际冷状态和热状态(或发热试验后)下测量。

检查试验时，如无其他规定，绕组对机壳及绕组相互间的绝缘电阻仅在冷状态下测量。测量绝缘电阻时应测量绕组温度，但在实际冷状态下测量时可取周围介质温度作为绕组温度。

5.1.1.2 兆欧表的选用

测量绕组对机壳及绕组相互间绝缘电阻时应根据被测绕组的额定电压按表1选择兆欧表。

表1 兆欧表的选择

被测绕组的额定电压 U_N/V	兆欧表规格/V
U_N<1 000	500
1 000≤U_N≤2 500	500～1 000
2 500<U_N≤5 000	1 000～2 500
5 000<U_N≤12 000	2 500～5 000
U_N>12 000	5 000～10 000

5.1.1.3 测量方法

绕组对机壳绝缘电阻的测定按GB/T 1029的规定进行，应分别测量定子绕组、元器件的绝缘电阻，测量前应将外部元器件可靠断开，以免损坏。

5.1.2 其他绝缘电阻的测定

其他绝缘电阻的测定方法为：

a) 加热器绝缘电阻的测定按JB/T 7836.1规定的方法进行。

b) 埋置检温计绝缘电阻的测定按JB/T 10500.1规定的方法进行。

c) 轴承绝缘电阻的测定用不高于1 000 V的兆欧表测量。

5.2 绕组在实际冷状态下直流电阻的测定

5.2.1 实际冷状态下绕组温度的测定

将发电机在室内放置一段时间，用温度计(或埋置检温计)测量发电机绕组、铁心和环境的温度。当所测温度与冷却介质温度之差不超过 2 K 时，则所测温度即为实际冷状态下绕组或铁心的温度。若绕组或铁心的温度无法测量时，允许用机壳温度代替。温度计放置时间应不少于 15 min。

5.2.2 绕组直流电阻的测定

绕组直流电阻可用电桥法、微欧计法、电压表电流表法或其他测量方法测量。其中常用的测量方法如下：

a) 电桥法

测量绕组直流电阻时，发电机转子静止不动。定子绕组直流电阻应在出线端上测量。每一绕组直流电阻应测量三次，每次应在电桥平衡破坏后重新测量。每次读数与三次读取数据的平均值之差应在平均值的±0.5%范围内，取其算术平均值作为电阻的实际测量值。如绕组的直流电阻在 1 Ω 以下，应采用有效值不低于四位数的双臂电桥测量。

检查试验时，每一电阻可仅测量一次。

b) 电压表电流表法

测量时，将电压稳定，容量足够的直流电源直接连接在绕组出线端上，施加的电流应不超过绕组额定电流的 10%，通电的时间不超过 1 min。在电表指示稳定后，同时读取并记录电流值及电压值，将电流值和电压值换算为电阻值。每一直流电阻应在三种不同电流值情况下进行测量。每次测量的绕组直流电阻值与三次测量的绕组直流电阻值的平均值相差应在平均值的±0.5%范围内。取三次测量的绕组直流电阻的平均值作为实际测量值。

5.2.3 各相电阻的计算

根据测量的端电阻，各相电阻值(Ω)按式(1)～(8)计算：

星形接法的绕组：

$$R_a = R_{med} - R_{bc} \qquad \cdots\cdots(1)$$

$$R_b = R_{med} - R_{ca} \qquad \cdots\cdots(2)$$

$$R_c = R_{med} - R_{ab} \qquad \cdots\cdots(3)$$

$$R_{med} = \frac{R_{ab} + R_{bc} + R_{ca}}{2} \qquad \cdots\cdots(4)$$

三角形接法的绕组：

$$R_a = \frac{R_{bc} \cdot R_{ca}}{R_{med} - R_{ab}} + R_{ab} - R_{med} \qquad \cdots\cdots(5)$$

$$R_b = \frac{R_{ca} \cdot R_{ab}}{R_{med} - R_{bc}} + R_{bc} - R_{med} \qquad \cdots\cdots(6)$$

$$R_c = \frac{R_{ab} \cdot R_{bc}}{R_{med} - R_{ca}} + R_{ca} - R_{med} \qquad \cdots\cdots(7)$$

$$R_{med} = \frac{R_{ab} + R_{bc} + R_{ca}}{2} \qquad \cdots\cdots(8)$$

式中：

R_{ab}、R_{bc}、R_{ca}——分别为出线端 A 与 B、B 与 C、C 与 A 之间测得的电阻值，单位为欧姆(Ω)。

如果各线端间的电阻值与三个线端电阻的平均值之差，对星形接法的绕组，不大于平均值的 2%，对三角形接法的绕组，不大于平均值的 1.5%时，则相电阻可按式(9)～(10)计算：

星形接法的绕组：

$$R_a = \frac{1}{2} R_{av} \qquad \cdots\cdots(9)$$

三角形接法的绕组：

$$R_a = \frac{3}{2} R_{av} \quad \cdots\cdots (10)$$

式中：

R_{av}——三个端电阻的平均值，单位为欧姆(Ω)。

5.3 匝间冲击耐电压试验

匝间冲击耐电压试验按 JB/T 5811、JB/T 10098、散嵌绕组匝间绝缘试验按 JB/T 9615.1 规定的方法进行。

5.4 耐电压试验

5.4.1 试验要求

耐电压试验在发电机静止的状态下进行。试验前，应先测量绕组的绝缘电阻。如需要进行超速和短时过电流试验时，该项试验应在这些试验之后进行。型式试验时，应在发热试验后，发电机接近热状态时进行耐电压试验。

试验前，应采取切实的安全防护措施，被试电机周围应有专人监护，试验中如发现异常情况，应立即断电，并将绕组回路对地放电。

5.4.2 试验方法

耐电压试验按 GB/T 1029 规定的方法进行，不参与试验的其他绕组和埋置的检温元件等均应与铁心或机壳作电气连接，机壳应接地。如果绕组的中性点不易分开，绕组应同时施加电压。

试验变压器应有足够的容量，如被试电机绕组的电容 C 较大时，则试验变压器的额定容量 S_N 应大于式(11)计算值：

$$S_N = 2\pi f C U U_{NT} \times 10^{-3} \quad \cdots\cdots (11)$$

式中：

S_N——试验变压器的额定容量，单位为千伏安(kVA)；

f——电源频率，单位为赫兹(Hz)；

U——试验电压，单位为伏特(V)；

U_{NT}——试验变压器的高压端额定电压，单位为伏特(V)；

C——电机被试绕组的电容，单位为法拉(F)。

试验电压的频率为工频，电压波形应尽可能接近正弦波。

5.4.3 试验电压值及时间

试验电压的数值及时间按 GB/T 25389.1《风力发电机组　低速永磁同步发电机　第1部分：技术条件》的规定。试验时施加的电压应从不超过电压全值的一半开始，然后以不超过全值的5%均匀的或分段的增加至全值。电压自半值增加至全值的时间不少于 10 s，全值电压试验时间维持 1 min。耐压试验合格后紧接着再按本部分 5.1.1 测量绕组对机壳及绕组相互间的绝缘电阻。

5.5 振动测量

测量方法按照 GB 10068 振动测量方法进行，试验采用单台电动机法或发电机法进行，采用低频振动测试仪器，测量振动速度、加速度、双幅值。

5.6 噪声测量

发电机噪声的测量方法按照 GB/T 10069.1 规定进行，试验采用单台电动机法或发电机法进行。

5.7 发电机空载电压和电压容差的测定

由拖动机经联轴器拖动发电机在额定转速下空载运行，定子绕组开路。用电压测量仪测量发电机输出端的 m 相电压 U，m 相电压 U 同发电机铭牌额定电压的比值的百分率、上下限容差、不平衡度按相应标准或技术条件考核。

试验时频率 f 与额定频率 f_N 有差异时，定子空载电压按式(12)进行折算：

$$U_0 = \frac{f_N}{f} U \quad \cdots\cdots (12)$$

式中：

U——试验时测得的空载电压(m 相平均值)，单位为伏特(V)；

U_0——折算到额定频率时的空载电压，单位为伏特(V)。

5.8 发电机冷状态和热状态空载特性曲线的测定(发电机法)

5.8.1 拖动机法(校准电机法)

用分析过的拖动机拖动发电机分别在50%、60%、70%、80%、90%、100%、110%额定转速下空载运行，定子绕组开路，用电压表测量并记录发电机 m 相空载电动势 U_0，同时测量并记录拖动机输入功率 P_1，输入电流 I。计算出拖动机总损耗 $P_0{}'$，用式(13)确定被试发电机铁耗 P_{Fe} 与机械耗 P_{fW} 之和。

$$P_{Fe}+P_{fW}=P_1-P_0{}' \qquad \cdots\cdots(13)$$

式中：

$P_{Fe}+P_{fW}$——铁耗与机械耗之和，单位为千瓦(kW)；

P_1——拖动机输入功率，单位为千瓦(kW)；

$P_0{}'$——拖动机总损耗，单位为千瓦(kW)。

绘制空载电动势对应转速的特性曲线，热状态空载特性的测定应在发热试验后进行。

发电机空载试验线路图见图1，发电机空载特性曲线图见图2。

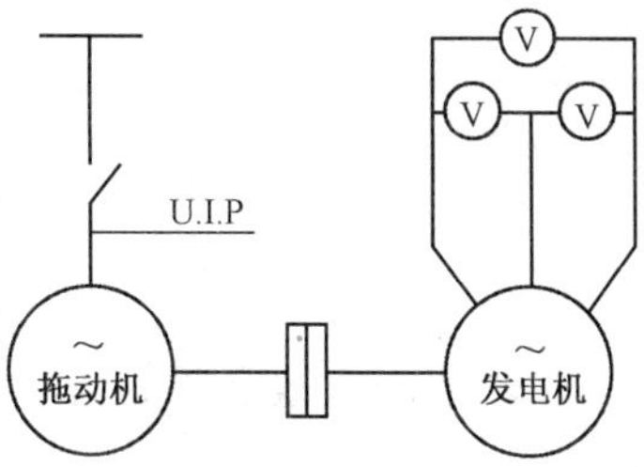

图1 发电机空载试验线路图

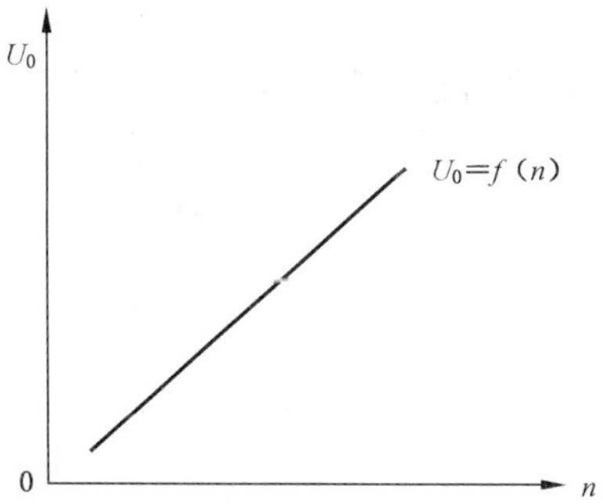

图2 发电机三相空载特性曲线

5.8.2 扭矩传感器法(测功机法)

将扭矩传感器用联轴器联接到拖动机与发电机之间，扭矩传感器的安装应符合传感器的安装规定，每次试验前扭矩传感器应调零和清零。分别在50%、60%、70%、80%、90%、100%、110%额定转速下空载运行，定子绕组开路，用电压测量仪测量并记录发电机 m 相空载电动势 U_0，同时测量并记录扭矩传感器的输出扭矩 T_n。发电机输入功率按式(14)计算。

$$P_{in}=\frac{T_n}{9\ 550}N_n \qquad \cdots\cdots(14)$$

式中：

T_n——扭矩传感器的输出扭矩，单位为牛顿米(N·m)；

P_{in}——发电机的输入有功功率，单位为千瓦(kW)；

N_n——发电机对应输入功率时的转速，单位为转每分钟(r/min)。

用式(15)确定被试发电机铁耗 P_{Fe} 与机械耗 P_{fW} 之和。

$$P_{Fe} + P_{fW} = P_{in} \quad \cdots\cdots (15)$$

绘制空载电动势对应转速的特性曲线，热状态空载特性的测定应在发热试验后进行。

检查试验时，可仅测量额定频率下的 U_0，P_{in}。

5.9 发电机空载特性试验(电动机法)

5.9.1 空载电流和空载损耗的测定

测定前，用变流器驱动被试发电机在额定频率下以电动机方式空载运行，使机械损耗达到稳定。

5.9.2 损耗的测定

测取额定频率时的空载电压 U_0、空载电流 I_0、空载功率 P_0。试验结束后，应立即在发电机两个出线端间测量定子绕组的端电阻，然后按式(16)计算被试发电机定子绕组铜耗 P_{cuo}，按式(17)分离铜耗与铁耗 P_{Fe}、机械耗 P_{fW} 之和。

$$P_{cuo} = 1.5 I_0^2 R_0 \quad \cdots\cdots (16)$$

$$P_{Fe} + P_{fW} = P_0 - 1.5 I_0^2 R_0 \quad \cdots\cdots (17)$$

式中：

P_{cuo}——定子绕组空载铜耗，单位为千瓦(kW)；

I_0——定子绕组空载电流，单位为安培(A)；

R_0——定子绕组端电阻，单位为欧姆(Ω)；

P_{Fe}——铁耗，单位为千瓦(kW)；

P_{fW}——机械耗，单位为千瓦(kW)。

5.9.3 绘制空载曲线

型式试验时，应在额定频率 40%～110%范围内做空载曲线，低转速和高转速电流出现突变时应删除相应点。

检查试验时，可仅测取额定频率下 U_0、I_0、P_0。

5.10 稳态短路试验

将被试发电机定子绕组输出端接入电流传感器，通过开关将绕组短路，用分析过的拖动机拖动发电机短路运行，从零转速开始调节拖动机的转速使发电机的稳态短路电流增至 1.2 倍额定值，同时测量并记录短路线电流 I_K。绘制发电机短路电流对应转速的特性曲线，线路如图 3 所示。

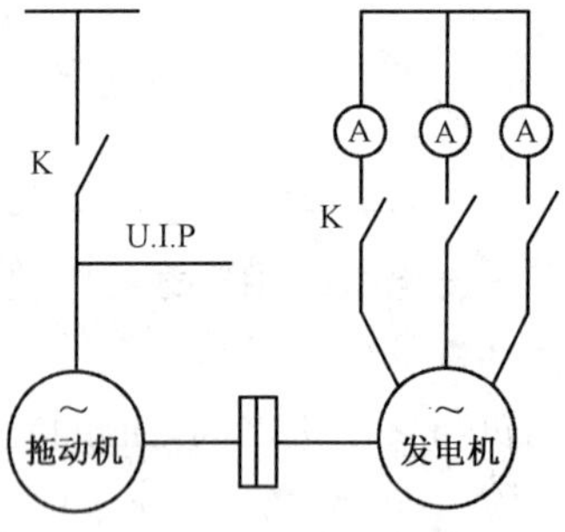

图 3 发电机短路试验线路图

5.11 过电流试验

发电机进行过电流试验时，发电机应处于接近热状态。试验时应迅速调节发电机定子电流至规定的电流倍数，过电流倍数及持续时间按 GB 755 或该类型发电机标准的规定。发电机应能承受 1.5 倍额定电流，历时 30 s。此时发电机的频率为额定值，定子电压尽可能接近额定值。

如因条件限制，不能按上述方法进行试验时，允许按该类型发电机标准规定，在短路情况下进行试验。

在过电流试验中，发电机应不产生冒烟、异味和有害变形等异常情况。

5.12 过负载试验

过负载试验时发电机应处于接近热状态下或发热后进行，保持额定频率不变(定子电压尽可能接近额定值)。调节负载使其输出达到技术标准要求规定的负载倍数和时间，此时温升不作考核，试验后检查发电机绝缘及各部件是否损坏。

5.13 超速试验

超速试验可采用原动机拖动法或电动机法。超速试验为1.2倍最高运行转速，历时2 min(或按相应技术要求)。

超速试验宜在空载热状态下进行。检查试验如无其他规定，超速试验允许在冷状态下进行。

超速试验前应仔细检查发电机的装配质量，特别是转动部分装配质量，防止转速升高时有杂物或零件飞出。

超速试验时应采取相应的安全防护措施，对发电机的监控及对转速和轴承温度等参数的测量应采用远距离的监测方法。

在升速过程中，当发电机达到额定转速时，应观察运转情况，确认无异常现象后，再以适当的加速度提高转速，直至达到规定的转速和规定的时间。

超速试验后应仔细检查发电机的转动部分是否有损坏或产生有害的变形，紧固件是否松动以及其他不允许的现象出现。

试验过程中被试发电机的电压应不超过1.3倍额定电压。

5.14 发热试验

5.14.1 试验条件

发热试验时应尽可能模拟发电机实际工作状态的冷却条件。

5.14.2 试验方法

发热试验方法采用直接负载法。

5.14.3 温度测量方法

温度测量方法按GB/T 1029的规定，有温度计法、埋置检温计法、电阻法(发电机断能停转后所测得的温度值修正按GB/T 1029的规定)。

5.14.4 发热试验时冷却介质温度的测定

冷却介质温度可用几支温度计分布在冷却介质进入发电机的途径周围中进行测量。温度计应放置在距发电机1 m～2 m处，其球部(测温部)处于发电机轴身中心高的水平面上，并应防止外来辐射热源及气流的影响，取温度计读数的平均值作为冷却介质温度。

发热试验结束时的冷却介质温度，应取在整个发热试验过程中最后的1/4时间内按相等时间间隔测得的几个温度计读数的平均值。

5.14.5 轴承温度的测定

轴承温度用检温计或温度计测量。对滚动轴承，当采用温度计测量温度时，温度计应尽可能放在轴承温度最高处，温度考核按GB 755或该类型发电机标准的规定。

5.14.6 发电机断能停转后测得的电阻值修正

用电阻法测量断能停转后的发电机电阻时，要求在发热试验结束就立即使发电机停转。发电机断能停转后如能在表2所述时间内测得第一点电阻值，则以该点电阻值计算发电机的温升而不需外推至断能瞬间。

表2 时间间隔

额定输出(P_N)/kW或kVA	断能后的时间间隔/s
$600 \leqslant P_N \leqslant 5\,000$	120
$5\,000 < P_N$	按协议

如在表2所述时间内不能测得第一点电阻值，以后每隔约10 s～15 s测取一次电阻，并同时记录每点累积时间，共测取5～7点，将测得的电阻值作为时间的函数绘成曲线，将此曲线外推至时间为零，所获得的电阻值即作为发电机断能瞬间的电阻值。如停转后测得的电阻值连续上升，则应测取电阻的最高值作为发电机断能瞬间的电阻值。

5.14.7 电阻法温升计算

测量被试发电机绕组的直流电阻时，冷热状态电阻必须在相同的出线端上测量。

根据直流电阻随温度变化而相应变化的关系来确定定子绕组的平均温升。

定子绕组的平均温升 $\Delta\theta(K)$ 按式(18)计算：

$$\Delta\theta=\frac{R_N-R_1}{R_1}(K_1+\theta_1)+\theta_1-\theta_0 \qquad (18)$$

式中：

R_N——额定负载热试验结束时的绕组端电阻，单位为欧姆(Ω)；

R_1——温度为 θ_1 时的绕组端电阻，单位为欧姆(Ω)；

θ_0——热试验结束时的冷却介质温度，单位为摄氏度(℃)；

θ_1——试验开始时测量绕组电阻 R_1 时的绕组温度，单位为摄氏度(℃)；

K_1——常数。对铜绕组，为235；对铝绕组，为225，除非另有规定。

5.15 效率的直接测定法

5.15.1 效率的计算按式(19)计算。

$$\eta=\frac{P}{P_{in}}\times 100\% \qquad (19)$$

式中：

P——发电机的输出有功功率，单位为千瓦(kW)。

5.15.2 效率测定采用校准电机法，发电机输出经变流器转换输入到电网，发电机在热状态或发热试验后进行。用分析过的拖动机拖动发电机在额定电压、额定频率、额定功率下运行，当各部件温度达到稳定以后，测定发电机输入功率、输出功率、电压、电流、热稳态电阻以及冷却介质温度。如冷却介质温度不是25 ℃时，应将绕组的损耗按式(20)、式(21)换算到冷却介质温度为25 ℃时的数值。

$$P_{in(25)}=P_{in}+\Delta P_{cua} \qquad (20)$$

$$\Delta P_{cua}=mI_a{}^2R_a\left(\frac{k+\Delta\theta_a+25}{k+\theta_a}-1\right) \qquad (21)$$

式中：

$P_{in(25)}$——冷却介质温度为25 ℃时的输入功率，单位为千瓦(kW)；

ΔP_{cua}——铜耗，单位为千瓦(kW)；

$\Delta\theta_a$——效率测定时定子绕组的温升值，单位为开尔文(K)；

θ_a——效率测定时定子绕组温度，单位为摄氏度(℃)；

I_a——效率测定时定子相电流，单位为安培(A)；

R_a——效率测定时定子绕组一相的直流电阻值，单位为欧姆(Ω)；

m——相数。

5.15.3 冷却介质温度为25 ℃时的效率按式(22)计算。

$$\eta_{(25)}=\frac{P}{P_{in(25)}}\times 100\% \qquad (22)$$

5.16 效率的间接测定法

发电机效率用损耗分析法求取时，分别测定或计算下列各项损耗：

a) 恒定损耗 P_0 包括：

1) 铁损耗 P_{Fe}(包括空载杂散损耗)；

2) 机械耗 P_{fW}(轴承摩擦损耗和风摩耗);

b) 铜损耗 P_{cua},发电机定子绕组中产生的铜损耗为 $m I_a^2 R_a$;

c) 杂散损耗 P_d,发电机的杂散损耗按额定输入功率的0.5%计算。

发电机的效率按式(23)确定:

$$\eta=\left(1-\frac{\sum P}{P+\sum P}\right)\times 100\% \quad \cdots\cdots(23)$$

式中:

$\sum P$——总损耗,即 $\sum P=P_{Fe}+P_{fW}+P_{cua}+P_d$,单位为千瓦(kW);

P——输出功率,单位为千瓦(kW)。

5.17 发电机电压调整率 δ_{stu} 的测定(仅对纯电阻性负载进行)

5.17.1 保持发电机转速为额定值不变的条件下,发电机输出功率由空载到额定负载测定发电机定子端电压的变化。记录发电机端电压(有效值)的最大值和最小值。

5.17.2 发电机从空载到额定负载的所有负载点,发电机固有电压调整率按式(24)计算:用额定电压的百分数表示。

$$\delta_{stu}=\frac{U_{max}-U_{min}}{U_N}\times 100\% \quad \cdots\cdots(24)$$

式中:

U_{max}、U_{min}——在满载与空载之间变化时,发电机端电压的最大值和最小值,按 m 相平均值最大值和最小值计算,单位为伏特(V);

U_N——发电机的额定电压,单位为伏特(V)。

5.18 发电机功率特性测试

发电机分别在不同的转速下,调节发电机输出功率至最大功率的试验。

功率特性试验用校准电机法,测定拖动机的输入功率和发电机的输出电压、电流、功率,试验完立即测量定子绕组的直流电阻。以转速为横坐标,发电机的输出功率为纵坐标作出关系曲线。

5.19 波形畸变率的测定

5.19.1 电压波形畸变率的测定

5.19.1.1 用拖动机拖动发电机在额定频率、额定电压下运行。

5.19.1.2 用谐波分析仪测定发电机空载和负载的波形畸变率。

5.19.1.3 用谐波分析仪测定发电机空载基波和各次谐波电压的有效值(U_1、U_2、U_3、U_4……U_N),波形畸变率 K_u 按式(25)计算:

$$K_u=\frac{\sqrt{U_2^2+U_3^2+\cdots\cdots U_N^2}}{U_1}\times 100\% \quad \cdots\cdots(25)$$

5.19.2 电流波形畸变率的测定

5.19.2.1 用拖动机拖动发电机在额定频率、额定负载电流下运行。

5.19.2.2 用谐波分析仪测量仪测定发电机负载的波形畸变率。

5.19.2.3 用谐波分析仪测定发电机负载的基波和各次谐波电流的有效值(I_1、I_2、I_3、I_4……I_N),波形畸变率 K_I 按式(26)计算:

$$K_I=\frac{\sqrt{I_2^2+I_3^2+\cdots\cdots I_N^2}}{I_1}\times 100\% \quad \cdots\cdots(26)$$

5.20 起动阻力矩的测定

5.20.1 方法1:发电机轴伸上固定安装一已知直径的圆盘,在圆盘的切线方向加力,通过力矩传感器测出圆盘开始转动时所加力的数值,转动圆盘一周,其最大读数与圆盘半径的乘积即为起动阻力矩。一周内测点应不少于3点。

5.20.2 方法2:发电机轴伸垂直方向固定安装一力矩杠杆,杠杆端部连接到接有测力机或弹簧秤的起重机上,在切线方向施加力至轴伸开始转动,读出开始转动时所加力的读数,其最大读数与杠杆有效长度的乘积即为起动阻力矩。

5.21 突然短路试验

5.21.1 突然短路试验在热状态下进行。

5.21.2 突然短路试验是为了考核发电机外部突然短路故障产生的大电流对发电机的影响,试验应在短接定子绕组前发电机端电压为额定值时进行。

5.21.3 应使短路开关基本上在同一时刻短路,各相触头应在彼此不超过15°电角度内闭合,测量用电流传感器的量程和短路开关的容量应大于被试发电机突然短路电流。

5.21.4 发电机突然短路试验时发电机应安装牢固,疏散人员,增设隔离防护栏,防止异物飞出伤人和损坏设备。

5.21.5 发电机突然短路试验后,应检查发电机各部件是否损坏,检测发电机绕组的绝缘电阻和发电机绕组的直流电阻。

5.21.6 发电机重新装配好按5.9发电机法重做空载特性进行比较。

5.21.7 发电机突然短路试验后,应检查永磁体的退磁情况。

5.22 轴电压测定

电机转子有两个轴承支撑点并有防轴电流绝缘装置时,被试电机用变流器驱动在额定电压、额定转速下空载运行。典型的测量示意图见图4,用高内阻交流电压表先测定轴电压 U_1,然后将转轴没有绝缘的一端与其轴承座短接(双侧绝缘的转轴短接任意一侧),测另一端对轴承座的电压 U_2(即油膜电压),再测该轴承座对地的电压 U_3,测点表面与电压表引线应接触良好。试验前应分别检查轴承座与金属垫片、金属垫片与金属底座之间的绝缘电阻。

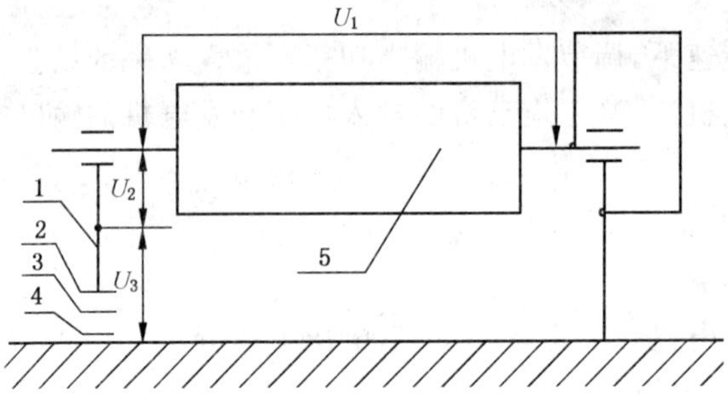

1——轴承座;
2——绝缘垫;
3——金属垫;
4——绝缘垫;
5——转子。

图4 轴电压测量示意图

5.23 外壳防护等级试验

按GB/T 4942.1规定的试验方法进行。

5.24 湿热试验

按GB/T 12665规定的试验方法进行。

5.25 盐雾试验

按GB/T 2423.17规定的试验方法进行。

5.26 霉菌试验

按GB/T 2423.16规定的试验方法进行。

ICS 27.180
F 11

中华人民共和国国家标准

GB/T 25390—2010

风力发电机组　球墨铸铁件

Spheroidal graphite cast iron for wind turbine

2010-11-10 发布　　2011-03-01 实施

中华人民共和国国家质量监督检验检疫总局
中国国家标准化管理委员会　发布

前 言

本标准结合了风力发电机组中轮毂、机架、轴承座、行星架、主轴、齿轮箱箱体等铸件技术要求和相关铸造行业标准的要求，其中铸件材料要求、超声探伤和磁粉探伤要求的相应条款参考了欧洲 EN 1563《铸造　球墨铸铁》、EN 12680-3:(E)《铸造　超声波检测　第 3 部分:球墨铸铁铸件》和 EN 1369《铸造　磁粉检验》的主要内容。

本标准的附录 A 为资料性附录。

本标准由中国机械工业联合会提出。

本标准由全国风力机械标准化技术委员会(SAC/T 50)归口。

本标准起草单位:江苏一汽铸造股份有限公司、江苏吉鑫风能科技股份有限公司、金风科技股份有限公司、华锐风电科技有限公司、河海大学。

本标准主要起草人:俞旭如、李小青、华永荦、刘河、宫靖远、王泽华。

风力发电机组　球墨铸铁件

1　范围

本标准规定了风力发电机组用球墨铸铁件的技术要求、试验方法、检验规则、标志、包装和贮存。

本标准适用于风力发电机组中使用球墨铸铁铸造的零件(如用轮毂、机架、轴承座、行星架、主轴、齿轮箱箱体等)。

2　规范性引用文件

下列文件中的条款通过本标准的引用而成为本标准的条款。凡是注日期的引用文件,其随后所有的修改单(不包括勘误的内容)或修订版均不适用于本标准。然而,鼓励根据本标准达成协议的各方研究是否可使用这些文件的最新版本,凡是不注明日期的引用文件,其最新版本适用于本标准。

GB/T 223.3～GB/T 223.74　钢铁及合金化学分析方法

GB/T 228　金属材料　室温拉伸试验方法(GB/T 228—2002,ISO 6892:1998(E),eqv)

GB/T 229　金属材料　夏比摆锤冲击试验方法(GB/T 229—2007,ISO 148-1:2006,MOD)

GB/T 231.1～GB/T 231.3　金属布氏硬度试验(GB/T 231.1～GB/T 231.3—2002,ISO 6506-1:1999(E)～ISO 6506-3:1999,eqv)

GB/T 1348　球墨铸铁件

GB/T 5611　铸造术语

GB/T 5612　铸铁牌号表示方法(GB/T 5612—2008,ISO 15931:2004,MOD)

GB/T 6060.1　表面粗糙度比较样块　铸造表面(GB/T 6060.1—1997,eqv ISO 2632-3:1979)

GB/T 6414　铸件尺寸公差与机械加工余量(GB/T 6414—1999,eqv ISO 8062:1994)

GB/T 7233　铸钢件超声探伤及质量评级方法(GB/T 7233—1987,neq BS 6208:1982)

GB/T 9441　球墨铸铁金相检验

GB/T 9444　铸钢件磁粉检测(GB/T 9444—2007,ISO 4986:1992,IDT)

GB/T 9445　无损检测　人员资格鉴定与认证(GB/T 9445—2008,ISO 9712:2005,IDT)

GB/T 11351　铸件重量公差

GB/T 11344　无损检测　接触式超声脉冲回波法测厚方法(GB/T 11344—2008,ASTM E0797:2005,MOD)

GB/T 15056　铸造表面粗糙度　评定方法

JB/T 4009　接触式超声纵波直射探伤方法

JB/T 9219　球墨铸铁　超声声速测定方法

3　术语和定义

GB/T 5611确立的以及下列术语和定义适用于本标准。

3.1

球墨铸铁　spheroidal graphite cast iron;ductile iron

球墨铸铁是铁液经球化处理,碳大部分或全部以球状石墨存在,有时也有少量团絮状石墨形态存在的铸铁材料。

3.2

石墨球化处理　nodularization

在铁液中加入球化剂，使铁水在凝固过程中形成以球状石墨为主的工艺过程。

3.3

单铸试块　separately cast samples

与铸件同时但单独浇注的试块。

3.4

附铸试块　cast-on samples

附铸在铸件主要壁厚上的试块。

4　牌号和分类方法

4.1　球墨铸铁牌号按力学性能进行分类。

4.2　球墨铸铁的力学性能是通过测定试块上经加工试样的性能而确定的。

4.3　球墨铸铁的牌号表示方法符合 GB/T 5612 的规定，并分为单铸和附铸试块两类。

5　订单信息

5.1　下列订货信息应由铸件采购方提供：

5.1.1　铸件材料牌号、图纸、技术要求。

5.1.2　需要进行无损探伤的铸件的部位以及需要检验的铸件数量或者百分比。

5.1.3　对于铸件各个部位进行无损探伤时所需要的合格等级。

5.1.4　检验方法的要求。

5.2　任何特殊要求应由采购方提出，并经生产厂确认。经供需双方商定后执行，主要包括下列内容：

5.2.1　如为附铸试块验收，则应确认在铸件上附铸的位置，对应的铸件壁厚和试块厚度。

5.2.2　铸件壁厚如要求正公差则应在技术要求或图纸中注明。

5.2.3　在力学性能和金相组织达到要求而采购方要求铸件进行热处理时。

5.2.4　高于"6 技术要求"的要求。

6　技术要求

6.1　风力发电机组用球墨铸铁牌号和性能要求

6.1.1　力学性能

风力发电机组常用球墨铸铁的力学性能见表 1。

需方也可根据工作要求和设计要求按 GB/T 1348 选用除表 1 所列以外的牌号。

6.1.2　低温冲击功

风力发电机组常用的球墨铸铁件试块上加工的试样的低温冲击功见表 2。

6.1.3　力学性能特殊要求

6.1.3.1　本体力学性能要求

经供需双方协商，可以从铸件上切取本体试样，取样部位及要达到的力学性能指标，由供需双方商定。

因铸件的致密性和铸件壁厚的变化，铸件本体性能值无统一标准值。铸件本体力学性能一般低于试块性能。

6.1.3.2　高指标力学性能要求

经供需双方协商，可以提高力学性能指标作为验收要求，如对 QT400-18AL 和 QT400-18L 要求按

−30 ℃时或−40 ℃时最小冲击功验收或对 QT350-22AL 和 QT350-22L 保证−40 ℃最小冲击功时适当提高机械强度。

表 1 试块上加工的试样力学性能

牌号	铸件主要壁厚 mm	试块类型	抗拉强度 Rm N/mm² 最小值	屈服强度 $Rp_{0.2}$ N/mm² 最小值	延伸率 A % 最小值	硬度 HBW	适用件举例
QT350-22AL	≤30	25 mm 附铸	350	220	22	120～160	轴承盖
	>30～60	40 mm 附铸	330	210	18	120～160	齿轮箱 扭力臂
	>60～200	70 mm 附铸	320	200	15	120～160	轮毂、底座 轴承座
QT350-22L	≤60	25 mm 单铸	350	220	22	120～175	轴承盖
QT400-18AL	≤30	25 mm 附铸	400	240	18	120～175	轴承盖
	>30～60	40 mm 附铸	390	230	15	120～175	齿轮箱 扭力臂
	>60～200	70 mm 附铸	370	220	12	120～175	轮毂、底座 轴承座
QT400-18L	≤60	25 mm 单铸	400	240	18	120～175	轴承盖
QT700-2A	>60～200	70 mm 附铸	660	380	1	225～305	行星架

注 1：牌号中“A”表示附铸试块上加工的试样测得的力学性能，以区别于单铸试棒上测得的性能。

注 2：牌号中“L”表示该牌号有低温冲击功要求。

注 3：对轴承盖等主要壁厚在 30 mm 以下或单件重量在 100 kg 以下的铸件一般用单铸试块。

表 2 试块上加工的试样的低温冲击功

牌号	铸件主要壁厚 mm	试块类型和厚度	最小冲击功 AkV J			
			(−20±2)℃		(−40±2)℃	
			平均	单个	平均	单个
QT350-22AL	≤60	25 或 40 mm 附铸	—	—	12	9
	>60～200	70 mm 附铸	—	—	10	7
QT350-22L	≤60	25 mm 单铸	—	—	12	9
QT400-18AL	≤60	25 或 40 mm 附铸	12	9	—	—
	>60～200	70 mm 附铸	10	7	—	—
QT400-18L	≤60	25 mm 单铸	12	9	—	—

6.2 金相组织

风力发电机组中球墨铸铁件试块上的金相组织要求见表 3。铸件本体球化率不低于 85%。

表 3　风力发电机组中球墨铸铁件试块上的金相组织

牌号	球化率/%	铁素体/%	珠光体/%	渗碳体/%	石墨大小	磷共晶/%
QT350-22AL QT350-22L QT400-18AL QT400-18L	≥90	≥90	—	≤1	5 级及以上	≤1
QT700-2A		—	≥90			

6.3　超声波无损探伤缺陷要求

6.3.1　铸件本体声速

铸件检测超声波声速铸态必须达到 5 550 m/s 以上，退火处理后必须达到 5 500 m/s 以上。

6.3.2　质量等级划分

按重要度不同铸件上质量等级划分为二个区域。

A 区　高要求的区域

B 区　中等要求的区域

风力发电机组常用球墨铸铁典型件不同区域质量等级参考要求参见附录 A。根据设计要求最终由需方决定并在图纸或其他技术文件中标明。

6.3.3　允许的最大缺陷尺寸

允许的体积反射类最大缺陷的尺寸不得超过表 4 的要求。

允许的夹渣类最大缺陷的尺寸不得超过表 5 的要求。

经供需双方协商一致，可另行商定接受准则。

表 4　允许的最大缺陷显示尺寸—体积反射类

特征	单位	质量等级											
		1	2			3			4			5	
受检验区公称壁厚	mm		<50	50～200	>200	<50	50～200	>200	<50	50～200	>200	<50	≥50
缺陷最大厚度占壁厚百分数	%		20			25			30			35	
边缘区中最大缺陷[a,b]	mm^2	c	600	1 000	1 000	1 000	2 000	2 000					
中心区中的最大缺陷	mm^2	c	10 000	15 000	15 000	15 000	20 000	30 000	20 000				
缺陷的总面积占受检表面的百分比	%	c	10	15	15	15	20	20	15	20	30	30	40

[a] 关于夹渣，参见表 5。

[b] 边缘区，按图 1。

[c] 任何缺陷指示均不得超过表 9 中给出的极限值。

表 5　缺陷的最大允许指示尺寸-夹渣

特　征	质量等级				
	1	2	3	4	5
壁厚百分/%	a	10	15	20	25

[a] 任何缺陷显示均不得超过表 9 中给出的极限值。

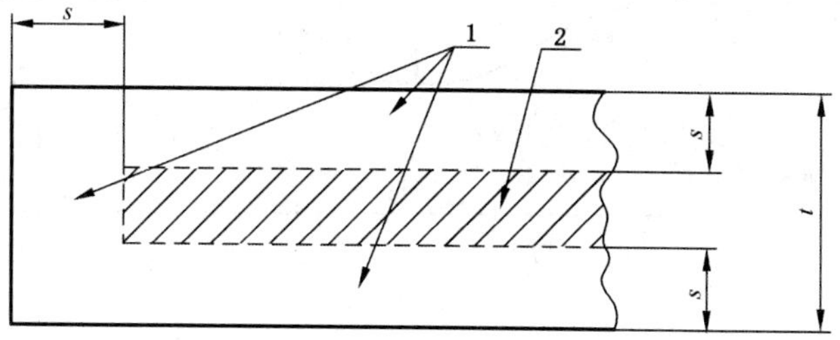

1——边缘区 边缘厚度 $s=t/3$(最大 30 mm)；
2——中心区；
t——名义壁厚。

图 1 铸件壁截面的边缘区和中心区划分(机加工之后的尺寸)

6.4 磁粉探伤缺陷要求

6.4.1 检测部位

按检测图或铸件浇注时易产生夹渣的铸件最上表面和坭芯形成的内腔下表面。如顾客有要求也可在加工后加工面上进行检测。

6.4.2 接受准则

磁粉探伤的各质量等级不得超过表 6 的要求。

铸件上要求高的区域(A 区)质量等级要求达到 2 级，其他(B 区)质量等级要求达到 3 级。

表 6 磁粉探伤的各质量等级的要求

质量等级		1		2		3		4		5	
显示观察手段		目视		目视		目视		目视		目视	
放大倍数		1		1		1		1		1	
应考虑的最小显示长度/mm		1.5		2		3		5		10	
非线状簇状显示(SM)[a]	总面积/mm^2	10		35		70		200		500	
	单个显示长度/mm	2[b]		4[b]		6[b]		10[b]		16[b]	
线状显示(LM)[c]或点线状显示(AM)[d]	显示类型	单个	累加	单个	累加	单个	累加	单个	累加	单个	累加
	壁厚 $\delta\leqslant16$ mm	2	4	4	6	6	10	10	18	18	25
	壁厚 16 mm$<\delta\leqslant50$ mm	3	6	6	12	9	18	18	27	27	40
	壁厚 $\delta>50$ mm	5	10	10	20	15	30	30	45	45	70
应用实例		根据表面粗糙度和其应用情况的其他铸件									

注：本表规定了 105 mm×148 mm 评定框内允许的最大面积(mm^2)和最大长度(mm)。

[a] 非线状显示(SM)：$L<3b$，式中 L 是显示的长度，b 是显示的宽度。

[b] 允许有二个不超过表中规定的长度显示。

[c] 线状显示(LM)：$L\geqslant3b$。

[d] 点线状显示(AM)，至少含有三个最大间隙为 2 mm 的线状显示或非线状显示。

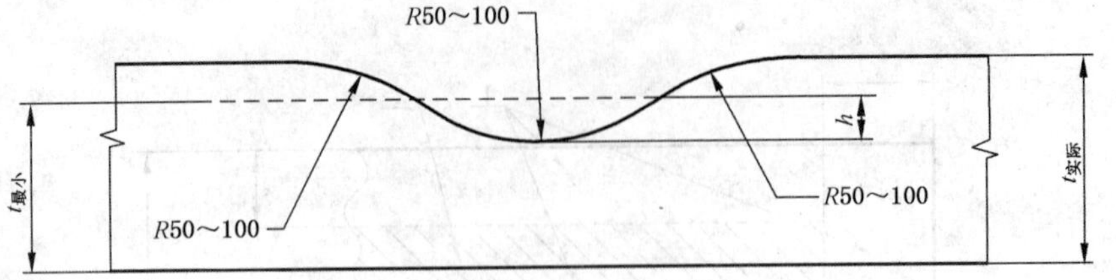

h——打磨深度；

$t_{最小}$——要求最小壁厚；

$t_{实际}$——实际壁厚。

图 2 允许的可打磨形状

表 7 在最小壁厚时打磨区域允许面积和深度

名义壁厚 t/mm	允许打磨的最大面积/mm^2	允许打磨的最大深度 h
$t<30$	1 200	<5% t
$30\leqslant t\leqslant 50$	2 000	<5% t
$50<t\leqslant 80$	3 200	<5% t
$80<t\leqslant 130$	4 900	<5% t
$t>130$	8 100	<5% t，但最大不超过 10 mm

6.5 外观质量要求

6.5.1 铸件不得有裂纹、冷隔缺陷。不得有影响使用的缩孔、缩松、夹渣、夹砂等缺陷。

6.5.2 铸件表面应清除毛刺。

6.5.3 表面粗糙度按 GB/T 6060.1 要求应不低于 $Ra25$。

6.5.4 最大允许显示出的不连续点状缺陷的尺寸见表 6。

6.5.5 铸件表面缺陷可以打磨修正。打磨应将缺陷清除，如果表 7 给出的在最小壁厚时的最大允许打磨深度和最大允许打磨面积的要求均可满足时，应根据图 2 按半径(50～100)mm 圆弧进行打磨。

6.6 铸件尺寸公差和重量公差

6.6.1 铸件尺寸公差

铸件尺寸公差按 GB/T 6414 中 CT11-12 执行，壁厚公差放宽 1 级。

对于轮毂件，为保证强度，一般壁厚采用尺寸正公差，但应在相关技术要求或图纸中注明。如不注明则采用正负公差。

6.6.2 铸件重量公差

铸件重量公差按 GB/T 11351 中 MT9-10 级执行。对于轮毂件如采用尺寸正公差，则按公差带作正公差上限，但下限允许采用负公差。

6.7 铸件修补

铸件不允许用焊补加以修复。

7 试验方法

7.1 材料试验方法

7.1.1 化学成分分析按 GB/T 223.3～GB/T 223.74 进行。

7.1.2 抗拉强度、屈服强度、延伸率检测按 GB/T 228 进行。

7.1.3 硬度检测按 GB/T 231.1～GB/T 231.3 进行。

7.1.4 低温冲击值检测按 GB/T 229 进行。

7.1.5 金相组织检测按 GB/T 9441 进行。

7.2 无损检测

7.2.1 检验人员

无损检测工作应由具备资格的人员来完成。检验人员的资质，应按照 GB/T 9445 规定的 2 级或以上的要求进行资质审查。

7.2.2 超声波无损探伤方法

按 JB/T 4009、GB/T 7233、GB/T 11344 和 JB/T 9219 规定的要求进行。

7.2.2.1 超声探伤设备

设备应满足：

a) 量程设定，设定范围须至少为 10 mm～2 m；

b) 增益，须能够在一个至少为 80 dB 的范围内进行调节，调节的最大级差为 2 dB，测量精度为 1 dB；

c) 水平和垂直线性度须小于显示屏面调节范围的 5%；

d) 频率范围须至少为 0.5 MHz～5 MHz（含 5 MHz）。

7.2.2.2 探头

为了涵盖需要检测的瑕疵类型范围，可以使用压缩波单晶或双晶探头。双晶探头用于靠近表面部位的检验。双晶探头常用的为 2 MHz～2.25 MHz，对于薄壁铸件通常使用高的频率进行检验。

宜采用的探头是：SEB2-0°；DL2R-0°；MSEB2；B2S 等。

7.2.2.3 偶合介质

采用符合要求的油、凝胶或类似物。对于标定和所有随后的检测操作须使用相同的偶合介质。

7.2.2.4 超声探伤设备的设定

按照 DAC 方法校准。设定时如使用球墨铸铁的参考块，双方须在询价和订货时达成一致意见。该参考块的厚度需和被检测的铸件的厚度范围具有可比性，同时须具有和被检测铸件相同的超声特性，并且须具有相同的表面光洁度。该参考块具有符合表 8 要求的平底孔，或者具有替代平底孔那样的侧横孔。

超声波探伤设备也能用 DGS(Distance-Gain-Size 距离-增益-大小）方法设定，在这种情况下可不必使用参考块，而直接在铸件上进行设定，条件是铸件的厚度是已知的，并且铸件具有平行的表面。

表 8 对超声波探伤适宜性的要求

单位为毫米

受检区域中的铸件壁厚	>10～20	>20～100	>100～250	>250～500
能够检出的最小平底孔直径	3	5	8	10

7.2.2.5 检测灵敏度

最小检测灵敏度设定的要求是：表 9 中给出的平底孔的高度须至少占到满屏的 40%，且林状草波高要比表 9 中给出的平底孔的高度至少低 6 dB。

表 9 需要评价的超声探伤缺陷指示

受检区域中的铸件壁厚 mm	一次回波的衰减最小值 dB	按照 7.2.2.5 要求能够检出的最小平底孔直径 mm	回波高度高于噪声检出级别的最小值[a] dB
>10～20	12	3	6
>20～100	20	5	
>100～250		8	12
>250～500		10	

[a] 仅仅适用于由于铸件几何形状的原因而没有一次回波的区域。

7.2.2.6　铸件表面检测顺序和检测表面的要求

如果规定要对铸件进行多种方法试验时,先进行目测,然后是磁粉试验,最后是超声波试验。但是,当磁粉试验是针对机加工表面时,超声波探伤应在机加工以前进行。

要进行试验的表面必须清洁、无油、无油脂、无砂子或其他污物,表面粗糙度不大于 $Ra12.5$,无影响试验或结果解释的异物存在。铸件表面的要求能够保证和探头之间的正确偶合。

7.2.2.7　缺陷的评价和记录

7.2.2.7.1　缺陷长度按图 3 来确定:"不可测量"且超过记录要求的缺陷用"6 dB"法,"可测量"且一次回波衰减时,按照表 9 的规定用"12 dB 或 20 dB"法。

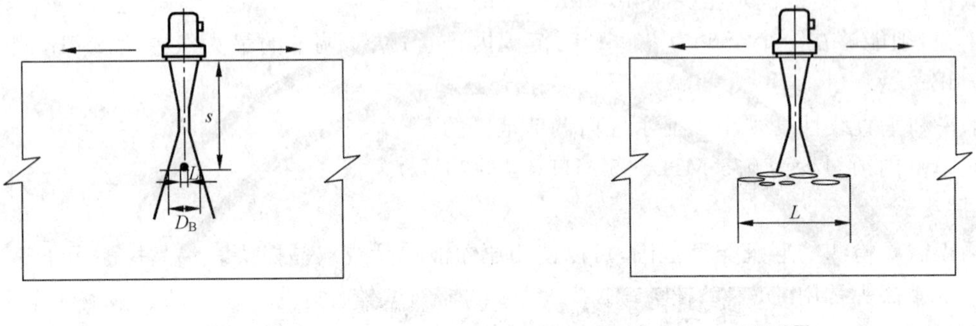

图 3　缺陷的可测量性

7.2.2.7.2　缺陷厚度尺寸按图 4 来确定。

7.2.2.7.3　当量超过记录要求的缺陷用"6 dB"法,对于一次回波衰减的缺陷用"12 dB 和 20 dB"法。

7.2.2.7.4　除非是另外达成协议,否则所有一次回波的衰减达到或者超过表 8 中给出的极限值的回波高度均须进行评价,并且记录下来,如果其数值超过表 4 和表 5 中所给出的极限值的 75%的话。每当发现此类缺陷指示时,须注明其位置并且将其记录在检验报告中。需要记录的缺陷的位置可以用格栅、示意图或者照片来记录。

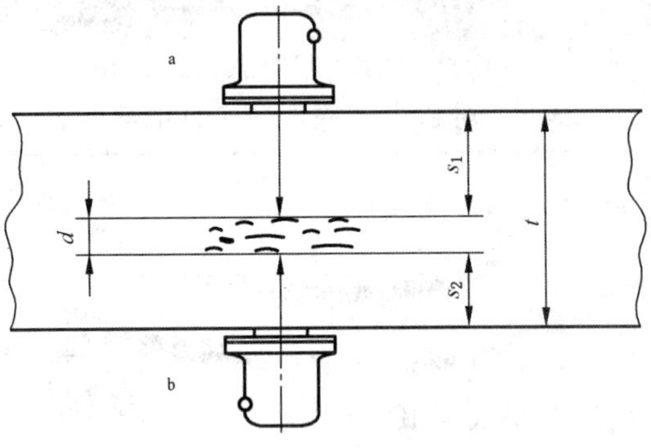

$$d = t - (s_1 + s_2)$$

图 4　缺陷的厚度方向尺寸计算

7.2.2.7.5　对于那些已经发现的需要记录伤纹指示的部位,须对这些部位的类型、形状、尺寸和位置进行进一步的更加细致的调查。此时可以改变传感器的频率、改变检验的方法,或者利用其他检验方法(例如射线探伤)来进行调查。

7.2.2.8　超声探伤检验报告

超声探伤检验报告须至少含有以下信息:

a)　引用的标准;

b)　被检验的铸件的特征数据(零件号、炉料号或批号等);

c) 检验的范围；

d) 所使用的检验设备的类型；

e) 使用的探头；

f) 检验区域上使用的检验技术；

g) 用于灵敏度的设定所必需的所有数据；

h) 超声探伤适宜性的详细说明；

i) 所记录的缺陷的所有特点信息(例如后壁回波的衰减、壁厚截面方向上缺陷的位置和尺寸、长度、面积和平底孔的直径)以及缺陷位置的描述(示意图或者照片)；

j) 试验人员姓名和资格、检验日期以及批准人员的姓名和资格、批准日期。

7.2.3 磁粉无损探伤方法

7.2.3.1 探伤方法

磁粉检验应根据 GB/T 9444 规定的方法进行。

7.2.3.2 设备

最小为 44 N 提升力的交流电磁轭，并且满足相关要求。

7.2.3.3 磁粉

7.2.3.3.1 荧光磁粉

宜使用悬浮在水中或油中的荧光磁粉。

使用荧光粉做试验时应配有：

a) 一盏黑光灯，在试验表面有最小 1 000 $\mu W/cm^2$ 的强度；

b) 最大的背景照度为 20 lx。

7.2.3.3.2 黑磁粉

如果使用黑磁粉做试验，应在以下情况下进行：

a) 在铸件表面涂有反差增强剂；

b) 黑磁粉要悬浮在水或油中；

c) 在试验表面上的最小照度为 500 lx。

7.2.3.4 磁粉探伤检验报告

磁粉探伤检验报告须至少含有以下信息：

a) 引用的标准；

b) 被检验的铸件的特征数据(零件号、炉料号或批号等)；

c) 检验的范围；

d) 所使用的检验设备的类型；

e) 检验区域上使用的检验技术；

f) 用于灵敏度设定所必需的所有数据；

g) 磁粉探伤适宜性的详细说明；

h) 试验结果；

i) 所记录的缺陷的所有特点信息(例如缺陷的形状、长度)以及缺陷位置的描述(示意图或者照片)；

j) 试验人员姓名和资格、检验日期以及批准人员的姓名和资格、批准日期。

7.3 外观检查

外观检查采用目测方法逐件进行检验。表面粗糙度按 GB/T 15056 采用比较样块法。

7.4 尺寸检测

尺寸检测按 GB/T 1348 中的要求进行。

7.5 铸件重量

铸件重量按称量法进行。

8 检验规则

8.1 检验类别

8.1.1 产品检验为出厂检验。产品必须经生产厂检验合格后方可出厂。

8.1.2 附铸试块在铸件上的位置，以不影响铸件的使用性能、铸件外观质量和试块的致密性，由供需双方确认。铸件一般不热处理，但如铸态性能达不到要求，则允许热处理，但最多不超过二次。如铸件需热处理，则附铸试块需与铸件一起热处理后从铸件上取下。

8.2 出厂检验

8.2.1 材质检验：出厂检验每件以附铸试块或单铸试块检测下列项目：抗拉强度、屈服强度、延伸率、低温冲击功、球化率、石墨大小、铁素体（或珠光体）、渗碳体、磷共晶和硬度。化学成分由生产厂自行确定，不作验收依据。

8.2.2 超声波无损探伤：A 区按 100%全检，B 区按 100%全检；声速按 30%抽检。也可按需方要求进行。

8.2.3 磁粉探伤：对要求检测处每件检查。

8.2.4 铸件尺寸：按双方商定检验。

8.2.5 外观质量：每件全检。

8.2.6 铸件重量：对轮毂按 10%抽检称重，其他件不检查称重。如需方有特殊要求时按供需双方商定的要求执行。

8.2.7 出厂检验项目中超声波无损探伤、铸件尺寸、铸件重量等抽检项目如不合格，则针对该不合格件的前后各十件的该项目进行全检。

9 标志、防锈、包装、运输及贮存

9.1 铸件标志

每件铸件应铸有：材料牌号、铸造厂标识、系列号（可追溯号）、铸件图号和版本号。所有标记应按图纸规定要求放置，且应在加工和表面处理后仍保持。

9.2 防锈

按供需双方商定的要求执行。

9.3 包装、贮存、运输

按供需双方商定的要求执行。

10 出厂质量证明书

出厂质量证明书必须记录下列内容：

a) 材料类型；

b) 抗拉强度；

c) 0.2%屈服强度；

d) 延伸率；

e) 在−20 ℃或−40 ℃条件下 V 型缺口的冲击功（适用时）；

f) 附铸试块的类型；

g) 金相组织中石墨的评级、铁素体量或珠光体量；

h) 无损检测报告；

i) 防锈处理报告（必要时）。

附 录 A
（资料性附录）
风力发电机组用球墨铸铁典型件超声波探伤质量等级要求

缩松和夹渣是球墨铸铁的常见缺陷，由于凝固特性、工艺特性和实际的经济性等原因，球墨铸铁内部的缩松和夹渣一般不能完全消除，但必须控制在允许的范围内。

风力发电机组用球墨铸铁的内部缩松和夹渣缺陷一般用超声波探伤检测，风力发电机组用球墨铸铁典型件重要度分级和超声波探伤要求质量等级见表A.1，供设计参考，需方可根据工作要求确定实际质量等级和探伤要求。

表A.1 风力发电机组用球墨铸铁典型件重要度分级、超声波探伤和磁粉探伤质量等级要求

铸 件	区 域	质量要求划区	超声波探伤质量等级
轮毂	桨叶法兰、主轴法兰	A	2级
	其余	B	3级
底座	轴承支撑面、连接法兰面 吊耳	A	2级
	其余	B	3级
主轴	所有区	A	2级
行星架	输出轴部位	A	2级
	圆盘部位	A	2级
	腹板	B	3级
轴承座	全部	B	2级
扭力臂	悬挂部位(力矩臂两端孔部位)、 中心孔、过渡部位	A	2级
	其余	B	3级
箱体	箱体地脚、外壳、加强筋、轮缘	A	2级
	其余	B	3级

参 考 文 献

[1] ISO 945-1—2008 铸铁微观结构 第1部分:通过目视分析进行石墨的分类
[2] EN 1369—1996 铸造 磁粉检验
[3] EN 1563—1997 铸造 球墨铸铁
[4] EN 12680-3—2003 铸造 超声波检测 第3部分:球墨铸铁铸件